DE L'INFINI

MATHÉMATIQUE

COULOMMIERS

Imprimerie Paul Brodard.

DE L'INFINI
MATHÉMATIQUE

THÈSE POUR LE DOCTORAT

PRÉSENTÉE A LA FACULTÉ DES LETTRES DE PARIS

PAR

LOUIS COUTURAT

ANCIEN ÉLÈVE DE L'ÉCOLE NORMALE SUPÉRIEURE
AGRÉGÉ DE PHILOSOPHIE, LICENCIÉ ÈS SCIENCES MATHÉMATIQUES
MAÎTRE DE CONFÉRENCES A LA FACULTÉ DES LETTRES DE TOULOUSE

« La vraie science de l'esprit n'est pas
la psychologie, mais la métaphysique. »

J. LACHELIER.

PARIS
ANCIENNE LIBRAIRIE GERMER BAILLIÈRE ET Cie
FÉLIX ALCAN, ÉDITEUR
108, BOULEVARD SAINT-GERMAIN, 108

1896

A

LA MÉMOIRE DE MA MÈRE

A

MON CHER ET EXCELLENT MAITRE

MONSIEUR DARLU

Témoignage de reconnaissance
et de respectueuse affection.

PRÉFACE

De tout temps la Philosophie s'est proposé de connaître « la nature des choses » et de pénétrer « le système du monde ». Seulement, tandis que dans l'antiquité elle se confondait avec la Science et se flattait de connaître directement l'Univers, dans les temps modernes elle se distingue de la Science, qui s'est constituée à part pour rechercher les lois de la nature. Sans doute, elle est toujours la connaissance de l'Univers, mais une connaissance d'un ordre supérieur : c'est un second degré dans la réflexion et dans la systématisation des faits, une nouvelle élaboration des données de l'expérience. Elle ne doit plus s'appliquer au « monde sensible » de l'expérience vulgaire, mais au monde idéal construit par la Physique ; de sorte qu'elle repose essentiellement sur la connaissance des lois scientifiques, qui rendent ce monde intelligible. En un mot, la Philosophie n'a pas pour objet immédiat les phénomènes et leurs lois, mais la Science elle-même, qui étudie ces phénomènes et ces lois.

Il ne faut donc pas croire que la Philosophie ne soit qu'un prolongement de la Science, et qu'elle n'ait d'autre fonction que de coordonner les lois déjà connues pour en former des théories générales, ou d'anticiper par des hypothèses les lois encore inconnues. Son rôle n'est ni de compléter ni de devancer la Science; elle n'a pas à deviner les lois de la nature, à les simplifier et à les organiser en systèmes provisoires et prématurés, ni à les résumer en une formule unique qui expliquerait tous les phénomènes et serait la clef de l'Univers. Elle ne consiste pas dans ces synthèses plus vastes que profondes et plus brillantes que solides qu'on a spirituellement nommées « une philosophie d'Exposition universelle [1] ». On ne doit pas non plus l'opposer comme « Science idéale » à la Science positive, car ce serait la reléguer dans le domaine de l'ignorance et du rêve, pour ne pas dire de la fantaisie. La Philosophie n'étudie pas les choses et les faits, mais les idées; elle ne recherche pas les lois de la nature, mais les lois de l'esprit. Pour cela, elle doit remonter aux principes mêmes de la Science, pour en éprouver la valeur et en scruter les fondements. Elle est essentiellement une Théorie de la connaissance, et son vrai nom est la Critique.

Il importe d'ajouter, pour prévenir tout malentendu, que cette critique ne doit avoir à l'égard de la Science aucune intention hostile, aucune conséquence subversive. En contrôlant la méthode des sciences et en discutant leurs principes, la Critique ne cherche nullement à les ruiner, mais au contraire à les justifier. La Science, du reste, a fait ses preuves, et continue à les faire chaque jour; il ne saurait être question de révoquer en doute sa valeur, mais simplement d'en déterminer les conditions et les limites. Elle n'a jamais trompé que les espérances de ceux qui, méconnaissant sa nature et sa compétence, attendaient d'elle autre chose que ce qu'elle peut promettre et donner, et lui demandaient une Métaphysique, une

1. M. Boirac, ap. *Revue philosophique*, t. XXXII, p. 528.

Morale et même une Religion. Ce n'est pas l'ébranler que de constater qu'elle repose sur des notions qu'elle ne peut définir et sur des hypothèses qu'elle ne peut prouver. Or c'est précisément là le domaine de la Critique : son office est de rendre compte des concepts et des principes fondamentaux de la Science, et de rendre raison du succès de leur application à la connaissance de la nature. En résumé, si c'est à la Science d'expliquer l'Univers, c'est à la Philosophie d'expliquer la Science; et si la Philosophie ne réussissait pas à justifier la Science, ce ne serait pas la « banqueroute » de la Science, mais bien celle de la Philosophie.

Ainsi la Philosophie et la Science sont absolument distinctes : elles ont chacune leur domaine et leur rôle propre; et si elles ont été parfois tentées d'empiéter l'une sur l'autre et de se supplanter, elles ne peuvent et ne pourront jamais se remplacer. Mais il ne s'en suit pas qu'elles soient indépendantes l'une de l'autre, et qu'elles puissent impunément se séparer. Tout au contraire, la Philosophie ne peut se passer de la Science, car elle y trouve sa matière indispensable et son aliment naturel. C'est ce que son histoire entière pourrait démontrer : tous les philosophes, depuis ARISTOTE jusques à KANT, ont pris pour objet de leurs spéculations la Science telle qu'elle existait de leur temps, et lui ont emprunté les matériaux de leurs systèmes. Mais jamais le commerce de la Science et de la Philosophie ne fut plus intime et plus fécond que dans cet admirable XVIIe siècle, où tous les penseurs étaient versés dans les Sciences et nourris de Mathématiques, et où les plus grands métaphysiciens furent l'inventeur de l'Analyse et celui du Calcul infinitésimal, c'est-à-dire les fondateurs de la Science moderne. Leur exemple suffirait à prouver que la Science ne perd rien à s'inspirer de la Métaphysique, et qu'en retour la Philosophie trouve dans la connaissance scientifique son point de départ et son point d'appui.

Or cette antique tradition paraît aujourd'hui perdue, ou tout au moins interrompue. Depuis un siècle environ, pour des causes diverses que nous n'avons pas à rechercher, la Philosophie semble s'être détachée de la Science et désintéressée de ses progrès. Abandonnant le monde physique aux savants, elle s'est confinée dans l'étude de la conscience; elle a cru pouvoir se renfermer dans un domaine à part, le monde mental, et en découvrir les lois par une méthode spéciale, l'introspection. Nous ne voulons pas examiner ici si elle a réussi à se constituer comme science particulière, ou si, en prétendant devenir la « science de l'âme », elle n'en a pas été plutôt l'histoire naturelle. En tout cas, elle s'est ainsi posée sur le terrain de la Science, et s'est opposée comme « science morale » aux sciences physiques. Par là même, elle a considéré l'esprit comme une chose faisant partie de la nature, et en a fait un objet d'études pour les savants. Aussi, comme elle avait fait reposer toute la Métaphysique sur la Psychologie, la Métaphysique a-t-elle paru ruinée le jour où la Science s'est emparée des phénomènes spirituels par leur face physiologique, la seule mesurable, et par suite la seule scientifiquement connaissable. Il en est résulté deux erreurs fort graves : parmi les savants, les uns ont cru que toute Métaphysique était désormais impossible et que la Science suffisait à tous nos besoins intellectuels, ou que du moins notre légitime curiosité devait se borner à la connaissance des lois de la nature; les autres ont espéré qu'une Psychologie plus sérieuse et vraiment scientifique pourrait remplacer la Métaphysique, ou plutôt serait la vraie Métaphysique, et nous livrerait le dernier mot des choses et de l'esprit.

C'est ainsi que la Psychologie soi-disant spiritualiste a préparé, sinon engendré, la Psychologie prétendue scientifique et au fond matérialiste, et a failli compromettre la Métaphysique elle-même. L'éclectisme et le positivisme ont également méconnu le caractère original et la fonction véritable de la Philosophie. Le premier, en se figurant observer la conscience, ne faisait qu'analyser des concepts vagues et confus, produit spontané de l'expérience vulgaire; et il a cru qu'il suffisait de raisonner sur eux pour en tirer des vérités métaphysiques : il a ainsi abouti à une idéologie stérile et vide. Le second s'est efforcé d'atteindre les faits de conscience par la méthode expérimentale pour en déterminer les lois : mais, au lieu de faits psychiques, il n'a pu observer que des phénomènes physiologiques, et ce n'est pas la pensée qu'il a soumis à l'expérimentation, mais seulement ses manifestations physiques. L'un et l'autre ont manqué le but, parce qu'ils ont violé ce principe de la Critique, à savoir que la Métaphysique consiste essentiellement en jugements synthétiques *a priori*, et ils se sont en vain flattés de la remplacer, soit par des vérités logiques (jugements analytiques), soit par des lois expérimentales (jugements synthétiques *a posteriori*). Ils n'ont oublié qu'une chose : c'est que les vérités, tant logiques que scientifiques, sont relatives à l'esprit qui pense, et ne sont vraies qu'en tant qu'elles sont conformes aux principes rationnels. C'est donc une entreprise chimérique et vaine que de chercher à connaître *scientifiquement* les lois de la pensée, attendu que toute connaissance scientifique est fondée sur ces lois elles-mêmes, et que la moindre expérience n'a de valeur qu'autant qu'elle est soumise aux formes *a priori* de la raison.

Ce n'est donc ni par l'analyse logique et la déduction, ni par l'analyse psychologique et l'induction que l'on peut atteindre les principes de la connaissance. Les problèmes critiques ne relèvent ni de la logique ni de l'expérience, mais de la raison. Ils ne relèvent pas de la logique, s'il est vrai, suivant une pensée profonde de COURNOT[1], qui a inspiré tout notre Ouvrage, que la tâche de toute Critique et de toute Philosophie consiste à choisir, entre plusieurs enchaînements de concepts également *logiques*, le plus *rationnel*, c'est-à-dire celui qui met le plus d'unité, de lumière et d'harmonie dans nos idées, en les rattachant à quelques idées primordiales et simples; car si, étant donné un système de propositions logiquement unies, l'on peut indifféremment partir de l'une quelconque d'entre elles pour en déduire les autres, l'ordre le plus naturel et le plus philosophique est celui qui fait dépendre toutes ces vérités de quelques principes vraiment évidents et irréductibles, en un mot, vraiment principes.

Les problèmes critiques ne relèvent pas davantage de l'expérience : car l'esprit *que l'on connaît* ne sera jamais l'esprit *qui connaît*. Le premier est la conscience, théâtre de phénomènes fugitifs et insaisissables dont la liaison et la raison d'être échappent fatalement à l'observation; le second est le moi pensant ou la raison, qui organise le chaos infiniment varié de la conscience phénoménale : de ce mirage éphémère et décevant elle tire les éléments d'un système solide et permanent qu'elle construit conformément à ses lois, qu'elle dote de la valeur objective et qu'elle nomme la réalité. Or ce travail obscur et pour ainsi dire souterrain de la raison *informant* les données de l'expérience ne se révèle que par ses produits : les principes en vertu desquels la raison opère se *sentent*, ils ne se *voient* pas. Aussi n'est-ce pas en observant scrupuleusement les faits

1. *Correspondance entre l'Algèbre et la Géométrie*, chap. XVI, n° 146.

psychologiques que l'on surprendra le secret de ces opérations et qu'on se rendra compte de leur valeur. Jamais n'apparaîtront dans l'intuition sensible les règles qui unissent nos idées, guident nos jugements et nos raisonnements, et nous font distinguer le vrai du faux. En général, la méthode empirique qui consiste à étudier les démarches de l'esprit à la façon des phénomènes physiques ne permet pas de pénétrer les raisons profondes de leur enchaînement. Ceux qui se flattent de découvrir les lois cachées de la raison en observant la surface ondoyante et mouvante de la conscience ressemblent à celui qui prétendrait expliquer la marche d'un vaisseau par le remous et le clapotis des flots qu'il soulève, sans connaître le gouvernail qui le dirige et l'hélice qui le pousse en avant.

Ainsi, malgré les apparences, la Psychologie introspective ne peut saisir l'esprit dans sa spontanéité intime et vivante, encore moins la Psychologie expérimentale et physiologique : car elles n'atteignent l'esprit que dans ses manifestations extérieures, et l'étudient pour ainsi dire du dehors. Au contraire, la vraie méthode pour connaître l'esprit est celle qui pourrait paraître au premier abord extérieure et superficielle, et qui consiste à l'étudier dans son ouvrage, qui est la connaissance, et spécialement la Science. Ce paradoxe est facile à justifier : de même que l'on ne comprend bien une machine qu'en la regardant marcher, de même, pour pénétrer les procédés de l'intelligence, il faut la voir à l'œuvre. Il y a plus : pour avoir une juste image des opérations latentes de la raison, il faudrait la comparer à une machine invisible dont on n'apercevrait que les produits, et dont on ne pourrait connaître la structure que par les traces qu'elle y laisse et la forme qu'elle leur imprime. De même, on doit laisser la pensée opérer spontanément en vertu de son mécanisme inconscient, et l'étudier après coup dans ses ouvrages, en y relevant l'empreinte des rouages intellectuels qui les ont façonnés.

C'est donc dans la Science, et surtout dans les sciences faites et régulièrement constituées, que l'on doit étudier l'organisation de l'esprit et le prendre pour ainsi dire sur le fait. C'est dire que la Philosophie consiste essentiellement et avant tout dans la Critique générale des sciences; et quand elle n'aurait pas d'autre fonction, elle y trouverait une raison d'être suffisante et éternelle : car toute science s'appuie sur des principes ou des notions supra-scientifiques qui ne relèvent pas de sa méthode et qu'il ne lui appartient pas de vérifier, puisqu'elle les suppose. Ces données fondamentales, que la Science est obligée de postuler, mais qu'elle n'expliquera jamais, sont et resteront le domaine propre de la Critique. Ainsi conçue, la Philosophie n'empiète pas sur le domaine de la Science, et partant ne s'expose à aucun démenti de sa part. De son côté, la Science, au lieu d'évincer la Philosophie par son progrès indéfini, ne fait, en se développant, que fournir à la réflexion critique une matière de plus en plus riche et abondante. Loin de supprimer ou de résoudre les problèmes critiques que recèlent ses principes, elle les pose avec plus d'urgence et aussi de clarté, elle en précise et en simplifie les termes, et sans en donner la solution, qui n'est pas de son ressort, elle la prépare et en fournit les éléments.

Est-ce à dire que la Philosophie ne puisse plus être qu'une Critique? Nous ne le pensons pas. Tout d'abord, une Critique implique et engendre nécessairement une Théorie de la connaissance, car elle aboutit à distinguer divers modes et divers degrés de connaissance, et par suite diverses facultés de connaître ayant une valeur inégale et des rôles différents. Elle établit donc une certaine hiérarchie entre elles, et par là même attribue à l'une d'elles une autorité supérieure et un rôle prépondérant : cette faculté maîtresse, arbitre des autres facultés, est ce qu'on appelle la raison. Pour le dire tout de suite, la raison doit être soigneusement distinguée de l'entendement, qui abstrait et généralise, juge et raisonne sur des concepts, et qui est la faculté proprement logique et analytique, tandis que la raison est la faculté des idées pures et des principes synthétiques *a priori*.

D'autre part, la Théorie de la connaissance enveloppe naturellement une Théorie de l'être : en effet, par cela même qu'une de nos facultés de connaître est reconnue juge suprême de la vérité, et décide de la valeur relative de nos connaissances, on doit attribuer une valeur absolue, c'est-à-dire objective, aux connaissances ou aux décisions de cette faculté souveraine, de sorte que la raison sera aussi juge en dernier ressort de la réalité. Aussi, quoi qu'en disent l'agnosticisme et le mysticisme à la mode, la réalité ne peut pas être irrationnelle ou inintelligible : car le réel pour nous, c'est ce que nous pensons comme vrai, et le vrai, c'est ce dont la raison comprend et affirme l'existence. Les noumènes inconnaissables procèdent du préjugé réaliste (soutenu d'ailleurs par des exigences morales dont nous n'avons pas à apprécier la valeur) qui considère les choses comme existant en dehors et indépendamment de l'esprit; mais au point de vue purement spéculatif, qui est le nôtre, ils n'ont aucune raison d'être et nous paraissent injustifiables, même à titre simplement problématique. C'est parce que Kant a conçu arbitrairement la sensibilité comme une réceptivité qu'il a cru devoir admettre des choses en soi, causes transcendantes de nos sensations; et de même, c'est parce qu'il a identifié gratuitement « intuition » et « réceptivité » qu'il a soutenu que nous ne pouvons avoir que des intuitions sensibles. Pour un idéalisme plus logique et plus radical, nos sensations n'ont pas d'autres causes que les objets de notre expérience, c'est-à-dire l'ensemble des sensations organisées et objectivées par la raison [1]. Or, si l'on bannit cette idole réaliste de la « chose en soi », léguée par l'ontologie substantialiste à l'idéalisme critique, on devra reconnaître que la réalité n'est pas transcendante, mais immanente à l'esprit, et qu'elle est au fond une construction de la raison.

Il n'y a qu'un cas où la raison ne pourrait pas atteindre la réalité, c'est-à-dire conférer l'objectivité au système de nos connaissances construit conformément à ses lois : c'est celui où elle serait condamnée à se contredire elle-même en portant des affirmations sur la réalité absolue : une contradiction intrinsèque pourrait seule l'empêcher d'accorder à ce système l'existence objective. C'est pourquoi l'*Antinomie de la Raison pure* est vraiment la citadelle de l'Idéalisme transcendental. Or, si nous réussissons à prouver que la raison n'entre pas réellement en conflit avec elle-même, mais seulement avec l'entendement et la sensibilité, qui lui sont subordonnés, rien ne lui interdira plus de se prononcer sur la réalité objective de l'Univers idéal qu'elle construit; et si d'autre part nous parvenons à montrer que ses principes synthétiques reposent sur une intuition intellectuelle pure, nous aurons du même coup établi que son rôle n'est pas seulement « régulateur », mais « constitutif », que sa compétence n'est pas circonscrite dans les limites de l'expérience possible, et qu'il est permis d'en faire un usage transcendant (par rapport à la sensibilité et à

1. Cf. A. Spir, *De la nature des choses*, ap. *Revue de Métaphysique et de Morale*, t. III, p. 130.

l'entendement). En résumé, si la Critique doit avant tout justifier et fonder la Science, il ne nous semble pas qu'elle soit pour cela obligée de ruiner la Métaphysique; tout au contraire, elle la prépare et y achemine naturellement.

On sait du reste que la Critique kantienne n'a prétendu ruiner que la Métaphysique conçue comme la connaissance des choses en soi, mais nullement la Métaphysique entendue comme le système des principes de la nature : et l'exemple même de son auteur[1] montre que ces principes sont au fond les lois de la pensée, et qu'ils doivent être cherchés dans l'analyse critique de nos facultés de connaître. Donc, en tout état de cause, la Critique ne supprime pas plus la Philosophie de la nature que la Philosophie de l'esprit. Seulement, si l'on renonce à la chimère ontologique de l' « être en tant qu'être » ou de la « chose en soi », c'est la Philosophie de la nature qui devient (ou plutôt redevient) la véritable Métaphysique, au sens primitif et étymologique de ce mot : or, comme elle repose nécessairement sur la Science de la nature, elle se confond avec la Philosophie des sciences, ou tout au moins y prend racine. Qui nous dit, en effet, que les jugements synthétiques *a priori* qui constituent la Métaphysique soient autres que ceux qui constituent la Mathématique pure et la Physique pure? Dans tous les cas, que l'on recherche les principes de la nature ou les lois de la raison, c'est toujours à la Critique de la Science qu'il faut recourir, et par elle qu'il faut commencer : de sorte que la Théorie de la connaissance engendre en même temps une Philosophie de la nature et une Philosophie de l'esprit. Encore une fois, la Métaphysique ainsi entendue, comme la Critique qui en est la source, n'a rien à craindre des progrès de la

1. KANT, *Premiers Principes métaphysiques de la Science de la Nature*, trad. Andler et Chavannes (Alcan, 1891).

Science, dont elle accepte et légitime d'avance toutes les découvertes : loin de reculer devant son développement incessant, elle y trouve l'occasion de se confirmer, de se compléter ou de se corriger, et y puise la sève nécessaire à son renouvellement perpétuel.

INTRODUCTION

Le problème capital de la Critique consiste à déterminer la part respective de l'*a priori* et de l'*a posteriori* dans la connaissance, autrement dit, les rapports de la raison et de l'expérience. Or la Mathématique est la science rationnelle et *a priori* par excellence, tandis que la Physique emploie la méthode *a posteriori* et est fondée sur l'expérience. La question fondamentale de la Critique scientifique peut donc se ramener à celle-ci : Quels sont les rapports de la Physique et de la Mathématique?

Mais ce n'est là qu'une formule superficielle et vague, qu'il faut préciser et approfondir. On sait que ces deux sciences s'unissent intimement dans la Physique mathématique, et collaborent en quelque sorte à la connaissance de la nature, de sorte qu'il est impossible d'établir entre elles une démarcation tranchée. Si l'on ne considère que la méthode, on serait tenté de séparer la Physique mathématique de la Physique expérimentale; mais ces deux branches de la science se fondent ensemble à tel point que leur distinction se réduit à une simple diversité de points de vue : ce sont deux procédés différents pour traiter les mêmes questions et étudier les mêmes faits, à peu près comme la synthèse et l'analyse en Géométrie. D'ailleurs, ce qui appartenait hier à la Physique expérimentale relèvera demain de la Physique mathématique, de sorte que celle-ci empiète de plus en plus sur celle-là, et tend à l'absorber. Si, au contraire, on envisage leur objet, non seulement la Physique mathématique et la Physique expérimentale ont le même objet, mais cet objet leur est commun avec la Mécanique et même la Géométrie, sciences dites mathématiques : car les lois de ces dernières s'appliquent au monde matériel et sont vraies de tous les corps de la nature, aussi bien que les lois physiques, et même avec un degré supérieur de certitude et de généralité. L'Astronomie, par exemple, est une science physique, en tant qu'elle emploie la méthode d'observation et étudie des phénomènes réels et des objets concrets; et en même temps elle est une science mathématique et déductive, car la Mécanique céleste n'est qu'une branche de la Mécanique rationnelle ou analytique. Ainsi la Géométrie et la Mécanique paraissent bien être à ce titre des sciences de la nature; du reste, l'Hydrostatique et l'Hydrodynamique rattachent étroitement la Physique à la Mécanique, comme la Cinématique relie la Mécanique à la Géométrie. Il est donc impossible de séparer ces deux dernières sciences de la Physique, dont elles forment en quelque sorte les premiers chapitres.

D'autre part, l'une et l'autre reposent sur des principes (hypothèses ou postulats, comme on voudra les appeler) qui sont essentiellement synthétiques. Par là encore elles se rapprochent de la Physique, qui, pour employer la méthode déductive et le calcul, n'en emprunte pas moins ses principes à l'expérience; et au contraire elles s'opposent nettement aux Mathématiques pures, à savoir l'Arithmétique et l'Algèbre, qui procèdent d'une manière rigoureusement analytique. Que ces principes synthétiques soient *a priori* ou *a posteriori*, il importe peu pour le moment; disons toutefois que les savants sont en général portés à penser que la Géométrie et la Mécanique sont des sciences expérimentales par leurs données initiales, et à les fonder sur des faits d'observation : c'est à leurs yeux une raison de plus pour les considérer comme des parties de la Physique. Quoi qu'il en soit, on les distingue des Mathématiques pures en les réunissant avec l'Astronomie sous le nom de Mathématiques appliquées. Ainsi la barrière véritable se trouve, non entre la Mathématique et la Physique, mais entre les Mathématiques pures et les Mathématiques appliquées, auxquelles la Physique se soude intimement, et dont elle ne fait que continuer et développer l' « application » à la nature. Le problème critique se pose donc à présent dans ces termes : Quels sont les rapports des Mathématiques pures et des Mathématiques appliquées?

On connaît, au moins en gros, quels sont ces rapports : ils consistent dans l'application de l'Algèbre à la Géométrie, qui a engendré non seulement la Géométrie analytique, mais l'Analyse, et en particulier le Calcul infinitésimal, qui permet de mesurer exactement les figures les plus complexes, et de suivre avec précision les grandeurs géométriques dans leurs variations continues. Or, si nous en croyons les mathématiciens, l'Analyse reposerait exclusivement sur l'idée de nombre, tandis que la Géométrie, la Mécanique et la Physique auraient pour objet des grandeurs connues par expérience. Par suite, l'Analyse pourrait être construite entièrement *a priori*, et s'opposerait comme science du nombre pur aux sciences de la nature. Ainsi l'application de l'Algèbre à la Géométrie, et plus généralement de l'Analyse à la Physique, consiste essentiellement dans l'application des nombres aux grandeurs. La question critique revient donc en définitive à celle-ci : Quels sont les rapports du Nombre et de la Grandeur?

Comme on le voit, c'est, au fond, de la valeur objective du Calcul infinitésimal qu'il s'agit, c'est-à-dire de la légitimité de son application aux grandeurs physiques, et par suite de la possibilité de soumettre les phénomènes naturels à des lois mathématiques. C'est aussi et avant tout de sa valeur logique, qui a été si longtemps discutée, et qui est encore contestée ou méconnue de nos jours par certains philosophes. C'est enfin et surtout de la valeur et même de l'existence positive des idées d'infini et de continu, sur lesquelles repose l'Analyse tout entière. Mais on voit en même temps que cette question, qui a été autrefois débattue d'une manière souvent si confuse et si obscure, se ramène à une question tout à fait élémentaire, et se pose à présent dans les termes les plus simples et les plus clairs : car l'application des nombres aux grandeurs consiste principalement dans la mesure des grandeurs, dont la notion est familière à tout le monde. Il s'agit donc, en somme, de savoir à quelles conditions les grandeurs sont mesurables, et dans quel sens cette opération (de l'esprit) est possible et légitime.

Cette étude nous amènera naturellement à rechercher l'origine respective des idées de nombre et de grandeur, et à décider si elle est *a priori* ou *a posteriori*. Les savants, avons-nous dit, considèrent les grandeurs en général, et les grandeurs géométriques en particulier, comme des données expérimentales, et c'est pourquoi ils s'efforcent d'édifier toute l'Analyse avec la seule notion du nombre, qu'ils regardent comme l'unique base rationnelle de la Mathématique. Nos recherches aboutiront à une conclusion toute contraire : l'Analyse ne repose pas, selon nous, sur l'idée de nombre, quelque extension qu'on lui donne, mais sur l'idée universelle de grandeur : or cette idée rationnelle ne peut se construire au moyen du nombre, même généralisé; elle est au contraire la raison d'être de la généralisation du nombre, et le fondement intuitif des jugements synthétiques *a priori* qui constituent la Mathématique pure. D'ailleurs, l'Analyse ne s'applique pas seulement aux grandeurs géométriques, mais à toutes les espèces de grandeurs : aussi est-elle l'instrument commun de la Géométrie, de la Mécanique et de la Physique proprement dite. En un mot, elle n'est pas la science du nombre pur et abstrait, mais la science de la grandeur en général.

On comprend aisément, dès lors, que cette Mathématique universelle, rêvée et fondée par Descartes et par Leibnitz, trouve dans la Physique un champ d'application illimité, puisque celle-ci se propose de déterminer les lois des phénomènes matériels, qui se ramènent en fin de compte à des rapports de grandeurs. Aussi l'Analyse pénètre et envahit progressivement toutes les sciences de la nature, à mesure qu'elles deviennent « exactes » en réduisant leurs objets à des grandeurs mesurables. En effet, l'Analyse construit *a priori* toutes les relations concevables entre les grandeurs, et étudie déductivement leurs propriétés et leurs transformations. C'est un répertoire de formes abstraites, un catalogue de lois mathématiques, rattachées à quelques types généraux et simples, parmi lesquelles la Physique doit nécessairement trouver celles qui unissent en fait telles et telles grandeurs concrètes. Ce n'est donc pas une science à part, juxtaposée ou opposée aux sciences physiques : c'est la langue universelle des sciences, c'est une véritable Logique, la Logique de la quantité [1].

1. C'est la *Logistique* de Cournot.

On s'étonnera peut-être de nous voir traiter la question de l'Infini mathématique sans faire appel à aucune notion ni à aucun principe de Calcul infinitésimal. Cette simplification du problème est due aux savants eux-mêmes, et l'on ne saurait trop leur en être reconnaissant. Dans ce siècle où la plupart des philosophes cessaient de se tenir au courant des découvertes scientifiques et surtout du progrès des méthodes, les mathématiciens ont cru devoir reviser et réformer la constitution de leur science. Après l'extension prodigieuse que l'Analyse avait reçue au XVIIIe siècle, il était indispensable d'organiser ces conquêtes immenses et rapides, et de revenir sur les principes d'où l'on était parti pour les affermir et les coordonner. Aussi, pendant que la science poursuivait son développement de plus en plus accéléré, des savants à l'esprit critique la reprenaient pour ainsi dire en sous-œuvre, et la reconstruisaient sur des fondements solides et éprouvés. Ils contrôlaient l'enchaînement logique des propositions, recherchaient avec soin toutes les pétitions de principe dissimulées dans la trame des raisonnements, et les réduisaient à un petit nombre d'axiomes ou de postulats où toutes les données fondamentales venaient se rassembler et se condenser. Ils s'attachaient surtout à bannir des démonstrations tout argument imaginatif, tout appel à l'intuition : ils purifiaient ainsi l'Analyse des considérations géométriques, et la reconstituaient par une méthode vraiment analytique, de sorte que tous les principes synthétiques implicitement admis par les inventeurs dans le cours de leurs déductions se trouvaient désormais formulés explicitement au début même de la science, réunis et résumés dans ses hypothèses primordiales. Ainsi les notions et les propositions constitutives de la science se présentent aujourd'hui sous la forme la plus élémentaire et la plus accessible, et dans un enchaînement rigoureux et systématique tout à fait propre à faire ressortir leur valeur philosophique.

Nous voudrions faire profiter la Philosophie de ce grand travail de cristallisation logique de la science, qui prépare et facilite singulièrement la tâche de la Critique, et en mettre les principaux résultats à la portée et à la disposition des philosophes. C'est grâce à ce travail qu'il nous est possible de ramener la question tant controversée de la valeur du Calcul infinitésimal à celle de l'infini de grandeur et de nombre : car celle-ci implique celle-là, de sorte que la première se trouvera résolue dans le sens et dans la mesure où nous aurons réussi à résoudre la dernière. Il nous sera donc permis d'agiter le problème de l'Infini mathématique sans parler d'intégrales ni de différentielles. En effet, tout l'algorithme infinitésimal repose aujourd'hui sur la seule notion de *limite*, laquelle s'introduit dans les éléments, et peut s'expliquer sans avoir recours à aucune formule cabalistique, à aucun symbolisme mystérieux : car c'est précisément cette notion rigoureuse qui sert à définir et à justifier tous les symboles et toutes les formules du Calcul infinitésimal. D'ailleurs, si cette notion permet de se passer de l'idée d'infini dans la constitution de l'Analyse, c'est peut-être qu'au fond l'infini se trouve impliqué dans la définition même de la limite, de sorte que c'est par elle qu'il s'introduit dans toutes les branches de l'Analyse.

D'autre part, cette notion capitale de limite est intimement liée à l'idée de continuité; elle suppose par suite l'extension progressive de l'idée de nombre, et en particulier la création des nombres irrationnels. Or, pour le dire d'avance, cette création ne paraît se justifier que par l'application des nombres aux grandeurs : de sorte que l'étude de la généralisation du nombre est propre à éclairer les rapports du nombre et de la grandeur.

De son côté, le nombre infini offre des analogies profondes avec le nombre irrationnel : l'un et l'autre représentent des grandeurs incommensurables, et trahissent l'insuffisance du nombre à traduire la grandeur. En outre, il y a une connexion étroite entre les idées d'infinité et de continuité : or, si celle-ci trouve son expression naturelle et adéquate dans les nombres irrationnels, celle-là s'exprime par le nombre infini. Enfin, la continuité essentielle des grandeurs enveloppe elle-même une infinité de parties, et justifie encore par là le nombre infini. Pour toutes ces raisons, le nombre infini est une des extensions de l'idée de nombre, la plus choquante peut-être, en tout cas la plus contestée, sans doute parce qu'elle manifeste le mieux le contraste du nombre et de la grandeur : c'est celle où se révèle pour ainsi dire à l'état aigu le conflit de ces deux idées primitives, irréductibles l'une à l'autre, et où apparaissent d'une manière saisissante leur disproportion et leur radicale hétérogénéité. Or, pour savoir si ce nombre paradoxal a un sens et une raison d'être, il faut le comparer aux autres extensions de l'idée de nombre, et se demander s'il ne se justifie pas de la même manière : et par conséquent, il faut auparavant rechercher si ces autres extensions sont légitimes, et pourquoi elles le sont. Ainsi l'étude de l'Infini mathématique paraît devoir jeter une vive lumière sur les rapports du nombre et de la grandeur; mais, comme les notions de limite et de continuité, qui sont les bases de l'Analyse et le véhicule de l'idée d'infini, ne peuvent être élucidées que par l'examen critique de la généralisation du nombre, c'est par cet examen qu'il convient de commencer.

PREMIÈRE PARTIE

GÉNÉRALISATION DU NOMBRE

Nous allons exposer et apprécier tour à tour les diverses conceptions de l'Arithmétique générale, c'est-à-dire les diverses méthodes par lesquelles on peut généraliser l'idée de nombre, et les diverses théories par lesquelles on peut justifier cette généralisation. La plus simple et la plus logique paraît être celle qui engendre toutes les extensions du nombre au moyen des seuls nombres entiers, ou plutôt qui réduit aux nombres entiers toutes les autres espèces de nombres. C'est celle que M. Jules Tannery a adoptée et exposée dans son *Introduction à la théorie des fonctions d'une variable*, et dont il a résumé l'esprit dans les lignes suivantes :

« On peut constituer entièrement l'Analyse avec la notion de nombre entier et les notions relatives à l'addition des nombres entiers; il est inutile de faire appel à aucun autre postulat, à aucune autre donnée de l'expérience. La notion de l'infini, dont il ne faut pas faire mystère en mathématiques, se réduit à ceci : après chaque nombre entier, il y en a un autre [1]. »

Suivant cette conception rigoureuse et systématique, il n'existe, à proprement parler, que des nombres entiers; toutes les autres formes de nombres se définissent comme des groupes de nombres entiers, et toutes les opérations sur ces nombres, comme des combi-

1. *Op. cit.*, Préface, p. VIII. Cette phrase montre bien, soit dit en passant, la relation nécessaire qui unit la question de l'infini mathématique à celle de la généralisation de l'idée de nombre.

naisons des nombres entiers qui les composent, se ramenant en définitive aux « quatre règles ».

L'Analyse ainsi conçue n'est qu'une extension (prodigieusement compliquée, d'ailleurs) de l'Arithmétique élémentaire. C'est ce que M. Tannery a voulu prouver en reconstruisant l'Analyse entière, depuis les éléments jusqu'aux principes du Calcul infinitésimal, sans jamais faire appel aux notions d'infini et de continu, ni à aucune intuition géométrique[1]. Nous ne saurions mieux faire que de renvoyer le lecteur curieux à cet Ouvrage. Seulement, comme il est destiné au public scientifique, l'auteur s'est dispensé d'exposer tout au long la généralisation du nombre entier; il s'est attaché surtout à définir le nombre irrationnel, et s'est contenté, pour les autres espèces de nombres, de ces brèves indications :

« A la vérité, pour être complet, il eût fallu reprendre la théorie des fractions; une fraction, du point de vue que j'indique, ne peut pas être regardée comme la réunion de parties égales de l'unité; ces mots « *parties de l'unité* » n'ont plus de sens. Une fraction est un ensemble de deux nombres entiers, rangés dans un ordre déterminé; sur cette nouvelle espèce de nombres, il y a lieu de reprendre les définitions de l'égalité, de l'inégalité et des opérations arithmétiques. J'aurais dû aussi reprendre la théorie des nombres positifs et négatifs, théorie que l'on ne dégage pas toujours de la considération des grandeurs concrètes, et dans laquelle il faut encore reprendre à nouveau les définitions élémentaires. »

Pour nous, qui ne nous adressons pas aux savants, mais aux « profanes », il y a un intérêt philosophique à exposer la généralisation du nombre entier dans son ensemble et d'une manière systématique, en nous conformant à la méthode qui vient d'être définie. En effet, cette méthode étant la même, en principe, pour les notions les plus simples que pour les plus complexes, il y a avantage à l'appliquer d'abord aux cas les plus élémentaires, afin d'en mieux saisir l'esprit : car c'est dans les premiers principes que se révèlent à plein le caractère et la tendance d'une méthode. Ç'a été d'ailleurs notre préoccupation constante, dans le cours de cet Ouvrage, de ramener toutes les théories à leur forme la plus élémentaire, et de les illustrer par les exemples les plus clairs et les plus familiers. Nous n'avons même pas craint l'uniformité et la répétition, au risque

1. Voir notamment la définition analytique des fonctions circulaires, *op. cit.*, ch. IV, § 96.

d'ennuyer et de fatiguer le lecteur, car cela même fait ressortir l'unité de la méthode et en précise le caractère. De plus, en le conduisant par degrés du simple au composé et du connu à l'inconnu, nous pensons lui avoir rendu la lecture plus accessible et le jugement plus sûr : car il pourra apprécier les cas les plus difficiles par les plus faciles, et les moins connus par leur analogie avec les plus connus.

Enfin, il était nécessaire d'exposer à part la théorie des nombres fractionnaires, négatifs et imaginaires, car, ainsi qu'on le verra, on ne peut pas les définir et les introduire de la même manière que les nombres irrationnels, et cette diversité même de méthode sera peut-être instructive à elle seule.

Voilà pourquoi nous avons cru devoir développer et compléter l'exposition de M. Tannery, en nous inspirant de ses indications et de son enseignement. Qu'il nous soit permis de le remercier ici de ses leçons et de ses conseils, qui nous ont été très précieux dans tout le cours de notre travail, et de lui faire hommage en particulier de cette première Partie, dont nous lui devons la plus grande et la meilleure part. Nous voudrions que cet essai ne parût pas trop indigne de notre maître, et qu'il pût servir aux philosophes novices en mathématiques d'introduction à son excellente *Introduction*.

LIVRE I

GÉNÉRALISATION ARITHMÉTIQUE DU NOMBRE

Nous supposons connus l'ensemble des nombres entiers, y compris *zéro*, et les quatre opérations arithmétiques (addition, soustraction, multiplication et division) définies pour les nombres entiers, ainsi que leurs propriétés essentielles, que nous aurons du reste l'occasion de rappeler bientôt.

CHAPITRE I

THÉORIE DES NOMBRES FRACTIONNAIRES

1. On appelle *nombre fractionnaire* ou *fraction* l'ensemble de deux nombres entiers rangés dans un ordre déterminé, et dont le second n'est pas nul (c'est-à-dire *zéro*). Soient a, b ces deux nombres, qu'on nomme *termes* de la fraction : on appelle le premier *numérateur*, le second *dénominateur*, et l'on écrira provisoirement la fraction sous la forme

$$(a, b)$$

afin d'exclure le signe de la division, qui n'a plus de sens dès que a n'est pas divisible par b.

2. *Définition de l'égalité.* — Deux fractions

$$(a, b) \qquad\qquad (a', b')$$

sont dites égales, et l'on écrit

$$(a, b) = (a', b')$$

quand leurs termes vérifient la relation suivante :

$$ab' = ba'.$$

On reconnaît aisément que cette définition satisfait les conditions générales de toute égalité, et notamment l'axiome : Deux grandeurs égales à une même troisième sont égales entre elles. En effet, si l'on a

$$(a,\, b) = (a',\, b') \qquad\qquad (a',\, b') = (a'',b''),$$

c'est-à-dire

$$ab' = ba' \qquad\qquad a'b'' = b'a''$$

et qu'on multiplie membre à membre les deux égalités précédentes, on obtient l'égalité

$$ab'a'b'' = ba'b'a''$$

ou

$$ab'' = ba''$$

qui signifie que :

$$(a,b) = (a'',\, b''). \qquad\qquad C.\ Q.\ F.\ D.$$

3. *Théorème.* — Si l'on multiplie ou divise les deux termes d'une fraction par un même nombre, on obtient une fraction égale.

En effet, si l'on multiplie les deux termes de la fraction $(a,\, b)$ par le nombre (entier) n, on a

$$(a,\, b) = (an,\, bn)$$

car la condition d'égalité est remplie :

$$abn = ban.$$

La même formule montre qu'on peut diviser les deux termes d'une fraction par un même nombre (qui est nécessairement un diviseur commun des deux termes); car si l'on met ce facteur commun n en évidence, diviser les deux termes par ce facteur revient à le supprimer, et l'on a :

$$(an,\, bn) = (a,\, b).$$

Si l'on supprime ainsi tous les facteurs communs aux deux termes d'une fraction, ou, ce qui revient au même, si l'on divise ces deux termes par leur plus grand commun diviseur (qui est le produit de tous leurs facteurs premiers communs), on réduit la fraction *à sa plus simple expression.* Les deux termes de la fraction obtenue sont premiers entre eux : une telle fraction est dite *irréductible.*

Ainsi toute fraction est égale à une fraction irréductible, et ses termes sont des équimultiples des termes de celle-ci.

4. *Réciproquement*, toute fraction qui est égale à une fraction irréductible a ses termes équimultiples des termes de celle-ci.

Soit (a, b) une fraction irréductible, (a', b') une autre fraction égale à la précédente; on a par définition :

$$ab' = ba'.$$

Or un théorème d'Arithmétique dit que, si un nombre divise un produit de deux facteurs et est premier avec l'un d'eux, il divise l'autre. Ici, le nombre b divise le produit ab', puisque le quotient $(ab' : b)$ est le nombre entier a'; or, par hypothèse, b est premier avec a; donc b divise b', et l'on doit avoir

$$b' : b = n$$

ou

$$b' = bn,$$

n étant un nombre entier. Remplaçons b' par sa valeur, il vient

$$abn = ba'$$

ou

$$a' = an,$$

ce qui prouve que a', b' sont des équimultiples de a, b.

5. Deux fractions qui sont égales à une même fraction irréductible sont égales entre elles, d'après ce qui a été dit plus haut; *réciproquement*, deux fractions égales sont égales à une même fraction irréductible. Soient en effet les deux fractions égales (a, b), (a', b') dont aucune n'est irréductible (sans quoi la proposition serait évidente). Soit m le plus grand commun diviseur de a et de b, α et β les quotients de a et de b par m :

$$a = \alpha m \qquad b = \beta m.$$

Soit n le plus grand commun diviseur de a' et de b', α' et β' les quotients de a' et de b' par n :

$$a' = \alpha' n \qquad b' = \beta' n.$$

La relation qui exprime l'égalité des deux fractions devient

$$\alpha m . \beta' n = \beta m . \alpha' n$$

ou

$$\alpha\beta' . mn = \beta\alpha' . mn.$$

Supprimons le facteur commun mn; il reste :

$$\alpha\beta' = \beta\alpha'.$$

Dans cette égalité, α et β, α' et β' sont premiers entre eux, par hypothèse. Or, en vertu du théorème rappelé plus haut [**4**], β, divisant le produit $\alpha\beta'$ et étant premier avec α, divise β'; β', divisant le produit $\beta\alpha'$, et étant premier avec α', divise β. Les nombres entiers β et β', devant se diviser mutuellement, sont nécessairement égaux. Leur égalité entraîne immédiatement celle des nombres α et α'; il est donc prouvé que les deux fractions irréductibles (α, β), (α', β') sont identiques[1].

Ainsi, si l'on réduit deux fractions égales à leur plus simple expression, on obtient la même fraction irréductible; en d'autres termes, deux fractions égales peuvent être rendues identiques. Nous supposerons désormais (à moins d'indication contraire) que les fractions données sont irréductibles.

De ce qu'on peut multiplier les deux termes d'une fraction par un même facteur, il s'ensuit qu'on peut toujours réduire plusieurs fractions au même dénominateur. Nous n'insistons pas sur les règles de ce calcul, qui sont bien connues.

6. *Définition de l'addition.* — On appelle *somme* de deux fractions (réduites, s'il y a lieu, au même dénominateur) la fraction qui a le même dénominateur que les proposées, et pour numérateur la somme de leurs numérateurs.

C'est ce qu'on exprime par les formules suivantes :

$$(a, k) + (b, k) = (a + b, k),$$
$$(a, b) + (c, d) = (ad, bd) + (bc, bd) = (ad + bc, bd).$$

Cette dernière formule est générale, et s'applique au cas où les fractions données n'ont pas même dénominateur. Pour que cette définition soit légitime, il faut qu'elle satisfasse les conditions générales de l'addition, et notamment qu'elle possède les propriétés commutative et associative; c'est ce qu'il est aisé de vérifier.

La propriété commutative de l'addition s'exprime par la formule :

$$A + B = B + A.$$

1. On pourrait aussi, en reprenant le même raisonnement que ci-dessus [**4**], dire : De la relation

$$\alpha\beta' = \beta\alpha'$$

où α et β sont premiers entre eux, il s'ensuit que :

$$\alpha' = \alpha n, \qquad \beta' = \beta n.$$

Mais α' et β' sont premiers entre eux; le facteur commun n ne peut donc être que 1, de sorte qu'on a :

$$\alpha' = \alpha, \qquad \beta' = \beta.$$

Vérifions-la pour les fractions en posant :

$$A = (a, b) \qquad\qquad B = (c, d).$$
$$(a, b) + (c, d) = (ad + bc, bd)$$
$$(c, d) + (a, b) = (cb + da, bd).$$

Les seconds membres de ces deux identités sont égaux, en vertu de la propriété commutative de l'addition et de la multiplication des nombres entiers :

$$ad + bc = bc + ad = cb + da.$$

La propriété associative de l'addition s'exprime par la formule :

$$(A + B) + C = A + (B + C).$$

Le premier membre (qu'on écrit simplement : $A + B + C$) signifie qu'on ajoute B à A, puis C à la somme obtenue; le second membre signifie qu'on ajoute C à B, puis leur somme à A. Vérifions cette égalité en posant :

$$A = (a, b) \qquad B = (c, d) \qquad C = (e, f).$$
$$(a, b) + (c, d) + (e, f) = (ad + bc, bd) + (e, f) = (adf + bcf + bde, bdf)$$
$$(a, b) + [(c, d) + (e, f)] = (a, b) + (cf + de, df) = (adf + bcf + bde, bdf)$$

On voit que les deux résultats sont identiques.

7. L'addition possède encore une propriété caractéristique, celle qu'exprime la formule suivante :

$$A + 0 = A.$$

On appelle *module* d'une opération ou combinaison de deux nombres un nombre qui, combiné avec un nombre quelconque, n'en change pas la valeur. On énonce donc la propriété précédente en disant que l'addition a pour module *zéro*.

Nous ne connaissons jusqu'ici que le zéro de l'arithmétique élémentaire, c'est-à-dire le module de l'addition des nombres entiers, ou la différence de deux nombres entiers égaux. Nous pouvons l'appeler le *zéro entier*. Mais nous ne connaissons pas et nous n'avons pas encore défini le *zéro fractionnaire*. Ce sera, par analogie avec le zéro entier, le module de l'addition des nombres fractionnaires. Or telle est toute fraction dont le numérateur est *zéro*. En effet, si nous faisons dans la formule générale de l'addition

$$c = 0,$$

nous trouvons

$$(a, b) + (0, d) = (ad, bd) = (a, b),$$

ce qui signifie qu'on peut ajouter à une fraction une fraction de numérateur nul sans changer la valeur de la première. D'autre part, toutes les fractions de numérateur nul sont égales, car, pour qu'on ait

$$(0, c) = (0, d)$$

il faut et il suffit que

$$0 \times d = 0 \times c$$

ou

$$0 = 0,$$

ce qui est une identité, en vertu des règles de la multiplication des nombres entiers. On représentera donc le zéro fractionnaire par une fraction de dénominateur quelconque (non nul) et de numérateur nul.

Remarquons, en outre, que la somme de deux fractions ne peut être nulle que si ces deux fractions sont nulles. En effet, pour que, dans la formule générale de l'addition

$$(a, b) + (c, d) = (ad + bc, bd)$$

le second membre soit nul, c'est-à-dire pour qu'on ait

$$ad + bc = 0,$$

il faut que chacun des deux produits ad, bc soit nul, ce qui ne peut se faire que si l'un au moins des facteurs est nul dans chacun d'eux. Or les dénominateurs b et d sont essentiellement différents de zéro (en vertu de la définition des fractions); il faut donc que les numérateurs a et c soient nuls, c'est-à-dire que les deux fractions elles-mêmes soient nulles.

8. Enfin, la somme de deux fractions non nulles ne peut être égale à l'une d'elles. On va prouver que si l'on a

$$A + C = A,$$

il faut que

$$C = 0.$$

Cette proposition est, on le voit, la réciproque de la propriété du module de l'addition, qui peut s'énoncer ainsi :

Si

$$C = 0$$

on a :

$$A + C = A.$$

Supposons donc qu'on ait :

$$(ad + bc, bd) = (a, b).$$

Réduisons les deux fractions au même dénominateur :

$$(ad + bc,\ bd) = (ad,\ bd).$$

Deux fractions qui ont même dénominateur ne peuvent être égales que si leurs numérateurs sont égaux (en vertu de la définition de l'égalité); on doit donc avoir

$$ad + bc = ad$$

ou

$$bc = 0,$$

car la proposition qu'il s'agit de démontrer est supposée établie pour les nombres entiers. Or b, étant un dénominateur, est essentiellement différent de zéro; il faut donc que

$$c = 0,$$

c'est-à-dire que la fraction ajoutée à $(a,\ b)$ soit nulle, pour que la somme soit égale à $(a,\ b)$.

9. Deux fractions qui ne sont pas égales sont dites inégales. L'inégalité de deux fractions s'exprime par la formule suivante :

$$(a,\ b) \gtrless (a',\ b')$$

qui, par définition, équivaut à celle-ci :

$$ab' \gtrless ba'.$$

Théorème. — Quand deux fractions sont inégales, il existe une fraction non nulle qui, ajoutée à l'une, donne une somme égale à l'autre, et qu'on nomme leur *différence.*

Soient, en effet, les deux fractions

$$(a,\ b) \gtrless (c,\ d).$$

Par hypothèse, on a aussi :

$$ad \gtrless bc.$$

Supposons, par exemple :

$$ad > bc.$$

Je dis que la différence des deux fractions proposées est

$$(ad - bc,\ bd),$$

c'est-à-dire qu'on a :

$$(ad - bc,\ bd) + (c,\ d) = (a,\ b).$$

En effet :

$$\begin{aligned}(ad - bc,\ bd) + (c,\ d) &= (ad - bc + bc,\ bd)\\ &= (ad,\ bd) = (a,\ b).\end{aligned}$$

On écrit aussi :

$$(ad - bc, bd) = (a, b) - (c, d),$$

ce qui donne la formule de la *soustraction* des fractions [1].

10. Puisque la fraction (a, b) est la somme de la fraction (c, d) et d'une autre fraction non nulle, on convient de dire qu'elle est *plus grande* que (c, d), ou que (c, d) est *plus petite* que (a, b), ce qui s'écrit :

$$(a, b) > (c, d) \qquad (c, d) < (a, b).$$

Ces deux inégalités équivalent, par définition, à celle que nous avons supposée plus haut :

$$ad > bc, \qquad \text{ou} \qquad bc < ad.$$

On vérifierait sans peine que cette *définition de l'inégalité* satisfait aux conditions générales de toute inégalité, par exemple à celle-ci :

Si l'on a :

$$A > B, \qquad B > C,$$

on doit avoir aussi :

$$A > C.$$

On voit aussi immédiatement que cette définition de l'inégalité est compatible avec la définition de l'égalité, et qu'à elles deux elles comprennent tous les cas possibles, car les trois cas

$$(a, b) > (c, d) \qquad (a, b) = (c, d) \qquad (a, b) < (c, d)$$

correspondent aux trois hypothèses distinctes

$$ad > bc \qquad ad = bc \qquad ad < bc$$

qui sont exclusives l'une de l'autre, et qui comprennent tous les cas possibles.

Remarques. — La différence de deux fractions égales est *zéro*. En effet, on a dans ce cas :

$$ad = bc$$

ou :

$$ad - bc = 0,$$

ce qui montre que la différence $(ad - bc, bd)$ est nulle.

Quand deux fractions ont même dénominateur, leur égalité corres-

1. Dans le cas où les fractions ont le même dénominateur, la formule se simplifie :

$$(a, b) - (c, b) = (a - c, b) \qquad \text{si} \qquad a > c.$$
$$(c, b) - (a, b) = (c - a, b) \qquad \text{si} \qquad a < c.$$

pond à l'égalité de leurs numérateurs, et leur inégalité est de même sens que l'inégalité de leurs numérateurs [1]. Si donc on range plusieurs fractions de même dénominateur par ordre de grandeur, les numérateurs seront rangés par ordre de grandeur. L'ensemble des fractions ayant pour dénominateur un nombre donné est ainsi semblable à l'ensemble des nombres entiers.

11. *Théorème.* — Le *produit* d'une fraction par un entier n étant, par définition, la somme de n fractions égales à la proposée, est une fraction ayant même dénominateur que la proposée, et un numérateur n fois plus grand.

On écrit :

$$(a, b) \times n = (an, b).$$

Cela résulte de la définition de l'addition des fractions et de celle de la multiplication des nombres entiers.

Remarque. — Si b est divisible par n, on peut simplifier le produit précédent, car

$$(an, b) = \left(a, \frac{b}{n}\right),$$

d'où la seconde règle bien connue de la multiplication d'une fraction par un entier.

12. *Théorème.* — Le *quotient* d'une fraction par un entier n est une fraction ayant même numérateur que la proposée, et un dénominateur n fois plus grand.

En effet, le quotient est par définition un nombre qui, multiplié par le diviseur, reproduit le dividende. Or, si l'on multiplie le quotient supposé par n, on trouve :

$$(a, bn) \times n = (an, bn) = (a, b).$$

On peut donc écrire :

$$(a, b) : n = (a, bn).$$

1. Quand deux fractions ont même numérateur, leur égalité répond à l'égalité de leurs dénominateurs, et leur inégalité est en sens inverse de l'inégalité de leurs dénominateurs. Cela résulte des formules

$$\begin{array}{lcl} (a, b) = (c, d) & \text{quand} & ad = bc \\ (a, b) > (c, d) & \dots\dots & ad > bc \\ (a, b) < (c, d) & \dots\dots & ad < bc \end{array}$$

où l'on fait, soit : $a = c$, soit : $b = d$.

Remarque. — Si a est divisible par n, on peut simplifier le quotient obtenu, car

$$(a,\ bn) = \left(\frac{a}{n},\ b\right).$$

d'où la seconde règle bien connue de la division d'une fraction par un entier.

13. *Définition de la multiplication.* — On appelle *produit* de deux fractions une fraction ayant pour numérateur le produit des numérateurs, et pour dénominateur le produit des dénominateurs des fractions proposées.

On écrit :

$$(a,\ b) \times (c,\ d) = (ac,\ bd).$$

Les propriétés commutative et associative de cette opération sont presque évidentes, étant donné que la multiplication des nombres entiers possède ces propriétés.

1° On a :

$$\text{A. B} = \text{B. A.}$$

En effet :

$$(a,\ b)\ (c,\ d) = (ac,\ bd) = (ca,\ db) = (c,\ d)\ (a,\ b).$$

2° On a :

$$(\text{A. B})\ \text{C} = \text{A}\ (\text{B. C}).$$

En effet :

$$(a,\ b)\ (c,\ d)\ (e,\ f) = (ac,\ bd)\ (e,\ f) = (ace,\ bdf)$$
$$(a,\ b)\ [(c,\ d)\ (e,\ f)] = (a,\ b)\ (ce,\ df) = (ace,\ bdf).$$

Remarques. — Dans la formule générale du produit, faisons $c = 0$:

$$(a,\ b)\ (0,\ d) = (0,\ bd).$$

Cela montre que le zéro fractionnaire possède la même propriété que le zéro entier, à savoir d'annuler tout produit dont il est facteur. Le produit d'une fraction par une fraction nulle est une fraction nulle.

Réciproquement, le produit de deux fractions ne peut être nul que si l'une au moins est nulle, car pour qu'on ait

$$(a,\ b)\ (c,\ d) = (0,\ bd),$$

il faut qu'on ait :

$$ac = 0,$$

ce qui exige, soit que

$$a = 0,$$

soit que

$$c = 0.$$

En résumé, pour que le produit de deux fractions soit nul, il faut et il suffit que l'un des deux facteurs le soit. Ainsi se trouve étendue aux nombres fractionnaires une propriété bien connue de la multiplication des nombres entiers.

14. Multiplier une fraction (a, b) par une fraction (c, d) équivaut à multiplier la première par l'entier c et à la diviser ensuite par l'entier d. En effet, d'après les règles énoncées ci-dessus [**11**, **12**], on a :

$$\frac{(a, b) \times c}{d} = \frac{(ac, b)}{d} = (ac, bd) = (a, b)(c, d).$$

En particulier, multiplier une fraction par une autre dont le dénominateur est 1 équivaut à multiplier simplement la première par le numérateur de la seconde. Ainsi :

$$(a, b)(c, 1) = (ac, b) = (a, b) \times c.$$

On est ainsi amené à considérer une fraction de dénominateur 1 comme égale au nombre entier qui est son numérateur, puisqu'elle joue le même rôle que ce nombre entier dans la multiplication des fractions.

En particulier, la fraction (1, 1) est le module de la multiplication des fractions, comme le nombre 1 est le module de la multiplication des entiers. En effet, le produit d'une fraction par la fraction (1, 1) ou, plus généralement, par une fraction dont les termes sont égaux, est égal à la fraction proposée :

$$(a, b)(n, n) = (an, bn) = (a, b);$$

or :

$$(n, n) = (1, 1).$$

On est donc naturellement porté à identifier les fractions de dénominateur 1 avec les nombres entiers qu'elles ont pour numérateur; d'autant plus que ces fractions, comme nous l'avons dit [**10**], ont entre elles les mêmes relations de grandeur que les nombres entiers qui en sont les numérateurs.

15. Pour que cette identification soit valable, il faut (et il suffit) que les définitions posées pour les fractions coïncident avec les définitions correspondantes pour les nombres entiers, et que les opérations définies pour les fractions se réduisent aux opérations analogues définies pour les nombres entiers, quand on remplace dans les formules la fraction $(a, 1)$ par l'entier a.

C'est ce qu'on vérifie, d'abord sur les définitions de l'égalité et des inégalités :

$$(a, 1) = (b, 1) \quad \text{quand} \quad a = b$$
$$(a, 1) > (b, 1) \quad \text{quand} \quad a > b$$
$$(a, 1) < (b, 1) \quad \text{quand} \quad a < b;$$

puis sur les formules des opérations fondamentales :

$$(a, 1) + (b, 1) = (a + b, 1) = a + b.$$
$$(a, 1) - (b, 1) = (a - b, 1) = a - b.$$
$$(a, 1)\,(b, 1) = (ab, 1) = ab.$$

L'identification proposée est donc justifiée.

16. *Remarque.* — En vertu de l'identification précédente, multiplier un entier par une fraction équivaut à le multiplier par le numérateur et à le diviser par le dénominateur de cette fraction [1] :

$$n \times (a, b) = (n, 1)\,(a, b) = \frac{(n, 1) \times a}{b}.$$

En même temps la propriété commutative de la multiplication des fractions se trouve étendue au produit d'un entier par une fraction, car on a :

$$n \times (a, b) = (n, 1)\,(a, b) = (a, b)\,(n, 1) = (an, b) = (a, b) \times n.$$

Enfin, toujours en vertu de la même identification, on a :

$$(an, n) = (a, 1) = a,$$

ce qui démontre ce *théorème* :

Une fraction dont le numérateur est divisible par le dénominateur est égale au quotient de son numérateur par son dénominateur.

Il faut bien prendre garde qu'ici le mot *quotient* est pris dans le sens de l'Arithmétique élémentaire; il désigne le quotient exact et *entier* de deux nombres *entiers*.

En d'autres termes, si

$$a = bq,$$
$$(a, b) = (bq, b) = (q, 1) = q.$$

Si le numérateur a d'une fraction, tout en étant plus grand que le dénominateur b, n'est pas divisible par celui-ci, on peut toujours essayer la division; elle donne alors un quotient q approché à moins d'une unité par défaut, et un reste r plus petit que b, ce qui s'écrit :

$$a = bq + r.$$

1. Nous retrouvons ainsi la conception de M. Méray, qui considère une fraction comme un *facteur fictif* ou complexe, formé d'un multiplicateur et d'un diviseur réunis en un symbole (*Les fractions et les quantités négatives*).

La fraction peut alors se simplifier, et se mettre sous la forme d'une somme d'un entier et d'une fraction :

$$(a, b) = (bq + r, b) = (bq, b) + (r, b) = q + (r, b).$$

L'entier est q, quotient approché par défaut de a par b à moins d'une unité près; la fraction est (r, b), où le numérateur est plus petit que le dénominateur. Cette opération s'appelle *extraire les entiers d'une fraction*.

Nous savons déjà multiplier et diviser une fraction par un nombre entier. Appliquons à une fraction et à un nombre entier les formules de l'addition et de la soustraction

$$(a, b) + n = (a, b) + (n, 1) = (a + bn, b);$$
$$(a, b) - n = (a, b) - (n, 1) = (a - bn, b);$$
$$n - (a, b) = (n, 1) - (a, b) = (bn - a, b).$$

Ces formules traduisent les règles bien connues, qu'il est inutile d'énoncer.

17. On voit que la différence d'un entier n et d'une fraction (a, b) n'existe qu'autant qu'on a :

$$a \gtreqless bn;$$

que la fraction (a, b) est *plus grande* ou *plus petite* que le nombre entier n, suivant qu'on a :

$$a > bn$$

ou

$$a < bn.$$

En vertu de la définition de l'inégalité des fractions, on écrira donc, suivant les cas :

$$(a, b) > n$$

ou

$$(a, b) < n.$$

En particulier, une fraction (a, b) est *plus grande* ou *plus petite* que 1, suivant qu'on a :

$$a > b$$

ou

$$a < b.$$

On a déjà vu que si

$$a = bn$$

on a aussi :

$$(a, b) = n$$

Dans ce cas, la différence de la fraction et de l'entier qui lui est égal est *nulle*.

Ainsi sont définies l'égalité et l'inégalité d'une fraction et d'un nombre entier, et cette définition est légitime, car les trois hypothèses précédentes s'excluent mutuellement et comprennent tous les cas possibles. Étant donné un nombre entier, toute fraction est, ou égale, ou supérieure, ou inférieure à ce nombre.

Cette définition cadre encore parfaitement avec la règle que nous avons donnée pour extraire les entiers d'une fraction. En effet, puisque l'on a

$$a = bq + r,$$

il en résulte :

$$a > bq$$

ou

$$(a, b) > q.$$

Or cela est conforme à la définition générale de l'inégalité de deux fractions, car la fraction (a, b) est dans ce cas la somme de l'entier q et d'une fraction non nulle (r, b), r étant différent de *zéro* :

$$(a, b) = q + (r, b).$$

Si

$$r = 0,$$

c'est que :

$$a = bq,$$

donc :

$$(a, b) = q.$$

Mais on a aussi :

$$(r, b) = 0,$$

donc :

$$(a, b) = q.$$

Les deux résultats concordent.

18. Les définitions précédentes permettent de ranger un ensemble quelconque de fractions et d'entiers par ordre de grandeur. Nous savions déjà ranger par ordre de grandeur les fractions entre elles; nous pouvons maintenant les intercaler dans la suite naturelle des nombres entiers. Ou plutôt, grâce à l'identification des entiers avec les fractions de dénominateur 1, nous pouvons intercaler les entiers dans l'ensemble des fractions rangées par ordre de grandeur, et nous savons que dans cet ensemble ils seront rangés dans le même ordre que dans la suite naturelle des nombres, attendu qu'ils sont maintenant considérés comme des fractions de même dénominateur.

Ainsi s'opère, suivant le point de vue, l'*extension* de l'ensemble des nombres entiers par l'intercalation de nouveaux nombres intermédiaires, ou la *réduction* des nombres entiers aux fractions par leur identification avec certains éléments de ce nouvel ensemble. C'est d'ailleurs à ce second point de vue, le seul parfaitement logique et analytique, que nous nous sommes placé dans toute cette théorie [1].

19. *Définition de la division.* — On appelle *quotient* de deux fractions une fraction qui multipliée par la seconde reproduit la première.

Soient les deux fractions

$$(a,\ b), \qquad (c,\ d).$$

Je dis que leur quotient est

$$(ad,\ bc).$$

En effet,

$$(ad,\ bc)\ (c,\ d) = (acd,\ bcd) = (a,\ b).$$

On écrit donc :

$$(a,\ b) : (c,\ d) = (ad,\ bc).$$

Telle est la formule de la division, qu'on peut énoncer comme suit : Diviser une fraction par une autre, c'est multiplier la première par l'inverse de la seconde.

Définition. — On appelle fraction *inverse* d'une fraction donnée la fraction formée des mêmes termes que la proposée rangés dans l'ordre inverse.

Si l'on rapproche la formule de la division de celle de l'égalité, on voit que le quotient de deux fractions égales est l'unité : car si

$$(a,\ b) = (c,\ d)$$

on a

$$ad = bc,$$

d'où :

$$(ad,\ bc) = (1,\ 1) = 1.$$

En particulier, le produit d'une fraction par son inverse est l'unité :

$$(a,\ b)\ (b,\ a) = (ab,\ ab) = (1,\ 1) = 1.$$

Tout cela concorde avec la propriété que la fraction (1, 1) possède d'être le module de la multiplication.

1. Cf. Padé, *Premières leçons d'Algèbre élémentaire*, Introduction.

Appliquons la formule générale de la division aux cas où le dividende ou le diviseur sont des nombres entiers :

1° $$(a, 1) : (c, d) = (ad, c) = a \times (d, c),$$

d'où la règle connue : Diviser un entier par une fraction, c'est le multiplier par la fraction inverse.

2° $$(a, b) : (c, 1) = (a, bc).$$

Ce résultat confirme l'identification de la fraction $(c, 1)$ au nombre entier c : car alors la formule précédente coïncide avec celle de la division d'une fraction par un entier, dont nous avons donné la règle plus haut [**12**].

3° $$(a, 1) : (b, 1) = (a, b),$$

ce qui démontre les deux *théorèmes* suivants :

Le quotient de deux nombres entiers quelconques est la fraction qui a pour numérateur le dividende et pour dénominateur le diviseur.

Et *réciproquement* : Toute fraction est égale au quotient de son numérateur par son dénominateur.

20. On remarquera qu'ici le mot *quotient* est pris dans le sens défini pour les fractions. On entend par quotient de deux nombres entiers le quotient des deux fractions identifiées à ces nombres. D'ailleurs, ce quotient est en général fractionnaire, et ne se réduit à un quotient entier que lorsque les deux nombres sont divisibles l'un par l'autre. Il n'y a donc pas de contradiction entre les propositions précédentes, qui établissent que deux nombres entiers ont toujours un quotient, et le théorème d'Arithmétique élémentaire selon lequel deux nombres n'ont de quotient que lorsqu'ils sont divisibles l'un par l'autre; car le mot quotient n'a pas le même sens dans les deux cas (quotient entier, quotient fractionnaire). C'est simplement une extension du sens du mot *quotient* aux cas pour lesquels il n'était pas encore défini, et une généralisation de la proposition établie plus haut [**16**] : Une fraction dont le numérateur est divisible par le dénominateur est égale au quotient de ces deux nombres. Pour mieux dire, le sens de *quotient entier* rentre comme cas particulier dans celui de *quotient fractionnaire*, comme les nombres entiers eux-mêmes rentrent dans l'ensemble des fractions. Aussi une telle généralisation ne modifie-t-elle en rien les lois de la divisibilité des nombres, et ne trouble nullement la théorie des nombres entiers.

En vertu des propositions précédentes, on peut écrire :

$$(a, b) = a : b = \frac{a}{b},$$

ce qui justifie la notation usuelle des fractions.

On peut encore énoncer la même proposition sous une autre forme : Toute fraction peut être considérée comme le produit d'un nombre entier (son numérateur) par l'inverse d'un autre nombre entier (son dénominateur). En effet :

$$(a, b) = (a, 1)\,(1, b) = a \times (1, b).$$

En particulier, le produit d'un nombre entier par son inverse est l'unité :

$$n\,(1, n) = (n, n) = (1, 1) = 1.$$

On peut donc dire que l'inverse d'un nombre entier est le quotient (fractionnaire) de l'unité par ce nombre.

La formule précédente est susceptible d'une autre interprétation : le produit de $(1, n)$ par n étant la somme de n fractions égales à $(1, n)$, on peut dire que $(1, n)$ est la n^e partie de l'unité; non pas du nombre entier 1 qui est indivisible, mais de l'unité fractionnaire $(1, 1)$ qu'on a identifiée à l'unité entière. D'ailleurs, si l'on applique la formule de la division des fractions, on trouve :

$$(1, 1) : n = (1, n) = \frac{1}{n}.$$

On retrouve ainsi la conception vulgaire des fractions, qui repose sur l'idée d'une unité divisée en sous-unités égales. Une fraction quelconque (m, n) peut être considérée comme la somme de m parties n^{es} de l'unité :

$$\frac{m}{n} = m \cdot \frac{1}{n}.$$

Mais on voit que cette conception, loin de pouvoir servir de principe à l'introduction des fractions, ne se justifie, au contraire, que par la création préalable des nombres fractionnaires, en particulier de l'unité fractionnaire, et par les conventions qui définissent les opérations à effectuer sur ces nombres, notamment leur division. Bien plus, cette conception devient contradictoire, dès qu'on identifie l'unité fractionnaire (divisible) à l'unité entière (indivisible), de sorte que, au lieu de servir de trait d'union entre l'ensemble des nombres entiers et celui des fractions, elle serait un obstacle à leur fusion partielle, par suite à l'extension qui en résulte pour le premier, et à la généralisation de l'idée de nombre.

On remarquera que la définition de l'inégalité des fractions fixe seulement leur ordre de grandeur [**18**], et que c'est la définition de la division qui leur assigne une grandeur absolue [**19**]. Cette définition elle-même repose sur celle de la multiplication par un entier [**11**], qui découle de la définition de l'addition [**6**]. C'est donc celle-ci, en définitive, qui détermine la grandeur absolue des nouveaux nombres, tandis que la définition de l'inégalité ne déterminait que leur grandeur relative [1]. Cette remarque est générale, et s'appliquerait à toutes les autres espèces de nombres que nous allons définir ; nous nous dispenserons de la répéter.

1. Cf. H. Poincaré, *Le continu mathématique*, ap. *Revue de Métaphysique et de Morale*, t. I, p. 33.

CHAPITRE II

THÉORIE DES NOMBRES QUALIFIÉS

Nous possédons à présent l'ensemble des nombres fractionnaires, comprenant l'ensemble des nombres entiers. Nous ne distinguerons plus désormais ceux-ci des fractions proprement dites, et nous désignerons les uns et les autres par les mots « nombres arithmétiques » ou par le mot « nombres » tout court, aucune confusion n'étant à craindre depuis l'identification des entiers à des fractions.

1. On peut définir d'une manière analogue un nouvel ensemble, celui des nombres qualifiés (positifs et négatifs)[1].

Nous appellerons *couple* l'ensemble de deux nombres arithmétiques rangés dans un ordre déterminé. Soient a et b ces deux nombres; nous écrirons provisoirement le couple comme suit :

$$(a, b).$$

2. *Définition de l'égalité.* — Deux couples (a, b), (a', b') sont dits égaux, et l'on écrit

$$(a, b) = (a', b')$$

si l'on a

$$a + b' = b + a'.$$

Il résulte de cette définition que, si $a = b$, $a' = b'$.

Donc tous les couples dont les deux termes sont égaux sont égaux entre eux :

$$(n, n) = (1, 1) = (0, 0).$$

On vérifierait sans peine que cette définition remplit les conditions générales de toute égalité : par exemple, que si l'on a

$$A = B, \qquad B = C,$$

1. Pour plus de symétrie, nous emploierons la méthode de M. Weierstrass, indiquée par M. Tannery, *ap.* Padé, *Premières leçons d'Algèbre élémentaire*, Préface, p. xii, note.

on a aussi [1] :

$$A = C.$$

3. *Définition de l'addition algébrique.* — On appelle *somme* de deux couples le couple formé en ajoutant terme à terme les couples donnés, suivant la formule

$$(a, b) + (a', b') = (a + a', b + b').$$

On peut vérifier que cette définition satisfait les conditions générales de l'addition, et notamment que l'addition algébrique possède les propriétés commutative et associative, ce qui est presque évident, étant donné que l'addition des nombres arithmétiques les possède, et qu'une addition algébrique revient à deux additions arithmétiques des termes semblables.

4. En vertu de cette définition, on a :

$$(a, b) + (0,0) = (a, b),$$

ce qui prouve que le couple (0,0) est le module de l'addition algébrique. Nous l'appellerons *zéro algébrique*, par analogie avec le zéro arithmétique défini précédemment, et nous le désignerons par le chiffre 0. L'addition algébrique vérifie ainsi la relation :

$$A + 0 = A.$$

Tout couple dont les deux termes sont égaux est donc *nul*, d'après la remarque faite ci-dessus [**2**].

Définition. — On appelle couples *symétriques* deux couples formés des mêmes termes rangés en ordre inverse.

Théorème. — La somme de deux couples symétriques est *zéro*.

En effet :

$$(a, b) + (b, a) = (a + b, a + b) = (0, 0).$$

5. *Théorème.* — Quand deux couples sont inégaux, il existe un couple non nul qui ajouté à l'un reproduit l'autre, et qu'on nomme leur *différence*.

Soient en effet les deux couples inégaux

$$(a, b) \gtrless (a', b'),$$

ce qui veut dire

$$a + b' \gtrless b + a'.$$

1. Démonstration analogue à celle du chap. I, § **2**, ou encore à celle du § **6** de ce chapitre : il suffit d'y changer partout le signe $>$ en $=$.

Je dis que leur différence est égale au couple

$$(a + b', b + a').$$

En effet :

$$(a + b', b + a') + (a', b') = (a, b) + (b', a') + (a', b').$$

Or, en vertu du théorème précédent et de la propriété associative de l'addition, on a :

$$(a, b) + (b', a') + (a', b') = (a, b) + 0 = (a, b),$$

ce qui prouve que :

$$(a + b', b + a') + (a', b') = (a, b).$$

On écrira donc la formule de la soustraction comme suit :

$$(a, b) - (a', b') = (a + b', b + a') = (a, b) + (b', a'),$$

d'où la règle, qui s'énonce ainsi : Retrancher d'un couple un autre couple, c'est ajouter au premier le symétrique du second.

Remarque. — Quand deux couples sont égaux, leur différence, formée par la règle précédente, est nulle, car on a alors

$$a + b' = b + a';$$

d'où :

$$(a + b', b + a') = (0,0) = 0.$$

Cela concorde avec la propriété que possède le couple (0,0) d'être le module de l'addition.

6. Il nous reste à définir le sens de l'inégalité de deux couples.

Nous savons que l'on a

$$(a, b) \gtreqless (a', b')$$

quand

$$a + b' \gtreqless b + a'.$$

Nous conviendrons d'écrire :

$$(a, b) > (a', b')$$

quand

$$a + b' > b + a',$$

et :

$$(a, b) < (a', b')$$

quand

$$a + b' < b + a'.$$

Cette convention est légitime, car elle satisfait les conditions générales de toute inégalité. Les inégalités précédentes sont réversibles, c'est-à-dire que si l'on a

$$(a, b) > (a', b')$$

on a aussi

$$(a', b') < (a, b).$$

De plus les inégalités

$$A > B, \qquad B > C$$

entraînent celle-ci :

$$A > C.$$

En effet, les inégalités

$$(a, b) > (a', b'), \qquad (a', b') > (a'', b'')$$

équivalent à celles-ci :

$$a + b' > b + a', \qquad a' + b'' > b' + a''.$$

Ajoutons-les membre à membre; il vient l'inégalité

$$a + b' + a' + b'' > b + a' + b' + a''$$

ou

$$a + b'' > b + a''$$

qui équivaut à :

$$(a, b) > (a'', b''). \qquad C. Q. F. D.$$

7. *Définition.* — Le *produit* d'un couple (a, b) par un nombre entier n est la somme de n couples égaux à (a, b).

En vertu de la règle de l'addition algébrique, ce produit est

$$(an, bn),$$

et l'on écrit :

$$(a, b) \times n = (an, bn).$$

Définition. — Le *quotient* d'un couple (a, b) par un nombre entier n est un couple qui, multiplié par n, reproduit (a, b).

Je dis que ce quotient est

$$\left(\frac{a}{n}, \frac{b}{n}\right).$$

En effet, si l'on multiplie ce couple par n en appliquant la règle précédente, on trouve

$$\left(\frac{a}{n}, \frac{b}{n}\right) \times n = \left(\frac{a}{n} \times n, \frac{b}{n} \times n\right) = (a, b)$$

en vertu des règles du calcul des fractions.

8. Multiplier un couple (a, b) par l'entier c, et le diviser ensuite par l'entier d, revient à multiplier ses deux termes par la fraction $\frac{c}{d}$; en effet :

$$\frac{(a, b)\times c}{d} = (ac, bc) : d = \left(\frac{ac}{d}, \frac{bc}{d}\right) = \left(a\times\frac{c}{d}, b\times\frac{c}{d}\right).$$

On conviendra de dire dans ce cas qu'on a multiplié le couple (a, b) lui-même par la fraction $\frac{c}{d}$, et d'écrire :

$$(a,b)\times\frac{c}{d} = \left(a\times\frac{c}{d}, b\times\frac{c}{d}\right).$$

Ainsi la formule de multiplication

$$(a, b)\times n = (an, bn)$$

est générale, et s'étend à tout nombre arithmétique n.

En particulier, diviser un couple par un entier n, c'est le multiplier par l'inverse de ce nombre; car on a, d'après la règle établie plus haut :

$$(a, b) : n = \left(\frac{a}{n}, \frac{b}{n}\right) = \left(a\times\frac{1}{n}, b\times\frac{1}{n}\right) = (a, b)\times\frac{1}{n}.$$

9. *Définition de la multiplication algébrique.* — On appelle *produit* de deux couples le couple composé de leurs termes conformément à la formule suivante :

$$(a, b)\times(a', b') = (aa' + bb', ab' + ba').$$

Il est aisé de vérifier que l'opération ainsi définie a les mêmes propriétés (commutative, associative, etc.) que la multiplication arithmétique.

Remarque. — Le produit d'un couple par le couple (0,0) est ce même couple (0, 0), comme on le voit en faisant, dans la formule précédente, a' et b' nuls; ce résultat justifie et confirme l'assimilation du zéro algébrique au zéro arithmétique.

10. Nous avons tenu à exposer la théorie des couples dans toute sa généralité, pour en faire ressortir l'analogie avec la théorie des fractions. Nous allons maintenant démontrer un théorème que nous aurions pu établir aussitôt après la définition de l'égalité des couples, et qui nous permettra de simplifier leur expression.

Théorème. — On peut ajouter ou retrancher un même nombre aux deux termes d'un couple sans changer sa valeur.

Il suffit de prouver que le couple $(a+n, b+n)$ est égal au couple (a, b). En effet, s'il est vrai que

$$(a, b) = (a+n, b+n),$$

on doit avoir :

$$a+b+n = b+a+n,$$

ce qui est une identité.

On peut encore dire, en faisant appel à la définition de l'addition et à la propriété du *zéro* :

$$(a+n, b+n) = (a, b) + (n, n) = (a, b) + 0 = (a, b).$$

Réciproquement, si deux couples sont égaux, la différence de leurs termes correspondants est la même.

En effet, si

$$(a, b) = (a', b'),$$

on a :

$$a+b' = b+a'.$$

Si

$$a = a',$$

on a aussi :

$$b = b' ;$$

le théorème est alors évident.

Si

$$a \gtreqless a',$$

supposons

$$a' > a,$$

c'est-à-dire

$$a' = a+d.$$

La condition d'égalité devient

$$a+b' = b+a+d,$$

d'où :

$$b' = b+d.$$

Ainsi :

$$a' - a = d = b' - b. \qquad C. Q. F. D.$$

Si des deux termes d'un couple on retranche le plus petit, on annule ce plus petit terme ; c'est ce qu'on peut appeler *réduire un couple à sa plus simple expression.*

Soit un couple quelconque

$$(a, b).$$

Si
$$a > b,$$
on a
$$(a, b) = (a - b, 0).$$
Si
$$a < b,$$
on a
$$(a, b) = (0, b - a).$$
Si
$$a = b,$$
on a, comme on sait,
$$(a, b) = (0, 0).$$

Tout revient donc à considérer deux espèces de couples : ceux qui, réduits à leur plus simple expression, ont leur second terme nul : on les appellera *nombres positifs*; et ceux qui, réduits à leur plus simple expression, ont leur premier terme nul : on les appellera *nombres négatifs*. A ces deux groupes, il convient de joindre le couple (0,0) ou le zéro algébrique, qu'on appellera *nombre neutre*.

Les nombres positifs, les nombres négatifs et le nombre neutre constituent l'ensemble des *nombres qualifiés*.

Le terme non nul qui figure dans tout couple réduit à sa plus simple expression se nomme *valeur absolue* de ce couple; c'est un nombre arithmétique. La valeur absolue de (0, 0) est 0.

Pour simplifier l'écriture (puisque l'un des termes de chaque couple est réduit à *zéro*) on représentera un nombre positif par sa valeur absolue affectée de l'indice p; un nombre négatif par sa valeur absolue affectée de l'indice n.

On appellera *symétriques*, conformément à la définition de ce mot, deux nombres de même valeur absolue et d'indices différents. En effet $(a, 0)$ et $(0, a)$ sont symétriques; donc a_p et a_n le sont.

Le zéro algébrique peut s'écrire indifféremment 0_p ou 0_n; il est donc son propre symétrique. On l'écrit simplement 0.

Nous allons reprendre les définitions posées pour les couples en général, en les appliquant aux nombres qualifiés, c'est-à-dire en supposant les couples réduits à leur plus simple expression.

11. *Définition de l'égalité.* — Quatre cas peuvent se présenter.

On a
$$
\begin{array}{lcr}
(a, 0) = (a', 0) & \text{si} & a = a', \\
(0, b) = (0, b') & \text{si} & b = b', \\
(a, 0) = (0, b') & \text{si} & a + b' = 0, \\
(0, b) = (a', 0) & \text{si} & b + a' = 0.
\end{array}
$$

Mais ces deux dernières égalités ne peuvent être vraies que si les valeurs absolues des deux nombres sont nulles, car la somme de deux nombres arithmétiques ne peut être nulle que s'ils sont nuls tous les deux. On peut énoncer ces résultats de la manière suivante :

Pour que deux nombres qualifiés soient égaux, il faut et il suffit qu'ils aient même indice et même valeur absolue, ou encore que tous deux soient nuls.

12. *Définition de l'addition.* — On peut encore distinguer quatre cas, mais les deux derniers se confondent, à cause de la propriété commutative de l'addition algébrique. On a les trois formules suivantes :

$$(a, 0) + (a', 0) = (a + a', 0)$$
$$(0, b) + (0, b') = (0, b + b')$$
$$(a, 0) + (0, b') = (a, b').$$

Les deux premières formules s'énoncent :

La somme de deux nombres de même indice est un nombre de même indice, dont la valeur absolue est la somme de leurs valeurs absolues.

La troisième formule donne lieu à un couple; réduisons-le à sa plus simple expression; il vient, suivant les cas,

$$(a, 0) + (0, b') = (a - b', 0) \quad \text{si} \quad a > b',$$
$$(a, 0) + (0, b') = (0, b' - a) \quad \text{si} \quad a < b',$$

d'où la règle suivante :

La somme de deux nombres d'indice différent a pour valeur absolue la différence de leurs valeurs absolues, et prend l'indice de celui qui a la plus grande valeur absolue.

Enfin, nous savons déjà que la somme d'un nombre qualifié et de *zéro* est égale à ce nombre.

Quant à la règle de soustraction des couples, nous n'avons qu'un mot à y changer pour l'appliquer aux nombres qualifiés : Retrancher un nombre qualifié d'un autre, c'est ajouter à celui-ci le symétrique de celui-là.

La soustraction des nombres qualifiés se ramène donc, comme celle des couples, à l'addition algébrique.

Remarque. — Si deux nombres qualifiés sont égaux, leur différence est nulle.

13. *Définition de l'inégalité.* — Appliquons successivement la formule générale [6] aux différents cas que nous avons distingués pour l'égalité.

On a

$$(a, 0) > (a', 0)$$

quand

$$a > a';$$

donc : De deux nombres positifs, le plus grand est celui qui a la plus grande valeur absolue.

On a

$$(0, b) > (0, b')$$

quand :

$$b' > b;$$

donc : De deux nombres négatifs, le plus grand est celui qui a la plus petite valeur absolue.

On a

$$(a, 0) > (0, b')$$

quand

$$a + b' > 0,$$

mais on n'a jamais

$$(0, b) > (a', 0),$$

car l'inégalité de condition

$$b + a' < 0$$

ne peut être vérifiée par des nombres arithmétiques.

La formule :

$$(a, 0) > (0, b)$$

quand

$$a + b > 0$$

est vérifiée dès que les nombres a et b ne sont pas tous deux nuls. Si l'on suppose que ni a ni b ne sont nuls, on en conclut :

Tout nombre positif est plus grand que tout nombre négatif.

Si l'on suppose b nul, on en conclut :

Tout nombre positif est plus grand que *zéro*.

Si l'on suppose a nul, on en conclut :

Tout nombre négatif est plus petit que *zéro*.

Il va sans dire qu'il ne s'agit pas du zéro arithmétique, mais du zéro algébrique, que nous appelons *nombre neutre*.

14. *Remarque*. — Si l'on rapproche la définition générale du sens de l'inégalité de celle des nombres positifs et négatifs, on est conduit à énoncer la proposition que voici : Suivant que la différence de deux nombres qualifiés est positive ou négative, le premier est plus grand ou plus petit que le second.

En effet, la différence de deux couples (a, b), (a', b'), étant

$$(a + b', b + a'),$$

est positive quand

$$a + b' > b + a',$$

c'est-à-dire quand

$$(a, b) > (a', b'),$$

et négative quand

$$a + b' < b + a',$$

c'est-à-dire quand

$$(a, b) < (a', b').$$

Cette proposition peut servir à définir l'inégalité des nombres qualifiés, une fois qu'on a défini leur soustraction.

Les règles générales d'inégalité que nous avons énoncées plus haut permettent de ranger tous les nombres qualifiés par ordre de grandeur. On mettra par exemple les nombres positifs à droite de *zéro*, les nombres négatifs à gauche de *zéro*; les nombres positifs seront rangés par ordre de valeur absolue croissante, les nombres négatifs par ordre de valeur absolue décroissante. On formera ainsi deux suites symétriques (au sens géométrique du mot) par rapport à *zéro* :

$$\ldots\ldots, 3_n, 2_n, 1_n, 0, 1_p, 2_p, 3_p, \ldots\ldots$$

Chaque suite se compose de tous les nombres arithmétiques affectés du même indice; elle est donc illimitée comme la suite des nombres arithmétiques. L'ensemble des nombres qualifiés est en quelque sorte double de l'ensemble des nombres arithmétiques, et forme une suite linéaire illimitée dans les deux sens.

15. *Définition de la multiplication.* — Nous avons toujours quatre cas à distinguer :

$$(a, 0) \times (a', 0) = (aa', 0),$$
$$(0, b) \times (0, b') = (bb', 0),$$
$$(a, 0) \times (0, b') = (0, ab'),$$
$$(0, b) \times (a', 0) = (0, ba').$$

Ces quatre formules se résument dans la règle suivante :

Le produit de deux nombres qualifiés a pour valeur absolue le produit de leurs valeurs absolues; il est positif si les deux facteurs ont le même indice, négatif s'ils ont des indices différents. On sait que si l'un des facteurs est *zéro*, le produit est toujours *zéro*.

Corollaire. — Le carré de tout nombre qualifié est un nombre positif. En effet, c'est un produit de deux facteurs qui ont le même indice.

Par suite, un nombre négatif n'est jamais un carré parfait.

16. *Remarque*. — Si l'on rapproche les deux formules où le multiplicateur est positif :

$$(a, 0) \times (a', 0) = (aa', 0),$$
$$(0, b) \times (a', 0) = (0, ba'),$$

on voit que multiplier un nombre qualifié par un nombre positif équivaut à le multiplier par la valeur absolue de ce nombre.

En général, on a :

$$(a, b) \times (n, 0) = (an, bn) = (a, b) \times n.$$

Ainsi un nombre positif joue comme facteur le même rôle qu'un nombre arithmétique. En particulier, on a :

$$(a, b) \times (1, 0) = (a, b),$$

ce qui montre que le nombre positif (1, 0) ou 1_p est le module de la multiplication algébrique, comme le nombre 1 est le module de la multiplication arithmétique.

On est ainsi amené à identifier, dans la multiplication, les nombres positifs aux nombres arithmétiques qui constituent leurs valeurs absolues; et cette identification est légitime, puisque la multiplication des nombres positifs coïncide avec la multiplication des nombres arithmétiques.

En particulier, le facteur 1_p sera identifié au nombre arithmétique 1, et l'on pourra le supprimer dans tout produit où il figure. Or tout nombre positif est égal au produit de sa valeur absolue par 1_p; on peut donc supprimer dans un produit tous les indices p, d'autant mieux que l'indice n suffit à distinguer les facteurs négatifs des facteurs positifs ou arithmétiques.

17. D'autre part, si l'on rapproche les formules où le multiplicateur est négatif :

$$(a, 0) \times (0, b') = (0, ab')$$
$$(0, b) \times (0, b') = (bb', 0),$$

on constate que multiplier un nombre qualifié par un nombre

négatif équivaut à le multiplier par la valeur absolue de ce nombre et à changer son indice. En particulier, on a :

$$(a, b) \times (0, 1) = (b, a),$$

ce qui montre que multiplier un nombre qualifié par (0, 1) ou 1_n, c'est le changer en son symétrique. Ainsi tout nombre négatif est égal au produit de son symétrique par 1_n, c'est-à-dire (puisque tout facteur positif est assimilé à sa valeur absolue) au produit de sa valeur absolue par 1_n. Il ne reste donc plus, dans un produit quelconque, qu'un seul facteur qualifié, à savoir 1_n. Or multiplier un nombre qualifié par 1_n ne change pas la valeur absolue de ce nombre, mais seulement son indice. On peut donc supprimer dans un produit le facteur 1_n, à la condition de changer l'indice du produit. Mais comme changer deux fois l'indice revient à laisser le même indice, on n'aura pas à le changer quand on supprimera un nombre pair de facteurs 1_n, mais seulement quand on en supprimera un nombre impair [1].

En résumé, un produit de nombres qualifiés (en nombre quelconque) a pour valeur absolue le produit des valeurs absolues de tous ses facteurs; il est positif ou négatif suivant que le nombre de ses facteurs négatifs est pair ou impair. On peut donc y supprimer tous les indices p et un nombre pair d'indices n. S'il reste un indice n, on en affectera le produit arithmétique des valeurs absolues de tous les facteurs, et le produit algébrique sera négatif; s'il ne reste aucun indice, le produit sera positif.

18. Telle est la règle usuelle de la multiplication algébrique. Quant à la division algébrique, elle se définit sans difficulté comme l'opération inverse de la multiplication. L'addition algébrique donne lieu à une simplification analogue des formules, grâce à l'identification des nombres positifs aux nombres arithmétiques. Cette identification est légitime, car l'addition algébrique coïncide avec l'addition arithmétique quand on confond les nombres positifs avec leurs valeurs absolues, comme on le vérifierait sans peine. On peut donc, dans les formules de l'addition algébrique, supprimer l'indice p quand il n'y figure que des nombres positifs, et le sous-entendre dans tous les autres cas, un seul indice suffisant à distinguer les nombres négatifs des nombres positifs assimilés aux nombres arithmétiques.

1. D'ailleurs : $1_n . 1_n = (0,1) \times (0,1) = (1,0) = 1_p = 1$, ce qui montre qu'un couple de facteurs 1_n ne change pas le produit.

De plus, tous les nombres qualifiés peuvent se réduire à la somme ou à la différence de *zéro* et d'un nombre positif. En effet, on a, en vertu des formules générales d'addition et de soustraction,

$$(a, 0) = (0, 0) + (a, 0), \qquad \text{ou} \qquad a_p = 0 + a_p;$$
$$(0, b) = (0, 0) - (b, 0) \qquad \text{ou} \qquad b_n = 0 - b_p.$$

On voit que tous les nombres négatifs peuvent s'exprimer au moyen de *zéro* et des nombres positifs. L'indice p, étant seul, n'est plus nécessaire, et l'on peut le supprimer dans le second membre, ce qui revient à confondre (dans l'écriture) les nombres positifs et les nombres arithmétiques. On a les deux formules

$$a_p = 0 + a,$$
$$b_n = 0 - b.$$

Ainsi, de même que tout nombre qualifié est égal au produit de sa valeur absolue par 1_p ou 1_n, tout nombre qualifié est égal à *zéro*, *plus* ou *moins* sa valeur absolue [1]. Ces deux propositions n'ont de sens, d'ailleurs, que grâce à l'identification de chaque nombre positif à sa valeur absolue.

Comme le premier terme du binôme qui représente un nombre qualifié est toujours *zéro*, on peut le sous-entendre sans inconvénient, et le supprimer pour abréger l'écriture. On a donc simplement

$$a_p = + a, \qquad b_n = - b,$$

ce qui est la notation usuelle des nombres qualifiés. Elle consiste à remplacer les indices p et n par les signes $+$ et $-$. Toutes les propriétés des nombres qualifiés que nous avons établies précédemment subsistent; il suffit de remplacer dans les énoncés le mot *indice* par le mot *signe*.

Dans cette notation, les signes $+$ et $-$ sont incorporés aux symboles $+ a$, $- b$, et font partie intégrante des nombres positifs et négatifs. Ce ne sont plus des signes *opératifs*, mais des signes *qualificatifs*.

19. On pourrait craindre que ce nouvel emploi des signes $+$ et $-$ ne prêtât à une confusion avec leur usage courant comme signes d'opération. Mais il se trouve, ainsi que nous l'avons déjà remarqué, que la soustraction algébrique se ramène à l'addition algébrique,

1. Bien entendu, il s'agit ici du *zéro algébrique* ou *nombre neutre*.

de sorte qu'il n'y a plus besoin du signe — pour la soustraction. On va montrer que l'on peut se passer également du signe + pour l'addition.

Soit en effet à effectuer la somme algébrique

$$a_p + b_n + c_p + d_n + e_p.$$

Remplaçons chaque terme par le binôme équivalent, il vient :

$$0 + a + 0 - b + 0 + c + 0 - d + 0 + e.$$

Or, comme *zéro* est le module de l'addition, on peut le supprimer partout, avec le signe d'addition + qui le précède ; il reste

$$+ a - b + c - d + e,$$

c'est-à-dire la suite des nombres qualifiés à additionner, précédés chacun du signe qui lui convient. D'où la règle usuelle de l'addition algébrique :

Pour additionner des nombres qualifiés (en nombre quelconque) on les écrit les uns à la suite des autres. (Inutile d'ajouter : « avec leurs signes », puisqu'il est convenu que le signe d'un nombre qualifié en fait partie intégrante.)

Il est également superflu de dire qu'on peut écrire les termes dans un ordre quelconque, l'addition algébrique possédant la propriété commutative.

Quant à la règle pratique de la soustraction, elle devient, avec la notation usuelle :

Pour retrancher un nombre qualifié d'une somme algébrique, on l'ajoute à cette somme en changeant son signe.

Ainsi toute addition ou soustraction algébrique donne lieu en fin de compte à une somme algébrique. On comprend dès lors qu'on n'ait plus besoin du signe + pour indiquer cette unique opération.

Pour effectuer une somme algébrique indiquée, on procède suivant les règles générales de l'addition des nombres qualifiés.

20. Il est aisé maintenant de se rendre compte de la signification du *couple* dont nous nous sommes servi pour définir les nombres qualifiés, et d'où nous avons tiré, comme cas particuliers, les nombres positifs, négatifs et neutre. Il suffit de remarquer que tout couple (a, b) est la somme algébrique du nombre positif $(a, 0)$ et du nombre négatif $(0, b)$, somme qui s'écrit, dans la notation habituelle,

$$+ a - b.$$

D'après la règle de simplification des couples, ce couple est égal, suivant les cas, à

$$+(a - b) \qquad \text{si} \qquad a > b,$$

ou à

$$-(b - a) \qquad \text{si} \qquad a < b.$$

Le signe — qui figure dans la parenthèse indique une soustraction arithmétique, et la parenthèse elle-même représente le nombre arithmétique qui en est le résultat.

Remarque. — On retrouve ainsi la règle d'addition d'un nombre positif et d'un nombre négatif; il n'y a de changé que la notation.

On peut aussi considérer le couple (a, b) comme la différence algébrique des deux nombres positifs $(a, 0)$, $(b, 0)$.

Dans le cas où

$$(a, 0) > (b, 0)$$

ou

$$a > b,$$

cette différence se confond avec la différence arithmétique $(a - b)$, grâce à l'identification des nombres positifs aux nombres arithmétiques. Mais si l'on assimile les nombres arithmétiques a, b aux nombres positifs $(a, 0)$, $(b, 0)$, il en résultera que deux nombres arithmétiques, donnés dans un ordre quelconque, ont toujours une différence. Or c'est une proposition d'Arithmétique que la différence de deux nombres (rangés dans un ordre déterminé) n'existe qu'autant que le premier est plus grand que le second. Il n'y a là aucune contradiction, car le mot *différence* n'a pas le même sens dans les deux cas. En effet, si l'on peut dire que deux nombres arithmétiques ont toujours une différence, c'est en tant que nombres qualifiés, et cette différence est aussi, en général, un nombre qualifié. Seulement, dans le cas où les nombres arithmétiques, considérés comme tels, ont une différence arithmétique, les nombres positifs correspondants ont une différence positive qui coïncide avec cette différence arithmétique.

Comme on le voit, la notion de couple constitue une extension de la notion de différence, de même que la notion de fraction constitue une extension de la notion de quotient. On généralise ainsi l'idée de différence, en supprimant la condition restrictive imposée à la différence arithmétique, et en définissant la différence algébrique de deux nombres quelconques, même dans les cas où leur différence arithmétique n'existe pas. Mais, à vrai dire, cette extension et cette généralisation ne sont qu'apparentes : car on ne les obtient qu'en faisant rentrer la différence arithmétique, comme cas particulier, dans la différence algébrique, et les nombres arithmétiques dans l'ensemble des nombres qualifiés, en les assimilant aux nombres positifs. Or cette assimilation est illégitime, à la rigueur, car les nombres arithmétiques ne sont pas plus identiques aux nombres positifs que les opérations additives définies pour les nombres arithmétiques ne sont identiques aux opérations de même nom définies pour les nombres qualifiés. Sans doute, la soustraction algébrique coïncide dans certains cas avec la soustraction arithmétique, et cela n'a rien d'étonnant, puisque, les éléments de chaque couple étant des nombres arithmétiques, la soustraction de deux couples revient en général à deux additions ou soustractions de nombres arithmétiques. Mais cette coïncidence apparente n'est que partielle, et n'autorise nullement à identifier deux opérations bien distinctes qui n'ont de commun que le nom. Il n'y a donc, en réalité, rien de changé aux propriétés des nombres arithmétiques et de leur soustraction.

CHAPITRE III

THÉORIE DES NOMBRES IMAGINAIRES

Nous supposerons désormais acquises la notion de nombre qualifié et les règles des opérations algébriques à effectuer sur les nombres qualifiés (tant entiers que fractionnaires).

Nous appellerons tous ces nombres (positifs ou arithmétiques, négatifs et neutre) nombres *réels*, par opposition aux nombres *imaginaires*, que nous allons maintenant définir. Nous emploierons pour cela une méthode toute semblable à celle dont nous nous sommes servi pour définir les nombres fractionnaires et les nombres qualifiés.

1. On appelle *nombre imaginaire* l'ensemble de deux nombres réels rangés dans un ordre déterminé. Soient a et b ces deux nombres; on écrira provisoirement le nombre imaginaire sous la forme

$$(a, b).$$

2. *Définition de l'égalité.* — Deux nombres imaginaires sont égaux quand leurs termes correspondants sont respectivement égaux. Ainsi l'égalité :

$$(a, b) = (a', b')$$

équivaut à ces deux égalités :

$$a = a', \quad b = b'.$$

On voit immédiatement que cette définition vérifie les conditions générales de l'égalité, et notamment l'axiome : Deux grandeurs égales à une même troisième sont égales entre elles.

Remarque. — Il ressort de cette définition que l'égalité de deux nombres imaginaires implique deux égalités entre nombres réels; elle représente donc *deux* conditions imposées aux quatre termes des deux nombres imaginaires, tandis que l'égalité de deux nombres fractionnaires ou qualifiés n'impose qu'*une* condition à leurs termes. On comprend dès maintenant qu'une équation entre quantités imaginaires puisse représenter *symboliquement* deux équations entre quantités réelles.

3. *Définition de l'addition.* — On appelle *somme* de deux nombres imaginaires le nombre imaginaire formé en ajoutant les termes correspondants de ces deux nombres; c'est ce qu'exprime la formule :

$$(a, b) + (a', b') = (a + a', b + b').$$

L'opération que nous venons de définir possède évidemment les mêmes propriétés (commutative, associative, etc.) que l'addition des nombres réels. D'ailleurs cette définition est identique à celle de l'addition des nombres qualifiés.

En vertu de cette définition, on a :

$$(a, b) + (0, 0) = (a, b),$$

ce qui montre que le nombre imaginaire (0, 0) est le module de l'addition des nombres imaginaires. Il joue donc le même rôle parmi les nombres imaginaires que le zéro algébrique parmi les nombres qualifiés; nous l'appellerons, par analogie, *zéro imaginaire*, et nous le considérerons comme *nul*.

Il est manifeste que la somme de deux nombres imaginaires non nuls est différente de chacun d'eux.

4. *Réciproquement*, étant donnés deux nombres imaginaires différents (ou inégaux, c'est-à-dire non égaux), il existe un nombre imaginaire non nul, qui, ajouté au second, reproduit le premier; on l'appelle la *différence* du premier et du second.

Je dis que cette différence s'obtient par la formule :

$$(a, b) - (a', b') = (a - a', b - b').$$

En effet, en vertu de la règle de l'addition, on a :

$$(a - a', b - b') + (a', b') = (a - a' + a', b - b' + b') = (a, b).$$

Remarque. — Grâce aux conventions établies pour les nombres qualifiés, la règle précédente ne souffre aucune restriction, car les différences algébriques $(a - a')$, $(b - b')$ existent toujours. La soustraction des nombres imaginaires est donc toujours possible, comme la soustraction algébrique.

On voit en même temps que, pour que deux nombres imaginaires soient égaux, il faut et il suffit que leur différence soit nulle.

En effet, si

$$(a, b) = (a', b'),$$

on a

$$a = a', \quad b = b',$$

ou

$$a - a' = 0, \quad b - b' = 0,$$

donc

$$(a - a', b - b') = (0, 0);$$

et, réciproquement, de l'égalité

$$(a - a', b - b') = (0, 0)$$

on déduit celle-ci :

$$(a, b) = (a', b').$$

5. *Théorème.* — Le produit d'un nombre imaginaire par un nombre entier n, étant défini la somme de n nombres imaginaires égaux au proposé, s'obtient en multipliant ses deux termes par n. (Même démonstration que pour les couples.) On écrit donc :

$$(a, b) \times n = (an, bn).$$

Théorème. — Le quotient d'un nombre imaginaire par un nombre entier n, étant par définition le nombre imaginaire qui multiplié par n reproduit le proposé, s'obtient en divisant ses deux termes par n.

Ce théorème résulte immédiatement du précédent. On écrit donc :

$$(a, b) : n = \left(\frac{a}{n}, \frac{b}{n}\right).$$

On démontrerait, comme pour les couples, que la règle de multiplication est encore vraie pour le cas où n est fractionnaire. Enfin, on conviendra que la formule

$$(a, b) \times n = (an, bn),$$

vraie pour tout nombre arithmétique, est valable pour tout nombre qualifié n, à la condition de former les produits an, bn suivant les règles de la multiplication algébrique.

6. *Définition de la multiplication.* — On appelle *produit* de deux nombres imaginaires le nombre imaginaire qu'on obtient en combinant leurs termes suivant la formule :

$$(a, b) \times (a', b') = (aa' - bb', ab' + ba').$$

Il est aisé de vérifier que l'opération ainsi définie possède les propriétés commutative, associative, etc., de la multiplication algébrique, les quatre produits : aa', bb', ab', ba', étant des produits algébriques.

Remarque. — Le produit d'un nombre imaginaire par (0,0) est (0, 0), comme on le voit en faisant dans la formule précédente a' et b' nuls. Ainsi le zéro imaginaire joue le même rôle dans la multiplication des imaginaires que le zéro algébrique dans la multiplication algébrique. C'est une raison de plus pour le considérer comme nul.

Réciproquement, le produit de deux nombres imaginaires ne peut être nul que si l'un des facteurs est nul. En effet, pour qu'on ait

$$aa' - bb' = 0, \quad ab' + ba' = 0,$$

il faut, ou bien que

$$a = b = 0,$$

ou bien que

$$a' = b' = 0.$$

7. *Cas particulier.* — Si $b' = 0$, la formule générale devient :

$$(a, b) \times (a', 0) = (aa', ba').$$

Ce résultat est le même que si le multiplicateur était le nombre réel a' [**5**] :

$$(a, b) \times a' = (aa', ba').$$

Il est donc naturel de considérer un nombre imaginaire dont le second terme est nul comme identique au nombre réel qui forme son premier terme, puisqu'il joue le même rôle que ce nombre dans la multiplication.

Cette identification est légitime, attendu qu'elle est compatible avec les définitions de l'égalité, de l'addition et de la multiplication des imaginaires; en effet ces définitions coïncident, quand on y remplace les nombres imaginaires de la forme $(n, 0)$ par les nombres réels correspondants n, avec les définitions correspondantes établies pour les nombres réels; ce qui est facile à vérifier.

Si en particulier on fait dans la formule précédente

$$a' = 1,$$

il vient

$$(a, b) \times (1, 0) = (a, b),$$

ce qui prouve que le nombre imaginaire (1, 0) est le module de la multiplication des imaginaires, et disparaît comme facteur dans les produits. A ce titre, il peut être assimilé au nombre réel + 1.

8. Au contraire, le nombre imaginaire (0, 1) n'est pas un facteur négligeable, car on a :

$$(a, b) \times (0, 1) = (-b, a).$$

En particulier :

$$(0, 1) \times (0, 1) = (-1, 0) = -1.$$

Ainsi le produit du nombre imaginaire (0, 1) par lui-même (ce qu'on peut appeler son *carré*), est égal au nombre réel — 1, en vertu de l'identification du nombre imaginaire $(n, 0)$ au nombre réel n.

Remarquons de plus que tout nombre imaginaire (a, b) peut être considéré comme la somme d'un nombre de la forme $(a, 0)$ et d'un nombre de la forme $(0, b)$, c'est-à-dire d'un nombre *réel* et d'un nombre *purement imaginaire*.

D'autre part, tout nombre purement imaginaire est égal au produit d'un nombre réel par le nombre imaginaire (0, 1) :

$$(b, 0) \times (0, 1) = (0, b).$$

On peut donc réduire tous les nombres purement imaginaires à l'*unité imaginaire* (0, 1), qu'on désignera, pour simplifier l'écriture, par la lettre i.

Ainsi l'on pourra écrire tous les nombres imaginaires sous la forme :

$$a + bi,$$

a et b étant des nombres réels.

9. Les règles du calcul algébrique s'appliqueront aux binômes de la forme

$$a + bi,$$

si l'on convient de faire dans les formules :

$$i \times i = i^2 = -1.$$

Il faut bien se garder de considérer cette formule symbolique comme une équation vraie, et de vouloir en tirer la valeur de i ; on n'aboutirait qu'au résultat absurde

$$i = \sqrt{-1}$$

qui n'a aucun sens, car tout carré étant positif, un nombre négatif ne peut avoir de racine carrée [Ch. II (cf. p. 53), **15**].

D'ailleurs, quand on dit que i a pour carré — 1, on n'entend pas par là le nombre négatif — 1, mais le nombre imaginaire (— 1, 0), produit (conformément à la règle de multiplication des imaginaires) des nombres imaginaires (0, 1) et (0, 1).

Sans doute, l'identification des nombres réels aux nombres imaginaires dont le second terme est nul peut prêter à confusion; mais il suffit de se reporter à la définition rigoureuse du nombre imaginaire pour dissiper cette confusion. Il n'y a donc aucune contradiction entre ces deux propositions, qui sont également vraies : « Un nombre négatif n'a pas de racine carrée ; — Le nombre négatif — 1 a une racine carrée qui est i ; » car dans celle-ci, le nombre réel — 1 est au fond un nombre imaginaire dont le second terme est nul. De plus, quand on dit qu'un nombre négatif n'a pas de racine, cela signifie qu'il n'a pas de racine *réelle*; et quand, en considérant ensuite ce nombre comme imaginaire, on lui attribue une racine, c'est une racine *imaginaire.*

10. En somme, pour se faire une idée juste et exacte des imaginaires, on ne doit pas considérer la lettre i qui figure dans l'expression $(a + bi)$ comme un coefficient numérique (bien que dans le calcul on doive la traiter comme telle), mais comme un *signe agglutinatif* destiné à associer les deux nombres réels a et b, et surtout à marquer lequel des deux est le second terme du nombre imaginaire (a, b). En effet, on pourrait représenter ce nombre simplement par le binôme symbolique $a + b$, en convenant de conserver l'ordre des deux termes. Mais pour pouvoir le soumettre au calcul algébrique, qui suppose la propriété commutative de l'addition, il faut distinguer ses deux termes par un indice quelconque. Tel est l'office de la lettre i; elle permet de traiter le binôme symbolique $(a + bi)$ comme un binôme réel, et d'en intervertir les termes : on a toujours

$$a + bi = bi + a = (a, b).$$

L'indice i lui-même peut se mettre indifféremment avant ou après le terme qu'il spécifie, de sorte qu'on peut lui appliquer les règles de la multiplication algébrique, qui impliquent la propriété commutative. Ainsi :

$$bi = ib,$$

et

$$bi \times b'i = bb' \times ii = bb' \times i^2 = bb' \times (-1) = -bb'.$$

Quand la lettre i est isolée, elle reprend sa valeur de nombre imaginaire, car elle représente le binôme $(0 + 1i)$.

Ainsi toutes les règles usuelles du calcul des imaginaires se déduisent des définitions générales de l'égalité, de l'addition et de la multiplication, que nous avons posées ci-dessus; et il suffit, pour les obtenir, d'écrire avec la notation habituelle les formules qui traduisent ces définitions.

11. *Remarque.* — Une équation de la forme

$$A + Bi = 0,$$

où A et B représentent des expressions algébriques réelles, équivaut aux deux équations réelles suivantes :

$$A = 0, \qquad B = 0.$$

En effet, si l'on attribue aux lettres, dans les expressions A et B, des valeurs numériques quelconques, le nombre imaginaire $(A + Bi)$ ainsi obtenu ne peut être nul que si les deux nombres réels A, B ainsi obtenus sont nuls à la fois, c'est-à-dire si les deux équations

$$A = 0, \qquad B = 0$$

sont vérifiées simultanément par les valeurs numériques attribuées aux lettres dans A et B.

Cette remarque est le principe de l'emploi des imaginaires dans l'Algèbre et dans l'Analyse.

12. *Définition.* — On appelle *imaginaires conjuguées* deux expressions imaginaires qui ne diffèrent que par le signe de la partie purement imaginaire (c'est-à-dire du second terme), ou, comme on dit encore, par le signe de i; tels sont les binômes

$$a + bi, \qquad a - bi$$

où a et b représentent indifféremment des nombres ou des expressions algébriques réelles.

Le produit de deux quantités imaginaires conjuguées est réel et positif : en effet, en appliquant la règle de multiplication des imaginaires, on trouve

$$(a + bi)(a - bi) = a^2 - (bi)^2 = a^2 - (-b^2) = a^2 + b^2,$$

somme de carrés essentiellement positive. La racine de cette expression est donc essentiellement réelle; sa valeur arithmétique est appelée la *valeur absolue* de chacune des quantités conjuguées

$$(a + bi), \qquad (a - bi).$$

Il est aisé de voir que, grâce à l'identification des nombres réels aux nombres imaginaires dont le second terme est nul, cette définition coïncide avec celle de la valeur absolue d'un nombre qualifié.

En effet, pour un nombre imaginaire de la forme $(a,0)$, la quantité $(a^2 + b^2)$ se réduit au carré a^2 de la *partie réelle*. Or, le carré de $+ a$, comme celui de $- a$, est $+ a^2$, dont la racine arithmétique est a. Ainsi la valeur absolue du nombre imaginaire $(\pm a, 0)$ est le nombre arithmétique a, c'est-à-dire précisément la valeur absolue du nombre réel qualifié $\pm a$.

13. Nous n'insisterons pas davantage sur le calcul des imaginaires : il est clair, d'après ce qui précède, qu'il se ramène entièrement au calcul algébrique, grâce à la convention établie pour le symbole i, auquel se réduisent en définitive les nombres imaginaires. Nous nous dispenserons donc de définir la division des imaginaires : on conçoit aisément que le quotient de deux nombres imaginaires est, comme leur produit, un nombre imaginaire de même forme.

Dans cet exposé, nous avons conservé la locution traditionnelle : « nombre imaginaire », afin de ne pas dérouter le lecteur. Mais nous devons l'avertir qu'elle est à peu près abandonnée par les savants modernes, parce qu'elle semble attribuer à ces nouveaux nombres une sorte d'infériorité et d' « irréalité », et leur donne, aux yeux des profanes, un caractère chimérique et mystérieux. Aussi les mathématiciens l'ont-ils remplacée par l'expression de « nombre complexe », qui répond mieux à la conception claire et rigoureuse qu'ils se sont faite des imaginaires. Il est donc probable que le terme d'*imaginaire* tombera en désuétude, et ira rejoindre tant d'autres expressions métaphoriques des anciens auteurs (quantités *rompues*, *sourdes*, *fausses*, etc.). Il n'en restera d'autre trace dans le langage et la notation que la lettre i, qu'on a substituée partout au symbole absurde et gênant $\sqrt{-1}$.

14. On remarquera que nous n'avons pas défini l'inégalité de *deux* nombres complexes, ou du moins le sens de cette inégalité. Deux nombres complexes non égaux sont *inégaux*, sans que l'un puisse être dit *plus grand* ou *plus petit* que l'autre. Cette remarque est intéressante à plusieurs égards. Elle prouve d'abord qu'il peut exister un système de nombres tel que le sens de l'inégalité de deux nombres quelconques n'y soit pas défini, ce qui n'empêche pas de les soumettre au calcul et d'obtenir des résultats bien déterminés, attendu qu'il suffit pour cela d'avoir défini leur égalité et les opérations fondamentales à effectuer sur ces nombres. Plus généralement, on peut concevoir un ensemble de grandeurs telles que l'on ne puisse dire de *deux* quelconques d'entre elles laquelle est la plus grande ou la plus petite [1]; ce qui contredit non seulement la définition banale et vicieuse qu'on donne trop souvent de la grandeur (« ce qui est susceptible d'augmentation et de diminution [2] »), mais même l'idée qu'on s'en fait couramment, comme d'une chose qui comporte nécessairement du *plus* et du *moins*.

Ce paradoxe s'expliquera plus tard de lui-même [3] par l'interprétation géométrique des nombres complexes. Tout ce que nous pouvons dire à présent, c'est que l'ensemble des nombres complexes n'est pas *linéaire* comme celui des nombres réels, mais *superficiel*, c'est-à-dire à *deux* dimensions, puisque chacun d'eux se compose de *deux* termes indépendants, et que l'égalité de deux nombres complexes implique *deux* égalités entre leurs termes correspondants [4]. Or, si l'on pouvait dire de chaque nombre complexe qu'il est *plus grand* ou *plus petit* que tel autre, on pourrait ranger tous les nombres complexes par ordre de grandeur, et partant transformer leur ensemble en une suite *linéaire*.

Il est vrai qu'on peut définir le sens de l'inégalité de *deux* nombres complexes quelconques comme suit : on pose [5] :

$$(a, b) > (a', b')$$

si

$$a > a',$$

ou si

$$a = a', \ b > b';$$

et

$$(a, b) < (a', b')$$

si

$$a < a',$$

ou si

$$a = a', \ b < b'.$$

Il est aisé de vérifier que cette définition est parfaitement légitime, attendu que, d'une part, elle est compatible avec celle de l'égalité des nombres complexes, et que, d'autre part, ces deux définitions réunies comprennent tous les cas possibles. Néanmoins, cette définition n'est d'aucun usage dans la théorie des nombres complexes,

1. Quoi qu'en dise Cournot, *Correspondance*, etc., ch. IV, n° 29.
2. Cf. 2e Partie, Livre II, Ch. I, **1**.
3. Livre III, Ch. III, **11-13**.
4. C'est principalement cette propriété que traduit l'expression de « nombre *complexe* » (opposé à *simple*).
5. Stolz, *Arithmétique générale*, vol. II, ch. I.

et l'on ne considère en général que l'inégalité de leurs valeurs absolues.

D'ailleurs, la définition de l'inégalité des nombres qualifiés est déjà passablement arbitraire et factice, car on n'en tient presque aucun compte dans l'Analyse. En effet, bien que tout nombre négatif soit plus petit que *zéro*, et d'autant plus petit que sa valeur absolue est plus grande, on n'entend jamais par *infiniment petits* des nombres négatifs *très grands* en valeur absolue, mais des nombres qualifiés *très petits* en valeur absolue, c'est-à-dire infiniment voisins de *zéro*. Cela prouve bien que la considération de la grandeur absolue des nombres réels l'emporte sur la définition plus ou moins conventionnelle de leur inégalité.

15. Il convient de présenter ici certaines observations qui naissent de la considération des divers ensembles de nombres que nous avons successivement définis. Nous avons montré comment les nombres réels, qui sont d'abord les éléments constituants des nombres imaginaires, finissent par se confondre avec certains d'entre eux; de même que les nombres arithmétiques, qui sont les éléments des couples algébriques, se confondent avec les nombres positifs; et de même que les nombres entiers, qui sont les éléments des nombres fractionnaires, se confondent avec certaines fractions. Nous avons vu que cette triple identification est naturelle et légitime, mais qu'elle est toujours arbitraire, et qu'elle donne lieu dans certains cas à des confusions fâcheuses. Néanmoins, elle est commode, en ce qu'elle fait rentrer les uns dans les autres des ensembles primitivement séparés et superposés, de sorte que l'ensemble des nombres complexes finit par englober tous les autres à titre d'ensembles particuliers. Il est ainsi le plus riche, et l'on peut dire, sans paradoxe ni jeu de mots, le plus « réel » de tous. Mais si cette assimilation progressive est possible et utile, c'est grâce à l'analogie des opérations fondamentales définies pour ces divers ensembles, qui permet de regarder les opérations sur les ensembles inférieurs comme des cas particuliers des opérations analogues sur les ensembles supérieurs. Non seulement les opérations sur les nombres entiers se conservent, avec leurs propriétés essentielles, dans les ensembles suivants, mais elles s'affranchissent tour à tour, nous venons de le voir, des restrictions auxquelles elles étaient d'abord soumises. C'est ainsi que le calcul des imaginaires peut être considéré comme la généralisation naturelle de l'Arithmétique élémentaire, et l'ensemble des nombres complexes lui-même comme une extension nécessaire de l'ensemble des nombres entiers.

16. D'autre part, si l'on jette un coup d'œil sur les trois nouveaux ensembles, on remarquera que ce qui les distingue les uns des autres, ce n'est pas la forme particulière des symboles employés, mais les définitions fondamentales de l'égalité, de l'addition et de la multiplication de ces symboles. Par exemple, les nombres imaginaires ont la même formule d'addition que les couples, et leur formule de multiplication ne diffère de celle des couples que par le signe de bb'; mais ce qui sépare profondément ces deux espèces de nombres, c'est la définition de l'égalité. Nous avons à dessein donné la même forme (a, b) à tous ces nouveaux nombres que nous avons introduits, pour mieux faire ressortir à la fois l'analogie et la différence des opérations auxquelles ils sont soumis, et pour montrer qu'ils ne se distinguent que par les formules des combinaisons qu'on peut effectuer sur eux. Cette remarque est d'ailleurs générale. Le mathématicien ne définit jamais les grandeurs en elles-mêmes, comme le philosophe serait tenté de le faire; il définit leur égalité, leur somme et leur produit, et ces définitions déterminent ou plutôt constituent toutes les propriétés mathématiques des grandeurs. D'une façon plus abstraite et plus formelle encore, il *pose* des symboles, et *pose* en même temps les règles suivant lesquelles il devra les combiner ensemble; ces règles suffisent à caractériser ces symboles et à leur donner une valeur mathématique. En un mot il *crée* des êtres mathématiques au moyen de conventions arbitraires; de même que les différentes pièces du jeu d'échecs sont définies par les conventions qui règlent leur marche et leurs relations.

17. Ces considérations, par lesquelles nous essayons de définir l'esprit de la Mathématique moderne, suggèrent naturellement la question suivante : Si la science n'est qu'un jeu de symboles créés arbitrairement et de toutes pièces, pourquoi l'ensemble des nombres complexes resterait-il le dernier, et pourquoi ne rentrerait-il pas à son tour dans un ensemble plus vaste? Y a-t-il une raison pour s'arrêter dans l'invention de ces ensembles de plus en plus généraux, ou peut-on en créer indéfiniment de nouveaux?

Rien n'empêche, assurément, les mathématiciens de concevoir d'autres symboles et de construire d'autres ensembles; mais si, théoriquement, la fécondité de l'imagination mathématique ne connait pas de bornes, l'introduction de nombres nouveaux est subordonnée, en fait, à l'usage qu'on en peut faire. Sans doute, il est toujours possible de créer de nouveaux symboles et d'inventer de nouvelles combinaisons : mais ces créations, arbitraires en principe, ne se justifient que par leur utilité, toute spéculative d'ailleurs. Il ne suffit donc pas de poser *a priori* certains signes et de les combiner suivant certaines règles conventionnelles : il faut encore qu'ils trouvent dans la science leur emploi et leur application. C'est à définir cette *utilité* des symboles mathématiques que sont destinés les deux Livres suivants.

18. La question posée ci-dessus nous fournit justement l'occasion d'indiquer à quelles conditions l'introduction de nouveaux nombres dans l'Arithmétique générale pourrait être utile. Pour généraliser l'ensemble des nombres imaginaires et le faire rentrer dans un ensemble plus vaste, on peut employer deux méthodes. Ou bien l'on définira autrement les opérations fondamentales, de manière à obtenir d'autres ensembles de nombres complexes à *deux* termes; ou bien l'on augmentera le nombre des éléments constitutifs de chaque symbole, de sorte qu'on obtiendra des ensembles de nombres complexes à plus de *deux* termes. D'autre part, pour qu'une telle généralisation soit vraiment utile, il faut que les opérations fondamentales de l'Arithmétique conservent dans le nouvel ensemble leurs propriétés essentielles, comme elles les ont conservées dans tous les ensembles antérieurs, afin qu'elles puissent coïncider, dans certains cas, avec les opérations sur les nombres réels, et qu'on puisse, par suite, faire rentrer ceux-ci dans le nouvel ensemble en les identifiant à certains nombres complexes.

La question se dédouble donc, et se précise en même temps comme suit : Y a-t-il d'autres systèmes de nombres complexes à *deux* termes, et : Y a-t-il des systèmes de nombres complexes à plus de *deux* termes, auxquels puissent s'appliquer les règles du calcul des nombres réels?

Des travaux récents nous permettent de répondre négativement à ces deux questions [1]. En voici les résultats essentiels :

1° Parmi tous les ensembles possibles de nombres complexes à *deux* termes, le seul qui possède toutes les propriétés opératoires des nombres réels est le système des nombres complexes ordinaires, vulgairement appelés : imaginaires.

1. Voir la Note I : Sur la théorie générale des nombres complexes.

2° Tous les ensembles de nombres complexes à plus de *deux* termes qui vérifient les propriétés essentielles du calcul des nombres réels peuvent se décomposer en ensembles analogues à l'ensemble des nombres réels et à celui des nombres imaginaires, et équivalent par conséquent à des combinaisons de ces deux ensembles déjà connus.

La conclusion qui ressort de ces intéressantes recherches, c'est que, si l'on s'astreint à conserver les propriétés essentielles des opérations arithmétiques [1], il est inutile, sinon impossible, de chercher une nouvelle extension pour l'Arithmétique générale, et que, par suite, le nombre imaginaire est le dernier stade de la généralisation progressive de l'idée de nombre.

1. Principe de la permanence des formes opératoires, formulé par HANKEL : *Vorlesungen über complexe Zahlen.*

CHAPITRE IV

THÉORIE DES NOMBRES IRRATIONNELS ET DES LIMITES

Nous avons omis à dessein, dans l'exposé précédent, une espèce de nombres qu'on ne peut construire par la même méthode que ceux des autres ensembles, c'est-à-dire en assemblant deux ou plusieurs nombres d'un ensemble antérieurement défini pour en former un nouveau symbole : ce sont les nombres irrationnels. Pour définir ceux-ci, il ne suffit plus de grouper un nombre fini de nombres déjà connus : il en faut considérer une infinité. Cette remarque suffit à faire entrevoir la différence profonde qui sépare ces nouveaux nombres de tous ceux que nous avons étudiés jusqu'ici. C'est par eux que la notion d'infini pénètre dans la Mathématique pure; aussi leur introduction dans l'Arithmétique générale est-elle, selon un mot de M. Stolz [1], le point d'inflexion du développement de la science. Pour la même raison, cette espèce de nombres est de beaucoup la plus importante pour nos recherches, à cause de sa liaison étroite avec les idées d'infini, de continu et de limite qui sont l'objet du présent travail.

1. Pour suivre l'ordre naturel et pour ainsi dire généalogique des notions mathématiques, il eût fallu définir les nombres irrationnels aussitôt après les nombres fractionnaires et avant les nombres qualifiés. En effet, de même que les fractions comblent en quelque sorte les intervalles des nombres entiers, de même les nombres irrationnels comblent les lacunes qui restent entre les nombres fractionnaires. L'introduction de ces nombres complète donc la suite linéaire des nombres arithmétiques et la rend continue, ainsi que tous les ensembles suivants, qui en sont formés.

1. « Das *Wendepunkt* » (*Arithmétique générale*, vol. I, ch. I).

En effet, l'ensemble des nombres arithmétiques, ainsi complété, fournit les éléments des couples algébriques, et c'est cet ensemble tout entier qui se trouve doublé, comme réfléchi dans un miroir, par l'ensemble des nombres qualifiés; à son tour, ce dernier ensemble, ainsi complété, fournit, sous le nom de *nombres réels*, les éléments constituants des nombres imaginaires. Tel est l'ordre logique dans lequel ces ensembles successifs s'engendrent et s'enveloppent les uns les autres. L'ordre que nous avons suivi serait donc inacceptable dans un traité didactique; mais nous avons cru pouvoir et devoir l'adopter dans une étude critique, où il importe avant tout de distinguer nettement les diverses méthodes employées dans la généralisation de l'idée de nombre. Nous avons tenu à rapprocher les définitions des nombres fractionnaires, qualifiés et imaginaires, pour faire ressortir leur analogie et l'uniformité de la méthode; et nous avons réservé pour la fin la définition des nombres irrationnels, qui eût interrompu l'enchaînement des ensembles précités, et troublé la symétrie de leur construction. Il suffit, pour rétablir l'ordre, d'avoir indiqué la véritable place des nombres irrationnels dans la hiérarchie des notions arithmétiques, et d'avoir marqué leur rang parmi les généralisations successives du nombre entier.

2. Le lecteur est donc toujours libre, si bon lui semble, d'intercaler par la pensée le présent Chapitre entre les Chap. I et II de ce Livre : il n'y aura, de ce fait, rien à changer aux Chap. II et III. Au contraire, cette transposition conférera à ces derniers toute la généralité qu'ils comportent : par exemple, les propositions suivantes : « Tout nombre arithmétique a une racine carrée; — Tout nombre positif a deux racines carrées, » ne sont vraies sans restriction qu'après l'introduction des nombres irrationnels. Cette remarque fait apparaître une analogie (la seule peut-être) entre les nombres irrationnels et les nombres imaginaires : les premiers permettent de généraliser la notion de racine arithmétique, de même que les seconds donnent lieu à une généralisation de la notion de racine algébrique. Grâce à l'introduction des premiers, tout nombre arithmétique (même non carré parfait) a *une* racine carrée ou d'ordre quelconque; grâce à l'introduction des seconds, tout nombre qualifié (même négatif) a *deux* racines carrées, et en général n racines d'ordre n. Disons tout de suite que l'introduction des nombres irrationnels ne trouble nullement la théorie des nombres entiers et n'altère en aucune façon leurs propriétés; en particulier, elle ne change rien à la distinction établie, en Arithmétique pure, entre les nombres « carrés parfaits » et les nombres « non carrés parfaits ».

3. *Définitions*. — Nous appellerons désormais :

Nombres rationnels, les nombres entiers et les fractions, qui constituent l'ensemble des nombres fractionnaires défini Ch. I;

Nombres arithmétiques, l'ensemble des nombres rationnels et des nombres irrationnels, que nous allons définir;

Nombres réels, l'ensemble des nombres qualifiés ayant pour éléments des nombres arithmétiques.

D'après ce qui vient d'être dit, on peut et on doit entendre dans ce nouveau sens les termes « nombres arithmétiques » et « nombres réels » qui figurent dans les Chap. II et III, de manière à donner toute leur extension à l'ensemble des nombres qualifiés et à celui des nombres complexes.

4. Pour définir les nombres irrationnels, on peut employer deux méthodes principales [1] : par l'une, on définit le nombre irrationnel comme la limite d'une suite infinie, ou comme la somme d'une série infinie de nombres rationnels (M. Cantor, M. Weierstrass); par l'autre, on le considère comme intermédiaire entre deux classes (infinies) de nombres rationnels (M. Dedekind, M. Tannery). La seconde nous semble préférable, pour plusieurs raisons. D'abord, la définition à laquelle elle conduit est plus générale; en effet elle est indépendante des diverses suites ou séries par lesquelles on peut définir le nombre irrationnel, suivant la première méthode, car on sépare d'abord la totalité des nombres rationnels en deux classes, qui contiennent évidemment d'avance les termes de toutes les suites de nombres rationnels qu'on pourra imaginer. Ensuite, elle est plus précise : en effet, elle donne tout de suite au symbole défini un sens exact, en lui assignant *ipso facto* sa place dans l'échelle des nombres, puisqu'il se trouve intercalé dans la suite des nombres rationnels, et elle lui confère immédiatement le caractère de grandeur mathématique. Mais elle a surtout cet avantage, incomparable au point de vue philosophique, de ne pas faire appel, expressément du moins, à l'idée d'infini, et d'être dégagée de toute considération de limite, ce qui permet de donner ensuite de la limite une définition absolument générale et rigoureuse. Telle est la marche que nous suivrons dans

1. G. Cantor, *Grundlagen einer allgemeinen Mannichfaltigkeitslehre*, § 9.

le présent Chapitre; c'est celle qu'a conseillée et suivie M. TANNERY [1], à qui nous emprunterons à la fois la définition de la limite et celle du nombre irrationnel.

5. Mais auparavant il convient de récapituler les propriétés essentielles de l'ensemble des nombres rationnels, qui va nous servir de base, afin d'en définir le caractère et la constitution et de préciser la nature des lacunes auxquelles nous avons fait allusion plus haut.

Si l'on considère l'ensemble des nombres rationnels (ou fractionnaires) tel qu'il a été défini dans le Chap. I, mais en excluant le *zéro* (entier ou fractionnaire), il possède les propriétés suivantes [2] :

I. — La somme, la différence, le produit et le quotient de deux nombres quelconques de l'ensemble sont des nombres du même ensemble.

Remarque. — La différence de deux nombres n'existe que si les deux nombres sont inégaux et si leur ordre n'est pas donné. Elle est

$$a - b \qquad \text{si} \qquad a > b$$

et

$$b - a \qquad \text{si} \qquad a < b.$$

Le *zéro* étant exclu de l'ensemble, on ne dira plus que la différence de deux nombres égaux est nulle, mais que deux nombres égaux n'ont pas de différence.

II. — Étant donné un nombre quelconque, on peut toujours en trouver un plus grand.

En effet, soit A le nombre donné, B un nombre quelconque de l'ensemble : le nombre A + B appartient à l'ensemble (en vertu de I) et est plus grand que A.

Remarque. — Cette propriété appartenait déjà à l'ensemble des nombres entiers.

On peut préciser la question : Trouver le plus petit nombre entier qui soit plus grand que le nombre donné.

Il y a lieu de distinguer deux cas.

Si le nombre donné A est un nombre entier n, le nombre demandé est évidemment $n + 1$.

Si le nombre donné A est une fraction $\frac{m}{n}$, si l'on extrait les entiers

1. *Introduction à la théorie des fonctions d'une variable*, p. IX et X.
2. Voir STOLZ, *op. cit.*, vol. I, ch. V; PADÉ, *op. cit.*, § 46. — Cf. DEDEKIND, *Stetigkeit und irrationale Zahlen*, § 1.

k contenus dans cette fraction (d'après la règle énoncée Chap. I, **16**) le nombre demandé est :

$$k+1.$$

En effet, on a, en vertu de cette règle, la formule

$$\frac{m}{n}=k+\frac{r}{n}$$

où

$$r<n,$$

c'est-à-dire

$$\frac{r}{n}<1.$$

Donc :

$$k<\frac{m}{n}<k+1. \qquad \textit{C. Q. F. D.}$$

III. — Étant donné un nombre quelconque, on peut toujours en trouver un plus petit.

Cette propriété est une conséquence de la précédente, et de l'introduction des nombres fractionnaires.

En effet, soit ε le nombre donné; $\frac{1}{\varepsilon}$ est aussi un nombre de l'ensemble. Prenons un nombre entier supérieur à $\frac{1}{\varepsilon}$ (par exemple, le plus petit des nombres entiers supérieurs à $\frac{1}{\varepsilon}$, en vertu de la règle précédente), soit

$$n>\frac{1}{\varepsilon},$$

on en conclut :

$$\frac{1}{n}<\varepsilon.$$

Or $\frac{1}{n}$ appartient à l'ensemble; c'est donc le nombre cherché.

6. *Corollaires.* — 1° Ainsi l'ensemble des nombres rationnels est tel, qu'il n'y en a aucun qui soit plus grand ou plus petit que tous les autres.

2° Entre deux nombres inégaux quelconques, il en existe toujours un troisième, et par suite une infinité.

En effet, soient a et b les deux nombres inégaux donnés : le nombre $\frac{a+b}{2}$ (leur *moyenne arithmétique*) appartient à l'ensemble et répond à la question, car si

$$a>b,$$

on a :

$$a > \frac{a+b}{2} > b.$$

Remarque. — On a identiquement :

$$\frac{a+b}{2} = b + \frac{a-b}{2}.$$

On peut généraliser ce procédé, et intercaler non plus *un*, mais $(n-1)$ nombres entre deux nombres donnés. Il suffit de prendre la n^e partie de leur différence, et de l'ajouter 1 fois, 2 fois,... $(n-1)$ fois au plus petit.

On obtient ainsi la suite des nombres :

$$b,\ b + \frac{a-b}{n},\ b + 2\,\frac{a-b}{n}, \ldots\ldots b + (n-1)\,\frac{a-b}{n},\ b + (a-b) = a$$

qui appartiennent tous à l'ensemble des nombres rationnels.

La différence de deux nombres consécutifs est constante :

$$\frac{a-b}{n},$$

et peut être rendue aussi petite qu'on veut en choisissant n suffisamment grand (en vertu de III).

En particulier, entre deux nombres entiers consécutifs $(k, k+1)$ on peut intercaler autant de nombres qu'on veut, et dont la différence soit aussi petite qu'on veut. Il suffit d'appliquer la règle précédente; on trouve :

$$k,\ k + \frac{1}{n},\ k + \frac{2}{n}, \quad \ldots\ldots \quad k + \frac{n-1}{n},\ k + \frac{n}{n} = k + 1.$$

Bien que *zéro* soit exclu de l'ensemble, on peut opérer de même dans l'intervalle $(0, 1)$ et y intercaler $(n-1)$ nombres appartenant à l'ensemble :

$$[0],\ \frac{1}{n},\ \frac{2}{n}, \quad \ldots\ldots \quad \frac{n-1}{n},\ \frac{n}{n} = 1.$$

On voit que pour transporter cette division dans l'intervalle de deux nombres entiers consécutifs quelconques $(k, k+1)$, il suffit d'ajouter k à chacun des nombres de cette suite (progression arithmétique de raison $\frac{1}{n}$).

On a ainsi un procédé systématique pour construire progressivement l'ensemble des nombres rationnels. Il suffit de faire successivement, dans la formule précédente, n égal à 1, à 2, à 3,... à tous les nombres entiers consécutifs. On obtiendra ainsi, dans l'intervalle (0, 1), autant de fractions qu'on voudra, et aussi peu différentes qu'on voudra, et l'on répétera cette division dans tous les intervalles de deux nombres entiers consécutifs. Ce procédé est évidemment illimité comme la suite des nombres entiers qu'on substitue à n. Le nombre des fractions comprises entre deux nombres entiers consécutifs (*a fortiori* quelconques) est égal ou supérieur à n dès que $n = 3$; il est donc indéfini comme le nombre des nombres entiers.

7. Toutes ces propriétés de l'ensemble des nombres rationnels peuvent se résumer en deux mots :

1° L'ensemble des nombres rationnels est *illimité*, et même doublement illimité : il est d'abord illimité dans le sens de la grandeur, comme l'ensemble des nombres entiers, en ce sens qu'on peut toujours y trouver un nombre plus grand que toute quantité donnée; il est aussi illimité dans le sens de la petitesse (comme la fraction $\frac{1}{n}$ quand n parcourt toutes les valeurs entières croissantes), en ce sens qu'on peut toujours y trouver un nombre plus petit que toute quantité donnée.

2° L'ensemble des nombres rationnels est *connexe* [1], c'est-à-dire que la différence entre deux nombres consécutifs de cet ensemble peut être rendue plus petite que toute quantité donnée, et que, par suite, on peut relier deux nombres quelconques de l'ensemble par une suite ou « chaîne » de nombres du même ensemble, telle que la différence de deux nombres consécutifs de cette suite soit plus petite qu'une quantité donnée.

Mais on ne peut dire que cet ensemble soit *continu*, car il admet une infinité de lacunes (infiniment petites d'ailleurs) qu'on appelle des *coupures* [2].

Les nombres irrationnels ont été inventés pour combler les coupures de l'ensemble des nombres rationnels et le transformer en un ensemble continu. Nous allons définir à la fois ces coupures et les nombres irrationnels qui leur correspondent [3].

8. Soit proposé de trouver la racine carrée de 3 (ou de tout autre

1. Ce mot correspond au terme allemand « zusammenhängend » (Stolz, Cantor), qui se trouve traduit par « bien enchaîné » dans les *Acta mathematica* (t. II) et par « d'un seul tenant » dans le *Journal de M. Jordan* (t. VIII, 1892).

2. Dedekind, *op. cit.*, § 4. Voir aussi Stolz, *loc. cit.*

3. J. Tannery, *op. cit.*, ch. i : Des nombres irrationnels et des limites. Cf. Dedekind, *op. cit.*, § 5.

nombre rationnel non carré parfait). Il n'existe aucun nombre rationnel dont le carré soit égal à 3. En effet, 3 n'est le carré d'aucun nombre entier; il n'est pas davantage le carré d'une fraction, car on peut toujours supposer cette fraction irréductible, et son carré sera une autre fraction irréductible qui ne saurait être égale au nombre entier 3. Le nombre 3 n'a donc pas de racine carrée. Mais la recherche de cette racine nous révèle l'existence d'une *coupure* dans l'ensemble des nombres rationnels, car elle fournit un moyen de séparer cet ensemble en *deux* classes : la première classe contiendra tous les nombres dont le carré est plus petit que 3; la seconde contiendra tous ceux dont le carré est plus grand que 3. Ces deux classes réunies contiendront évidemment *tous* les nombres rationnels, puisqu'il n'y en a aucun dont le carré soit égal à 3.

En outre, elles posséderont les propriétés que voici :

1° Tout nombre de la première classe est *plus petit* qu'un nombre quelconque de la seconde classe, et tout nombre de la seconde classe est *plus grand* qu'un nombre quelconque de la première classe. En effet, de deux nombres rationnels inégaux, c'est le plus grand qui a le plus grand carré, et le plus petit qui a le plus petit.

2° Dans la première classe il n'existe aucun nombre qui soit plus grand que tous les autres de la même classe; et de même, dans la seconde classe il n'existe aucun nombre qui soit plus petit que tous les autres de la même classe.

En effet, supposons qu'il y ait dans la première classe un nombre a plus grand que tous les autres nombres de cette classe. Puisque a appartient à la première classe, son carré est plus petit que 3 :

$$a^2 < 3.$$

Puisque a est le plus grand nombre de la première classe, tout nombre rationnel $(a + h)$ plus grand que a appartient à la seconde classe, c'est-à-dire que son carré est plus grand que 3 :

$$(a + h)^2 > 3.$$

Or la différence des carrés de ces deux nombres est

$$(a + h)^2 - a^2 = 2ah + h^2 = h\,(2a + h)$$

et elle peut être rendue plus petite qu'un nombre rationnel donné, car, en supposant

$$h < 1,$$

cette différence est inférieure à

$$h\,(2a + 1).$$

Donc, pour qu'elle soit plus petite qu'un nombre rationnel quelconque ε, il suffit de prendre

$$h = \frac{\varepsilon}{2a + 1}.$$

On peut, en particulier, choisir h de manière que cette différence soit plus petite que le nombre rationnel

$$3 - a^2.$$

On aura alors l'inégalité

$$(a + h)^2 - a^2 < 3 - a^2,$$

mais elle entraîne la suivante :

$$(a + h)^2 < 3,$$

ce qui contredit l'hypothèse. Il n'y a donc pas, dans la première classe, de nombre plus grand que tous les autres. On démontrerait de même qu'il n'y a pas dans la seconde classe de nombre plus petit que tous les autres. A plus forte raison, il n'y a pas de nombre rationnel qui soit *à la fois* plus grand que tous ceux de la première classe et plus petit que tous ceux de la seconde classe.

On dit dans ce cas que l'ensemble des nombres rationnels présente une *coupure* [1]. C'est cette possibilité de répartir tous les nombres rationnels en deux classes jouissant des propriétés énoncées qui définit la coupure, et en même temps le nombre irrationnel qu'on va créer pour la combler.

9. *Définition* [2]. « Toutes les fois qu'on a un moyen défini de séparer la totalité des nombres rationnels en deux classes telles que tout nombre de la première classe soit plus petit que tout nombre de la seconde classe, telles en outre qu'il n'y ait pas dans la première classe un nombre plus grand que les autres nombres de la même classe, et, dans la seconde classe, un nombre plus petit que les autres nombres de la même classe, on convient de dire qu'on a défini un *nombre irrationnel.* »

Ce nombre irrationnel pourra être représenté par une lettre ou un symbole quelconque, ce symbole ne signifiant rien autre chose qu'un mode défini de classification des nombres rationnels, tel que celui qui vient d'être décrit, en un mot, une coupure de l'ensemble des nombres rationnels.

1. Dedekind, *Stetigkeit und irrationale Zahlen*, § 4.
2. Empruntée textuellement à M. Tannery, *op. cit.*, § 3.

Par exemple, le mode de décomposition indiqué plus haut définit le nombre irrationnel $\sqrt{3}$. Ce symbole ne signifie pas le nombre dont le carré est 3, mais l'absence de nombre rationnel ayant pour carré 3.

La première classe sera dite *classe inférieure* relative à ce nombre irrationnel; la seconde, *classe supérieure*; et l'on dira que ce nombre irrationnel est *plus grand* que tous les nombres de la classe qui lui est inférieure, et *plus petit* que tous les nombres de la classe qui lui est supérieure.

Remarque. — Cette convention permet d'assigner immédiatement au nombre irrationnel une place dans la suite linéaire des nombres rationnels, en l'intercalant entre les deux classes qui le définissent. Elle ne contredit nullement, d'ailleurs, la proposition précédemment démontrée, à savoir qu'il n'y a aucun nombre (rationnel) qui soit à la fois plus grand que tous les nombres de la première classe et plus petit que tous les nombres de la seconde classe. Bien au contraire, c'est précisément parce qu'il n'y a aucun nombre rationnel qui jouisse de cette propriété, qu'on est autorisé et amené à en doter le nouveau nombre qu'on vient de créer, et qui primitivement n'est rien de plus que le symbole d'une coupure.

10. Tout nombre rationnel A permet de répartir les autres nombres rationnels en deux classes possédant les propriétés énoncées; la première comprendra tous les nombres rationnels plus petits que A, la seconde tous les nombres rationnels plus grands que A. On peut donc dire que ce nombre rationnel est, lui aussi, défini par un certain mode de décomposition de l'ensemble des nombres rationnels. Seulement, il ne faut pas oublier que les deux classes ainsi formées ne contiennent pas la *totalité* des nombres rationnels, puisque le nombre rationnel A lui-même en est exclu; ou bien, si on l'ajoute à l'une des deux classes, à la classe inférieure par exemple, il y aura dans cette classe un nombre plus grand que tous les autres, à savoir A, ce qui est contraire à l'énoncé. De toute façon, il manque une des conditions ou des propriétés nécessaires pour que la définition précédente soit valable; il n'y a donc pas là une véritable coupure de l'ensemble des nombres rationnels, et par conséquent il n'y a pas lieu de créer un nombre irrationnel qui ferait double emploi avec le nombre rationnel A. Il était cependant utile de remarquer cette analogie entre les nombres rationnels et irrationnels, analogie qui se manifeste surtout dans le rôle qu'ils jouent comme *limites*.

11. Il ne suffit pas de créer un nombre, ou plutôt un symbole, pour en faire une grandeur mathématique qu'on puisse soumettre au calcul. Nous n'avons défini jusqu'ici que l'inégalité d'un nombre irrationnel par rapport aux nombres rationnels. Il faut encore définir l'égalité et l'inégalité de deux nombres irrationnels, puis leur somme et leur produit; et ces définitions doivent non seulement n'être pas contradictoires entre elles ou avec les définitions établies pour les nombres rationnels, mais aussi vérifier les conditions générales que nous avons énumérées pour les nombres rationnels.

Définition de l'égalité [1]. — Deux nombres irrationnels A et B sont dits *égaux*, et l'on écrit

$$A = B,$$

quand les deux modes de décomposition qui les définissent sont identiques, c'est-à-dire quand les deux classes relatives à l'un coïncident respectivement avec les deux classes relatives à l'autre. Pour cela, il suffit que deux classes correspondantes (ou de même nom) soient identiques, l'identité des classes inférieures entraînant l'identité des classes supérieures, et réciproquement.

Cela revient à dire que chaque coupure de l'ensemble des nombres rationnels définit un nombre irrationnel *unique*.

Il résulte de cette définition que si deux nombres irrationnels sont égaux à un troisième nombre irrationnel, ils sont égaux entre eux. Ainsi se trouve vérifiée, pour les nouveaux nombres, cette propriété générale de l'égalité : Les égalités :

$$A = B, \qquad B = C$$

entraînent l'égalité

$$A = C.$$

12. *Définition de l'inégalité.* — Soient A, B deux nombres irrationnels non égaux. Cela signifie que les deux classes inférieures relatives à ces deux nombres ne sont pas identiques; il y a donc un nombre (rationnel) qui figure dans l'une d'elles, par exemple dans la classe inférieure relative à A, et qui ne figure pas dans l'autre; qui, par conséquent, figure dans la classe supérieure relative à B. On dit alors que A est *plus grand* que B, et B *plus petit* que A, et l'on écrit :

$$A > B \qquad B < A.$$

1. J. Tannery, *op. cit.*, § 5.

Ainsi, par définition, cette inégalité entre deux nombres irrationnels A, B implique l'existence d'un nombre rationnel a tel que l'on ait :

$$A > a, \qquad a > B.$$

D'ailleurs, un tel nombre existe toujours, quels que soient les nombres A et B (cf. **6**, 2°).

Réciproquement, l'existence d'un nombre rationnel a tel que l'on ait :

$$A > a, \qquad a > B,$$

entraîne, quels que soient les nombres A et B, l'inégalité

$$A > B.$$

Il s'ensuit que, A, B, C étant des nombres quelconques (rationnels ou irrationnels), les inégalités

$$A > B \qquad B > C$$

entraînent dans tous les cas l'inégalité

$$A > C.$$

Ainsi se trouve étendue au cas des nombres irrationnels cette propriété générale de l'inégalité, qui est le fondement du calcul des inégalités.

Corollaire. — Étant donnés deux nombres irrationnels inégaux, il y a une infinité de nombres rationnels compris entre eux.

On peut donc formuler la proposition suivante, sans plus distinguer les nombres rationnels et irrationnels :

Entre deux nombres inégaux quelconques, il en existe une infinité d'autres (cf. **6**, 2°).

13. *Théorème.* — Étant donnés deux nombres quelconques A, B, si l'on peut prouver qu'ils sont tous deux compris entre deux nombres rationnels dont la différence soit moindre que le nombre rationnel ε, et cela quel que soit ce nombre ε, les deux nombres A, B sont égaux [1].

Ce théorème fournit un *criterium d'égalité* qui est très souvent employé dans les Mathématiques supérieures.

Une fois que les nombres irrationnels, au moyen des définitions précédentes, ont pris place dans la suite des nombres rationnels et sont pour ainsi dire mêlés avec eux, on définit leur addition et leur multiplication, toujours par la considération des coupures aux-

1. J. Tannery, *op. cit.*, § 6.

quelles ils correspondent, et l'on étend aux nouveaux nombres les opérations fondamentales avec leurs propriétés essentielles, de sorte qu'on n'aura plus à distinguer dans les calculs les nombres rationnels et irrationnels. On définit encore l'inverse d'un nombre irrationnel, ce qui permet d'étendre aux nombres irrationnels le calcul des fractions; enfin l'on peut, grâce à l'introduction de ces nouveaux nombres, définir d'une manière générale la racine n^e arithmétique d'un nombre quelconque, ce qui, comme on l'a vu par l'exemple choisi plus haut, est l'origine arithmétique des nombres irrationnels et la première occasion de leur création [1].

14. Nous avons dit, au début de ce Chapitre [**4**], qu'on pouvait aussi définir le nombre irrationnel comme la limite d'une suite infinie de nombres rationnels. Cette définition, moins générale que la précédente, est par là même plus commode, car elle dispense de considérer chaque fois la totalité des nombres rationnels, et permet de définir exactement le nombre irrationnel au moyen de certains nombres rationnels choisis et déterminés, qui, bien qu'en nombre infini, ne sont qu'une infime minorité dans l'ensemble des nombres rationnels. Cette méthode revient, en somme, à choisir dans une des deux classes relatives au nombre irrationnel (ou dans toutes les deux) une file de nombres qui représenteront ces classes et en tiendront lieu. Il s'agit maintenant de préciser dans quelles conditions on peut substituer une suite infinie de nombres aux deux classes précédemment considérées pour définir le nombre irrationnel, et de déduire cette seconde définition, la seule pratique, de la première, en montrant qu'elles sont équivalentes.

15. *Définition.* — « On dit qu'une suite infinie de nombres rationnels

$$u_1, u_2, \ldots\ldots u_n, \ldots\ldots$$

est *donnée*, quand on donne le moyen de calculer un terme quelconque u_n connaissant son rang n. »

C'est ce qu'on exprime encore en disant que u_n est *fonction* de l'indice n (son numéro d'ordre), ce qui veut dire qu'à chaque valeur entière attribuée à n correspond une valeur déterminée de u_n.

16. *Définition.* — « On dit qu'une suite infinie de nombres rationnels

$$u_1, u_2, \ldots\ldots u_n, \ldots\ldots$$

1. Cf. J. Tannery, *op. cit.*, §§ 11-14.

est *convergente*, si à chaque nombre rationnel positif ε on peut faire correspondre un nombre entier n tel que l'on ait

$$| u_p - u_q | < \varepsilon$$

pour toutes les valeurs des entiers p, q égales ou supérieures à n [1]. »

En langage ordinaire, cela signifie qu'à partir d'un certain rang n la différence entre deux termes quelconques de la suite devient, en valeur absolue, inférieure au nombre donné ε, et cela a lieu si petit que soit ce nombre ε, à la condition de choisir n suffisamment grand.

On dit encore que la différence entre deux termes de la suite décroît indéfiniment quand n augmente indéfiniment.

17. *Définition*. — « On dit qu'une suite infinie de nombres rationnels

$$u_1, u_2, \ldots\ldots u_n, \ldots\ldots$$

a pour *limite* un nombre (rationnel) U, si à chaque nombre rationnel positif ε on peut faire correspondre un nombre entier n, tel que l'on ait :

$$| U - u_p | < \varepsilon$$

pour toutes les valeurs de l'entier p égales ou supérieures à n [2]. »

En langage ordinaire, cela veut dire qu'à partir d'un certain rang n la différence entre le terme général u_p et le nombre U devient et reste inférieure, en valeur absolue, au nombre donné ε; et cela a lieu si petit que soit ce nombre ε, pourvu qu'on prenne n suffisamment grand. On dit alors que le terme général u_n s'approche indéfiniment du nombre U, ou qu'il *tend* vers la limite U quand n croît indéfiniment.

Cas particulier. — La définition précédente s'applique au cas où $U = 0$; l'inégalité devient alors

$$| u_p | < \varepsilon$$

et l'on a l'énoncé suivant :

Une suite infinie de nombres (rationnels) a pour limite *zéro*, si à chaque nombre positif ε on peut faire correspondre un nombre entier n, tel qu'à partir du rang n tous les termes de la suite soient inférieurs en valeur absolue à ε. On dit alors que le terme général

1. Le signe | ..... | désigne la valeur absolue de la quantité incluse : ainsi l'inégalité précédente équivaut aux deux inégalités :

$$-\varepsilon < u_p - u_q < +\varepsilon.$$

2. J. Tannery, *op. cit.*, §§ 19-22.

u_n devient *infiniment petit*, ou tend vers *zéro*, quand n croît indéfiniment.

Remarque. — Il résulte des deux définitions **16** et **17** que toute suite qui a une limite est convergente. On va établir la proposition réciproque, à savoir que toute suite convergente a une limite [1].

Lemme. — Si une suite convergente de nombres rationnels n'a pas pour limite *zéro*, tous ses termes finissent, à partir d'un certain rang n, par être tous du même signe et plus grands en valeur absolue qu'un certain nombre rationnel ε.

18. *Théorème.* — Si une suite convergente n'a pas pour limite un nombre rationnel, elle permet de définir une coupure de l'ensemble des nombres rationnels, et par suite un nombre irrationnel.

En effet, si l'on range dans une première classe tous les nombres rationnels a tels que tous les termes de la suite finissent, après un certain rang, par être supérieurs à a, et dans une seconde classe tous les nombres rationnels b tels que tous les termes de la suite finissent, après un certain rang, par être inférieurs à b; les deux classes ainsi formées comprendront tous les nombres rationnels et posséderont les propriétés caractéristiques d'une coupure. La suite considérée fournit donc le moyen de définir un nombre irrationnel. On dira, pour abréger, qu'elle définit ce nombre irrationnel.

Si au contraire une suite convergente a pour limite un nombre rationnel, on conviendra de dire, pour la symétrie, qu'elle définit ce nombre rationnel.

Ainsi toute suite convergente de nombres rationnels définit un nombre, rationnel ou non; et réciproquement, tout nombre, rationnel ou non, peut être défini par une suite convergente de nombres rationnels.

On démontre enfin qu'une suite convergente a pour limite le nombre qu'elle définit, même quand ce nombre est irrationnel.

Il est donc établi, d'une part, que tout nombre irrationnel peut être défini par une suite infinie de nombres rationnels (pourvu qu'elle soit convergente), aussi bien que par les deux classes que détermine une coupure dans l'ensemble des nombres rationnels; d'autre part, que toutes les suites convergentes peuvent avoir pour limites des nombres irrationnels aussi bien que des nombres rationnels.

1. J. Tannery, *op. cit.*, §§ 26, 27, 34.

19. On peut construire une infinité de suites convergentes qui définissent un nombre irrationnel donné. Si l'on prend notamment les valeurs approchées de ce nombre, par défaut et par excès, avec une approximation croissante, ce nombre irrationnel sera défini par la suite de ses valeurs approchées par défaut ou par la suite de ses valeurs approchées par excès : il sera leur limite commune.

En particulier, si l'on prend les valeurs approchées par défaut d'un nombre irrationnel à $\frac{1}{10}$, $\frac{1}{100}, \ldots \frac{1}{10^n}$ près, on obtient un nombre décimal indéfini, qui représentera ce nombre irrationnel avec autant d'approximation qu'on voudra, puisque l'erreur commise en s'arrêtant au n^e chiffre décimal est moindre que $\frac{1}{10^n}$.

On peut vérifier sur cet exemple le théorème énoncé plus haut, à savoir qu'une suite convergente de nombres rationnels a pour limite le nombre irrationnel qu'elle définit.

Soient, en effet,

$$u_1, u_2, \ldots \quad u_n \ldots$$

les valeurs approchées par défaut du nombre irrationnel U à $\frac{1}{10}$, $\frac{1}{100}, \ldots \frac{1}{10^n}$ près. On a, d'après ce qui vient d'être dit :

$$\mathrm{U} - u_n < \frac{1}{10^n}.$$

Si l'on veut que la différence $(\mathrm{U} - u_n)$ soit inférieure à un nombre positif ε, il suffira de prendre n assez grand pour que l'on ait

$$\frac{1}{10^n} < \varepsilon,$$

ce qui est toujours possible; et l'on aura *a fortiori* :

$$\mathrm{U} - u_p < \varepsilon$$

si

$$p > n,$$

ce qui prouve (en vertu de la définition de la limite) que la suite u_n a pour limite U. Pratiquement, cela revient à prendre au moins n chiffres décimaux dans la valeur approchée de U.

On sait que c'est sous cette forme de nombres décimaux que les nombres irrationnels figurent dans les calculs; on voit que l'erreur commise en prenant n décimales et en négligeant les suivantes, c'est-à-dire en substituant au nombre irrationnel un nombre décimal limité, peut être rendue aussi petite qu'on veut, ce qui suffit évidemment pour la pratique.

20. *Remarque.* — Nous aurions pu étendre immédiatement aux nombres irrationnels la définition de la limite, puisque la différence de deux nombres irrationnels était supposée déjà définie. Mais nous avons préféré adopter l'ordre suivi par M. Tannery [1], parce qu'il montre mieux comment l'introduction des nombres irrationnels permet de généraliser la notion de limite. Pour s'en rendre compte, il suffit de rapprocher les deux propositions suivantes :

Toute suite convergente de nombres rationnels n'a pas pour limite un nombre rationnel; mais toute suite convergente de nombres réels a pour limite un nombre réel.

Ainsi, grâce à la création du nombre irrationnel, non seulement une suite convergente de nombres rationnels a *toujours* une limite, mais cette propriété subsiste encore pour une suite convergente quelconque à termes rationnels ou irrationnels, indifféremment. Par là se trouvent étendues à tous les nombres réels les définitions précédemment posées pour les suites infinies, et l'on peut y supprimer partout le mot « rationnel », cette restriction étant désormais inutile. Rien ne distingue donc plus les nombres irrationnels des nombres rationnels dans le calcul des limites, qui est le fondement de l'Analyse infinitésimale [2].

1. *Op. cit.*, p. x, et §§ 10, 19, 35.
2. Pour plus de détails sur le concept de limite et son rôle dans la théorie des fonctions, voir Note II.

LIVRE II

GÉNÉRALISATION ALGÉBRIQUE DU NOMBRE

CHAPITRE I

CRITIQUE DE LA GÉNÉRALISATION ARITHMÉTIQUE

1. En lisant l'exposé que nous venons de faire de la généralisation progressive de l'idée de nombre, on a dû être frappé, peut-être même choqué, du caractère formaliste et artificiel de cette théorie. Non seulement les nouveaux nombres successivement introduits dans l'Arithmétique sont présentés comme de purs symboles dénués de sens à l'origine, et ne prennent une valeur et une signification que par les relations auxquelles on les soumet; mais les opérations elles-mêmes sont définies d'une manière toute formelle comme des combinaisons abstraites suivant certaines formules.

Toutefois il semble que ces fictions aient du moins un contenu concret, à savoir les nombres entiers qui en sont les éléments constituants. Ce résidu ultime, auquel tous les autres nombres se réduisent en dernière analyse, paraît être le fondement solide sur lequel repose tout cet édifice de conventions. On pourrait donc croire que le nombre entier, pierre angulaire de l'Arithmétique générale, fournit une matière intelligible à ce schématisme vide, et a plus de « réalité » que les symboles qu'il sert à construire. Mais c'est là une illusion à laquelle il faut renoncer [1]. Pour rester fidèle à sa méthode

1. Stolz, *Arithmétique générale*, vol. I, ch. III.

formaliste, le mathématicien ne peut plus considérer le nombre entier comme le signe d'une collection d'objets, comme le résultat d'un dénombrement : une telle conception est encore trop concrète. Le nombre entier est une somme d'unités abstraites : 2, c'est $(1 + 1)$; 3, c'est $(2 + 1) = (1 + 1 + 1)$, et ainsi de suite. C'est donc un simple schème opératoire, qui représente une certaine loi de formation.

Allons plus loin : la notion d'addition elle-même garde encore la trace de l'origine empirique du nombre entier ; elle fait penser aux objets qu'on ajoute les uns aux autres pour en former un tas ou un faisceau. Il faut donc l'affiner et la réduire à la notion abstraite d'une combinaison commutative et associative de module *zéro*, représentée par le signe +. Finalement, on arrive à concevoir le nombre entier comme un symbole composé de signes 1 et +, et n'ayant plus aucun sens concret. Et qu'on ne se méprenne pas sur la signification du mot *symbole* : il ne désigne pas, comme dans l'usage ordinaire, un objet qui représente un autre objet ; tout au contraire, dans le langage mathématique, un symbole est une expression qui n'a pas de sens par elle-même, un signe qui ne signifie rien [1]. Pour parler plus exactement, c'est un dessin que le mathématicien trace sur le tableau, et qu'il combine avec d'autres dessins suivant certaines conventions qui définissent leur équivalence, et par suite déterminent leur valeur. Par exemple, dire et écrire :

$$2 = 1 + 1,$$

c'est dire que la figure 2 équivaut à la figure $(1 + 1)$ et peut la remplacer dans l'écriture, rien de plus. Ainsi s'achève l'épuration systématique du concept de nombre : le symbolisme arithmétique est alors complet.

2. Cette méthode de construction des idées mathématiques peut être qualifiée *analytique* et *a priori* (au sens logique et kantien de ces mots). Elle est *a priori*, car elle *crée* les symboles de toutes pièces, au lieu de les emprunter à la considération des grandeurs concrètes, et *pose* d'abord les définitions qui caractérisent ces symboles, au lieu de les tirer de la nature intrinsèque des grandeurs qu'ils sont appelés à représenter. Elle est *analytique*, en ce qu'elle déduit de ces défini-

1. CAUCHY, *Cours d'Analyse de l'École Polytechnique* (1821), ch. VII, § 1 : « En Analyse, on appelle *expression symbolique* ou *symbole* toute combinaison de signes algébriques qui ne signifie rien par elle-même, ou à laquelle on attribue une valeur différente de celle qu'elle doit naturellement avoir. »

tions toutes les propriétés des symboles une fois définis, sans jamais faire appel à aucune synthèse intuitive pour enrichir leurs concepts et développer leurs propriétés. Cette méthode est donc essentiellement logique et parfaitement rigoureuse; mais, en revanche, elle donne aux concepts ainsi formés un caractère factice et arbitraire. Sans doute, en les dépouillant, pour ainsi dire, de leur gangue empirique, elle les présente dans un état de pureté logique qui exclut toute confusion et toute obscurité. Disons mieux : en les reconstruisant *a priori*, l'on sait exactement de quels éléments ils se composent, et l'on est sûr qu'ils ne contiennent que ce qu'on y a mis; mais aussi, comme ils sont privés de toute matière intelligible, ils ne représentent plus rien à l'esprit : ils ont perdu toute signification réelle, et par suite toute raison d'être. On se demande pourquoi l'on a inventé ceux-ci plutôt que d'autres; bien plus, quel besoin il y avait d'inventer des symboles quelconques, pour manier ensuite ces êtres fictifs suivant des règles conventionnelles; et, faute d'une réponse satisfaisante, on serait tenté de regarder la Mathématique comme un jeu aussi peu sérieux que le billard ou les échecs.

3. Aussi bien n'est-ce pas de cette manière que les concepts fondamentaux de l'Arithmétique ont été inventés en fait; il est même probable qu'on ne les aurait jamais découverts en posant *ad libitum* des définitions arbitraires et des formules de combinaisons. Même pour les nombres imaginaires, les derniers venus dans la science, les mathématiciens ne se sont pas proposé de créer des symboles à coups de conventions, et n'ont pas imaginé au hasard les règles des opérations à effectuer sur ces symboles. Au contraire, ces nombres se sont présentés nécessairement comme résultats de certains calculs algébriques, et c'est pour donner un sens à ces calculs qu'on a été en quelque sorte obligé d'attribuer une certaine valeur à ces résultats. Du reste, il est assez remarquable que (sauf peut-être les quaternions) tous les systèmes de nombres complexes qu'on a pu construire *a priori* ne soient d'aucun usage dans la science, tandis que le seul système vraiment utile et fécond est précisément celui qui a été introduit *a posteriori* pour les besoins du calcul algébrique [1].

4. Cet argument historique n'a sans doute pas grande valeur dans la question d'ordre critique et spéculatif qui nous occupe; mais il enveloppe et traduit un argument philosophique. Si en effet les

1. Cf. Livre I, Ch. III, **17**, **18**, et Note I : Sur la théorie générale des nombres complexes.

nouveaux nombres destinés à généraliser l'idée de nombre entier ne se sont pas offerts à l'esprit de leurs inventeurs comme de purs symboles, c'est qu'apparemment telle n'est pas la genèse naturelle de ces concepts : et si ce n'est pas leur genèse naturelle, ce n'est sans doute pas non plus leur genèse rationnelle. Nous demandions plus haut quelle raison il y a de forger tel symbole et non pas tel autre, de poser telle formule opératoire et non pas telle autre; et nous constations que la méthode analytique, par cela même qu'elle est rigoureusement logique, ne permet pas de répondre à cette question, pourtant bien légitime. Nous l'avons déjà dit, la véritable raison d'être de ces symboles, c'est leur utilité spéculative, et cela est doublement vrai, en fait et en droit. Historiquement, c'est leur utilité qui a déterminé leur introduction dans la science, c'est par elle que leur emploi s'est imposé et répandu; sans elle, ils seraient restés de purs objets de curiosité, nés du caprice ou de la fantaisie d'un auteur, et n'auraient pas conquis droit de cité. Théoriquement, c'est encore leur utilité qui seule peut justifier leur création en apparence arbitraire : car, bien qu'en principe leur construction soit irréprochable, elle demeure gratuite; on peut concevoir une infinité d'autres systèmes de symboles tout aussi rigoureux, et il reste toujours à savoir par quels avantages ceux-là se sont recommandés, de préférence à tant d'autres logiquement possibles, à l'attention des mathématiciens, et ont, pour ainsi dire, fait fortune dans la science.

Or cette utilité des diverses espèces de nombres n'apparaît pas, ne peut pas apparaître dans la théorie que nous avons exposée, parce que la méthode analytique ne rend pas compte de leur origine rationnelle; elle pose *a priori* des symboles, mais ne les explique et ne les justifie pas; en les présentant comme de purs « êtres de raison », elle leur retire toute raison d'être. Ainsi vidés de leur contenu concret, coupés de toute communication avec la réalité, et comme déracinés du champ de l'intuition où ils avaient poussé, les concepts arithmétiques offrent sans doute une perfection de formes, une netteté de contours et une transparence éminemment favorables à leur étude analytique; mais en revanche ils sont inertes et desséchés comme les fleurs d'un herbier, et l'on ne peut plus comprendre ni leur naissance, ni leur développement, car il leur manque la sève qui les nourrissait et les faisait vivre. En résumé, la théorie formaliste du nombre ne réussit à épurer les concepts arithmétiques qu'en les dépouillant de toute signification intrinsèque; à leur genèse naturelle elle substitue une genèse factice et conventionnelle, une sorte de création arbitraire *ex nihilo*; elle procède pour ainsi dire par coups d'État. Pour qualifier cette méthode en deux mots, elle est *logique*, mais elle n'est pas *rationnelle*.

5. Nous allons dorenavant rechercher quelle est cette utilité des généralisations successives du nombre, qui seule peut les justifier au point de vue rationnel. Nous avons déjà indiqué [I, I, **20**; II, **20**; IV, **2**] que les nombres fractionnaires, négatifs, irrationnels et imaginaires avaient pour conséquence, sinon pour fin, de rendre toujours possibles la soustraction, la division et l'extraction des racines. Telle est en effet leur utilité dans l'Arithmétique générale. Mais nous n'avons pu que remarquer en passant cette propriété des nouveaux symboles à mesure qu'on les définissait, et si nous l'avons fait, c'est surtout pour permettre au lecteur de se retrouver au milieu des formules abstraites, et de reconnaître, sous ce symbolisme à dessein uniforme, les notions qui lui sont familières. En effet, dans la théorie que nous avions à exposer, cette propriété des nombres nouvellement introduits n'est point du tout essentielle, mais accidentelle; ce n'est pas pour généraliser telle opération ou telle proposition d'Arithmétique qu'on a créé tel ou tel symbole, et posé tel ou tel schème de combinaison; il se trouve seulement qu'en fait, cette création et ces formules permettent, comme par hasard, de donner une nouvelle extension au calcul des nombres entiers, et l'on en profite après coup. On entrevoit donc dès maintenant une autre théorie qui justifierait mieux que la précédente l'introduction de ces divers nombres dans l'Arithmétique, une théorie qui se proposerait d'avance et explicitement d'étendre l'ensemble des nombres entiers de manière que les opérations élémentaires devinssent toujours possibles, tout en restant, s'il se peut, toujours univoques. Une telle théorie serait encore *analytique*, en ce sens qu'elle ne serait pas fondée sur la considération des grandeurs concrètes, mais sur des convenances toutes formelles et intrinsèques; et parce qu'elle créerait, elle aussi, *a priori* les symboles destinés à suppléer à l'insuffisance des nombres entiers, sans les emprunter à l'intuition. Mais elle aurait sur la première l'avantage de répondre à un besoin bien défini, et d'assigner d'avance aux nouveaux nombres une raison d'être déterminée.

6. Ici se présente une grave objection. Assurément, la généralisation du nombre se justifierait ainsi par l'intérêt de la généralité du calcul; mais on pourrait insister, et demander : Quel intérêt y a-t-il à ce que le calcul arithmétique soit généralisé, à ce que les opérations élémentaires soient possibles dans tous les cas? Etant données, d'une part, la notion de nombre entier, et d'autre part, la définition de certaines opérations, il se trouve que telle de ces opérations est impossible sur tels nombres, par exemple, qu'on ne peut retrancher 7 de 5. Est-il raisonnable de vouloir quand même que cette opération soit possible, et que, contre toutes les règles, elle ait un résultat? Est-il légitime de donner un sens à l'expression (5 — 7), alors qu'en vertu des principes fondamentaux de l'Arithmétique, elle n'en a et ne peut en avoir aucun? N'est-il pas illogique au premier chef de rendre possible l'impossible, et ne risque-t-on pas de fausser le mécanisme inflexible du calcul, soit en altérant la notion de nombre, soit en dénaturant les opérations définies pour les nombres entiers? Ne sera-t-on pas nécessairement amené, sous prétexte de généralisation, à faire entrer la contradiction dans la science dont le principe essentiel est de ne jamais se contredire? Ou, si cette généralisation n'est pas positivement contradictoire, ne va-t-elle pas du moins engendrer, entre les résultats des opérations possibles et les symboles définis comme résultats d'opérations impossibles, une intolérable confusion?

7. Nous ne savons trop ce qu'il y aurait à répondre à d'aussi fortes objections, si l'on restait dans le domaine de l'Arithmétique pure, et si l'on n'avait jamais à opérer que sur des nombres entiers donnés et connus. Mais, dès que l'Arithmétique se développe, au lieu de démontrer un théorème sur des nombres particuliers pris pour exemples, ce qui ressemble toujours à une vérification empirique et expose à prendre pour essentielle une propriété accidentelle des nombres choisis, il vaut mieux, pour la rigueur des déductions et la généralité de la conclusion, opérer sur des nombres indéterminés, qu'on est convenu de figurer par des lettres. De plus, pour peu qu'un problème d'Arithmétique soit compliqué, il devient difficile, parfois même impossible de raisonner « en l'air » sur les quantités inconnues qu'il s'agit de trouver; et il est commode de les représenter, elles aussi, par des lettres, même alors que les quantités connues sont numériquement données. En un mot, on est obligé, pour soulager le raisonnement et abréger le langage, de faire appel, nous ne disons pas à l'Algèbre, mais à la notation *dite* algébrique, qui est l'instrument général et commun de toutes les sciences exactes [1]. Or, quand on représente par des lettres, tant les nombres supposés connus, mais provisoirement indéterminés, que les nombres inconnus qu'il s'agit de déterminer au moyen (en fonction) des premiers, on ignore ou l'on est censé ignorer quelle valeur numérique on devra attribuer à chaque lettre dans la formule finalement obtenue. On ne sait donc pas, en général, d'avance si telle opération indiquée sera effectivement possible, une fois qu'on aura remplacé les lettres par les nombres. Mais, s'il fallait s'interdire sur les lettres toute opération qui risque, pour certaines valeurs de ces lettres, de n'être pas possible, on ne pourrait plus indiquer ni soustraction, ni division, ni extraction de racine, ce qui, dans presque tous les cas, entraverait les calculs ou même les arrêterait tout d'abord. On est donc conduit à considérer, au contraire, ces opérations comme toujours possibles, « sous bénéfice d'inventaire », et l'on convient de traiter toutes les lettres dans cette supposition, quitte à obtenir, en fin de compte, une formule littérale qu'on ne pourra évaluer en nombres, dans le cas où les valeurs numériques substituées aux lettres s'opposeraient à quelqu'une des opérations indiquées. Cette méthode a toujours au moins cet avantage, qu'on peut écrire le résultat final sans connaître les valeurs numériques des lettres, et quelles que soient ces valeurs numériques; de sorte que, si la formule trouvée n'a pas de sens et ne sert à rien dans les cas où, en opérant sur les nombres, on se serait heurté à une opération impossible, elle fournit, une fois pour toutes, le résultat du calcul pour tous les cas où celui-ci aurait pu s'effectuer jusqu'au bout sur les nombres donnés. On a donc tout intérêt à remplacer les nombres, même connus, par des lettres, et à traiter celles-ci comme si les nombres correspondants se prêtaient sans restriction à toutes les opérations de l'Arithmétique. Il sera toujours temps, une fois la formule générale obtenue, de constater que les opérations indiquées sont impossibles pour telles valeurs numériques données aux lettres; on dira alors que la formule est, dans ce cas particulier, un *symbole d'impossibilité*.

8. D'autre part, on sait que les problèmes de toute sorte, et en particulier les problèmes d'Arithmétique, où il s'agit de trouver des nombres, peuvent se mettre en équations, en représentant les nombres inconnus qu'on cherche par des lettres (x, y, z,.....) ; l'Algèbre

1. Par exemple, nous en avons fait constamment usage dans le Livre I, qui ne contient pourtant que des théories d'Arithmétique pure.

a pour objet principal la résolution des équations, à savoir la détermination des valeurs numériques (racines) qui, substituées aux inconnues, *vérifient* ces équations, c'est-à-dire les transforment en égalités arithmétiques (identités). Un problème étant mis en équations, si l'on sait résoudre ces équations, autrement dit si l'on sait en tirer l'expression des inconnues en fonction explicite des nombres connus (figurés par des lettres, a, b, c,.....) on a la solution *générale* du problème, représentée par des formules algébriques (littérales) qui indiquent les opérations à effectuer sur les nombres donnés pour trouver la valeur numérique des inconnues. Or une équation a toujours une solution algébrique (c'est un théorème démontré), grâce à la convention par laquelle on considère les opérations algébriques comme toujours possibles; mais elle n'a pas toujours nécessairement une solution arithmétique, parce que la formule littérale qui représente la solution générale (algébrique) peut n'avoir pas de sens pour certaines valeurs numériques attribuées aux données du problème. Il y a donc désaccord, à l'égard de la généralité, entre la résolution d'une équation *numérique*, c'est-à-dire où les données sont des nombres effectivement connus, telle que

$$2x^2 + 6x + 5 = 0,$$

et celle d'une équation *littérale* de la même forme, telle que

$$ax^2 + bx + c = 0,$$

car celle-ci a toujours une solution (littérale) qui est la solution générale de l'équation du second degré, tandis que celle-là n'a aucune racine numérique (réelle). C'est pour faire cesser ce désaccord qu'on est obligé d'attribuer aux opérations arithmétiques une généralité adéquate à celle des opérations algébriques, afin qu'à chaque solution algébrique d'une équation corresponde dans tous les cas une solution numérique. La généralité, qui est la qualité essentielle des formules algébriques, est donc une conséquence nécessaire de l'indétermination des nombres figurés par les lettres : car pour que la formule de résolution d'une équation littérale soit toujours valable, il faut pouvoir y attribuer à chaque lettre n'importe quelle valeur numérique (entière). Ainsi, pour conserver aux équations numériques la généralité propre à l'équation littérale dont elles ne sont que des cas particuliers, on convient de dire qu'elles ont toujours une solution (numérique), et qu'on obtient cette solution en calculant la valeur numérique de la formule qui représente la solution générale de l'équation littérale. Si les opérations indiquées dans cette formule ne peuvent s'effectuer sur les nombres donnés, on se contente d'indiquer ces opérations sur les nombres eux-mêmes, et l'on convient de regarder les expressions symboliques ainsi formées comme des nombres d'une nouvelle espèce. Moyennant l'invention de ces nombres, les opérations arithmétiques seront toujours possibles, et par suite les équations numériques auront toujours autant de racines que les équations littérales de même forme : car, en substituant dans la solution générale de l'équation-type les valeurs particulières des quantités connues, on trouvera pour résultats, sinon des nombres entiers, du moins toujours des nombres symboliques des nouvelles espèces. Ainsi se trouve justifiée, par la généralité nécessaire à l'Algèbre, la transformation des symboles d'impossibilité de l'Arithmétique en nombres nouveaux, et l'extension de l'ensemble des nombres entiers.

9. Nous allons maintenant préciser ces considérations générales en les appliquant successivement aux diverses opérations qu'on se propose de généraliser. Les trois opérations *directes* de l'Arithmétique : addition, multiplication, élévation aux puissances[1], sont toujours possibles et univoques. Au contraire, les opérations *inverses* : soustraction, division, extraction des racines[2], ne sont pas toujours possibles; d'ailleurs, quand elles sont possibles, elles sont aussi univoques, c'est-à-dire donnent pour résultat un nombre entier unique et déterminé. C'est donc en somme les trois expressions

$$a - b, \qquad a : b \text{ ou } \frac{a}{b}, \qquad \sqrt[n]{a}$$

qu'il s'agit de généraliser, et auxquelles on doit donner un sens dans les cas où elles n'en ont aucun; on peut donc déjà prévoir que c'est sous cette forme que se présenteront les nouveaux nombres, puisque c'est sous cette forme qu'apparaissent, en Arithmétique, les symboles d'impossibilité.

10. C'est aussi dans cet ordre (soustraction, division, extraction

1. Cette dernière opération se ramène, dans la pratique, à une suite de multiplications, de même que la multiplication pourrait se ramener à une suite d'additions. Elle n'en constitue pas moins une opération distincte, car nous considérons ici cette opération au point de vue théorique, et non au point de vue du calcul.

2. Ici encore, peu importe, toujours au même point de vue, que ces opérations s'effectuent régulièrement, comme la soustraction, ou par tâtonnements, comme l'extraction des racines et même la division.

de racines) que nous exposerons la généralisation des opérations impossibles et l'extension progressive de l'ensemble des nombres entiers, bien qu'on les étudie en général dans un ordre différent. Mais nous avons suffisamment indiqué [I, IV, **1**] la succession naturelle des ensembles de nombres, pour nous permettre de déroger, encore ici, à l'ordre traditionnel; au surplus, celui-ci ne se justifie que par des raisons étrangères à la conception que nous développons à présent. Si, dans l'histoire de la science et dans la pratique, l'usage des fractions s'impose bien plus tôt que celui des nombres négatifs, cela tient à l'origine intuitive de ces nombres, et à la nature des grandeurs concrètes qui suscitent leur création : or ce sont là des considérations que nous nous sommes interdites.

Pour rester au point de vue arithmétique, on pourrait encore expliquer l'antériorité des fractions par rapport aux nombres négatifs de la manière suivante. L'on voit immédiatement quand une soustraction est impossible, à savoir quand le nombre à retrancher est plus grand que le nombre dont on veut le retrancher; tandis qu'on ne s'aperçoit pas, en général, d'avance de l'impossibilité d'une division, de sorte qu'on est bien plus souvent porté à indiquer une division impossible qu'une soustraction impossible. C'est aussi pour cela que l'on est conduit, dans la pratique, à *essayer* la division, tandis qu'on n'essaie jamais une soustraction reconnue impossible, et à calculer le quotient approché de deux nombres qui n'ont pas de quotient exact (qui ne sont pas divisibles l'un par l'autre), bien que, à parler rigoureusement, deux tels nombres n'aient pas plus de *quotient* que n'ont de *différence* ou d'*excès* deux nombres dont le premier est inférieur au second.

11. Il est facile de répondre à cette objection, ou plutôt de dissiper cette illusion. Si l'on prévoit plus aisément l'impossibilité d'une soustraction que celle d'une division, cela vient peut-être de ce que la première opération est plus simple que la seconde, mais cela tient surtout à la notation particulière et conventionnelle adoptée pour les nombres, en un mot à notre système de numération [1]. Pour s'en convaincre, il suffit de supposer un instant les

1. Cournot (*Correspondance entre l'Algèbre et la Géométrie*, ch. I, n°s 2 et 5) a excellemment distingué les propriétés essentielles des nombres, telles qu'elles résultent de leur définition, de leurs propriétés accidentelles, dues aux signes employés pour les représenter; et il a montré que notre système de numération, et à plus forte raison les opérations de l'Arithmétique pratique (les *quatre*

nombres représentés par le produit de leurs facteurs premiers [1]; alors il sera plus facile de prévoir l'impossibilité de la division que celle de la soustraction. Par exemple, on voit tout de suite que le nombre 100 est plus grand que 99, et ne peut en être soustrait; mais on ne le verrait pas aussi aisément sur les nombres écrits

$$2^2 . 5^2 \qquad \text{et} \qquad 3^2 . 11.$$

Au contraire, on ne sait pas à première vue si 462 est divisible par 14, tandis que cela saute aux yeux si l'on écrit ces nombres sous la forme

$$2.\ 3.\ 7.\ 11 \qquad \text{et} \qquad 2.\ 7.$$

Il n'y a donc pas de raison péremptoire, dans la théorie analytique du nombre, pour introduire les nombres fractionnaires avant les nombres négatifs, c'est-à-dire pour généraliser la division avant la soustraction. Il ne faut pas croire, d'ailleurs, que les nombres qualifiés soient l'élément propre et caractéristique de l'Algèbre, tandis que les fractions seraient une création de l'Arithmétique pure; et c'est pour combattre ce préjugé courant que nous intervertissons à dessein, dans la généralisation algébrique du nombre, l'ordre suivi par tous les traités [2] et consacré par l'enseignement. Ces deux espèces de nombres peuvent être également conçues et définies, soit au point de vue purement arithmétique, puisqu'elles correspondent respectivement à la soustraction et à la division impossibles; soit au point de vue algébrique, car elles se présentent toutes deux comme solution de l'équation du premier degré, et ont pour but de la généraliser. Pour éviter des répétitions fastidieuses, nous exposerons simultanément ces deux conceptions (arithmétique et algébrique) du nombre généralisé; car, si elles sont bien distinctes en principe, ainsi que nous avons eu soin de le montrer dans les pages précédentes, elles se confondent, comme on va le voir, dans l'application, et aboutissent à des résultats identiques.

12. Nous nous inspirerons, dans le Chapitre suivant, de la

règles) supposent préalablement définies toutes les opérations théoriques à effectuer sur les nombres, y compris l'élévation aux puissances : car un nombre écrit n'est pas autre chose qu'une série (limitée) ordonnée suivant les puissances décroissantes de la base de numération (du nombre 10, par exemple).

1. Ce système aurait le grave inconvénient d'exiger un nombre infini de signes, car les nombres premiers sont en nombre infini. Aussi ne le proposons-nous pas comme système de numération *pratique*.

2. Cf. Padé, *Algèbre élémentaire*, Préface, p. IX; Introduction, p. XX.

Théorie analytique des nombres rationnels de M. Stolz [1]. Cet auteur expose d'abord une théorie purement formelle des opérations arithmétiques, au moyen de signes qui représentent une combinaison indéterminée de deux nombres (de même qu'une lettre représente un nombre indéterminé; ces signes servent ainsi à généraliser l'idée d'opération comme les lettres servent à généraliser l'idée de nombre). Il appelle *thésis* l'opération directe, *lysis* l'opération inverse, et il montre comment, dans les cas où la *lysis* n'est pas possible, on peut (sans confusion ni contradiction) créer des symboles représentant le résultat de l'opération impossible, de manière à rendre la *lysis*, comme la *thésis*, toujours possible et univoque. Il suffit ensuite d'appliquer cette théorie abstraite successivement à la soustraction et à la division pour obtenir les nombres négatifs et les nombres fractionnaires sous la forme

$$(a - b), \qquad (a : b).$$

Cette méthode explique par avance l'analogie de ces deux espèces de nombres, qui se trouvent ainsi définies d'un seul coup par les mêmes formules, et qu'on voit pour ainsi dire naître d'un seul et même type, à savoir le symbole d'impossibilité de la *lysis*. Néanmoins, pour ne pas trop dérouter le lecteur, nous avons cru devoir lui épargner ce schématisme commode, mais un peu rebutant; nous développerons donc séparément et parallèlement la théorie des nombres négatifs et celle des fractions, et nous nous contenterons de remarquer après coup leur parfaite symétrie.

1. *Arithmétique générale*, vol. I, ch. III. On trouvera une théorie analogue des opérations considérées en général dans le *Cours de calcul infinitésimal* de J. Houel, t. I, Introduction, ch. I.

CHAPITRE II

LES NOMBRES NÉGATIFS ET FRACTIONNAIRES COMME SOLUTIONS DE L'ÉQUATION DU PREMIER DEGRÉ

1. On sait que pour résoudre une équation du premier degré il faut [1] faire passer tous les termes connus dans un membre, afin d'isoler l'inconnue dans l'autre; car l'équation sera résolue quand on sera parvenu, par des transformations permises, à la mettre sous la forme explicite

$$x = \mathrm{A},$$

A étant une expression algébrique composée uniquement de quantités connues.

Or, pour faire passer un terme d'un membre dans l'autre, il faut retrancher ce même terme aux deux membres, ce qui, numériquement, n'est pas toujours possible. On est donc amené, en opérant sur des lettres, à indiquer des soustractions qui peuvent être impossibles. Pour que la formule finale, qui donne la valeur de x, ait un sens dans tous les cas, c'est-à-dire pour que l'équation ait toujours une solution, il faut généraliser la notion de différence.

2. Considérons en particulier l'équation

$$b + x = a,$$

où a et b représentent des nombres entiers quelconques. Pour la résoudre, on fait passer le terme b dans le second membre; c'est-à-dire qu'on le retranche à la fois aux deux membres :

$$x = a - b.$$

1. Il faut aussi « chasser les dénominateurs »; mais comme cette opération, qui consiste en multiplications, est toujours possible, nous n'avons pas à nous en occuper ici.

Cette formule donne la solution cherchée. Mais elle n'a de sens arithmétique que si l'on a

$$a > b,$$

car on ne peut soustraire un nombre entier que d'un nombre entier plus grand. Dans tout autre cas, cette solution n'aura pas de sens : l'équation sera dite *impossible*, puisqu'il n'y a aucun nombre entier qui, ajouté à b, donne pour somme a, et l'expression $(a - b)$, indiquant une opération impossible, sera considérée comme un *symbole d'impossibilité*.

Néanmoins, on convient de dire que dans tous les cas l'équation

$$b + x = a$$

a pour solution

$$x = a - b$$

et par suite d'écrire, quels que soient les nombres a et b :

$$b + (a - b) = (a - b) + b = a.$$

On est ainsi conduit à attribuer toujours un sens à l'expression $(a - b)$, et conséquemment à créer, dans le cas où $a < b$, un nouveau nombre représenté par le symbole $(a - b)$, qu'on pourra appeler une *différence imaginaire*[1], pour la distinguer de la différence *réelle* $(a - b)$ [où $a > b$], qui est un nombre entier.

Si nous appelons « système I » l'ensemble des nombres entiers, l'ensemble des différences réelles et imaginaires constituera le « système II », qui comprendra le système I et qu'on peut regarder comme le système I généralisé au point de vue de la soustraction.

3. Quand deux différences réelles

$$(a - b), \qquad (a' - b')$$

sont égales, on sait que

$$a + b' = a' + b.$$

Il est naturel d'étendre cette définition de l'égalité aux différences imaginaires; on écrira donc dans tous les cas

$$a - b = a' - b',$$

si l'on a

$$a + b' = a' + b.$$

1. Cet emploi des mots *réel* et *imaginaire* dans un sens général n'est pas sans exemple : il se trouve déjà dans l'ouvrage d'Argand sur les *Quantités imaginaires* (nos 1 et 2); il a l'avantage de marquer l'analogie des diverses espèces de nombres au point de vue de l'Algèbre.

La première égalité n'a de sens que si les différences qui en forment les deux membres sont réelles; dans le cas contraire, elle ne signifie rien de plus que la seconde égalité qui, elle, a toujours ses deux membres réels.

Remarque. — Si les différences $(a - b)$, $(a' - b')$ sont imaginaires, les différences *symétriques* $(b - a)$, $(b' - a')$ seront réelles et de l'égalité supposée

$$b + a' = b' + a$$

résulte celle-ci :

$$b - a = b' - a'.$$

Donc : Quand deux différences imaginaires sont egales, leurs symétriques sont aussi égales; et réciproquement.

4. Si l'on applique aux différences imaginaires les règles du calcul des différences réelles, on trouvera pour la somme et la différence de deux nombres quelconques du système II les formules [1] :

$$(a - b) + c = c + (a - b) = (a + c) - b$$
$$(a - b) + (a' - b') = (a + a') - (b + b')$$
$$(a - b) - (a' - b') = (a + b') - (b + a').$$

On retrouve ainsi les formules posées *a priori* (Liv. I, Chap. II, **3** et **5**) pour l'addition et la soustraction des *couples*, d'où découlent toutes leurs propriétés.

Remarque. — Dans le système II, la soustraction est toujours possible et univoque, car, quels que soient les nombres $(a - b)$, $(a' - b')$, leur différence, réelle ou imaginaire, sera toujours un nombre du même système :

$$(a + b') - (b + a').$$

Ainsi la création des nouveaux nombres rend la soustraction toujours possible, non seulement entre les nombres du système I, mais encore entre les nouveaux nombres eux-mêmes, de sorte que le système II est *complet* au point de vue de la généralité de la soustraction, et n'a plus besoin, à cet égard, d'aucune extension.

5. Si le module de l'addition, *zéro*, ne fait pas partie du système I

1. Si l'on suppose dans la première de ces formules

$$a < b < a + c,$$

on voit que la somme d'un nombre entier et d'une différence imaginaire peut être une différence réelle, c'est-à-dire un nombre entier du système I, et que le symbole $(a - b)$ représente l'ensemble d'un nombre à ajouter et d'un nombre à retrancher.

(ce qui obligeait à dire que la différence de deux nombres entiers égaux n'existait pas), il fera nécessairement partie du système II, et on le définira comme la différence de deux nombres entiers égaux. Au point de vue algébrique, ce nouveau nombre sera la solution de l'équation

$$a + x = a,$$

d'où

$$x = a - a,$$

et l'on aura par définition :

$$a - a = 0.$$

On démontre aisément que le nombre ainsi défini conserve sa propriété essentielle de module de l'addition dans le système II, c'est-à-dire que la différence de deux nombres égaux de ce système est égale à *zéro*, ou *nulle*.

Il suffit de remarquer que si l'on a

$$(a - b) = (a - b'),$$

c'est-à-dire

$$a + b' = b' + a',$$

la différence des deux nombres

$$(a - b) - (a' - b') = (a + b') - (b + a')$$

est la différence de deux nombres *entiers* égaux, et par conséquent est égale à *zéro*.

Si dans les formules d'addition et de soustraction nous supposons

$$a = b \qquad \text{et} \qquad a' > b',$$

il vient

$$0 + (a' - b') = a' - b'$$
$$0 - (a' - b') = b' - a'.$$

Or $(a' - b')$ est par hypothèse une différence réelle effectuée, c'est-à-dire un nombre entier ordinaire n. Il s'ensuit qu'une différence réelle $(a' - b')$ sera convenablement représentée par $(0 + n)$ ou simplement par $+ n$, et la différence imaginaire $(b' - a')$, symétrique de la précédente, par $(0 - n)$ ou simplement par $- n$, qui sera dit le *symétrique* de $+ n$. En résumé, les différences, tant réelles qu'imaginaires, sont identiques aux *couples* définis Livre I, Chap. II ; les différences réelles se réduisent aux nombres positifs, c'est-à-dire aux nombres entiers ordinaires, et les différences imaginaires aux nombres négatifs. Le système II que nous venons de construire coïncide donc avec l'ensemble des nombres entiers qualifiés (y compris *zéro*).

6. Remarquons, une fois pour toutes, que la création d'un nombre correspondant au résultat d'une opération impossible n'engendre ni confusion ni contradiction. Il n'y a pas de contradiction à donner un sens à l'expression $(a - b)$ quand, arithmétiquement, elle n'en a pas; c'est justement parce qu'elle n'en a aucun qu'on est libre de lui attribuer tel sens qu'on veut; car si le nombre $(a - b)$ n'existe pas, rien n'empêche de créer un nouveau nombre que représentera le symbole $(a - b)$. Il n'y a pas non plus, comme on le voit, de confusion à craindre : la distinction entre les cas de possibilité et d'impossibilité de l'opération indiquée subsiste, car, quand la soustraction est possible, elle donne pour résultat un nombre positif (ou arithmétique); quand elle est impossible, elle donne lieu à un nombre négatif que l'on considère comme le résultat; mais comme ce résultat est tout différent du précédent, aucune erreur n'est possible. Il n'y a donc rien de changé aux propriétés de la soustraction arithmétique; car une solution négative reste toujours un symbole d'impossibilité *numérique*. Les mêmes considérations s'appliquant également aux autres symboles d'impossibilité qu'on va ériger en nombres, nous nous dispenserons de les répéter.

7. Il reste à définir les opérations multiplicatives à effectuer sur ces nouveaux nombres, ce qui se réduit à définir leur multiplication, la division étant l'opération inverse.

Pour conserver l'analogie que les nouveaux nombres offrent déjà avec les anciens au point de vue des opérations additives, on étendra simplement aux différences imaginaires les règles du calcul des différences réelles; on posera donc pour tous les cas, sans restriction, les formules

$$(a - b) \times c = c \times (a - b) = ac - bc,$$
$$(a - b)(a' - b') = (aa' + bb') - (ab' + ba'),$$

qui n'étaient jusqu'ici valables que sous les conditions

$$a > b, \qquad a' > b'.$$

On démontre aisément qu'en vertu de ces conventions, le produit de deux nombres quelconques du système II est encore un nombre de ce système, et que la multiplication ainsi définie est, comme celle des nombres entiers, commutative, associative et distributive sans exception. Elle est d'ailleurs toujours possible et univoque.

Quant à la division, qui se trouve définie comme la combinaison inverse de la multiplication, elle n'est possible, dans le système II, que si la valeur absolue du dividende est divisible par la valeur absolue du diviseur; leur quotient est alors la valeur absolue du quotient des deux nombres entiers qualifiés. La division des nombres du système II n'est donc pas toujours possible, et est sujette aux mêmes exceptions que la division des nombres entiers du système I; à cet égard, le système II n'est pas complet, et est susceptible d'une nouvelle extension.

*
* *

8. Considérons maintenant l'équation du premier degré sous la forme générale à laquelle on peut toujours la ramener désormais :

$$bx = a,$$

a et b étant des nombres entiers qualifiés quelconques, autrement dit, appartenant au système II. Pour la résoudre, il suffit de diviser les deux membres par b; il vient :

$$x = \frac{a}{b}.$$

Cette formule, où la valeur de l'inconnue est mise sous forme explicite, donne la solution cherchée. Mais elle n'a un sens, c'est-à-dire elle ne représente un nombre du système II, que si le quotient de a par b existe, c'est-à-dire si l'on a

$$a = bq,$$

d'où

$$a : b = q,$$

q étant un nombre entier qualifié. On sait d'ailleurs que la valeur absolue de q est le quotient arithmétique des valeurs absolues de a et de b, de sorte que la division arithmétique rentre comme cas particulier dans l'opération indiquée par l'expression $\frac{a}{b}$, et par suite les fractions arithmétiques rentrent comme cas particulier dans les fractions algébriques.

Dans ce cas, on écrira :

$$\frac{a}{b} = a : b = q,$$

et la solution de l'équation sera :

$$x = q.$$

Le nombre q est appelé *racine* de l'équation proposée.

Dans tout autre cas, la division (arithmétique ou algébrique) indiquée par la formule étant impossible, l'équation elle-même sera dite *impossible*, et l'expression $\frac{a}{b}$ sera un *symbole d'impossibilité*.

9. Néanmoins, on convient de dire que dans tous les cas l'équation

$$bx = a$$

a pour solution

$$x = \frac{a}{b},$$

et par suite d'écrire, quels que soient les nombres a et b :

$$b \times \frac{a}{b} = \frac{a}{b} \times b = a.$$

On est ainsi conduit à attribuer toujours un sens à l'expression $\frac{a}{b}$, et conséquemment à créer, dans le cas où a n'est pas divisible par b, un nouveau nombre représenté par le symbole $\frac{a}{b}$, qu'on appellera *quotient imaginaire*, par opposition aux quotients *réels* tels que :

$$a : b = q.$$

L'ensemble des quotients réels et imaginaires formera le « système III », qui comprendra le système II, et qu'on peut regarder comme le système II (et par suite aussi le système I) généralisé au point de vue de la division.

10. Quand deux quotients réels

$$(a : b), \qquad (a' : b')$$

sont égaux, on a

$$ab' = a'b,$$

car si

$$a = bq \qquad a' = b'q',$$

il en résulte

$$a.\ b'q' = a'.\ bq;$$

or, par hypothèse,

$$q = q',$$

donc

$$ab' = a'b.$$

Il est naturel d'étendre cette définition de l'égalité aux quotients imaginaires; on posera donc dans tous les cas

$$a : b = a' : b',$$

si l'on a

$$ab' = a'b.$$

Cette convention définit l'*égalité* de deux quotients imaginaires.

Remarque. — De l'égalité précédente, dont les deux membres sont toujours *réels*, on conclut que les quotients

$$a : a', \qquad b : b'$$

sont encore égaux entre eux, et que si l'un d'eux est réel, l'autre l'est aussi ; car, en supposant

$$a = a'q,$$

il vient [cf. I, I, **4**]

$$b = b'q.$$

D'où ce *théorème* : Deux quotients imaginaires sont égaux si les deux termes de l'un sont équimultiples des termes correspondants de l'autre.

De ce théorème on déduit (Liv. I, Chap. I, **3**, **5**) la règle de réduction des fractions à leur plus simple expression ; on prouve ensuite que deux fractions irréductibles égales sont identiques, c'est-à-dire ont leurs termes correspondants égaux. On sait aussi, grâce à ce théorème, réduire plusieurs fractions au même dénominateur.

11. Si l'on applique aux quotients imaginaires les règles du calcul des quotients réels, on trouvera pour le produit et le quotient de deux nombres quelconques du système III les formules [1] :

$$(a : b) \times c = c \times (a : b) = (a \times c) : b,$$
$$(a : b) \times (a' : b') = aa' : bb',$$
$$(a : b) : (a' : b') = ab' : ba'.$$

On retrouve ainsi les formules posées *a priori* (Liv. I, Chap. I, **13** et **19**) pour la multiplication et la division des fractions, d'où découlent toutes leurs propriétés.

On voit que dans le système III la division sera toujours possible et univoque, car, quels que soient les nombres $(a : b)$, $(a' : b')$, leur quotient, réel ou imaginaire, sera toujours un nombre du même système :

$$ab' : ba',$$

ab' et ba' étant évidemment des nombres du système II.

1. Si l'on suppose dans la première de ces formules que le produit ac est divisible par b, on voit que le produit d'un nombre et d'un quotient imaginaire peut être un quotient réel, c'est-à-dire un nombre du système II; et que le symbole complexe $(a : b)$ équivaut, comme facteur, à l'ensemble d'un multiplicateur et d'un diviseur.

Ainsi la création des nouveaux nombres, qui avait pour but de rendre possible la division de deux nombres quelconques du système II, a pour effet de la rendre encore possible, en général, entre les nouveaux nombres eux-mêmes.

12. On démontre aisément que le nombre **1**, module de la multiplication des nombres entiers et plus généralement des nombres du système II, est encore le module de la multiplication des nombres du système III; autrement dit, que le quotient de deux fractions égales est égal à 1. En effet si l'on a :

$$(a : b) = (a' : b'),$$

c'est-à-dire

$$ab' = ba',$$

le quotient de ces deux nombres :

$$(a : b) : (a' : b') = ab' : ba',$$

est le quotient de deux nombres égaux du système II, et par conséquent est égal à 1.

13. *Remarque*. — On n'a pu manquer de constater la parfaite analogie qui existe entre les formules d'addition et de soustraction des couples et les formules de multiplication et de division des fractions; elles ne diffèrent les unes des autres que par le changement des signes + et — en $\times$ et : .

Cette analogie, qui se retrouve partout entre les propriétés *additives* des nombres qualifiés et les propriétés *multiplicatives* des fractions, découle de la définition de l'égalité de ces deux espèces de nombres, où les opérations additives correspondent aux opérations multiplicatives d'une manière symétrique, comme on le voit par le rapprochement des formules

$$a - b = a' - b', \quad \text{si} \quad a + b' = a' + b,$$
$$a : b = a' : b', \quad \text{si} \quad a \times b' = a' \times b.$$

Mais si l'on remonte au principe de ces formules elles-mêmes, on voit que l'analogie en question a sa racine dans la conception symétrique des nombres négatifs comme différences imaginaires et des fractions comme quotients imaginaires, les uns destinés à généraliser la soustraction, les autres destinés à généraliser la division [I, **12**].

14. Il reste à définir les opérations additives à effectuer sur les nombres fractionnaires, ce qui se réduit à définir leur addition, la soustraction étant l'opération inverse.

On démontre d'abord la proposition suivante[1] :

Si l'on réduit deux fractions au même dénominateur, par exemple

$$\frac{m}{d}, \quad \frac{n}{d},$$

la valeur de la fraction

$$\frac{m+n}{d}$$

ne dépend pas de la valeur de ce dénominateur commun.

En d'autres termes, la fraction $\frac{m+n}{d}$ a une valeur constante quelle que soit la forme qu'on donne aux fractions $\frac{m}{d}$ et $\frac{n}{d}$, et par suite à la fraction $\frac{m+n}{d}$ elle-même.

On peut alors définir la *somme* de deux fractions par la formule suivante :

$$\frac{m}{d}+\frac{n}{d}=\frac{m+n}{d}$$

et par la formule plus générale, déduite de la précédente :

$$\frac{a}{b}+\frac{a'}{b'}=\frac{ab'+ba'}{bb'}.$$

Il est aisé de prouver que l'addition ainsi définie est toujours possible et univoque, ainsi que la soustraction définie comme l'opération inverse de la précédente.

15. Ainsi les opérations additives conservent dans le système III la généralité qu'elles avaient acquise par la création du système II, et les opérations multiplicatives acquièrent une généralité semblable par la création du système III.

Ce système coïncide avec l'ensemble des nombres fractionnaires qualifiés définis dans les deux premiers Chapitres du Livre I ; on l'appelle *ensemble complet des nombres rationnels* (positifs, nul et négatifs). Cet ensemble est caractérisé par cette propriété, que les quatre opérations fondamentales de l'Arithmétique y sont toujours possibles et univoques, c'est-à-dire que la somme, la différence, le produit et le quotient de deux nombres quelconques de l'ensemble, pris dans un ordre quelconque[2], sont chacun un nombre unique et

1. Cf. Riquier, *des Axiomes mathématiques*, § 4, ap. *Revue de Métaphysique et de Morale*, mai 1895.

2. Cette condition est essentielle, car elle distingue l'ensemble *complet* des

bien déterminé de cet ensemble. Cet ensemble peut donc être considéré comme l'extension de l'ensemble des nombres entiers en vue d'assurer aux quatre opérations élémentaires toute la généralité qu'exige l'indétermination propre au calcul algébrique. Au point de vue de l'Algèbre, cette extension a pour but de donner une solution unique et déterminée à toute équation du premier degré, et permet d'énoncer la proposition suivante :

Toute équation du premier degré à coefficients *rationnels* a une racine *rationnelle*, et une seule.

*
* *

16. Il y a pourtant une exception, une seule, à la propriété essentielle de l'ensemble des nombres rationnels : la division par *zéro* reste impossible, bien que *zéro* fasse partie de l'ensemble; cet ensemble n'est donc pas absolument *complet* au point de vue de la généralité de la division. C'est là une lacune d'autant plus choquante qu'elle est unique. Puisque l'ensemble des nombres rationnels comprend *zéro*, et que dans l'équation générale du premier degré

$$bx = a$$

les lettres a et b peuvent prendre toutes les valeurs numériques de cet ensemble, il faut examiner les cas où l'une ou l'autre, ou bien l'une et l'autre, deviennent égales à *zéro*.

Pour le cas où

$$a = 0 \qquad b \gtreqless 0,$$

pas de difficulté; la solution est évidemment

$$x = 0,$$

en vertu du théorème connu : Pour que le produit de deux nombres entiers soit nul, il faut et il suffit que l'un d'eux le soit.

Ce résultat concorde d'ailleurs avec l'identification à *zéro* des fractions de numérateur nul, et vient la confirmer; car la formule générale

$$x = \frac{a}{b}$$

donne dans le cas présent la solution :

$$x = \frac{0}{b}.$$

nombres rationnels de l'ensemble des nombres rationnels positifs ou arithmétiques, où la différence de deux nombres n'existe que sous restriction (cf. Livre I, Chap. IV, **5**, I).

Au contraire, dans le cas où

$$b = 0,$$

quelle que soit la valeur de a, la formule

$$x = \frac{a}{b}$$

n'a plus de sens, car dans la définition des fractions (Liv. I. Chap. I, **1**) nous avons exclu le cas où le dénominateur serait nul.

Il conviendra de considérer l'équation primitive, qui prend alors la forme

$$0 \times x = a$$

ou, si : $a = 0$,

$$0 \times x = 0,$$

pour savoir ce que signifient les solutions

$$\frac{a}{0}, \frac{0}{0},$$

qui sont jusqu'ici des symboles vides de sens.

17. Mais, auparavant, pourquoi ces expressions sont-elles des symboles vides de sens, et non de vraies fractions? C'est la question qui se pose tout d'abord. Pour y répondre, nous sommes obligé de remonter à la source de cette exception, c'est-à-dire à la définition des nombres fractionnaires, et d'expliquer pourquoi l'on en a exclu le cas où le dénominateur serait nul. C'est là un défaut de symétrie manifeste, et une restriction arbitraire à la généralité de la définition. Si le *zéro* fait partie de l'ensemble des nombres entiers (et il faut bien qu'il en fasse partie, puisqu'il est le module de leur addition), il devrait pouvoir être pris pour dénominateur d'une fraction, tout comme, en fait, on le prend pour numérateur; car, si une fraction n'est rien de plus que « l'ensemble de deux nombres entiers rangés dans un ordre déterminé », pourquoi le nombre entier *zéro* ne figurerait-il pas dans cet ensemble au second rang aussi bien qu'au premier?

18. Les raisons qu'on donne généralement pour justifier cette exception n'ont aucune valeur, du moins eu égard à la définition rigoureuse et *formelle* que nous avons donnée des fractions. On dit, par exemple, que la division d'un nombre entier par *zéro* est impossible. C'est méconnaître la question, et poser en principe l'identification des fractions à des quotients de nombres entiers, ce qui est une méthode vicieuse. On dit encore que le quotient de n par 0 n'a pas de sens; mais le quotient de 2 par 3 n'en a pas davantage. Pourquoi ne créerait-on pas la fraction $\frac{n}{0}$ comme on a inventé la fraction $\frac{2}{3}$, et ne dirait-on pas de la première, comme de la seconde, qu'elle est le quotient de ses deux termes?

Il est évident que si l'on définit, comme dans l'arithmétique enfantine, le quotient de deux nombres par le *nombre de fois* que le diviseur est contenu dans le dividende, le quotient de n par 0 n'existe pas; mais le quotient de 2 par 3 n'existe pas non plus; est-ce 0, ou bien $\frac{2}{3}$? Mais « $\frac{2}{3}$ de fois » n'a pas de sens. On pourrait dire aussi que le produit de n par 0 n'existe pas, car « répéter *zéro* fois » le multiplicande n'a pas de sens. Pourtant, on a défini ce produit par la formule

$$n \times 0 = 0$$

dont nous avons fait usage plusieurs fois, et qui fait partie des règles de la multiplication des nombres entiers. En général, un symbole n'a pas de sens *par lui-même* : il n'a que le sens qu'on veut bien lui attribuer par une définition. On multiplie bien un nombre entier par *zéro*; pourquoi ne conviendrait-on pas aussi de le diviser par *zéro*?

19. Mais quittons l'ensemble des nombres entiers, et transportons-nous dans le domaine des nombres fractionnaires. On a défini le quotient de deux nombres, d'une manière générale et rigoureuse : un nombre qui, multiplié par le diviseur, reproduit le dividende. Il résulte de cette définition que le quotient de deux nombres entiers (considérés comme des fractions de dénominateur 1) existe toujours : c'est la fraction qui a pour numérateur le dividende et pour dénominateur le diviseur.

Cela posé, considérons d'abord la fraction $\frac{0}{0}$, solution de l'équation

$$0 \times x = 0.$$

Quel est le nombre qui multiplié par *zéro* produit *zéro*? La réponse est évidemment : un nombre quelconque, car tous les nombres multipliés par *zéro* donnent pour produit *zéro*. Ainsi la fraction $\frac{0}{0}$ représente n'importe quel nombre entier ou fractionnaire; c'est pourquoi on l'appelle un *symbole d'indétermination*. D'ailleurs, en vertu de la définition générale de l'égalité, cette fraction est égale à une fraction quelconque $\frac{n}{d}$; en effet

$$\frac{0}{0} = \frac{n}{d}$$

puisque

$$0 \times d = 0 \times n = 0.$$

Considérons maintenant la fraction $\frac{m}{0}$, solution de l'équation

$$0 \times x = m.$$

Quel est le nombre qui multiplié par *zéro* produit m? La réponse est : aucun, puisque tout nombre multiplié par *zéro* donne *zéro* pour produit. C'est pourquoi l'on dit que la fraction $\frac{m}{0}$ est un *symbole d'impossibilité*.

Regardons-y de plus près; que veut-on dire par là? Que le quotient de m par 0 n'est aucun des nombres fractionnaires; mais cela est une pure pétition de principe, puisqu'on a commencé par exclure arbitrairement de l'ensemble des fractions toute fraction de la forme $\frac{n}{0}$. Il est clair que la fraction $\frac{m}{0}$ ne peut être égale à une fraction quelconque de dénominateur non nul. Mais, en revanche, elle est égale à toute fraction de dénominateur nul; en effet

$$\frac{m}{0} = \frac{n}{0},$$

car :

$$m \times 0 = 0 \times n = 0.$$

Reprenons donc la question : Quel est le nombre (fractionnaire) qui multiplié par *zéro* produit m? Réponse : Toute fraction de la forme $\frac{n}{0}$; et en effet, si on la multiplie par *zéro*, on trouve pour produit

$$\frac{n}{0} \times 0 = \frac{n \times 0}{0} = \frac{0}{0},$$

c'est-à-dire le symbole d'indétermination, qui peut être considéré comme égal à m [1]. On arriverait à la même conclusion en considérant, dans l'égalité

$$m : 0 = \frac{n}{0},$$

1. Ce résultat concorde avec l'indétermination du nombre m lui-même.

le premier membre comme le quotient des deux nombres entiers m et *zéro*, et le second membre comme le nombre fractionnaire $(n, 0)$ [1].

20. Ainsi l'expression $\frac{m}{0}$ n'est un *symbole d'impossibilité* que si on la considère comme le quotient *entier* de deux nombres entiers, mais non si on la regarde comme le quotient *fractionnaire* des deux nombres fractionnaires m et 0, en un mot comme une fraction. Ce n'est donc pas parce que la division par *zéro* serait impossible « en soi » qu'on exclut le symbole $\frac{m}{0}$ de l'ensemble des fractions; c'est par suite de cette exclusion qu'on « déclare impossible » par convention la division par *zéro*. Ainsi la division par *zéro* n'est impossible que parce qu'on a exclu $\frac{m}{0}$ de l'ensemble des fractions; mais on l'a exclue sous prétexte que la division par *zéro* était impossible : c'est un cercle vicieux. Nous avons vu, au contraire, que toute division impossible entre nombres entiers donne lieu à la création d'une fraction destinée à représenter le quotient « imaginaire ». Loin donc d'être un obstacle à l'admission du symbole $\frac{m}{0}$ parmi les fractions, l'impossibilité de la division par *zéro* d'un nombre entier est une occasion et une raison suffisante de créer ce symbole [2]. Aussi les mathématiciens rigoureux n'allèguent-ils pas, pour justifier cette exclusion, la prétendue absurdité intrinsèque du symbole $\frac{m}{0}$, mais seulement « l'inconvénient qu'il y aurait d'attribuer au symbole $\frac{a}{b}$ un sens, quand b est nul [3] ». Voilà qui est bien dit : il ne s'agit plus désormais de savoir si ce symbole peut avoir un sens, mais s'il y a *intérêt* à lui en donner un.

1. On objectera peut-être que c'est une tautologie de dire que le quotient de m par 0 est la fraction $\frac{m}{0}$. Mais, répondrons-nous, quel est le quotient de 2 par 3, si ce n'est la fraction $\frac{2}{3}$? La tautologie ou la confusion est dans l'écriture, non dans les idées.

2. Au point de vue algébrique, toutes les fois que a n'est pas divisible par b, on crée un nouveau nombre pour être la solution de l'équation :

$$a - bx = 0.$$

Il n'y a donc pas de raison pour ne pas créer ce nombre quand $b = 0$, et l'on allègue en vain que a n'est pas divisible par 0.

3. PADÉ, *op. cit.*, § 70.

21. Reste à savoir quel « inconvénient » il y aurait à admettre les fractions de la forme $\frac{n}{0}$. On a dit[1] que l'on n'obtiendrait pas ainsi une véritable extension de l'ensemble des nombres fractionnaires, attendu que les nouveaux nombres seraient tous égaux. — Mais les fractions de la forme $\frac{0}{d}$ sont aussi toutes égales entre elles, et pour une raison identique; cela ne nous a pas empêché de les admettre, et de les identifier toutes ensemble au nombre unique *zéro*.

On objectera peut-être que si l'on admettait les fractions $\frac{n}{0}$, la division par *zéro* serait tantôt impossible et tantôt indéterminée[2]. C'est donc pour conserver à la division ses propriétés essentielles, savoir d'être toujours *possible* et *univoque*, que l'on exclut les fractions de dénominateur nul. Mais si, grâce à cette exclusion, la division reste toujours univoque, elle n'est plus toujours possible, puisque l'on est obligé de convenir dans ce cas que la division d'un nombre entier par *zéro* est impossible. Si au contraire on admettait les fractions $\frac{n}{0}$, la division serait toujours possible; mais alors elle ne serait pas toujours univoque. En résumé, dans un cas la division par *zéro* est impossible, dans l'autre elle est indéterminée; dans l'un et l'autre cas, les propriétés essentielles de la division subissent une infraction; l'« inconvénient » est donc le même de part et d'autre.

Allons plus loin : est-il bien sûr que le quotient de m par *zéro* soit indéterminé? — Sans doute, dira-t-on, puisqu'il y a une infinité de fractions qui le représentent, à savoir toutes les fractions de la forme $\frac{n}{0}$. — Mais le quotient de 2 par 3 est, lui aussi, représenté par une infinité de fractions :

$$\frac{2}{3}, \frac{4}{6}, \frac{6}{9}, \frac{8}{12}, \ldots\ldots$$

sans pour cela être indéterminé, parce que toutes ces fractions sont égales. Il en est de même du quotient de m par 0 : il est représenté par toutes les fractions de la forme $\frac{n}{0}$; et c'est justement parce que toutes ces fractions sont égales entre elles qu'il est déterminé, car il est égal à leur *unique* valeur commune.

1. Stolz, *Arithmétique générale*, vol. I, ch. III.
2. Padé, *op. cit.*, § 70.

22. Ce quotient n'est donc vraiment indéterminé que dans le cas où le numérateur s'annule en même temps que le dénominateur; or ce cas est infiniment plus rare que le cas où le dénominateur seul s'annule. Ainsi, si l'on exclut les fractions de dénominateur *zéro*, la division est impossible dans tous les cas où le diviseur est nul; si au contraire on admet *zéro* comme dénominateur, la division sera toujours possible, et ne sera indéterminée que dans le cas où dividende et diviseur sont nuls. Si donc il ne s'agit que de conserver autant que possible les propriétés essentielles de la division, l'exception, et par suite « l'inconvénient », est infiniment moindre dans le second cas que dans le premier. Par conséquent, il y a plutôt avantage à introduire dans l'ensemble des nombres fractionnaires les fractions de la forme $\frac{n}{0}$.

Il y a enfin une raison qui nous paraît décisive pour justifier cette introduction : c'est que l'ensemble des nombres fractionnaires contient les inverses de tous les nombres qui le composent, excepté de *zéro*. C'est là une exception singulière à l'une des propriétés essentielles de cet ensemble. Puisque l'on a identifié toutes les fractions de la forme $\frac{0}{n}$ à *zéro*, il est naturel d'identifier de même toutes les fractions de la forme $\frac{n}{0}$, inverses des précédentes et, comme elles, toutes égales entre elles, à l'inverse de *zéro*, qu'on nomme l'*infini*, et qu'on représente par le signe ∞. On écrira donc

$$\frac{n}{0} = \frac{1}{0} = \infty$$

et, de même que toute fraction de numérateur nul est dite égale à *zéro* ou *nulle*, on dira que toute fraction de dénominateur nul est égale à l'*infini* ou *infinie*. On voit que la symétrie est parfaite entre ces deux groupes de nombres, et que l'introduction des fractions infinies s'impose en vertu de leur analogie.

23. Il est vrai que l'admission des nombres infinis engendre certaines exceptions aux règles des opérations fondamentales, et oblige à introduire dans leur énoncé des restrictions ou corrections gênantes [1]. Mais, si *zéro* joue en effet comme diviseur un rôle à part, il est aussi un facteur exceptionnel, et l'on est obligé, soit de prévoir,

1. Objection de M. Padé, *op. cit.*, § 70.

soit d'exclure le cas du facteur nul dans la plupart des théorèmes relatifs à la multiplication. D'ailleurs, si l'on se dispense, dans l'Arithmétique élémentaire, de tenir compte de l'*infini*, en le supprimant purement et simplement, n'est-on pas souvent forcé, dans l'Analyse, de l'exclure nommément, aussi bien que le *zéro*, comme le montre cette locution si fréquente : « valeur *finie* non nulle »? Nous ne méconnaissons nullement les raisons de commodité et de simplicité qu'on invoque pour bannir l'*infini* des éléments; elles ont leur valeur, au point de vue pédagogique et pratique. Mais nous croyons que si l'on admettait dans l'Arithmétique générale le *nombre infini* ou plutôt les nombres infinis, les restrictions qu'on serait contraint par ce fait d'introduire dans les définitions et les propositions ne seraient pas si « gênantes » qu'on le dit, car elles ne feraient tout au plus que doubler les restrictions rendues déjà nécessaires par la considération du *zéro* [1]. En tout cas, elles ne seraient pas sans exemple, et on les retrouverait nécessairement, tôt ou tard; car si on les épargne (et avec raison) aux commençants, on ne peut les éviter dans les Mathématiques supérieures, où l'on est sans cesse obligé de prévoir le cas d'une valeur nulle ou infinie.

24. Un « inconvénient » plus grave, au point de vue théorique, est le suivant : si l'on admet le nombre infini, il faut aussi admettre le nombre indéterminé, qui apparaît, soit comme différence ou quotient de deux nombres infinis, soit comme produit du *zéro* et de l'*infini*. Cet argument est considérable; car un résultat indéterminé est toujours fâcheux, parce qu'il va en quelque sorte à l'encontre de la fin propre de la Mathématique, qui est la détermination des grandeurs les unes par les autres, ou, pour mieux dire, les unes en fonction des autres. On pourrait soutenir, sans paradoxe, que ce qui répugne au mathématicien, ce n'est pas l'infini, c'est l'indéterminé. Aussi, si l'indétermination devait se multiplier et se généraliser par l'introduction de l'infini dans les calculs, il faudrait considérer celle-ci comme ruineuse pour la science, et en proscrire l'infini. Mais il n'en est rien : l'infini par lui-même est une grandeur bien déterminée, dont les relations avec les autres grandeurs sont exactement définies; et il n'engendre l'indétermination que dans les cas exceptionnels que nous avons énoncés, c'est-à-dire dans des conditions précises et restreintes. Il n'y a donc pas à craindre de voir la gran-

1. Cf. Padé, *op. cit.*, §§ 13, 15, 16, 25; 48, 53, 59, 60, 61, 63, 66, où le cas exceptionnel du *zéro* a dû être traité à part.

deur mathématique se dissoudre, pour ainsi dire, au contact de l'infini, et se perdre dans l'abîme de l'indéterminé.

25. D'ailleurs, c'est le *zéro* qui a le premier donné naissance au nombre indéterminé, ainsi qu'au nombre infini, car c'est comme quotient de deux nombres nuls que l'indéterminé apparaît d'abord en Arithmétique, et qu'on le représente généralement. Si donc il fallait éliminer toute indétermination du domaine des nombres fractionnaires, il faudrait en exclure non seulement l'infini, mais aussi le *zéro*; bien plus, il faudrait proscrire le *zéro* entier lui-même, et supprimer cette formule de multiplication par *zéro*

$$n \times 0 = 0$$

qui est l'origine de toute indétermination.

Toutes ces considérations font de plus en plus éclater la vérité de cette proposition : c'est le *zéro* qui est la source de l'*infini*; et en effet, dès qu'on accepte le nombre *zéro* comme multiplicateur, on n'a plus de raison pour le rejeter comme diviseur, car on est obligé de répondre à la question : Quel est le nombre qui, multiplié par *zéro*, produit tel nombre? En résumé, et c'est la conclusion qui ressort de toute cette discussion, il faut, ou bien exclure à la fois *zéro* et l'*infini* de l'ensemble des nombres fractionnaires, ou bien les y admettre au même titre. Mais si on les admet, il faudra créer un zéro et un infini du deuxième ordre (0^2 et ∞^2) pour représenter les produits

$$0 \times 0 \qquad \qquad \infty \times \infty$$

et les quotients

$$\frac{0}{\infty}, \qquad \frac{\infty}{0},$$

de même qu'on a dû créer le nombre ∞ pour représenter le quotient

$$\frac{n}{0}.$$

Une fois admis *zéro carré* et *infini carré*, on est nécessairement conduit à former des puissances supérieures de zéro et de l'infini, et il n'y a pas de raison pour ne pas les admettre également.

En résumé, si l'on veut que la somme, la différence, le produit et le quotient de deux nombres quelconques de l'ensemble soient toujours des nombres du même ensemble, il faut rejeter en même temps *zéro* et l'*infini* [1]. Si au contraire on admet *zéro* et l'*infini*, on est con-

1. Il faudrait alors convenir que la différence de deux nombres égaux

duit à étendre indéfiniment l'ensemble des nombres, en y introduisant successivement des nombres nuls et infinis d'ordres superposés [1]. Peu importe, au surplus, quel parti l'on prenne : cela dépend des définitions ou conventions établies. Toujours est-il qu'il y a là un fait exceptionnel, unique en son genre, et qui mérite réflexion : de même que tous les nombres fractionnaires sont plus grands que *zéro*, de même l'inverse de *zéro* est plus grand que tous les nombres fractionnaires. On peut, à volonté, l'admettre dans l'ensemble des nombres fractionnaires ou l'en exclure, ce n'est plus qu'une question de langage et de notation; en tout cas la considération du nombre infini s'impose nécessairement dans la généralisation du monde entier, et l'on peut regarder l'ensemble des nombres rationnels comme incomplet tant que ce symbole n'en fait pas partie.

n'existe pas, ce qui serait une exception, non plus à la généralité de la division, mais à celle de la soustraction.

1. Cela n'a d'ailleurs rien d'absurde, et n'est pas sans exemple dans la science, car on admet bien des infiniment petits (et aussi des infiniment grands) de tous les ordres successifs : les *zéros* et les *infinis* dont il est ici question seraient les limites respectives des infiniment petits et des infiniment grands de l'ordre correspondant.

CHAPITRE III

LES NOMBRES IRRATIONNELS ET IMAGINAIRES COMME SOLUTIONS DE L'ÉQUATION DU SECOND DEGRÉ

1. Nous possédons désormais l'ensemble des nombres rationnels qualifiés, qui permet de résoudre toute équation du premier degré à une inconnue et à coefficients rationnels de la forme

$$bx = a$$

ou

$$a - bx = 0,$$

sauf dans le cas exceptionnel que nous venons de discuter, où

$$b = 0.$$

Mais cet ensemble ne suffit plus à résoudre les équations algébriques de degré supérieur au premier, et à coefficients rationnels ou même entiers. Cela tient à ce que l'inconnue y figure à une puissance supérieure à la première, c'est-à-dire s'y trouve multipliée par elle-même : elle entre au carré dans l'équation du second degré, au cube dans l'équation du troisième degré, etc. Or si l'ensemble des nombres rationnels est complet au point de vue de la généralité des quatre opérations élémentaires (toujours sauf l'exception précitée), il n'est pas complet à l'égard des opérations du troisième ordre : élévation aux puissances et extraction des racines. Sans doute, l'élévation d'un nombre rationnel à une puissance quelconque est toujours possible et univoque, comme la multiplication dont elle procède; mais l'opération inverse, savoir l'extraction de la racine d'ordre quelconque d'un nombre rationnel quelconque, n'est pas toujours possible. L'ensemble considéré jusqu'ici est donc susceptible à cet égard d'une nouvelle extension. Nous avons déjà indiqué [Livre I, Chap. IV, **2**] que cette extension résulte de l'introduction des nombres irrationnels et des nombres imaginaires. Nous allons montrer maintenant comment on a été amené effectivement à inventer ces deux espèces de nombres pour généraliser la notion de racine arithmétique, et en même temps celle de racine algébrique [1]. De même que la solution générale de l'équation du premier degré a donné naissance au nombre négatif et au nombre fractionnaire, la solution générale de l'équation du second degré fournit l'occasion de créer le nombre irrationnel et le nombre imaginaire.

2. Considérons donc l'équation générale du second degré

$$ax^2 + bx + c = 0$$

où les coefficients a, b, c sont entiers ou rationnels.

Pour la mettre sous cette forme (qui est la forme régulière de toute équation algébrique de degré supérieur au premier), on a fait passer tous les termes dans le premier membre, ce qui suppose la soustraction toujours possible, c'est-à-dire l'invention préalable des nombres négatifs. Les coefficients sont donc des nombres qualifiés.

3. Supposons a différent de *zéro*, ce qui est permis : car si a était nul, l'équation ne serait pas du second degré, mais du premier. On peut alors diviser le premier membre par le coefficient a : il vient :

$$x^2 + \frac{b}{a} x + \frac{c}{a} = 0.$$

Posons

$$\frac{b}{a} = p, \qquad \frac{c}{a} = q;$$

l'équation peut s'écrire

$$x^2 + px + q = 0.$$

Pour la mettre sous cette forme plus simple (c'est-à-dire pour réduire le coefficient de x^2 à l'unité), on a dû diviser tous les termes par un nombre quelconque a (non nul), ce qui suppose la division toujours possible, c'est-à-dire l'invention des nombres fractionnaires. On voit que la résolution de l'équation générale du second degré présuppose la création de l'ensemble complet des nombres rationnels.

1. Pour montrer l'analogie et la filiation historique des deux sens du mot *racine*, il suffit de dire que la *racine arithmétique* d'ordre n d'un nombre k est une des *racines algébriques* de l'équation binôme :

$$x^n - k = 0.$$

Ainsi se confondent, en fait, les deux points de vue, arithmétique et algébrique, que nous avons distingués dans la généralisation de l'idée de nombre.

Les nouveaux coefficients p, q sont des nombres quelconques de cet ensemble.

4. L'équation peut se simplifier encore et se mettre sous la forme de l'équation binôme

$$y^2 - k = 0,$$

de manière à faire disparaître le terme du premier degré en x. Il suffit pour cela de poser :

$$x + \frac{p}{2} = y, \qquad \frac{p^2}{4} - q = k.$$

En effet, de la première de ces égalités on déduit, en élevant ses deux membres au carré :

$$x^2 + px + \frac{p^2}{4} = y^2;$$

par suite :

$$y^2 - k = x^2 + px + \frac{p^2}{4} - \frac{p^2}{4} + q = x^2 + px + q.$$

Tout revient donc à considérer l'équation binôme du second degré

$$y^2 - k = 0$$

ou

$$y^2 = k,$$

c'est-à-dire à chercher la racine carrée (algébrique) du nombre k, qui est un nombre rationnel qualifié. Ainsi la résolution de l'équation du second degré revient à ce problème d'Arithmétique : Trouver la racine carrée d'un nombre rationnel quelconque. Donc, pour que cette équation ait toujours une racine, on est obligé, comme nous l'avons annoncé, de généraliser la notion de racine carrée.

Il y a deux cas principaux à distinguer, suivant que le nombre k est positif ou négatif. Nous excluons ainsi le cas où ce nombre serait nul; la racine de k serait alors évidemment nulle.

5. *1er Cas.* — Supposons d'abord k positif. Ou bien k est un carré parfait, ou bien il n'est pas carré parfait.

Si k est un carré parfait, c'est-à-dire s'il est le carré d'un nombre rationnel, il est aussi le carré du nombre symétrique; soit a la racine carrée arithmétique de k; ses *deux* racines carrées algébriques sont $+ a$ et $- a$, car

$$(+ a)(+ a) = (- a)(- a) = + a^2 = k.$$

L'équation considérée peut dans ce cas s'écrire

$$y^2 - a^2 = 0$$

ou

$$y^2 = a^2$$

et elle a pour solutions, d'après ce qui vient d'être dit :

$$y = + a \qquad\qquad y = - a,$$

ce qu'on écrit simplement :

$$y = \pm a.$$

Si l'on désigne la racine carrée arithmétique de k par le signe

$$\sqrt{k},$$

on pourra écrire :

$$y = \pm \sqrt{k}.$$

Telle est, dans le cas considéré, la solution de l'équation binôme du second degré. On dit qu'alors elle a deux racines symétriques.

6. Mais cette solution est soumise à certaines conditions restrictives ; elle n'est donc pas générale. Or, si les coefficients a, b, c de l'équation générale du second degré restent indéterminés (et il le faut bien, pour que la solution de l'équation ait toute la généralité possible), on doit pouvoir leur substituer des nombres rationnels quelconques. Quelles que soient les valeurs numériques attribuées aux lettres, toutes les transformations précédentes seront toujours possibles, excepté la dernière, à savoir l'extraction de racine indiquée par le signe $\sqrt{k}$. Mais, comme on ne sait pas, en général, quelle valeur numérique prendra k en fonction des valeurs numériques assignées aux coefficients a, b, c, on sera conduit à indiquer, à tout hasard, l'extraction de racine, et à écrire la formule explicite

$$y = \pm \sqrt{k}$$

comme équivalant à l'équation proposée. Seulement, l'opération indiquée ne pourra être effectuée, et par suite la formule ne sera valable, que si le nombre k se trouve être un carré parfait ; dans tout autre cas, elle n'aura pas de sens. L'équation devra être considérée comme *impossible* à résoudre (en nombres rationnels), et l'expression $\sqrt{k}$ ne sera plus qu'un *symbole d'impossibilité*.

7. Néanmoins, pour généraliser cette solution, on convient de dire que, dans tous les cas, l'équation

$$y^2 - k = 0$$

a pour racine :

$$y = \pm \sqrt{k}$$

et par suite, d'écrire, quel que soit le nombre k :

$$(\sqrt{k})^2 = k.$$

On est ainsi amené à attribuer toujours un sens à l'expression $\sqrt{k}$, et conséquemment à créer, toutes les fois que le nombre k n'est pas carré parfait, un nouveau nombre, dit *nombre irrationnel*[1], qu'on représente par le symbole $\sqrt{k}$, et qu'on nomme *racine carrée* de k.

Moyennant cette convention, on pourra dire que tout nombre rationnel positif a deux racines carrées symétriques, dont la valeur absolue est sa racine carrée arithmétique ; et qu'une équation quelconque de la forme :

$$y^2 - k = 0$$

(où k est positif) admet deux racines symétriques.

8. *Remarque*. — Cette définition du nombre irrationnel coïncide, au fond, avec celle que nous avons exposée précédemment [Livre I, Chap. IV, **8**], car c'est, en somme, de l'équation binôme

$$x^2 - 3 = 0$$

ou

$$x^2 = 3$$

que nous nous sommes servi pour établir l'existence d'une coupure dans l'ensemble des nombres rationnels, et par suite pour créer un nombre irrationnel destiné à combler cette coupure, qu'il est dès lors naturel de représenter par $\sqrt{3}$ et d'appeler racine carrée arithmétique de 3.

Seulement, cette conception toute formelle ne permettait pas de conclure immédiatement que le carré de $\sqrt{3}$ est 3, et l'on a été obligé de définir une à une toutes les propriétés des nouveaux nombres, pour pouvoir les soumettre aux opérations ordinaires; tandis que la conception présente, fondée sur la généralité du calcul algébrique, permet d'étendre aussitôt aux nouveaux nombres les propriétés essentielles des nombres rationnels et les opérations définies pour ceux-ci. Par exemple, grâce à la formule :

$$(\sqrt{k})^2 = k$$

1. Ce terme, consacré par l'usage, traduit bien le caractère d'absurdité qu'on attachait primitivement à ce symbole en raison de son origine.

qui résulte de la définition même du symbole $\sqrt{k}$, on peut traiter une racine irrationnelle comme une racine rationnelle et la faire figurer dans les calculs.

9. En revanche, s'il est vrai de dire que la racine carrée de tout nombre positif non carré parfait est un nombre irrationnel, on verra bientôt que tous les nombres irrationnels ne sont pas susceptibles d'une définition semblable, c'est-à-dire ne sont pas racines d'une équation algébrique à coefficients rationnels. Si donc la définition précédente est plus concrète que la définition fondée sur la notion de coupure, elle est moins générale, car elle ne définit qu'une partie (et une très faible partie) des nombres irrationnels.

Bien que l'on ne puisse pas, d'après ce qu'on vient de dire, considérer l'ensemble des nombres irrationnels comme l'extension de l'ensemble des nombres rationnels en vue d'assurer à l'extraction des racines toute la généralité nécessaire au calcul algébrique, la création des nombres irrationnels permet d'extraire la racine carrée, et plus généralement la racine d'ordre quelconque, non seulement de tous les nombres rationnels positifs, mais aussi des nombres irrationnels positifs eux-mêmes; de sorte que si la racine d'un nombre rationnel n'est pas toujours (pour mieux dire, n'est presque jamais) un nombre rationnel, la racine d'un nombre irrationnel quelconque est toujours un nombre irrationnel. L'ensemble des nombres réels positifs est donc *complet* au point de vue de l'extraction des racines *arithmétiques*. Il fournit ainsi le moyen de résoudre toute équation binôme de la forme :

$$y^2 - k = 0,$$

où k est un nombre *positif* quelconque (rationnel ou irrationnel); et la solution est dans tous les cas donnée par la formule :

$$y = \pm \sqrt{k}.$$

*
* *

10. *2e Cas.* — Supposons maintenant k négatif. Le carré de tout nombre réel étant essentiellement positif [I, II, **15**], il n'y a aucun nombre, rationnel ou irrationnel, dont le carré puisse être égal à k, et qui, par suite, vérifie l'équation

$$y^2 = k.$$

Dans ce cas, l'équation binôme, n'ayant pas de racine réelle, est dite *impossible*; la formule qui représente la solution générale de cette équation,

$$y = \pm \sqrt{k},$$

n'a aucun sens, et n'est plus qu'un *symbole d'impossibilité*.

11. Voyons cependant ce qui arrive si, ignorant le signe du nombre k soumis au radical, on essaie de résoudre l'équation et qu'on pousse les calculs jusqu'au bout : or c'est ce qu'on est obligé de faire, toutes les fois que k est une expression littérale, dont la valeur numérique est nécessairement indéterminée, et peut être indifféremment positive ou négative, suivant les données. Pour nous rendre mieux compte de ce qui se passe, mettons le signe de k en évidence. Puisque tout carré est essentiellement positif, et que d'ailleurs tout nombre positif ou arithmétique a maintenant une racine carrée, on peut représenter la valeur absolue de k (ou encore le symétrique de k) par le carré a^2 (ou $+ a^2$); alors le nombre k lui-même sera représenté par $- a^2$ (a étant un nombre réel non nul). L'équation binôme devient

$$y^2 + a^2 = 0,$$

et cette forme rend son impossibilité encore plus manifeste : le premier membre, étant la somme de deux carrés, est essentiellement positif, et ne peut jamais s'annuler pour aucune valeur réelle attribuée à y.

D'autre part, la formule générale

$$y = \pm \sqrt{k}$$

devient

$$y = \pm \sqrt{- a^2},$$

et cette forme met son absurdité en évidence. Si pourtant on continue à appliquer les règles du calcul des radicaux, dans l'hypothèse où le signe de la quantité soumise au radical, au lieu d'être apparent comme ici, reste incertain, on sera conduit à *extraire* le carré a^2 du radical : pour cela, on le met d'abord en facteur sous le radical :

$$y = \pm \sqrt{a^2 (- 1)}.$$

Or :

$$\sqrt{a^2 (- 1)} = \sqrt{a^2} \times \sqrt{- 1} = \pm a \sqrt{- 1}.$$

Il vient donc finalement :

$$y = \pm a \sqrt{- 1},$$

formule tout aussi absurde que la première, mais où l'absurdité se trouve en quelque sorte résumée dans le facteur $\sqrt{-1}$. On a ainsi réduit le nombre négatif soumis au radical au nombre négatif (— 1); et cette réduction est toujours possible, puisque tout nombre négatif peut être considéré comme le produit du nombre positif symétrique et de (— 1), et que, d'autre part, tout nombre positif est le carré d'un nombre réel. Il n'est pas moins vrai que le symbole $\sqrt{-1}$ n'a aucun sens, et que l'équation binôme

$$y^2 - k = 0$$

n'a aucune racine *réelle*.

12. Néanmoins, pour généraliser cette équation et lui conserver une solution, on convient de dire qu'elle admet dans tous les cas les deux racines symétriques :

$$y = \pm \sqrt{k},$$

et par suite d'écrire, quel que soit le nombre k :

$$(\pm \sqrt{k})^2 = k.$$

On est ainsi amené à attribuer toujours un sens à l'expression $\sqrt{k}$, et par conséquent à créer, toutes les fois que k est négatif, un nouveau nombre représenté par $\sqrt{k}$, qu'on nomme *racine imaginaire* de k. Moyennant cette convention, on pourra dire que tout nombre réel a deux racines carrées symétriques : réelles, s'il est positif; imaginaires, s'il est négatif.

En appliquant la formule précédente au cas où k est négatif, on trouve :

$$(\sqrt{-a^2})^2 = -a^2,$$

ce qui permet de traiter les racines imaginaires comme des nombres réels, et de leur appliquer les règles du calcul des radicaux. En particulier, puisque toute racine imaginaire peut se réduire, on vient de le voir, à l'*imaginaire par excellence* $\sqrt{-1}$, et qu'on a :

$$(\sqrt{-1})^2 = -1,$$

si l'on représente, pour abréger, $\sqrt{-1}$ par la lettre i, on écrira :

$$\sqrt{-a^2} = \pm a \sqrt{-1} = \pm ai,$$

et l'on pourra dès lors introduire le nombre imaginaire ai dans les calculs, et considérer la lettre i comme un facteur ordinaire, en observant la formule

$$i^2 = -1,$$

qui résume la règle de multiplication des imaginaires [I, III, **9**].

13. Tout ce que nous avons dit de l'équation binôme reste vrai de l'équation générale du second degré, puisque celle-ci peut toujours se ramener à la forme binôme par la transformation indiquée plus haut. La solution générale de l'équation binôme fournit donc la solution générale d'une équation quelconque du second degré, et l'on peut énoncer à présent cette proposition d'Algèbre :

Toute équation du second degré à coefficients rationnels a deux racines, réelles ou imaginaires.

Pour connaître la formule générale de ces racines, il suffit de repasser du cas particulier de l'équation binôme au cas général, par la transformation inverse.

Nous savons que l'équation binôme

$$y^2 - k = 0$$

a pour solution générale, dans tous les cas,

$$y = \pm \sqrt{k}.$$

Posons, comme précédemment :

$$y = x + \frac{p}{2} \qquad k = \frac{p^2}{4} - \quad ;$$

la formule de résolution devient :

$$x + \frac{p}{2} = \pm \sqrt{\frac{p^2}{4} - q},$$

ou, en isolant x dans le premier membre

$$x = -\frac{p}{2} \pm \sqrt{\frac{p^2}{4} - q}.$$

Telle est la solution générale de l'équation

$$x^2 + px + q = 0.$$ [1]

1. Pour remonter à la forme la plus générale de l'équation du second degré, il suffit de poser, comme précédemment :

$$p = \frac{b}{a} \qquad q = \frac{c}{a}$$

la formule de résolution devient alors :

$$x = -\frac{b}{2a} \pm \sqrt{\frac{b^2}{4a^2} - \frac{c}{a}}$$

ou

$$x = \frac{-b \pm \sqrt{b^2 - 4ac}}{2a}$$

Telle est la solution générale de l'équation :

$$ax^2 + bx + c = 0.$$

14. Les deux racines de cette équation sont réelles ou imaginaires suivant que $\frac{p^2}{4} - q = k$ est positif ou négatif.

Posons d'abord : $-\frac{p}{2} = \alpha$; α est toujours réel.

Si k est positif, on peut le représenter par $+\beta^2$, β étant un nombre réel; la formule devient :

$$x = \alpha \pm \sqrt{+\beta^2} = \alpha \pm \beta.$$

Les deux racines $(\alpha + \beta)$, $(\alpha - \beta)$ sont alors *réelles*. Elles sont égales dans le cas où $\beta = 0$, c'est-à-dire : $k = 0$, ce qui signifie que

$$\frac{p^2}{4} - q = 0.$$ [1]

Si au contraire k est négatif, on peut le représenter par $-\beta^2$, β étant toujours un nombre réel; la formule devient :

$$x = \alpha \pm \sqrt{-\beta^2} = \alpha + \beta i$$

Les deux racines $(\alpha + \beta i)$, $(\alpha - \beta i)$ sont alors *imaginaires conjuguées*.

On retrouve ainsi, comme racines imaginaires de l'équation du second degré, les nombres imaginaires ou *complexes* sous leur forme générale, c'est-à-dire sous la forme d'une somme d'un nombre *réel* α et d'un nombre *purement imaginaire* βi. Les nombres réels rentrent dès lors comme cas particulier dans les nombres imaginaires : ils correspondent au cas où le coefficient de i, β, est nul.

Remarque. — Si le nombre purement imaginaire βi est la racine carrée de $-\beta^2$, le nombre réel β, coefficient de i, est la racine carrée du nombre positif ou arithmétique β^2. Or, puisque tous les nombres réels ne sont pas des racines carrées de nombres positifs rationnels, tous les nombres imaginaires ne s'obtiennent pas comme racines d'une équation du second degré à coefficients rationnels : car, pour avoir *tous* les nombres imaginaires de la forme $\alpha + \beta i$, il faut donner à chacun des éléments α et β *toutes* les valeurs réelles possibles. L'ensemble des racines réelles et imaginaires de l'équation générale du second degré, où l'on attribue aux coefficients a, b, c toutes les valeurs rationnelles possibles, n'est donc qu'une partie (et une infime partie) de l'ensemble des nombres réels et imaginaires.

15. Bien que, par suite, on ne puisse pas considérer cet ensemble

1. Ou encore : $b^2 - 4ac = 0.$

comme une extension de l'ensemble des nombres rationnels destinée à assurer toujours une solution à l'équation du second degré à coefficients rationnels, cet ensemble suffit à résoudre non seulement la susdite équation, mais encore toutes les équations du second degré à coefficients *réels* et même *imaginaires*. Seulement, tandis que les racines d'une équation à coefficients réels sont ou réelles, ou imaginaires *conjuguées*, les racines d'une équation à coefficients imaginaires sont en général imaginaires, mais non pas conjuguées ; elles peuvent aussi, par exception, être réelles. Si donc l'on considère l'ensemble des nombres complexes comme enveloppant tous les ensembles antérieurement créés, on peut formuler cette proposition d'Algèbre :

Toute équation du second degré à coefficients complexes a *deux* racines complexes.

Cet énoncé montre bien que l'ensemble des nombres réels et imaginaires est *complet* au point de vue de la résolution de l'équation générale du second degré, et n'est plus susceptible d'une nouvelle extension au moyen de cette équation. Il est également complet, au point de vue purement arithmétique, à l'égard de la généralité de l'extraction des racines carrées : car non seulement la racine carrée d'un nombre positif quelconque, mais encore la racine carrée de tout nombre réel (positif ou négatif), et même celle de tout nombre imaginaire, sont aussi des nombres complexes (au sens général du mot). Ainsi, de même que les nombres rationnels qualifiés sont nécessaires et suffisants pour représenter la solution de l'équation générale du premier degré, les nombres réels et imaginaires suffisent (mais ne sont pas tous nécessaires) pour représenter la solution de l'équation générale du second degré; et de même que dans l'ensemble complet des nombres rationnels la soustraction et la division sont toujours possibles et univoques (sauf la division par *zéro*), de même, dans l'ensemble des nombres complexes, l'extraction des racines est toujours possible (mais non univoque, chaque nombre ayant deux racines carrées, et plus généralement n racines d'ordre n).

16. Nous venons de dépasser, par cette dernière indication, le domaine de l'équation du second degré. En effet, si la racine carrée d'un nombre k est racine de l'équation binôme du second degré

$$y^2 - k = 0$$

la racine d'ordre n (racine n^e) du nombre k est racine de l'équation binôme de degré n :

$$y^n - k = 0.$$

Nous avons affirmé que toute équation binôme de degré n, où k peut être réel ou imaginaire, a n racines réelles ou imaginaires, de sorte que l'ensemble des nombres complexes peut être considéré comme complet à l'égard de l'extraction des racines de tout ordre [1]. Mais l'équation binôme n'est qu'une forme particulière de l'équation algébrique de même degré; l'on pourrait donc présumer que les équations algébriques, en général, ne sont pas toujours satisfaites par des nombres complexes, et que l'équation générale d'un degré supérieur au second (du troisième degré, par exemple) donne lieu, comme l'équation du second degré, à l'invention d'une ou de plusieurs espèces de symboles, destinées à représenter les racines « imaginaires » ou « irréelles » de cette équation.

Ainsi se pose tout naturellement cette question : L'ensemble des nombres complexes suffit-il à résoudre les équations algébriques de degré supérieur au second, ou sera-t-on obligé, pour leur assurer dans tous les cas une solution générale et complète, de créer de nouveaux ensembles de nombres [2]?

17. La réponse à cette question ressort des découvertes de GAUSS, qui peut être regardé comme l'introducteur des nombres complexes dans l'Algèbre. Rappelons d'abord quelques définitions fondamentales.

Toute équation algébrique à une inconnue peut se mettre sous la forme régulière :

$$a_0x^n + a_1x^{n-1} + a_2x^{n-2} + \ldots.. + a_{n-1}\,x + a_n = 0$$

1. Pour en donner un exemple, le plus simple de tous, les 3 racines *cubiques* de l'unité, c'est-à-dire les 3 racines de l'équation binôme du 3e degré :

$$x^3 - 1 = 0$$

sont :

$$1, \qquad \frac{-1 + i\sqrt{3}}{2}, \quad \frac{-1 - i\sqrt{3}}{2}$$

Ces deux dernières sont imaginaires conjuguées. On voit ainsi qu'elles s'expriment par le même symbolisme que les racines imaginaires du second degré (c'est-à-dire les racines carrées de nombres négatifs), ce qui est fort remarquable.

2. Depuis que ces lignes sont écrites, nous avons appris de M. J. TANNERY que M. HERMITE se posait la même question dans son cours à l'École Normale Supérieure : « Pourquoi n'y aurait-il pas lieu de créer de nouveaux nombres *imaginaires* à l'occasion des équations du troisième, du quatrième.... degré? » et qu'il faisait ressortir l'importance singulière que confère aux nombres imaginaires ce fait, qu'ils suffisent à la résolution complète des équations algébriques d'un ordre quelconque.

le second membre étant *zéro*, et le premier un polynôme entier en x, ordonné par rapport aux puissances croissantes ou décroissantes de l'inconnue; un tel polynôme s'appelle une *fonction entière* de x. Le nombre entier n, exposant de la plus haute puissance de x, est le *degré* de la fonction entière, du polynôme et de l'équation elle-même. Les nombres

$$a_0, a_1, a_2, \ldots\ldots a_{n-1}, a_n$$

sont les *coefficients* de ce polynôme; ils sont supposés connus.

Cela posé, Gauss a démontré que toute fonction entière de x, à coefficients *réels*, est décomposable en un produit de facteurs *réels* du premier ou du second degré en x, c'est-à-dire en un produit de binômes de la forme

$$b_0x + b_1$$

et de trinômes de la forme

$$c_0x^2 + c_1x + c_2$$

où les coefficients b_0, b_1; c_0, c_1, c_2 sont des nombres *réels*.

Or, pour qu'un produit s'annule, il faut et il suffit que l'un de ses facteurs soit nul. Donc, pour que la fonction entière

$$a_0x^n + a_1x^{n-1} + \ldots\ldots + a_{n-1}\,x + a_n$$

s'annule, c'est-à-dire pour que l'équation en x

$$a_0x^n + a_1x^{n-1} + \ldots\ldots + a_{n-1}\,x + a_n = 0$$

soit *vérifiée* par une certaine valeur de x, il faut et il suffit que l'un des binômes

$$b_0x + b_1$$

ou des trinômes

$$c_0x^2 + c_1x + c_2$$

s'annule, c'est-à-dire que l'une des équations du premier degré

$$b_0x + b_1 = 0$$

ou du second degré

$$c_0x^2 + c_1x + c_2 = 0$$

soit vérifiée par la même valeur de x. Ainsi l'équation proposée équivaut à l'ensemble de ces équations du premier ou du second degré, c'est-à-dire a les mêmes racines que toutes ces équations réunies. D'ailleurs, comme le degré d'un produit est égal à la somme des degrés de tous ses facteurs, la somme des degrés des facteurs binômes et trinômes est n. Or chaque facteur binôme donne lieu à une équation du *premier* degré qui a *une* racine ; chaque facteur trinôme donne lieu à une équation du *second* degré qui a *deux* racines. Donc l'ensemble des équations équivalentes à l'équation proposée a en tout n racines. En outre, les coefficients de toutes ces équations sont réels ; donc les racines des équations du premier degré sont réelles, et les racines des équations du second degré sont réelles ou imaginaires conjuguées. Par conséquent, on peut énoncer la proposition suivante :

Toute équation algébrique de degré n, à coefficients réels, a n racines réelles ou imaginaires conjuguées.

18. Il y a plus : en vertu du théorème fondamental de l'Algèbre, démontré par Argand [1], toute équation algébrique à coefficients complexes admet au moins *une* racine complexe.

De cette proposition découle le corollaire suivant, également capital dans la théorie générale des équations :

Toute équation algébrique de degré n, à coefficients complexes, a n racines complexes.

Cet énoncé montre que l'ensemble des nombres complexes peut être regardé comme *complet* à l'égard de la résolution des équations algébriques, puisqu'il suffit à représenter les n racines d'une équation du n^e degré à coefficients complexes, et par suite à résoudre complètement les équations d'un degré quelconque. Aussi cet ensemble est-il la dernière extension possible de l'ensemble des nombres entiers au point de vue de l'Algèbre, et suffit-il à la constituer dans toute sa généralité [2].

1. Voir Stolz, *Arithmétique générale*, t. II, ch. iv.
2. Cf. Note I : Sur la théorie générale des nombres complexes.

CHAPITRE IV

NOMBRES ALGÉBRIQUES ET NOMBRES TRANSCENDANTS

Nous avons considéré, dans le Chapitre précédent, des équations algébriques à coefficients réels et même imaginaires, d'ailleurs quelconques. Mais, ne l'oublions pas, nous avons pris pour base et pour point de départ de toutes ces constructions d'ensembles nouveaux la suite naturelle des nombres entiers; c'est cet ensemble primordial qu'il s'agit d'étendre, autant qu'il est possible et nécessaire, pour généraliser la solution des équations algébriques. Or, si l'on s'en tient rigoureusement à cette donnée initiale et à des considérations de pure Algèbre, on ne devra considérer que les équations algébriques à coefficients *entiers*; on ne devra donc créer un nouveau symbole et l'admettre au rang des nombres que s'il est racine d'une telle équation. On formera ainsi l'ensemble des nombres strictement nécessaires et suffisants pour résoudre complètement toute équation algébrique à coefficients entiers, c'est-à-dire l'*ensemble des nombres algébriques* [1].

1. *Définition.* — On appelle *nombre algébrique* toute racine de l'équation algébrique

$$a_0x^n + a_1x^{n-1} + a_2x^{n-2} + \dots + a_{n-1}x + a_n = 0$$

où le degré n et les coefficients $a_0, a_1, a_2, \dots a_n$ sont des nombres entiers. On peut aussi bien supposer que ces coefficients sont des nombres rationnels (fractionnaires), car, en les réduisant au même

1. Nous empruntons les notions sommaires qui suivent à un article de M. Poincaré (*Journal de Liouville*, 1892). Pour de plus amples enseignements, voir Dedekind, *Théorie des nombres entiers algébriques* (Gauthier Villars, 1877), paru en articles dans le *Bulletin des sciences mathématiques* (1876-1877); Dedekind, *Sur la théorie des nombres complexes idéaux* (*Comptes rendus de l'Académie des Sciences*, 1880). Cf. Lejeune-Dirichlet, *Vorlesungen über Zahlentheorie*, ed. *Dedekind*, Brunswick, Vieweg u. S.

dénominateur et en multipliant par ce dénominateur le premier membre de l'équation (ce qui est permis), on les rendrait tous entiers.

Remarque. — Le signe + qui relie les termes du polynôme contenu dans le premier membre de l'équation peut être remplacé par le signe — si les coefficients doivent être des entiers *positifs.* Si au contraire les coefficients peuvent être aussi *négatifs*, le signe + indiquera l'addition algébrique.

On peut toujours supposer a_0 non nul, sans quoi l'équation ne serait pas de degré n ; si alors on divise tous les termes par a_0 (ce qui est permis), on obtient une équation à coefficients rationnels

$$x^n + \frac{a_1}{a_0} x^{n-1} + \frac{a_2}{a_0} x^{n-2} + \ldots\ldots + \frac{a_{n-1}}{a_0} x + a_n = 0$$

mais où le coefficient du premier terme est 1 [1]. Cette nouvelle forme de l'équation peut encore servir à définir le nombre algébrique en général.

2. *Définition.* — On appelle nombre algébrique *entier* toute racine de l'équation algébrique.

$$x^n + a_1 x^{n-1} + a_2 x^{n-2} + \ldots\ldots + a_{n-1} x + a_n = 0$$

dont les coefficients a_1, a_2,... a_n sont des nombres entiers. On voit qu'un nombre algébrique est entier quand, dans l'équation à coefficients entiers qui le définit, le coefficient a_0 de la puissance la plus élevée de x se réduit à l'unité.

3. On constate aisément que les différentes espèces de nombres définies dans ce Livre rentrent toutes dans la définition générale du nombre algébrique. En effet, tous les nombres rationnels qualifiés sont les nombres algébriques qui vérifient l'équation du premier degré à coefficients entiers

$$a_0 x + a_1 = 0.$$

En particulier, les nombres entiers positifs et négatifs sont les racines des équations de la forme

$$x \pm a_1 = 0$$

(où a_1 est entier), ce qui montre qu'ils sont aussi des nombres algébriques *entiers.*

1. On peut toujours supposer le premier terme positif (ou additif), car on est libre de faire passer tous les termes d'un membre dans l'autre, c'est-à-dire de changer tous les signes.

D'autre part, tous les nombres algébriques qui vérifient l'équation du second degré à coefficients entiers (ou rationnels)

$$a_0x^2 + a_1x + a_2 = 0$$

sont des nombres réels (rationnels ou irrationnels) ou imaginaires. En particulier, les racines de l'équation

$$x^2 + px + q = 0$$

(où p et q sont entiers) seront des nombres algébriques entiers.

4. Mais si tout nombre algébrique appartient à l'ensemble des nombres complexes, considéré comme embrassant tous les autres, et notamment la totalité des nombres irrationnels, inversement, tout nombre complexe (ou irrationnel) *n'est pas* un nombre algébrique. Il importe donc de dégager de l'ensemble des nombres complexes l'ensemble des nombres algébriques, qui n'en est qu'une partie. L'un et l'autre comprennent tous les nombres rationnels qualifiés; mais nous avons déjà remarqué que tous les nombres irrationnels, et par suite tous les nombres imaginaires, ne sont pas racines d'équations algébriques à coefficients rationnels [Chap. III, **9** et **14**]. C'est donc par l'introduction des nombres irrationnels en général que l'ensemble total des nombres réels et imaginaires se distingue de l'ensemble des nombres algébriques et le dépasse.

Définition. — Tout nombre qui n'est pas algébrique est dit *transcendant.*

De ce qui vient d'être dit, il résulte qu'il existe des nombres transcendants; ces nombres ne peuvent être qu'irrationnels ou imaginaires. Or, dans la conception purement arithmétique et algébrique du nombre que nous exposons dans le présent Livre, on ne peut évidemment admettre que les nombres algébriques; les nombres transcendants n'y ont aucune place. Ce n'est donc pas cette conception qui peut faire soupçonner leur existence, ni à plus forte raison justifier leur création [1].

5. Pour nous en tenir à l'ensemble (linéaire) des nombres réels, il y a une infinité de nombres irrationnels qui ne sont racines d'aucune équation algébrique à coefficients rationnels. L'ensemble des nombres algébriques réels n'est donc pas *continu*, puisqu'il admet une

1. De même qu'on distingue les nombres transcendants des nombres algébriques, on distingue aussi les fonctions *algébriques* et les fonctions *transcendantes* : celles-ci sont les fonctions qui ne peuvent se traduire par les signes de l'Algèbre, c'est-à-dire qui ne peuvent s'exprimer au moyen des six opérations de l'Arithmétique : addition, soustraction, multiplication, division, élévation à une puissance connue, extraction d'une racine d'ordre connu.

infinité de *coupures*, qui correspondent à autant de nombres irrationnels transcendants; il est simplement *connexe*, comme l'ensemble des nombres rationnels qui en fait partie [cf. I, IV, **7**]. Ainsi ce n'est pas par des considérations de pure Algèbre, fondées sur la généralité des équations, qu'on peut, en partant de l'idée de nombre entier, former l'idée de nombre irrationnel dans toute son extension, et construire l'ensemble des nombres réels avec son caractère essentiel, qui est la continuité.

Il y a plus : non seulement les nombres algébriques réels ne sont pas *tous* les nombres réels, mais ils ne constituent, ainsi que l'ensemble des nombres rationnels, qu'une infime minorité dans l'ensemble des nombres réels; on peut dire que les nombres réels transcendants sont infiniment plus nombreux que les nombres réels algébriques. C'est ce qui résulte des travaux si originaux et si profonds de M. Georg CANTOR sur la théorie des ensembles infinis [1]. Pour parler plus correctement (car on ne sait pas encore ce qu'est le *nombre* d'un ensemble infini), si l'on dit que deux ensembles ont la même *puissance* (ou sont *équivalents*) quand on peut les faire correspondre élément à élément, il faut dire que l'ensemble des nombres réels transcendants n'a pas la même puissance que l'ensemble des nombres algébriques réels, et que la multitude des premiers surpasse infiniment celle des seconds.

Plus généralement, l'ensemble des nombres entiers, celui des nombres rationnels et celui des nombres algébriques ont la même puissance, à savoir la *première*; au contraire, tout ensemble *continu*, par exemple tout intervalle réel, si petit qu'il soit, a une puissance supérieure, à savoir la *seconde*; et cela est encore vrai si dans cet intervalle fini on supprime tous les nombres entiers, tous les nombres rationnels, tous les nombres algébriques, ce qui le rend évidemment discontinu. Aussi, bien qu'un ensemble équivalent à un intervalle fini et continu ne soit pas nécessairement continu, on peut dire cependant que la continuité est la véritable origine de cette seconde puissance, car on n'obtient un ensemble de cette puissance qu'en partant d'un ensemble continu, dont on peut enlever un nombre infini d'éléments, mais non en réunissant des ensembles de la première puissance, même en nombre infini [2].

1. Voir Note IV, § I, **17**.
2. Pour l'éclaircissement et la démonstration de ces propositions, voir Note IV, § I, **16-20**; § II, **23-25**; § VI, **69-70**.

Ainsi l'on a beau généraliser autant que possible l'idée de nombre entier par des considérations purement arithmétiques, on ne trouve jamais que des ensembles de nombres équivalents à la suite naturelle des nombres entiers, qui est l'ensemble primordial de l'Arithmétique, et l'on ne réussit pas à construire un ensemble d'une puissance supérieure. L'ensemble des nombres transcendants échappe aux prises de l'Algèbre pure, et ne peut se déduire des nombres entiers par aucune combinaison arithmétique ou algébrique (d'un nombre *fini* de termes). L'ensemble infiniment infini des nombres algébriques s'évanouit, pour ainsi dire, en face du moindre intervalle réel; il est impuissant à en exprimer la continuité [1].

6. Il ne faut pas croire, au surplus, que l'ensemble des nombres réels, ou celui des nombres complexes, déduit du précédent, soient d'une importance secondaire en comparaison de l'ensemble des nombres algébriques, qui vient en quelque sorte se fondre et disparaître en eux; que ceux-ci soient néanmoins l'élément essentiel et l'objet principal de l'Analyse, et qu'on puisse à la rigueur se passer des nombres transcendants ou les négliger sans inconvénient. On peut déjà présumer le contraire, puisque ceux-ci complètent l'ensemble des nombres réels (et imaginaires), qui seul fournit à l'Analyse le champ de variation continu qui lui est nécessaire. En effet, ce qui distingue radicalement l'Algèbre et l'Arithmétique de l'Analyse et de la Théorie des fonctions, c'est que les premières étudient les nombres à l'état stable, et que les dernières les considèrent comme changeants et mouvants, à l'état fluide en quelque sorte [2]. L'Algèbre se propose simplement de calculer des *inconnues*, c'est-à-dire des nombres fixes et discrets, déterminés par leurs relations avec des nombres connus, fixes aussi; tandis que l'Analyse cherche les relations qui unissent les variations corrélatives de deux ou plusieurs *variables*, qui sont en principe susceptibles de prendre toutes les valeurs numériques réelles ou même complexes. L'antithèse algébrique du connu et l'inconnu devient, en Analyse, l'antithèse du constant et du variable; et au lieu que les équations algébriques déterminent en général des valeurs numériques distinctes en nombre fini, qu'on nomme leurs *racines*, les équations analytiques établissent une corres-

1. Il ne s'agit ici, bien entendu, que de la continuité arithmétique, c'est-à-dire de la continuité de l'ensemble des nombres réels défini Liv. I, Ch. IV, **3**, **9** sqq.

2. Est-il besoin de rappeler le terme de *fluente*, par lequel Newton désignait une variable, et celui de *fluxion*, qui désignait sa variation?

pondance entre une infinité de valeurs que prennent une ou plusieurs variables indépendantes et une infinité de valeurs corrélatives que prennent d'autres variables dépendant des premières, et qu'on nomme *fonctions*. On conçoit en même temps que l'Arithmétique et l'Algèbre rentrent d'une certaine manière dans l'Analyse, qui les éclaire d'un jour nouveau, en reliant, par exemple, comme valeurs successives d'une même variable les valeurs discontinues trouvées comme racines d'une équation algébrique. Aussi n'est-il pas indifférent, même dans l'intérêt de l'extension et des progrès de l'Arithmétique et de l'Algèbre pures, de pouvoir faire évoluer les nombres qu'elles étudient dans l'ensemble des nombres complexes : cet ensemble, tout en enveloppant ces nombres discrets dans son réseau continu, permet à la fois de les mieux distinguer et de les unir entre eux par des propriétés analytiques. Nous n'en voulons pour exemple que la fonction Eulérienne de seconde espèce, $\Gamma(a)$, qui relie pour ainsi dire par un trait continu les valeurs essentiellement discontinues que prend la *factorielle* :

$$n! = 1.\,2.\,3 \ldots\ldots n$$

(produit des n premiers nombres entiers), quand on fait n successivement égal à tous les nombres entiers [1]. Cette fonction arithmétique, qui n'était définie que pour les valeurs entières et positives de la variable n, se trouve par là étendue à toutes les valeurs réelles, positives et même négatives, de la variable continue a. Inversement, pour chaque valeur entière et positive de la variable a, la fonction $\Gamma(a)$ coïncide avec la factorielle :

$$\Gamma(n+1) = 1.\,2.\,3 \ldots\ldots n,$$

et par suite prend une valeur essentiellement entière.

7. Ainsi les nombres irrationnels, et spécialement les nombres transcendants, sont indispensables à l'Analyse, puisque le moindre intervalle réel continu en contient une infinité. Mais ce n'est encore là qu'une utilité en quelque sorte collective et anonyme de ces nombres; on pourrait croire qu'ils n'ont été introduits dans l'ensemble des valeurs réelles (et complexes) que pour « faire nombre » ou plutôt pour faire masse, c'est-à-dire pour combler les lacunes de

1. Voici un tableau qui montre la correspondance entre la variable n et sa fonction $n!$:

$$n = 1,\ 2,\ 3,\ 4,\ 5,\ 6,\ldots..$$
$$n! = 1,\ 2,\ 6,\ 24,\ 120,\ 720,\ldots..$$

l'ensemble des nombres rationnels (et même algébriques) [cf. Livre I, Chap. IV], tandis que ceux-ci constituent la trame solide et fixe de ce réseau où vient s'encadrer la multitude des nombres transcendants. Mais il ne faudrait pas réduire ceux-ci à la condition de simples figurants, uniquement destinés à remplir les trous de l'ensemble des nombres complexes et à le rendre continu; quelques-uns de ces nombres jouent au contraire individuellement un rôle prépondérant dans la science. Pour prouver à quel point les nombres transcendants sont nécessaires à l'Analyse et constituent ses éléments essentiels, il suffit de dire que le nombre e et le nombre π sont des nombres transcendants [1]. Nous ne pouvons montrer ici l'importance incomparable de ces deux nombres fondamentaux de l'Analyse : il faudrait pour cela exposer tout le Calcul intégral. On nous permettra du moins d'indiquer quelques-unes de leurs principales propriétés.

8. On connaît le nombre π comme le rapport de la longueur de la circonférence à celle du diamètre; mais cette définition géométrique n'en donne qu'une idée bien pauvre et bien étroite, et ne peut faire deviner le rôle considérable et varié que ce nombre joue dans l'Analyse. D'ailleurs, elle ne fait que traduire une de ses nombreuses propriétés analytiques [2]. Ce nombre se présente en outre dans l'évaluation d'une foule d'intégrales définies et de séries convergentes; aussi sa valeur et celle de son carré sont-elles exprimables par de telles séries :

$$\frac{\pi}{4} = \frac{1}{1} - \frac{1}{3} + \frac{1}{5} - \frac{1}{7} + \frac{1}{9} - \ldots. \quad \text{(formule de Leibnitz)},$$

$$\frac{\pi^2}{6} = \frac{1}{1^2} + \frac{1}{2^2} + \frac{1}{3^2} + \frac{1}{4^2} + \frac{1}{5^2} + \ldots..$$

Ce qu'il y a de plus curieux, c'est que le nombre π entre dans la définition des *nombres de Bernouilli*, qui sont rationnels [3] :

$$B^n = \frac{(2n)!}{2^{2n-1}\,\pi^{2n}}\, S_{2n} \qquad (n = 1, 2, 3, \ldots).$$

1. Ce fait capital, de si grande conséquence philosophique, qu'on soupçonnait depuis longtemps, n'a été démontré que de nos jours : pour le nombre e, par M. HERMITE (*Comptes rendus de l'Académie des Sciences*, t. LXXVII, 1873; *Sur la fonction exponentielle*, 1874); pour le nombre π, par M. LINDEMANN (*Mathematische Annalen*, t. XX).

2. C'est l'intégrale de $\frac{dx}{\sqrt{1 - x^2}}$, prise entre les limites -1 et $+$.

3. J. TANNERY, *op. cit.*, § 117.

Ce fait singulier s'explique parce que dans cette expression figure un autre nombre transcendant, S_{2n}, qui est la somme de la série

$$\frac{1}{1^{n}}+\frac{1}{2^{2n}}+\frac{1}{3^{2n}}+\frac{1}{4^{2n}}+\ldots.,$$

de sorte que la formule des nombres de Bernouilli exprime π^{2n} en fonction rationnelle de S_{2n}, et inversement, ce qui n'a rien d'étonnant, ces deux nombres étant transcendants. En particulier, pour $n=1$, on retrouve la formule du carré de π : car il vient :

$$B_1=\frac{1}{\pi^2}S_2,$$

or

$$B_1=\frac{1}{6},$$

donc

$$\frac{\pi^2}{6}=S_2=\frac{1}{1^2}+\frac{1}{2^2}+\frac{1}{3^2}+\ldots..$$

Cet exemple montre comment des relations rationnelles peuvent exister entre des nombres transcendants d'origine toute différente. Il montre aussi que les suites ou séries infinies peuvent définir non seulement des nombres entiers, comme la série bien connue

$$2=\frac{1}{1}+\frac{1}{2}+\frac{1}{4}+\frac{1}{8}+\ldots..+\frac{1}{2^n}+\ldots..,$$

ou des nombres rationnels, comme la série

$$\frac{10}{9}=1+\frac{1}{10}+\frac{1}{100}+\frac{1}{1000}+\ldots..+\frac{1}{10^n}+\ldots..,$$

mais encore des nombres irrationnels et même transcendants. Il semble donc que l'infini numérique fasse nécessairement partie de leur définition arithmétique ou analytique.

9. Il en est de même du nombre e, qui est la somme de la série convergente :

$$e=1+\frac{1}{1}+\frac{1}{1.2}+\frac{1}{1.2.3}+\ldots..+\frac{1}{n!}+\ldots..$$

Ce nombre transcendant est la base de la *fonction exponentielle*, définie par la série suivante :

$$e^x=1+\frac{x}{1}+\frac{x^2}{1.2}+\frac{x^3}{1.2.3}+\ldots..+\frac{x^n}{n!}+\ldots..,$$

qui est convergente pour toute valeur (réelle ou imaginaire) de x, et qui se réduit au nombre e pour la valeur

$$x=1.$$

La propriété caractéristique de cette fonction transcendante consiste en ce qu'elle est identique à sa dérivée première, et par suite à toutes ses dérivées successives. Il en résulte qu'elle se reproduit invariablement par la dérivation, et par l'opération inverse, qui est l'intégration. C'est du reste la seule fonction qui soit égale à sa dérivée, et cette propriété singulière suffit à la définir. On conçoit dès lors le rôle exceptionnel qu'elle joue dans le Calcul différentiel et intégral; elle y occupe pour ainsi dire une place privilégiée, et y remplit un office analogue à celui du module dans les opérations arithmétiques : elle est en quelque sorte le module de l'intégration et de la différenciation, puisque c'est la seule fonction que ces opérations ne changent pas; cela explique suffisamment son importance capitale dans la recherche des fonctions primitives (quadratures) et dans la résolution des équations différentielles. C'est à cause de cette propriété de la fonction transcendante e^x que le nombre transcendant e est véritablement le pivot de l'Analyse.

10. On voit par cet exemple comment les nombres transcendants peuvent engendrer des fonctions transcendantes. Inversement, une fonction transcendante donne naissance à une infinité de nombres transcendants : ainsi la fonction e^x prend des valeurs transcendantes pour toutes les valeurs numériques rationnelles de l'exposant (variable) x, car, puisque le nombre e est transcendant, toutes ses puissances entières et même rationnelles sont transcendantes.

En général, les fonctions transcendantes *entières* sont définies par des séries convergentes ordonnées suivant les puissances entières positives croissantes de la variable x, c'est-à-dire par des séries de la forme suivante :

$$a_0 + a_1 x + a_2 x^2 + a_3 x^3 + \dots\dots + a_n x^n + \dots\dots,$$

où $a_0, a_1, a_2, a_3, \dots\, a_n, \dots$ sont des coefficients numériques connus. Si l'on compare les fonctions transcendantes entières aux fonctions algébriques entières exprimées par des polynômes de la forme suivante :

$$a_0 + a_1 x + a_2 x^2 + a_3 x^3 + \dots\dots + a_n x^n,$$

on remarquera qu'elles n'en diffèrent que par l'infinité de la série qui les représente. C'est donc par l'infini numérique qui entre dans leur définition que les fonctions transcendantes paraissent caractérisées; de même que les nombres transcendants, elles ne peuvent s'exprimer que par des sommes d'un nombre infini de termes. On comprend aisément que le Calcul intégral, où l'on ne considère que de telles sommes, engendre une multitude de fonctions transcendantes, et par suite de nombres transcendants.

11. La fonction e^x est le type des *fonctions exponentielles* de la forme a^x, où a est un nombre donné quelconque, et x une variable continue susceptible de prendre toutes les valeurs réelles et même imaginaires [1]. Cette fonction transcendante est un exemple remarquable d'une fonction qui n'est primitivement définie que pour des valeurs discontinues de la variable, et qu'on étend, par interpolations successives, à l'ensemble continu des valeurs réelles de cette variable. Nous avons dit plus haut que la fonction $\Gamma(a)$ pouvait être considérée comme l'extension, à toutes les valeurs réelles de l'argument a, de la factorielle $n!$ définie exclusivement pour les valeurs entières de n. De même, a étant un nombre positif quelconque, on n'a défini, dans les éléments, que les puissances entières de a : a^n représente le produit de n facteurs égaux à a ; n est donc essentiellement un nombre entier, et l'exponentielle a^n n'est définie que pour les valeurs entières et positives de l'exposant. On remarque sans peine l'analogie de cette définition avec celle de la multiplication : le produit na représente la somme de n nombres égaux à a. L'élévation aux puissances est donc primitivement à l'égard de la multiplication une opération composée ou répétée, comme la multiplication elle-même à l'égard de l'addition. Mais, de même que, par suite de la généralisation du nombre entier, la multiplication se trouve étendue aux facteurs négatifs, fractionnaires, irrationnels, imaginaires, l'élévation aux puissances s'étend aussi progressivement aux mêmes nombres pris pour exposants, de manière que la fonction exponentielle soit définie pour toutes les valeurs réelles (et même imaginaires) de la variable [2]. Grâce à cette extension, la fonction continue a^x relie la suite discontinue des puissances entières et positives de a par lesquelles elle passe, et avec lesquelles elle coïncide quand la variable indépendante x prend une valeur positive entière.

On démontre aisément que lorsque, a étant supposé positif, x varie de $-\infty$ à $+\infty$ en parcourant toutes les valeurs réelles, la fonction

1. Il ne faut pas confondre la fonction exponentielle a^x avec la fonction-puissance x^a, car dans celle-ci c'est le nombre élevé à la puissance connue a qui est la variable, tandis que dans l'exponentielle c'est l'*exposant* du nombre constant a. On sait d'ailleurs que les expressions a^x et x^a ne sont nullement équivalentes.

2. Pour plus de détails, voir Note II, 9.

varie de 0 à $+\infty$ ou de $+\infty$ à 0 (suivant que a est supérieur ou inférieur à 1) en passant par toutes les valeurs positives [1].

En particulier, la fonction e^x, quand l'exposant x parcourt l'ensemble continu des nombres réels, croît d'une manière continue de 0 à $+\infty$, et passe une fois, et une seule, par chaque nombre réel positif. Il y a donc une valeur de x, soit α, et une seule, pour laquelle on a, par exemple,

$$e^{\alpha} = a.$$

D'après cela, une fonction exponentielle quelconque peut se réduire à la fonction e^x définie précédemment. En effet, y est fonction exponentielle de x si l'on a

$$y = a^x,$$

où

$$a > 0.$$

Or, en vertu de ce qui vient d'être dit,

$$a = e^{\alpha}.$$

Donc

$$y = (e^{\alpha})^x = e^{\alpha x}.$$

L'exposant variable x se trouve seulement multiplié par une constante α.

12. La fonction inverse de la fonction exponentielle est la *fonction logarithmique* : la formule précédente établit une correspondance univoque et réciproque entre les valeurs réelles de x et les valeurs positives de y. Si l'on considère y comme variable indépendante, et x comme fonction de y, on dira que x est le *logarithme* de y dans le système à base a. On voit tout de suite qu'un nombre négatif n'a pas de logarithme réel.

De même que toute fonction exponentielle se ramène à l'exponentielle-type e^x, un logarithme à base quelconque peut se réduire à un logarithme du système à base e, qu'on nomme système *naturel*, *hyperbolique* ou *népérien*. En effet, les formules précédentes montrent que α est le logarithme népérien de a, et que αx est le logarithme népérien de y. Or x est le logarithme de y par rapport à la base a; donc, pour en déduire le logarithme népérien de y, il suffit de le multiplier par la constante α, c'est-à-dire par le logarithme népérien de la base a.

Le système des logarithmes népériens (à base e) s'introduit natu-

1. J. Tannery, *op. cit.*, § 81.

rellement dans l'Analyse, et s'impose de préférence à tout autre, pour des raisons analogues, et même au fond identiques, à celles qui expliquent la prééminence de l'exponentielle e^x sur toutes les autres. En effet, de même que, si une fonction y a pour dérivée y, elle ne peut être que e^x, de même, si une fonction y a pour dérivée $\frac{1}{x}$ (l'inverse de la variable), elle ne peut être que le logarithme népérien de x. Aussi la fonction logarithmique occupe-t-elle dans l'Analyse une place aussi extraordinaire que la fonction exponentielle, et qui tient uniquement à ses précieuses propriétés théoriques : quand même on n'eût jamais inventé les logarithmes vulgaires pour abréger les calculs numériques, la fonction logarithmique serait nécessairement apparue comme fonction primitive de la fonction extrêmement simple $\frac{1}{x}$, et eût été une des premières fonctions transcendantes créées par le Calcul intégral[1].

13. On en peut dire autant des fonctions circulaires ou trigonométriques (sinus, cosinus, tangente, etc.) qui jouent dans l'Analyse un rôle presque aussi considérable que les précédentes, auxquelles, comme on le verra tout à l'heure, elles se rattachent intimement. Si l'on ne peut se douter de l'importance toute spéculative des logarithmes quand on ne connaît que leur définition élémentaire (par les progressions) et leur usage pratique (par les tables), la définition géométrique des fonctions circulaires et leur application à la Trigonométrie ne permettent guère de prévoir la fécondité de leur emploi dans l'Analyse. Quand même on n'aurait jamais eu d'angles à calculer ni de triangles à résoudre, ces fonctions transcendantes se seraient introduites dans le Calcul intégral dès le début, comme fonctions primitives des fonctions élémentaires

$$\frac{1}{\sqrt{1-x^2}}, \quad \frac{1}{1+x^2}, \text{ etc.}$$

1. On peut remarquer que, dans certains cas au moins, cette fonction s'exprime, comme la fonction exponentielle, par une série infinie en x. Ainsi :

$$\log(1+x) = \frac{x}{1} - \frac{x^2}{2} + \frac{x^3}{3} - \frac{x^4}{4} + \frac{x^5}{5} - \ldots..$$

pour $|x| < 1$.
En particulier, il vient, pour $x = 1$ (en vertu du théorème d'Abel) :

$$\log 2 = \frac{1}{1} - \frac{1}{2} + \frac{1}{3} - \frac{1}{4} + \frac{1}{5} - \ldots..$$

(J. Tannery, *op. cit.*, §§ 103, 107, 116.)

D'ailleurs elles peuvent se définir, sans recourir à aucune intuition géométrique, par des séries qui procèdent suivant les puissances entières de la variable indépendante [1] :

$$\cos x = 1 - \frac{x^2}{1.2} + \frac{x^4}{1.2.3.4} - \ldots..$$

$$\sin x = \frac{x}{1} - \frac{x^3}{1.2.3} + \frac{x^5}{1.2.3.4.5} - \ldots..$$

Ces séries, étant convergentes pour toutes les valeurs réelles et même imaginaires de la variable, définissent des fonctions transcendantes entières, analogues à la fonction e_x. En outre, cette définition purement analytique met en évidence la relation qui unit ces fonctions à la fonction exponentielle au moyen des imaginaires. En effet, on a, en remplaçant, dans la série qui représente e^x, x par xi (i symbole imaginaire) [2],

$$e^{xi} = 1 + \frac{xi}{1} - \frac{x^2}{1.2} - \frac{x^3 i}{1.2.3} + \frac{x^4}{1.2.3.4} + \frac{x^5 i}{1.2.3.4.5} - \ldots..$$

d'où l'on conclut la formule fondamentale :

$$e^{xi} = \cos x + i \sin x.$$

Il en résulte une relation très intéressante entre les deux nombres transcendants e et π, d'origine si diverse et de nature si hétérogène. En effet, les fonctions circulaires $\sin x$, $\cos x$ sont périodiques, et ont pour période 2π; ce qui veut dire qu'elles reprennent les mêmes valeurs quand l'argument x augmente ou diminue de 2π. Cela peut s'expliquer géométriquement par ce fait que, si un point fait un tour complet sur le cercle de rayon 1 (dont la circonférence est mesurée par 2π) et revient à sa position initiale, toutes les lignes trigonométriques que détermine ce point reprennent la même grandeur et la même direction. Il s'ensuit que la fonction e^{xi} sera aussi périodique et aura pour période 2π. En particulier, on aura les identités suivantes :

$$e^{2\pi i} = e^0 = +1, \qquad e^{+\pi i} = e^{-\pi i} = -1$$

où apparaît ce fait analytique extrêmement curieux, qu'un nombre transcendant e, élevé à une puissance purement imaginaire marquée par un autre nombre transcendant π, est égal à un nombre, non seulement réel, non seulement rationnel, mais entier : à l'unité (positive

1. J. Tannery, *op. cit.*, § 96.
2. On remarquera que la définition de l'exponentielle e^x par une série permet d'étendre cette fonction aux valeurs imaginaires de la variable (voir § **11**).

ou négative). On peut énoncer cette propriété, qui relie d'une manière si surprenante les deux nombres fondamentaux de l'Analyse, en disant que le nombre π est la *demi-période imaginaire* de l'exponentielle e^x [1]. Ainsi, quand même on n'aurait jamais eu l'idée du cercle ni aucune autre notion géométrique, le nombre π ne jouerait pas moins un rôle prépondérant dans l'Analyse et dans la Théorie des fonctions. On le retrouve même, ainsi que le nombre e d'ailleurs, dans le Calcul des probabilités, qui ne repose que sur les idées d'ordre et de nombre entier [2].

14. Ces considérations, ainsi que bien d'autres analogues, prouvent, d'une part, l'importance des nombres complexes et du symbolisme imaginaire, d'autre part, l'utilité des nombres transcendants dans l'Analyse, et la valeur singulière de certains d'entre eux. Or, si l'on s'en tient strictement à l'ensemble primordial des nombres entiers et aux six opérations arithmétiques effectuées sur des nombres entiers, on ne parvient pas à construire l'ensemble continu des nombres réels et imaginaires, ni, en général, à composer un ensemble d'une puissance supérieure à celle de l'ensemble primitif. L'Algèbre, il est vrai, permet d'étendre infiniment cet ensemble, et constitue un prolongement et un développement immense de l'Arithmétique élémentaire; mais les nombres algébriques, résultat ultime de la généralisation algébrique de l'idée de nombre, ne suffisent pas encore à l'Analyse, dont les éléments essentiels sont au contraire des nombres transcendants. On ne réussit donc pas à fonder l'Analyse sur l'unique notion du nombre entier, tant que l'on reste au point de vue purement arithmétique, et que l'on s'interdit rigoureusement toute considération d'infinité et de continuité.

15. Sans doute, un algébriste exclusif ou un « finitiste » intransigeant peuvent toujours nous répondre que les nombres transcendants n'existent pas [3], et que les nombres algébriques, voire même

1. Cournot a fort bien montré l'affinité profonde des imaginaires et des fonctions circulaires (*Correspondance entre l'Algèbre et la Géométrie*, chap. XII) et a fait ressortir l'importance capitale de la liaison que les imaginaires établissent entre les fonctions exponentielles et circulaires (*Théorie des fonctions*, liv. II, chap. II). « Il n'y a pas, dans l'analyse mathématique, de fait plus remarquable que cette liaison inattendue qui s'établit, comme une conséquence de l'emploi du signe algébrique $\sqrt{-1}$, d'une part entre les fonctions exponentielles et les fonctions trigonométriques, d'autre part entre les logarithmes et les arcs de cercle : c'est-à-dire entre des fonctions si diverses de nature et d'origine, tant qu'on ne remonte pas à la loi qui régit leurs accroissements différentiels. »

2. Cournot, *Correspondance entre l'Algèbre et la Géométrie*, § 149.

3. M. Renouvier, *Critique philosophique*, t. XI.

les nombres rationnels, c'est-à-dire en définitive les nombres entiers, suffisent à tous les besoins du calcul algébrique. A ce point de vue, les nombres transcendants et même irrationnels ne seraient que des symboles d'approximation indéfinie. Les nombres e et π, par exemple, ne seraient rien de plus que les nombres décimaux illimités

$$2{,}718281828459.....$$
$$3{,}14159265358979.....$$

dont on peut calculer autant de chiffres décimaux qu'on voudra, de manière à obtenir telle approximation qu'on désire. Même, pour être conséquent avec soi-même et s'en tenir strictement au point de vue purement arithmétique, on pourrait soutenir que le nombre entier est l'unique élément de l'Analyse, et que toutes les formules de cette science expriment en définitive des relations entre des nombres entiers [1].

Assurément, c'est là une thèse philosophique parfaitement soutenable, et même logiquement irréfutable. Mais on peut voir (Note III) à quelle complication et à quelles difficultés donne lieu cette conception rigoureuse, mais trop étroite, et par quels subterfuges on parvient à éluder la nécessité d'admettre toute autre espèce de nombres que les nombres entiers. On peut dire que KRONECKER, en poussant à l'extrême la théorie algébrique du nombre, en a donné la meilleure réfutation, ou plutôt la seule possible, car sa tentative montre que, plus cette théorie est logique, moins elle est rationnelle [2]. Il répugne à la raison d'admettre que des nombres qui occupent dans la science une place aussi considérable que les nombres e et π, et sur lesquels s'appuient les formules fondamentales de l'Analyse, ne soient que des symboles d'approximation indéfinie, des nombres décimaux toujours incomplets, de sorte que toutes les formules où ces nombres figurent ne seraient jamais que des vérités inexactes, ou pour mieux dire ne seraient pas vraies. Sans doute, on n'effectue jamais les calculs que sur des nombres entiers ou rationnels, et tout calcul portant sur des nombres irra-

1. Opinion de LEJEUNE-DIRICHLET, rapportée par DEDEKIND, *Was sind und was sollen die Zahlen*, p. XI.

2. M. DEDEKIND (*loc. cit.*) est beaucoup plus modéré et plus « raisonnable », car, loin de vouloir, comme KRONECKER, se passer de toutes les formes du nombre généralisé et les réduire au nombre entier, il reconnaît que la généralisation du nombre est nécessaire à l'Analyse, et constitue « le progrès le plus important et le plus fécond de la Mathématique ».

tionnels est naturellement approximatif; mais s'il suffit, pour les applications pratiques, de posséder la valeur approchée de ces nombres, la raison mathématique ne s'en contente pas, car c'est leur valeur exacte que l'on considère dans la théorie. Et que l'on ne dise pas que ces nombres n'ont pas de valeur exacte, mais seulement des valeurs plus ou moins approchées, et même indéfiniment approchées; car toute approximation suppose nécessairement un nombre fixe dont on s'approche, et par rapport auquel on peut mesurer le degré d'approximation. On peut ne considérer les nombres e et π que comme des lois d'approximation indéfinie; mais ces lois elles-mêmes ne sont intelligibles que par l'idée d'une valeur exacte qui soit la limite des valeurs de plus en plus approchées. Ainsi ces dernières impliquent l'existence de cette valeur exacte, loin de la suppléer ou de la supplanter. Le fait même qu'on puisse évaluer ces nombres avec une approximation croissant à l'infini, c'est-à-dire prolonger indéfiniment les nombres décimaux qui les représentent, n'est concevable que si ces nombres sont en eux-mêmes précis et absolument déterminés. C'est ainsi que le nombre décimal indéfini

$$0{,}666666.....$$

ne se « comprend » que par le nombre rationnel $\frac{2}{3}$ dont il est la valeur indéfiniment approchée; en général, la loi suivant laquelle se succèdent des chiffres décimaux ne s'explique que par le nombre dont on cherche une représentation décimale approximative. Enfin, les nombres transcendants e et π sont si peu des nombres décimaux, et il est si peu permis de les confondre avec leurs valeurs approchées, qu'ils jouissent de propriétés originales toutes différentes de celles des nombres rationnels, et même tout à fait opposées. En un mot, s'ils n'étaient *rien de plus* que des nombres décimaux plus ou moins prolongés, on n'aurait jamais pu démontrer qu'ils sont irrationnels et même transcendants. Il fallait donc que les savants qui ont découvert ces vérités mathématiques en eussent une idée exacte et précise, absolument distincte des approximations qu'on en donne, et qui serve au contraire de base à ces approximations.

16. Une seule objection reste possible : on pourra dire que les nombres transcendants ne sont pas des nombres, mais des symboles de grandeurs; que e et π représentent des grandeurs exactes, sans doute, mais dont on ne peut jamais trouver qu'une représentation numérique approchée [1]. Il ne faut pas dire que les nombres décimaux successifs qui constituent les valeurs de plus en plus approchées de π, par exemple, s'approchent d'un *nombre* déterminé qui serait π : ce nombre n'existe pas; ce qui existe, et ce qui suffit à expliquer l'approximation indéfinie, c'est la longueur de la circonférence de diamètre 1, dont les nombres susdits sont des valeurs approchées; ou plutôt, dont approchent indéfiniment des périmètres polygonaux mesurés par ces nombres. L'approximation n'a pas lieu dans le domaine du nombre, mais dans celui de la grandeur.

Cette objection enveloppe une idée juste et profonde, à savoir la distinction radicale des deux catégories du nombre et de la grandeur. C'est en effet à cette distinction qu'il faut aboutir, quand on veut rendre raison de la généralisation de l'idée de nombre. Nous avons montré, dans le présent Chapitre, que cette généralisation ne s'explique et ne se justifie pas, tant qu'on se confine dans le domaine du nombre pur et dans les combinaisons arithmétiques et algébriques de nombres entiers. Nous avons été en même temps amené à marquer une séparation profonde entre l'Analyse, d'une part, l'Arithmétique et l'Algèbre, d'autre part. Cette opposition est fondée sur la distinction du nombre et de la grandeur; car l'Analyse est la science des grandeurs [2], tandis que l'Arithmétique, généralisée par l'Algèbre pure, est la science du nombre. Nous arrivons donc à cette conclusion, que le domaine de la grandeur dépasse infiniment celui du nombre, et que si l'extension de l'ensemble des nombres entiers a une raison d'être, c'est dans l'application du nombre à la grandeur.

D'ailleurs les nombres transcendants ne sont pas les seuls qui s'expliquent par la considération des grandeurs; toutes les autres espèces de nombres sont dans le même cas, comme nous le verrons dans le Livre suivant. Les finitistes s'attaquent en général à la « réalité » du nombre irrationnel; mais le nombre rationnel, lui aussi, tire son origine de la considération de grandeurs divisibles, car l'unité arithmétique est essentiellement indivisible, et l'on n'aurait jamais eu l'idée de la diviser si on ne l'avait employée à la mesure de grandeurs concrètes. Si donc l'on ne veut pas reconnaître les nombres transcendants pour des nombres, on doit en

1. Cette thèse, ruineuse pour le finitisme, a été soutenue par M. RENOUVIER, *Critique philosophique*, t. XI.
2. *Mégéthologie* de COURNOT.

dire autant des autres formes du nombre généralisé, et n'admettre comme *nombres* que l'ensemble des nombres entiers. Seulement, ce n'est plus qu'une question de mot, car si les nombres irrationnels n'existent pas, les grandeurs incommensurables existent, et alors, au lieu de distinguer les nombres entiers des autres espèces de nombres, il faudra distinguer les grandeurs mesurables et celles qui ne le sont pas, c'est-à-dire celles auxquelles correspondent des nombres proprement dits, et celles auxquelles il n'en correspond pas. Cela dépend uniquement de l'extension qu'on attribue à l'idée de nombre, c'est-à-dire en somme d'une définition verbale. Toujours est-il que si l'on a été amené à inventer les nombres fractionnaires, négatifs, irrationnels, c'est à l'occasion de certaines grandeurs, et afin de les représenter. Qu'on les appelle ou non des nombres, il n'en est pas moins vrai que ce sont des symboles de grandeurs, et c'est à ce titre seul que se justifie leur introduction et que s'explique leur rôle dans l'Analyse.

LIVRE III

GÉNÉRALISATION GÉOMÉTRIQUE DU NOMBRE

CHAPITRE I

CRITIQUE DE LA GÉNÉRALISATION ALGÉBRIQUE

1. Malgré son étroitesse et son insuffisance, la généralisation algébrique du nombre, que nous venons de développer, paraît encore plus satisfaisante pour l'esprit que la théorie analytique et formaliste exposée au Livre I. Mais si elle est plus concrète et moins arbitraire que celle-ci, elle est en revanche moins rigoureuse et plus détournée. Elle a, il est vrai, l'avantage d'une parfaite symétrie ; mais cette symétrie est artificielle : car si, pour les nombres négatifs et imaginaires, elle se rapproche de leur genèse historique en les présentant comme solutions des équations du premier et du second degré, la même conception s'applique malaisément aux nombres fractionnaires et irrationnels, dont l'origine naturelle n'est pas algébrique, mais en réalité intuitive. Nous ne parlons pas des distinctions que cette théorie établit parmi les nombres irrationnels, en justifiant les nombres algébriques et en excluant les nombres transcendants : nous avons suffisamment insisté sur ce point dans le dernier Chapitre, et nous avons montré que la conception purement algébrique du nombre laisse échapper, non seulement l'immense majorité des nombres irrationnels, mais, ce qui est plus grave, les plus importants d'entre eux et les plus nécessaires à l'Analyse. Nous ajouterons seulement que cette distinction si tranchée entre les nombres algébriques et les nombres transcendants est factice et superficielle : elle ne correspond pas à la nature intrinsèque de ces nombres, mais à la forme algébrique de leurs relations, qui est, au fond, accidentelle. Elle a sans doute une valeur relative en Algèbre pure ; mais elle n'a aucune raison d'être en Analyse, où tous les nombres réels sont admis au même titre, figurent sur le même plan et possèdent la même « réalité ».

2. Nous passons donc condamnation sur ce grief, si sérieux qu'il soit au point de vue de la Mathématique générale, parce qu'il est fondé sur des considérations étrangères à l'Algèbre ; nous nous placerons désormais, pour juger la théorie purement algébrique du nombre, à son propre point de vue, et nous nous déclarerons satisfait si elle réussit à rendre compte de l'ensemble des nombres algébriques. Il faut à présent examiner le principe même de cette théorie, et en rechercher le fondement rationnel ou philosophique. Or, pour justifier l'introduction des racines « imaginaires » [1] des équations algébriques, on a invoqué des raisons d'analogie, de symétrie, de généralité surtout. Il s'agit de préciser ces raisons un peu vagues, et d'en apprécier la valeur et la légitimité au point de vue strictement algébrique, dont on ne doit jamais se départir dans toute cette théorie. Remarquons tout de suite que nous ne remettons pas en question la valeur *logique* de cette généralisation, qui a été établie et discutée précédemment [Livre II, Chap. I, **6-8**, et II, **6**] ; nous n'avons garde de lui imputer ni confusion ni contradiction. C'est de sa valeur *rationnelle* que nous nous occupons maintenant, c'est-à-dire du degré de simplicité, d'ordre et d'unité qu'offre cette conception. Il est entendu qu'on peut *logiquement* construire l'ensemble des nombres algébriques au moyen des seuls nombres entiers et des opérations de l'Arithmétique ; mais il reste à savoir s'il y a une raison suffisante de le faire, et l'on peut se demander quelle est la nécessité rationnelle, quelle est même l'utilité de ces nouveaux nombres, puisqu'en définitive le nombre entier seul a une valeur primitive et une essence irréductible.

3. On a vu que tous les nombres algébriques (autres que les nombres entiers) sont à l'origine des symboles d'impossibilité arithmétique, et s'introduisent comme racines « imaginaires » des équations

1. Nous prendrons ce mot, dans tout ce Chapitre, avec le sens général que nous lui avons donné [Livre II, Chap. II] à l'exemple d'Argand ; mais pour éviter toute confusion, nous le mettrons toujours, dans ce sens, entre guillemets.

algébriques à coefficients entiers. Prenons pour exemple le nombre négatif; en vertu même de l'analogie (naturelle ou factice, peu importe) que la théorie établit entre les diverses formes généralisées du nombre, ce que nous dirons de celle-ci vaudra, *mutatis mutandis*, pour toutes les autres.

On est amené, avons-nous dit, à créer les nombres négatifs, à cause de l'indétermination des lettres qui figurent dans l'équation algébrique du premier degré

$$b + x = a \qquad (1)$$

d'où l'on tire la formule de résolution

$$x = a - b \qquad (2)$$

qui est la solution générale de l'équation littérale (1). Or les lettres a et b, en vertu de leur indétermination, peuvent recevoir, chacune séparément, toutes les valeurs numériques entières. Mais la formule (2) n'a de sens arithmétique, et par suite l'équation (1) n'a de racine, que si ces valeurs numériques vérifient l'inégalité

$$a > b$$

C'est pour *généraliser*, comme on dit, la solution (2), c'est-à-dire pour que l'équation (1) ait dans tous les cas une *racine* arithmétique, que l'on convient de considérer l'expression $(a - b)$ comme un nombre, même lorsque l'on a

$$a < b,$$

et de dire que ce nouveau nombre vérifie l'équation (1). Telle est la justification algébrique du nombre négatif; quelle en est la valeur rationnelle?

4. Rappelons tout d'abord qu'une équation quelconque n'est que la traduction en lettres et en signes d'un problème à résoudre ou, plus exactement, des relations qui unissent des nombres inconnus à des nombres connus, et qui permettent, en général, de déterminer les premiers en fonction des derniers. Il faut bien se garder de faire de l' « équation algébrique » une entité mystérieuse, un être mythologique qui, comme le Sphinx antique, exigerait à tout prix une solution. Une équation n'a de sens que si elle correspond à un problème déterminé, et sa racine n'a de signification que comme réponse à ce problème. Si l'équation traduit exactement les conditions du problème (ce qui, comme on sait, n'est pas toujours le cas), le problème sera possible si l'équation a une racine, impossible si elle n'en a pas. L'équation considérée (1) n'est donc que la traduction d'un problème, quand ce ne serait que cette question d'Arithmétique élémentaire (problème de la soustraction) : Quel est le nombre qui, ajouté au nombre entier b, reproduit le nombre entier a? Or ce problème n'est possible que si le nombre donné a est plus grand que le nombre donné b; l'équation numérique qui le traduit n'a de solution que dans ce cas, et il n'y a aucun intérêt à lui attribuer une racine, quand elle ne peut et ne doit en avoir aucune.

5. On invoque ici, il est vrai, l'indétermination propre aux formules littérales, qui fait qu'on ne sait pas à l'avance si le nombre a sera effectivement plus grand que le nombre b, et qu'on indique à tout hasard la soustraction $(a - b)$ qui sera peut-être impossible, mais qui, si elle est possible, répond à la question. — Mais cette indétermination n'est qu'apparente, chaque lettre représentant nécessairement un nombre qui sera tôt ou tard déterminé; et la formule

$$x = a - b \qquad (2)$$

n'est qu'une solution *hypothétique* de l'équation

$$b + x = a. \qquad (1)$$

Elle aura un sens dans le cas où l'équation sera possible; elle n'aura pas de sens si l'équation est impossible. L'indétermination *provisoire* des lettres ne fait donc que reculer le moment « critique » ; elle ne permet pas de l'éluder. On peut toujours, en attendant que les nombres a et b soient donnés, mettre l'équation (1) sous la forme explicite (2); mais ce qu'on ne pourra jamais, c'est tirer une solution numérique de la formule (2) quand l'équation (1) n'en comporterait aucune. Que l'on considère l'équation (1) ou la formule équivalente (2), il faudra toujours y substituer finalement aux lettres des valeurs numériques déterminées, et alors apparaîtra l'impossibilité du problème, différée, mais non supprimée. Encore une fois, on ne voit pas quelle utilité il y a à attribuer un sens numérique à une expression algébrique dans le cas où elle n'en a aucun; il n'y a pas de raison pour ériger en nombre le résultat d'une opération impossible, puisque ce nombre lui-même ne peut être qu'un symbole d'impossibilité.

6. Éclaircissons ces considérations par un exemple extrêmement simple, pour ne pas dire enfantin; mais ce qui est vrai du problème que nous allons énoncer pourrait s'appliquer aux problèmes les plus difficiles, et les raisonnements que nous faisons sur l'équation du premier degré se répéteraient sur les équations algébriques de degré quelconque. Supposons que Pierre nous ait dit que Paul a 25 ans, et qu'il ajoute, dans la conversation : « J'aurai son âge (actuel) dans 5 ans ». Nous en concluons, par un calcul mental instantané, que Pierre a aujourd'hui 20 ans. Qu'avons-nous fait? Nous avons résolu l'équation du premier degré

$$x + 5 = 25$$

et nous en avons tiré :

$$x = 25 - 5 = 20.$$

Supposons à présent que Pierre nous ait dit (toujours dans la même hypothèse) : « J'aurai son âge dans 30 ans ». Immédiatement, un raisonnement presque intuitif nous montre que ces paroles n'ont aucun sens, et que, par un *lapsus linguæ* ou par étourderie, Pierre a énoncé une absurdité. Pourquoi? Parce que l'équation qui traduit ce nouveau problème :

$$x + 30 = 25$$

est impossible, c'est-à-dire qu'il n'y a aucun nombre entier qui la vérifie. Que si, en appliquant machinalement la formule de résolution

$$x = 25 - 30$$

on essaie de soustraire 30 de 25, on est aussitôt arrêté par une impossibilité arithmétique qui nous avertit, au cas où nous ne l'aurions pas prévu, que le problème n'a pas de solution. Que gagnerait-on à dire, dans ce cas, que (25 — 30) est encore un nombre, à savoir le nombre négatif — 5, et que ce nombre est la racine de l'équation? Ce n'en serait pas moins, à l'égard du problème considéré, une solution absurde, un symbole d'impossibilité. Quel avantage y a-t-il à généraliser la solution des équations algébriques et à leur attribuer des racines « imaginaires », si les problèmes que traduisent ces équations ne sont pas moins insolubles qu'auparavant? Le bénéfice d'une telle généralisation est absolument illusoire.

7. Ainsi, au point de vue purement arithmétique, les raisons alléguées pour justifier les nombres algébriques à titre de racines « imaginaires » n'ont aucune valeur [1]. Invoquera-t-on la *généralité*

1. Seule la théorie de KRONECKER, qui se propose d'*éviter* tout concept étranger à l'Arithmétique pure et prétend se passer de tout autre nombre que le nombre entier, est parfaitement conséquente, et c'est pourquoi nous avons cru devoir

essentielle à l'Algèbre? Mais cette généralité n'est qu'un leurre, puisqu'au point de vue arithmétique toutes les racines « imaginaires » ne sont que des symboles d'impossibilité. Dira-t-on que l'*analogie* exige la création de ces nouveaux nombres, parce qu'ils résultent des mêmes formules littérales que les nombres « réels »[1]? Mais quelle analogie peut-il exister entre des solutions numériques vraies et des solutions qui n'en sont pas, entre les résultats d'opérations possibles et les prétendus résultats d'opérations impossibles? N'oublions pas, en effet, que les expressions littérales telles que $(a - b)$, $(a : b)$, etc., n'ont qu'une valeur conditionnelle, que leur indétermination n'est que provisoire, et que sous une forme identique elles traduisent à la fois les cas de possibilité et d'impossibilité d'un problème concret. Or, s'il faut toujours en fin de compte en tirer une valeur numérique, et s'il n'existe primitivement et à proprement parler que les nombres entiers, ces formules ne répondent au problème que si elles représentent un nombre entier; dans tout autre cas, elles ne signifient plus rien et ne peuvent être considérées comme des solutions véritables. Allèguera-t-on enfin la *symétrie* que ces symboles conventionnels introduisent dans les propriétés des équations algébriques, par exemple dans cette proposition capitale, d'une simplicité lumineuse : « Toute équation algébrique de degré n a n racines réelles ou imaginaires »? Mais n'est-ce pas un mathématicien qui a blâmé « ceux qui font de fausses fenêtres pour la symétrie[2] »? Or c'est bien ce qu'on fait quand on assimile des solutions « imaginaires » ou « fausses » aux solutions « réelles » et « vraies ». La symétrie qu'on obtient au moyen de ces fictions est un véritable trompe-l'œil, et la prétendue simplicité que l'on confère ainsi aux propositions de l'Algèbre n'est qu'une manière abrégée de parler, ou plutôt un abus de langage, une espèce de jeu de mots. Il n'est même pas certain que dans tous les cas le discours y gagne en brièveté ce que la science paraît perdre en logique et en clarté. Par exemple, au lieu de dire que l'équation générale du second degré à coefficients réels

$$ax^2 + bx + c = 0$$

lui consacrer la Note III; mais nous avons montré en même temps combien elle est peu satisfaisante au point de vue rationnel.

1. Par exemple $(a - b)$ peut représenter indifféremment un nombre négatif ou un nombre positif; $(a : b)$ peut être aussi bien un nombre fractionnaire qu'un nombre entier, etc.

2. PASCAL, *Pensées*, VII, 22, éd. Havet.

a deux racines *réelles et inégales* quand [II, III, **14**, note]

$$b^2 - 4ac > 0,$$

deux racines *réelles et égales* quand

$$b^2 - 4ac = 0,$$

deux racines *imaginaires conjuguées* quand

$$b^2 - 4ac < 0,$$

il serait à la fois plus simple et plus raisonnable de dire qu'elle a *deux* racines dans le premier cas, *une* racine dans le second, et *aucune* dans le dernier. En tout cas, il ne faut voir dans les expressions citées plus haut qu'une uniformité absolument factice, une convention plus ou moins commode, mais arbitraire et purement verbale. Concluons donc qu'au point de vue de l'Algèbre pure les nombres algébriques eux-mêmes ne sont pas suffisamment justifiés, et que leur introduction dans l'Arithmétique générale n'a pas de raison d'être.

8. On pourrait encore faire appel, pour expliquer la création des nombres algébriques, et notamment des racines imaginaires, à de vagues notions d'harmonie, à un besoin mystérieux de continuité. Pour reprendre l'exemple précédent, on dira que l'équation du second degré a toujours deux racines, afin de relier entre eux, par une sorte de continuité, les trois cas spécifiés plus haut. On peut considérer, en particulier, le second cas, où il n'y a qu'une racine, comme la *limite* du premier, où il y a deux racines distinctes : car ces deux racines se rapprochent de plus en plus quand la quantité positive $(b^2 - 4ac)$ diminue et tend vers *zéro*, et elles se confondent quand cette quantité s'annule, de sorte qu'on peut dire qu'elles sont encore *deux*, mais égales.

Mais ce sont là des considérations d'Analyse, étrangères à l'Algèbre pure. En effet, c'est en Analyse seulement, et une fois qu'on a construit l'ensemble complet des nombres réels, que l'on peut parler de la variation continue d'une quantité numérique, et dire qu'elle tend vers une limite déterminée. Or il s'agit précisément de savoir si l'on peut constituer cet ensemble avec des notions de pure Arithmétique, et nous savons déjà que l'ensemble des nombres algébriques (en le supposant parfaitement justifié) n'y suffirait même pas. En Algèbre, où, comme nous l'avons dit [II, IV, **6**], on envisage le nombre sous la forme *statique*, on ne peut passer par continuité de l'un à l'autre des cas considérés. Les trois nombres a, b, c étant donnés *fixes*, la quantité ($b^2 - 4ac$) est ou n'est pas nulle : il n'y a pas de milieu; ce n'est qu'en Analyse qu'on peut dire qu'elle *devient* nulle. Si elle n'est pas nulle (positive) il y a deux racines; si elle est nulle, il n'y a qu'une racine; il n'y a pas de transition possible entre ces deux cas. Quant à prétendre que les deux racines du premier cas viennent coïncider et se confondre dans l'unique racine du second cas pour se séparer de nouveau dans le troisième cas en devenant imaginaires, une telle conception est contraire à l'esprit de l'Algèbre, et n'a pas de sens au point de vue purement arithmétique [1].

9. Le raisonnement que nous venons de faire sur un exemple particulier pourrait se répéter au sujet de toute espèce de nombres algébriques. En général, le principe de continuité n'a pas de place en Algèbre, et ne peut pas être invoqué pour justifier la généralisation algébrique du nombre. Non seulement la continuité n'est nullement nécessaire aux spéculations de l'Arithmétique générale, mais elle répugne à l'esprit de cette science et à la nature même du nombre. Le nombre, en effet, est essentiellement discontinu, ainsi que presque toutes ses propriétés arithmétiques [2]; or les lettres et les formules de l'Algèbre pure ne représentent jamais que des nombres, et spécialement des nombres entiers ou des combinaisons arithmétiques des nombres entiers. On ne peut donc imposer la continuité aux fonctions algébriques, si compliquées qu'elles soient, puisque le nombre entier, qui en fournit tous les éléments, est discontinu, et « saute » en quelque sorte d'une valeur à l'autre sans transition possible [3]. Ainsi, loin que le principe de continuité puisse

1. On dira peut-être que le trinôme du second degré, qui forme le premier membre de l'équation, est dans le second cas un carré parfait, c'est-à-dire le carré du binôme du premier degré ($x - \alpha$), de sorte que l'équation, mise sous la forme

$$(x - \alpha)^2 = 0$$

a deux racines, qui correspondent respectivement aux deux binômes en lesquels son premier membre se décompose. Mais ces deux racines sont indiscernables et n'en sont qu'une, à savoir la racine de l'équation du premier degré

$$x - \alpha = 0.$$

Peu importe combien de fois le binôme ($x - \alpha$) se trouve répété comme facteur dans le premier membre d'une équation : celui-ci ne s'annulera toujours qu'*une* fois pour $x = \alpha$. Tout ce qu'on peut dire, c'est que l'équation du second degré admet alors *une* racine *double* α, le mot « double » n'ayant pas d'autre but que d'indiquer la puissance à laquelle le binôme ($x - \alpha$) entre dans le premier membre. Il n'en est pas moins vrai que le nombre α est le *seul* qui annule ce premier membre, et constitue par suite la racine *unique* de cette équation.

2. Cf. Cournot, *Correspondance entre l'Algèbre et la Géométrie*, chap. II, n° 16.

3. Cela ne contredit nullement cette proposition d'Analyse, à savoir que les

servir à généraliser la solution des équations algébriques et à franchir la barrière qui sépare les racines réelles des racines imaginaires par l'intermédiaire des racines égales, il devrait plutôt rendre suspecte une telle généralisation, car, appliqué à la notion de nombre, il ne peut que la fausser, en y introduisant de force une idée qui est contraire, sinon contradictoire à son essence.

10. Toutes les considérations que nous venons d'exposer et d'écarter ont un caractère plus ou moins rationnel et philosophique. Mais il y a beaucoup de mathématiciens à l'esprit pratique qui ont essayé de justifier *a posteriori* les nombres « imaginaires » par des arguments purement empiriques et de fait. Ils se contentent d'invoquer l'utilité de ces nombres dans les calculs, à titre d'intermédiaires commodes entre les nombres « réels » tant donnés qu'à trouver. Nous demandions plus haut : A quoi sert d'introduire dans le calcul des fictions ou des non-sens, puisque finalement leur absurdité doit apparaître? Les savants dont nous parlons nous répondraient : A découvrir et à démontrer des propriétés des nombres « réels », pourvu que les symboles « imaginaires » disparaissent du résultat final [1]. On peut d'ailleurs, dans certains cas, vérifier les propriétés ainsi obtenues en les retrouvant par une autre voie, sans recourir à l'emploi des symboles « imaginaires ». On en conclut que cet emploi est non seulement utile, mais parfaitement légitime.

11. A cela on pourrait d'abord répondre que l'emploi des symboles « imaginaires » dans le calcul n'est nullement justifié par cette vérification de fait, attendu qu'elle n'est possible que dans certains cas : on ne peut conclure de ces cas spéciaux à tous les autres cas

fonctions algébriques sont en général continues : car on suppose alors que la variable prend successivement *toutes* les valeurs réelles, et varie elle-même d'une manière continue.

1. COURNOT donne, dans sa *Correspondance entre l'Algèbre et la Géométrie* (chap. IV, n° 31), un exemple aussi remarquable que simple de cet emploi des imaginaires en Arithmétique pure. Soient a et b deux nombres entiers. On sait qu'une puissance entière quelconque d'un nombre imaginaire est un nombre imaginaire de même forme; donc

$$(a + bi)^m = A + Bi,$$

A et B étant des nombres entiers. Changeons le signe de i dans cette égalité, il vient :

$$(a - bi)^m = A - Bi.$$

Multiplions membre à membre ces deux égalités; nous trouvons :

$$(a^2 + b^2)^m = A^2 + B^2$$

(formule purement réelle) d'où l'on conclut ce théorème d'Arithmétique : Toute puissance entière de la somme de deux nombres entiers carrés parfaits est elle-même la somme de deux nombres entiers carrés parfaits.

que par une induction qui peut avoir une certaine valeur, mais qui est assurément étrangère à la méthode rigoureuse des Mathématiques. Bien plus, cette induction n'est pas valable, et l'on ne peut tirer aucune inférence, même simplement probable, du cas où la vérification est possible au cas où elle est impossible : car on peut toujours supposer que si, dans le premier cas, les résultats obtenus au moyen de symboles « imaginaires » sont exacts, c'est sans doute parce que la marche suivie ne fait que répéter, en la déguisant, la méthode rigoureuse par laquelle on vérifierait ces résultats en se passant de ces symboles [1], de sorte que la première emprunte toute sa valeur à la seconde; donc, si les résultats de la première sont vrais, c'est à la seconde qu'ils le doivent, et par conséquent on ne peut tirer de ce premier cas aucune présomption en faveur des résultats qu'on obtient dans le second cas, où précisément, par hypothèse, la seule méthode valable fait défaut. De toute façon, il faudrait s'interdire l'usage des nombres « imaginaires » dans les calculs, car dans le premier cas il est inutile, et dans le second il est illégitime.

12. Mais admettons que la vérification susdite soit toujours possible, et que l'introduction des symboles « imaginaires » abrège et facilite les calculs, de sorte que, des deux méthodes distinguées plus haut, la première soit plus courte et plus expéditive que la seconde, et qu'il y ait avantage à l'employer dans la pratique, tout en la contrôlant par celle-ci, qui seule peut garantir l'exactitude des résultats. Cette considération justifierait tout au plus les nombres « imaginaires » à titre de moyens auxiliaires et transitoires, mais non comme nombres isolés ni comme racines d'équations algébriques,

1. C'est justement le cas pour un exemple proposé par Cauchy (*Cours d'Analyse de l'École Royale Polytechnique*, chap. VII) : a, b, c, d étant des nombres entiers, on forme les produits :

$$(a + bi)(c + di) = (ac - bd) + i(ad + bc)$$
$$(a - bi)(c - di) = (ac - bd) - i(ad + bc),$$

puis on multiplie membre à membre ces deux identités; il vient :

$$(a^2 + b^2)(c^2 + d^2) = (ac - bd)^2 + (ad + bc)^2$$

d'où l'on conclut ce théorème d'Arithmétique :

Le produit de deux nombres entiers dont chacun est la somme de deux carrés est aussi une somme de deux carrés.

Or il est aisé de vérifier cette dernière identité sans recourir aux imaginaires, en effectuant simplement les calculs indiqués. On ne peut donc pas donner la démonstration précédente comme un exemple de l'utilité de l'emploi des imaginaires, encore moins comme une preuve de sa légitimité.

en un mot comme résultat final d'un calcul. Par exemple, on peut bien introduire dans le calcul algébrique un binôme symbolique

$$(a - b)$$

et convenir de le traiter dans tous les cas comme une différence « réelle », c'est-à-dire lui appliquer les règles suivantes :

$$A + (a - b) = A + a - b = A - b + a = A - (b - a),$$
$$A - (a - b) = A - a + b = A + b - a = A + (b - a).$$

De même, on peut [1] considérer le symbole $\frac{a}{b} = a : b$ (quand a n'est pas divisible par b), comme l'ensemble d'un multiplicateur et d'un diviseur, et convenir de lui appliquer les règles suivantes :

$$A \times (a : b) = (A \times a) : b = (A : b) \times a = A : (b : a)$$
$$A : (a : b) = (A : a) \times b = (A \times b) : a = A \times (b : a)$$

Grâce à ces formules, on pourra lever certaines difficultés pratiques du calcul, et tourner les obstacles nés de l'impossibilité d'une soustraction ou d'une division; mais elles ne sont valables que si le résultat final est « réel », c'est-à-dire est un nombre entier positif. Ainsi l'on pourra écrire :

$$12 + (5 - 7) = 12 + 5 - 7 = 17 - 7 = 10,$$

mais non

$$1 + (5 - 7) = 1 + 5 - 7 = 6 - 7,$$

car on aboutit à une soustraction impossible. On peut donc admettre, à titre provisoire et pour abréger l'écriture, le symbole (— 2) au lieu de la différence « imaginaire » (5 — 7), mais sous la réserve expresse que le résultat final devra être positif, le nombre négatif — 2 n'ayant par lui-même aucun sens. De même, on pourra écrire :

$$6 \times \frac{2}{3} = \frac{6 \times 2}{3} = \frac{12}{3} = 4,$$

mais non

$$5 \times \frac{2}{3} = \frac{5 \times 2}{3} = \frac{10}{3},$$

car on aboutit à une division impossible. On peut donc admettre provisoirement dans le calcul le facteur symbolique $\frac{2}{3}$, mais à la condition que le résultat final sera un nombre entier, car l'expression

1. Cf. Méray, *Les fractions et les quantités négatives* [théorie du facteur symbolique, citée p. 16, note].

$\frac{10}{3}$ n'a pas de sens par elle-même. En résumé, on ne parvient pas à ériger en nombres les symboles transitoires $(a - b)$, $(a : b)$, et à leur attribuer un sens et une valeur propres et définitifs. On n'obtient donc par là aucune extension de l'ensemble des nombres entiers.

13. On raisonnerait exactement de même sur les nombres imaginaires proprement dits, et l'on montrerait que si l'on peut les admettre dans le cours des calculs, le résultat final n'est valable, n'existe même, qu'autant qu'il est, comme on dit, purgé de toute imaginarité. On voit que cette conception du nombre généralisé est tout à fait insuffisante et stérile; par exemple, elle ne permet pas d'écrire des formules telles que celle-ci [p. 127] :

$$e^{xi} = \cos x + i \sin x,$$

qui sont *vraies* en elles-mêmes, et qui sont d'un si grand usage dans l'Analyse. On voit également que cette théorie ne justifie que les expressions littérales « imaginaires », mais non les nombres « imaginaires » auxquels elles donneraient lieu finalement. Par exemple, on peut bien introduire dans les calculs une expression telle que $\sqrt{-a}$, parce qu'on ne sait pas si la valeur numérique attribuée à a ne sera pas négative, pas plus qu'on ne sait si, dans l'expression $\sqrt{+a}$, la valeur numérique de a sera positive; ni l'une ni l'autre de ces expressions ne sont donc réelles ou imaginaires à proprement parler : elles sont purement et simplement indéterminées. Mais des expressions numériques déterminées, comme -2, $\sqrt{-4}$, ne peuvent avoir aucun sens dans cette conception. Ainsi cette théorie, fondée sur l'indétermination des formules algébriques, ne permet pas d'introduire dans l'Arithmétique générale des symboles d'impossibilité numérique, ni par conséquent de généraliser l'idée de nombre entier.

14. Si nous nous sommes attardé à exposer et à discuter cette théorie des symboles « imaginaires », en apparence étrangère à notre sujet, c'est parce que c'est par des considérations de ce genre et des raisons toutes semblables que Carnot a essayé de justifier le symbolisme infinitésimal [1]. Il regarde les différentielles, ou en général les infiniment petits, comme des quantités finies, mais indéterminées, qu'on introduit provisoirement dans le calcul pour obtenir des équations inexactes ou « imparfaites »; puis on trans-

1. *Réflexions sur la Métaphysique du Calcul infinitésimal.*

forme ces équations de manière à en éliminer toutes les indéterminées; et il démontre que les équations finales, d'où les symboles infinitésimaux ont disparu, sont nécessairement « parfaites », et donnent un résultat exact [1]. Nous ne voulons pas discuter ici cette théorie, parfaitement logique d'ailleurs, car elle nous entraînerait dans un domaine que nous nous sommes à dessein interdit [voir l'Introduction]. Elle nous paraît conforme à la lettre, mais non à l'esprit du Calcul infinitésimal, et elle donnerait lieu aux mêmes objections que la théorie qui prétend justifier les nombres « imaginaires » par leur utilité comme artifices de calcul. Par exemple, on pourrait dire de la théorie de Carnot qu'elle ne justifie les symboles infinitésimaux qu'à titre d'auxiliaires du calcul, et ne permet pas de les envisager à part, comme des grandeurs isolées et déterminées [2]. Par suite, elle ne considère comme exactes que les égalités finies d'où ces symboles se trouvent éliminés, et n'admet comme vraies que les propositions « dégagées de toute considération de l'infini [3] ». Elle ne rend donc pas compte des nombreuses et importantes relations que l'on découvre entre les infiniment petits comme tels, relations qui sont pourtant rigoureusement vraies par elles-mêmes, et très fécondes en conséquences utiles ou intéressantes [4]. C'est restreindre singulièrement, sinon la portée pratique, du moins l'étendue théorique du Calcul infinitésimal, que de le borner à la recherche des relations entre des quantités finies [5]; de même que c'est méconnaître absolument la richesse et la fécondité du symbolisme imaginaire que de le circonscrire dans son application au calcul des quantités réelles. Au surplus, Carnot lui-même a fait ressortir l'analogie qui existe entre les symboles infinitésimaux et les symboles « imaginaires », dont nous nous occupons de préférence [6], et il établit un parallèle entre son interprétation du Calcul infinitésimal, qu'il appelle « théorie des erreurs compensées », et son interprétation des nombres négatifs et imaginaires [7], qu'il a développée d'ailleurs dans la *Dissertation préliminaire* de sa *Géométrie de position* (an XI, 1803) où il discute longuement la « réalité » des racines négatives. Ainsi, de l'aveu même de

1. Cf. chap. I, nos 12-29, et surtout no 34.
2. Cf. nos 11, 14, 22, 49, 160, 167; et Note, no 20, fin (p. 199 et 200).
3. Cf. nos 15, 21, 30 (2o), 33, 35, 39, 40, 41, 42, 43, 44, etc., et 174, fin.
4. Par exemple (no 76) Carnot qualifie d'*équation imparfaite* la formule générale du rayon de courbure d'une courbe plane (p. 81). Cf. nos 80, 90, 91, 92, 93, 94.
5. Cf. no 77.
6. Cf. nos 30 (2o), 150.
7. Note relative au no 162; voir notamment nos 1 et 20 de cette note.

l'auteur, on pourra juger, dans une certaine mesure, par l'insuffisance de sa théorie des nombres négatifs, de la valeur de sa « métaphysique » du Calcul infinitésimal. Nous nous épargnerons donc la peine de discuter celle-ci (que nous ne pouvions cependant nous dispenser de citer), parce qu'elle se trouve implicitement critiquée dans tout le présent Chapitre [1].

15. Pour montrer sur un exemple très simple combien « l'interprétation des racines négatives » à la manière de CARNOT est gauche et détournée, comparée à la conception moderne qui pose directement et de plain-pied les nombres positifs et négatifs sur le même rang et avec la même « réalité », reprenons le problème classique des âges, que nous avons traité plus haut [**6**], mais en le modifiant un peu. Supposons que Pierre nous dise : « Paul a 25 ans, et j'en ai 20; dans combien de temps aurai-je son âge (actuel) [2]? » Nous répondons aussitôt, après un calcul mental instantané : « Dans 5 ans ». Qu'avons-nous fait? Nous avons posé l'équation du premier degré

$$20 + x = 25$$

et nous l'avons résolue par la formule générale, en tirant :

$$x = 25 - 20 = 5.$$

Supposons au contraire que Pierre nous dise (dans la même hypothèse) : « J'ai 30 ans; dans combien de temps aurai-je l'âge de Paul? » Nous voyons tout de suite qu'il s'est mal exprimé (sans toutefois avoir énoncé une absurdité); qu'il n'*aura jamais* l'âge de Paul, mais qu'il l'*a eu* il y a 5 ans. Autrement dit, nous posons l'équation

$$30 + x = 25$$

et nous la résolvons par la formule générale, ce qui donne :

$$x = 25 - 30 = -5.$$

1. Si par exemple on montre que les racines négatives ne proviennent nullement d' « hypothèses contradictoires » ou de « fausses suppositions », il sera bien probable qu'on ne fait pas « une supposition erronée » en regardant une courbe comme un polygone d'un nombre infini de côtés (LAGRANGE, cité par CARNOT, n° 37). L'affinité des imaginaires et de l'infini ressort également de cette phrase de LEIBNITZ : « Je n'admets pas plus de grandeurs infiniment petites que d'infiniment grandes. Je tiens les unes et les autres pour des manières abrégées de parler, dans l'intérêt des fictions de l'esprit qui servent au calcul, *telles que sont les racines imaginaires en Algèbre* » (Dutens, II, 267). On verra plus tard [Livre III, Chap. IV, **24**, **25**; Livre IV, Chap. I, **14**, Chap. II, **9**, Chap. III, **7**, **10**] ce qu'il faut penser de cette opinion, si voisine de celle de CARNOT.

2. On excusera la puérilité de notre énoncé : mais l'exemple n'en est pas moins valable, et nous tenons à être compris de tout le monde.

Ainsi, au lieu d'un laps de temps *futur*, que l'énoncé semblait prévoir, on trouve une racine négative qui correspond en fait à un laps de temps *passé*.

16. Comment un ancien algébriste aurait-il interprété cette solution négative? Il aurait dit : — 5 est une racine « fausse », un symbole d'impossibilité; ce résultat montre que l'énoncé est contradictoire, puisqu'il suppose à venir un temps qui, en vertu des données, doit être écoulé; le problème posé n'a donc pas de sens, et la solution — 5 non plus. Pour leur donner un sens, c'est-à-dire pour que le nombre absolu 5 soit la solution d'un problème, il faut changer le signe de l'inconnue dans l'équation initiale, c'est-à-dire y remplacer $+ x$ par $- x$, ou plutôt soustraire x de 30 au lieu de l'ajouter à 30 : le nombre 5 sera alors la racine de l'équation ainsi transformée. Maintenant, pour savoir à quel problème répond cette nouvelle équation et par suite cette racine, il faut faire subir à l'énoncé une transformation corrélative. On voit aisément que le changement du signe de x se traduit par la modification suivante de l'énoncé : « Combien y a-t-il de temps que j'ai eu l'âge de Paul? » C'est à cette nouvelle question que répond la racine « vraie » 5.

Telle est à peu près la manière dont CARNOT, par exemple, conçoit les nombres négatifs, à savoir comme des « quantités inintelligibles » résultant de « fausses suppositions » et indiquant qu'on s'est « trompé dans la mise en équation » du problème [1].

17. Voici maintenant comment on comprend aujourd'hui les nombres négatifs [2]. D'abord, au lieu d'attendre que ces nombres se présentent comme racines « imaginaires » de l'équation du premier degré, on les introduit dès le début dans l'Algèbre, de sorte que chaque lettre représente indifféremment, dans le calcul algébrique, un nombre positif, nul ou négatif. Il est alors facile de résoudre les équations dans toute leur généralité, et d'établir que toute équation du premier degré a *une* racine qualifiée : une racine négative est donc tout aussi « vraie » qu'une racine positive. L' « interprétation des racines négatives » n'a dès lors plus de raison d'être; bien plus, le cas où une racine négative ne serait pas la solution cherchée, « ne conviendrait pas », comme on dit, au problème, devient l'exception; il ne s'agit donc plus de justifier les racines négatives et de chercher à leur donner un sens, mais au contraire de montrer pourquoi, dans

1. *Op. cit.*, Note citée, nos 5, 6, 8, etc.
2. PADÉ, *op. cit.*, et *Préface* de M. J. TANNERY, notamment p. VI et VIII.

ces cas particuliers, une racine négative ne fournit pas de véritable solution [1]. Or cela s'explique par les conditions spéciales du problème, que l'équation n'a pas pu traduire, et surtout par la nature des grandeurs inconnues. Pour s'en convaincre, il suffit de rapprocher les deux problèmes, si analogues d'ailleurs, que nous avons successivement traités dans ce Chapitre [**6** et **15**].

Dans le premier de ces problèmes, la racine négative — 5 n'avait pas de sens; dans le second, la même racine, tirée de la même équation, paraît en avoir un. C'est que, dans le premier, l'inconnue était un âge, grandeur essentiellement positive, que l'on compte dans un sens unique à partir d'une origine fixe (c'est-à-dire postérieurement à la date de la naissance); voilà pourquoi le problème n'admettait qu'une solution positive : une racine négative était bien alors un symbole d'impossibilité, non pour l'équation algébrique, mais pour le problème particulier qu'elle traduisait. Dans le second, au contraire, l'inconnue est un laps de temps compté à partir du moment présent; or le temps se compte, à partir d'un instant quelconque, en deux sens opposés qu'on nomme le *passé* et l'*avenir*. Nous verrons, d'autre part, que les nombres qualifiés sont propres à représenter les grandeurs à deux sens inverses l'un de l'autre, le signe de chaque nombre indiquant le *sens* dans lequel il doit être compté à partir d'une origine fixe; on peut toujours, du reste, choisir arbitrairement celui des deux sens qu'on regardera comme positif : le sens contraire sera nécessairement négatif. Dans ces conditions, une racine négative est tout aussi « réelle » qu'une racine positive, et résout également le problème. Le nombre négatif — 5 est donc bien la véritable solution du problème précédent. Sans doute, l'énoncé semble impliquer que le laps de temps inconnu se trouve dans l'avenir; mais l'équation qui le traduit n'a gardé aucune trace de cette « fausse supposition » : elle indique seulement que l'on regardera cette durée comme positive si elle est comptée dans l'avenir, et par suite comme négative si elle est comptée dans le passé. En somme, l'énoncé ne fait que fixer d'une manière conventionnelle le *sens* des signes + et —. Aussi l'équation obtenue correspond-elle simplement à la question suivante : « Paul est-il *plus* ou *moins* âgé que Pierre, et de combien d'années? » Cet énoncé équivaut au premier, mais il est plus correct, car il est dégagé de toute présomption témé-

1. Inutile d'ajouter que ceci est bien plus aisé que cela, car il est toujours plus facile de restreindre que d'étendre la généralité d'une solution.

raire et de toute « hypothèse contradictoire ». Ainsi la résolution de l'équation fait connaître : 1° la *différence absolue* des âges, à savoir 5 ans (5 étant la valeur absolue de la racine qualifiée) ; 2° le *sens* de cette différence, marqué par le signe +, si Paul est *plus* âgé, par le signe —, s'il est *moins* âgé que Pierre. La racine — 5, comme la racine + 5, répond donc à cette double question, et résout complètement le problème, tel que nous venons de l'énoncer en dernier lieu.

18. Ainsi les nombres négatifs (non-sens arithmétique) deviennent valables quand il s'agit de représenter des grandeurs *à deux sens* inverses l'un de l'autre ; on montrera de même que les nombres fractionnaires (non-sens arithmétique) conviennent à la représentation des grandeurs *divisibles*, et que les nombres irrationnels (non-sens arithmétique) sont nécessaires pour représenter les grandeurs *continues*. Qu'est-ce à dire, sinon que tous ces nombres se justifient, non comme résultats (absurdes) d'opérations impossibles, ou comme racines « imaginaires » d'équations algébriques, mais comme solutions de problèmes concrets où l'on se propose de déterminer des grandeurs? Tous ces symboles d'impossibilité numérique deviennent utiles et légitimes, dès qu'il s'agit de représenter des grandeurs physiques avec leur sens, leur divisibilité et leur continuité essentielles. C'est donc dans la considération des grandeurs concrètes que la généralisation de l'idée de nombre trouve en définitive sa seule raison d'être; et si l'extension de l'ensemble des nombres entiers est autre chose qu'une construction arbitraire de symboles vides de sens, c'est dans l'application du nombre aux grandeurs continues qu'il faut chercher sa justification rationnelle et sa véritable interprétation.

CHAPITRE II

APPLICATION DES NOMBRES RATIONNELS QUALIFIÉS A LA LIGNE DROITE

1. Quand nous parlons de l'application des nombres aux grandeurs, le mot « application » ne doit pas être pris dans un sens vague et métaphorique, mais dans son sens propre et rigoureux. Appliquer les nombres aux grandeurs, ou représenter les grandeurs par les nombres, c'est faire correspondre à chaque grandeur distincte un nombre différent, et à chaque nombre une grandeur différente : c'est, en d'autres termes, établir une correspondance univoque et réciproque entre un ensemble déterminé de grandeurs et un ensemble bien défini de nombres. C'est en quelque sorte prendre l'*image* ou le *décalque* du premier ensemble au moyen de signes appropriés (nombres) destinés à en représenter tous les éléments (qu'on appelle quelquefois *états de grandeur*).

Toutes les grandeurs physiques se ramènent à trois espèces principales de grandeur : la longueur, la durée et la masse. La masse est une grandeur *absolue*, c'est-à-dire qui se compte dans un sens unique à partir d'une origine fixe, et partant susceptible d'être complètement représentée par un nombre arithmétique (réel et positif). Elle s'oppose ainsi à la longueur et à la durée, qui sont des grandeurs *relatives*, c'est-à-dire à deux sens contraires et à origine arbitraire, et qui, par suite, se représentent par des nombres qualifiés (réels, positifs ou négatifs).

Nous laisserons de côté la masse, parce que, comme nous venons de le dire, elle n'exige, pour la représenter, ni nombres négatifs, ni nombres complexes, et que, en conséquence, elle n'est pas propre à justifier toutes les formes du nombre généralisé. De même, nous négligerons la durée, parce que cette espèce de grandeur, étant essentiellement linéaire, ne demande, pour être représentée, que des nombres réels, de sorte que les nombres complexes ne peuvent s'y appliquer. Au contraire, les grandeurs géométriques fournissent une application des diverses espèces de nombres, et permettent de les justifier toutes d'une manière analogue, ce qui est évidemment plus rationnel. Or toutes les grandeurs géométriques peuvent se résoudre en longueurs; les grandeurs superficielles elles-mêmes, auxquelles conviennent les nombres complexes, se représentent par l'association de deux grandeurs linéaires (longueurs) qu'on nomme *coordonnées*, de même que tout nombre complexe (ordinaire) est formé par la réunion de deux nombres réels. La longueur est donc la grandeur géométrique essentielle et irréductible, de même que l'ensemble des nombres réels est le domaine primordial de l'Analyse, qui fournit ensuite aux nombres complexes tous leurs éléments. C'est cet ensemble linéaire et continu qu'il s'agit de construire d'abord et de justifier par son application aux grandeurs linéaires et continues.

D'autre part, la longueur est essentiellement rectiligne, car elle n'est définie primitivement que pour les lignes droites, et leur appartient pour ainsi dire en propre; les droites seules possèdent immédiatement et par elles-mêmes une longueur, parce qu'elles seules sont toutes directement comparables entre elles. En effet, la méthode de comparaison des grandeurs géométriques en général est la superposition, et l'égalité géométrique se définit par la coïncidence des grandeurs comparées. Or deux aires quelconques, deux lignes quelconques ne sont pas, en général, superposables : et si, par exemple, les arcs d'un même cercle ou d'une même hélice sont superposables et par suite comparables entre eux, deux arcs de cercle ou d'hélice ne sont pas superposables quand ils appartiennent à des courbes différentes, et par conséquent on ne peut les comparer qu'indirectement, en les rapportant, précisément, à des longueurs rectilignes. Deux lignes droites, au contraire, sont toujours superposables, au moins en partie, et directement comparables entre elles; c'est pourquoi la ligne droite est le type de la grandeur géométrique, en particulier de la longueur, et l'étalon de longueur ne peut être qu'un segment rectiligne. C'est donc à la ligne droite que nous allons d'abord appliquer les nombres entiers, en créant au besoin de nouvelles espèces de nombres, de manière à représenter tous les éléments (points) de la ligne droite, et par suite tous les états de grandeur qui constituent l'ensemble des longueurs.

2. Considérons la ligne droite XY indéfinie dans les deux sens; *indéfinie*, c'est-à-dire n'ayant pas d'extrémités : car, si elle était terminée d'un côté ou de l'autre, on pourrait la prolonger au delà du point extrême; on sait que cette opération est toujours possible, et d'une seule manière, en d'autres termes, qu'une droite *finie* AB a toujours un prolongement, et un seul, tant au delà de A qu'au delà de B. La droite indéfinie est donc unique et complètement déterminée, dès qu'on en donne un segment fini ou seulement deux points distincts (*Fig. 1*).

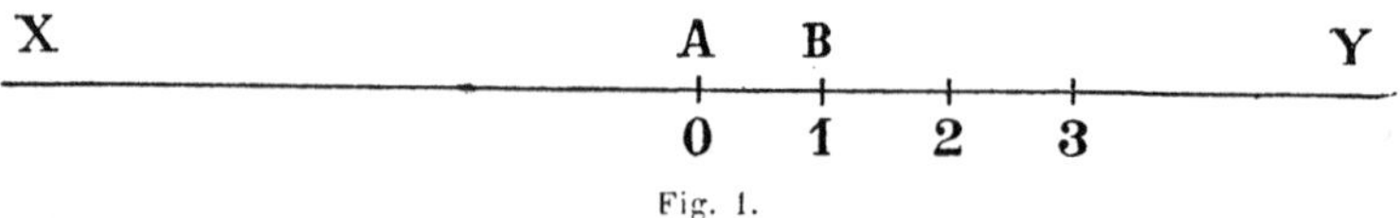

Fig. 1.

Prenons à volonté un point A sur la droite XY, puis un second point différent du premier, que nous marquerons B. Il faut bien remarquer que ces deux points sont quelconques, et que leur choix est absolument arbitraire, car, toutes les parties de la droite XY étant semblables, tous ses points sont par eux-mêmes indiscernables. Nous verrons plus tard l'importance de cette remarque. Ces deux points déterminent sur la droite indéfinie XY un segment fini AB. On peut le détacher par la pensée de la droite XY, celle-ci restant toujours continue, et l'imaginer comme mobile, la droite XY restant toujours fixe, et gardant pour ainsi dire la trace ou l'empreinte des deux points A et B; marquons 0 sous le point A, et 1 sous le point B : les points 0 et 1 sont invariablement liés à la droite XY, et conséquemment fixes. Le segment fixe (0, 1) est égal, par construction, au segment mobile AB, puisqu'il coïncide entièrement avec lui.

3. Faisons maintenant glisser le segment AB sur la droite indéfinie, de manière à amener le point A à coïncider avec le point 1, et marquons 2 au point avec lequel coïncide le point B. Le segment fixe (1, 2) sera égal, par construction, au segment mobile AB, et par suite au segment fixe contigu (0, 1), car deux segments qui peuvent coïncider avec un même troisième peuvent évidemmenl coïncider l'un avec l'autre.

Faisons ensuite glisser le segment AB sur la droite XY, de manière à amener le point A à coïncider avec le point 2, et marquons 3 au point avec lequel coïncide à présent le point B. Le segment fixe

(2, 3) sera égal, par construction, au segment mobile AB, et par suite aux segments fixes (1, 2) et (0, 1).

En répétant cette construction autant de fois qu'on voudra, on déterminera sur la droite indéfinie XY autant de points différents qu'on voudra; à chacun de ces points correspondra évidemment un nombre entier différent, qui marque son rang, tant dans la construction successive de ces points que dans leur ordre simultané sur la droite, une fois construits. Inversement, à chaque nombre entier n on peut faire correspondre un point déterminé de la droite XY, en répétant n fois la construction précédente : car la *première* fois on a obtenu le point 1, la *deuxième* fois le point 2, la *troisième* fois le point 3, et ainsi de suite indéfiniment. En effet, si après chaque nombre entier n il y en a toujours un autre, à savoir $(n + 1)$, après tout point n obtenu l'on pourra en construire un autre, qui correspondra à $(n + 1)$. Ainsi l'on peut établir une correspondance univoque et réciproque entre *tous* les nombres entiers consécutifs et certains points de la droite indéfinie XY; car rien n'empêche de prolonger la droite à mesure des besoins, et d'ailleurs il n'y a pas de raison pour s'arrêter après un nombre n de constructions. La suite des points déterminés par cette construction sur la droite XY est donc *semblable* [1] à la suite naturelle des nombres entiers, et indéfinie comme elle. On remarquera que les nombres entiers consécutifs jouent ici le rôle de nombres *ordinaux*, car ils ne sont pas autre chose que les numéros d'ordre des points marqués sur la droite. D'autre part le nombre *cardinal* des points marqués compris entre le point 0 et le point n inclusivement est $(n + 1)$; quant au nombre cardinal de *tous* les points marqués, nous ne savons s'il existe, ou plutôt nous savons qu'il ne peut être aucun des nombres de la suite naturelle : mais s'il existe, il sera précisément égal au nombre *cardinal* de *tous* les nombres entiers [2].

1. Pour la définition de ce mot, voir Note IV, 3.

2. En même temps, la droite AY se trouve partagée en segments contigus, tous égaux entre eux. Ces segments se suivent dans l'ordre des nombres entiers consécutifs : (0, 1) est le 1er, (1, 2) le 2e, (2, 3) le 3e... et en général $(n-1, n)$ le n^e. Ainsi se trouve établie une correspondance uniforme, non seulement entre tous les nombres entiers et les points marqués :

$$1, 2, 3, \ldots n, \ldots,$$

mais encore entre tous les nombres entiers et les segments successifs

$$(0, 1), (1, 2), (2, 3), \ldots\ldots (n-1, n), \ldots\ldots$$

Le nombre de ces segments est donc aussi égal au nombre de *tous* les nombres entiers.

4. Mais nous n'avons opéré jusqu'ici que sur la « demi-droite » AY : elle seule porte tous les points marqués, et fournit tous les segments découpés sur la droite XY; nous n'avons au contraire marqué aucun point ni délimité aucun segment sur la demi-droite AX. Revenons à l'instant initial où nous avons marqué le premier point A (ou 0) sur la droite indéfinie XY. A ce moment, rien ne distinguait les deux demi-droites symétriques AX, AY, et il n'y avait aucune raison de prendre ou plutôt de poser le point B à droite plutôt qu'à gauche de A, c'est-à-dire sur AY plutôt que sur AX. Or si nous avions posé le point B sur AX, nous aurions effectué les mêmes constructions vers la gauche du point A, et c'est la demi-droite indéfinie AX qui aurait porté la suite des points

$$1, 2, 3, \ldots\ldots n, \ldots\ldots,$$

la demi-droite AY restant au contraire indivise.

Il n'y a donc pas de raison pour ne pas diviser AX en segments égaux et contigus, comme nous avons fait AY. Nous pourrions pour cela choisir un point B′ quelconque à gauche de A, et répéter la même construction avec le nouveau segment AB′. Mais les points 1, 2, 3, ... n, ... ainsi déterminés sur AX se confondraient, dans l'écriture, avec les points déjà marqués sur AY : il importe donc de les distinguer par la notation. Nous ferons précéder par exemple leurs numéros d'ordre d'une barre horizontale qui s'énoncera *moins*, cette barre et ce mot n'ayant pas d'autre sens qu'un indice quelconque destiné à avertir que lesdits points sont situés sur AX, et non sur AY. La suite des points marqués sur AX sera donc dénommée par les signes :

$$-1, -2, -3, \ldots\ldots -n, \ldots\ldots,$$

tandis que la suite des points marqués sur AY sera désignée, soit simplement par les nombres entiers, comme auparavant, soit, pour plus de symétrie et de netteté, par les mêmes nombres précédés du signe + (*plus*) :

$$+1, +2, +3, \ldots\ldots +n, \ldots\ldots$$

En outre, pour plus de régularité, nous pouvons prendre le segment (0, — 1) égal au segment (0, 1); car s'il n'y a aucune raison pour choisir le premier segment AB plus ou moins grand, il y a une raison de simplicité et d'uniformité pour prendre le second segment AB′ égal au premier. Pour cela, il suffit de faire glisser le segment AB sur la droite XY de manière à faire coïncider le point B avec le point 0, et de marquer — 1 au point avec lequel coïncide le point A à ce moment. Le segment fixe (— 1, 0) sera égal, par construction, au segment mobile AB, et par suite au segment fixe (0, 1) ou (0, + 1). On pourra continuer cette construction vers la gauche, en amenant le point B à coïncider successivement avec le dernier des points marqués, et en marquant le point avec lequel coïncide alors le point A, par son numéro d'ordre précédé du signe —. On établira ainsi une correspondance univoque et réciproque entre tous les nombres entiers consécutifs et les points successivement marqués sur AX :

$$-1,\ -2,\ -3,\ \ldots..,\ -n,\ \ldots..$$

comme auparavant entre les nombres entiers et les points marqués sur AY :

$$+1,\ +2,\ +3,\ \ldots..\ +n,\ \ldots..$$

5. Or, si l'on considère les signes — 1, — 2, — 3, ... comme de nouveaux nombres entiers, dits *négatifs*, et qu'on appelle *positifs* les anciens nombres entiers devenus les signes + 1, + 2, + 3, ...; si enfin l'on admet comme nombre entier le signe 0, qu'on nommera *zéro*, l'on aura établi une correspondance complète et uniforme entre tous les points marqués sur la droite indéfinie XY et tous les nombres entiers successifs

$$\ldots..,\ -3,\ -2,\ -1,\quad 0,\ +1,\ +2,\ +3,\ \ldots.. \qquad (\textit{Fig. 2}).$$

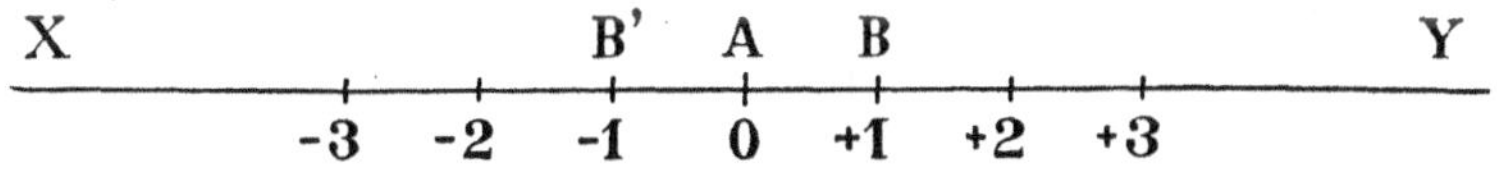

X B' A B Y
-3 -2 -1 0 +1 +2 +3

Fig. 2.

Par la même construction, la droite indéfinie XY tout entière se trouve partagée en segments contigus, tous égaux entre eux et à l'*étalon* AB :

$$\ldots..,(-3,-2),(-2,-1),(-1,0),(0,+1),(+1,+2),(+2,+3),\ldots..$$

Ainsi l'ensemble des nombres entiers qualifiés se trouve *appliqué* sur la droite indéfinie XY, de telle manière qu'il n'y a aucune région de cette droite qui ne porte des points marqués; en termes plus précis, tout segment au moins égal à AB, découpé dans XY, contient au moins *un* point correspondant à *un* nombre entier.

6. Mais il est clair que la droite XY contient une foule d'autres points que ceux qui sont désignés par les nombres entiers : par exemple, le segment (0, 1) ne porte aucun point marqué entre ses extrémités 0 et 1. Or la continuité de la droite XY implique qu'entre deux points quelconques de la droite il y en a un autre (cette propriété est nécessaire, mais non suffisante pour définir le continu linéaire). Donc, en particulier, entre les deux points 0 et 1 il y a un point de la droite XY : nous pourrions marquer un point quelconque C sur le segment AB, puis deux points quelconques D et E respectivement sur les segments AC et CB, et ainsi de suite. Mais ce procédé serait par trop arbitraire; pour le rendre plus régulier, on conviendra de prendre les segments AC et CB égaux, et de même les segments AD et DC, CE et EB égaux, et ainsi de suite, afin qu'à chaque étape de la construction la répartition des points marqués sur le segment (0, 1) soit uniforme, et que toutes les parties de ce segment soient également couvertes de points. Ce procédé est d'ailleurs toujours applicable, car il repose sur une autre propriété essentielle (mais non caractéristique) du continu linéaire, à savoir que tout segment linéaire fini et continu est divisible (exactement) en un nombre (entier) quelconque de segments égaux [1]. La construction que nous venons d'indiquer, et qu'on pourrait appeler la bipartition progressive et indéfinie du segment (0, 1), est donc toujours possible. Elle consiste à diviser successivement ce segment en 2, en 4, en 8,..... en 2^n parties égales, et par suite à déterminer sur ce segment $(2^n - 1)$ points équidistants. Il est aisé de voir qu'on pourra ainsi marquer autant de points qu'on voudra, et aussi rapprochés qu'on voudra, entre les deux points extrêmes 0 et 1 (*Fig. 3*).

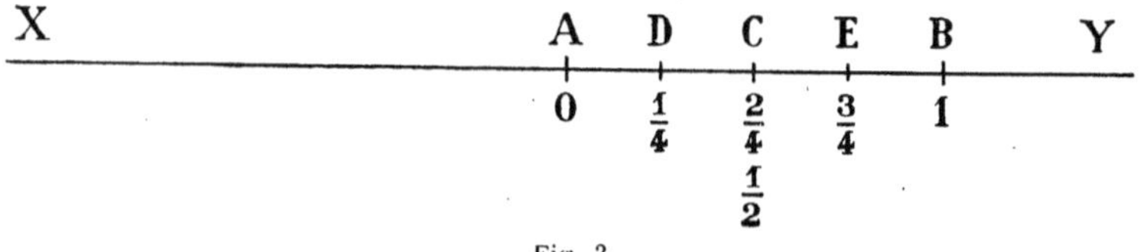

Fig. 3.

7. Mais ce procédé est trop particulier, car on n'obtient pas par ce moyen toutes les « partitions » possibles du segment (0, 1). En

1. Nous appellerons cette proposition : « Axiome de la divisibilité ».

effet, les nombres 2, 4, 8, ... 2^n ne sont pas tous les nombres entiers, et le segment considéré est encore divisible en 3, en 5, en 7..... parties égales; chacun des segments ainsi obtenus étant à son tour divisible en 2, en 3, en 5, en 7 ..... parties égales, on aurait à exécuter successivement une infinité de constructions dont chacune serait indéfinie : à savoir, outre la bipartition indéfinie, la tripartition, la quintipartition ..... etc., indéfinies. Et l'on n'obtiendrait pas encore par là toutes les « partitions » possibles, par exemple la division en 6 segments égaux. La méthode la plus simple et la plus générale consiste donc à diviser le segment (0, 1) en n parties égales, n prenant successivement toutes les valeurs positives entières. En vertu de l'*axiome de la divisibilité*, on déterminera chaque fois $(n - 1)$ points du segment (0, 1), tous équidistants.

Pour désigner ces nouveaux points dans le langage et l'écriture, une notation spéciale devient nécessaire. Il convient d'employer à cet effet *deux* nombres entiers pour chaque point : l'un, appelé *dénominateur*, indique en combien de parties égales le segment (0, 1) a été partagé, soit n ; l'autre, appelé *numérateur*, indique le rang du point de division à partir du point 0 : ainsi, dans la partition en n segments, les points de division successifs, depuis 0 jusqu'à 1, porteront les numéros d'ordre :

$$1, 2, 3, \ldots\ldots (n - 1).$$

Ce seront les numérateurs correspondants, leur dénominateur commun étant n. Il est facile de voir que l'ensemble de ces deux nombres suffit à déterminer sans ambiguïté un point quelconque d'une division quelconque. L'usage est d'écrire le numérateur au-dessus du dénominateur, en les séparant par une barre horizontale : le signe ainsi composé se nomme *fraction*. Ainsi, dans la partition en n segments, les points de divisions successifs, de 0 à 1, porteront les *signes* respectifs :

$$\frac{1}{n}, \frac{2}{n}, \frac{3}{n}, \ldots\ldots \frac{n-1}{n}.$$

8. Chacune de ces partitions du segment (0, 1) pourra se répéter dans tous les autres segments égaux de la droite indéfinie XY. Pour cela, il suffit de calquer la partition considérée du segment fixe (0, 1) sur le segment mobile AB, puis de transporter celui-ci avec ses divisions successivement sur tous les segments contigus qu'il a servi à déterminer, tant à droite qu'à gauche du segment primitif (0, 1). La droite indéfinie XY se trouvera tout entière divisée en segments égaux au segment $\left(0, \frac{1}{n}\right)$.

Pour désigner les points de division successifs, il est naturel de prolonger le numérotage à partir du point 0 dans un sens et dans l'autre. Dans le sens positif (à droite), c'est-à-dire du côté de $+1$, on devra numéroter le point $+1$ par n, puis les points de division du segment (1, 2) par

$$n+1,\ n+2,\ n+3,\ \ldots\ldots\ 2n-1,$$

puis le point 2 par $2n$, et ainsi de suite, de sorte que la suite entière des nombres entiers (positifs) se trouvera appliquée aux points de division de la demi-droite OY. Chacun des points de division primitifs, marqués d'abord

$$1,\ 2,\ 3,\ \ldots\ldots\ m,\ \ldots\ldots$$

portera respectivement le numéro d'ordre (numérateur)

$$n,\ 2n,\ 3n,\ \ldots\ldots\ mn,\ \ldots\ldots$$

et sera désigné par la fraction

$$\frac{n}{n},\ \frac{2n}{n},\ \frac{3n}{n},\ \ldots\ldots\ \frac{mn}{n},\ \ldots\ldots$$

Par conséquent, on devra considérer chacune de ces fractions comme équivalente au nombre entier correspondant, c'est-à-dire au quotient (exact et entier) de son numérateur par son dénominateur. On retrouve ainsi, par des considérations géométriques, l'assimilation des nombres entiers à certaines fractions, savoir à celles dont le numérateur est un multiple du dénominateur [I, I, **16**].

9. Dans le sens négatif (à gauche du point 0), on pourra de même prolonger le numérotage des points de division, en employant les nombres négatifs. Mais d'abord le point 0 lui-même devra, par analogie, être désigné par la fraction $\frac{0}{n}$, qui indique à la fois que ce point appartient à la partition en n, et qu'il a le rang 0 dans cette partition, c'est-à-dire qu'il en est l'*origine*. Ainsi l'on retrouve géométriquement cette proposition d'Arithmétique, à savoir que toute fraction de numérateur *zéro* équivaut à *zéro*, ou, comme on dit encore, est *nulle* [I, I, **7**].

Les points de division suivants, vers la gauche, porteront respectivement (à partir du point 0) les signes

$$-\frac{1}{n}, -\frac{2}{n}, -\frac{3}{n}, \ldots\ldots -\frac{n-1}{n}, -\frac{n}{n}, -\frac{n+1}{n}, \ldots\ldots,$$

et les points

$$-\frac{n}{n}, -\frac{2n}{n}, -\frac{3n}{n}, \ldots\ldots -\frac{mn}{n}, \ldots\ldots$$

coïncideront avec les points marqués par les nombres

$$-1, -2, -3, \ldots\ldots -m, \ldots\ldots$$

de sorte que l'identification des nombres entiers à certaines fractions a lieu pour les nombres négatifs comme pour les nombres positifs, et pour les mêmes valeurs absolues (indépendamment du signe).

Ainsi l'ensemble des nombres entiers qualifiés se trouve de nouveau *tout entier* appliqué sur la droite XY *tout entière*, et correspond à l'ensemble des points de division obtenus en partageant chacun des segments primitifs en n segments égaux (et tous égaux entre eux). La *subdivision* de la droite XY est donc tout à fait semblable à la division primitive, marquée par les nombres entiers; et en effet, le point B étant absolument arbitraire, il aurait suffi de prendre pour ce point le point marqué à présent $\frac{1}{n}$ pour obtenir, au lieu de la division primitive, la nouvelle division. Ces deux partitions ne diffèrent que par la notation, c'est-à-dire par le dénominateur n qui accompagne le numéro d'ordre (numérateur) de chaque point; mais ce dénominateur n'a qu'un sens tout relatif: il ne caractérise pas la nouvelle division en elle-même, mais seulement par rapport à l'ancienne division, prise pour type et pour base : il indique simplement que l'ancien étalon (0, 1) contient n segments égaux au nouvel étalon $\left(0, \frac{1}{n}\right)$. Par suite, les anciens points de division se retrouvent, parmi les nouveaux, de n en n rangs; autrement dit, leurs numéros d'ordre sont multipliés par n.

10. Inversement, on pourrait considérer la nouvelle division comme primitive et fondamentale; pour passer de cette division à l'ancienne, il suffirait de prendre pour étalon l'ensemble de n segments contigus successifs, c'est-à-dire le segment (0, n). On devrait alors prendre les nouveaux points de division de n en n, et par suite ne conserver de la subdivision prise pour type que les points marqués par des multiples de n :

$$n,\ 2n,\ 3n,\ \ldots\ldots\ mn,\ \ldots\ldots$$

Pour trouver les nouveaux numéros d'ordre de ces points, on n'a évidemment qu'à diviser les anciens numéros par n.

Ainsi rien ne distingue d'une manière intrinsèque et absolue la division marquée par la suite des fractions de dénominateur n (quel que soit le nombre entier n) [1]. Tout dépend du choix de la partition que l'on prend pour type ou pour base, c'est-à-dire du choix du segment fondamental ou *étalon* (0, 1), ou simplement du point B. Or ce dernier choix est entièrement arbitraire, en raison de la continuité de la droite XY, et par conséquent l'application des nombres entiers et des fractions à tels ou tels points du continu linéaire est une dénomination purement extrinsèque, qui ne correspond nullement à la nature homogène et continue de la grandeur qu'il s'agit de représenter.

11. De même que, dans la partition dénommée par n (c'est-à-dire marquée par les points ayant n pour dénominateur), les points de division coïncident de n en n avec les points marqués par les nombres entiers, les points d'une subdivision dénommée par n' peuvent coïncider avec ceux d'une division antérieure, dénommée par n : cela a lieu, en particulier, quand le nombre n' est un multiple du nombre n, c'est-à-dire un nombre entier de la forme kn. Par exemple, la partition de chaque segment égal à (0, 1) en 6 (2×3) segments égaux reproduit à la fois les points qui divisent le segment en 2 et ceux qui le divisent en 3 parties égales (*Fig. 4*). En effet, si l'on réunit entre eux les 3 premiers segments d'une part, et les 3 derniers de l'autre, on forme évidemment 2 segments égaux, c'est-à-dire superposables, car chacun d'eux se compose de 3 segments contigus égaux (et par suite superposables) aux 3 segments qui composent l'autre; donc ces 2 segments égaux et contigus, qui

1. Ces deux suites de points, savoir l'ensemble des points

$$-3,\ -2,\ -1,\quad 0,\ +1,\ +2,\ +3,\ldots.$$

et l'ensemble des points

$$-\frac{3}{n},\ -\frac{2}{n},\ -\frac{1}{n},\quad \frac{0}{n},\ +\frac{1}{n},\ +\frac{2}{n},\ +\frac{3}{n},\ldots.$$

sont *semblables* entre elles et à l'ensemble des nombres entiers qualifiés; par suite elles doivent avoir le même *nombre cardinal* (s'il existe).

composent le segment total (0, 1), coïncident avec les deux moitiés de ce segment, et par conséquent le point $\frac{3}{6}$, qui les sépare, coïncide avec le point $\frac{1}{2}$ précédemment obtenu. De même, si l'on réunit entre eux les 2 premiers segments, puis les 2 suivants, enfin les 2 derniers, on forme 3 segments égaux (c'est-à-dire superposables), et d'ailleurs contigus, qui composent ensemble le segment total (0, 1); donc ces segments ne sont autres que ceux qu'on a déjà obtenus par la tripartition de ce segment, et par conséquent les points $\frac{2}{6}, \frac{4}{6}$ qui les séparent coïncident avec les points déjà marqués $\frac{1}{3}, \frac{2}{3}$.

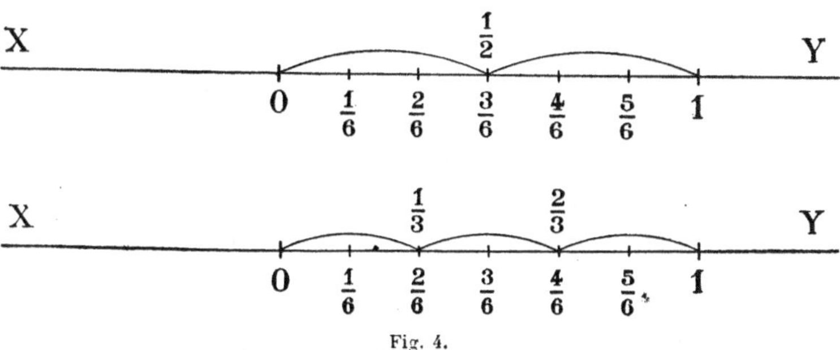

Fig. 4.

En général, si l'on suppose le segment (0, 1) divisé en kn parties égales, la réunion de k segments consécutifs formera un segment égal au segment $\left(0, \frac{1}{n}\right)$, obtenu auparavant en divisant le segment (0, 1) en n parties égales; par suite, les points de la nouvelle division (dénommée par kn), pris de k en k, savoir :

$$\frac{k}{kn}, \frac{2k}{kn}, \frac{3k}{kn}, \ldots\ldots \frac{(n-1)k}{kn},$$

coïncident respectivement avec *tous* les points de l'ancienne division (dénommée par n) :

$$\frac{1}{n}, \frac{2}{n}, \frac{3}{n}, \ldots\ldots \frac{n-1}{n}.$$

Or on voit tout de suite que les dernières fractions se déduisent des premières en divisant leurs deux termes par un même nombre, à savoir k, et que, inversement, on passe des dernières aux premières en multipliant les deux termes de chacune d'elles par un même nombre k (d'ailleurs quelconque). On en conclut que deux fractions dont la première a ses termes équimultiples des termes correspondants de la seconde, et plus généralement, que deux fractions dont les deux termes sont respectivement des équimultiples de ceux d'une même troisième fraction, sont *équivalentes*, c'est-à-dire correspondent au même point. On ne change donc pas la *valeur* ou le sens *géométrique* d'une fraction quand on multiplie ou qu'on divise ses deux termes par un même nombre. On retrouve ainsi par des considérations géométriques le théorème fondamental du calcul des fractions, et la définition de leur égalité [I, I, **3-5**].

12. On peut donc désormais considérer comme de nouveaux nombres les fractions, qui primitivement n'étaient que de simples signes destinés à marquer les points de division de la droite indéfinie XY. D'autre part, nous avons vu que l'ensemble des nombres entiers rentre dans celui des nombres fractionnaires. Pour construire entièrement celui-ci, il faut donner successivement au dénominateur n toutes les valeurs entières et positives, et, pour chaque valeur de n, toutes les valeurs entières qualifiées au numérateur. Or les opérations géométriques correspondantes sont toujours possibles, et il n'y a aucune raison pour s'arrêter à la partition dénommée par tel nombre entier n : car, en vertu de l'*axiome de la divisibilité*, le segment primitif (0, 1) est encore divisible en $(n+1)$ parties égales, et fournit par conséquent tous les points de la division dénommée par $(n+1)$. La subdivision du segment (0, 1) et par suite de la droite indéfinie XY se poursuit donc indéfiniment, et à chaque nouvelle partition, l'ensemble des nombres entiers (pris pour numérateurs) se trouve *appliqué* sur la droite XY tout entière. Aussi, au lieu de prendre pour base la division primitive marquée par les nombres entiers, on pourrait partir de la division dénommée par un nombre n quelconque, prise pour type fondamental : on obtiendrait alors successivement les partitions dénommées par $2n$, $3n$, ... kn, ... et la nouvelle construction serait parfaitement semblable à la précédente; elle en serait indiscernable (abstraction faite de la grandeur absolue de l'étalon). Cela montre, encore une fois, le caractère arbitraire du choix de cet étalon, et par suite de toutes les subdivisions qui s'ensuivent.

CHAPITRE III

APPLICATION DES NOMBRES IRRATIONNELS A LA LIGNE DROITE ET DES NOMBRES COMPLEXES AU PLAN

1. Maintenant que l'ensemble des nombres fractionnaires qualifiés, c'est-à-dire l'ensemble complet des nombres rationnels, se trouve appliqué à la droite indéfinie XY, ou plutôt qu'il a été créé et construit tout exprès pour représenter des points de plus en plus nombreux de cette droite, il convient de se demander s'il épuise la multitude des points que cette droite contient effectivement, et s'il suffit à les représenter tous. Pour le savoir, nous allons résumer les propriétés caractéristiques de l'ensemble des points « rationnels » de la droite XY, propriétés géométriques que traduisent les propriétés arithmétiques de l'ensemble des nombres rationnels, énoncées Livre I [chap. IV, § **6**].

I. — Il n'y a aucun point rationnel qui soit le premier ou le dernier de tous sur la droite indéfinie XY. Cette propriété appartenait déjà à l'ensemble des points « entiers ».

II. — Entre deux points rationnels quelconques il en existe toujours un autre (propriété déjà énoncée [Chap. II, § **6**] d'une manière générale). Il en résulte qu'entre deux points rationnels donnés il y en a une infinité d'autres; leur nombre (s'il existe) ne peut être aucun nombre fini : il sera convenablement appelé *infini*.

Il en résulte encore que, bien que les points rationnels se succèdent sur la droite XY dans un ordre linéaire bien déterminé, il n'y en a aucun qui soit *le premier après* ou *le dernier avant* un point rationnel donné; ou encore, qui soit le premier ou le dernier dans l'intervalle de deux points rationnels donnés. On a, par exemple, à droite du point 0, la suite indéfinie des points marqués

$$1, \frac{1}{2}, \frac{1}{3}, \frac{1}{4}, \ldots\ldots \frac{1}{n}, \frac{1}{n+1}, \ldots\ldots,$$

dont chacun est plus rapproché du point 0 que tous les précédents. Cela se voit mieux encore sur la suite

$$\frac{1}{2}, \frac{1}{4}, \frac{1}{8}, \ldots\ldots \frac{1}{2^n}, \frac{1}{2^{n+1}}, \ldots\ldots,$$

extraite de la précédente, car le point $\frac{1}{2^{n+1}}$ est le milieu du segment $\left(0, \frac{1}{2^n}\right)$ et par conséquent est situé entre 0 et le point $\frac{1}{2^n}$ qui le précède dans la suite. Il n'y a donc, ni dans l'une ni dans l'autre de ces suites, aucun point qui soit plus rapproché de 0 que *tous* les autres. Si voisin que soit un point $\frac{1}{n}$ du point 0, on peut toujours en trouver un plus rapproché, c'est-à-dire contenu dans le segment $\left(0, \frac{1}{n}\right)$, quand ce ne serait que le point $\frac{1}{n+1}$, ou mieux encore le point $\frac{1}{2n}$, milieu de ce segment. Cela résulte évidemment de l'*axiome de la divisibilité*. Les mêmes considérations s'appliqueraient aisément à tout autre point rationnel comme au point 0.

2. Il ne faudrait pourtant pas croire que l'*axiome de la divisibilité* entraîne nécessairement la diminution indéfinie des intervalles qui séparent les points rationnels voisins, en particulier de l'intervalle $\left(0, \frac{1}{n}\right)$ quand n croît indéfiniment. De ce que l'on peut toujours trouver un point plus rapproché du point 0 (par exemple) que tout point rationnel donné, on ne doit nullement conclure que la distance de ce point au point 0 devienne plus petite que toute longueur donnée, c'est-à-dire que le segment $\left(0, \frac{1}{n}\right)$ devienne plus petit que tout segment rectiligne assignable; cette distance, tout en décroissant indéfiniment, en vertu de l'*axiome de la divisibilité*, pourrait rester supérieure à une longueur finie qui serait sa *limite*. Pour pouvoir affirmer que l'intervalle de deux points rationnels arbitraires peut être pris aussi petit qu'on veut, il faut faire appel à une autre propriété générale des grandeurs continues, à celle qu'énonce l'*axiome d'Archimède* :

« Etant données deux grandeurs de même espèce A et B, il existe toujours un nombre entier n tel que l'on ait :

$$nB > A$$

(si grande que soit A, et si petite que soit B). »

Cet axiome complète en quelque sorte l'*axiome de la divisibilité* [II, **6**], qui peut s'énoncer :

« Etant données une grandeur A quelconque et un nombre entier n, il existe une grandeur C telle que

$$nC = A. »$$

En effet, celui-ci pose l'existence de la grandeur $C = \frac{A}{n}$, qu'on nomme la n^e partie de A. L'*axiome d'Archimède* affirme, d'autre part, que, pourvu qu'on prenne n assez grand, la grandeur C peut être rendue plus petite que toute grandeur donnée de même espèce B. En effet, de l'inégalité

$$nB > A$$

résulte celle-ci

$$B > \frac{A}{n},$$

c'est-à-dire

$$B > C.$$

3. Nous pouvons à présent énoncer la propriété la plus importante de l'ensemble des points rationnels :

III. — L'intervalle de deux points rationnels consécutifs est plus petit que tout segment rectiligne donné.

Nous entendons par « points rationnels consécutifs » deux points consécutifs d'une même partition, partant désignés par deux fractions de la forme

$$\frac{k}{n}, \frac{k+1}{n},$$

c'est-à-dire ayant même dénominateur et des numérateurs différant de 1. Or l'intervalle de ces deux points, c'est-à-dire le segment $\left(\frac{k}{n}, \frac{k+1}{n}\right)$ est égal (superposable) au segment $\left(0, \frac{1}{n}\right)$, par construction. Il suffit donc d'établir la propriété énoncée pour ce dernier segment. Or celui-ci est la n^e partie du segment fondamental (0,1), que nous prendrons pour A : le segment $\left(0, \frac{1}{n}\right)$ sera par suite la grandeur

$$C = \frac{A}{n},$$

et, en vertu de l'*axiome d'Archimède*, sera (pour n suffisamment grand), plus petit que tout segment donné, tel que la longueur B. Remarquons d'ailleurs que, cela ayant lieu pour une valeur *finie* de n, nous pouvons considérer la partition dénommée par n (qui, on le sait déjà, est toujours possible) comme actuellement réalisée. Nous pouvons donc toujours pousser assez loin la subdivision de la droite indéfinie XY pour que tous les intervalles des points marqués soient inférieurs à un segment donné, si petit qu'il soit. Autrement dit, dans tout segment de la droite XY, si petit qu'il soit, il y aura toujours au moins *un* point marqué, correspondant à *un* nombre rationnel. Il n'est même pas besoin, pour cela, d'effectuer toutes les partitions dénommées par *tous* les nombres entiers successifs; il suffit d'effectuer une subdivision *systématique*, c'est-à-dire une suite de partitions dénommées par les puissances successives d'un nombre entier unique : telles sont la bipartition, la tripartition, etc., indéfinies que nous avons indiquées Chap. II, § **6**.

4. L'ensemble des points rationnels de la droite XY est donc un ensemble *connexe*, c'est-à-dire tel qu'on peut relier deux quelconques de ses points par une chaîne de points appartenant au même ensemble et dont les intervalles soient tous moindres qu'un segment donné. Il est encore *partout condensé* sur la droite XY, c'est-à-dire qu'il n'y a aucun segment fini de cette droite, si petit qu'il soit, qui ne contienne des points de cet ensemble, et même une infinité [1]. Par conséquent il n'offre aucune lacune d'étendue finie; néanmoins, il présente une infinité de ces lacunes infiniment petites qu'on nomme *coupures*; il n'est donc pas *continu* [2]. Pour rendre cet ensemble de points continu, et par suite adéquat à la droite indéfinie XY, il faut combler chacune de ces coupures par un nouveau point. Mais ce point existait déjà sur la droite XY, par hypothèse continue; il ne s'agit donc pas de créer, à proprement parler, de nouveaux points, mais de les déterminer comme nous avons fait les points rationnels. Les uns et les autres nous sont *donnés* avec la droite continue tout entière; il suffit de les remarquer, et de les marquer d'un signe spécial qui permette de les reconnaître. Ce que nous allons créer, ce ne sont pas les points irrationnels eux-mêmes, mais les signes qui doivent leur correspondre dans la représentation numérique de la droite, à savoir les nombres irrationnels [Cf. I, IV, **7**].

1. Les concepts « connexe » et « partout condensé » sont empruntés à M. Cantor.
2. Voir Dedekind, *Stetigkeit und irrationale Zahlen*, § 2.

5. Mettons d'abord en évidence les coupures de l'ensemble des points rationnels, et par suite l'existence des points irrationnels. On en trouve des exemples dans la Géométrie la plus élémentaire : on sait que si l'on construit un carré sur le segment AB pris pour étalon (0,1), et qu'on rabatte la diagonale AC de ce carré sur la droite indéfinie à laquelle appartient ce segment, l'extrémité C de cette diagonale ne tombera en aucun point rationnel de cette droite [1] (*Fig. 5*). Pour citer un autre exemple, moins banal et plus élégant,

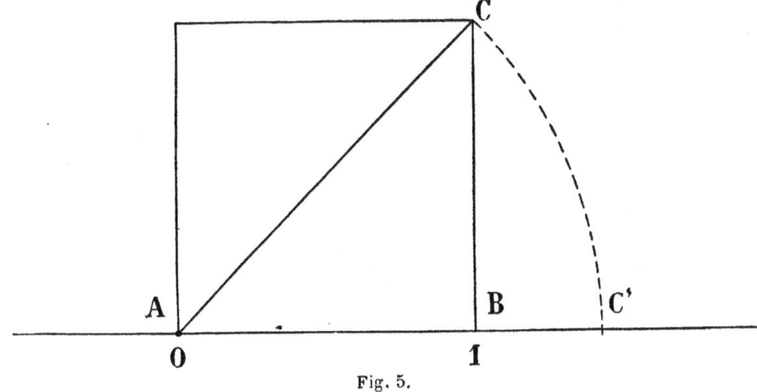

Fig. 5.

si l'on construit deux triangles équilatéraux ABC, BCD ayant le côté BC commun (et égal), on forme un losange ABDC dont les quatre côtés sont égaux à la diagonale BC. Quant à l'autre diagonale AD, si l'on rabat sur elle le côté AB, et que, prenant ce segment pour étalon (0, 1), on effectue sur AD toutes les subdivisions rationnelles indiquées au Chapitre précédent, on ne trouvera jamais le point D, c'est-à-dire que ce point n'est pas un point rationnel de AD quand on prend pour étalon un segment issu de A et égal à AB (*Fig. 6*).

6. Mais ce point irrationnel D, dont nous venons de constater l'existence, tombe évidemment entre deux points rationnels de la droite AB, ou plutôt entre deux suites infinies de points rationnels, qui l'enferment en quelque sorte dans un intervalle infiniment petit, et par suite le déterminent rigoureusement. En effet, tout point qui correspond à un nombre rationnel positif dont le carré est plus petit que 3 tombe en deçà du point D, par rapport au point A pris pour origine 0; au contraire, tout point marqué par un nombre rationnel positif dont le carré est supérieur à 3 tombe au delà de D. Comme

1. Cf. H. Poincaré, *le Continu mathématique*, ap. *Revue de Métaphysique et de Morale*, t. I (janv. 1893).

d'ailleurs il n'y a aucun nombre rationnel dont le carré soit égal à 3, l'ensemble des points rationnels se trouve ainsi partagé par le point D en deux classes bien distinctes. Dans la première, celle des points rationnels compris entre A et D, il n'y a aucun point qui soit le dernier de tous avant D; dans la seconde, celle des points rationnels situés au delà de D, il n'y a aucun point qui soit le premier de tous après D. Enfin, et c'est là un caractère essentiel de la lacune que l'existence du point D révèle dans l'ensemble des points rationnels, la distance entre deux points pris à volonté dans les deux classes est plus petite que tout segment rectiligne donné (et cela en vertu de la propriété III de l'ensemble des points rationnels [**3**]).

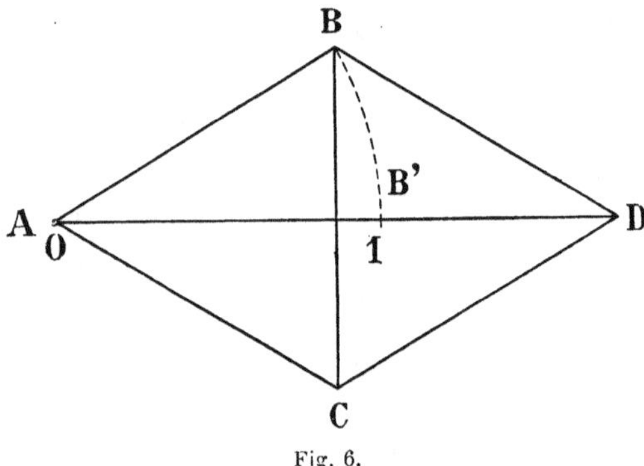

Fig. 6.

Il en résulte qu'il ne peut y avoir dans cette lacune *deux* points distincts, car *deux* points distincts (et fixes par hypothèse) délimitent un segment fini : la distance entre un point quelconque situé à gauche de la lacune et un point quelconque situé à droite de la lacune ne pourrait donc être inférieure à ce segment fini, ce qui est contraire à la susdite propriété. La lacune infiniment petite ou *coupure* ainsi définie ne comprend donc qu'*un* point, qui est à la fois nécessaire et suffisant pour la combler. Ce point est complètement déterminé par les deux classes de points rationnels ci-dessus décrites; pour désigner ce point *unique* de la droite AD, et rappeler le mode de répartition des points rationnels qui a servi à le définir, il convient d'employer le signe $\sqrt{3}$, qui n'a aucun sens arithmétique, mais qui, précisément parce qu'il ne correspond à aucun nombre rationnel ni à aucun point rationnel, est propre à indiquer le point D, qui sépare les deux classes de points rationnels définies plus haut. De même, le point C' de la *figure 5* sépare deux classes de points rationnels;

dans la première (à gauche de C′) figurent les points correspondant à des nombres positifs dont le carré est plus petit que 2; à la seconde (à droite de C′) appartiennent tous les points marqués par des nombres positifs dont le carré est supérieur à 2. On montrerait de même que ces deux classes de points possèdent les propriétés caractéristiques d'une coupure, et par suite déterminent un point irrationnel, à savoir le point C′ lui-même, qu'il convient de désigner par $\sqrt{2}$.

7. On remarquera sans peine que la définition précédente du point irrationnel est calquée sur la définition du nombre irrationnel [I, IV, **8, 9**]. On sera peut-être porté à croire que c'est le nombre irrationnel qui engendre le point irrationnel, et que celui-ci emprunte pour ainsi dire son existence à celui-là. Il semble, en effet, que la coupure de l'ensemble des points rationnels d'une droite n'ait été remarquée que grâce à la coupure de l'ensemble des nombres rationnels dont elle est l'image, et que l'existence du point irrationnel qui comble la première n'ait été établie qu'au moyen des propriétés du nombre irrationnel qui comble la seconde : ou plutôt, le point irrationnel semble avoir été créé tout exprès pour fournir une application géométrique au nombre irrationnel, défini indépendamment de toute intuition. Cette illusion est partagée par beaucoup de mathématiciens, plus analystes que géomètres, et elle est confirmée, au moins en apparence, par la méthode rigoureusement analytique dont on se sert pour introduire le nombre irrationnel [cf. I, IV]. Pour dégager les notions arithmétiques de leur origine concrète (ou empirique), on définit *a priori* le nombre irrationnel par la seule considération de l'ensemble des nombres rationnels; puis, quand on passe à l'application des nombres aux grandeurs, une fois les nombres rationnels appliqués, comme nous venons de le faire, à la ligne droite, on *postule* l'existence de points correspondant aux nombres irrationnels[1]. En un mot, on confère d'avance la continuité à l'ensemble des nombres réels, et l'on impose ensuite cette même continuité à la grandeur linéaire par l'intermédiaire de ces nombres, en admettant qu'elle fournit tous les points nécessaires à leur application.

8. Mais c'est là, croyons-nous, une interversion manifeste de la filiation naturelle des idées mathématiques, et un exemple frappant

1. Voir G. Cantor, *Mémoire sur l'extension d'un théorème de la théorie des séries trigonométriques*, § 2, ap. *Mathematische Annalen*, t. V.

du conflit qui peut exister entre l'ordre logique et l'ordre rationnel. En effet, selon cette théorie, la continuité géométrique dériverait de la continuité arithmétique dont elle semble être la copie; tandis qu'en réalité c'est la continuité géométrique qui est le prototype de la continuité arithmétique. Ce n'est pas pour pouvoir appliquer tous les nombres réels à la ligne droite que l'on a inventé les points irrationnels et que l'on *admet* que la ligne est continue; c'est au contraire pour représenter tous les points d'une ligne continue par elle-même que l'on est *obligé* de créer les nombres irrationnels. Il ne faut pas croire que ce soient là deux hypothèses également gratuites, deux conceptions contraires, mais équivalentes, entre lesquelles il soit indifférent de choisir et permis d'hésiter. Elles ont sans doute la même valeur logique : car, après tout, il n'importe pas au résultat final que la continuité soit primitivement attribuée à l'ensemble des nombres réels ou à la grandeur linéaire, et communiquée ensuite de l'un à l'autre; mais elles sont loin d'avoir la même valeur rationnelle ou philosophique. En effet, il n'y a pas de raison, au point de vue arithmétique, pour transformer l'ensemble des nombres rationnels en un ensemble continu [v. Chap. I, **8**, **9**], encore moins pour attribuer à la grandeur géométrique une continuité d'emprunt; mais si au contraire la continuité est essentielle aux grandeurs géométriques, il y a un intérêt évident à créer de nouveaux nombres pour la représenter d'une manière adéquate dans les formules de l'Analyse. Tant qu'on restait enfermé dans le domaine du nombre, essentiellement discontinu, il n'y avait aucune nécessité d'inventer les nombres irrationnels pour combler les coupures de l'ensemble des nombres rationnels; mais il y a maintenant une raison décisive pour introduire ces mêmes nombres comme *signes* de points qui existent effectivement, et que l'ensemble des nombres rationnels ne suffit pas à représenter : car s'il est naturel et nécessaire que l'ensemble des nombres rationnels offre des coupures, ces mêmes coupures sont incompatibles avec la continuité de la ligne droite, de sorte que ce serait la dénaturer que de la réduire à l'ensemble de ses points rationnels. En résumé, d'un côté l'on attribue à l'ensemble des nombres une continuité étrangère à leur essence, pour la supposer ensuite, tout aussi gratuitement, réalisée dans la grandeur géométrique; de l'autre côté, au rebours, on considère celle-ci comme essentiellement continue, et c'est pour en obtenir une représentation numérique complète qu'on est obligé de combler les lacunes de l'ensemble des nombres rationnels, et de lui faire épouser en quelque sorte la continuité de la grandeur. On n'invente donc pas de nouveaux points pour leur appliquer les nombres irrationnels; on invente de nouveaux nombres pour représenter les points irrationnels de la droite [1]. Ainsi les nombres irrationnels, que rien n'a pu justifier au point de vue purement arithmétique, deviennent légitimes et bien fondés dès qu'il s'agit d'appliquer le nombre au continu linéaire pour en représenter tous les états de grandeur ou tous les éléments.

9. Il ne faut pas oublier, d'ailleurs, que la distinction des points rationnels et irrationnels d'une droite est tout à fait artificielle et accidentelle, comme nous l'avons déjà remarqué : non seulement elle ne tient en aucune manière à la nature intrinsèque du continu linéaire, mais elle répugne à son homogénéité. En effet, on a vu plus haut [II, **10**] que la « rationalité » de tel ou tel point de la droite indéfinie XY dépendait entièrement du choix du point B, lequel choix, en raison de l'uniformité parfaite de la droite, est absolument arbitraire et fortuit. Si l'on effaçait la division rationnelle marquée sur cette droite, à l'exception du point A (*Fig. 3*), et que l'on voulût la recommencer en prenant au hasard un nouveau point B, comme les points irrationnels sont infiniment plus nombreux que les points rationnels [II, IV, **5**], il y aurait *l'infini* à parier contre *un*, ou *un* contre *zéro*, que le nouveau point B serait précisément un des points irrationnels de la précédente division, et que, par suite, aucun des nouveaux points marqués (c'est-à-dire rationnels) ne coïnciderait avec l'un quelconque des anciens ; en d'autres termes, tous les points de la nouvelle subdivision rationnelle seraient des points irrationnels de l'ancienne. Nous avons déjà donné deux exemples de ce fait remarquable : si, dans la *figure 5*, on prenait pour étalon le segment AC′ au lieu du segment AB, ou si, dans la *figure 6*, on prenait pour étalon le segment AD au lieu du segment AB′, tous les points rationnels de l'ancienne division deviendraient irrationnels, et tous les points de la nouvelle division seraient des points irrationnels de la division primitive. Concluons donc que la différence entre les points rationnels et irrationnels d'une droite est toute relative et purement nominale, et que tous ces points ont la même existence géométrique et la même « réalité ».

1. Voir Dedekind, *Stetigkeit und irrationale Zahlen*, §§ 3 et 5.

10. Bien que nous n'admettions pas l'origine arithmétique de l'idée du continu, il faut néanmoins retenir ce fait considérable, à savoir que l'on peut construire analytiquement un continu numérique *indépendant de toute intuition*. Il en ressort une conséquence très importante : c'est que la continuité n'appartient pas en propre et exclusivement aux grandeurs géométriques, et peut être *logiquement* conçue dans la catégorie du nombre pur. Sans doute, elle ne s'introduit *rationnellement* dans celle-ci qu'en passant par la catégorie de la grandeur, et nous croyons avoir établi que l'ensemble des nombres réels emprunte sa continuité à l'étendue linéaire à laquelle on l'applique. Mais il reste à savoir si l'idée de continuité est issue de l'intuition géométrique, c'est-à-dire de la perception sensible, ou si elle ne serait pas une idée rationnelle qui dépasse l'expérience et s'y ajoute pour la compléter et l'organiser, en un mot, une forme *a priori* de la perception et de la pensée. C'est là une question d'ordre critique que nous nous réservons de traiter dans la seconde Partie de cet Ouvrage [IV, III] : on entrevoit dès maintenant dans quel sens nous essaierons de la résoudre. Pour le moment, qu'il nous suffise de remarquer que la continuité paraît constituer un caractère essentiel de la grandeur en général, et non pas seulement des grandeurs spatiales ou même des grandeurs réductibles au type linéaire, comme le temps. Par exemple, il semble inconcevable qu'une grandeur *mesurable* [1] quelconque, telle que la masse, puisse passer d'une valeur réelle à une autre sans prendre toutes les valeurs réelles intermédiaires, et, plus spécialement, d'une valeur rationnelle à une autre sans passer par une infinité de valeurs tant rationnelles qu'irrationnelles. Nous avons déjà vu [II, IV, **6**] que l'idée de la continuité est le fondement indispensable de l'Analyse, qui ne s'applique pas seulement aux grandeurs géométriques, mais à toutes les grandeurs mesurables; et nous avons montré [*ibid.*, **12**, **13**] que les nombres transcendants, nécessaires pour exprimer la continuité de ces grandeurs, n'ont pas essentiellement une origine intuitive. Il est donc bien probable que cette idée de continuité est logiquement antérieure aux notions géométriques, bien qu'elle y trouve son application immédiate et sa principale incarnation [2].

1. C'est-à-dire : qu'on peut représenter par un nombre.
2. Aussi est-on porté à se servir des grandeurs géométriques pour représenter toutes les autres grandeurs continues et soulager ainsi l'imagination; c'est sans doute pour cela que la continuité semble inhérente aux figures géométriques, et inséparable de l'étendue.

*
* *

11. On vient d'établir une correspondance univoque et réciproque entre *tous* les nombres réels et *tous* les points de la droite indéfinie XY ; l'ensemble complet des nombres réels se trouve ainsi justifié par son application au continu linéaire, ou, plus généralement, à toute grandeur linéaire, divisible et continue, à deux sens inverses l'un de l'autre.

Quant à l'ensemble des nombres complexes, il ne peut se justifier que par son application aux grandeurs superficielles. En effet, chaque nombre complexe étant un couple de nombres réels *indépendants*, si chacun de ces deux nombres prend successivement toutes les valeurs réelles, le nombre complexe qu'ils composent parcourra un ensemble de valeurs à double entrée ou à deux dimensions, chacune de ces entrées ou dimensions étant constituée par l'ensemble des nombres réels; cet ensemble sera d'ailleurs continu comme les deux ensembles linéaires qui en forment les entrées, de sorte qu'il sera convenablement représenté, en Géométrie, par une étendue à deux dimensions, c'est-à-dire par une surface. Mais cette représentation générale est trop vague et trop arbitraire, et d'ailleurs toute surface n'est pas également propre à l'application des nombres complexes. On a choisi pour cela la plus simple et la plus uniforme de toutes les surfaces, à savoir le plan. On mène dans le plan deux axes rectangulaires quelconques, XX′, YY′, qui se coupent en O (*Fig.* 7). Sur ces deux droites indéfinies dans les deux sens on porte, à partir du point O, un même segment pris pour étalon, de manière à opérer la division *entière* des deux axes, c'est-à-dire à déterminer sur chacun d'eux une suite de points équidistants correspondant à tous les nombres entiers qualifiés. On choisit à volonté sur chaque axe le sens positif : soit OX sur XX′, et OY sur YY′. Puis on effectue la subdivision rationnelle des deux axes, comme il a été indiqué au Chapitre II [§ **7**]. Les points irrationnels de chaque axe seront définis, comme on l'a vu plus haut, par des coupures de l'ensemble des points rationnels, ou par des suites infinies de points rationnels. En un mot, l'ensemble continu des nombres réels se trouvera appliqué tout entier sur chacun des deux axes, le point O correspondant, sur l'un comme sur l'autre, à *zéro*.

12. Cela posé, la position de chaque point du plan sera définie par *deux* nombres réels appelés *coordonnées*. En effet, soit M un point quelconque pris dans le plan; menons par ce point deux droites parallèles respectivement à XX′ et à YY′ (c'est-à-dire perpendiculaires respectivement à YY′ et à XX′). La droite parallèle à YY′ rencontrera l'axe XX′ en un point P marqué par le nombre réel x;

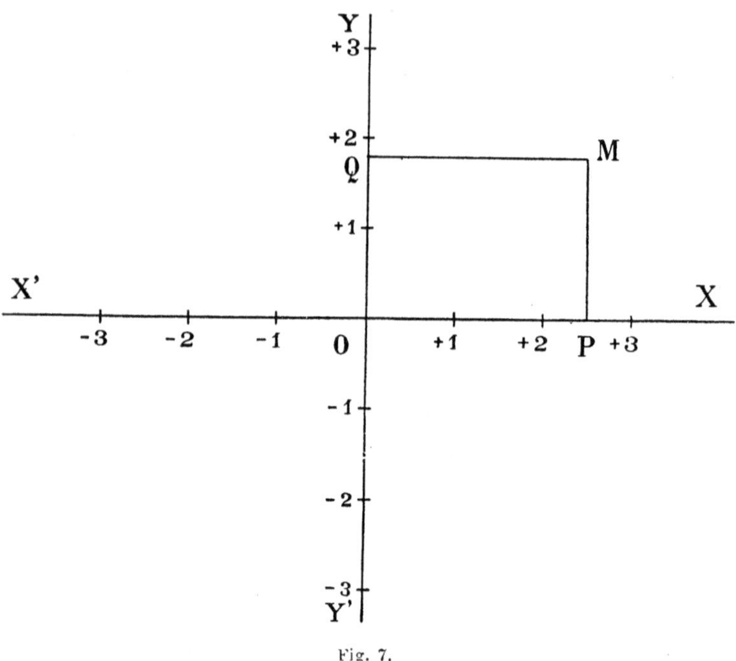

Fig. 7.

la droite parallèle à XX′ rencontrera l'axe YY′ en un point Q marqué par le nombre réel y; la réunion de ces deux nombres réels x et y représentera le point M. Pour mieux associer ces deux nombres et en former un nombre *complexe* unique, on les écrira comme suit :

$$x + iy,$$

la lettre i servant à indiquer celui des deux nombres réels qui se trouve sur l'axe YY′, et par suite à distinguer les deux coordonnées du point M, quel que soit l'ordre dans lequel on les écrit. Cette notation permet d'intervertir le binôme symbolique $(x + iy)$ et de le traiter comme un binôme réel [I, III, **10**]. Les deux points P et Q étant déterminés sans ambiguïté par la construction précédente, les deux nombres réels x et y sont bien déterminés, et par conséquent au point donné M correspond le nombre complexe unique et déterminé $(x + iy)$.

13. Inversement, à chaque nombre complexe $(x + iy)$ correspond un point unique et déterminé du plan. En effet, donner un nombre complexe $(x + iy)$, c'est donner deux nombres réels x et y bien déterminés. Prenons sur XX′ le point qui correspond au nombre réel x : on sait que ce point existe, et qu'il est unique; soit P ce point. Prenons de même sur YY′ le point unique Q qui correspond au nombre réel y ; menons par P une parallèle à YY′, par Q une parallèle à XX′ : ces deux droites (étant perpendiculaires à deux axes perpendiculaires entre eux) se couperont nécessairement en un point *unique* M. Ce point M représentera le nombre complexe $(x + iy)$, et le nombre $(x + iy)$ sera dit *appliqué* au point M : il pourra servir à le marquer sur le plan, ou à le désigner dans la notation. Ainsi se trouve établie une correspondance univoque et réciproque entre tous les nombres complexes et tous les points du plan, par suite de la correspondance adéquate établie entre l'ensemble des nombres réels et chacun des deux axes XX′, YY′.

On a l'habitude d'appeler XX′ l'*axe aes quantités réelles*, et YY′ l'*axe des quantités purement imaginaires*, parce que les coordonnées qu'on doit porter sur celui-ci sont affectées du symbole d'imaginarité i; mais ces locutions sont vicieuses, car, ainsi qu'on vient de le voir, les nombres marqués sur YY′ sont tout aussi *réels* que ceux que porte l'axe XX′. D'ailleurs, le choix de l'axe des quantités réelles est tout à fait arbitraire, et si l'on avait pris YY′ pour cet axe, c'est XX′ qui serait l'axe des quantités purement imaginaires. Tout dépend de la convention, absolument gratuite, par laquelle on regarde l'un des axes tracés sur le plan comme le premier : la lettre i caractérise alors les coordonnées portées sur l'autre axe, perpendiculaire au premier; c'est pourquoi l'on dit quelquefois que i est un *symbole de perpendicularité*. Quoi qu'il en soit, les points des deux axes ont la même valeur géométrique, et par suite tous les points du plan ont la même « réalité » : le point M, par exemple, existe au même titre que le point P et le point Q, qui sont ses *projections* sur les deux axes. Néanmoins, et bien que l'ensemble des nombres réels soit appliqué aussi bien à l'axe YY′ qu'à l'axe XX′, il est d'usage de ne considérer comme *réels* que les points de l'axe XX′, de même que l'on n'appelle *réels* que les nombres complexes de la forme $(x + iy)$ où y est nul. Ainsi, de même que l'ensemble des nombres réels rentre dans l'ensemble des nombres complexes, et correspond au cas particulier où le coefficient de i s'annule, de même l'ensemble linéaire des points réels fait partie de l'ensemble des points complexes : dans l'étendue à deux dimensions que forme le plan ou, en général, une surface quelconque, l'ensemble des points réels forme une ligne (droite) continue; d'ailleurs, n'importe quelle ligne droite indéfinie du plan peut être prise pour axe des quantités réelles. En résumé, l'ensemble des points du plan se trouve représenté d'une manière exacte et complète par la totalité des nombres complexes (à éléments réels), et inversement l'ensemble des nombres complexes se trouve entièrement appliqué sur le plan.

14. Ici se pose une question qui paraîtra oiseuse aux mathématiciens, mais qui offre un grand intérêt philosophique. On peut se demander si toutes ces applications des nombres aux grandeurs géométriques sont de pures conventions, ou si elles sont fondées sur une certaine analogie de nature, sur une affinité secrète des grandeurs et des nombres : dans ce dernier cas, la correspondance établie entre ces deux catégories se justifierait par une sorte d'harmonie préétablie entre les grandeurs à représenter et les nombres qui les représentent. C'est ce que Pascal semble affirmer dans cette phrase, qui a servi d'épigraphe à Cournot [1] : « Les nombres imitent l'espace, qui sont de nature si différente [2] ». A cette question s'en joint une autre, celle de savoir si les divers ensembles de nombres ont été constitués en vue de leur application à l'espace, ou si, au rebours, on a imaginé après coup une représentation géométrique afin de leur donner un substratum intuitif. Pour les nombres rationnels, il paraît bien probable qu'ils ont été inventés pour représenter des grandeurs concrètes, et c'est la conclusion qui ressort du Chapitre précédent. Mais pour les nombres complexes, dont l'origine est incontestablement algébrique, il semble, tout au contraire, qu'on ait recherché de propos délibéré une représentation géométrique appropriée, de sorte que leur application au plan a un caractère artificiel et *voulu*. De plus, il paraît assez naturel, une fois les nombres entiers appliqués à la ligne droite, de chercher sur cette même ligne les points d'application des nombres fractionnaires, né-

1. *Correspondance entre l'Algèbre et la Géométrie.*
2. *Pensées*, art. XXV, § 65; cf. § 69 (éd. Havet).

gatifs et irrationnels, qui composent avec les premiers un ensemble *linéaire*; tandis que pour trouver l'application géométrique des nombres complexes, il faut sortir de l'étendue linéaire et occuper tout le plan, c'est-à-dire recourir à une seconde dimension, ce qui a quelque chose de factice et d'arbitraire.

15. Mais cette différence n'est qu'apparente, et la représentation géométrique des nombres complexes n'est ni plus ni moins conventionnelle que celle des nombres réels. Si les nombres complexes n'ont de « réalité » que lorsqu'on les a appliqués aux grandeurs à deux dimensions, les nombres négatifs, eux non plus, n'ont de sens et d'intérêt que par leur application aux grandeurs linéaires à deux sens inverses; et cependant, d'autre part, les nombres négatifs se présentent en Algèbre comme racines « imaginaires » de l'équation du premier degré, de même que les nombres complexes apparaissent comme racines « imaginaires » de l'équation du second degré. Il ne faut donc pas croire que les nombres complexes aient par eux-mêmes une sorte d'existence algébrique, tandis que les nombres négatifs, par exemple, ne pourraient se justifier que par leur application à la Géométrie. On serait plutôt tenté de soutenir le contraire, et cette présomption serait tout aussi plausible, car les nombres négatifs semblent encore plus faciles à justifier, au point de vue arithmétique, que les nombres imaginaires. La vérité est que les uns et les autres ont exactement la même valeur et le même sort; ils n'ont aucun sens en Arithmétique pure, et s'ils en ont un en Analyse, c'est grâce à la signification géométrique qu'on leur attribue.

16. Sans doute, il subsiste toujours une certaine différence dans la manière dont on introduit, encore aujourd'hui, les nombres négatifs et les nombres imaginaires, et dont on les justifie par leur application aux grandeurs spatiales. Mais ce défaut de symétrie tient simplement à des circonstances *historiques*, et ne contredit nullement l'analogie *rationnelle* qui existe entre ces deux classes de nombres, tant au point de vue de l'Algèbre qu'à celui de la Géométrie. Le contraste apparent que nous venons d'exposer et de dissiper vient, croyons-nous, de ce que la représentation géométrique des nombres complexes est d'invention beaucoup plus récente [1] que

1. ARGAND, *Essai sur une manière de représenter les quantités imaginaires dans les constructions géométriques*, 1806.

celle des nombres négatifs, qui date de DESCARTES. L'application des nombres réels au continu linéaire nous paraît plus naturelle, parce qu'elle est plus ancienne, et par suite nous est devenue habituelle et familière. Mais il suffit de remonter au commencement de ce siècle pour voir avec quelle défiance et quel embarras les algébristes admettaient les solutions négatives, jadis qualifiées de « fausses ». Nous avons résumé ci-dessus [I, **14-16**] la manière de voir de CARNOT à ce sujet; nous n'ajouterons ici qu'une simple indication, qui montrera bien à quel point les valeurs négatives étaient encore pour ce grand géomètre un objet de scandale : selon CARNOT, l'équation d'une courbe (en coordonnées cartésiennes) ne serait valable et vraie que dans le premier quadrant (c'est-à-dire dans l'angle droit XOY, *Fig.* 7), où x et y ont des valeurs positives, et ce serait faire une « fausse supposition » que de la regarder « comme immédiatement applicable » aux trois autres quadrants, c'est-à-dire à tout le plan [1]! A la même époque, GAUSS, un des esprits les plus puissants et les plus hardis qui aient enrichi la science de leurs inventions, se trouvait dans un état d'esprit analogue à l'égard des imaginaires, ne sachant si l'on devait les admettre ou les rejeter de l'Algèbre, ni surtout quel sens il convenait de leur attribuer [2], et n'a découvert leur application géométrique qu'en 1831, vingt-cinq ans après ARGAND; tandis qu'à présent la représentation intuitive des nombres complexes est devenue aussi courante que celle des nombres qualifiés, et paraît, comme elle, inséparable des nombres correspondants et indispensable à l'Analyse. Peu importe donc que les nombres complexes aient eu, *historiquement*, une origine algébrique ou géométrique ; qu'on les ait inventés pour les appliquer au plan, ou qu'on ait imaginé un plan pour les représenter. Ce qui est sûr, c'est qu'ils n'ont existé, à proprement parler, au point de vue *rationnel*, que le jour où l'on en a trouvé une représentation géométrique, et que de ce jour datent véritablement leur emploi régulier en Mathématiques, leur utilité et surtout leur fécondité [3].

1. *Réflexions sur la Métaphysique du Calcul infinitésimal*, Note, nº 18 (p. 194). — Il va sans dire que cette critique s'adresse bien moins à CARNOT qu'à son temps; la citation précédente est uniquement destinée à prouver que le dernier des mathématiciens peut avoir *aujourd'hui* des idées plus claires et plus justes sur la philosophie mathématique que tel savant illustre, dont le génie est incontestable, et incontesté.

2. STOLZ, *Arithmétique générale*, vol. II, chap. II.

3. C'est, en effet, grâce à cette représentation géométrique qu'on est parvenu à démontrer le théorème fondamental de l'Algèbre : « Toute équation a une

17. Au surplus, l'harmonie et la symétrie que l'application des nombres aux grandeurs établit entre l'Arithmétique et la Géométrie n'ont rien de providentiel ni de mystérieux. Encore une fois, au point de vue de l'Arithmétique pure, il n'y a d'absolument « réel » et vrai que le nombre entier. Toutes les autres formes du nombre n'ont de raison d'être que comme symboles de grandeurs concrètes. Il n'y a rien d'étonnant ni de miraculeux, dès lors, à ce que les nombres s'adaptent exactement aux grandeurs, puisqu'ils ont été créés pour les représenter. Aussi Pascal, dans la phrase citée plus haut, a-t-il dit : « Les nombres imitent l'espace », et non pas : « L'espace imite les nombres. » Il convient d'ajouter que si les nombres imitent l'espace, ce n'est pas par hasard, ni même par une conséquence logique de leur essence propre, mais c'est parce qu'on les a inventés tout exprès pour copier l'espace et mouler en quelque sorte les grandeurs géométriques. La généralisation du nombre entier n'est donc pas le développement naturel et spontané de son « idée », mais une extension forcée qu'on lui impose pour l'appliquer à la grandeur continue et en obtenir un schème numérique adéquat.

racine ». (Cf. Argand, *op. cit.*; Mourey, Faure, etc.) Il est assurément très remarquable que cette démonstration, à laquelle Cauchy a depuis donné la forme analytique, n'ait été trouvée que par des considérations intuitives fondées sur l'interprétation géométrique des imaginaires.

CHAPITRE IV

APPLICATION DES NOMBRES COMPLEXES AUX VECTEURS
THÉORIE DES ÉQUIPOLLENCES

1. L'ensemble des nombres complexes se trouve désormais appliqué au plan indéfini, comme l'ensemble des nombres réels à une droite indéfinie de ce plan. Cette application est telle que tout point du plan est marqué par un signe numérique qui le distingue des autres, et que tout nombre complexe est figuré par un point distinct du plan; de sorte qu'à deux nombres complexes égaux correspondent deux points identiques (de position), c'est-à-dire un seul et même point. De plus, l'ordre de situation des points reproduit exactement l'ordre de grandeur des nombres qu'ils représentent. Cela est évident pour les points réels, qui se suivent sur l'axe des x dans le même ordre que les nombres réels, à savoir par ordre de valeurs croissantes dans le sens X'X ou encore par ordre de valeurs absolues croissantes dans les deux sens opposés OX, OX'. Mais cela est encore vrai pour les nombres purement imaginaires, dont les points représentatifs se succèdent sur l'axe des y par ordre de valeurs réelles croissantes dans le sens Y'Y, ou par ordre de valeurs absolues croissantes dans les deux sens opposés OY, OY'; en un mot, dans le même ordre que les points réels sur l'axe des x. Enfin cela est vrai de deux nombres quelconques,

$$a = x_1 + iy_1, \qquad b = x_2 + iy_2,$$

et des points correspondants A et B (*Fig. 8*), car si a a sa partie réelle plus grande que celle de b,

$$x_1 > x_2,$$

le point A sera en avant du point B dans le sens des x croissants, c'est-à-dire dans le sens X'X; et si b a sa partie imaginaire plus grande que celle de a,

$$y_1 < y_2,$$

le point B sera en avant du point A dans le sens des y croissants, c'est-à-dire dans le sens Y'Y. Par exemple, si les axes sont placés comme dans les *figures* 7 et 8, le point A sera *à droite* du point B, et le point B *au-dessus* du point A. En résumé, toutes les inégalités entre les nombres sont figurées, avec leur sens, par la position relative des points correspondants, de même que l'égalité de deux nombres est figurée par la coïncidence de leurs points représentatifs.

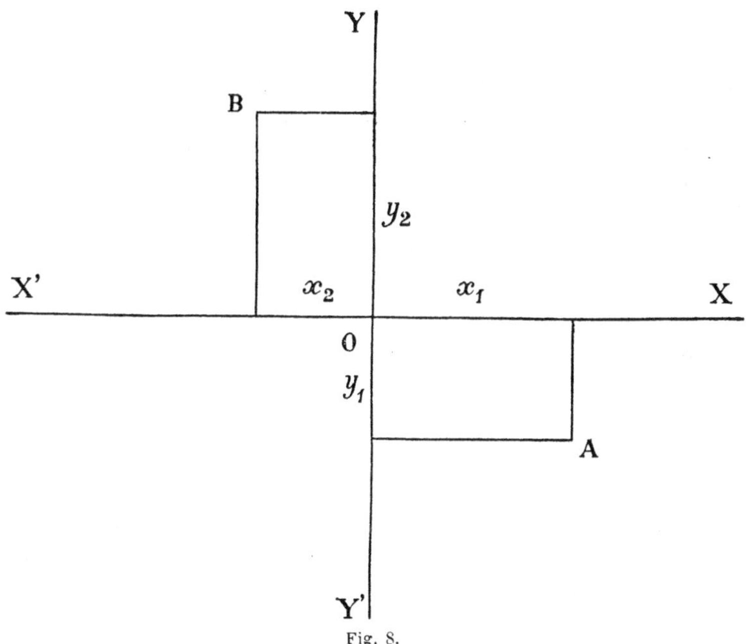

Fig. 8.

2. Le plan est donc complètement représenté par l'ensemble des nombres complexes au point de vue de l'*ordre* de ses éléments (points); mais nous n'avons pas encore de représentation numérique pour les *grandeurs* géométriques situées dans ce plan, notamment pour la *distance* de deux points quelconques. Jusqu'ici, en effet, les nombres complexes correspondent simplement à des points; nous allons maintenant les faire correspondre à des *grandeurs dirigées*, c'est-à-dire à des segments de droites ou *vecteurs*.

Joignons chaque point M du plan au point O par une ligne droite (*Fig. 9*). Cette construction est possible, et d'une manière unique; car on sait que deux points déterminent une droite, et une seule. Sur cette droite indéfinie les points O et M délimitent un segment fini que nous désignerons par OM : le point O se nomme son *origine*, le point M s'appelle son *extrémité*. Comme tous les segments ou *vecteurs* tels que OM ont la même origine, savoir le point O qui leur est commun, chacun d'eux est entièrement déterminé par son extrémité. Il est donc naturel de désigner le segment OM par le nombre qui marque son extrémité M, car ce nombre suffit à le caractériser. Ainsi, donner un nombre (réel ou complexe), c'est donner un point du plan, et en même temps le *rayon vecteur* de ce point, c'est-à-dire le segment rectiligne qui le joint à l'origine O. La même correspondance univoque et réciproque, qui existait déjà entre l'ensemble des nombres complexes et tous les points du plan, se trouve maintenant établie entre le même ensemble et tous les rayons vecteurs issus du point O et terminés à un point quelconque du plan.

3. Le rayon vecteur d'un point est ainsi représenté par l'*affixe* de ce point, c'est-à-dire par le nombre complexe $(x + iy)$ qui correspond à ce point; il est donc, en somme, défini par les deux *coordonnées* (x, y) de ce point, c'est-à-dire par deux nombres réels. Mais on peut encore le définir autrement, à savoir par sa longueur et par sa direction. On appelle *longueur* d'un segment rectiligne le segment réel et positif auquel il est égal en grandeur (c'est-à-dire superposable). Pour déterminer la longueur du segment OM, il suffit de le rabattre sur l'axe des x positifs OX en le faisant tourner autour de l'origine O (*Fig. 9*). Le point M viendra coïncider avec un point M′ de cet axe; ce point M′ a pour affixe un nombre réel positif ρ, qui représente par suite le segment réel OM′; le nombre ρ représentera donc la *longueur* du segment OM. On dit, par abréviation, que ρ *est* la longueur de ce segment. La *distance* du point M au point O est *par définition* la longueur du vecteur OM.

Quant à la direction du segment OM, elle est définie par la quantité dont ce segment a tourné pour venir coïncider avec l'axe des x, c'est-à-dire par l'angle MOX que ce segment (dans sa position initiale) fait avec OX. On représente cet angle par une longueur d'arc de cercle, suivant une méthode qu'il serait trop long d'exposer ici; de sorte qu'il se trouve finalement exprimé par un nombre réel et positif θ toujours inférieur à 2π. De même que l'on confond dans le langage la *longueur* du vecteur OM avec le *nombre* ρ qui la représente, on confond aussi l'*angle* MOX avec le *nombre* θ qui lui correspond en vertu d'une certaine convention, et l'on dit couramment : la *longueur* ρ, l'*angle* θ. Ces deux nombres réels et positifs sont ce qu'on appelle les *coordonnées polaires* du point M, par opposition aux *coordonnées cartésiennes* ou *rectangulaires* du même point, qui sont les nombres réels qualifiés x et y. Nous avons vu [III, **13**] comment on peut construire le point du plan qui a pour coordonnées rectangulaires les nombres réels x et y, c'est-à-dire qui a pour affixe le nombre complexe $(x + iy)$, et par suite le vecteur OM qui représente ce même nombre. Nous allons montrer que les deux nombres ρ et θ déterminent aussi complètement le point dont ils sont les coordonnées polaires, et en même temps le rayon vecteur de ce point.

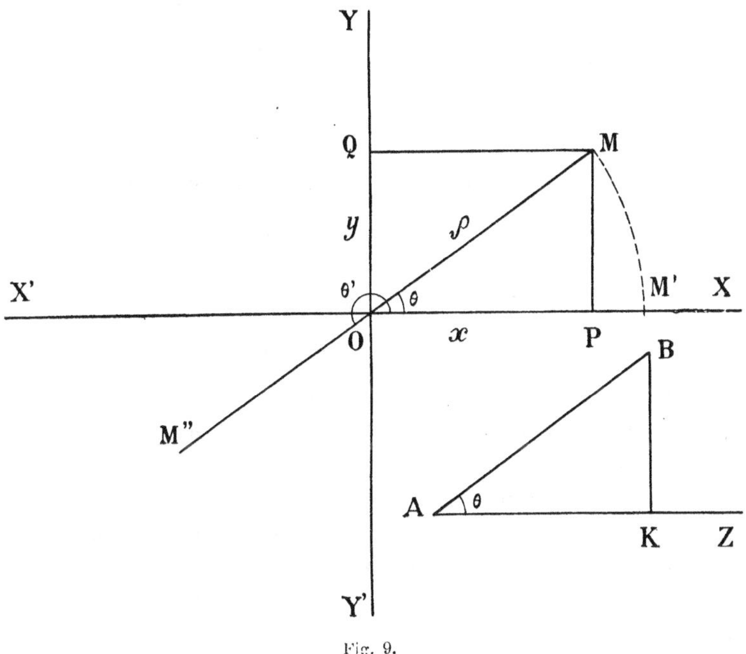

Fig. 9.

4. Prenons en effet sur OX (*Fig. 9*) le point M′ marqué par le nombre réel positif ρ, et faisons tourner le segment OM′ autour de l'origine, dans un sens déterminé [1], d'un angle correspondant au

1. A savoir le sens qu'on est convenu une fois pour toutes de regarder comme sens *positif* de rotation, et dans lequel on compte les angles *positifs*.

nombre réel positif θ : on construira ainsi le segment OM, unique et déterminé en grandeur et en position. Le point M lui-même, obtenu par cette construction, sera aussi unique et bien déterminé. On voit que les coordonnées polaires d'un point représentent plus particulièrement le rayon vecteur de ce point, avec sa longueur et sa direction, tandis que les coordonnées cartésiennes, et le nombre complexe qui en est formé, représentent directement le point, et indirectement son rayon vecteur. Il y a donc intérêt à pouvoir calculer la longueur et la direction d'un vecteur, connaissant l'abscisse et l'ordonnée de son extrémité (qui sont les projections de ce vecteur sur les axes rectangulaires), et inversement. On passe des coordonnées cartésiennes aux coordonnées polaires d'un point par les formules

$$\rho = \sqrt{x^2 + y^2} \qquad \theta = \operatorname{arctg} \frac{y}{x}$$

et des coordonnées polaires aux coordonnées cartésiennes par les formules inverses

$$x = \rho \cos \theta \qquad y = \rho \sin \theta$$

Par cette dernière transformation, le nombre complexe devient

$$x + iy = \rho (\cos \theta + i \sin \theta)$$

ou, en transformant la parenthèse en exponentielle [v. II, IV, **13**] :

$$x + iy = \rho\, e^{\theta i}$$

Dans ce produit, ρ est la valeur absolue du nombre complexe, et représente la longueur du vecteur correspondant; le facteur $e^{\theta i}$, dont la valeur absolue est 1, représente un vecteur de longueur 1 et de même direction (θ est dit l'*argument* du nombre complexe).

5. Maintenant que les nombres complexes sont appliqués, non plus aux points du plan, mais aux grandeurs dirigées issues de l'origine, une variable complexe ne représente plus un point en mouvement dans le plan, mais les variations correspondantes du vecteur qui a ce point pour extrémité. La suite des *valeurs* que prend successivement un nombre complexe variable est donc figurée, non seulement par la suite des *positions* d'un point mobile (en général une courbe), mais aussi par la suite des *états* par lesquels passe une grandeur dirigée variable. Ainsi l'on peut considérer l'ensemble des nombres complexes à un double point de vue : soit comme représentant l'ensemble des points du plan, c'est-à-dire l'ensemble des positions que peut prendre un point mobile; soit comme représentant l'ensemble des vecteurs issus du point O et dirigés dans ce plan, c'est-à-dire l'ensemble des états de grandeur par lesquels peut passer un même segment rectiligne. Par exemple, l'ensemble des nombres réels représente tous les états de grandeur d'un segment ayant pour origine le point fixe O et pour extrémité un point mobile qui parcourrait toute la droite X'X; et le même nombre qui représente la position de ce point sur l'axe des x représenterait aussi le segment correspondant. En particulier, quand le point mobile vient coïncider avec le *point* O (ce qui arrive nécessairement quand il passe d'une manière continue de OX' sur OX), le segment correspondant sera représenté par le *nombre* 0. *Zéro* représente donc l'état de grandeur d'un segment dont l'extrémité coïncide avec l'origine; et tout segment qui varie d'une manière continue doit passer par cet état en changeant de signe, c'est-à-dire de sens [1].

6. Il faut bien remarquer, d'ailleurs, que ce mouvement idéal d'un point, qui est commode pour figurer dans l'intuition la variation continue d'une grandeur, n'engendre ni n'explique la continuité de ses états de grandeur : bien au contraire, il présuppose cette continuité *donnée*. En effet, de même qu'un nombre variable suppose *données* toutes les valeurs *fixes* qu'il prendra successivement, de même un point mobile ne peut se mouvoir que dans une étendue où sont *données* d'avance toutes les positions qu'il doit occuper, c'est-à-dire tous les points *fixes* avec lesquels il devra tour à tour coïncider; et une grandeur variable exige, pour varier, un ensemble *donné* d'états de grandeur *fixes* par lesquels elle devra passer. Loin donc de rendre concevable la continuité des états de grandeur qu'il relie les uns aux autres, le mouvement ne peut se concevoir que dans un *domaine de variabilité* essentiellement *fixe* et *continu*. Pour qu'on puisse dire qu'un *même* point passe par une suite continue de positions, ou qu'une *même* grandeur prend une suite continue de valeurs, il faut

1. Ces considérations réfutent cette assertion paradoxale de P. du Bois-Reymond, d'autant plus étrange qu'il la met dans la bouche de son Idéaliste (c'est-à-dire d'un infinitiste conséquent avec lui-même) : « Le zéro n'appartient pas au domaine des quantités réelles; il n'est pas une quantité »; de sorte qu'on peut faire parcourir à une variable l'ensemble des valeurs positives et négatives, finies et infiniment petites, sans la faire passer par *zéro*. Nous apprécierons ailleurs [IV, i, **15**] l'argument, purement imaginatif, que l'auteur apporte à l'appui de cette thèse bizarre. (*Théorie générale des fonctions*, trad. Milhaud et Girot; chap. i : *Système de l'Idéaliste*.)

que ces valeurs ou ces positions soient préalablement données avec leur continuité stable, sans quoi l'identité du point mobile ou de la grandeur variable serait inconcevable, et l'on n'aurait plus affaire aux divers états d'*une* grandeur ou aux diverses positions d'*un* point, mais à des ensembles de points ou de grandeurs également *fixes*, mais *discrets*.

7. L'ensemble des nombres complexes correspond désormais à l'ensemble des vecteurs ayant pour origine commune le point O et pour extrémités respectives tous les points du plan. Mais il y a dans le plan une infinité d'autres vecteurs ayant une autre origine que O; et d'ailleurs le point O est un point quelconque du plan, et ne se distingue des autres que par le choix absolument arbitraire des axes; de sorte que si l'on transportait les axes et l'origine en un autre point du plan, toutes les constructions précédemment décrites seraient à recommencer, et les nombres complexes correspondraient à la fois à d'autres points et à d'autres vecteurs. Il convient donc de chercher, dans le système de coordonnées choisi et en supposant les axes fixes, une représentation numérique pour tout segment rectiligne déterminé par deux points quelconques du plan.

Soient A et B ces deux points quelconques; ils déterminent, comme on sait, une droite, et une seule. Pour définir complètement le segment AB découpé sur cette droite par les deux points A et B, il ne suffit pas de donner ces deux points extrêmes, qui fixent sa *direction* et délimitent sa *longueur* : il faut encore indiquer le *sens* du segment, c'est-à-dire désigner son *origine* et son *extrémité*. On convient de distinguer ces deux points dans la notation en écrivant d'abord l'origine, puis l'extrémité. Par exemple, si A est pris pour origine et B pour extrémité du segment, on écrira celui-ci sous la forme AB. Si au contraire B était l'origine et A l'extrémité, on écrirait le segment sous la forme BA. Ainsi tout segment rectiligne, considéré comme une figure géométrique déterminée par les deux points A et B, peut être pris en deux sens contraires, et donne lieu, par suite, à deux segments distincts, le segment AB et le segment BA. Deux tels segments sont dits *symétriques* l'un de l'autre; ils ne diffèrent que par le sens, et se déduisent l'un de l'autre par la permutation de leur origine et de leur extrémité.

Cela posé, l'ensemble des nombres complexes suffit encore à représenter tous les segments situés dans le plan, grâce à la définition de leur égalité géométrique (*équipollence*), par laquelle on ramène un segment quelconque à un segment ayant pour origine O [1].

8. *Définition de l'égalité des vecteurs.* — Deux segments sont dits *équipollents* quand ils ont même longueur, même direction et même sens.

Deux segments ont même *longueur* quand ils sont égaux en grandeur absolue, c'est-à-dire quand on peut amener l'un d'eux à coïncider avec l'autre par un déplacement quelconque.

Deux segments ont même *direction*, quand ils appartiennent à la même droite ou à des droites parallèles.

Si deux segments ont même longueur et même direction, on peut les amener à coïncider en déplaçant l'un d'eux parallèlement à lui-même (ou suivant sa propre direction). On dit alors qu'ils ont même *sens*, si leurs origines et leurs extrémités coïncident respectivement entre elles; ils sont de sens opposés dans le cas contraire, où l'origine de l'un coïncide avec l'extrémité de l'autre.

Dans ce dernier cas, les deux segments (envisagés dans leur situation primitive) sont encore dits *symétriques* l'un de l'autre; en effet, chacun d'eux est équipollent au symétrique de l'autre.

Pour deux segments de même direction, mais de longueurs différentes, on peut toujours les superposer partiellement, en déplaçant l'un d'eux parallèlement à lui-même, de manière à faire coïncider leurs origines. On dit alors qu'ils sont de même sens ou de sens opposés, suivant que, sur leur direction commune, leurs extrémités tombent d'un même côté de leur origine commune, ou de différents côtés. Il est aisé de voir que cette définition du *sens*, plus générale que la précédente (qui suppose que les segments ont même longueur), concorde avec elle dans le cas particulier où les segments sont égaux en grandeur, c'est-à-dire exactement superposables.

Pour deux segments de direction différente, d'ailleurs, l'expression « avoir le même sens » n'a aucun sens : on ne compare deux segments sous le rapport du *sens* que lorsqu'ils ont même direction.

Tout segment dont l'extrémité coïncide avec son origine est équipollent au segment OO, représenté par le nombre 0 [**5**]; on dit, par abréviation, qu'il est *égal à zéro*, ou *nul*.

9. Il est souvent commode de se figurer un segment comme la trajectoire rectiligne d'un point mobile dans le plan, l'origine du seg-

1. Pour tout ce qui suit, cf. BELLAVITIS, *Exposition de la méthode des équipollences*, trad. Laisant.

ment étant considérée comme le point de départ, et l'extrémité comme le point d'arrivée. Cette fiction a l'avantage de représenter d'une manière intuitive le *sens* du segment, et d'en distinguer le point *initial* et le point *final*. Mais elle n'est nullement essentielle à l'idée, toute *statique*, du segment[1]; et si cette considération surajoutée a, comme beaucoup d'autres applications de la cinématique à la géométrie, une certaine utilité, elle n'est point nécessaire.

De même, nous avons imaginé plus haut qu'on transporte un segment parallèlement à lui-même, de telle sorte qu'il ne cesse pas d'être équipollent à soi-même. Cette fiction est commode dans les raisonnements, et parle à l'imagination. Mais elle équivaut simplement à la construction d'un segment équipollent au segment *fixe* considéré. Toutes les fois que nous parlerons du déplacement d'un segment, il sera sous-entendu qu'il s'agit d'une *translation* sans *rotation*, de manière que le segment reste équipollent à soi-même dans toutes ses positions. Cela revient à dire que sa position initiale et sa position finale sont deux segments fixes équipollents.

En particulier, on peut transporter un segment quelconque à l'origine, de telle sorte que son origine vienne coïncider avec le point O; en d'autres termes, on peut construire un segment ayant O pour origine et équipollent à un segment donné quelconque.

10. *Convention.* — Tout segment du plan sera représenté par le même nombre que le segment équipollent issu de l'origine.

De cette convention il résulte immédiatement qu'un segment quelconque du plan est représenté par un nombre complexe, et que des segments *équipollents* sont représentés par un nombre complexe *identique*.

Soient deux points quelconques A, B du plan; et soit

$$x + iy = \rho\, e^{\theta i}$$

le nombre complexe qui représente le segment AB, c'est-à-dire le segment OM équipollent à AB (*Fig. 9*). La *distance* des deux points A et B est, par définition, la longueur du segment qui les joint; or AB a même longueur que OM, dont la longueur est ρ. Donc le nombre ρ représente la distance des deux points A et B. Ainsi la longueur d'un segment quelconque est égale à la valeur absolue du nombre complexe correspondant.

1. Cf. PADÉ, *Algèbre élémentaire*, n° 85.

D'autre part, AB et OM, ayant même direction et même sens, font le même angle avec OX, soit θ. Cet angle, qui définit l'*orientation* du segment AB dans le plan, peut être appelé l'*azimut* de AB. Ainsi l'azimut d'un segment quelconque est égal à l'argument du nombre complexe correspondant [**4**, fin].

Remarque. — Si deux segments sont de sens opposés (ce qui suppose qu'ils ont même direction), leurs azimuts diffèrent de deux angles droits, c'est-à-dire de π : car, en les transportant à l'origine, on trouverait deux segments situés dans le prolongement l'un de l'autre, tels que OM et OM''; or on sait que l'angle M''OX (θ') est égal à l'angle MOX (θ) plus deux droits :

$$\theta' = \theta + \pi.$$

Ainsi, pour que deux segments soient équipollents, il faut et il suffit qu'ils aient même longueur et même azimut.

Les projections du segment AB sur les deux axes rectangulaires sont respectivement :

$$x = \rho \cos \theta, \qquad y = \rho \sin \theta.$$

En effet, si l'on mène, par l'origine A du segment, AZ parallèle à OX, et qu'on abaisse, de l'extrémité B, BK perpendiculaire sur AZ, les projections en question seront égales respectivement à AK, BK. Or, soient OP, OQ les projections sur les deux axes du segment OM équipollent à AB, c'est-à-dire les coordonnées x, y du point M. Les triangles ABK, OMP sont égaux, donc

$$AK = OP = x, \qquad BK = MP = OQ = y.$$

A présent que tous les segments du plan sont représentés par des nombres complexes, de telle sorte qu'à des segments égaux (c'est-à-dire équipollents) correspondent des nombres égaux (c'est-à-dire identiques), et réciproquement, il reste à définir les *combinaisons* de ces segments entre eux, et à les représenter par des *opérations* sur les nombres correspondants, c'est-à-dire à trouver, par des calculs numériques, le nombre complexe qui correspond au résultat de telle ou telle combinaison géométrique de segments connus.

11. *Définition de l'addition des vecteurs.* — On appelle *somme géométrique* [1] de deux segments donnés AB, A'B', le segment qu'on obtient en construisant, du point B pris comme origine, un segment BC équipollent à A'B', et en joignant AC (*Fig. 10*).

1. En mécanique, la somme géométrique prend le nom de *résultante*.

On peut encore dire que l'on *transporte* le segment A'B' au bout du segment AB, de manière que l'origine du premier coïncide avec l'extrémité du second [**9**].

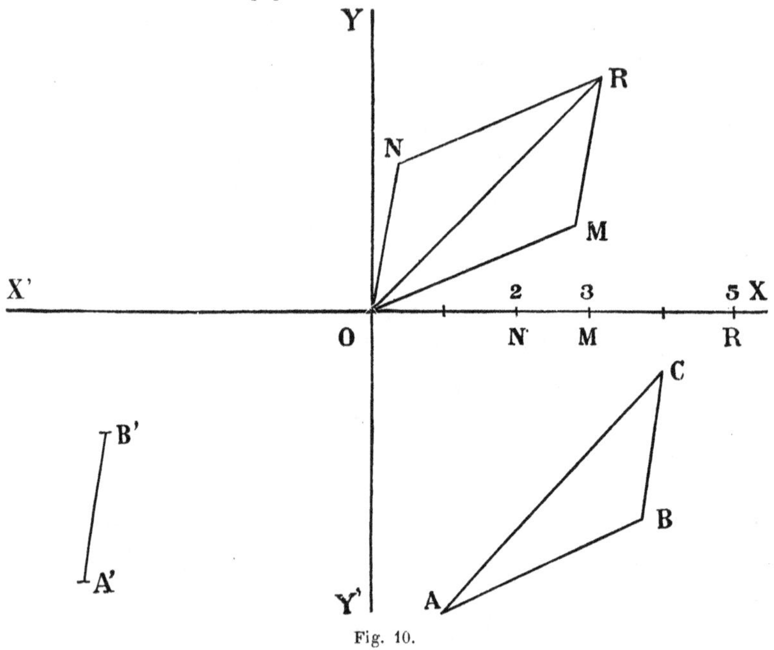

Fig. 10.

On vérifierait aisément que cette définition satisfait aux conditions générales de toute combinaison additive, savoir :

1° Loi commutative :

$$a + b = b + a;$$

2° Loi associative :

$$a + b + c = a + (b + c);$$

3° Loi du module (zéro) :

$$a + 0 = a.$$ [1]

Il en résulte que, dans une somme d'un nombre quelconque de segments, on peut intervertir leur ordre et en remplacer plusieurs par leur somme géométrique effectuée. On peut toujours, pour simplifier, ramener les segments donnés à l'origine, puisque l'on peut transporter un segment n'importe où dans le plan, et que la place du segment-somme à construire est également indéterminée.

1. En effet, on ne change pas un segment en lui ajoutant un segment *nul* [**8**].

La loi commutative, par exemple, se vérifie alors intuitivement. En effet, soient OM, ON les deux vecteurs respectivement équipollents aux segments AB, A'B' donnés; on doit mener MR équipollent à A'B' : OR est la somme géométrique cherchée. Or si l'on joint NR, on complète le parallélogramme OMRN : donc NR est équipollent (égal et parallèle) à OM, c'est-à-dire à AB, et le vecteur OR, qu'on peut obtenir en ajoutant NR à ON, est aussi la somme géométrique de A'B' et de AB (pris dans cet ordre) [1].

12. Nous allons maintenant chercher la traduction numérique de cette combinaison géométrique appelée *addition*, c'est-à-dire définir quelles opérations il faut effectuer sur les nombres qui représentent les vecteurs donnés pour trouver le nombre qui représente leur somme géométrique.

Supposons d'abord que les deux vecteurs OM, ON correspondent à des nombres réels (qualifiés) α, β, c'est-à-dire soient portés sur l'axe des x dans un sens ou dans l'autre, et cherchons quel est le nombre qui correspond à leur somme géométrique : ce nombre sera, par définition, la *somme arithmétique* [2] des deux nombres α et β.

I. — Si les nombres α et β sont tous deux positifs, c'est-à-dire si les deux vecteurs sont portés sur OX, leur somme géométrique sera aussi portée sur OX (dans le même sens), et elle aura pour longueur la somme des longueurs des deux vecteurs. Donc la somme arithmétique des nombres α et β sera égale à la somme de leurs valeurs absolues, prise positivement [3].

II. — Si les deux nombres α et β sont négatifs, les vecteurs seront tous deux portés sur OX'; leur somme géométrique sera encore portée dans le même sens. Tout se passe donc, au sens près, comme dans le cas précédent; le signe seul a changé pour les deux vecteurs et pour leur somme géométrique. La somme arithmétique des deux nombres sera donc égale à la somme de leurs valeurs absolues, prise négativement.

1. La loi associative se vérifierait tout aussi aisément.

2. On a coutume de l'appeler « somme algébrique », mais nous évitons à dessein d'employer cette locution, pour des raisons qu'on verra plus loin.

3. Nous admettons ici implicitement, pour abréger, que le nombre absolu qui représente la longueur totale de deux segments mis bout à bout sur une même droite est la somme arithmétique des nombres absolus qui représentent les longueurs de ces deux segments. Cela est presque évident et serait d'ailleurs facile à démontrer, en considérant d'abord deux nombres entiers, puis deux nombres fractionnaires, enfin deux nombres irrationnels. La proposition serait ainsi établie pour deux nombres arithmétiques quelconques.

III. — Si enfin les deux vecteurs OM, ON sont portés en sens opposé (c'est-à-dire si les nombres α et β sont de signes contraires), leur somme géométrique s'obtiendra par la règle générale; mais ici, il sera commode de figurer les deux segments par le mouvement d'un point qui les décrit successivement, chacun dans son sens, c'est-à-dire de l'origine à l'extrémité [**9**]. En général, pour construire la somme géométrique de deux segments quelconques, il faut faire décrire au point mobile, d'une manière continue, d'abord un segment équipollent au premier, puis un segment équipollent au second, et joindre le point de départ du point mobile à son point d'arrivée[1]. Puisque, d'ailleurs, l'ordre des deux segments à ajouter est indifférent (en vertu de la loi commutative [**11**]), nous pouvons toujours supposer le premier segment, OM, positif; soit $+ a$ le nombre qui le représente. Le point mobile devra commencer par décrire OM; pour cela, il parcourra, à partir du point O, dans le sens (positif) OX, une longueur égale à a. Si on lui fait décrire ensuite un segment équipollent à ON (représenté par le nombre $- b$), il devra parcourir sur XX′, dans le sens OX′, une longueur égale à b. En résumé, le point mobile, parti de l'origine dans le sens OX, a avancé de a et reculé de b.

Trois cas peuvent se présenter, suivant que la longueur a est supérieure, égale ou inférieure à la longueur b.

1° Si $b < a$, le point mobile restera sur le demi-axe OX et s'arrêtera en deçà de l'origine; la somme géométrique engendrée par ce point sera donc positive, et aura une longueur égale à $(a - b)$, de sorte qu'elle sera représentée par le nombre *positif*

$$+ (a - b).$$

2° Si $b = a$, le point mobile reviendra exactement à l'origine : son point d'arrivée coïncidant avec son point de départ, la somme géométrique sera nulle; elle sera donc représentée par le nombre *nul*

$$a - b = 0.$$

3° Si $b > a$, le point mobile dépassera l'origine et s'arrêtera sur l'autre demi-axe OX′ : la somme géométrique sera alors négative,

1. Par exemple (*Fig. 10*) le point mobile décrit AB, puis BC; la somme géométrique est AC.

et aura une longueur égale à $(b - a)$; elle sera donc représentée par le nombre *négatif*

$$-(b-a).$$

On retrouve ainsi, justifiées par la Géométrie, les règles de l'addition des nombres qualifiés, comme conséquence naturelle de la règle générale d'addition des vecteurs réels [I, II, **12**, **20**].

13. En même temps se trouve établie la *formule de Möbius* pour la ligne droite, à savoir

$$AB + BC = AC,$$

A, B, C étant trois points quelconques d'une droite quelconque (qu'on peut toujours prendre pour axe des x). Cette formule signifie que le nombre qui correspond à la somme géométrique de deux segments est la somme des nombres qui correspondent à ces segments. Or cela résulte des conventions précédentes, car nous avons défini précisément la somme de deux nombres qualifiés par le nombre qui représente la somme géométrique des deux vecteurs correspondants [1].

14. Considérons enfin le cas général où les deux segments donnés sont situés d'une manière quelconque dans le plan, c'est-à-dire sont représentés par deux nombres complexes quelconques

$$\alpha = x_1 + iy_1, \qquad \beta = x_2 + iy_2.$$

Il s'agit de trouver quelle combinaison des nombres complexes α et β, c'est-à-dire des nombres réels x_1, x_2, y_1, y_2 qui les composent, traduira les additions géométriques des segments correspondants. Nous savons comment on construit leur somme géométrique : soit AB le premier segment (ou un segment équipollent), BC le second segment (ou un segment équipollent); leur somme géométrique sera le segment AC (ou un segment équipollent) (*Fig. 11*). Soient A_1, B_1, C_1 les projections des trois points A, B, C sur l'axe des x; A_2, B_2, C_2 leurs projections sur l'axe des y; le segment AB aura pour projections sur les deux axes les segments

$$A_1B_1 = x_1, \qquad A_2B_2 = y_1,$$

et le segment BC aura pour projections sur les deux axes les segments

$$B_1C_1 = x_2, \qquad B_2C_2 = y_2.$$

1. Cf. PADÉ, *Algèbre élémentaire*, n°s 86-88.

D'autre part, le segment AC aura pour projections les segments A_1C_1, A_2C_2. Or, en vertu de la formule de Möbius, appliquée successivement aux points A_1, B_1, C_1 de l'axe des x, et aux points A_2, B_2, C_2 de l'axe des y, on a

$$A_1C_1 = A_1B_1 + B_1C_1 = x_1 + x_2,$$
$$A_2C_2 = A_2B_2 + B_2C_2 = y_1 + y_2.$$

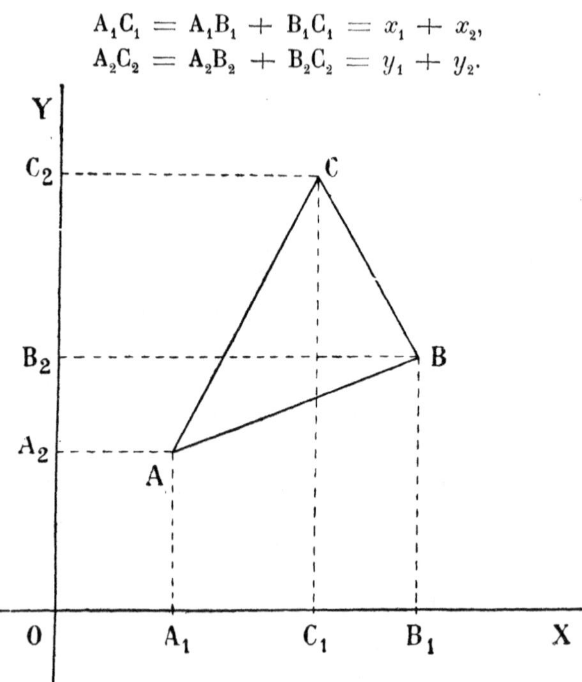

Fig. 11.

Ainsi le segment AC a pour projections des segments qui correspondent respectivement aux deux nombres réels

$$(x_1 + x_2), \qquad (y_1 + y_2);$$

la somme géométrique des deux segments donnés est donc représentée par le nombre complexe [**3**, **10**] :

$$(x_1 + x_2) + i(y_1 + y_2).$$

Telle sera, par définition, la somme arithmétique des deux nombres complexes α et β qui représentent les deux segments donnés. On retrouve ainsi, justifiée géométriquement, la formule d'addition des nombres complexes [I, III, **3**] :

$$(x_1 + iy_1) + (x_2 + iy_2) = (x_1 + x_2) + i(y_1 + y_2),$$

qui s'étend ensuite sans peine à un nombre quelconque de termes. Par cette convention, qui définit la somme de deux nombres complexes par le nombre qui représente la somme géométrique des deux segments correspondants, la *formule de Möbius* se trouve étendue au plan :

$$AB + BC = AC,$$

A,B,C étant trois points quelconques pris dans le plan, et les expressions AB, BC, AC représentant indifféremment les segments ou les nombres correspondants. Si elles représentent les segments, cette formule traduit la définition de l'addition géométrique donnée plus haut; si elles représentent des nombres réels ou complexes, elle exprime leur addition arithmétique [1].

15. Du même coup se trouve démontré, pour le plan, le *théorème des projections*, qui s'énonce :

La somme géométrique de plusieurs vecteurs a pour projection sur chaque axe un segment égal à la somme géométrique des projections de ces vecteurs sur le même axe [2].

Corollaire. — Un segment quelconque du plan est égal à la somme géométrique de ses deux projections.

Ainsi le segment AB = OM est la somme géométrique du segment AK = OP et du segment KB = PM (*Fig. 9*). Le nombre correspondant sera donc

$$x + iy.$$

Cette considération justifie le signe + par lequel on réunit, dans la notation usuelle, les deux nombres réels qui constituent tout nombre complexe. Quant à la lettre i, elle n'est jusqu'ici qu'un signe destiné à distinguer l'ordonnée de l'abscisse, c'est-à-dire à indiquer laquelle des deux projections doit être portée sur l'axe des y ou, plus généralement, dans une direction parallèle à cet axe. Elle est donc, par rapport à l'axe des x où l'on porte les quantités réelles, un *symbole de perpendicularité* [3] [III, **13**].

1. On emploie d'ordinaire les mots : « somme ou addition algébrique », mais cette locution est fâcheuse, car cette opération, portant sur des *nombres* déterminés, relève de l'Arithmétique générale, et non point de l'Algèbre.

2. Cf. PADÉ, *op. cit.*, n° 90.

3. Il est bon de remarquer que la considération de l'addition géométrique justifie, non seulement les règles d'addition arithmétique posées pour les différentes espèces de nombres, mais encore leur nom commun d'*addition* : car si toutes ces opérations, de nature aussi diverse que les ensembles de nombres pour lesquels elles sont définies, peuvent être appelées du même nom, c'est parce qu'elles traduisent numériquement la même opération géométrique.

16. La formule de Möbius, désormais valable pour le plan, peut s'étendre à un nombre quelconque de segments placés bout à bout; on pourra écrire, par exemple :

$$AB + BC + CD + DE + \ldots\ldots + KL = AL,$$

chaque terme de cette égalité représentant à la fois un segment et le nombre correspondant. Les segments ainsi additionnés forment dans le plan une ligne brisée ABCDE ..... KL, qu'on peut imaginer parcourue, d'un mouvement continu, par un point mobile allant de A en L. On voit que, pour construire leur somme géométrique, il suffit de joindre le point final L au point initial A; c'est ce qu'on nomme *fermer* le polygone ABCDE ..... KL.

Si la ligne polygonale se ferme d'elle-même, c'est-à-dire si le dernier sommet L vient coïncider avec le point A, la somme géométrique de tous les segments est égale à *zéro*, puisque le segment AL est alors nul. Le point générateur revenant à son point de départ après avoir parcouru le contour fermé du polygone, le résultat est le même que si ce point n'avait pas bougé.

En particulier, la somme géométrique de deux segments symétriques est nulle :

$$AB + BA = AA = 0.$$

Cela est évident par intuition, si l'on fait décrire à un point mobile le segment AB, puis le segment BA; car il revient alors à son point de départ. Nous avons démontré plus haut cette proposition dans le cas particulier où les deux segments sont réels [**12**, III, 2°], mais le cas général se ramène à celui-là, une droite quelconque pouvant être prise pour axe des x.

De même, on a dans le cas d'un contour fermé à trois côtés, c'est-à-dire d'un triangle ABC :

$$AB + BC + CA = AA = 0.$$

Cela résulte d'ailleurs de la formule de Möbius :

$$AB + BC = AC,$$

car si l'on ajoute CA aux deux membres de cette formule, le second membre s'annule,

$$AC + CA = 0,$$

et le premier devient :

$$AB + BC + CA = 0.$$ [1]

1. C'est une autre forme de la formule de Möbius pour le plan, voir Padé, *op. cit.*, n° 87.

17. *Remarque*. — A deux vecteurs *symétriques* correspondent deux nombres *symétriques*. Cela est manifeste si les vecteurs sont réels, car s'ils sont, par hypothèse, de même longueur et de sens opposés, les nombres correspondants auront même valeur absolue et des signes contraires. Cela est encore vrai pour des vecteurs quelconques; car alors leurs projections sur chaque axe sont symétriques, par exemple

$$+x \quad \text{et} \quad -x, \qquad +y \quad \text{et} \quad -y,$$

et les deux nombres complexes qui les représentent, soient

$$+x+iy \qquad \text{et} \qquad -x-iy,$$

sont eux-mêmes symétriques. On voit d'ailleurs que leur somme est nulle, comme la somme géométrique des vecteurs correspondants.

Deux vecteurs peuvent être aussi symétriques d'une autre manière, à savoir, non plus par rapport à l'origine, c'est-à-dire au point O, mais par rapport à l'axe des x, c'est-à-dire à une droite; il est aisé de voir que dans ce cas ils ont même projection sur cet axe, mais que leurs projections sur l'axe des y sont symétriques. Les nombres correspondants auront donc même partie réelle, et leurs parties imaginaires symétriques; ils auront la forme :

$$x+iy, \qquad x-iy,$$

c'est-à-dire qu'ils seront *imaginaires conjugués*. Les deux vecteurs qu'ils représentent seront par conséquent dits, eux aussi, *conjugués*.

18. *Définition de la soustraction des vecteurs*. — Retrancher un segment d'un autre segment, c'est ajouter à celui-ci le symétrique de celui-là.

Cette règle se traduit par la formule suivante :

$$\text{AB} - \text{A}'\text{B}' = \text{AB} + \text{B}'\text{A}'.$$

Si l'on traduit cette définition en langage arithmétique, on retrouve la définition de la soustraction des nombres qualifiés [1], et par suite aussi des nombres complexes, puisque, comme nous venons de le montrer, deux vecteurs symétriques sont représentés par des nombres symétriques.

En particulier, on a :

$$\text{AB} - \text{AB} = \text{AB} + \text{BA} = \text{AA} = 0.$$

1. C'est l'opération qu'on nomme (à tort, selon nous) « soustraction algébrique ».

En vertu de la règle précédente, on peut poser pour la soustraction une formule analogue à celle de Möbius :

$$AC - BC = AB,$$

car celle-ci équivaut, par définition, à la suivante :

$$AC + CB = AB,$$

qui n'est autre que la formule de Möbius. Cette formule est vraie, non seulement des trois segments qui y figurent, mais des trois nombres correspondants, et cela quels que soient les points A, B, C pris dans le plan.

On peut encore la réduire à la formule de Möbius en ajoutant BC aux deux membres; le premier devient :

$$AC - BC + BC = AC + 0 = AC,$$

on trouve donc :

$$AC = AB + BC,$$

ce qui est la formule connue.

Remarque. — On peut toujours représenter un segment quelconque AB du plan au moyen de deux vecteurs issus de l'origine; car si l'on applique la formule de Möbius aux trois points O, A, B, on trouve :

$$OA + AB = OB,$$

d'où l'on tire, comme ci-dessus :

$$AB = OB - OA.$$

Ainsi tout segment peut être représenté numériquement par la différence des affixes de son extrémité et de son origine. Par exemple, soit $(x_1 + iy_1)$ l'affixe du point A, $(x_2 + iy_2)$ celle du point B, le nombre qui correspond au segment AB est :

$$(x_2 + iy_2) - (x_1 + iy_1).$$

D'autre part, le segment AB a pour projections sur les axes des segments représentés par $(x_2 - x_1)$, $i(y_2 - y_1)$, et l'on sait qu'il est égal à la somme de ses projections [**15**]; il est donc représenté par

$$(x_2 - x_1) + i\,(y_2 - y_1).$$

La formule précédente devient par conséquent :

$$(x_2 + iy_2) - (x_1 + iy_1) = (x_2 - x_1) + i\,(y_2 - y_1).$$

On retrouve ainsi la formule de soustraction des nombres complexes [I, III, **4**].

En résumé, la soustraction géométrique n'est pas une opération distincte de l'addition géométrique : elle s'y ramène par un simple changement de sens des vecteurs. Or ce changement est tout conventionnel, et ne modifie nullement la nature des constructions géométriques.

19. *Définition de la multiplication des vecteurs.* — La définition la plus générale de la multiplication est celle-ci :

Étant données deux grandeurs de même espèce, nommées l'une *multiplicande* et l'autre *multiplicateur*, et une grandeur fixe de la même espèce, choisie une fois pour toutes et appelée *unité*, on appelle *produit* des deux premières une grandeur dont le rapport au multiplicande est le même que le rapport du multiplicateur à l'unité.

Pour appliquer cette définition à une espèce de grandeurs quelconque, il faut évidemment définir d'abord le *rapport* de deux grandeurs de cette espèce, ou plutôt l'identité de deux rapports, ce qui constitue une *proportion* entre quatre grandeurs de la même espèce. Or, pour les segments rectilignes ou vecteurs situés dans le plan, il y a deux éléments à considérer en chacun d'eux, sa grandeur et sa direction, représentées par les deux nombres que nous avons appelés sa *longueur* et son *azimut*.

Soient quatre vecteurs quelconques, ayant respectivement pour longueurs les nombres a, b, c, d, et pour azimuts les nombres α, β, γ, δ (représentant des angles) ; et représentons-les provisoirement par les symboles

$$a_\alpha, \quad b_\beta, \quad c_\gamma, \quad d_\delta$$

(a, b, c, d sont les *valeurs absolues* des nombres complexes correspondants ; α, β, γ, δ leurs *arguments* [**10**]).

Nous appellerons *rapport de grandeur* entre deux vecteurs a_α, b_β le rapport numérique de leurs longueurs, c'est-à-dire le quotient des deux nombres a et b ; et *rapport de direction* l'angle qu'ils font entre eux, c'est-à-dire la différence de leurs azimuts α et β. Nous dirons que les quatre vecteurs a_α, b_β, c_γ, d_δ sont en *proportion géométrique* [1], ou que le *rapport géométrique* des deux premiers est le même que

1. Nous détournons ici cette locution de son sens traditionnel, qui n'a pas de raison d'être, pour l'appliquer à l'identité complexe des rapports de grandeur et de direction entre *grandeurs géométriques dirigées*. Au contraire, une proportion par quotient est pour nous, aussi bien qu'une proportion par différence, une proportion *arithmétique* entre des *nombres*.

celui des deux derniers, si ceux-ci ont entre eux le même rapport de grandeur et le même rapport de direction que ceux-là. En d'autres termes, on dira :

$$a_\alpha \text{ est à } b_\beta \quad \text{comme} \quad c_\gamma \text{ est à } d_\delta,$$

si l'on a entre les azimuts la *proportion par différence* :

$$\alpha - \beta = \gamma - \delta,$$

et entre les longueurs la *proportion par quotient* :

$$a : b = c : d.$$

Si l'on suppose (ce qui est légitime) les quatre vecteurs ramenés à l'origine, OA, OB, OC, OD (*Fig. 12*), toutes les conditions énoncées se résument en ce fait géométrique, que les triangles OAB et OCD sont semblables et semblablement placés, les côtés homologues étant OA et OC, OB et OD. La similitude de deux triangles, telle est la condition nécessaire et suffisante [1] pour que quatre vecteurs soient en proportion géométrique [2].

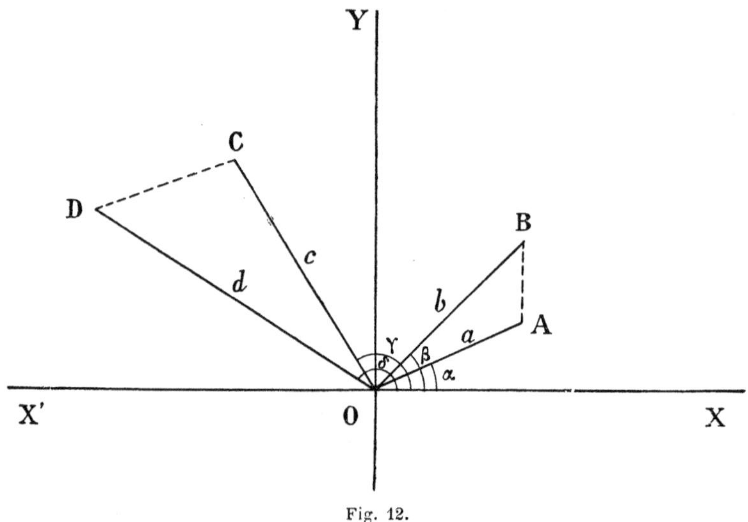

Fig. 12.

20. Cela posé, la multiplication des vecteurs, en vertu de la défi-

1. En y joignant l'identité de *sens* des deux angles AOB, COD.

2. Ces définitions et considérations sont empruntées presque textuellement à Français (article des *Annales de Gergonne*, t. IV, ap. Argand, *Essai*, 2e éd. Appendice, p. 64, 65); quant au fond des idées, il appartient, de l'aveu de Français lui-même (p. 74), à Argand (cf. *Essai*, nos 3, 4 (et note), 6, et *Annales de Gergonne*, t. IV, nos 2, 3, 4, 5).

nition générale, se ramène à une construction de triangles semblables (*Fig. 13*). Pour OA l'on prendra l'unité, c'est-à-dire le segment (0,1) représenté par le nombre réel positif $+1$ (module de la multiplication arithmétique); pour OB on prendra le multiplicateur, et pour OC le multiplicande. Avec ces données, on pourra construire le vecteur OD, qui sera le produit demandé. Il aura pour longueur la quatrième proportionnelle aux trois segments OA, OB, OC, et pour azimut la somme des azimuts des vecteurs OB et OC; en effet,

$$D\hat{O}X = D\hat{O}C + C\hat{O}X;$$

or

$$D\hat{O}C = B\hat{O}X$$

par construction; donc

$$D\hat{O}X = B\hat{O}X + C\hat{O}X.$$

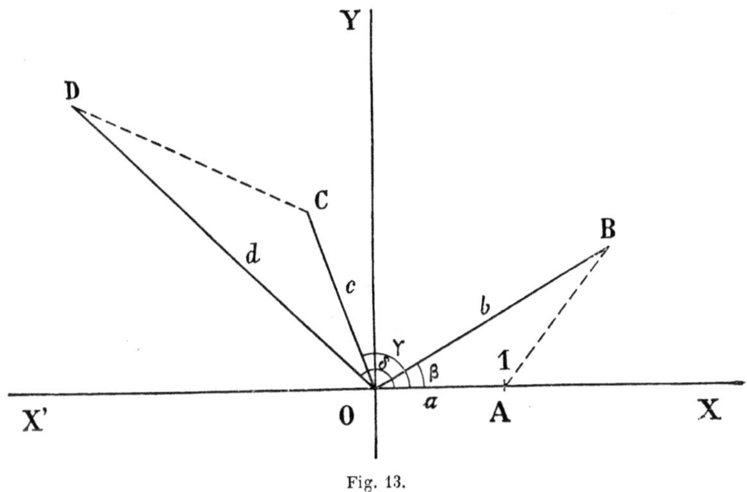

Fig. 13.

Cherchons maintenant la traduction arithmétique de cette construction géométrique. Pour cela, posons :

$$a_\alpha = +1, \quad \text{c'est-à-dire :} \quad a = 1, \quad \alpha = 0,$$

et portons ces valeurs particulières dans les deux proportions arithmétiques qui traduisent la proportion géométrique des vecteurs OA, OB, OC, OD; il vient :

$$1 : b = c : d,$$
$$0 - \beta = \gamma - \delta,$$

c'est-à-dire

$$bc = d, \qquad \beta + \gamma = \delta.$$

On en conclut la règle suivante pour la multiplication des nombres complexes :

Le *produit* de deux nombres complexes a pour valeur absolue le *produit* de leurs valeurs absolues, et pour argument la *somme* de leurs arguments [1].

21. On voit que la multiplication géométrique des vecteurs se traduit sur les nombres complexes correspondants par *deux* opérations arithmétiques bien distinctes et corrélatives : la multiplication des valeurs absolues et l'addition des arguments. Cela tient à ce fait primordial que lorsque des vecteurs forment une proportion géométrique, leurs longueurs sont en proportion par quotient et leurs azimuts en proportion par différence. Ainsi s'explique, de la façon la plus simple et la plus naturelle, cette analogie qui apparaît entre les logarithmes et les angles (ou les arcs de cercle) dans la théorie des nombres complexes (p. 128, note 1) [2].

Cette propriété, à savoir qu'aux opérations multiplicatives sur les valeurs absolues correspondent des opérations additives sur les arguments, suffirait à prouver que les nombres complexes sont fonctions exponentielles de leurs arguments, et à justifier la notation introduite précédemment [**4**] :

$$x + iy = \rho e^{\theta i},$$

où ρ représente la valeur absolue du nombre complexe, et où l'argument θ figure en exposant. Écrivons sous cette forme les vecteurs a_α, b_β, c_γ, d_δ :

$$ae^{\alpha i} = 1 . e^0 = + 1,$$
$$be^{\beta i}, \quad ce^{\gamma i}, \quad de^{\delta i}.$$

Cette notation permet de représenter la multiplication géométrique par une *seule* opération arithmétique, c'est-à-dire par une multiplication. En effet, formons le produit des deux facteurs complexes :

$$be^{\beta i} \times ce^{\gamma i} = bc . e^{(\beta + \gamma) i},$$

car, pour multiplier deux puissances d'un même nombre, il suffit d'ajouter les exposants (c'est le principe même de l'emploi des

1. Cf. Bellavitis, *Exposition de la méthode des équipollences*, n° 16.
2. Cf. Français, *loc. cit.*, p. 69 (corollaire 1er du théorème II).

logarithmes dans les calculs). Si l'on veut que ce produit soit égal au nombre complexe

$$de^{\delta i},$$

il suffit de poser

$$d = bc, \qquad \delta = \beta + \gamma.$$

On retrouve ainsi la règle de multiplication des nombres complexes énoncée plus haut [**20**].

22. *Remarques.* — Ce qui achève de justifier la notation

$$x + iy = \rho . e^{\theta i} = \rho (\cos \theta + i \sin \theta),$$

c'est que le vecteur OM, issu de l'origine, représente effectivement le produit de sa longueur ρ par le nombre $e^{\theta i}$. Soit en effet le vecteur OK qui représente $e^{\theta i}$, et soit le vecteur réel positif ON qui représente la longueur ρ (*Fig. 14*). La valeur absolue de $e^{\theta i}$ étant **1**, le vecteur OK a une longueur égale à l'unité OA : d'ailleurs il a même argument que OM (savoir θ), et par suite même direction. On voit aussi que OM est à OK ce que ON est à OA : car OK coïncide avec OM comme OA avec ON, et le rapport des longueurs est le même de part et d'autre.

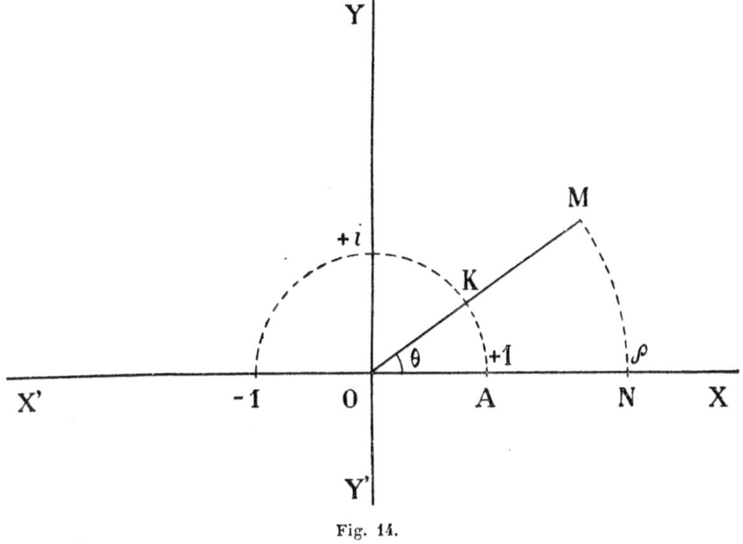

Fig. 14.

Donc OM est bien le produit du vecteur ON $= \rho$ par le vecteur OK $= e^{\theta i}$, c'est-à-dire de deux facteurs dont l'un exprime sa grandeur absolue, et l'autre sa direction[1] [**4**].

1. En général, multiplier un vecteur par un nombre réel, c'est faire varier sa

En particulier, si $\theta = \pm \frac{\pi}{2}$, le facteur $e^{\theta i}$ se réduit à $\pm i$; il est alors représenté par un vecteur de longueur 1 porté sur OY ou sur OY'. Le vecteur OM est donc, lui aussi, porté sur l'axe des quantités purement imaginaires; et en effet, le nombre complexe $(x + iy)$ se réduit dans ce cas à sa partie imaginaire

$$iy = \rho . i.$$

Ainsi tout nombre purement imaginaire est égal au produit de sa valeur absolue, c'est-à dire d'un nombre réel, par le nombre $\pm i$; et c'est ce qui justifie la notation

$$yi,$$

qui représente en général la projection d'un vecteur sur l'axe des y.

23. Des remarques précédentes il résulte que pour multiplier deux nombres complexes, mis sous la forme

$$\rho_1 \, e^{\theta_1 i}, \qquad \rho_2 \, e^{\theta_2 i},$$

on peut multiplier séparément leurs valeurs absolues ρ_1, ρ_2, et leurs coefficients de direction

$$e^{\theta_1 i}, \ e^{\theta_2 i},$$

ce qui équivaut à additionner leurs arguments; on trouve ainsi le produit :

$$\rho_1 \rho_2 \, e^{(\theta_1 + \theta_2)i} = \rho_1 \rho_2 [\cos(\theta_1 + \theta_2) + i \sin(\theta_1 + \theta_2)].$$

Or l'on sait que [1] :

$$\cos(\theta_1 + \theta_2) = \cos\theta_1 \cos\theta_2 - \sin\theta_1 \sin\theta_2$$
$$\sin(\theta_1 + \theta_2) = \sin\theta_1 \cos\theta_2 + \cos\theta_1 \sin\theta_2$$

Donc :

$$\rho_1 (\cos\theta_1 + i \sin\theta_1) \times \rho_2 (\cos\theta_2 + i \sin\theta_2)$$
$$= \rho_1 \rho_2 (\cos\theta_1 \cos\theta_2 - \sin\theta_1 \sin\theta_2) + i \rho_1 \rho_2 (\sin\theta_1 \cos\theta_2 + \cos\theta_1 \sin\theta_2)$$

Dans cette formule, remplaçons les coordonnées polaires (ρ, θ) par les coordonnées cartésiennes (x, y) au moyen des formules de transformation [**4**] :

longueur dans le rapport exprimé par ce nombre, sans changer sa direction; et le multiplier par $e^{\theta i}$, c'est le faire tourner de l'angle θ sans changer sa longueur.

1. Ces formules fondamentales se démontrent en Trigonométrie. On en trouvera une démonstration élégante et absolument générale, fondée sur la considération de deux changements d'axes successifs, dans Cournot, *Correspondance entre l'Algèbre et la Géométrie*, chap. VIII, n° 76.

$$x_1 = \rho_1 \cos \theta_1 \qquad y_1 = \rho_1 \sin \theta_1$$
$$x_2 = \rho_2 \cos \theta_2 \qquad y_2 = \rho_2 \sin \theta_2$$

il vient :

$$(x_1 + iy_1)(x_2 + iy_2) = (x_1 x_2 - y_1 y_2) + i(x_1 y_2 + x_2 y_1).$$

Nous retrouvons ainsi, justifiée par la Géométrie, la formule de multiplication des nombres complexes [I, III, **6**], comme traduction numérique de la règle générale de multiplication des vecteurs ; et cela, sans avoir fait aucune hypothèse sur la valeur numérique de la lettre i, et sans jamais lui avoir attribué un sens absurde ou fait subir une opération impossible.

C'est au contraire de la formule générale ainsi obtenue que l'on pourra légitimement déduire [comme on l'a fait : I, III, **8**] la formule particulière du produit de i par lui-même :

$$i^2 = -1.$$

La signification géométrique de cette formule est simple et claire (*Fig. 14*). On peut construire le vecteur $+i$ en faisant tourner le vecteur OA $= +1$ d'un angle droit dans le sens positif : le *rapport géométrique* de $+i$ à $+1$ comprend donc l'égalité de longueur et un accroissement d'azimut égal à 1 droit (en général, multiplier un vecteur par i, c'est le faire tourner d'un angle droit). Si donc on multiplie le vecteur $+i$ par lui-même, on devra le faire tourner encore d'un angle droit dans le même sens ; il viendra ainsi coïncider avec le vecteur -1 sur OX′. En d'autres termes, le vecteur i est la moyenne proportionnelle, en grandeur et en direction, entre le vecteur $+1$ et le vecteur -1 ; voilà tout le secret de ce symbole

$$i = \sqrt{-1},$$

qui est, au point de vue arithmétique, un scandale et un mystère [1].

24. Nous ne nous étendrons pas davantage sur le calcul des nombres complexes. Il nous suffit d'avoir justifié par des considérations géométriques les règles fondamentales posées *a priori* dans le Livre I, et d'avoir montré que toutes ces conventions en apparence arbitraires ont pour but de traduire en nombres des constructions géométriques parfaitement « réelles ». Si l'emploi des imaginaires en Algèbre est légitime, et si le calcul des nombres complexes conduit à des résultats valables, c'est parce que les opérations indiquées, qui

1. Cf. ARGAND, *Essai...*, n°s 3, 4 ; FRANÇAIS, *op. cit.*, Théorème I.

n'auraient pas de sens sur les nombres purs, ont un sens géométrique, une fois appliquées aux grandeurs que ces nombres représentent; ou plutôt, les opérations arithmétiques qui figurent dans les formules d'Algèbre, et que, le plus souvent, on ne saurait effectuer sur les nombres, ne sont que les symboles d'opérations géométriques à effectuer sur les grandeurs correspondantes; mais comme celles-ci sont affranchies des restrictions qui empêchent d'effectuer celles-là, les formules ne cessent pas de représenter des combinaisons possibles de grandeurs, lors même qu'elles ne correspondent plus à des combinaisons possibles entre les nombres. Au lieu de dire, comme COURNOT [1], que les valeurs imaginaires ne sont pas des grandeurs, qu'elles n'ont de sens que parce qu'elles peuvent être soumises aux opérations du calcul algébrique aussi bien que les quantités réelles, mais que ces opérations n'ont plus le sens d'opérations sur les grandeurs, et ne sont que des combinaisons abstraites de symboles, il faut dire, au contraire, que les valeurs imaginaires ne sont des nombres qu'autant qu'elles représentent des grandeurs « réelles », et que si les opérations algébriques effectuées sur ces nombres gardent un sens, c'est parce qu'elles continuent à figurer des opérations analogues sur les grandeurs.

Cette justification des imaginaires nous paraît plus rationnelle que celle qui consiste à les présenter comme des intermédiaires utiles, mais vides de sens, et à invoquer la vérité des relations qu'on obtient par « l'emploi transitoire de ces symboles auxiliaires [2] » [I, **10-14**]. Quant à se fier en aveugle au mécanisme du calcul, sans alléguer d'autre raison, sinon que cela réussit, il faut laisser ces arguments aux manœuvres de l'Algèbre, qui, maniant cette science comme une machine à calculer, tournent la manivelle sans savoir comment l'instrument fonctionne. Sans doute, on nous dit [3] que l'Algèbre n'est pas seulement une Arithmétique généralisée, qu'elle procède de la théorie des combinaisons et de l'ordre, et que ce système de relations formelles garde encore sa valeur lors même qu'elles ne s'appliquent plus à des nombres. Mais alors à quoi s'appliquent-elles? Les « règles de syntaxe » de l'Algèbre n'ont de sens que si elles portent sur des objets « réels » de la pensée, et si ce ne sont pas des

1. *Correspondance entre l'Algèbre et la Géométrie*, chap. VI, § 29.
2. COURNOT, *op. cit.*, § 30. Cf. Paul TANNERY, *la Géométrie imaginaire et la notion d'espace*, ap. *Revue philosophique*, t. II, p. 433.
3. COURNOT, *op. cit.*, § 29.

nombres que l'on combine, il faut bien que ce soient des grandeurs de quelque autre espèce. Par exemple, si $\sqrt{-1}$ n'existe pas, il est absurde de multiplier ce symbole par lui-même, et de l'égaler à -1, comme s'il s'agissait d'un nombre véritable : une telle combinaison ne signifie rien, car elle n'a aucun contenu « réel » et intelligible. Dès lors, appliquer machinalement à ce non-sens numérique toutes les formules établies pour les nombres réels, sous prétexte de généralité, et croire que néanmoins le mécanisme algébrique fournira toujours des résultats conformes à la vérité, c'est s'imaginer qu'un moulin donne encore de la farine, quand, le blé venant à manquer, les meules tournent à vide.

25. Ce qu'il y a de vrai dans les considérations toujours si ingénieuses et si pénétrantes de Cournot au sujet des imaginaires (sujet sur lequel, d'ailleurs, la lumière n'était pas encore définitivement faite de son temps), c'est que la validité des formules de l'Algèbre repose seulement sur les propriétés générales des combinaisons, et non sur le sens particulier des opérations à effectuer sur les nombres. Seulement on conçoit alors l'Algèbre, non plus comme une Arithmétique générale, mais comme la langue propre et l'instrument de l'Analyse; les mêmes opérations qui n'auraient pas de sens si les lettres signifiaient des nombres, en ont un quand elles arrivent à signifier des grandeurs; de sorte que, si l'Algèbre traite d'abord directement les nombres, puis indirectement les grandeurs que ces nombres représentent, elle s'affranchit, grâce à l'Analyse, de l'intermédiaire du nombre, et permet de manier directement la grandeur continue. C'est donc la continuité essentielle à la grandeur qui est le fondement véritable de la généralité propre à l'Algèbre; c'est la continuité des grandeurs géométriques qui donne à la continuité algébrique son intérêt et sa raison d'être [I, **8-9**]. Ce qui fait la valeur universelle des formules algébriques, c'est qu'elles persistent à symboliser des combinaisons de grandeurs réelles, alors même qu'elles ont cessé de représenter des opérations numériques.

Ainsi se justifient et s'éclairent à la fois la généralisation des opérations arithmétiques, et l'extension corrélative qui en résulte pour l'ensemble des nombres. Si l'on est obligé de généraliser telle opération arithmétique, la soustraction par exemple, c'est parce que, si elle n'est pas toujours possible numériquement, elle correspond à une opération géométrique toujours possible : et l'on est par là conduit à introduire le nombre négatif, non pas comme résultat d'une opération arithmétique impossible, mais comme symbole du résultat d'une opération géométrique toujours possible. C'est pourquoi, toutes les fois que l'on crée une nouvelle espèce de nombres, on est obligé de définir à nouveau l'égalité, l'addition et la multiplication, parce que, si elles ont le même nom, elles n'ont plus le même sens pour les nouveaux nombres que pour les anciens [1]. On étend donc à la fois l'idée du nombre et la notion des combinaisons qu'on peut effectuer sur les nombres; et c'est grâce à ce développement parallèle que les généralisations successives du nombre sont exemptes de toute contradiction, comme nous avons eu soin de le remarquer [I, I, **20**; II, **20**; III, **9**; IV, **2**, **9**; II, II, **6**]. Par là tombent du même coup toutes les objections qu'on pourrait élever, soit contre l'introduction parmi les nombres de symboles dénués de sens numérique, soit contre l'admission d'opérations impossibles à titre d'opérations possibles donnant des résultats « réels ». Quant à la conservation des propriétés essentielles des opérations fondamentales de l'Arithmétique (en vertu du principe de HANKEL), elle s'explique par ce fait que les opérations de même nom définies dans les ensembles successifs de nombres ne cessent de correspondre à une seule et même opération homonyme effectuée sur des grandeurs; de sorte que, si leur définition arithmétique peut changer du tout au tout, elles conservent néanmoins leur sens concret et continuent à représenter la même combinaison géométrique [cf. p. 195, note 3].

26. Pour résumer tout ce Livre en quelques mots, la généralisation du nombre a pour but de le rendre de plus en plus adéquat à la grandeur. Le nombre semble ainsi s'enrichir de tous les caractères propres à la grandeur : il devient divisible avec les fractions, continu avec les nombres irrationnels. Grâce aux nombres *qualifiés*, « nous pouvons tenir compte de la qualité la plus essentielle de la grandeur, celle d'être susceptible de sens. Si l'on veut parler ainsi, les nombres positifs et négatifs représentent la grandeur avec une *qualité* de plus » que les nombres arithmétiques ; « ils sont reliés plus étroitement à elle et en pénètrent plus intimement la nature [2] ». Ajoutons enfin que les nombres complexes représentent les grandeurs avec une *qualité* de plus, à savoir leur direction [3].

1. Voir ARGAND, *Essai*... Préface de J. HOUEL, p. X.
2. PADÉ, *Algèbre élémentaire*, n° 89. De telles phrases sont trop rares sous la plume des mathématiciens pour que nous ne cédions pas au plaisir de citer celle-ci.
3. ARGAND, *Essai*..., n°s 2, 3.

Ce développement de l'idée de nombre est d'autant plus remarquable, au point de vue philosophique, que le nombre arrive ainsi à représenter, non seulement la grandeur absolue, mais encore la situation; la quantité pure devient ainsi le symbole de déterminations que l'on considère d'habitude comme *qualitatives*, telles que le sens et la direction [1]. Il ne semble donc pas que les rapports de situation soient irréductibles aux rapports de grandeur, ni que ces deux ordres de relations appartiennent à deux catégories radicalement distinctes, la qualité et la quantité. En effet, dans la Géométrie analytique, toutes les relations d'ordre et de position se traduisent par des relations numériques et purement quantitatives : par exemple, la direction d'une droite se définit par un angle, c'est-à-dire par une grandeur, qui s'exprime elle-même par un coefficient numérique. Ainsi l'opposition de la grandeur et de la forme se réduit à la distinction des longueurs et des angles, c'est-à-dire de deux espèces de grandeur; et cette distinction même s'évanouit à son tour, quand on mesure les angles par des arcs de cercle, c'est-à-dire par des longueurs rapportées à la même unité que les longueurs rectilignes.

Par conséquent il ne faut pas attacher trop d'importance, en Philosophie mathématique, à cette dualité scolastique de la quantité et de la qualité, dans laquelle Kant a cru trouver la racine des jugements synthétiques *a priori* qui sont le fondement des Mathématiques, et en particulier des postulats de la Géométrie [2]. Ces deux catégories sont si peu irréductibles l'une à l'autre, que le progrès des sciences exactes consiste précisément à réduire de plus en plus la qualité à la quantité, et à traduire les nuances les plus délicates et les plus subtiles de la forme par des relations entre des grandeurs [3].

1. On sait qu'Aristote regardait comme des qualités hétérogènes et absolues de l'espace le haut et le bas, le droit et le gauche, l'avant et l'arrière.

2. Cf. *Revue de Métaphysique et de Morale*, t. I, p. 84.

3. Ces considérations se justifient par l'étude du Calcul infinitésimal, où l'on trouve la définition mathématique des propriétés géométriques qu'on croirait à première vue les plus insaisissables, et de certaines qualités des figures qui semblent ne relever que du sentiment et du goût esthétique : telles sont, par exemple, la courbure et la torsion d'une courbe dans l'espace, et même la variation de la courbure, que Newton appelait la *qualité* de la courbure (*Méthode des Fluxions*, Problème VI).

LIVRE IV

L'INFINI MATHÉMATIQUE

Dans le Livre précédent, nous avons essayé d'établir que la généralisation de l'idée de nombre ne se justifie que par l'application des nombres aux grandeurs. Toutes les formes du nombre généralisé sont d'abord des symboles d'impossibilité arithmétique, par rapport à l'ensemble des nombres déjà acquis et aux opérations définies pour ces nombres, ou encore des solutions « imaginaires » d'équations algébriques; mais les nouveaux nombres deviennent « réels » et valables, dès qu'ils peuvent représenter de nouvelles grandeurs; et les opérations auparavant impossibles deviennent possibles et légitimes, quand elles correspondent à des combinaisons de ces grandeurs. Ainsi chaque nouvel ensemble de nombres n'a de raison d'être que comme schème d'une nouvelle espèce de grandeurs, et les opérations définies pour ces nombres n'ont de sens qu'autant qu'elles figurent des combinaisons qu'on peut effectuer réellement sur les grandeurs correspondantes.

Or l'*infini* se présente également, en Arithmétique et en Algèbre, comme un symbole d'impossibilité, comme une solution absurde et fausse; mais il ne faut pas se hâter d'en conclure que le *nombre infini* soit impossible et contradictoire. Au contraire, l'analogie de ce nombre avec les autres extensions du nombre entier fait présumer qu'il se justifie, de même, par son application à la grandeur continue; et il est bien probable que ce non-sens arithmétique représente, comme tous les autres, un certain état de grandeur dont on ne possède pas encore de schème numérique. Si ces présomptions sont vraies, si l'on peut trouver une grandeur particulière, notamment en Géométrie, qui soit à proprement parler et rigoureusement infinie, c'est-à-dire plus grande que toutes les grandeurs qui correspondent aux nombres déjà connus, il faudra reconnaître que le *nombre infini* n'est ni un concept inintelligible, ni un symbole vide de sens, mais qu'il a la même valeur que les autres formes du nombre, et qu'il correspond, lui aussi, à une certaine réalité.

Aussi, suivant la conception qu'on se fait des diverses formes du nombre et la manière dont on les introduit dans l'Arithmétique générale, on aura une idée toute différente de la valeur et de l'importance du nombre infini dans l'Analyse. C'est pourquoi il nous a paru impossible de séparer la question de l'infini mathématique de l'étude de la généralisation du nombre. Si le nombre infini peut se justifier et conquérir droit de cité, sinon dans la science, du moins dans la Philosophie mathématique, c'est de la même manière que se justifient les autres espèces de nombres, et pour les mêmes raisons qui les ont fait admettre.

CHAPITRE I

L'INFINI GÉOMÉTRIQUE

1. Entrons tout de suite dans le vif de la question en exposant comment le nombre infini apparaît en Algèbre dans la résolution de l'équation du premier degré.

Proposons-nous le problème suivant (*Fig. 15*).

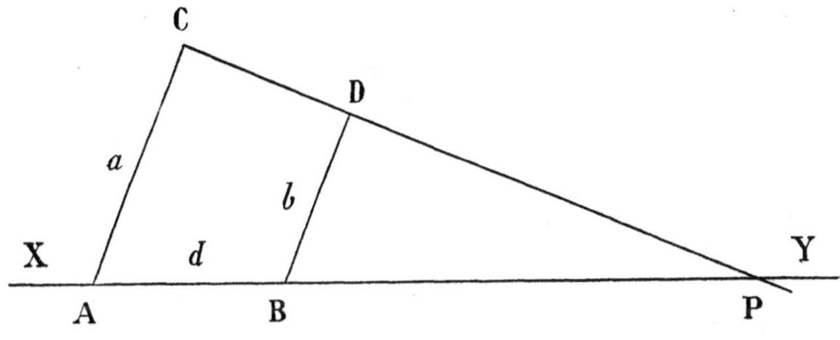

Fig. 15.

Soient deux points fixes donnés A et B sur une droite indéfinie XY, d leur distance (longueur du segment AB); on mène deux segments parallèles (de direction quelconque) AC, BD, dont les longueurs respectives sont a et b. On demande en quel point la droite indéfinie CD rencontre la droite XY.

Voici comment on résout par l'Algèbre ce problème très simple : Soit P le point où la droite CD rencontre XY; les triangles ACP, BDP étant semblables, on a :

$$\frac{AP}{BP} = \frac{AC}{BD}.$$

Prenons pour inconnue x le segment AP; il est clair que l'on connaîtra le point P quand on aura trouvé x. Posons donc :

$$AP = x, \qquad BP = x - d,$$
$$AC = a, \qquad BD = b.$$

La proportion précédente peut s'écrire :

$$\frac{x}{x-d} = \frac{a}{b}.$$

Telle est l'équation du problème. Résolvons-la :

$$bx = ax - ad, \qquad ax - bx = ad,$$
$$(a - b)\, x = ad, \qquad x = \frac{ad}{a-b}.$$

Telle est la solution du problème. Les nombres a, b, d sont connus; le calcul de x est dès lors très facile. Nous pouvons supposer que les trois nombres donnés sont positifs. Le numérateur de x, ad, sera par suite toujours positif. Le signe de x dépendra donc du dénominateur $(a - b)$: la valeur numérique de x sera positive si a est supérieur à b, négative si a est inférieur à b. On voit par cet exemple ce que signifie une racine négative : la valeur négative qu'on trouve pour x, quand $a < b$, est une solution tout aussi « réelle » qu'une racine positive, et a la même valeur au point de vue géométrique. En effet, on remarque sans peine que le point P se trouve du côté de celui des deux segments AC, BD qui est le plus court, c'est-à-dire au delà de B si $a > b$; au delà de A, si $a < b$. Or nous avons supposé dans la figure et dans la mise en équation b plus petit que a : nous avons donc pris P au delà de B, c'est-à-dire que nous avons choisi le sens AB pour sens *positif* des segments sur XY. Mais puisque la droite indéfinie XY est susceptible de deux sens contraires, et que le point P peut tomber aussi bien au delà de A qu'au delà de B, il est tout naturel que le segment AP devienne négatif quand il se trouve dans le sens opposé à AB, de sorte que l'équation est également valable dans les deux cas et fournit toujours la solution géométrique du problème, soit que $a > b$, soit que $a < b$ [1].

Reste à examiner le cas particulier et exceptionnel où : $a = b$.

1. Cf. III, I, **14-17**; III, **16**, et CARNOT, *Métaphysique du Calcul infinitésimal*, Note relative au n° 162 : n° 5, *Principe fondamental* (de l'interprétation des racines négatives).

Le dénominateur de x s'annule alors, et la valeur numérique de x prend la forme

$$\frac{ad}{0} = \infty .$$

Que signifie une telle solution? Il est aisé de s'en rendre compte par la Géométrie. Les deux droites finies AC, BD étant égales et parallèles, le quadrilatère ABDC est un parallélogramme, et par conséquent les droites AB, CD sont parallèles; elles ne se rencontrent pas. La solution précédente est donc un symbole d'impossibilité; elle indique que le point cherché P n'existe pas.

2. Est-ce à dire que le problème lui-même soit impossible, et que la question posée n'ait aucun sens? Non pas, car cette racine *infinie* correspond à une solution déterminée du problème, à une position précise de la droite CD : elle signifie que cette droite rencontre la droite XY *à l'infini*, c'est-à-dire que le point P est infiniment éloigné de A sur XY. Elle répond donc exactement à la question dans ce cas particulier où les droites AB, CD sont parallèles. Que la fraction $\frac{ad}{0}$ soit un symbole d'impossibilité numérique, en ce sens qu'il n'y a aucun nombre entier *fini* qui puisse représenter la distance du point P au point A, c'est-à-dire la longueur du segment AP, cela est trop évident; mais il ne faut pas en conclure qu'elle soit en même temps un symbole d'impossibilité géométrique, car elle permet de construire la droite CD au moyen d'un seul des points C ou D, et la détermine aussi complètement qu'on pourrait le faire en donnant un second point quelconque de cette droite. En résumé, que le point cherché P soit à distance finie ou à l'infini, il répond directement à la question posée, et le nombre qui représente sa distance au point A est une solution tout aussi valable et déterminée quand il est infini que lorsqu'il est fini[1].

3. On objectera peut-être que, lorsqu'on dit que deux droites parallèles se rencontrent à l'infini, on emploie une manière de parler commode, mais abusive; qu'il n'y a là qu'une convention destinée à abréger le langage et à permettre de dire dans tous les cas que deux droites d'un même plan ont un point commun, en faisant rentrer, par une fiction purement verbale, le cas exceptionnel

1. En effet, ce cas est bien distinct du cas d'indétermination, où la valeur de x prend la forme $\frac{0}{0}$ (soit que $a = b = 0$, soit que $d = 0$, $a = b$).

où elles ne se rencontrent pas dans le cas général où elles se rencontrent « réellement »; de sorte que dire que leur point de rencontre est *à l'infini*, c'est dire sous une forme métaphorique qu'il n'est *nulle part*, qu'il n'existe pas.

Une telle conception est assurément logique, et, en ce sens, irréfutable; elle a pourtant quelque chose qui choque la raison, parce qu'elle viole le principe de continuité. C'est en effet par la considération de la continuité que l'on parvient à interpréter la racine $\frac{m}{0}$, qui est un non-sens numérique, et à découvrir son sens géométrique comme symbole d'une grandeur infinie. On regarde la fraction $\frac{m}{0}$ comme la *limite* d'une fraction proprement dite $\frac{m}{\varepsilon}$, dont le numérateur m est fixe et dont le dénominateur ε a pour limite *zéro*. Le quotient du nombre fini m par un nombre ε très petit est un nombre très grand; plus le nombre ε sera petit, plus la fraction $\frac{m}{\varepsilon}$ sera grande, et l'on pourra toujours donner à ε une valeur assez petite pour que $\frac{m}{\varepsilon}$ soit plus grand que tout nombre fini donné, si grand qu'il soit. Dans ces conditions, si ε décroît au-dessous de toute borne, $\frac{m}{\varepsilon}$ augmente au delà de toute borne, et de même qu'on dit que ε a une limite, qui est *zéro*, on peut dire que $\frac{m}{\varepsilon}$ a une limite, qui est l'*infini*. Enfin, si ε, en variant d'une manière continue, atteint sa limite *zéro*, la fraction $\frac{m}{\varepsilon}$, variant elle aussi d'une manière continue, devra atteindre sa limite, l'*infini*; on dit qu'elle devient infinie quand ε devient nul, ou pour $\varepsilon = 0$, et l'on écrit :

$$\frac{m}{0} = \infty.$$

Voilà comment on trouve la « vraie valeur » de ce symbole, grâce à l'intervention du principe de continuité. Or si ce principe ne s'applique pas aux nombres, essentiellement discontinus, il s'applique aux grandeurs continues qui correspondent à ces nombres; en admettant que le symbole $\frac{m}{0}$ n'ait pas de sens numérique, il ne laisse pas d'en avoir un parfaitement intelligible en Géométrie : car ce qui est absurde ou illégitime au point de vue du nombre pur ne l'est plus au point de vue géométrique, et les considérations de continuité invoquées plus haut, sans valeur en Arithmétique, sont absolument valables en Analyse, où l'on étudie la grandeur continue [III, IV, **25**]. Nous sommes d'autant plus autorisé à donner un sens au symbole *infini*, que nous savons déjà, par tout ce qui précède, que le nombre ne suffit pas à représenter toutes les grandeurs, et qu'on a déjà été obligé de créer plusieurs espèces de nombres pour les appliquer aux divers états de grandeur qu'offre le continu géométrique. Il n'y a donc rien d'impossible à ce que le nombre infini soit nécessaire pour représenter un état de grandeur, ou plutôt il est extrêmement probable que telle est bien sa véritable signification.

4. On ne manquera pas de nous objecter que nous avons raisonné plus haut comme si les nombres ε et $\frac{m}{\varepsilon}$ atteignaient leurs limites respectives, alors qu'on sait qu'une suite indéfinie de nombres n'atteint jamais sa limite. Cela est vrai (en général) des variables assujetties à ne prendre que des valeurs numériques discrètes, mais non des grandeurs qui varient d'une façon continue. Sans doute, si l'on fait *tendre*, comme on dit, ε vers *zéro* par la suite des valeurs $\frac{1}{n}$, où n prend successivement toutes les valeurs entières positives, ε n'atteindra jamais sa limite *zéro*, et ne deviendra jamais nul; de même, la fraction $\frac{m}{\varepsilon} = mn$ croîtra par des valeurs numériques de plus en plus grandes, mais toujours finies et discontinues, et tendra, si l'on veut, vers sa limite l'*infini*, sans l'atteindre jamais. Mais si l'on fait au contraire varier ε d'une manière continue en passant par toutes les valeurs réelles depuis 1, par exemple, jusqu'à *zéro* inclusivement, c'est-à-dire si l'on fait parcourir à la variable ε l'intervalle fini et continu $(1, 0)$, elle atteindra évidemment la limite inférieure de ses valeurs, qui est *zéro*; et en même temps, la fraction $\frac{m}{\varepsilon}$ variera d'une façon continue depuis m jusqu'à ∞, *inclusivement* aussi, c'est-à-dire parcourra toutes les valeurs réelles supérieures à m, et atteindra la limite supérieure de l'ensemble des nombres réels, laquelle est, comme on sait, l'*infini* [v. Note II, **12**]. Tout dépend de la discontinuité ou de la continuité des variations de ε; or si, au point de vue arithmétique, il est naturel de faire décroître le nombre ε par des valeurs discrètes telles que $\frac{1}{n}$, n passant par toutes les valeurs entières, de sorte que n croît indéfiniment tout en restant fini, et que $\frac{1}{n}$ décroît indéfiniment sans jamais s'annuler, au point de vue géométrique, au contraire, la *grandeur* représentée par ε (par exemple $a - b$) peut décroître d'une manière continue, et alors rien ne l'empêche de s'annuler (par exemple b de devenir rigoureusement égal à a); par conséquent, la grandeur représentée par $\frac{m}{\varepsilon}$ atteindra, elle aussi, sa limite, et deviendra rigoureusement *infinie*. En d'autres termes, toute fonction *continue* dans un intervalle atteint dans cet intervalle la limite supérieure et la limite inférieure de ses valeurs [Note II, **13**], et c'est pour cela qu'au passage continu à la limite

$$\text{lim. } \varepsilon = 0$$

correspond le passage continu à la limite

$$\text{lim. } \frac{m}{\varepsilon} = \infty .$$

5. Remarquons, à ce propos, qu'il faut soigneusement distinguer l'infini proprement dit de l'indéfini, qui n'est qu'un *fini variable*, et qu'on appelle, suivant les cas, infiniment grand ou infiniment petit. Le nombre variable n qui parcourt toutes les valeurs entières est toujours fini, bien qu'il croisse indéfiniment : on dit qu'il est infiniment grand. En même temps, son inverse $\frac{1}{n}$ reste, lui aussi, toujours fini, bien qu'il décroisse indéfiniment : on dit qu'il est infiniment petit. En général, on appelle *infiniment petite* une quantité *variable* qui tend vers *zéro* (a pour limite *zéro*), et *infiniment grande* une quantité *variable* qui croît au delà de toutes bornes, ce qu'on exprime en disant qu'elle a pour limite l'infini ou tend vers l'infini. Mais on ne doit pas confondre la quantité *variable* avec la quantité *fixe* qui est sa limite; non pas que la limite soit toujours et nécessairement en dehors du champ de variation de la variable, et qu'il soit de l'essence d'une limite de n'être jamais atteinte : ce n'est là qu'une propriété accidentelle de la limite, qui dépend de la manière dont la variable *tend* vers sa limite [1]. Ce qui est vrai dans tous les cas, c'est que la limite est une quantité fixe, une borne immobile, par opposition à la quantité variable qui s'en approche indéfiniment, et lors

1. Voir G. Milhaud, *La notion de limite en mathématiques*, ap. *Revue philosophique*, t. XXXII, p. 1.

même que la limite est atteinte par le progrès continu de la variable, il y a toujours lieu de la distinguer, comme toute autre valeur *fixe*, de la variable qui y passe ou qui s'y arrête [III, IV, **6**]. On pourra donc dire, en considérant le passage à la limite (continu ou discontinu) de la variable n, qu'elle est *indéfinie*; mais si on la regarde comme arrivée au terme de sa variation et coïncidant avec sa limite, il faudra dire qu'elle est proprement *infinie*. En effet, on ne considère plus alors la quantité à l'état *fluent*, mais à l'état fixe; et de même qu'une quantité *fixe* plus petite que toute quantité donnée est rigoureusement *nulle*, de même une quantité *fixe* plus grande que toute quantité donnée est rigoureusement *infinie*. L'infiniment grand et l'infiniment petit, qui sont corrélatifs et inverses l'un de l'autre, appartiennent tous deux au domaine du fini variable ou de l'indéfini; mais leurs limites stables sont placées en dehors de ce domaine et le terminent de part et d'autre : l'infiniment petit a pour limite *zéro*; l'infiniment grand a pour limite l'*infini*.

6. Pour éclaircir et illustrer cette distinction abstraite, nous allons recourir à un exemple géométrique bien simple, qui rendra en quelque sorte visible et palpable la réalité de l'infini géométrique. Aussi bien les figures les plus compliquées où apparaît cet infini ne diffèrent pas essentiellement de celle que nous allons décrire, et l'on peut juger, par cet exemple, de tous les cas où l'infini s'introduit en Géométrie.

Considérons dans un plan (*Fig. 16*) un cercle O de rayon égal à l'unité (c'est-à-dire qu'on prend ce rayon pour unité de longueur), et une droite indéfinie X'X tangente à ce cercle en A : OA est le rayon du point de contact. Supposons qu'une demi-droite indéfinie OZ soit mobile autour du centre O, et coïncide, à l'instant initial, avec le rayon OA. Cette demi-droite peut faire un tour complet dans le plan et revenir à sa position initiale OA. Nous désignerons par M son point d'intersection avec la droite fixe X'X (quand elle la rencontre). Pour étudier le mouvement (ou déplacement) de ce point M, on peut régler la rotation de la droite mobile OZ de deux manières bien différentes.

1° Supposons que le point M se déplace sur AX, à partir du point A, d'un mouvement uniforme, c'est-à-dire avec une vitesse constante : qu'il parcoure, par exemple, l'unité de longueur (c'est-à-dire tout segment égal à OA) en l'unité de temps (en *une* seconde). La longueur du segment AM (abscisse du point M) croîtra donc proportionnellement au temps, et, dans l'hypothèse particulière que nous venons de faire, le nombre l qui représente cette longueur sera constamment égal au nombre t de secondes écoulées depuis l'instant initial. Or la droite AX étant indéfinie, le point M n'arrivera jamais au bout; il ne s'arrêtera donc jamais. La longueur AM sera toujours finie au bout d'un temps fini, mais elle ne cessera pas de croître avec le temps, et pourra surpasser toute longueur donnée, si grande qu'elle soit, pourvu qu'on accorde au point M un temps suffisamment long, mais néanmoins fini. Les nombres l et t (qu'ils soient égaux ou seulement proportionnels) prendront une fois toutes les valeurs réelles positives, et deviendront supérieurs à tout nombre réel donné. En résumé, la longueur AM deviendra infiniment grande, c'est-à-dire croîtra indéfiniment, ainsi que le nombre qui la représente; mais comme elle est toujours finie, on trouvera toujours dans l'ensemble des nombres réels finis un nombre correspondant à la position du point M.

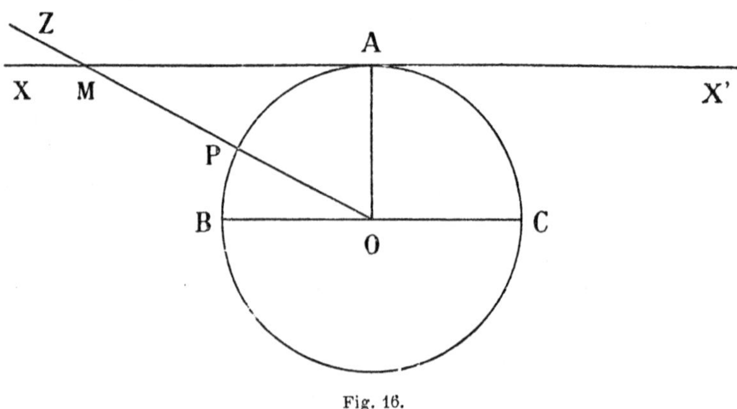

Fig. 16.

D'autre part, considérons le point P de la demi-droite mobile OZ, qui au début coïncidait avec le point A. En même temps que le point M parcourt la demi-droite indéfinie AX, le point P parcourt la circonférence, de A en B. L'arc AP croît constamment, ainsi que le segment AM; non seulement il reste fini, mais il est toujours inférieur à l'arc AB qui correspond à l'angle droit AOB. En effet, puisque la demi-droite OZ rencontre toujours AX (à une distance finie du point A), elle ne peut venir coïncider avec OB, qui est parallèle à AX, c'est-à-dire qui ne la rencontre en aucun point (à distance finie). Cependant le point P s'approche indéfiniment du point B, de même que la droite OZ s'approche indéfiniment de OB sans l'atteindre jamais, de sorte que l'arc BP, différence de l'arc fixe AB et de l'arc variable AP, décroît indéfiniment, sans jamais pourtant s'annuler. Cela veut dire, en termes plus précis, que l'on pourra trouver un temps fini t assez long, ou une longueur finie l assez grande, pour que l'arc BP soit plus petit que tel arc donné, si petit qu'il soit, c'est-à-dire pour que l'arc AP diffère de l'arc AB d'aussi peu qu'on voudra. C'est ce qu'on exprime en disant que l'arc AB a pour *limite* l'arc AB quand le temps t, ou la longueur AM, croît indéfiniment, et l'on écrit :

$$\lim \mathrm{AP} = \mathrm{AB}$$

pour

$$\lim t = \infty$$

ou pour

$$\lim l = \infty$$

formules qui, comme on le voit, n'impliquent aucun infini, mais simplement l'indéfini [1]. La longueur AM est infiniment grande, mais jamais infinie ; l'arc BP est infiniment petit, mais jamais nul. On n'a donc jamais affaire, dans tout ce processus, qu'à des grandeurs finies, représentables par des nombres réels.

2° Supposons à présent que le point P se déplace d'un mouvement uniforme sur la circonférence, de A vers B, de manière à parcourir des arcs égaux en des temps égaux. Si petite que soit sa vitesse, c'est-à-dire l'arc qu'il parcourt dans l'unité de temps, cet arc sera contenu un nombre fini de fois dans l'arc AB ; donc le point mobile P arrivera en B au bout d'un temps fini, qu'il sera aisé de calculer ; il coïncidera un instant avec B, et le dépassera même ensuite. A chaque instant de ce mouvement entre A et B, la demi-droite OZ occupe une position déterminée, et rencontre AX en un point M également déterminé. En résumé, nous établissons une correspondance univoque et réciproque entre les positions successives du point M et celles du point P au moyen du rayon vecteur OPMZ (c'est-à-dire par perspective, O étant le point de vue, ou encore le centre de projection). En même temps on établit une correspondance analogue entre les grandeurs qui définissent ces positions respectives, à savoir le segment AM et l'arc AP, qui sont deux *longueurs*. Seulement, dans le premier cas, la longueur AM était considérée comme la variable

1. Pour la signification de ces formules, voir Note II, **11**, corollaire I.

indépendante, et l'arc AP comme la fonction; tandis que dans le second cas, l'arc est la variable indépendante, et la longueur AM est la fonction (inverse de la précédente) ; ce changement de point de vue, qui, notons-le bien, ne modifie en rien la correspondance définie plus haut, équivaut à l'*inversion* de la fonction à étudier [1].

Cela posé, cherchons où se trouve le point M quand le point P arrive en B. Tandis que, dans le premier cas, les deux grandeurs variables approchaient indéfiniment de leurs limites respectives sans jamais les atteindre (du moins en un temps fini), dans le cas présent l'arc AP devient égal à sa limite l'arc AB, et peut même lui devenir supérieur; il faut donc que la longueur AM prenne, elle aussi, sa valeur-limite, qui est l'*infini*. Le point M a donc atteint la position-limite que, dans le premier cas, il ne pouvait jamais atteindre (en aucun temps fini), et l'on doit dire que les deux droites AX et OZ se rencontrent *à l'infini*.

7. On nous objectera sans doute : Mais cette conclusion contredit la propriété essentielle des parallèles, qui leur sert de définition, à savoir qu'elles ne se rencontrent pas et n'ont aucun point commun. Or les droites AX et OB sont parallèles par construction (comme perpendiculaires à une même droite OA); donc le point M n'existe pas; dire qu'il est à l'infini n'est qu'un euphémisme pour dire qu'il n'est nulle part dans le plan.

Nous répondons à cela que la définition des parallèles ne signifie pas tout à fait ce qu'on veut lui faire dire. On affirme que deux parallèles ne se rencontrent pas, « si loin qu'on les prolonge », c'est-à-dire qu'elles ne se rencontrent pas *à distance finie:* on ne peut pas en conclure qu'elles ne se rencontrent pas non plus à l'infini. Dans cette définition, on considère les droites comme *indéfinies* seulement, non comme *infinies;* en d'autres termes, on dit que si deux droites ne sont pas parallèles, on devra leur trouver un point d'intersection à distance *finie*, c'est-à-dire qu'il suffit de les prolonger chacune d'une longueur *finie* pour les amener à se rencontrer, rien de plus; mais il ne peut être question de les prolonger l'une et l'autre à l'infini. Le fait que deux droites parallèles se rencontrent à l'infini ne contredit donc nullement la définition des parallèles.

Bien plus, dès que l'on admet que les deux droites sont indéfinies, c'est-à-dire qu'on peut toujours les prolonger au delà d'un quel-

1. Pour la définition de ces termes, voir Note II, 1.

conque de leurs points (et l'on est bien forcé de l'admettre, car c'est la propriété essentielle de la direction), on est obligé de les concevoir comme réellement infinies; et en effet, si l'on considère la droite X'X comme donnée tout entière (et elle est donnée tout entière quand on donne deux de ses points), elle n'est pas variable ni mobile, mais stable et fixe, et dès lors on ne peut plus lui attribuer le caractère d'*indéfini*; et comme d'autre part la « finité » serait contradictoire à son essence, il faut convenir qu'elle est *infinie*. D'ailleurs, il faut bien que cette droite soit *infinie*, pour servir de carrière à la course *indéfinie* du point M, et pour fournir à la longueur variable AM un champ de variation qui ne lui fasse jamais défaut [1]. Soutenir que la droite *donnée* X'X est indéfinie, et non infinie, c'est la confondre avec le segment variable AM; c'est admettre qu'elle *devient* et *se fait* à mesure qu'on la prolonge, et qu'elle n'*est* jamais véritablement. Mais comment pourrait-on, non seulement la prolonger effectivement, mais la concevoir comme prolongée ou « prolongeable » à volonté, si elle n'existait pas antérieurement à toutes les constructions qu'on effectue sur elle, et si son « idée » n'offrait pas, par son infinité réelle, le modèle immuable de tous les prolongements possibles qu'il nous plaira d'opérer? La possibilité de prolonger indéfiniment une direction donnée montre que cette direction implique par elle-même une infinité absolue, à moins que l'on ne confonde l'idée de droite avec les images sensibles, toujours grossières et incomplètes, qu'on en dessine, et que l'on ne soutienne qu'une ligne droite n'existe que dans la mesure et dans l'étendue où l'on a pu la figurer matériellement, à l'encre ou à la craie.

8. On entrevoit peut-être quelles graves questions philosophiques soulève la considération de l'infini mathématique; mais comme elles ressortissent à la Logique et à la Théorie de la connaissance, nous en réservons la discussion pour la seconde Partie de cet Ouvrage. Présentement, il nous suffit d'exposer le fait de l'infini géométrique dans toute sa simplicité et, si l'on ose dire, dans son évidence mathématique. Pour mieux montrer que deux droites parallèles ont encore un point commun *à l'infini*, revenons à notre second cas, et demandons-nous ce que *devient* le point M quand la droite OZ *devient* paral-

1. Cf. III, IV, **6**. — Cette thèse a été soutenue avec beaucoup de verve et d'humour, contre les critiques de l'Herbartien Ballauf, par M. Cantor dans sa *Lettre à M. Lasswitz*, 15 février 1884, ap. *Zeitschrift für Philosophie und philosophische Kritik*, t. 91, § I. Voir aussi sa *Lettre à Giulio Vivanti*, mai 1886 (*Ibid.*, § VII).

lèle à AX. Si l'on ne veut pas admettre l'existence de ce point à l'infini, et si l'on préfère soutenir que les deux droites, considérées dans leur totalité, n'ont aucun point commun, il faudra bien qu'à un instant donné elles se séparent et cessent de se croiser pour devenir parallèles. Nous raisonnons ici contre un « finitiste » conséquent avec lui-même ; il est donc en même temps « discontinuiste », c'est-à-dire qu'il n'admet pas que les grandeurs AM, AP, BP, etc., varient d'une manière continue, ni qu'elles atteignent leurs limites respectives, ∞, AB, 0. Nous le prierons donc de vouloir bien nous indiquer à quel moment, dans la rotation de la droite OZ décrivant l'angle droit AOB (de A en B), cette droite cessera de rencontrer AX, et par conséquent le point M cessera d'exister. Puisque notre adversaire admet que dans ce mouvement la droite OZ ne peut prendre qu'un nombre fini de positions correspondant à autant d'instants indivisibles, il répondra sans doute que la dernière des positions où OZ rencontre AX est celle qui a précédé immédiatement la position OB, et que le moment où le point M disparaît est le dernier instant qui précède celui où OZ coïncide avec OB. Or, à ce moment, OZ n'était pas parallèle à AX, et la rencontrait en un point M situé à distance finie sur les deux droites (*Fig. 17*) ; cela veut dire que les segments AM, OM étaient tous deux finis, et représentés par des nombres réels, d'ailleurs aussi grands qu'on voudra le supposer.

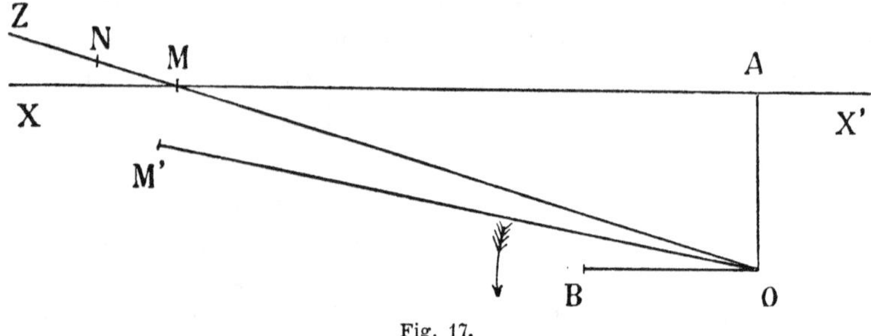

Fig. 17.

Mais les deux demi-droites AX, OZ sont indéfinies (nous ne disons pas : infinies), c'est-à-dire qu'on peut prolonger chacune d'elles au delà du point M qui leur est commun : autrement, elles seraient réellement et absolument finies, et le point M serait leur dernier point ; mais on sait qu'il n'y a pas plus de dernier point sur une droite que de dernier nombre dans l'ensemble des nombres réels croissants, ou même, en particulier, dans la suite naturelle des nombres entiers. Il *existe* donc un prolongement MX de AM (prolongement que nous voulons bien considérer comme fini, provisoirement) et il *existe* aussi sur le prolongement MZ de OM (lors même qu'il serait fini [1]) un point N qui se trouve, par rapport à OX, du côté opposé au point O (puisque les deux droites se croisent en M). Or, si la droite OZ continue à tourner dans le même sens, elle ne pourra pas quitter la droite AM sans que le point N ait traversé le prolongement MX de cette droite, ce qui aura lieu, nécessairement, à un instant ultérieur. Ainsi les deux droites se croiseront encore à un moment postérieur à celui que nous considérons; donc celui-ci n'est pas le dernier, ce qui contredit l'hypothèse. En général, on peut mettre un finitiste au défi d'indiquer l'instant où les deux droites sécantes deviennent parallèles, c'est-à-dire la dernière position où OZ coupe AX; à moins qu'il ne conçoive l'une au moins d'entre elles comme finie (par exemple OZ, comme terminée au point M) auquel cas elles se séparent à une distance finie (voir OM'). Mais dès que l'on accorde l'indéfinité des deux droites (et c'est ce que le finitiste le plus obstiné ne peut refuser), on doit reconnaître que les deux droites ne se séparent à aucune distance finie, c'est-à-dire, pour parler le langage du finitiste, ne se séparent nulle part dans le plan. Quant à dire qu'elles se séparent à l'infini, cela lui est expressément défendu. Elles ne pourraient donc jamais devenir parallèles.

9. Pour nous, au contraire, qui admettons la réalité de l'infini géométrique, la contradiction précédente, qui ruine la thèse finitiste, n'existe pas, et nous n'avons aucune difficulté à reconnaître qu'il n'y a pas, pour la droite OZ, de *dernière* position avant OB, ni de *dernier* point sur l'une ou l'autre des droites AX, OZ. Bien mieux, ce fait même qu'il n'y a pas une dernière position de OZ, c'est-à-dire un *dernier* point P sur l'arc AB avant B, dénote la continuité de cet arc, et montre qu'il contient un nombre infini de points; et ce fait qu'il n'y a pas de *dernier* point sur AX prouve l'infinité absolue (et non plus seulement l'indéfinité) de cette demi-droite. Elle contient donc un nombre infini de segments contigus égaux à l'unité (à OA), c'est-à-dire qu'aucun nombre réel (fini) ne peut en représenter la longueur totale. Tant que OZ ne coïncide pas avec OB, la longueur AM, si grande qu'elle soit, est toujours finie, et l'on peut toujours trouver un nombre réel correspondant; mais quand OZ atteint OB,

1. Il suffit qu'il existe, c'est-à-dire ne soit pas nul.

la longueur AM atteint sa limite; elle n'est plus infiniment grande, elle est, à ce moment final, infinie. Cet état de grandeur fixe et déterminé, qui n'est autre que la demi-droite AX tout entière, n'est plus représenté par aucun nombre réel; il n'en est pas moins « réel » géométriquement, et c'est pour le représenter qu'on est obligé de créer un nouveau nombre, dit *nombre infini* : ∞. Ce nombre d'une nouvelle espèce se justifie, comme tous les autres, à titre de symbole d'un état de grandeur que les nombres déjà créés ne suffisent pas à représenter.

10. D'autre part, tant que OZ ne coïncide pas avec OB, les deux droites, la fixe AX, et la mobile OZ, se coupent en un point à distance finie M, c'est-à-dire que les segments AM, OM sont finis; tandis que les prolongements MX, MZ de ces droites au delà de leur point d'intersection sont infinis comme les demi-droites AX, OZ elles-mêmes. A mesure que OZ tourne et se rapproche de OB, le point M s'éloigne indéfiniment sur les deux droites, sans jamais arriver au bout de l'une ou de l'autre, puisque, par essence, elles n'ont pas de bout, et qu'à chaque instant il reste une infinité de points de l'une qui ont encore à traverser l'autre. Elles ne peuvent donc se séparer à aucun moment ni en aucun point du plan indéfini, si ce n'est peut-être à l'instant même où OZ coïncide avec OB. Mais alors il faudrait admettre que le point M disparaît brusquement, comme si les deux droites étaient finies. Cela n'a rien de contradictoire, assurément, mais c'est absurde ou irrationnel : on ne peut pas concevoir que ces deux droites ne se rencontrent plus du tout lorsque, dans une position infiniment voisine, elles se coupaient encore à distance finie. Il est donc naturel de considérer le point M comme rejeté à l'infini sur les deux droites, et de dire, non seulement qu'il s'éloigne indéfiniment sur chacune d'elles, mais, puisqu'il les parcourt tout entières et que chacune d'elles est infinie, qu'il est, pour chacune d'elles, *le point à l'infini*. Ce point est la limite géométrique de l'ensemble des points à distance finie de la droite; mais il faut bien se garder de le concevoir comme une extrémité ou une borne, comme un *dernier* point, en un mot : car il n'existe précisément qu'en vertu de ce fait qu'une droite indéfinie n'a pas de *dernier* point. On voit que c'est le principe de continuité qui force d'admettre qu'il existe sur chaque droite indéfinie un point *à l'infini*, sans lequel elle serait en quelque sorte incomplète et tronquée. Si paradoxale que cette assertion puisse paraître, c'est pour achever la droite et la rendre absolument continue qu'on est amené à lui ajouter ce point à l'infini, bien que l'indéfini semble suffire à toutes les exigences de la continuité géométrique, et que l'infinité absolue, au contraire, dépassant les bornes de l'intuition, semble échapper à toute relation définie. Nous verrons plus loin qu'il n'en est rien, et qu'il est rigoureusement exact de dire qu'une droite ne serait pas entière, ni continue, s'il lui manquait un seul point, fût-ce le point à l'infini.

Il est à peine besoin d'ajouter que le *nombre infini* représente le point à l'infini sur la droite X'X, dans la correspondance des nombres aux points, de même qu'il représente la longueur totale de la demi-droite AX, dans la correspondance des nombres aux grandeurs [III, IV, **2**]. Le nombre ∞ est donc doublement justifié comme symbole, soit d'un élément géométrique (point), soit d'un état de grandeur (longueur), l'un et l'autre parfaitement fixes et déterminés.

11. On nous demandera sans doute pourquoi nous parlons au singulier du point à l'infini sur la droite X'X, alors qu'il semble y en avoir deux, à savoir un dans chaque sens. En effet, on pourrait répéter sur AX' toutes les constructions effectuées sur AX, faire tourner la droite mobile OZ en sens contraire, de OA vers OC (*Fig. 16*); le point M s'éloignerait alors indéfiniment sur AX', et arriverait à l'infini quand OZ coïnciderait avec OC. Il semble que ce soit là un nouveau point à l'infini, bien distinct de celui que nous avons trouvé précédemment, puisqu'ils sont pour ainsi dire diamétralement opposés, comme les deux extrémités d'un segment fini (bien qu'ils ne soient pas, à proprement parler, des extrémités, sans quoi la droite X'X serait finie).

Si naturelle que paraisse cette présomption, elle est erronée; les deux points en question, qui semblent séparés par l'espace entier et situés à une distance infinie l'un de l'autre, n'en font qu'un, et coïncident rigoureusement. En effet, si les deux droites X'X et BC avaient deux points communs à l'infini (un dans chaque sens), cela serait contradictoire avec l'axiome caractéristique de la ligne droite, qui lui sert de définition : « Une ligne droite est entièrement déterminée quand on donne deux de ses points »; d'où ce corollaire immédiat : « Deux lignes droites qui ont deux points communs coïncident entièrement. » On est donc obligé d'admettre qu'une droite n'a qu'un *seul* point situé à l'infini; sans quoi l'on serait conduit à cette conséquence absurde, que toutes les droites parallèles coïncident entre elles.

12. On peut encore justifier cette conception d'une autre manière, qui revient d'ailleurs au même, car elle repose toujours sur le même principe. De l'axiome énoncé ci-dessus on tire cette autre conséquence : « Deux droites distinctes n'ont qu'un point commun. » Considérons donc toujours la droite X'X et la demi-droite OZ complétée par la demi-droite OZ' qui est son prolongement (*Fig. 18*). Supposons la droite X'X fixe comme précédemment, et la droite Z'Z mobile autour du point O. Cette droite mobile sera toujours distincte, dans toutes ses positions, de la droite fixe XX', car elle passe constamment par un point fixe O extérieur à celle-ci. Elle n'aura donc jamais qu'un seul point commun avec X'X. Cela posé, la demi-droite OZ parcourrait tout le plan en faisant un tour complet autour du point O; mais pour que la droite Z'Z parcoure tout le plan, il suffit qu'elle fasse un demi-tour et revienne coïncider avec sa position initiale, mais en sens inverse (par exemple ZZ' avec Z'Z). Dans cette rotation, elle coupe constamment la droite X'X en un point M différent pour chaque position différente de la droite mobile, excepté en une position unique, qui est la parallèle à X'X passant par le point fixe O, c'est-à-dire BC. (Nous considérons pour le moment la droite X'X comme simplement indéfinie.) Inversement, chaque point M de la droite X'X peut être considéré comme son intersection avec une certaine position de la droite mobile, et deux points différents sur X'X correspondent à deux positions différentes de la droite Z'Z. En résumé, il existe une correspondance univoque et réciproque entre *tous* les points de la droite *indéfinie* X'X et toutes les positions de la droite mobile Z'Z, sauf *une*. Comme ces positions successives sont infiniment voisines, et se relient avec continuité, il y a là un hiatus choquant dans la suite, également continue, des points de la droite X'X : car, en général, à deux positions infiniment voisines de la droite mobile correspondent deux points infiniment voisins de la droite fixe. L'ensemble des points de celle-ci offre donc une solution de continuité, qui contraste vivement avec la parfaite continuité de la rotation de la droite Z'Z, dont toutes les positions autour du point O se succèdent uniformément et sont indiscernables. Cette solution de continuité s'évanouit, au contraire, si l'on admet le point à l'infini sur la droite X'X, et si l'on considère également la droite Z'Z comme infinie. Ainsi le point à l'infini est nécessaire, comme nous l'avons annoncé, pour compléter la droite indéfinie et la rendre parfaitement continue; et l'on peut dire que le point à l'infini comble une lacune de la droite (supposée réduite à l'ensemble de ses points situés à distance finie), comme les points irrationnels, par exemple, comblent les coupures d'une droite réduite à l'ensemble de ses points rationnels [III, III, **4**].

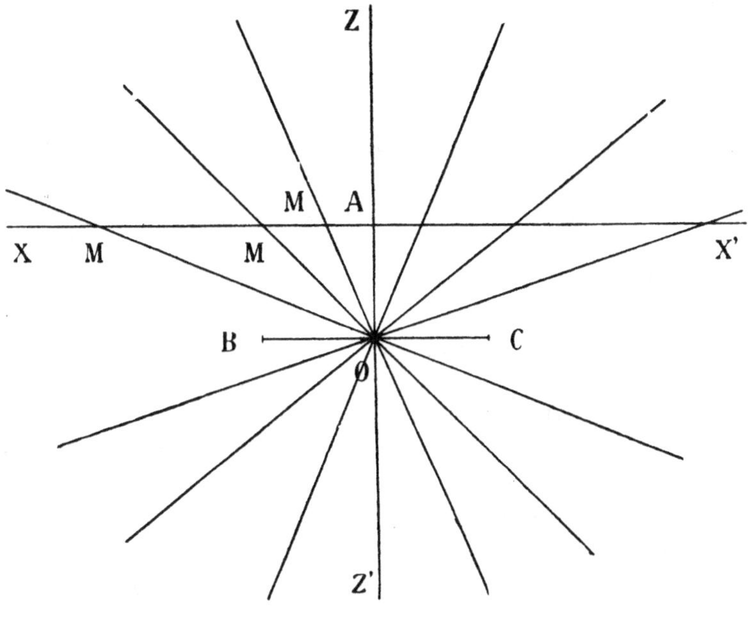

Fig. 18.

13. Ainsi apparaît l'analogie réelle et profonde du nombre infini et du nombre irrationnel, l'un et l'autre étant le symbole d'une lacune dans l'ensemble des nombres rationnels; lacune qui ne devient sensible et gênante que lorsqu'on veut appliquer cet ensemble à la représentation des grandeurs continues, et qui oblige alors à créer un nouveau nombre pour la combler. Nous reviendrons plus tard sur cette analogie pour en développer les conséquences. Il nous suffit d'avoir montré comment le point à l'infini d'une droite ferme en quelque sorte le cycle de ses points successifs, et rattache entre eux, par continuité, les points infiniment éloignés dans les deux sens. Quand la droite Z'Z tourne de OA à OB, le point M va du point A à l'infini vers AX; quand la droite, continuant son mouvement, dépasse OB, c'est-à-dire OC, le point M part de l'infini sur AX' et revient en A; de sorte qu'au moment où la droite Z'Z est parallèle à X'X, le point M semble être à la fois dans les deux sens à l'infini sur les deux droites; et comme il est unique, il faut bien que chacune des deux droites n'ait qu'un point à l'infini. Grâce à l'admission du point à l'infini, la correspondance uniforme établie entre les points de la droite X'X et les positions de la droite Z'Z ne souffre plus aucune exception. De plus, on peut formuler la proposition suivante, qui est désormais vraie, elle aussi, sans exception : « Deux droites d'un même plan ont *toujours* un point commun. » En effet, ou bien elles se coupent, et alors elles ont un point commun (à distance finie); ou bien elles sont parallèles, et alors elles ont un point commun à l'infini. Ce seul exemple montre la simplicité, la symétrie et la généralité que confère aux théorèmes de Géométrie l'introduction des points à l'infini, et plus généralement des éléments à l'infini et des figures infinies.

14. Il montre aussi l'analogie qui existe entre les points à l'infini et les points imaginaires dans la Géométrie projective. En effet, la proposition précédente n'est qu'un cas particulier de celle-ci : « Dans le plan, une courbe d'ordre n rencontre une droite quelconque en n points (réels ou imaginaires). » Ce n'est pas seulement la ligne droite, c'est toutes les courbes, d'ordre quelconque, qui ont des points (réels ou imaginaires) à l'infini. Nous verrons plus loin [III, **12**] de quelle importance sont ces points pour la détermination des courbes et l'étude de leurs propriétés, importance qui justifie amplement leur introduction, et leur confère une sorte d'existence rationnelle, fondée sur l'ordre et l'harmonie des relations où ces points figurent; la seule, d'ailleurs, dont ces êtres géométriques soient susceptibles, puisqu'ils ne peuvent trouver place dans la représentation sensible et échappent nécessairement à toute intuition.

C'est donc, encore une fois, le principe de continuité qui oblige à admettre en Géométrie les points à l'infini comme les points irrationnels et les points imaginaires, parce qu'il est inconcevable qu'un élément de l'espace (un point par exemple) disparaisse ou apparaisse brusquement, par un changement ou déplacement infiniment petit de la figure considérée. Or c'est ce qui arriverait au point M (*Fig. 18*) quand la droite mobile Z'Z *passe* par la position BC, si l'on n'admettait que la droite fixe X'X possède un point à l'infini, par lequel *passe*, au même instant, le point mobile M. L'absence de ce point fixe constituerait dans la suite continue des positions du point M une lacune aussi réelle et aussi choquante que l'absence de tel autre point de la droite X'X, du point A par exemple. Et pour la même raison, la valeur *infinie* ne peut pas plus manquer au cycle continu des valeurs successives du segment AM que la valeur *zéro*.

15. On pourrait argumenter, en effet, contre l'annulation de la longueur AM aussi bien que contre son passage à l'infini. Tant que le point M est distinct de A, pourrait-on dire, le segment AM existe, et quand le point M se rapproche indéfiniment du point A, le segment AM devient infiniment petit; mais, si voisin que soit le point M du point A, le segment AM n'est jamais *nul*. Lors donc que le point M, par la rotation de la droite OZ, vient à franchir le point A, le segment AM devient tour à tour infiniment petit négatif (décroissant en valeur absolue), et infiniment petit positif (croissant); mais il ne s'annule jamais. Il est inconcevable qu'une grandeur réelle s'annule véritablement et à la rigueur; « cela paraît être un acte violent de l'imagination d'annuler une quantité variable, pour la ressusciter aussitôt après, comme on rallume un flambeau éteint[1] ».

L'auteur de ce paradoxe subtil semble ici faire appel à une raison de continuité; mais il est, en réalité, dupe de son « imagination », et c'est au contraire le principe de continuité qui va servir à le réfuter[2]. Pour cela il suffira de lui demander si le point M coïncide avec le point A quand il passe d'un côté à l'autre de celui-ci. Si oui, le segment AM sera à ce moment *nul*, par définition, son extrémité coïncidant avec son origine; si non, la continuité est violée, et le point M *saute* pour ainsi dire par-dessus le point A. Dira-t-on que le point A n'existe pas? Mais alors c'est la droite X'X elle-même qui devient discontinue; et d'ailleurs, pourquoi le point A n'existerait-il pas? C'est un point ordinaire de la droite X'X, un point « comme un autre », pris à volonté sur cette droite uniforme, et indiscernable de tous les autres. Il existe donc au même titre qu'eux, et le point M peut et doit coïncider avec lui comme avec tous les autres. Dira-t-on enfin que, lorsque cette coïncidence a lieu, le segment AM n'existe plus, attendu qu'on n'a plus affaire à deux points, mais à un seul, et qu'un point n'est pas un segment rectiligne? Cette thèse serait encore acceptable au point de vue statique, si les deux points confondus étaient tous deux immobiles. Mais, de ces deux points, l'un, A, est fixe, l'autre, M, est mobile et ne fait que *passer* par A. Un instant aupa-

1. Paul du Bois-Reymond, *Théorie générale des fonctions*, chap. I (*loc. cit.*, III, IV, 5, note).
2. Au point de vue analytique, en effet, une fonction *continue* ne peut changer de signe qu'en s'annulant (voir Note II, **7** : *théorème de Cauchy*).

ravant, le segment AM existait, infiniment petit négatif; un instant après, il existera de nouveau, infiniment petit positif. La continuité exige qu'il existe encore au moment où, ses deux extrémités coïncidant, il se trouve réduit à un point, et par conséquent ce point unique, où le point fixe A et le point mobile M se trouvent momentanément confondus, peut et doit être regardé comme un des états de grandeur par lesquels passe le segment AM : cet état est représenté par le nombre *zéro*, et c'est pourquoi l'on dit que le segment est *nul*. Mais il n'a pas cessé d'exister, et *zéro* n'est point synonyme de *néant*; c'est, au contraire, dans la thèse que nous combattons que le segment AM cesserait d'exister, à la façon d'un flambeau qu'on éteint pour le rallumer aussitôt [1]. S'il disparaissait un instant pour reparaître à l'instant suivant, c'est alors qu'il y aurait discontinuité dans la suite de ses états de grandeur, puisqu'au moment où M passe en A on se trouverait en présence, non plus d'un segment nul, mais d'un point unique, incapable de constituer un segment à lui tout seul; c'est alors que la grandeur variable s'anéantirait vraiment pour ressusciter un instant après. Concluons donc que ce qui fait la réalité du segment AM, même quand il est *nul*, c'est la continuité qui le rattache aux états de grandeur infiniment petits qui le précèdent et le suivent; et que, pour la même raison, il continue d'exister quand il devient *infini*, parce qu'il est nécessaire pour relier les uns aux autres les états de grandeur infiniment grands (positifs ou négatifs) de la variable continue. Ainsi l'infini géométrique est logiquement lié à la continuité essentielle de la grandeur et s'impose, soit comme élément de l'espace, soit comme état de grandeur, au même titre que tout autre état de grandeur ou que tout autre élément; en particulier, le point-origine (c'est-à-dire un point quelconque de la droite ou du plan) n'existe pas plus que le point à l'infini, et la grandeur nulle n'a pas plus de réalité que la grandeur infinie; c'est-à-dire que l'une et l'autre sont également légitimes et indispensables à la Géométrie [cf. IV, **6** sqq.].

1. Aussi cette thèse serait-elle, sinon valable, du moins plausible dans la bouche de l'*Empiriste* de M. DU BOIS-REYMOND, c'est-à-dire d'un finitiste logique et convaincu; mais on ne peut l'attribuer à l'*Idéaliste* sans inconséquence, et c'est lui prêter gratuitement une contradiction.

APPENDICE. — Nous nous sommes placé jusqu'ici dans le plan euclidien, et nous avons constamment raisonné dans l'hypothèse où le postulatum d'Euclide serait vrai, c'est-à-dire où il n'y aurait qu'une parallèle à X'X qui passe par le point O, à savoir BC (*Fig. 18*). On peut se demander si les considérations précédentes subsisteraient dans l'hypothèse contraire, et seraient valables pour l'espace de Lobatchevski. Dans un plan non-euclidien, en effet, la sécante OZ, quand le point M s'éloigne indéfiniment sur AX, tend vers une position-limite OB, dite parallèle à X'X ; quand le point M s'éloigne indéfiniment sur AX' (dans le sens opposé), la sécante OZ tend vers une position-limite OC qui est aussi parallèle à X'X : mais, tandis que dans le plan euclidien les deux demi-droites OB, OC sont le prolongement l'une de l'autre, de sorte que les *deux* parallèles issues du point O coïncident et n'en font qu'une seule BC, dans le plan non-euclidien elles restent distinctes, et forment un certain angle BOC, qui dépend de la distance OA, et dans lequel la droite X'X est contenue tout entière. L'angle AOB = AOC, moindre qu'un droit, est dit l'*angle de parallélisme* relatif au point fixe O et à la droite fixe X'X.

On peut aisément se rendre compte, par intuition, de ce qui se passe dans le plan non-euclidien quand la demi-droite OZ fait un tour complet (ou quand la droite entière Z'Z fait un demi-tour) et décrit tout le plan. En effet, BELTRAMI [1] a montré comment on peut figurer le plan de Lobatchevski (ou surface pseudosphérique, imaginaire) par un cercle euclidien, et, de même, l'espace de Lobatchevski par une sphère euclidienne. Soit donc (*Fig. 19*) le cercle O, de rayon fini, qui représente, dans le plan euclidien, le plan non-euclidien *infini* dans sa totalité : les points de sa circonférence correspondent aux points à l'infini de ce plan ; quant au centre O, il correspond à un point quelconque situé dans le fini du plan et pris pour origine. Les droites non-euclidiennes (lignes géodésiques de la surface pseudosphérique) sont représentées par des droites euclidiennes, c'est-à-dire plus exactement par des cordes du cercle O ; de sorte qu'une droite non-euclidienne *infinie* est tout entière représentée par une droite euclidienne *finie*. Soit X'X une corde quelconque du cercle O : elle représente donc une droite infinie du plan ; nous supposons qu'elle ne passe pas par l'origine. Soit OA la per-

1. *Essai d'interprétation de la Géométrie non-euclidienne* ; *Théorie fondamentale des espaces de courbure constante* (1868). Mémoires traduits par J. HOUEL, ap. *Annales de l'Ecole Normale*, t. VI (1869).

pendiculaire abaissée du point O sur cette droite; concevons qu'un rayon mobile OZ du cercle fasse un tour complet en partant de la position OA, et décrive le cercle entier; il représentera une demi-droite infinie qui engendrera tout le plan (de Lobatchevski). Tant que l'extrémité Z du rayon sera entre les points X′ et X de la circonférence (sur l'arc X′X), OZ coupera la corde X′X entre les extrémités X′ et X (sur le segment fini X′X); les droites correspondantes se rencontreront par suite en un point M situé à distance finie dans le plan non-euclidien. Lorsque le point Z vient coïncider avec le point X, les deux droites OZ, X′X se coupant sur la circonférence, les droites correspondantes auront un point commun à l'infini dans le plan : leur point d'intersection M s'étant éloigné à l'infini, elles seront parallèles. Ainsi le rayon OX représente une des deux parallèles menées à X′X par le point O. Nous pouvons ajouter tout de suite, par raison de symétrie, que le rayon OX′ représente l'autre parallèle, puisque les droites OX′, X′X ont un point commun X′ sur la circonférence, qui correspond à l'infini du plan. Complétons les deux demi-droites issues du point O et parallèles à X′X; les deux droites infinies ainsi obtenues sont représentées par les deux diamètres du cercle XY, X′Y′, qui font entre eux le même angle (de parallélisme) que les deux parallèles. Concevons également le rayon mobile comme prolongé à l'infini dans les deux sens; le rayon correspondant OZ se complétera et deviendra le diamètre Z′Z. Lorsque, ce diamètre continuant à tourner, le point Z se trouvera sur l'un des arcs XY′, YX′, les droites Z′Z, X′X se rencontreront en dehors du cercle, et ne se couperont que par leurs prolongements. Alors, comme les droites qu'elles représentent ne correspondent qu'aux segments finis Z′Z, X′X, elles n'auront aucun point (réel) commun dans tout le plan, et ne se rencontreront *même pas à l'infini*. Il y a donc, dans les angles XOY′, YOX′, une infinité de droites issues du point O qui ne rencontrent *pas du tout* la droite infinie X′X; elles forment un faisceau compris entre les deux droites XY, X′Y′, dites *parallèles* à X′X, et qui rencontrent celle-ci à l'infini.

Ainsi se justifie la définition exacte et rigoureuse des parallèles que nous avons énoncée plus haut : en effet, il y a lieu, dans l'espace non-euclidien, de distinguer les droites qui se rencontrent *à l'infini* de celles qui ne se rencontrent *nulle part* dans le plan; et il convient de réserver aux premières le nom de *droites parallèles*. Par suite, il est naturel et légitime de dire, même dans l'espace euclidien, qui est un cas particulier de l'espace non-euclidien, et où la distinction précédente disparaît, que les parallèles ont un point commun à l'infini. Ainsi l'étude du parallélisme dans l'espace de Lobatchevski apporte un argument de plus à l'appui de notre thèse, et ne fait que confirmer les conclusions du présent Chapitre.

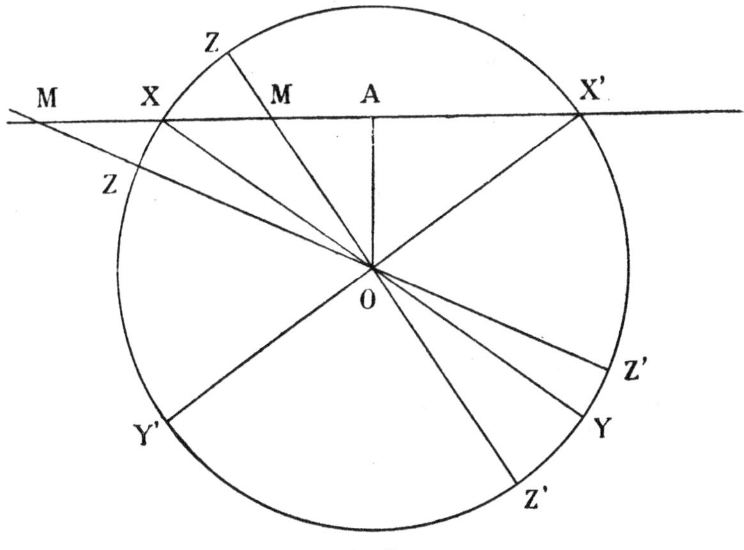

Fig. 19.

Remarque. — Le point d'intersection des droites Z′Z et X′X, quand elles se rencontrent en dehors du cercle qui représente le plan non-euclidien tout entier, correspond à un point *imaginaire* de ce plan. On peut donc dire de deux droites qui ne se rencontrent en aucun point (réel) du plan non-euclidien, qu'elles se rencontrent au delà de l'infini, et que leur point d'intersection est devenu imaginaire en passant par l'infini. Ainsi l'infini apparaît ici comme intermédiaire entre les éléments réels et imaginaires du plan, de même que, dans d'autres cas, le *zéro* est intermédiaire entre les valeurs réelles et imaginaires d'une variable. Cela s'explique, analytiquement, par ce fait qu'une quantité soumise à un radical (d'ordre pair) peut passer du positif au négatif, soit par *zéro*, soit par l'*infini*. En effet, considérons une expression algébrique de la forme $\sqrt{\frac{P}{Q}}$; si, Q restant fini et différent de *zéro*, P change de signe en s'annulant (par exemple en variant d'une manière continue depuis une certaine valeur positive jusqu'à une certaine valeur négative, auquel cas il passe nécessairement par *zéro*), le radical passera du réel à l'imaginaire en s'annulant. Si, au contraire, P étant fini non nul, Q change de signe en s'annulant, le radical passera du réel à l'imaginaire en devenant infini, la fraction $\frac{P}{Q}$ passant de $+\infty$ à $-\infty$ $\left(\text{de } \frac{1}{+0} \text{ à } \frac{1}{-0}\right)$[1].

Quant à la proposition énoncée précédemment pour le plan euclidien : « deux droites d'un même plan ont toujours un point commun, et un seul [**13**] », elle subsiste dans l'espace de Lobatchevski, et est encore vraie pour un plan non-euclidien [2]; seulement, tandis que le point d'intersection de deux droites dans le plan euclidien est toujours réel (soit dans le fini, soit à l'infini), il faut sous-entendre, quand il s'agit du plan non-euclidien, que le point commun à deux droites peut être réel ou imaginaire (soit dans le fini, soit à l'infini, soit au delà de l'infini). Cet exemple montre une fois de plus l'analogie des éléments imaginaires et des éléments à l'infini : de même que les points d'intersection d'une droite et d'une conique deviennent imaginaires en se confondant (c'est-à-dire quand leur distance s'annule), de même le point d'intersection de deux droites non-euclidiennes devient imaginaire « en passant par l'infini ».

1. Pour le sens des signes + et — attachés à 0 et à ∞, voir Chap. II, 5.

2. Il ne faut pas s'étonner qu'une droite infinie X'X ait *deux* points à l'infini : car dans le plan de Lobatchevski le lieu des points à l'infini n'est pas une droite, mais un *horicycle* (cercle de rayon infini) qui peut avoir *deux* points communs avec une droite.

CHAPITRE II

JUSTIFICATION DE L'INFINI GÉOMÉTRIQUE PAR L'INFINI NUMÉRIQUE

Nous venons d'exposer le fait mathématique de l'infini, réduit à sa plus simple expression, et de montrer comment il apparaît et s'impose à la spéculation. Il nous reste à l'interpréter, c'est-à-dire à en rechercher l'origine, la valeur et la signification. Tout d'abord la même question qui s'est posée pour les diverses extensions du nombre, notamment pour les nombres complexes [1], se pose aussi pour le nombre infini : il s'agit de savoir s'il tire son origine de l'Arithmétique et de l'Algèbre, ou bien de la Géométrie et de l'Analyse (entendue comme la science générale des grandeurs). En d'autres termes, l'infini numérique explique-t-il l'infini géométrique, ou s'explique-t-il par lui?

1. Les mathématiciens trouvent si peu de difficulté à admettre le *nombre infini*, qu'ils attribuent en général à l'infini géométrique, et notamment aux points à l'infini, une existence purement analytique, et ne voient en eux que le symbole d'une valeur numérique exceptionnelle attribuée à une coordonnée, à laquelle on conserve, par analogie, un nom géométrique, alors qu'elle a cessé de représenter un élément réel de l'espace. Nous sommes porté à croire, au contraire, que le nombre infini est bien plutôt le symbole d'une grandeur géométrique infinie, et l'on a déjà pu prévoir, par le Chapitre précédent, quel parti nous prendrions et à quelle conclusion nous voudrions aboutir. Toutefois, comme, dans cette exposition impartiale, nous avons fait appel au début à l'Algèbre, et introduit d'abord l'infini comme racine de l'équation du premier degré et

1. Cf. Livre III, Chap. IV, **24-25**.

symbole d'impossibilité, on peut en inférer que nous n'avons inventé le point à l'infini que pour donner un support géométrique à cette racine « imaginaire », et que la généralité de la proposition (p. 230) : « deux droites d'un même plan ont toujours un point commun », n'est que la traduction en langage géométrique de la convention algébrique qui veut que toute équation du premier degré ait une racine (p. 91). Ce serait donc dans l'intérêt de la généralité de l'Algèbre qu'on imaginerait d'abord cette valeur absurde et fictive, qui est le nombre infini; et ce serait, ensuite, pour assurer aux racines de l'Algèbre une représentation complète que l'on ferait correspondre à ce pseudo-nombre un pseudo-point, dit point à l'infini, et une grandeur fictive, dite grandeur infinie; de sorte que l'infini géométrique, fiction à la seconde puissance, ne serait que l'ombre d'un fantôme numérique [cf. III, III, **8**].

Cette conception, que professent plus ou moins explicitement la plupart des mathématiciens, est parfaitement légitime, du moins au point de vue logique; néanmoins, nous pensons qu'elle est irrationnelle, car elle repose sur un préjugé né de l'habitude et de la routine du calcul, qu'on pourrait appeler la superstition de l'x ou le fétichisme algébrique [III, I, **4**]. Ce préjugé consiste à croire que les équations de la Géométrie analytique, au lieu d'être la traduction des figures géométriques, existent pour ainsi dire par elles-mêmes et font toute la réalité de celles-ci; que l'on peut reconstruire l'espace avec des nombres, et que la Géométrie tout entière n'est, au rebours, qu'une simple « illustration » de l'Algèbre [1]. Toutefois, il ne suffit pas de dénoncer ce préjugé comme la source de la théorie que nous voulons combattre; et pour la réfuter (dans le sens et dans la mesure où elle est réfutable), il convient d'abord de l'exposer dans toute sa force logique et de l'éclairer par des exemples.

2. Considérons la droite indéfinie X'X, sur laquelle on suppose appliqué l'ensemble des nombres réels qualifiés [v. III, II], de sorte que chaque point M de la droite est désigné par un nombre unique et déterminé, qui correspond en même temps à son *abscisse*, c'est-à-dire qui représente le segment OM compris entre le point considéré et l'origine, avec son *sens* (*Fig. 20*). Soit proposé de trouver

1. Voir Riquier, *de l'Idée de Nombre considérée comme fondement des Sciences mathématiques*, ap. *Revue de Métaphysique et de Morale*, juillet 1893. M. J. Desbœuf a écrit contre ce préjugé si répandu parmi les analystes une page pleine de bon sens (*Revue philosophique*, t. XXXVI, p. 452).

sur la droite le point dont les distances à deux points donnés A, B de cette droite sont dans un rapport donné $\frac{m}{n}$, m et n étant deux nombres réels. Cela veut dire que, M étant le point cherché, on a la proportion

$$\frac{\overline{AM}}{\overline{BM}} = \frac{m}{n},$$

AM et $\overline{BM}$ étant les nombres qualifiés qui correspondent aux segments AM, BM pris avec leur sens. Or, soient a l'abscisse du point A, b l'abscisse du point B, x l'abscisse (inconnue) du point M, qu'il s'agit de trouver. On a, en vertu de la formule de Möbius [III, IV, **18**] :

$$\overline{AM} = x - a, \qquad \overline{BM} = x - b.$$

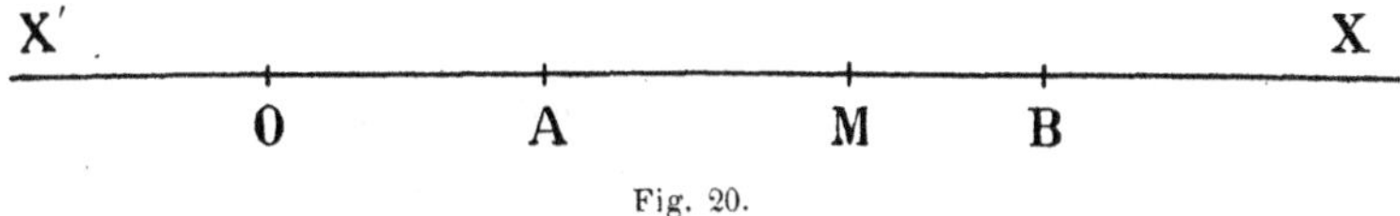

Fig. 20.

L'équation du problème est donc la suivante :

$$\frac{x-a}{x-b} = \frac{m}{n}, \qquad nx - an = mx - bm,$$

$$(m-n)x = bm - an\,;$$

d'où la solution :

$$x = \frac{bm - an}{m - n}.$$

Or le quotient de deux nombres réels est un nombre réel; posons donc, pour simplifier :

$$\frac{m}{n} = \lambda;$$

λ sera un nombre réel, et la formule de x deviendra :

$$x = \frac{a - b\lambda}{1 - \lambda}.$$

On voit que, a et b étant des nombres donnés fixes, la valeur numérique de x dépend uniquement de la valeur attribuée à λ ; d'ailleurs, à chaque valeur de λ correspondra, par la formule précédente, une valeur unique et déterminée de x, et par suite un point M unique et déterminé de la droite X'X [1]. C'est ce qu'on exprime en

1. Ce petit calcul est emprunté à la *Géométrie analytique* de Briot et Bouquet, n° 57 (cf. n° 441); mais nous l'avons simplifié en ne considérant qu'un axe, c'est-à-dire en prenant pour la droite en question l'axe des x lui-même. Cf. Clebsch, *Leçons de géométrie*, t. I, chap. I, § III.

disant que la position du point M est définie d'une manière uniforme par la valeur du *paramètre* λ, qui représente le rapport des distances du point M aux deux points fixes A et B (prises avec leurs *signes*).

3. Cela posé, cherchons comment varie le paramètre λ quand le point M se déplace et parcourt la droite X'X tout entière, et inversement, comment varie l'abscisse x quand le paramètre λ prend successivement toutes les valeurs réelles. Tout d'abord, la valeur de λ est négative quand le point M se trouve entre A et B, et positive quand ce point se trouve en dehors du segment AB. En effet, dans le premier cas les deux segments AM, BM sont en sens contraire, donc les nombres m et n sont de signes différents; dans le second cas, les deux segments sont dans le même sens, donc les nombres m et n ont même signe.

Considérons d'abord le paramètre λ comme variable indépendante, et faisons-lui parcourir l'ensemble des nombres réels (de $-\infty$ à $+\infty$, comme on dit, ce qui signifie simplement : depuis les valeurs négatives très grandes en valeur absolue jusqu'aux valeurs positives très grandes); ou plutôt, faisons-le croître indéfiniment en valeur absolue à partir de *zéro*, tant par les valeurs négatives que par les valeurs positives. Le nombre x, qui représente l'abscisse du point M, sera défini en fonction de λ par la formule :

$$x = \frac{a - b\lambda}{1 - \lambda}.$$

Pour $\lambda = 0$, on trouve : $x = a$. Le point M coïncide alors avec le point A. Si λ devient négatif, le point M s'avance sur le segment AB, et plus λ décroît (c'est-à-dire croît en valeur absolue) plus x augmente, plus par suite le point M s'éloigne de A pour se rapprocher de B. Pour $\lambda = -1$, le point M se trouve au milieu de AB, car cette valeur de λ indique que ses distances aux points fixes A et B sont égales et de signes contraires (ou symétriques). D'ailleurs, la formule générale donne dans ce cas particulier :

$$x = \frac{a + b}{2},$$

ce qui montre que l'abscisse x est la moyenne arithmétique des abscisses a et b. Si $\lambda < -1$, le point M dépasse le milieu du segment AB; et quand λ croît indéfiniment en valeur absolue, le point M s'approche indéfiniment du point B; car alors le segment AM croît de plus en plus, et le segment BM décroît de plus en plus. Donc, pour λ infiniment grand (en valeur absolue), le point M sera infiniment voisin du point B, et situé à sa gauche (c'est-à-dire entre A et B). C'est tout ce qu'on peut affirmer si le nombre λ prend des valeurs négatives de plus en plus grandes, ou tend, comme on dit, vers $-\infty$; mais, à moins que λ ne devienne infini, jamais le point M ne coïncidera avec le point B.

D'autre part, faisons croître λ à partir de *zéro* par les valeurs réelles positives; le point M s'éloignera du point A dans le sens opposé à B; les deux segments AM, BM seront de même sens, mais le segment AM toujours plus petit que le segment BM, celui-ci étant égal à la somme du segment variable AM et du segment fixe AB. Leur rapport ne pourra donc jamais devenir égal à 1, et restera toujours plus petit, tant que le point M sera sur la demi-droite indéfinie AX'. Ainsi, quand λ croît de 0 à $+1$ (exclusivement) le point M parcourt la demi-droite AX' tout entière; si peu que λ diffère (en moins) de $+1$, il y aura un point M correspondant à distance finie sur AX', car le nombre x sera très grand en valeur absolue, mais néanmoins fini. Quand λ sera infiniment peu différent de $+1$, le nombre x sera infiniment grand, et par suite le point M infiniment éloigné sur la demi-droite AX'. C'est tout ce qu'on peut affirmer si l'on considère la droite X'X comme indéfinie, mais non infinie. Pour $\lambda = +1$, la formule prend la forme :

$$x = \frac{a - b}{0}.$$

Le numérateur de cette fraction n'est pas nul, puisqu'il est égal au nombre $\overline{AB}$, et que les deux points A et B sont distincts; le dénominateur, au contraire, est nul. On sait qu'une telle fraction n'est égale à aucun nombre réel fini. On admet qu'elle représente encore un certain état de grandeur, ou plutôt un certain point de la droite X'X, qu'on nomme *point à l'infini*. En somme, on invente ce point fictif[1] pour faire correspondre un élément géométrique à la valeur $+1$ du paramètre λ.

Continuons à faire croître λ au delà de la valeur $+1$. Dès que $\lambda > +1$, le segment AM doit être plus grand que le segment BM, et de plus le point M doit se trouver en dehors des points A et B : il ne peut donc être situé que sur BX, c'est-à-dire au delà de B par

1. *Uneigentlich*, disent les géomètres allemands.

rapport à A. Si peu que λ diffère (en plus) de $+1$, il y aura un point M correspondant à distance finie sur BX, car le nombre x sera très grand, mais pourtant fini. Donc, quand λ est infiniment peu différent de $+1$ (mais supérieur à $+1$), le point M est infiniment éloigné sur la demi-droite BX. A mesure que λ augmente, x diminue et le point M se rapproche de B. Quand λ croît indéfiniment, le point M tend vers le point B, car si AM décroît, il reste fini ($>$ AB) tandis que BM décroît indéfiniment. Donc, pour λ infiniment grand (positif), le point M sera infiniment voisin du point B, et situé à sa droite, c'est-à-dire que si λ devient plus grand que tout nombre donné, le segment BM deviendra plus petit que toute longueur donnée. C'est tout ce qu'on peut affirmer si λ prend toutes les valeurs réelles et positives croissantes, ou, comme on dit, tend vers $+\infty$; mais, à moins que λ ne devienne infini, jamais le point M ne viendra coïncider avec le point B.

En résumé, quand le nombre λ parcourt l'ensemble des valeurs réelles finies, et varie de $-\infty$ à $+\infty$, le point M décrit toute la droite X'X (sauf le point B) en passant par l'infini. Ainsi le point à l'infini est nécessaire pour fermer le cycle des positions du point M, qui part d'un point infiniment voisin de B, à gauche, pour arriver en un point infiniment voisin de B, à droite. Il faut remarquer que, lorsque M est à l'infini, le paramètre λ a la valeur *unique* $+1$, et c'est pour cela qu'on parle *du* point à l'infini sur la droite X' X, ce qui veut dire que cette droite se comporte, *analytiquement*, comme si elle avait un *seul* point à l'infini [1]. Il semble donc bien, d'après cet exposé, que le point à l'infini d'une droite n'ait qu'une existence analytique, et n'ait été inventé que pour conserver la continuité des valeurs *finies* du paramètre λ, c'est-à-dire pour correspondre à la valeur numériqne $+1$. Quand λ tend vers $+1$ par des valeurs supérieures, le point M s'en va à l'infini sur BX; quand λ tend vers $+1$ par des valeurs inférieures, le point M s'en va à l'infini sur AX'. Mais rien n'empêche λ de prendre la valeur exacte $+1$, et même ce paramètre est obligé de passer par cette valeur dans sa variation continue; c'est pour donner à cette valeur une représentation géométrique (toute nominale et fictive d'ailleurs), c'est pour qu'elle ne fasse pas exception parmi toutes les autres valeurs réelles et finies de λ, que l'on convient d'admettre un point à l'infini qui lui corres-

1. Cf. Clebsch, *Leçons de géométrie*, *loc. cit.*

ponde, et de dire que, pour $\lambda = +1$, le point M est *à l'infini* (dans les deux sens à la fois).

4. Mais si le point à l'infini est nécessaire pour représenter une valeur finie du paramètre λ, inversement le nombre infini devient nécessaire pour représenter le point à distance finie B dans la suite des valeurs numériques de λ. En effet, si nous considérons maintenant l'abscisse x du point M comme variable indépendante, le paramètre λ deviendra une fonction de x définie par la formule (p. 239) :

$$\lambda = \frac{x - a}{x - b}.$$

Faisons parcourir au point M toute la droite X'X, de l'infini à l'infini, ou plutôt (ce qui revient au même) du point A au point A, en passant par l'infini. Quand le point M est en A, $x = a$; donc $\lambda = 0$. Si le point M décrit la demi-droite infinie AX', λ varie de 0 à $+1$; si M décrit la demi-droite infinie XB, λ varie de $+1$ à $+\infty$; si enfin M décrit le segment fini BA, λ varie de $-\infty$ à 0. A chaque point de la droite *infinie* correspond une valeur, et une seule, du paramètre λ, excepté au point B. En effet, quand M est en B, $x = b$; la formule donne alors :

$$\lambda = \frac{b - a}{0},$$

fraction qui, dit-on, n'a pas de sens. Ainsi la fonction λ éprouve une discontinuité et cesse même d'exister au point B, qui est cependant un point ordinaire et quelconque de la droite X'X, tandis que partout ailleurs, *même à l'infini*, cette fonction est finie, déterminée et continue. Or, s'il convient de créer un point à l'infini pour combler une lacune dans l'ensemble des valeurs finies du paramètre λ (lacune correspondant à la valeur $+1$), on est, pour la même raison, obligé d'admettre que λ prend, au point B, une valeur numérique infinie, sans quoi il y aurait une solution de continuité (une coupure) entre les points représentés par les valeurs positives de λ et les points représentés par ses valeurs négatives [1]. Le *nombre infini* est donc indispensable pour combler la lacune qui existe, dans la suite d'ailleurs continue des valeurs de λ, entre les valeurs infiniment grandes positives et les valeurs infiniment grandes négatives, et pour fermer le cycle des valeurs par lesquelles passe λ. Ainsi le nombre infini

1. On saisit encore ici sur le fait l'analogie du nombre infini et du nombre irrationnel [cf. Chap. I, **13**].

relie par continuité les valeurs extrêmement grandes de signes contraires, comme le point à l'infini relie les points extrêmement éloignés sur la droite dans les deux sens. Les valeurs numériques $+\infty$ et $-\infty$ attribuées à λ se confondent en une seule (qu'on écrit : ∞), de même que les points situés à l'infini dans l'un et l'autre sens sur la droite X'X coïncident et n'en font qu'*un*. Il y a donc une analogie parfaite, un parallélisme complet entre l'ensemble des points de la droite infinie et l'ensemble des valeurs finies et infinie de λ, grâce à la correspondance uniforme établie entre eux. Concluons donc que, si la continuité arithmétique de l'ensemble des nombres réels justifie le point à l'infini comme correspondant au nombre fini $+1$, la continuité géométrique de la droite indéfinie justifie le nombre infini comme correspondant au point B situé dans le fini. Les deux infinis, numérique et géométrique, semblent donc s'engendrer mutuellement, et l'on ne peut attribuer, jusqu'ici, l'antériorité logique à l'un plutôt qu'à l'autre [1].

5. Mais il faut retenir une chose de tout ce développement : c'est que le nombre infini s'impose en Analyse au même titre que le point à l'infini en Géométrie. On dit souvent, en Analyse, que « faire varier un nombre depuis $-\infty$ jusqu'à $+\infty$ » ne signifie rien de plus que : « attribuer à ce nombre toutes les valeurs réelles finies, tant positives que négatives », et nous avons nous-même employé plus haut [**3**] cette expression en ce sens. Mais on voit par ce qui précède que cela n'est pas toujours exact, et que l'*indéfini* numérique ne suffit pas à l'Analyse et à la Géométrie analytique. On aurait beau attribuer à λ des valeurs finies aussi grandes qu'on voudrait en valeur absolue, le point M serait aussi voisin qu'on voudrait du point B, mais ne coïnciderait jamais avec lui ; à plus forte raison, il ne pourrait pas le franchir et passer d'un côté à l'autre de ce point sur la droite continue X'X. Pour obtenir le point fixe et précis B, il faut donner à λ, non pas une valeur infiniment grande (c'est-à-dire variable), ce qui n'a pas de sens [2], mais la valeur rigoureusement infinie $\pm\infty$, valeur fixe, unique et déterminée. Ce n'est que si l'on admet le *nombre infini* que l'on pourra, en faisant varier λ, faire passer le point M par le

1. Toutefois, l'infini géométrique paraît l'emporter sur l'infini numérique en valeur rationnelle, car la continuité géométrique a plus de raison d'être que la continuité arithmétique [III, III, **8**].

2. Car à une *variable* λ on ne peut assigner que des valeurs numériques *fixes* [cf. III, IV, **6**; IV, I, **5**].

point B d'un mouvement continu; et au moment où le point mobile M coïncidera avec le point fixe B, la variable infiniment grande λ atteindra sa limite fixe, ∞, et *passera par l'infini.*

Cela montre en même temps que le nombre infini, bien qu'unique, est cependant susceptible d'un signe (+ ou —) et que les symboles $+\infty$, $-\infty$ ne sont pas toujours réservés à l'indéfini, c'est-à-dire ne signifient pas seulement des valeurs infiniment grandes, positives ou négatives [1]. En effet, il y a lieu de distinguer le cas où une variable tend vers l'infini (et devient ensuite infinie) par des valeurs positives, de celui où elle y tend par des valeurs négatives : par exemple, quand λ tend vers l'*infini négatif* (on comprend cette locution abrégée) le point M tend vers B par la gauche; et quand λ tend vers l'*infini positif*, le point M tend vers B par la droite. Sans doute, d'une manière comme de l'autre, la variable atteint sa limite unique, l'infini, comme le point mobile M coïncide avec l'unique point fixe B; mais il n'est pas indifférent de savoir de quel côté le point est arrivé à son but, par quel bout la variable a atteint sa limite; il est donc naturel de dire, suivant les cas, que celle-ci tend, soit vers $+\infty$, soit vers $-\infty$, tout en sachant bien que $+\infty$ et $-\infty$ ne sont qu'un seul et même nombre. C'est pour des raisons analogues qu'on est amené, dans certaines considérations analytiques, à discerner deux sens du nombre *zéro* et à l'affecter d'un double signe $\pm$, pour indiquer qu'il est la limite, soit d'un infiniment petit positif, soit d'un infiniment petit négatif; et cela, bien que *zéro* ne soit, à proprement parler, ni positif ni négatif, mais neutre, et qu'il soit bien entendu que $+0$ ou -0, c'est toujours 0.

6. L'exemple précédent, destiné à montrer l'origine arithmétique du point à l'infini, n'est pas concluant, puisqu'il montre aussi bien l'origine géométrique du nombre infini. Celui que nous allons exposer sera peut-être plus probant. Il présente, sous sa forme la plus élémentaire, un mode général de transformation qu'on désigne par le nom d' « homographie », et qui constitue une des méthodes les plus fécondes de la Géométrie projective. Si vraiment il ne faut voir dans la transformation homographique qu'une correspondance analytique, on devra reconnaître que la Géométrie moderne emprunte toute sa valeur et sa généralité à l'Algèbre, c'est-à-dire

1. Cf. Stolz, *Arithmétique générale*, t. I, chap. ix : On ne donne pas de signe à l'*infini* proprement dit : ∞, pour le distinguer de l'*indéfini* : $\pm\infty$.

en définitive à l'Arithmétique elle-même. C'est dans ce sens et dans cet esprit que la transformation homographique se trouve le plus souvent introduite dans les traités de Géométrie analytique [1], et que nous allons nous-même la présenter d'abord.

Etant données deux droites quelconques (dans le plan ou dans l'espace), X'X, Y'Y, à chacune desquelles se trouve appliqué l'ensemble des nombres réels; si l'on appelle x l'abscisse d'un point de la première, y l'abscisse d'un point de la seconde, la relation

$$Axy + Bx + Cy + D = 0 \tag{1}$$

établit une correspondance univoque et réciproque entre les points des deux droites considérées. En effet, elle est linéaire (du premier degré) par rapport à x et à y; donc, pour chaque valeur attribuée à y, elle donne une valeur unique et déterminée pour x (car elle devient alors une équation du premier degré en x); et inversement, pour chaque valeur attribuée à x, elle donne une valeur unique et déterminée de y. Si l'on donne à l'une des abscisses, x par exemple, une suite de valeurs réelles, l'autre abscisse, y, prendra des valeurs réelles correspondant une à une à celles de x; l'ensemble des premières sera figuré sur la droite X'X par une série de points; l'ensemble des secondes sera figurée par une autre série de points sur Y'Y. Ces deux séries de points *fixes* forment ce qu'on appelle des systèmes *homographiques*.

La correspondance ainsi établie entre les deux séries de points est en quelque sorte statique, et (pratiquement du moins) discontinue. Pour réaliser une correspondance continue entre *tous* les points d'une droite et *tous* les points de l'autre, il convient de recourir à l'idée de mouvement. On peut concevoir le point dont l'abscisse est x (plus brièvement, le point x) comme mobile sur la droite X'X, et lui faire parcourir cette droite *indéfinie* tout entière; le point y se déplacera simultanément sur la droite Y'Y et passera, à chaque instant, par le point qui correspond à la position momentanée du point x sur X'X; et inversement, si l'on fait parcourir au point mobile y la droite indéfinie Y'Y tout entière, le point x se mouvra sur la droite X'X. Pour fixer les idées, soient A, B, C, D.... des points quelconques de la droite X'X, et soient A', B', C', D',... les points

1. Notamment dans l'Ouvrage élémentaire de Briot et Bouquet, *déjà cité*, nos 315 sqq.

correspondants de la droite Y'Y (*Fig. 21*) : les deux systèmes A, B, C, D... et A', B', C', D',... sont homographiques, par définition. Toutes les fois que le point mobile M (d'abscisse x) passera par le point fixe A, le point mobile correspondant M' (d'abscisse y) passera par le point fixe A'; et inversement. De même pour les autres couples de points correspondants : B et B', C et C', D et D', etc. Il faut bien remarquer que si le mouvement (idéal) des points M et M' est commode pour figurer la correspondance uniforme et continue des valeurs numériques de x et de y, il ne l'explique pas; au contraire, il la suppose. Le point mobile M suppose donné, pour se mouvoir, l'ensemble *continu* des points fixes par lesquels il passera, et de même le point M' suppose donné l'ensemble continu de ses positions successives. L'un et l'autre ne font que désigner tour à tour des points fixes marqués d'avance sur chaque droite [cf. III, IV, **6**].

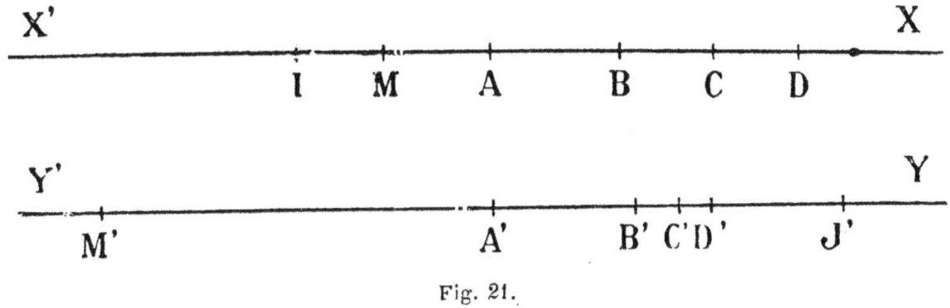

Fig. 21.

7. Au point de vue analytique, on peut d'abord considérer chacun des nombres x et y comme une *inconnue* dont la valeur fixe dépend de la valeur numérique fixe attribuée à l'autre. Si l'on donne la valeur de y, on aura la valeur correspondante de x par la formule

$$x = -\frac{Cy + D}{Ay + B}. \tag{2}$$

Si au contraire on donne la valeur de x, on aura la valeur correspondante de y par la formule

$$y = -\frac{Bx + D}{Ax + C}. \tag{3}$$

On peut ensuite considérer les nombres x et y comme deux *variables* réelles dont les variations continues sont liées par la relation (1); si y est variable indépendante, la formule (2) définira x comme fonction de y; si au contraire x est variable indépendante, la formule (3) définira y en fonction de x. En résumé, suivant le point de vue, l'égalité (1) peut être conçue comme une équation du premier degré à une inconnue, ou comme une relation linéaire entre deux variables, dont l'une est définie comme fonction implicite de l'autre ; et les formules (2) et (3) peuvent être conçues, soit comme les solutions de l'équation (1), fournissant les racines en x ou en y de cette équation ; soit comme définissant l'une des deux variables x ou y en fonction rationnelle explicite de l'autre. Ces deux points de vue sont, respectivement, celui de l'Algèbre et celui de l'Analyse, que nous nous sommes attaché à distinguer dans le cours de cet Ouvrage [voir II, IV, **6**]. Mais il ne faut pas oublier que ces deux points de vue sont plutôt superposés qu'opposés, et que la correspondance fonctionnelle établie entre les deux variables x et y repose, en définitive, sur la relation algébrique entre la valeur *donnée* de l'une et la valeur *inconnue* de l'autre. Si la *relation* (1) relie entre elles les variations continues des deux variables, c'est parce que, à toute valeur numérique particulière (réelle) assignée à l'une, l'*équation* (1) fait correspondre une valeur numérique *fixe* de l'autre, et qu'il suffit de substituer la première dans l'une des formules (2) ou (3) pour en *tirer* la seconde.

Ainsi la correspondance analytique des points M et M′ exprimée par la relation (1) revient, au fond, à la dépendance algébrique que les formules (2) et (3) établissent entre les deux *indéterminées* x et y, et celle-ci se réduit, en dernière analyse, à une relation arithmétique entre les valeurs numériques *déterminées* des deux variables. C'est donc, en somme, sur de simples égalités numériques que repose la correspondance géométrique des points des deux droites X′X et Y′Y ; et la transformation homographique n'est que l'image ou l' « illustration » d'un ensemble de calculs.

8. Nous avons dit plus haut que, par la transformation homographique, on réalise une correspondance uniforme entre *tous* les points de la droite indéfinie X′X et *tous* les points de la droite indéfinie Y′Y. Or cette assertion est sujette à une double exception, tant que l'on regarde les deux droites comme simplement *indéfinies*. En effet, lorsque le point mobile M′ de la seconde droite s'éloigne indéfiniment dans un sens ou dans l'autre, le point homologue M de la première tend vers une position-limite I donnée par la formule

$$x = -\frac{C}{A}.$$

De même, lorsque le point M de la première droite s'éloigne indéfiniment dans un sens ou dans l'autre, le point M' de la seconde tend vers la position-limite J' donnée par la formule [1]

$$y = -\frac{B}{A}.$$

Mais tant que le point M' reste à distance finie sur la droite Y'Y, jamais le point M ne coïncide avec le point I; et tant que le point M restera à distance finie sur X'X, jamais le point M' ne pourra coïncider avec le point J'. Ces deux points fixes, situés à distance finie sur les droites respectives, représentent donc des coupures de l'ensemble des positions des deux points mobiles, et constituent pour chacun d'eux un obstacle infranchissable : aucun des deux points mobiles ne peut ainsi parcourir la droite entière d'une manière continue, en tant du moins qu'il ne doit pas cesser de correspondre à un point « réel » de l'autre droite, conçue cemme *indéfinie* seulement. Chacune d'elles est partagée en deux tronçons (demi-droites) qui se correspondent chacun à chacun, et sur chacun desquels on peut faire évoluer un point mobile [2]; mais on ne peut faire passer ce point d'un tronçon sur l'autre, de sorte que les deux tronçons d'une même droite continue sont aussi « incommunicables » que le seraient deux droites parallèles, ou non situées dans un même plan.

C'est pour faire disparaître ces solutions de continuité, et pour combler cette double lacune dans l'ensemble des valeurs réelles attribuées à chacune des variables x et y, que l'on convient d'admettre sur la droite Y'Y un point à l'infini I', homologue du point I de la droite X'X, et sur la droite X'X un point à l'infini J, homologue du point J' de la droite Y'Y. Chacun des points M et M' peut dès lors parcourir la droite respective tout entière : quand le point M passe par le point I, le point M' passe par I', c'est-à-dire par le point à l'infini sur Y'Y; et quand le point M' passe par J', le point M passe par J, c'est-à-dire par le point à l'infini sur X'X [3]; et inversement, on peut « faire passer par l'infini » ou « envoyer à l'infini » l'un des points mobiles, sans que l'autre cesse d'occuper une position déterminée et à distance finie. Le point à l'infini est donc destiné à com-

1. Briot et Bouquet, *Géométrie analytique*, n° 315.

2. Dans la *fig. 21*, le tronçon IX correspond au tronçon Y'J', et le tronçon J'Y au tronçon X'I.

3. Dans ce cas, on peut dire que le tronçon IJ correspond au tronçon I'J', et le tronçon J'I' au tronçon JI, ce qui ressort de l'écriture. Cf. Staudt, *Geometrie der Lage*, n° 61.

pléter chacune des deux droites dans un intérêt purement analytique; cette position fictive du point mobile, qui n'a aucune réalité géométrique, sert à fermer le cycle de ses positions « réelles », ou plutôt des valeurs numériques réelles que prend son abscisse. En somme, c'est pour achever de rendre uniforme la correspondance analytique entre les deux variables x et y qu'on invente pour chacune d'elles une valeur infinie, et le point à l'infini de chacune des droites n'a d'autre but que de figurer le nombre infini dans la transformation homographique. Les analystes rigoureux ne lui attribuent pas d'autre sens.

9. Telles sont les considérations par lesquelles on croit pouvoir justifier les éléments à l'infini de l'espace comme la simple traduction en langage géométrique d'un fait essentiellement analytique. On voit par là l'analogie qui existe, en Géométrie analytique, entre les éléments à l'infini et les éléments imaginaires, qui, eux aussi, sont généralement introduits comme des façons symboliques et abrégées de parler, comme des *noms* géométriques donnés à des valeurs purement algébriques. Il n'était donc pas inutile d'examiner cette conception des imaginaires, et de rechercher quelle pouvait être la valeur géométrique de ces symboles [III, III, **14-17**; IV, **24**], car la même question se pose pour l'infini géométrique, et doit sans doute être résolue de même. Les développements où nous sommes entré au sujet des imaginaires étaient destinés à préparer et à éclaircir ce que nous allons dire de l'infini.

Cherchons comment on détermine, analytiquement, les points I et J', qu'on dit *homologues de l'infini*. En d'autres termes, comment sait-on, par exemple, que, si M s'éloigne indéfiniment, M' tend vers J'? C'est que, quand x croît indéfiniment, y tend vers la valeur-limite finie

$$-\frac{B}{A}.$$

En effet, la formule (3) donne en général

$$y = -\frac{Bx + D}{Ax + C}.$$

Or, quand on fait croître x indéfiniment, chacun des deux termes de cette fraction tend vers l'infini, de sorte que la limite de y, pour x infini, se présente sous la forme indéterminée :

$$\frac{\infty}{\infty}.$$

Pour trouver, comme on dit, la vraie valeur de cette limite, on met x en diviseur dans les deux termes de la fraction :

$$y = -\frac{B + \frac{D}{x}}{A + \frac{C}{x}}.$$

Quand on fait tendre x vers l'infini, chacune des fractions $\frac{D}{x}$, $\frac{C}{x}$, dont le numérateur est constant et fini, tend vers *zéro*, de sorte que la limite de y, pour x infini [1], prend la forme finie et fixe :

$$-\frac{B+0}{A+0} = -\frac{B}{A}.$$

En général, quand on veut trouver la valeur d'une fonction algébrique pour la valeur infinie de la variable, on élimine celle-ci en la faisant passer en dénominateur, et l'on égale à *zéro* toutes les fractions où la variable figure en dénominateur. Or cela revient à poser directement

$$\frac{m}{\infty} = 0.$$

Mais cette formule, équivalente à celle-ci :

$$\frac{m}{0} = \infty,$$

n'a pas de sens pour les mathématiciens rigoureux, car on ne sait pas plus ce que c'est de diviser par l'*infini* que de diviser par *zéro*.

On nous dira peut-être que ces deux formules n'ont qu'un sens symbolique et pour ainsi dire *asymptotique* : elles signifient simplement que le quotient d'un nombre fini par un nombre infiniment grand est un nombre infiniment petit, et que le quotient d'un nombre fini par un nombre infiniment petit est un nombre infiniment grand. Elles n'impliquent donc que l'indéfini numérique (par exemple la suite indéfinie des nombres entiers), et non l'infini proprement dit.

Sans doute, répondrons-nous; mais alors de quel droit annule-t-on toute fraction telle que $\frac{C}{x}$, $\frac{D}{x}$, où la variable infiniment grande x figure en dénominateur? De deux choses l'une : ou le nombre x, tout en croissant indéfiniment, reste fini, et alors les fractions $\frac{C}{x}$, $\frac{D}{x}$ ont une

1. Pour connaître le sens précis et rigoureux de ces expressions abrégées, voir Note II, **11**.

valeur finie *non nulle*, et on ne peut les négliger sans erreur; ou bien ces fractions deviennent rigoureusement nulles, et alors le nombre x doit être supposé *infini*. C'est le même raisonnement qui nous a servi à interpréter [Chap. I, **3**] la formule

$$\frac{m}{0} = \infty.$$

Tant que le dénominateur de la fraction $\frac{m}{\varepsilon}$ n'est pas nul, mais infiniment petit, la fraction est infiniment grande, et non infinie; mais si l'on annule le dénominateur, alors la fraction devient rigoureusement *infinie*.

Or c'est justement ce qui arrive à l'expression de x en fonction de y quand y tend vers la limite finie $-\frac{B}{A}$:

$$x = -\frac{Cy + D}{Ay + B}. \qquad (2)$$

En effet, la valeur $y = -\frac{B}{A}$ est précisément celle qui annule le dénominateur de x, puisque c'est la racine de l'équation :

$$Ay + B = 0.$$

Ainsi, tant que y est infiniment voisin de la valeur $-\frac{B}{A}$ (c'est-à-dire que le point M′ est infiniment voisin du point J′), la valeur de x est infiniment grande, c'est-à-dire finie; donc le point M correspondant est à distance finie sur la droite X′X. Mais quand le point M′ coïncide avec le point J′, y devient exactement égal à $-\frac{B}{A}$, et par suite x devient rigoureusement infini. En résumé, lorsque y atteint sa limite, qui est le nombre fini $-\frac{B}{A}$, x doit atteindre aussi sa limite, qui est le *nombre infini*.

Voilà pourquoi, dans la formule (3), on peut aussi « passer à la limite », comme on dit, et annuler les fractions $\frac{C}{x}$, $\frac{D}{x}$ en faisant x égal à l'infini, de manière à obtenir la valeur rigoureusement exacte de y, c'est-à-dire la position précise du point M′ qui correspond au point à l'infini J sur X′X. Mais si un tel « passage à la limite » est possible et valable, ce n'est pas, assurément, en considérant x et y comme des nombres purs. Si l'on s'assujettit à ne donner à x que des valeurs réelles, à le faire croître, par exemple, par tous les nombres entiers consécutifs, il est trop clair qu'on n'arrivera jamais au *bout* de la suite naturelle des nombres (attendu qu'elle n'en a pas), et que le nombre x restera toujours fini. Il ne peut pas plus atteindre sa limite, que son inverse $\frac{1}{n}$ ne peut atteindre sa limite *zéro*, ou qu'en général une variable assujettie à prendre successivement une suite discontinue de valeurs numériques ne peut atteindre la limite de cette suite [1]. Mais il en va tout autrement, si les nombres x et y représentent des grandeurs dont le caractère essentiel est de varier d'une manière continue, telles que sont les abscisses des points M et M′ sur leurs droites respectives. Alors il est permis d'assigner pour terme au déplacement d'un de ces points mobiles un point fixe quelconque de sa droite, et par suite d'assigner pour *limite* à la variable y une valeur réelle finie quelconque, $-\frac{B}{A}$ par exemple; et pour le passage continu à la limite :

$$\lim y = -\frac{B}{A},$$

on aura le passage continu à la limite correspondant :

$$\lim x = \infty,$$

ce qui veut dire que le point M se trouve, sur la droite X′X, à une distance telle qu'aucun nombre réel fini ne peut la représenter (c'est en ce sens que l'infini numérique est un symbole d'impossibilité), et que, si l'on veut la désigner par un symbole numérique, il faut créer pour elle un nouveau nombre, le *nombre infini*. De plus, comme cette distance est le suprême état de grandeur (état-limite) d'une longueur qui devient plus grande que toute longueur donnée et qui dépasse tout segment fini, il convient de considérer le nombre infini comme plus grand que tout nombre réel, et comme supérieur, en particulier, à tous les nombres entiers qui composent la suite naturelle 1, 2, 3, ... tout en le regardant comme leur *limite* (au sens large du mot) [2].

Ainsi l'exemple que nous venons d'étudier se retourne contre la conception purement analytique de l'infini, par laquelle on prétend d'ordinaire justifier l'infini géométrique; et il se trouve, au contraire, que l'infini algébrique de la forme $\frac{m}{0}$ n'a de sens et de valeur que par la considération de la continuité, et par son application aux

1. Cf. Chap. I, **4**.
2. Cf. Note II, **11**, **12**.

grandeurs géométriques. En particulier, le point à l'infini ne se justifie nullement comme symbole géométrique du nombre infini; il semble bien plutôt que le nombre infini ait été inventé tout exprès pour donner au point à l'infini un symbole numérique indispensable[1].

10. On donne encore, en Géométrie analytique, une explication plus élégante et plus raffinée des points à l'infini, au moyen des *coordonnées homogènes*; mais cette justification subtile et détournée n'a pas plus de valeur, au fond, que celle que nous venons d'exposer sous une forme tout à fait élémentaire. Nous allons l'exposer et la discuter brièvement, en employant toujours le même exemple.

Posons

$$x = \frac{x_1}{x_2}, \qquad y = \frac{y_1}{y_2}.$$

Les nombres x_1 et x_2, y_1 et y_2 sont les coordonnées homogènes des points M et M′ sur leurs droites respectives. On voit que la position de chaque point ne dépend pas de la valeur absolue ou grandeur de ses coordonnées homogènes, mais seulement de leur rapport ou quotient. Cette notation a l'avantage de rendre homogènes les équations de Géométrie; ainsi la relation (1) devient :

$$A\frac{x_1}{x_2}\frac{y_1}{y_2} + B\frac{x_1}{x_2} + C\frac{y_1}{y_2} + D = 0,$$

ou

$$Ax_1y_1 + Bx_1y_2 + Cx_2y_1 + Dx_2y_2 = 0. \qquad (1\ bis)$$

De même, les formules (2) et (3) donnent les suivantes (qu'on pourrait aussi tirer directement de l'équation 1 *bis*) :

$$x = \frac{x_1}{x_2} = -\frac{Cy_1 + Dy_2}{Ay_1 + By_2}, \qquad (2\ bis)$$

$$y = \frac{y_1}{y_2} = -\frac{Bx_1 + Dx_2}{Ax_1 + Cx_2}. \qquad (3\ bis)$$

Les variables x_1, x_2, y_1, y_2 peuvent prendre toutes les valeurs réelles finies : à chaque couple de valeurs attribuées à x_1, x_2 correspond un point unique et déterminé M, et en même temps (par la formule 3 *bis*) un point unique et déterminé M′. Ces deux points sont *homologues*, c'est-à-dire se correspondent dans la transformation homographique (1 *bis*) équivalente à la relation (1).

1. On remarquera l'analogie de cette interprétation du nombre infini avec celle que nous avons donnée du nombre irrationnel [III, III, **7**, **8**].

Or, si l'on fait $x_1 = 0$ (x_2 ayant une valeur quelconque non nulle), la formule (3 *bis*) donne

$$y = -\frac{Dx_2}{Cx_2} = -\frac{D}{C}.$$

C'est ce qu'on aurait trouvé en faisant simplement x nul dans la formule (3). Si au contraire on fait $x_2 = 0$ (x_1 ayant une valeur quelconque non nulle), on obtient de la même manière

$$y = -\frac{Bx_1}{Ax_1} = -\frac{B}{A}.$$

C'est la valeur qu'on a trouvée pour y quand x est infini [**8**]. Il semble donc que les coordonnées homogènes éludent la nécessité d'admettre le nombre infini, et permettent de dire : Le point à l'infini sur X'X est celui qui a pour coordonnées x_1 et 0; autrement dit, celui pour lequel x_2 est nul. On évite ainsi, semble-t-il, toute considération d'infini numérique, et l'on justifie directement le point à l'infini en n'admettant que des valeurs finies pour les coordonnées de *tous* les points de la droite X'X, ou de toute autre droite.

Mais il est aisé de voir que ce subterfuge tourne la difficulté, sans la supprimer. En effet, l'abscisse du point M prend alors la forme

$$x = \frac{x_1}{0}, \qquad (x_1 \gtreqless 0)$$

et l'on est obligé d'admettre que l'abscisse du point à l'infini a une valeur infinie. D'ailleurs, si l'on fait, dans la formule (2 *bis*),

$$\frac{y_1}{y_2} = -\frac{B}{A},$$

par exemple

$$y_1 = B, \qquad y_2 = -A,$$

l'on trouve

$$x = -\frac{BC - AD}{AB - AB} = \frac{AD - BC}{0},$$

c'est-à-dire une fraction dont le numérateur n'est pas nul, et dont le dénominateur est *zéro*. On retombe toujours sur l'infini numérique que l'on semblait avoir écarté, et qu'on a seulement masqué. Et en effet, au point de vue purement arithmétique, on n'a le droit de poser

$$x = \frac{x_1}{x_2}$$

que si x_2 est toujours différent de *zéro*; cette formule n'a de sens numérique que sous cette réserve expresse, et il est toujours sous-entendu que le dénominateur d'une fraction ne peut jamais s'annuler, car on ne doit jamais, en Algèbre, diviser par *zéro*. En supposant ensuite $x_2 = 0$, on viole cette condition implicite, et dès lors les formules n'ont plus aucune valeur, du moins en Arithmétique[1]. Comment se fait-il, cependant, que les mathématiciens les plus rigoureux, qui n'admettraient jamais, dans un calcul numérique, une fraction de la forme $\frac{m}{0}$, ne se font pas scrupule de poser $x_2 = 0$, c'est-à-dire

$$x = \frac{x_1}{0}\ ?$$

C'est sans doute parce qu'ils sentent, d'instinct, que les mêmes formules algébriques qui n'ont pas de sens quand il s'agit d'opérer sur des nombres, sont valables quand on traite des grandeurs continues, comme en Géométrie ou en Analyse; et que leur continuité même permet de « passer à la limite », c'est-à-dire de substituer à chaque grandeur sa valeur-limite, sans que les formules cessent d'être vraies, et par suite de remplacer les infiniment petits par *zéro*, et les infiniment grands par *l'infini*. Nous n'avons pas fait autre chose, dans les pages qui précèdent, que d'invoquer, en les développant, ces raisons latentes dont les savants n'ont le plus souvent qu'une obscure conscience qu'on nomme le sentiment ou le « flair », mais qui les guident dans leurs déductions et surtout dans leurs inventions; et nous ne pouvons justifier l'infini qu'en faisant appel, en chacun de nos lecteurs, à cet instinct mathématique dont le vrai nom est la raison.

1. Les mêmes considérations s'appliqueraient au paramètre λ du § **2**. On pourrait sans doute éviter de le rendre *infini*, en le remplaçant par le rapport $\frac{m}{n}$: la formule (p. 239) :

$$x = \frac{bm - an}{m - n}$$

exprimerait l'abscisse du point M en fonction des deux nombres m et n (coordonnées *biponctuelles* du point M rapporté aux points A et B). Pour $m = 0$, $x = a$; pour $n = 0$, $x = b$. Ainsi l'on n'attribue jamais aux coordonnées m et n que des valeurs finies (ou nulles). Mais par ce détour on déguise l'infini plutôt qu'on ne l'élude : car ce qui fixe la position du point M sur la droite X'X, ce n'est pas la valeur absolue des nombres m et n, mais seulement leur rapport. Or, si le rapport de 0 à n (non nul) existe, et est *nul*, le rapport de m (non nul) à 0 doit exister aussi, et il est *infini* [II, II, **22**; cf. 2ᵉ P. II, IV, **10** sqq.].

CHAPITRE III

JUSTIFICATION DE L'INFINI NUMÉRIQUE PAR L'INFINI GÉOMÉTRIQUE

1. Nous croyons avoir établi que l'infini géométrique ne peut se justifier rationnellement par des considérations algébriques, et que l'origine analytique qu'on lui attribue en général est insuffisante à rendre compte de la valeur et de la fécondité de l'infini en Géométrie. Il n'en est pas moins vrai que, jusqu'ici, l'infini paraît s'introduire dans la Géométrie par l'Algèbre, et qu'en particulier nous avons présenté les points à l'infini comme représentant la racine de l'équation du premier degré dans le cas d'impossibilité, c'est-à-dire une fraction algébrique de la forme $\frac{m}{0}$ [I, **1-3**]. De même, nous avons défini la relation homographique entre deux droites (considérées comme ensembles de points) au moyen d'une équation algébrique [II, **6**]. En vain nous pourrions raisonner ensuite sur les points à l'infini de ces deux droites comme ayant une existence géométrique, indépendante de tout système de coordonnées; nous ne pouvons oublier qu'ils doivent leur naissance à un fait de calcul algébrique, et cela suffit pour qu'on ne puisse nier leur origine analytique, c'est-à-dire, au fond, arithmétique. Mais, comme d'autre part nous avons montré que le nombre infini se justifie malaisément au point de vue arithmétique pur, et qu'il n'y a, en Algèbre, aucune raison d'admettre les fractions de la forme $\frac{m}{0}$ à titre de nombres véritables, il en résulte que ni l'infini géométrique ni l'infini numérique n'ont de valeur rationnelle, et qu'ils ne sont, en somme, que des façons commodes et abrégées de parler, des symboles purement conventionnels dénués de réalité. Loin de pouvoir justifier l'infini géométrique, l'infini numérique ne réussit pas à se justifier lui-même, et a peine à se soutenir. Si donc l'infini géométrique a quelque valeur et quelque utilité (or cette valeur et cette utilité sont incontestables, et ne sauraient être exagérées), il doit pouvoir se justifier par la Géométrie pure; nous allons montrer qu'en effet on peut lui assigner une origine exclusivement géométrique, et lui attribuer une existence absolument indépendante de toute considération analytique.

2. Tout d'abord, pour dissiper la prévention qu'a pu faire naître la manière dont nous avons exposé le fait géométrique de l'infini dans le Chapitre I, il faut remarquer que si, au début de ce Chapitre [**1**.**3**], nous avons paru l'introduire par l'Algèbre (comme solution d'une équation du premier degré), à la fin du même Chapitre [**8-10**], nous l'avons présenté par des considérations de Géométrie pure, indépendamment de toute représentation numérique, en invoquant seulement des raisons tirées de la continuité propre aux grandeurs. Ce que nous avons dit de cet exemple particulier peut se répéter dans tous les cas où figurent des éléments à l'infini. En général, on peut dégager l'infini géométrique de son origine algébrique, et le justifier par des raisonnements fondés sur la simple considération des figures. Aussi l'infini joue-t-il un rôle important, non seulement dans la Géométrie analytique, où il apparaît, comme nous l'avons vu, sous la forme numérique $\frac{m}{0}$, mais dans la Géométrie synthétique moderne, où il se présente sous la forme de points à l'infini, de droites à l'infini et de plan de l'infini. Il y a plus : on peut définir l'infini géométrique et exposer toutes ses propriétés sans recourir une seule fois à la considération de la quantité (de la longueur par exemple), et en tenant seulement compte des rapports de situation entre les éléments des figures. En d'autres termes, la Géométrie comprenant deux parties, la Géométrie *métrique*, où l'on étudie les rapports de grandeur des figures, où on les *mesure*, et la Géométrie *projective*, où l'on étudie les figures dans leur disposition et leur construction, et où on les transforme par *projection* sans s'occuper de leur grandeur absolue, c'est à celle-ci que nous voulons demander la justification de l'infini géométrique; et si nous montrons que l'infini apparaît dans les relations purement projectives des figures, et s'explique entièrement par elles, nous aurons prouvé qu'il ne doit nullement son existence à des faits de calcul, car il sera ainsi indépendant, non seulement de toute représentation analytique où pourrait s'insinuer l'infini numérique, mais même de tout rapport de grandeur.

3. C'est d'ailleurs la méthode que nous avons déjà employée dans le Chapitre I [**12**]; car tous les raisonnements que nous avons faits sur la *figure 18* reviennent à ceci : le faisceau de droites issu du centre O et la série de points qui constitue la droite X'X sont en *relation projective*, chaque rayon issu du point O correspondant au point M où il rencontre la droite X'X; et pour que cette correspondance soit complète, on doit admettre que le rayon BC (parallèle à X'X) rencontre X'X à l'infini, de sorte qu'à ce rayon correspond le point à l'infini sur X'X. C'est par des considérations analogues que nous pouvons interpréter géométriquement la correspondance homographique établie, dans le Chapitre II [**6**], entre les points des deux droites X'X, Y'Y au moyen de la relation algébrique (1) entre leurs abscisses respectives. En effet, « lorsqu'on a sur deux droites deux systèmes de points homographiques, on peut placer les droites de manière que l'un des systèmes soit la *perspective* de l'autre[1] » ; il suffit de les placer toutes deux dans un même plan, « de manière à faire coïncider deux points homologues, A et A'; les droites BB', CC', qui joignent deux couples de points homologues, se coupent en un point O; la droite OM, qui joint le point O à un point quelconque M de la première droite, passera par le point homologue M' de la seconde ». En résumé, l'on met les deux droites en *perspective*, de telle sorte que chacun des systèmes de points marqués sur l'une d'elles soit la *projection* de l'autre sur cette droite, projection faite du centre O, et que, pour cette raison, on nomme projection *centrale* (*Fig. 22*) [2]. Dans cette position particulière, la relation *métrique* que l'équation (1) établit entre les deux systèmes de points est figurée par la relation *projective* que le faisceau de rayons issu du point O établit entre les deux droites; ou plutôt, la relation métrique est, en réalité, dérivée de cette relation projective, et doit en être considérée comme la traduction en langage algébrique : car on montre aisément que la correspondance toute géométrique des points M et M' s'exprime, en Géométrie analytique, par une relation algébrique de cette forme (1) entre leurs abscisses x, y, c'est-à-dire par une équation du premier degré par rapport à chacune des deux variables x, y [3].

1. Briot et Bouquet, *Géométrie analytique*, n° 315.
2. Cette figure représente les droites X'X, Y'Y de la *fig. 21*, mises en perspective.
3. Cf. Briot et Bouquet, *loc. cit.*

Il convient de remarquer que les deux droites X'X, Y'Y sont mises en relation projective au moyen du faisceau de rayons issu du point O, qui est lui-même en relation projective avec chacune d'elles, d'après ce qui vient d'être dit au sujet de la *figure 18;* de sorte que les points homologues, dans les deux systèmes de points, sont ceux qui se trouvent sur le même rayon du faisceau. Or, dans ce faisceau, au point à l'infini sur X'X correspond le rayon parallèle à X'X, lequel coupe Y'Y au point J'; ce point J' sera donc l'homologue de l'infini sur X'X. De même, au point à l'infini sur Y'Y correspond le rayon parallèle à Y'Y, lequel coupe X'X au point I; ce point I sera donc l'homologue de l'infini sur Y'Y. Ainsi se trouvent construits géométriquement les points homologues des points J et I' situés à l'infini sur X'X, Y'Y respectivement; et cela, sans avoir eu le moins du monde recours à la relation analytique (1) entre x et y. Au contraire, c'est de cette construction géométrique si simple qu'on peut tirer la valeur exacte de l'abscisse des points I et J' :

$$x = -\frac{C}{A},$$

$$y = -\frac{B}{A}$$

sans aucune considération d'infini numérique [1].

On voit que la correspondance homographique entre les points M et M' peut se définir par une simple relation *de position*, à savoir par leur identité de situation par rapport au point O (puisqu'ils se trouvent en ligne droite avec ce point fixe), et non par une relation analytique, soit entre les *grandeurs* géométriques AM, A'M', soit entre les *nombres* x, y qui représentent celles-ci. Les points à l'infin sur les deux droites X'X, Y'Y ne sont donc point inventés pour figurer les valeurs infinies que prennent les *nombres* x et y, et ne découlent nullement de l'infini numérique; ils s'expliquent complètement par des raisons géométriques, et même purement projectives, c'est-à-

1. En effet, soient x_0, y_0 les coordonnées du point O par rapport aux axes AX, A'Y, ce seront les abscisses respectives des points I et J'; or la relation :

$$Axy + Bx + Cy + D = 0$$

prend dans ce cas la forme :

$$xy - y_0x - x_0y = 0;$$

d'où l'on conclut immédiatement, en identifiant les coefficients :

$$x_0 = -\frac{C}{A}, \qquad y_0 = -\frac{B}{A}$$

dire par des considérations de situation. C'est au contraire parce que la Géométrie projective découvre des points situés à l'infini qu'on a besoin, en Géométrie métrique, de grandeurs infinies (longueurs) destinées à exprimer leurs rapports de situation sous forme quantitative, et qu'on est obligé, en Géométrie analytique et en Algèbre, d'admettre des valeurs numériques infinies pour représenter ces grandeurs géométriques. L'ordre rationnel des notions est donc le même pour l'infini que pour les imaginaires : le symbolisme imaginaire représente d'abord les points du plan, c'est-à-dire des *situations*, puis des vecteurs du plan, c'est-à-dire des *grandeurs*, et c'est ainsi qu'on parvient à donner un sens aux *nombres* complexes [cf. III, IV, **1-2**]. De même, l'infini apparaît d'abord en Géométrie comme *situation*; il se traduit ensuite en *grandeur*, et enfin en *nombre*, et c'est ainsi que se justifie le nombre infini.

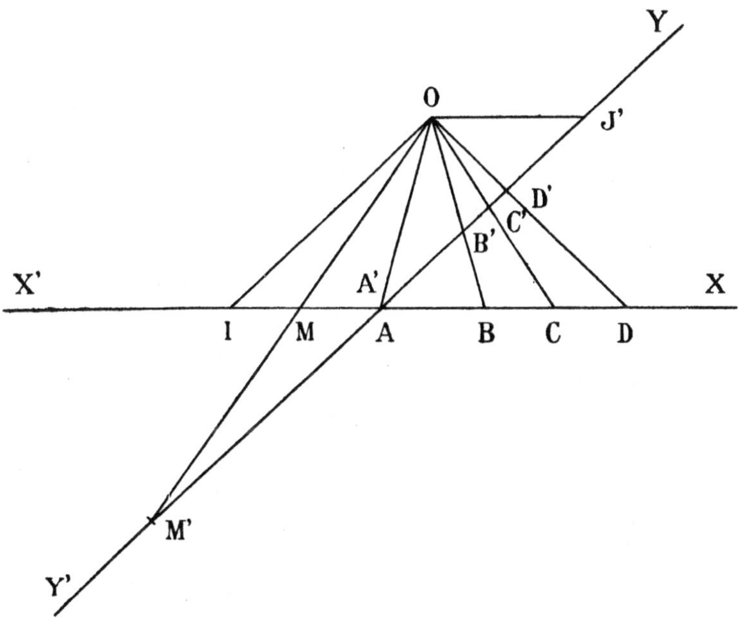

Fig. 22

4. On nous demandera sans doute comment l'infini de situation peut apparaître en Géométrie pure, alors que son caractère essentiel est d'échapper à toute intuition. Nous ne pouvons mieux répondre à cette question qu'en traduisant les définitions purement géométriques et presque intuitives que Christian von Staudt, un des fondateurs de la Géométrie projective [1], a données des *éléments infiniment éloignés* de l'espace [2] :

« 54. On a vu (§ 3) qu'en beaucoup de cas un point est remplacé par une direction, une droite par une position [3], et qu'ainsi les éléments d'une droite comprennent encore sa position et toutes les directions qui y sont contenues. » Par exemple : « Deux droites situées dans un même plan ont, ou un point commun, ou une même direction [4]. Deux plans ont, ou une droite commune, ou une même position [4]. Un plan contient, soit un seul point d'une droite, soit seulement la direction de cette droite [5]. Il ne sera donc pas inutile d'introduire pour la *direction* et la *position* d'autres expressions qui rappellent immédiatement ce qu'elles remplacent, de manière que les propositions qui ne sont que des modifications particulières d'autres propositions, soient aussi énoncées comme telles. »

L'auteur considère ensuite (55) la rotation d'une droite mobile autour d'un point fixe extérieur à une droite fixe qu'elle coupe en général, ainsi que nous avons fait [I, **12**]; il montre comment « on peut dire de deux droites parallèles qu'elles se rencontrent en un point infiniment éloigné [6] », et il ajoute : « Une droite apparaît ainsi, quand on lui assigne un point infiniment éloigné où elle est coupée par toutes les droites et tous les plans qui lui sont parallèles, comme une ligne fermée... »

Empruntons encore au même auteur la définition de la *droite à l'infini* et du *plan de l'infini*, dont nous aurons besoin dans la suite :

« 56. Tous les points infiniment éloignés d'un *plan* sont dits situés sur une ligne infiniment éloignée, et comme toute droite du plan la coupe en un *seul* point, on l'appelle une *droite*.

« 57. Tous les points et droites infiniment éloignés (dans l'espace) sont dits situés dans une surface infiniment éloignée, et comme toute droite la perce en un point et que tout plan la coupe suivant une droite, on l'appelle un *plan*. »

Nous avons tenu à citer textuellement ces deux phrases, parce

1. Après nos compatriotes Carnot, Poncelet et Chasles, et les Allemands Steiner et Plücker.

2. *Geometrie der Lage*, § 5.

3. Ce mot (*Stellung*) désigne la situation d'un plan dans l'espace, comme la direction (*Richtung*) désigne la situation d'une droite dans un plan.

4. C'est-à-dire : sont parallèles.

5. C'est-à-dire : lui est parallèle.

6. Cette expression, que nous employons dans le sens d'*indéfini*, a pour l'auteur un sens rigoureusement *infini*.

qu'elles justifient par des raisons purement géométriques ces expressions de *droites* et de *plan* à l'infini, qu'on explique d'ordinaire par des considérations analytiques [1], en disant que les points à l'infini du plan ou de l'espace vérifient une équation *linéaire* (du premier degré) tout comme les points d'une droite ou d'un plan situés à distance finie, ou, comme on dit aussi, *dans le fini* [2]. C'est par des raisons analogues que nous avons montré [I, **11**] qu'une droite n'a qu'un point à l'infini, en considérant la relation projective qui unit l'ensemble des points de la droite X'X à l'ensemble des rayons du faisceau O (*Fig. 18*). Ainsi l'introduction de l'infini en Géométrie pure se trouve dégagée de toute considération algébrique.

5. Mais cela ne suffit pas encore pour justifier l'infini géométrique. On pourrait, en effet, nous objecter qu'il n'y a là que des manières commodes et abrégées de parler, et les citations mêmes que nous venons de faire semblent confirmer cette objection, car les « éléments à l'infini » y sont présentés comme de simples *noms* donnés à la direction d'une droite et à la position d'un plan, pour l'uniformité du langage. Pour repousser cette objection, il faut montrer que ces éléments à l'infini sont autre chose que des expressions symboliques ou des métaphores, qu'ils ont une valeur et une existence réelles; or une telle existence, qui n'est évidemment pas intuitive, ne peut se manifester que par la vérité des propositions fondées sur la considération de l'infini.

Remarquons tout d'abord que si STAUDT prête par son langage [3] le flanc à la critique précédente, il nous indique en même temps le moyen d'y échapper, car il annonce que, grâce à l'emploi des expressions « points, droites, etc. à l'infini », les propositions où il est question de directions et de situations communes, c'est-à-dire de droites et de plans parallèles, rentrent comme cas particuliers dans celles où figurent les points ou les droites ordinaires, c'est-à-dire où les droites et les plans considérés se coupent dans le fini. Cette conception infinitiste, qui est le fondement de la Géométrie projective [4], est d'ailleurs fort ancienne, et remonte aux origines de

1. Voir CLEBSCH, *Leçons de Géométrie*, t. I, chap. I, § VII.
2. Nous préférons cette seconde locution, parce qu'elle n'implique pas l'idée de distance, et, pour la même raison, nous préférons les expressions : « éléments à l'infini » à celles qu'emploie STAUDT (« éléments infiniment éloignés »).
3. Et aussi par la répétition obstinée de l'épithète « uneigentlich » (improprement dit) qu'il applique à tous les éléments à l'infini.
4. Et que STAUDT appelle : « die perspektivische Ansicht. » (n° 58).

la Géométrie moderne. « Descartes nous apprend que Desargues regardait... un système de plusieurs droites parallèles entre elles comme une variété d'un système de droites concourant en un même point : dans ce cas, le point de concours est à l'infini[1] »; et Descartes approuvait cette idée, qui paraît être de l'invention de Desargues[2], et que Pascal lui a empruntée[3]. Cette idée, comme toutes les idées de génie, est d'ailleurs extrêmement simple; elle a été suggérée à Desargues par ses recherches sur la perspective, qui est une méthode particulière de projection, et qui forme ainsi une branche de la Géométrie projective (laquelle en est issue par voie de généralisation). On sait en effet qu'en perspective, les images des droites parallèles concourent au point où le plan du tableau est percé par le rayon visuel parallèle à ces droites. Par exemple, les quatre droites AO, BO, CO, DO (*Fig. 23*) peuvent représenter les arêtes parallèles d'un prisme rectangulaire (d'une rue, d'une galerie, etc.) et le point O est l'image du point à l'infini où ces droites parallèles se rencontrent. On peut dire que cette figure nous fait *voir* en quelque sorte le point à l'infini commun à toutes les droites parallèles, en le projetant sur un plan dans le fini. On a déjà vu que la transformation homographique d'une droite revient à la projeter par perspective sur une autre droite, de sorte que les points I et J', homologues de l'infini, sont les *perspectives* des points I' et J situés à l'infini sur chacun des deux droites [v. § **3**, *fig. 22*]. On ramène ainsi, comme on dit, à distance finie les points à l'infini.

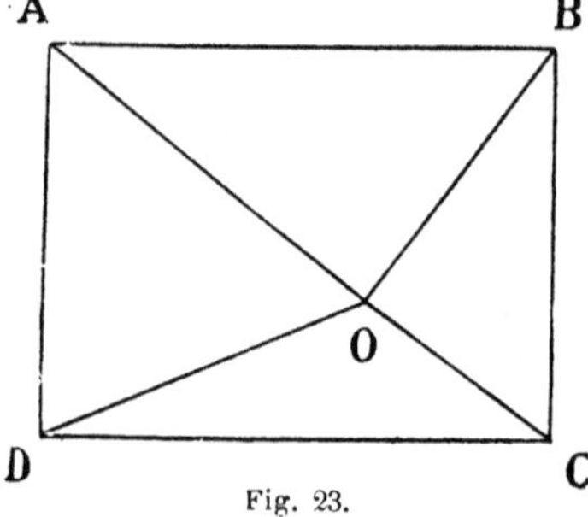

Fig. 23.

6. Les citations précédentes ne nous dispensent nullement d'arguments positifs et rationnels : nous n'avons garde de croire que les questions philosophiques puissent se trancher en invoquant des

1. Chasles, *Aperçu historique*, Deuxième époque, § 20.

2. « Pour votre façon de considérer les lignes parallèles comme si elles s'assemblaient à un but à distance infinie, afin de les comprendre sous le même genre que celles qui tendent à un point, elle est fort bonne... » *Lettre de* Descartes *à* Desargues, *citée par* Chasles.

3. « Il (Desargues) fait voir, comme il l'a écrit à un sien ami défunt, le rare et savant M. Pascal fils, que les parallèles sont toutes semblables à celles qui aboutissent à un point, et qu'elles n'en diffèrent point. » Bosse, *Traité des pratiques géométrales et perspectives*, 1665.

autorités, si grandes qu'elles soient. Elles n'ont d'autre but que de montrer que la conception projective de l'infini était commune aux trois grands géomètres du XVIIe siècle, aux véritables fondateurs de la Géométrie moderne. Il nous a paru surtout intéressant de remarquer que la Géométrie synthétique repose, aussi bien que l'Analyse infinitésimale [1], sur l'idée d'infini; que l'introduction de l'infini constitue le progrès décisif des Mathématiques, qu'elle leur a donné une puissance incomparable, une portée nouvelle et une fécondité inouïe, et qu'elle forme la différence essentielle qui sépare la science moderne de la science antique. Aussi tous les grands inventeurs du XVIIe siècle ont-ils été des infinitistes convaincus (nous avons déjà nommé Pascal); et comme quelques-uns d'entre eux ont été en même temps les initiateurs de la philosophie moderne (il suffit de citer Descartes, le père de la Géométrie moderne, et Leibnitz, l'inventeur du Calcul infinitésimal), peut-être faut-il voir dans ce fait la raison pour laquelle l'idée d'infini joue un rôle capital dans la métaphysique de ces mêmes auteurs, et l'origine de l'opposition profonde, radicale, entre la philosophie antique et la philosophie moderne au sujet de l'infini.

Quelle que soit la valeur de ces réflexions historiques, qui n'ont aucun rapport essentiel avec la question que nous traitons, il faut retenir ce fait, que l'infini s'est introduit à peu près à la même époque dans la Géométrie et dans l'Analyse, et même, si nous voulions insister et préciser, qu'il s'est introduit en Géométrie avant d'apparaître dans l'Analyse, ce qui tendrait à confirmer notre thèse, savoir qu'il s'est introduit en Analyse par la Géométrie. Il y a là une concomitance curieuse, qui n'est pas due au hasard, et qui s'explique par l'analogie secrète de la Géométrie projective et de l'Analyse infinitésimale. Cette analogie a été déjà remarquée fort ingénieusement par Chasles, qui l'expose en ces termes [2] : « Ce rapprochement entre la méthode homographique et le calcul intégral paraîtra peut-être moins étrange, si nous disons que le caractère particulier du principe d'homographie, parmi les autres modes de transformation des figures, est de passer, comme dans le calcul intégral, de *l'infini* au *fini*. Ce sont les propriétés d'une figure qui a des parties à l'infini qu'on veut, le plus souvent, dans les applications du principe d'homo-

1. Et même davantage : car on peut constituer *logiquement* le Calcul infinitésimal sur la seule notion de l'*indéfini*, tandis que l'*infini* proprement dit est indispensable à la Géométrie.

2. *Aperçu historique*, Chap. VI, § 14, note.

graphie, transporter à une figure du même genre, mais dont les mêmes parties sont placées à des distances finies. »

7. Ces derniers mots laissent entrevoir l'analogie intime des éléments à l'infini avec les éléments imaginaires de la Géométrie, car les parties imaginaires d'une figure correspondent, en général, aux parties réelles d'une autre figure du même genre; et de même que les propriétés projectives d'une figure finie subsistent, si grande qu'elle soit, et persistent même quand elle devient infinie[1], de même les relations qui existent entre les parties réelles d'une figure se conservent, lors même que certaines de ces parties sont devenues imaginaires[2]. C'est donc toujours, au fond, le *principe de continuité*[3] qui, selon la vue profonde de Poncelet[4], fait la valeur des éléments imaginaires comme des éléments à l'infini; c'est-à-dire le même principe qui était pour Leibnitz le nerf de son Calcul infinitésimal, et plus généralement la pierre de touche de toute vérité[5].

Pour montrer que c'est bien sur ce principe qu'est fondé l'emploi de l'infini en Géométrie, et que c'est à lui qu'il doit son utilité et sa légitimité, il suffira de rappeler ces propositions, paradoxales à l'origine, et devenues banales : « La ligne droite est une circonférence de rayon infini; le plan est une surface sphérique de rayon infini ». Ce ne sont pas là des métaphores ou des jeux de mots : ce sont des vérités géométriques exactes et fécondes. On peut, en toute rigueur, traiter une droite comme un arc de cercle, et toutes les propriétés de la circonférence seront vraies de la ligne droite, si l'on envoie le centre à l'infini. De même, « la Géométrie plane n'est qu'un cas particulier de la Géométrie de la sphère, où l'on suppose le rayon infini; ainsi toutes les vérités principales de la première doivent participer aux propriétés plus générales de la seconde[6] »; aussi la

1. L'étude des propriétés des figures qui restent *invariables*, soit dans un changement d'axes de coordonnées, soit dans une transformation homographique ou dualistique (l'un et l'autre représentant une substitution linéaire), se ramène à la recherche des *invariants*, et c'est pourquoi la Géométrie projective correspond analytiquement à la théorie des formes algébriques. Voir Clebsch, *Leçons de Géométrie*, t. I, chap. III.

2. *Principe des relations contingentes* de Chasles (*Aperçu historique*, Cinquième époque, §§ 10-15).

3. Chasles, *Aperçu historique*, Note XXIV.

4. *Traité des propriétés projectives des figures* (1822).

5. « Lorsque la différence de deux cas peut être diminuée au-dessous de toute grandeur donnée *in datis*, ou dans ce qui est posé, il faut qu'elle se puisse trouver aussi diminuée au-dessous de toute grandeur donnée *in quæsitis*, ou dans ce qui en résulte... » *Nouvelles de la République des Lettres*, mai 1687, p. 744.

6. Chasles, *Aperçu historique*, Cinquième époque, § 45.

Géométrie sphérique peut-elle être considérée comme un « mode de généralisation des propriétés des figures planes. » Or, si l'on peut passer des figures planes aux figures sphériques, et inversement, et appliquer aux unes les propriétés démontrées pour les autres, c'est parce que le cas particulier du plan se relie par continuité aux cas où la sphère a un rayon infiniment grand, mais fini ; et de même, si la droite peut être regardée comme un cas particulier de la circonférence, c'est qu'elle est la figure-limite d'une circonférence dont le rayon croît indéfiniment. Que des considérations infinitistes de ce genre aient une valeur scientifique et soient riches en conséquences importantes, c'est ce qu'un exemple fera mieux comprendre.

8. Un théorème bien connu, dû à Ptolémée, s'énonce comme suit : « Le produit des diagonales du quadrilatère inscrit au cercle est égal à la somme des produits des côtés opposés. » Soit un quadrilatère convexe [1] ABCD inscrit dans un cercle (*Fig. 24*). Le théorème de Ptolémée se traduit par l'égalité suivante :

$$AC. BD = AB. CD + AD. BC$$

où les segments indiqués ne figurent que par leur longueur et sont, par conséquent, représentés par des nombres absolus. Supposons que, les côtés AB, BC, CD restant constants en grandeur, le rayon du cercle augmente progressivement de longueur ; pour préciser davantage, supposons BC fixe : la circonférence ne cessera de passer par les points fixes B et C, et les côtés invariables AB, CD tourneront respectivement autour de ces deux points, de manière à faire avec BC des angles de plus en plus grands. Concevons que le rayon du cercle croisse indéfiniment, ou que son centre s'éloigne indéfiniment de BC : les angles ABC, BCD tendront chacun vers *deux* droits ; et si l'on marque sur la droite BC prolongée de part et d'autre les points A', D' tels que : A'B = AB, CD' = CD, les points A et D se rapprocheront indéfiniment des points A', D' respectivement (*Fig. 24 bis*). La relation écrite ci-dessus continuera d'avoir lieu entre les trois segments constants AB, BC, CD et les trois segments variables AC, BD, AD, puisque le quadrilatère ABCD est toujours inscrit dans un cercle proprement dit, c'est-à-dire de rayon fini et déterminé. Or, quand ce rayon devient infiniment grand, les points mobiles A et D sont infiniment voisins des points fixes A', D' ; donc les segments

1. Ce mot signifie ici que les sommets se succèdent sur la circonférence dans l'ordre : A, B, C, D.

variables AD, AC, BD diffèrent infiniment peu des segments constants A'D', A'C, BD'; quant aux segments mobiles AB, CD, ils sont rigoureusement égaux aux segments fixes A'B, CD'qui sont en ligne droite avec BC. La relation (inconnue) qui existe entre les six segments déterminés sur cette droite par les points A', B, C, D' doit, *en vertu du principe de continuité*[1], différer infiniment peu de la relation qui existe entre les côtés et les diagonales du quadrilatère inscrit; on doit donc avoir l'égalité :

$$A'C \,.\, BD' = A'B \,.\, CD' + A'D' \,.\, BC + \varepsilon,$$

ε étant un nombre infiniment petit (c'est-à-dire une quantité variable ou arbitraire tendant vers *zéro*). Or, dans cette relation, tous les termes sont constants, excepté ε; les deux quantités :

$$A'C \,.\, BD' \qquad \text{et} \qquad A'B \,.\, CD' + A'D' \,.\, BC$$

sont invariables. D'autre part, leur différence ε peut être rendue plus petite que toute quantité donnée; donc (par un théorème connu[2]) elle est rigoureusement nulle. Par suite les deux quantités constantes sont rigoureusement égales, et l'on peut écrire exactement :

$$A'C. \,BD' = A'B. \,CD' + A'D'. \,BC.$$

Ainsi la même relation qui existait entre les côtés et les diagonales du quadrilatère inscrit est encore vraie quand, le rayon du cercle étant devenu infini, la circonférence se confond avec une droite sur laquelle le quadrilatère s'aplatit. On démontre d'ailleurs directement (et même par une double voie, analytique et géométrique) cette relation pour quatre points quelconques situés en ligne droite, sans recourir à aucune considération d'infini ou de continuité. On vérifie par là la déduction précédente, fondée sur le principe de continuité et sur l'hypothèse du rayon absolument infini, ce qui prouve la légitimité de celle-ci. On voit comment l'infini peut servir à découvrir et même à démontrer des relations entre les grandeurs finies, grâce à la continuité géométrique, qui permet de « passer à la limite », et en particulier de conclure de l'indéfini à l'infini[3].

1. Nous invoquons ici le principe de continuité pour abréger; mais il serait facile de démontrer directement que, dans l'égalité suivante, ε devient infiniment petit quand le rayon du cercle devient infiniment grand.

2. J. Tannery, *op. cit.*, § 6. Cf. Carnot, *Métaphysique du Calcul infinitésimal*, n°s 24 et 25; voir aussi n° 120.

3. Ce qui justifie en général ce « passage à la limite », c'est que, comme le montre l'exemple précédent, la même relation qui existe entre plusieurs gran-

9. Cet exemple fait bien ressortir le caractère essentiel et original du principe de continuité, qui en fait la portée et la fécondité. Ce principe n'est pas *analytique*, mais *synthétique* ; ce n'est pas un axiome logique, mais un postulat rationnel. Il n'y aurait aucune contradiction à soutenir que la relation précédente est vraie dans un cercle aussi grand qu'on voudra, mais non sur la droite ; car, si voisine que la circonférence puisse être de la droite qui en est la *limite*, les deux figures

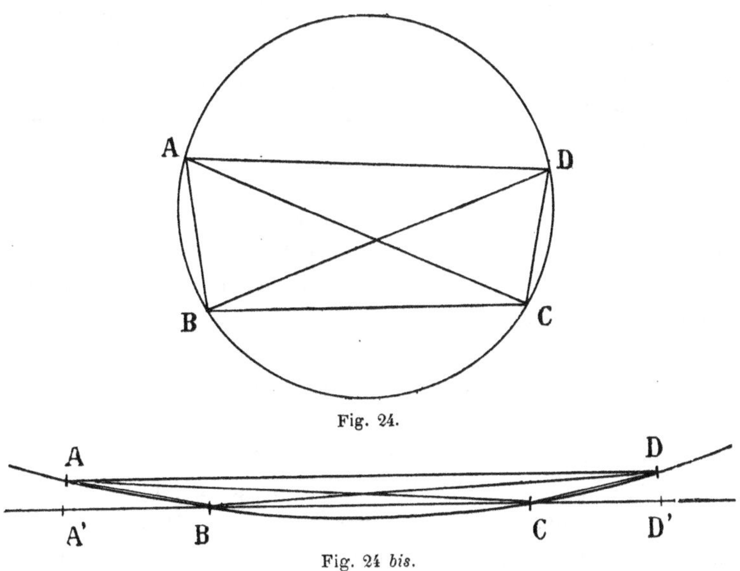

Fig. 24.

Fig. 24 *bis*.

(ABCD, A'BCD') sont toujours distinctes, et dès lors ce n'est pas de *la même* qu'on affirme et qu'on nie à la fois *la même* propriété [1]. On peut donc *logiquement*, c'est-à-dire sans violer le principe de contradiction, refuser de passer d'un cas à l'autre, de l'infiniment petit à zéro, de l'infiniment grand à l'infini. Mais cela serait néanmoins absurde, au point de vue *rationnel*, car ce serait admettre un hiatus entre les propriétés de deux figures infiniment voisines : il faudrait que, pour un changement infiniment petit de la figure mobile, une des grandeurs variables (AC, BD, AD), au lieu d'atteindre sa limite infiniment rapprochée, changeât brusquement de valeur, et que la nouvelle valeur différât de la précédente d'une quantité finie : de

deurs variables subsiste entre leurs limites fixes, *quand leurs variations sont continues* (car alors elles atteignent en effet leurs limites respectives [I, **4**]). C'est là un autre énoncé du *principe de continuité* de LEIBNITZ. [Cf. Note II, **7**.]

1. Cf. ARISTOTE, *Métaphysique*, Γ, 3, 1005 *b* 19-20.

sorte que la relation considérée cesserait d'être encore vraie « à la limite ». La raison se refuse à admettre la discontinuité au sein de la grandeur, car ce serait y admettre le caprice, le miracle ou le hasard; et si la nature ne fait jamais de sauts, c'est parce que de tels sauts répugnent à la raison. Il y a donc des propositions qui peuvent être absurdes sans être contradictoires [1], et la contradiction n'est pas le seul vice qui choque la raison. Partant, le principe de contradiction n'est pas le seul critérium de la vérité : il n'en est qu'un critérium négatif, et conséquemment stérile. Le principe de continuité, au contraire, est une loi positive et féconde de la pensée; il n'infère pas du même au même, ni du général au particulier, mais il transporte la vérité de proche en proche, du connu à l'inconnu, et l'étend ainsi du particulier au général. LEIBNITZ n'avait donc pas tort de faire reposer les Mathématiques mêmes sur des principes métaphysiques : car c'est peut-être au principe de continuité que la Géométrie moderne doit ses progrès immenses, et ses plus puissantes méthodes de généralisation.

10. Nous avons déjà signalé à plusieurs reprises l'analogie remarquable des nombres imaginaires et du nombre infini, des points imaginaires et des points à l'infini [**3**, **7**; cf. I, **14**; II, **9**]. Il y a plus : les éléments à l'infini peuvent, eux aussi, devenir imaginaires, sans cesser de faire partie intégrante des figures géométriques; au contraire, ils continuent à figurer parmi leurs propriétés essentielles, et peuvent servir à les caractériser. C'est ainsi que CHASLES déduit immédiatement, de la définition purement projective des ovales de Descartes [2], que ces courbes « ont toujours deux points *imaginaires conjugués à l'infini*; ce que l'on ne verrait peut-être pas par d'autres voies », ajoute l'illustre géomètre : « car on a négligé jusqu'à présent, dans la recherche des points singuliers des courbes, les solutions imaginaires, et aussi les points situés à l'infini, *lesquels échappent souvent à l'Analyse*. Les uns et les autres, cependant, font partie des affections particulières des courbes, et doivent jouer un rôle important dans leur théorie. »

Pour comprendre ce passage de CHASLES, il faut savoir que tous les

1. Cf. M. RENOUVIER, *la Philosophie de la règle et du compas*, § XII, ap. *Année philosophique*, 1891, p. 42.

2. Les ovales de Descartes, ou *lignes aplanétiques*, sont la projection stéréographique de la ligne de pénétration d'une sphère par un cône de révolution, l'œil étant placé à l'extrémité du diamètre parallèle à l'axe du cône (d'après QUÉTELET, cité ap. *Aperçu historique*, Note XXI).

cercles du plan ont en commun deux points imaginaires conjugués sur la droite de l'infini, qu'on nomme *points circulaires à l'infini* [1]; cette propriété singulière suffit à caractériser les cercles, qu'on peut définir : des coniques passant par les points circulaires à l'infini. C'est même ce qui explique qu'un cercle soit complètement déterminé par *trois* points, alors que pour déterminer une conique quelconque il faut en général *cinq* points donnés : en effet, les *deux* points circulaires à l'infini, joints aux *trois* points donnés, achèvent de déterminer le cercle. On voit par cet exemple la généralité et la symétrie que confère aux propositions de Géométrie la considération régulière des points imaginaires ou des points à l'infini, ou même des points imaginaires à l'infini.

Sans doute, la plupart de ces propriétés où figurent des éléments imaginaires ou situés à l'infini ont été découvertes par le calcul; mais nous avons souligné plus haut la phrase où Chasles affirme que (de son temps du moins) de telles propriétés échappaient souvent à l'Analyse. En tout cas, lors même qu'elles n'apparaîtraient que dans les formules analytiques et s'introduiraient par là dans la Géométrie synthétique, ces propriétés sont, le plus souvent, susceptibles de démonstrations purement géométriques, et si l'on préfère (malgré l'exemple du grand géomètre dont nous nous inspirons ici) les démontrer par l'Algèbre, c'est sans doute à cause du préjugé signalé plus haut [ii, **1**] et de la routine qu'engendre l'habitude du calcul; c'est peut-être aussi parce que le calcul demande moins d'effort d'invention que la synthèse, et qu'il mène au but à coup sûr. Quoi qu'il en soit, on retrouve presque toujours par la synthèse les propriétés découvertes et démontrées par l'Analyse, et souvent d'une manière plus directe, sous une forme plus claire, plus simple et plus élégante, comme le prouvent une foule de démonstrations purement synthétiques de Chasles lui-même [2].

11. Le même auteur dit encore : « L'abbé de Gua... fit voir, le premier, *par les principes de la perspective*, que plusieurs des points singuliers d'une courbe peuvent se trouver à l'infini : ce qui lui donna l'explication *a priori* d'une analogie singulière entre les différentes espèces de points et les différentes espèces de branches

1. Cf. Briot et Bouquet, *Géométrie analytique*, n° 330. Voir une définition purement projective de ces points ap. Staudt, *Beiträge zur Geometrie der Lage*, Erstes Heft, Anhang, n°s 190-195.

2. Voir notamment : *Aperçu historique*, Notes IX, X, XV, XVI, XX et XXXI.

infinies (hyperboliques ou paraboliques) que peuvent présenter les courbes; analogie à laquelle le calcul l'avait déjà conduit [1]. »

Pour donner un exemple de cette méthode intuitive, nous citerons seulement les deux propositions suivantes, qui peuvent servir de définitions respectivement à la parabole et à l'hyperbole :

« L'hyperbole est une conique coupée par la droite de l'infini en deux points réels. »

« La parabole est une conique tangente à la droite de l'infini [2]. »

Ces deux théorèmes sont démontrés, dans l'Ouvrage auquel nous les empruntons, au moyen des équations des courbes en coordonnées homogènes et de considérations algébriques. Nous allons montrer que tout cet appareil de formules est inutile, et *faire voir* les propriétés énoncées sans le moindre calcul. Il en résultera que ces propriétés ne dépendent nullement de la Géométrie analytique ni de l'Algèbre, et qu'elles peuvent s'établir très simplement par la Géométrie projective [3], par la synthèse pure.

On sait que toutes les courbes du second ordre peuvent être considérées comme des sections planes d'un cône à base circulaire; c'est pour cela qu'on les appelle *sections coniques*. Cela revient à dire qu'on peut les obtenir toutes par la *projection* centrale d'un cercle sur un plan, ou, plus simplement encore, comme *perspectives* d'un cercle. D'autre part, dans la projection centrale d'un plan P sur un autre plan Q (le centre étant le point O), les projections des points à l'infini dans P se trouvent toutes sur l'intersection du plan Q par un plan R mené par O parallèlement au plan P : en effet, ce plan R, étant parallèle à P, contient (par définition) tous les points à l'infini du plan P, et ceux-là seulement. Or l'intersection de deux plans est une ligne droite : appelons D l'intersection des plans Q et R : cette droite sera l'ensemble des projections des points à l'infini du plan P, et c'est même pour cela qu'on dit que ces points à l'infini forment une seule ligne droite, dite droite de l'infini (dans P), car en général la projection d'une droite est une droite, et réciproquement toute droite est la projection d'une droite. Ainsi la droite D (située, en général, dans le fini du plan Q) est l'*image* ou la *perspective* de la droite à l'infini du plan P. Inversement, si l'on projetait, du centre O,

1. *Aperçu historique*, Quatrième époque, § 10.

2. Clebsch, *Leçons de Géométrie*, vol. I, chap. II, § II : Les coniques et la droite de l'infini.

3. Cf. Staudt, *Geometrie der Lage*, § **19**, n° 248.

le plan Q sur le plan P, la droite à l'infini dans P serait l'image ou la perspective de la droite D du plan Q.

Cela posé, soit un cercle C coupé par une sécante DD′ ; projetons-le du centre O sur le plan P, de manière à envoyer la sécante à l'infini : pour cela, il suffit de placer DD′ dans le plan R parallèle au plan de projection P et passant par le centre de projection O (*Fig. 25*).

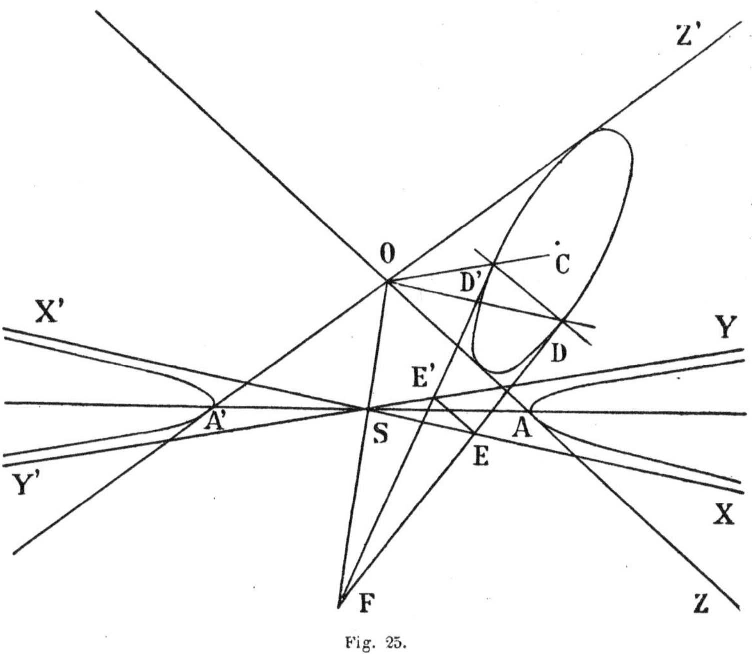

Fig. 25.

Le cône projetant coupera le plan P suivant une hyperbole, qui sera la projection ou perspective du cercle C [1]. Les tangentes au cercle aux points D et D′ se projetteront suivant SX, SY parallèles aux droites OD, OD′: SX, SY seront les asymptotes de l'hyperbole. Les deux branches de l'hyperbole correspondent respectivement aux deux arcs de cercle que sépare la sécante DD′ : on peut donc dire qu'elles se rejoignent à l'infini suivant SX et SX′, SY et SY′. L'hyperbole complète, image de la circonférence fermée, traverse ainsi la droite de l'infini en deux points, qui sont les points à l'infini sur SX, SY (projections

1. Cette construction et la suivante (*fig. 25* et *26*) peuvent servir de commentaire à un passage de LEIBNITZ (*Théodicée*, Discours de la conformité de la foi avec la raison, n° 64, fin).

des points D et D'). Par conséquent elle a pour sécante la droite de l'infini, comme nous l'avons annoncé.

On voit en même temps qu'il est rigoureusement exact de dire que les asymptotes de l'hyperbole sont ses tangentes à l'infini : en effet, chacune d'elles est la projection d'une des tangentes DE, D'E', et (comme la propriété de tangence se conserve par projection, ou est, comme on dit, *projective*) est tangente à l'hyperbole au point qui correspond au point D ou D', c'est-à-dire en l'un des deux points qui sont à l'infini sur la courbe, ou encore, en l'un des points d'intersection de l'hyperbole avec la droite de l'infini. Ainsi cette propriété des asymptotes, d'être tangentes à la courbe à l'infini, ne sert pas seulement à les déterminer par le calcul au moyen des formules générales qui expriment les tangentes en Géométrie analytique; elle permet de les définir et de les construire d'une manière purement géométrique.

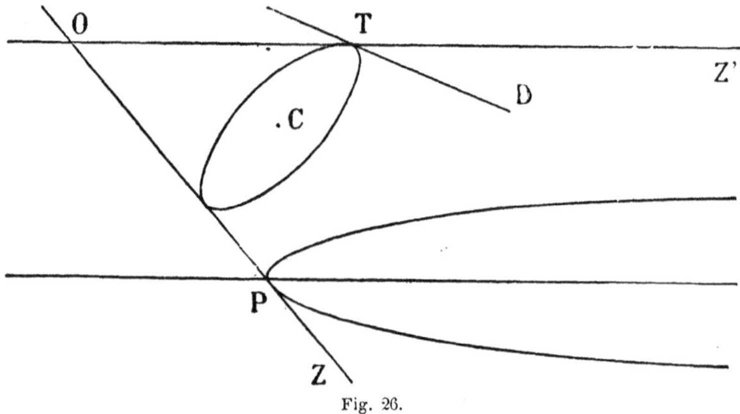

Fig. 26.

12. La relation de la parabole avec la droite de l'infini se met tout aussi aisément en évidence. Considérons un cercle C et une droite D tangente à ce cercle, et projetons cette figure du centre O sur le plan P, de telle sorte que la tangente s'en aille à l'infini; il suffit pour cela de disposer la droite D dans le plan R mené par O parallèlement au plan de projection P (*Fig. 26*). Le plan R sera alors tangent au cône projetant, et par suite la section de ce cône par le plan P (parallèle au plan R) sera une parabole : cette parabole sera la projection ou perspective du cercle C. Soit T le point de contact de ce cercle et de sa tangente D; la parabole aura un point à l'infini, à savoir la projection du point T. Mais, comme tout point de contact d'une courbe avec une droite représente deux points confondus, on peut dire que la parabole a deux points à l'infini, mais que ces deux points coïncident. Or c'est dire qu'elle a deux points confondus communs avec la droite de l'infini, et par conséquent qu'elle a pour tangente la droite de l'infini. Ainsi s'explique en même temps ce fait que la parabole n'a pas d'asymptotes : c'est que sa tangente à l'infini n'est autre que la droite de l'infini [1].

On conçoit sans peine que toutes les autres courbes, d'ordre quelconque, puissent avoir des points à l'infini. Nous avons dit [I, **14**] qu'une courbe d'ordre n a n points (réels ou imaginaires) communs avec une droite quelconque de son plan : donc, en particulier, elle a n points, réels ou imaginaires, à l'infini. Une courbe aura la droite de l'infini pour sécante si les n points qu'elle a sur cette droite sont distincts; elle aura la droite de l'infini pour tangente si *deux* des points qui lui sont communs avec cette droite coïncident et se confondent en un seul. On comprend dès lors qu'il y ait lieu de distinguer les branches infinies des courbes en *hyperboliques* et *paraboliques*, suivant les deux cas que nous venons d'indiquer, c'est-à-dire suivant leur relation géométrique avec la droite de l'infini. Ce qui précède suffit à faire pressentir l'importance singulière des éléments à l'infini dans l'étude projective des courbes, puisque la forme de celles-ci et leurs propriétés essentielles dépendent de la manière différente dont elles se comportent *à l'infini*.

Ces exemples suffisent à prouver qu'on peut étudier les éléments à l'infini et leurs relations par la Géométrie pure, sans recourir à aucun système de coordonnées (homogènes ou autres) ni à aucune représentation analytique; et même simplement par la Géométrie projective, c'est-à-dire sans envisager les relations entre les grandeurs (longueurs, angles, distances, etc.), mais en considérant seulement les rapports de situation des figures. Nous croyons donc pouvoir affirmer qu'il existe, en Géométrie, un *infini de position* tout à fait indépendant de l'infini de grandeur et de l'infini numérique, et que c'est, au contraire, pour le représenter qu'on est obligé de concevoir un état de grandeur infini et un nombre infini.

1. Pour être complet, il faudrait ajouter que l'ellipse est une conique qui rencontre la droite de l'infini en *deux* points *imaginaires*, ce qui résulte de cette autre proposition : Tout cercle a avec une droite extérieure dans son plan deux points d'intersection imaginaires. Il suffirait de projeter la figure formée par le cercle et la droite extérieure de manière à envoyer celle-ci à l'infini : on montrerait que la projection du cercle est une ellipse.

Appendice. — On pourrait encore nous objecter que les relations projectives où figure l'infini de situation se traduisent par des égalités de rapports anharmoniques; or tout rapport anharmonique renferme des *grandeurs* (longueurs ou lignes trigonométriques) représentées par des *nombres*, de sorte que les relations projectives sont, au fond, des relations analytiques déguisées. L'infini numérique s'y introduit nécessairement, comme dans tout autre système de coordonnées, et, par lui, l'infini géométrique; c'est donc toujours, en dernière analyse, l'infini numérique qui engendrerait, d'une façon détournée, l'infini de grandeur et de position.

A cette objection très spécieuse et très forte, nous répondrons que si les relations projectives correspondent en effet à des relations métriques, elles n'en sont nullement issues, et ne s'y réduisent pas nécessairement. Au contraire, elles sont, en principe et par essence, indépendantes de toute idée de grandeur, et peuvent se définir entièrement par la seule considération des rapports de situation (des alignements, par exemple). C'est ainsi que nous avons pu définir la relation projective de deux lignes droites homographiques en les mettant en perspective (*Fig. 22*) sans faire appel à la relation métrique (équation 1) entre les abscisses des points homologues; tout au rebours, c'est cette dernière qui peut se déduire de la première, et qui paraît en être la traduction analytique.

D'autre part, s'il est vrai que la constance du rapport anharmonique est le fondement de toute relation projective, la loi universelle et unique de toute transformation par homographie ou par dualité, on sait que ce rapport est lui-même susceptible d'une définition purement projective, dégagée de toute notion d'angle ou de distance [1], de sorte que la Géométrie de position peut se constituer exclusivement avec ses propres ressources, et n'emprunte rien à la Géométrie métrique. C'est bien plutôt celle-ci qui rentre dans la Géométrie projective à titre de cas particulier, quand on a défini la *distance* de deux points et l'*angle* de deux droites ou de deux plans par des rapports anharmoniques où figurent, précisément, des éléments imaginaires et des éléments à l'infini, dont l'existence a été établie en dehors de toute considération de grandeur [2].

1. Cf. Staudt, *Geometrie der Lage*, §§ 8, 9, 10; 16, 17. *Beiträge zur Geometrie der Lage*, §§ 1, 9; 19, 20, 21; 27, 28, 29. — Lüroth : *Das Imaginäre in der Geometrie und das Rechnen mit Würfen*, ap. *Mathematische Annalen*, t. VIII et XI.

2. V. Clebsch, *Leçons de Géométrie*, t. I, chap. II, § VII. Klein, *Ueber die sogenannte Nicht-Euklidische Geometrie*, ap. *Mathematische Annalen*, t. IV, VI, VII.

CHAPITRE IV

L'INFINI ANALYTIQUE
CORRÉLATION DE ZÉRO ET DE L'INFINI

1. Ainsi l'introduction dans la Géométrie pure des éléments *situés* à l'infini n'est pas une simple convention de langage : elle exprime ou révèle des analogies réelles et profondes entre les propriétés des éléments situés à l'infini et celles des éléments situés dans le fini; et c'est précisément parce que les propriétés projectives des figures ne dépendent pas de leur grandeur ni de leurs proportions, que les mêmes relations qui existent entre des éléments situés dans le fini (à distance finie les uns des autres) continuent d'avoir lieu quand certains éléments s'en vont à l'infini. Mais, comme ces relations projectives peuvent se traduire en relations métriques, comme les changements de position relative des figures impliquent des modifications correspondantes dans les rapports des grandeurs, il est naturel et nécessaire d'introduire dans la Géométrie métrique des *grandeurs infinies* (des distances infinies, par exemple) pour représenter les rapports de situation des *éléments à l'infini* de la Géométrie projective. Enfin, puisqu'il est commode d'exprimer les grandeurs géométriques par des nombres, afin de les soumettre au calcul et pour pouvoir ramener les combinaisons géométriques de grandeurs à des opérations arithmétiques, il convient d'introduire dans l'Analyse le *nombre infini*, qui doit correspondre à l'état d'une grandeur infinie; et de même que les règles du calcul des nombres réels et complexes dérivent des règles suivant lesquelles on combine les grandeurs géométriques (vecteurs), et n'en sont que la traduction, c'est par l'infini géométrique que doivent se justifier les opérations auxquelles on soumet le nombre infini, et le rôle qu'on attribue à ce nombre dans les calculs. Remarquons tout de suite que, si les opérations qu'on effectue sur les nombres complexes peuvent se définir et se concevoir d'une façon toute abstraite et purement arithmétique, et paraissent ainsi dégagées de leur origine concrète et géométrique, de même, les règles du calcul de l'infini sont, en apparence, indépendantes de toute considération étrangère à l'Arithmétique, et ne gardent aucune trace des faits géométriques qui en sont la source et la raison d'être; c'est pour cela qu'il est si facile de se tromper sur leur signification et leur portée véritables, et que les analystes sont si souvent tentés d'attribuer à l'infini une valeur numérique abstraite qui ne devrait rien, non seulement à l'intuition, mais à l'idée même de la continuité.

2. C'est ainsi, par exemple, que la fraction $\frac{m}{0}$, qui n'a pas, dit-on, de sens arithmétique, et dont le sens n'apparaît que grâce à des considérations de continuité [voir I, **3**] devient, par convention, le symbole de l'infini, de telle sorte que, sans avoir égard à l'espèce de grandeur représentée par les nombres m et 0, on dit couramment que le rapport de m à 0, ou que le quotient de m par 0 est *infini*; de même que, sans savoir à quelles grandeurs correspondent les nombres finis m et n, on dit que le rapport de m à n, ou que le quotient de m par n est la fraction $\frac{m}{n}$. Néanmoins, l'une et l'autre proposition, malgré leur forme abstraite et purement arithmétique, n'ont de sens que comme traduction de certaines combinaisons de grandeurs concrètes, et les formules

$$m : 0 = \infty, \qquad m : n = \frac{m}{n}$$

ne sont valables que si elles s'appliquent à des grandeurs continues; ce qui n'empêche pas de déduire les règles du calcul des fractions de deux ou trois conventions fondamentales, sans s'inquiéter des grandeurs qui doivent correspondre aux résultats de ces calculs. En effet, si ces conventions sont appropriées à la nature de certaines grandeurs, toutes les formules qui en résultent s'appliqueront à cette espèce de grandeurs; de sorte qu'on n'a plus qu'à tirer analytiquement toutes les conséquences des conventions une fois posées, sans s'occuper de leur sens concret, parce qu'on sait bien que les conclusions vaudront dans les cas et dans la mesure où valent les prémisses.

De même, la formule

$$m : \infty = 0,$$

corrélative de la précédente, n'a de sens, avons-nous vu [II, **9**], qu'appliquée à des grandeurs continues qui peuvent atteindre toute valeur-limite, et en particulier devenir rigoureusement infinies. Cependant, une fois établie par la considération de la continuité, cette formule s'emploie d'une manière abstraite, comme une formule purement numérique. On remarque même qu'elle peut se déduire de la formule inverse ou réciproque

$$m : 0 = \infty,$$

suivant les règles du calcul des fractions ordinaires; dès lors, on ne se fera plus scrupule d'appliquer ces règles au nombre infini, de diviser par exemple un nombre fini par ce nombre et d'égaler le quotient à *zéro*. On appliquera donc ces deux formules machinalement dans les calculs algébriques, sans se soucier de savoir ce qu'elles représentent; mais si les résultats ainsi obtenus continuent d'être vrais et valables, ce n'est pas que les formules en question aient par elles-mêmes et primitivement un sens numérique, mais c'est parce qu'elles ont, du moins virtuellement et à l'origine, un sens géométrique qui les rend applicables à toute grandeur continue.

Au reste, cela est vrai de toutes les formules numériques et de toute espèce de nombres; seulement, ce qui passe inaperçu quand il s'agit d'un nombre quelconque devient saillant et saisissant lorsqu'on envisage le nombre infini : et c'est pourquoi la considération de ce nombre est très utile à la philosophie de l'Arithmétique, et très propre à dissiper les illusions ou les confusions que l'habitude et la routine inconsciente engendrent au sujet des autres nombres. La fraction, par exemple, est conçue d'abord à l'occasion d'une grandeur divisible, dont les combinaisons concrètes expliquent les règles du calcul des fractions; puis, une fois ce nouveau nombre créé et ces règles établies, on s'affranchit de la considération des grandeurs pour définir analytiquement cette espèce de nombres et les opérations qu'on lui fait subir. De même, le nombre infini, qui n'est à l'origine que le signe ou le symbole d'une grandeur infinie, et ne figure que dans des formules « symboliques » exprimant des combinaisons de grandeurs, arrive à se détacher de la grandeur continue qu'il représente, et finit par jouer un rôle purement analytique, comme s'il avait par lui-même un sens et une valeur. En réalité, il n'en a ni plus ni moins que le nombre entier, qui, lui aussi, tiré par abstraction de la considération des collections concrètes, s'est constitué d'une manière indépendante, en même temps que la notion de l'addition s'est dégagée des combinaisons par lesquelles on *ajoute* des objets les uns aux autres. Voilà pourquoi il était nécessaire d'exposer dans son ensemble et dans ses étapes successives la généralisation du nombre, afin de montrer que le nombre infini est une extension de l'ensemble des nombres entiers aussi naturelle et aussi bien fondée que toutes les autres espèces de nombres, qu'elle soulève les mêmes difficultés et qu'elle comporte la même justification.

3. Une fois ces remarques faites, et l'origine géométrique du nombre infini bien établie, on peut séparer ce nombre des grandeurs qui lui ont donné naissance, comme on a fait pour tous les autres nombres, et le considérer à part et en soi, comme symbole d'un état de grandeur d'une espèce quelconque et indéterminée. Ainsi envisagé sous forme de nombre *abstrait*, on peut dire qu'il complète l'ensemble des nombres complexes, ainsi que tous les ensembles plus restreints qui sont contenus dans cet ensemble, le plus général de ceux que nous ayons étudiés. En effet, dans tous ces ensembles, le nombre infini est corrélatif du nombre *zéro*, et lui fait en quelque sorte pendant. Nous avons maintes fois, au cours de cet Ouvrage, fait remarquer l'analogie et la symétrie de *zéro* et de l'*infini*; elles peuvent se résumer en deux mots : l'*infini* est l'inverse de *zéro*, et *zéro* l'inverse de l'*infini* [1]. La considération de cette analogie est donc éminemment propre à justifier le nombre infini. D'ailleurs, l'idée du *zéro*, quand on y réfléchit, n'est pas un moindre objet de scandale et de mystère que l'idée de l'infini : peut-être même offre-t-elle moins de prises à l'intelligence, car une grandeur nulle d'une certaine espèce, c'est-à-dire le néant de grandeur, paraît encore moins concevable qu'une grandeur sans bornes de la même espèce. Nous avons cependant fait voir qu'une grandeur géométrique nulle, une longueur nulle, par exemple, était parfaitement intelligible et déterminée [2]. Mais nous voulons maintenant considérer le *zéro* et l'*infini* à un point de vue abstrait et purement arithmétique. Il convient donc de montrer quel rôle essentiel joue le nombre *zéro* dans l'Analyse; par là nous aurons indirectement établi la légitimité et la nécessité du nombre *infini*, qui en est la contre-partie.

1. Cf. II, II, **16-25**; IV, I, **4**, **5** **15**; II, **5**, **9**, **10**; et Note II, **11**, **12**.
2. III, IV, **5**; IV, I, **15**.

4. Résumons d'abord l'histoire du nombre *zéro* dans la généralisation du nombre, et ses diverses attributions. Dans l'ensemble des nombres entiers, le chiffre 0 commence par désigner le néant de nombre, c'est-à-dire l'absence de toute unité; telle est, en particulier, sa signification dans la numération écrite. Mais il peut aussi être considéré comme un nombre entier, car il répond à la question suivante : Combien y a-t-il d'objets dans tel ou tel ensemble? [1] S'il n'y en a pas, la réponse est : *Aucun*, ou en langage arithmétique : *Zéro*. Ainsi ce chiffre, qui n'a d'abord qu'un sens tout « négatif », prend un sens « positif » et joue le rôle d'un nombre entier.

Ce rôle se confirme et se développe dans l'ensemble des nombres entiers qualifiés, qui résulte de la généralisation de la soustraction [II, II, **5**]. Le nombre *zéro* est alors la différence de deux nombres entiers égaux; en particulier, il est égal à $1 - 1$, de sorte qu'on obtient nécessairement ce nombre quand on retranche successivement n unités au nombre n : en un mot, il est, comme tout autre nombre entier, le résultat d'une soustraction. Il occupe une place intermédiaire dans la suite indéfinie des nombres qualifiés :

$$....., -3, -2, -1, \quad 0, +1, +2, +3,.....$$

et même une place centrale, car il sépare les deux suites des nombres positifs et négatifs, dont il est le point de départ commun; aussi peut-il être, suivant le cas, considéré comme positif ou négatif, et c'est pourquoi on l'appelle nombre *neutre*. Il constitue donc dans l'ensemble des nombres entiers qualifiés un échelon indispensable, par lequel on est obligé de passer, et il a la même « réalité » que tout autre nombre positif ou négatif.

La création des nombres fractionnaires n'ajoute rien aux propriétés du nombre *zéro*, si ce n'est qu'il est égal à toute fraction de numérateur nul; mais elle conduit à considérer aussi les fractions de dénominateur nul, et à concevoir, sinon à introduire, le nombre infini comme l'*inverse* de *zéro* [II, II, **16** sqq.].

L'invention des nombres irrationnels ne change rien non plus à la notion du *zéro*. Seulement, comme tout autre nombre rationnel, il peut être conçu comme le symbole d'une coupure de l'ensemble des nombres rationnels, et par suite, comme la limite supérieure de l'ensemble des nombres négatifs et comme la limite inférieure de

1. Par exemple : Combien y a-t-il de personnes au salon? Combien y a-t-il de pièces dans ma bourse? etc.

l'ensemble des nombres positifs (ou arithmétiques). De plus, il est la *limite* des inverses des nombres entiers consécutifs, c'est-à-dire des fractions de la forme $\frac{1}{n}$ ($n = 1, 2, 3, \ldots$.) Conséquemment, son inverse l'*infini* peut être regardé comme la limite des nombres entiers croissants : 1, 2, 3,... n,..... de sorte que, si l'on introduit dans l'ensemble des nombres arithmétiques sa limite inférieure *zéro*, il n'y a pas de raison pour ne pas y admettre aussi sa limite supérieure, l'*infini* [1].

Enfin, dans l'ensemble des nombres complexes, le *zéro* occupe la même position centrale que dans l'ensemble des nombres réels; c'est par rapport à lui que les nombres sont dits *symétriques*, car, dans le plan qui représente cet ensemble, les points qui correspondent à deux nombres symétriques sont symétriques par rapport au point O. Or ce point O est un point quelconque du plan, car, d'une part, l'axe des quantités réelles est une droite quelconque du plan, et d'autre part, le point O est pris à volonté sur cette droite. On peut donc prendre tel point qu'on veut pour origine, et par suite faire correspondre le nombre *zéro* à tout point donné dans le fini du plan. En d'autres termes, étant donné un plan indéfini qui devra représenter l'ensemble des nombres complexes, on peut, en vertu de l'homogénéité géométrique qui rend tous ses points indiscernables, choisir un point quelconque pour représenter le nombre *zéro*, et une droite quelconque passant par ce point pour représenter l'ensemble des nombres réels. A cet égard, le point n'est pas, comme le disaient les Pythagoriens, l'*unité posée* [2], mais bien plutôt le *zéro posé* : car le premier point qu'on pose dans le plan devra figurer *zéro*. Pour déterminer l'unité, il faut poser un second point, qui figurera le nombre 1 [3]; ces deux points suffisent à déterminer l'axe des quantités réelles, et la répartition des nombres réels sur cette droite; ils déterminent en même temps l'axe des quantités purement imaginaires (perpendiculaire au premier au point O) et sa subdivision rationnelle. Par conséquent, deux points sont nécessaires et suffisants pour fixer la répartition des nombres sur le plan, ou, comme nous avons dit, l'*application* au plan de l'ensemble des nombres complexes [cf. III, III, **11** sqq.].

1. Pour la définition des *limites supérieure* et *inférieure*, voir Note II, **12**.
2. Voir Aristote, *Métaphysique*, 1016 *b* 25, 1084 *b* 26.
3. Mais l'unité n'est pas plus ce second point que le premier : elle est le segment rectiligne dont le premier point est l'origine, et le second l'extrémité.

5. Cela nous amène à définir le rôle du nombre *zéro* dans l'Analyse, rôle dont l'importance contraste si fort avec l'insignifiance apparente de ce symbole numérique. Comme ce nombre peut correspondre à un point quelconque du plan, c'est-à-dire à un élément ou à un état de grandeur quelconque, il est l'état de grandeur type auquel on ramène toutes les grandeurs, et le point de repère auquel on rapporte tous les éléments de la grandeur. On sait que le plan représente le champ de variation des variables complexes qu'étudie l'Analyse, de sorte qu'un point de ce plan figure géométriquement une valeur de la variable qui est censée parcourir ce plan. Quand on veut étudier la marche d'une fonction au voisinage d'une valeur de la variable, c'est-à-dire d'un *point*, il est naturel et commode de prendre ce point pour *origine*, et par suite d'annuler la valeur correspondante, autrement dit d'égaler à *zéro* les coordonnées x et y de ce point. En effet, pour ces valeurs particulières la fonction prend en général une forme plus simple, ce qui s'explique par la suppression des termes où x et y figurent en facteurs et qui s'annulent alors. En tout cas, la fonction prend une valeur numérique déterminée, au lieu de se présenter sous la forme, algébriquement déterminée, mais numériquement indéterminée, qu'elle possède tant que les variables indépendantes x et y restent elles-mêmes indéterminées, et peuvent indifféremment être remplacées par des nombres quelconques.

De même que la variable réelle ou complexe, la fonction, elle aussi, est en général rapportée au *zéro*. Quand on veut chercher dans quels cas et à quelles conditions une fonction prend telle valeur donnée, le plus simple est de prendre cette valeur égale à *zéro*; géométriquement, cela revient à dire que, pour savoir si une courbe (la courbe représentative de la fonction) passe par tel point donné, il convient de prendre ce point pour origine, en y transportant les axes par un changement de coordonnées. C'est pourquoi *zéro* est le second membre obligatoire de toutes les équations : c'est la valeur fixe à laquelle on compare la valeur muable du premier membre, qui est une fonction algébrique de l'inconnue. D'autre part, si l'on étudie la fonction au voisinage d'une valeur particulière de la variable, on peut toujours s'arranger, comme nous venons de le dire, pour que cette valeur soit *zéro*, et, en même temps, pour que la fonction s'annule pour cette valeur (en ce point). C'est ce qu'on fait notamment dans la recherche des maxima et des minima, afin de réduire variable et fonction à leur plus simple expression, et à leur forme la plus précise. Un lecteur peu familier avec l'Analyse serait tenté de croire, en voyant sans cesse annuler, soit la variable, soit la fonction, soit même l'une et l'autre à la fois, que les relations analytiques vont cesser d'exister et se perdre dans le néant : tout au contraire, cette méthode est propre à déterminer avec exactitude les propriétés et l' « allure » des fonctions.

On peut d'ailleurs se rendre compte, par un exemple familier, de la différence du *zéro* analytique et du *zéro* arithmétique, et comprendre que le premier a une tout autre valeur que le second. Le *zéro* de l'échelle thermométrique n'indique pas plus l'absence de chaleur que l'absence de froid, quoi qu'en pense le vulgaire, qui s'imagine volontiers (après Aristote, il est vrai) que le chaud et le froid sont deux qualités contraires spécifiquement distinctes, irréductibles l'une à l'autre, que l'on mesure à partir d'une origine commune en deux sens opposés, en comptant des « degrés de chaleur » et des « degrés de froid ». *Zéro* marque simplement un point fixe choisi par convention pour *origine* de l'échelle des températures, c'est-à-dire un état déterminé de la grandeur à représenter en nombres. Ce qui montre bien que cette origine est arbitraire, c'est que le *zéro* centigrade ou Réaumur correspond à 37 degrés Fahrenheit, et que le *zéro absolu* de la Thermodynamique est à — 273 degrés centigrades (ce *zéro* n'est d'ailleurs pas plus *absolu* que celui de la glace fondante.) En un mot, *zéro* marque une température comme une autre, un certain degré de chaleur (ou de froid, comme on voudra). Aussi, tandis qu'on ne dit pas : « J'ai *zéro* centime dans ma bourse », on dit qu'un thermomètre marque *zéro* degré, et non pas qu'il ne marque *aucun* degré, ce qui prouve bien que *zéro* est un degré aussi « réel », aussi « positif » que les autres, et qu'il serait absurde de considérer une température quelconque, celle de la glace fondante ou une autre, comme *nulle*. Ainsi le *zéro* de l'échelle thermométrique, qui n'est en somme que l'origine d'une division linéaire analogue à celle que nous avons décrite [III, ii], n'est plus, comme le *zéro* de l'Arithmétique élémentaire, la négation du nombre et le symbole du néant, mais un nombre véritable ayant la même valeur concrète que les autres, et correspondant, comme eux, à un état de grandeur « réel » et bien défini. En résumé, le *zéro* de l'Analyse n'est pas le néant de grandeur, mais au contraire tout état de grandeur déterminé qu'il plaît de prendre pour type ou pour point de repère; géométriquement, il marque un point quelconque du plan, choisi à volonté pour origine.

6. L'infini n'a pas moins d'importance que le zéro dans l'étude analytique des fonctions. On sait [v. III, III, **12**, **13**] qu'une variable complexe $z = x + iy$ est figurée par un point (x, y) mobile dans le plan des xy. De même, une fonction complexe de cette variable, soit

$$Z = X + iY,$$

sera figurée par le point (X,Y) mobile dans le plan des XY, différent du précédent, chacun des deux plans représentant le champ d'évolution d'une des deux variables, indépendante ou dépendante. Une fonction complexe d'une variable complexe établit ainsi une correspondance analytique entre un ensemble de points du plan des xy et un ensemble de points du plan des XY. Cela posé, il peut arriver que pour une valeur infinie de la variable la fonction devienne aussi infinie : c'est le cas pour les fonctions entières, algébriques ou transcendantes [v. II, IV, **4** note, **10**]. Mais il peut se faire aussi que, pour telle valeur finie de z, la fonction Z devienne infinie, ou qu'inversement, quand z devient infinie, la fonction Z prenne une ou plusieurs valeurs finies. Dans ce cas, qui est le plus fréquent, à un point situé dans le fini d'un des deux plans correspond un point à l'infini dans l'autre plan. Or, si l'on peut toujours transporter l'origine en un point quelconque situé dans le fini du plan, pour étudier plus aisément la marche de la fonction au voisinage de ce point, cela n'est plus possible quand le point en question se trouve à l'infini, non pas parce que ce point n'existe pas réellement et échappe par suite à toute détermination géométrique, mais parce qu'on ne peut y transporter les axes au moyen des formules ordinaires du changement de coordonnées.

7. On a alors recours à un autre procédé, qui se nomme *transformation par rayons vecteurs réciproques*. Géométriquement, cette transformation consiste à remplacer chaque point, situé à une distance r de l'origine, par le point situé sur son rayon vecteur à la distance $\frac{1}{r}$. Il est aisé de voir que cette transformation établit une correspondance univoque et réciproque entre tous les points de la figure donnée et tous ceux de la figure transformée (c'est-à-dire obtenue par transformation de la figure donnée). Analytiquement, cela revient à rapporter le plan à des coordonnées polaires [v. III, IV, **3**], et à remplacer chaque rayon vecteur ρ par son inverse $\frac{1}{\rho}$, sans changer l'argument θ. Par cette transformation, le plan des nombres complexes se reproduit lui-même entièrement, les couples de points situés à des distances inverses $\left(r \text{ et } \frac{1}{r}\right)$ de l'origine sur le même rayon vecteur ne faisant que permuter, c'est-à-dire échanger leurs positions. Seuls, les points situés sur la circonférence de rayon 1 qui a pour centre l'origine se correspondent à eux-mêmes, et ne changent pas de place. Mais pour que la correspondance du plan transformé au plan primitif soit complète, il faut admettre un point à l'infini comme correspondant au point *zéro* (origine). En effet, plus un point est éloigné de l'origine, tout en restant à distance finie, plus la transformation le ramène près de l'origine, sans que jamais il puisse coïncider avec elle. A une valeur infiniment grande, mais finie, de r, correspond une valeur infiniment petite de $\frac{1}{r}$, mais jamais une valeur nulle. Si donc le plan était simplement indéfini, tous ses points infiniment éloignés deviendraient par la transformation infiniment voisins de l'origine, mais on n'obtiendrait jamais le point précis marqué O, et ce point manquerait au plan transformé. Celui-ci ne serait donc pas continu, car il présenterait un « trou » en ce point. Comme d'ailleurs l'origine est arbitraire, le point O est un point quelconque du plan, et il n'y a pas de raison pour qu'il fasse défaut plutôt que n'importe quel autre point du plan. Si donc l'on veut conserver au plan transformé sa continuité essentielle, on est obligé d'admettre que le plan primitif a *un point à l'infini*, qui est le corrélatif de l'origine du plan transformé.

8. C'est ce dont on se rendra compte en voyant la transformation appliquée à une figure particulière. Soit une droite indéfinie XY située dans le plan, mais ne passant pas par l'origine O (*Fig. 27*). Abaissons du point O la perpendiculaire OA sur la droite XY; prenons sur OA la longueur OB inverse de la longueur OA : le point B sera le correspondant du point A. Ainsi l'on a par hypothèse

$$\overline{OB} = \frac{1}{\overline{OA}}$$

ou

$$\overline{OA}.\,\overline{OB} = 1.$$

Soit C un autre point quelconque de la droite XY; joignons OC. Abaissons du point B la perpendiculaire BD sur OC : je dis que le point D est le correspondant du point B. En effet, les triangles rectangles OAC, ODB sont semblables; on a donc

$$\frac{\overline{OA}}{\overline{OC}} = \frac{\overline{OD}}{\overline{OB}},$$

d'où

$$\overline{OC}.\overline{OD} = \overline{OA}.\overline{OB} = 1, \qquad \overline{OD} = \frac{1}{\overline{OC}}.$$

Le lieu du point D, pied de la perpendiculaire abaissée du point fixe B sur la droite mobile OC, est le lieu des points d'où l'on voit le segment fixe OB sous un angle droit, c'est-à-dire la circonférence décrite sur OB comme diamètre. Cette circonférence est donc la figure qu'on obtient par la transformation de la droite XY, ou, comme on dit, la *transformée* de cette droite. Inversement (la transformation étant essentiellement *réciproque*), la droite XY est la transformée de la circonférence. Ces deux lignes doivent donc se correspondre point par point, les points correspondants étant sur un

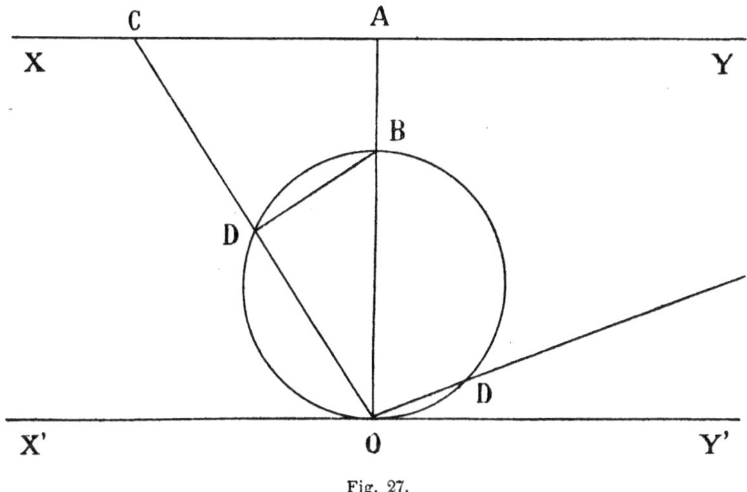

Fig. 27.

même rayon vecteur (en ligne droite avec le point O) [1]. Or, si le point C s'éloigne indéfiniment de A sur XY dans un sens ou dans l'autre, la longueur OC croissant indéfiniment, la longueur OD décroîtra indéfiniment; le point D se rapprochera donc indéfiniment du point O sur la circonférence, dans un sens ou dans l'autre. Mais si la droite XY est simplement indéfinie, aux points infiniment éloignés sur cette droite correspondront les points infiniment voisins du point O sur la circonférence, sans que jamais le point D coïncide avec le point O, de sorte que celui-ci ne correspondrait à aucun

1. Il en résulte qu'on pourrait établir la même correspondance par *perspective*, l'origine étant prise pour centre de la perspective.

point de la droite indéfinie. Ce serait d'ailleurs le seul sur toute la circonférence qui n'eût pas son corrélatif sur la droite XY : il constituerait ainsi une coupure de la circonférence, et cette courbe, en tant que transformée de la droite XY, ne serait ni fermée ni continue. Or il est peu raisonnable d'admettre que toute la circonférence soit la transformée (ou, en perspective, l'*image*) de la droite XY, à l'exception du seul point O, qui est nécessaire pour fermer cette courbe. Il est donc naturel de compléter la droite indéfinie XY par un point à l'infini, corrélatif du point O de la circonférence, de façon que la correspondance entre la droite entière et la circonférence entière soit complète et uniforme. On est d'autant mieux fondé à l'admettre, que toutes les considérations et constructions géométriques qui relient entre eux deux points corrélatifs quelconques C et D subsistent pour le point à l'infini sur XY et le point O.

Au point de vue *métrique*, en effet, c'est-à-dire dans la transformation analytique par rayons vecteurs réciproques, la longueur OD ne s'annule que lorsque la longueur OC est devenue rigoureusement infinie, ainsi que la longueur AC. D'ailleurs, comme la position limite du rayon vecteur OC est la droite X'Y' parallèle à XY, on continue à obtenir le point correspondant au point C en abaissant de B une perpendiculaire sur OC, laquelle perpendiculaire coïncide dans ce cas avec BO, et par suite le point D coïncide avec le point O.

Au point de vue *projectif*, d'autre part, c'est-à-dire dans la perspective qui unit les deux figures par rapport au point O, le point C étant *à l'infini* sur les deux droites parallèles XY, X'Y', on peut dire que deux droites parallèles ont toujours un point commun, car elles se rencontrent à l'infini. De plus, puisque, dans le cas général, l'*image* du point C est le point D où le rayon vecteur OC coupe la circonférence, dans le cas où OC est parallèle à XY, l'image du point C est le point O lui-même. En effet, dans la rotation continue de la sécante OC, le point D se rapproche indéfiniment du point O, de sorte qu'au moment où OC devient parallèle à XY, le point D vient coïncider avec le point O. Or, dans cette position, la sécante OC devient tangente au cercle [1], car on sait que la droite X'Y', parallèle à XY, est perpendiculaire au diamètre BO, et conséquemment tangente au cercle. Ainsi se trouve justifiée, pour le cercle, cette

1. Cela résulte immédiatement de la définition générale de la tangence; aussi la phrase qui suit est-elle simplement destinée à justifier cette affirmation au point de vue de la Géométrie élémentaire.

définition générale et essentiellement infinitiste de la tangente à une courbe quelconque : une droite qui a avec la courbe deux points communs confondus en un seul.

En résumé, le point à l'infini sur la droite XY, loin de constituer une exception choquante et de violer les propriétés reconnues aux points à distance finie, vient compléter d'une façon harmonieuse l'ensemble de ces points, et maintenir la continuité des relations établies dans le fini. De même que, si le point O manquait à la circonférence, cette courbe présenterait une discontinuité inadmissible, de même, si le point à l'infini manquait à la droite XY, elle pourrait être dite incomplète, sinon discontinue; et si le point O est nécessaire pour fermer le cercle, le point à l'infini n'est pas moins indispensable pour relier entre eux les points infiniment éloignés dans les deux sens sur la droite indéfinie, et fermer le cycle qu'ils forment par leur succession continue.

9. Ces considérations géométriques mettent en évidence la corrélation analytique de *zéro* et de l'*infini*. La même raison de continuité qui nous force à admettre le nombre *zéro* comme correspondant à un état de grandeur « réel », puisque ce nombre représente un point quelconque du plan, nous contraint à introduire aussi le nombre infini, comme correspondant à un état de grandeur également « réel », et comme représentant le point à l'infini du plan. On n'a pas plus le droit d'exclure du plan le point à l'infini que le point *zéro*, c'est-à-dire tel point choisi à volonté dans le fini du plan, car ces deux points sont corrélatifs, en vertu de la transformation précédente; supprimer l'un, ce serait supprimer l'autre, et par suite créer une discontinuité arbitraire dans l'ensemble des nombres complexes figuré par le plan. C'est, en apparence, un paradoxe que de soutenir que le nombre infini sauve la continuité de cet ensemble, et pourtant cela est rigoureusement vrai.

On nous objectera sans doute que le passage par l'infini est considéré en Analyse comme une discontinuité; mais il est facile de voir qu'il ne constitue pas une solution de continuité véritable, comme serait, par exemple, le passage subit d'une valeur finie à une autre. Comparé à cette discontinuité proprement dite, le passage par l'infini apparaît plutôt comme analogue aux cas de continuité : aussi l'on est souvent conduit à exclure cette discontinuité apparente ou fausse des cas de discontinuité véritable, et à considérer une variable comme continue tant qu'elle ne subit pas d'autre discontinuité que le *saut* de $+\infty$ à $-\infty$ [1]. Et en effet, dans la transformation étudiée plus haut, le passage par l'*infini* correspond au passage par *zéro*, lequel s'effectue d'une manière continue. Si l'on considère le nombre $\frac{1}{\varepsilon}$ quand ε passe, comme on dit, du positif au négatif en s'annulant, on voit qu'il est infiniment grand, positif ou négatif, quand ε est infiniment petit, positif ou négatif, et qu'il est proprement infini au moment où ε passe par *zéro*, ou devient nul. Ainsi quand ε, en variant d'une manière continue, prend la valeur *zéro*, $\frac{1}{\varepsilon}$ change brusquement de signe en passant par l'infini, et saute de $+\infty$ à $-\infty$. Mais comme, pour des raisons précédemment exposées, il convient de regarder $+\infty$ et $-\infty$ comme une valeur unique, aussi bien que les valeurs $+0$ et -0, auxquelles elles correspondent, on devra dire que la variable $\frac{1}{\varepsilon}$ passe d'une manière continue par une seule et même valeur, l'infini (∞ sans signe), de même que ε passe par la valeur unique *zéro* (0 sans signe) [2].

Géométriquement, on dira que le point mobile qui figure la fonction $\frac{1}{z} = Z$ passe par le point à l'infini, en même temps que le point représentatif de la variable z passe par *zéro*, c'est-à-dire par l'origine. Il faut même observer à ce propos que le passage de l'infini positif à l'infini négatif, ou inversement, est la marche normale et régulière d'une fonction qui devient infinie; de même qu'en général, une fonction change de signe en passant par *zéro* [3]. Au contraire, le cas où le point qui représente la fonction s'en irait à l'infini dans un certain sens et en reviendrait du même côté, c'est-à-dire le cas où la fonction atteindrait la valeur $+\infty$, par exemple, en passant par des valeurs positives infiniment grandes, doit être considéré comme exceptionnel : le point à l'infini serait dans ce cas un point singulier pour la fonction (point anguleux, point de rebroussement), de même que, lorsqu'une fonction s'annule sans changer de signe, le point *zéro* est pour elle un maximum ou un minimum. Ainsi le cas où la fonction, en passant par l'infini sans changer de signe, conserve une sorte de continuité apparente, est en réalité une singularité, sinon une discontinuité; tandis que le cas où la fonction passe de l'infini positif à l'infini négatif ne constitue

1. Voir Note II, **11**, *Corollaire* II. Cf. Stolz, *Arithmétique générale*, t. II, p. 76.
2. Cf. Ch. II, **5**.
3. Cf. Ch. I, *Appendice* (p. 235-236).

pas, à proprement parler, une discontinuité. Dans le premier, en effet, le point mobile rebrousse chemin à l'infini, et se réfléchit en quelque sorte sur la droite de l'infini; dans le second, au contraire, il *continue* son chemin et traverse cette droite, de sorte qu'il reparaît du côté opposé.

10. Ces considérations sont sans doute quelque peu téméraires, et choquantes pour le sens commun; elles peuvent toutefois s'autoriser de l'exemple du géomètre allemand Staudt, qui ne craint pas de distinguer le cas où une droite de l'espace *perce* le plan de l'infini du cas où elle le *touche* sans le traverser[1]. En effet, puisque deux droites parallèles se rencontrent dans le plan de l'infini, si elles sont parcourues dans le même sens par un point mobile, ce point pourra passer de l'une sur l'autre en traversant le plan de l'infini; si au contraire les deux droites parallèles sont dirigées en sens inverse, le point mobile devra pour ainsi dire *ricocher* sur le plan de l'infini en passant de l'une sur l'autre, à la façon du rayon lumineux qui se réfléchit sur un miroir plan, ou d'une bille qui rebondit sur un plan élastique. De même, on peut dire qu'une courbe comme celle de la *figure 28* (hyperbole équilatère[2]), traverse la droite de l'infini, ce qui se voit d'ailleurs par perspective dans la *figure 25*, comme nous l'avons expliqué [III, **11**], tandis qu'une courbe telle que celle de la *figure 29* présente, à l'infini, un point saillant ou de rebroussement. On peut d'ailleurs vérifier ce double fait en transformant les deux courbes par rayons vecteurs réciproques : la première devient une courbe fermée en forme de 8, ayant l'origine pour point double, et tangente en ce point aux axes avec une inflexion (*Fig. 28 bis*), de sorte qu'un point mobile peut la décrire d'un mouve-

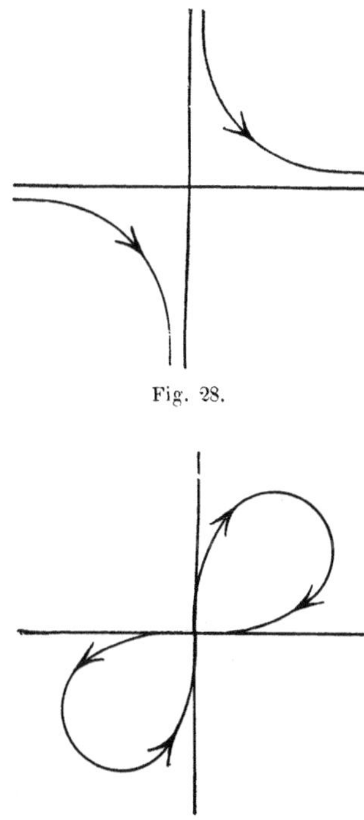

Fig. 28.

Fig. 28 *bis*.

1. *Geometrie der Lage*, § 5, n° 65. Bien entendu, il ne s'agit pas ici d'un fait de *tangence*.

2. Dont l'équation est en coordonnées cartésiennes : $xy = 1$.

ment continu sans brusque changement de direction. La seconde a aussi pour transformée une courbe fermée à deux boucles (*Fig. 29 bis*), mais si un point mobile peut la parcourir d'une manière continue, son mouvement ne sera pas continu en vitesse et en direction, car il devra rebrousser chemin en O comme s'il rebondissait sur l'axe des x : le point *zéro* est donc, pour la fonction figurée par cette courbe, un point de rebroussement [1]. On peut donc dire que, pour la fonction figurée par la courbe corrélative, le point à l'infini est, lui aussi, un point de rebroussement. Cet exemple suffit à montrer comment cette méthode de transformation (analytique et géométrique) peut servir à étudier la marche et les propriétés des fonctions aux environs du point à l'infini, en les ramenant au voisinage du point *zéro*, c'est-à-dire de tel point pris à volonté dans le fini du plan.

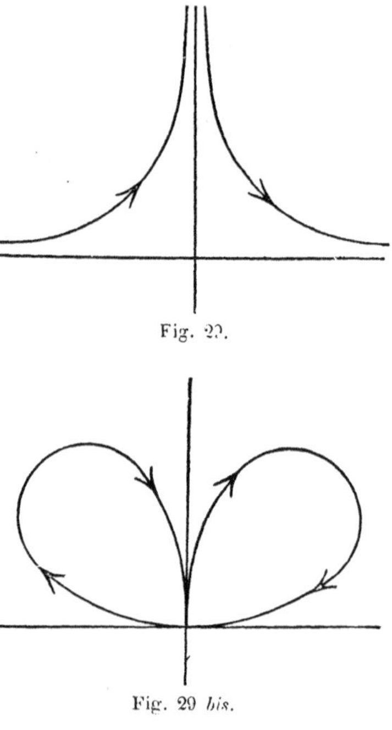

Fig. 29.

Fig. 29 *bis*.

11. On voit en même temps que ce point à l'infini du plan, que l'on considère souvent comme exceptionnel et que l'on qualifie d'impropre [2], est analogue à un point quelconque du plan. Une fonction peut y prendre une valeur finie et déterminée, ou même s'y annuler, comme en tout autre point du plan, et si certaines fonctions y deviennent infinies ou indéterminées, cela peut arriver, soit à d'autres fonctions, soit aux mêmes fonctions, en des points situés à distance finie. Dans la Théorie des fonctions, le point à l'infini peut être, tout comme un autre, soit un point ordinaire, soit un point singulier de la fonction considérée (pôle, point singulier essentiel), et la transformation définie ci-dessus permet d'étudier la fonction en ce point comme en n'importe quel autre, en le ramenant

1. Le lecteur le moins géomètre sent que la courbe *29 bis* est *moins continue* que la courbe *28 bis* : cela tient à la discontinuité de la dérivée première au point de rebroussement.

2. « Uneigentlich » : STOLZ, *op. cit.*, t. II, chap. III.

à l'origine. Nous ne pouvons pas entrer dans le détail de la Théorie des fonctions; qu'il nous suffise de dire en un mot que le point à l'infini est en tout semblable aux autres points du plan, et qu'il n'offre pas d'autres particularités analytiques que celles qui apparaissent en des points à distance finie. Non seulement il est possible d'étudier une fonction en ce point comme en tous les autres, mais il est même indispensable de le faire, si l'on veut avoir une idée exacte et complète de cette fonction et de ce qu'on peut appeler sa « physionomie » analytique; car si l'on négligeait de rechercher ce qu'elle devient à l'infini, il y manquerait un trait essentiel, souvent même caractéristique[1]. En résumé, loin d'être un abîme obscur et sans fond où toute grandeur semble devoir s'évanouir avec ses propriétés et ses relations, l'infini analytique se comporte comme un état de grandeur fixe, précis et déterminé, offre un objet réel et consistant à la pensée scientifique, et est susceptible de relations exactes, cohérentes et bien définies.

12. On pourrait toutefois nous opposer certaines contradictions apparentes auxquelles la considération de l'infini semble nécessairement donner naissance, surtout quand on l'expose, comme nous l'avons fait dans ce Livre, sous diverses faces et à des points de vue différents. Pour achever de justifier l'infini géométrique et analytique, il nous reste à prévenir ces objections et à lever ces difficultés.

En premier lieu, dire que tous les rayons vecteurs issus de l'origine aboutissent à un seul et même point, dit *point à l'infini*, n'est-ce pas contredire l'axiome de la ligne droite, en vertu duquel il ne peut y avoir plusieurs droites distinctes entre deux points donnés? Pour répondre à cette objection, il suffit de dire que l'axiome de la ligne droite ne s'entend que de deux points situés à distance finie l'un de l'autre, et c'est, en fait, avec cette restriction implicite que l'on invoque cet axiome dans la Géométrie élémentaire.

Il n'y a d'ailleurs aucune contradiction à le nier ou à le limiter comme nous venons de le faire, car cet axiome est un des postulats qui caractérisent notre espace euclidien; il n'a donc aucune nécessité logique et intrinsèque, et il peut subir certaines exceptions. Il en subit, en effet, dans les espaces à courbure constante positive, qu'on appelle espaces de Riemann, et où certains couples de points donnés

1. Cf. ce qui a été dit des relations des coniques avec la droite de l'infini III, **11**, **12**].

déterminent, non pas une droite unique, mais une infinité de droites. Pour s'en rendre compte, il suffit de savoir que la surface sphérique représente, dans notre espace, le plan de l'espace de Riemann, et que les lignes droites (géodésiques) de celui-ci sont représentées sur la sphère par des grands cercles (lignes géodésiques de la surface sphérique). On sait que par deux points quelconques pris sur la sphère il ne passe *en général* qu'un seul grand cercle; mais dans le cas exceptionnel où les deux points choisis sont diamétralement opposés (c'est-à-dire sont les extrémités d'un même diamètre), il passe par ces deux points une infinité de grands cercles. Dans ce cas, les droites qui rayonnent, dans le plan de Riemann, autour d'un des points vont toutes concourir en l'autre point.

On peut même représenter ce fait en établissant une correspondance uniforme entre le plan euclidien et la sphère, c'est-à-dire le plan de Riemann; en effet, si l'on transforme le plan, dans notre espace, par rayons vecteurs réciproques, par rapport à un point P extérieur à ce plan, on obtient une sphère ayant pour diamètre la droite PQ perpendiculaire au plan (*Fig. 30*). Le point Q, diamétralement opposé à P, sera l'image du point O, pied de cette perpendiculaire dans le plan; les grands cercles qui passent par les deux points (pôles) P et Q seront les images des rayons vecteurs issus du centre O du plan; enfin le point P sera l'image du point à l'infini du plan [1]. Ainsi, de même que le faisceau des lignes géodésiques issues du pôle Q va se réunir au pôle opposé P, de même le faisceau des droites issues du point O

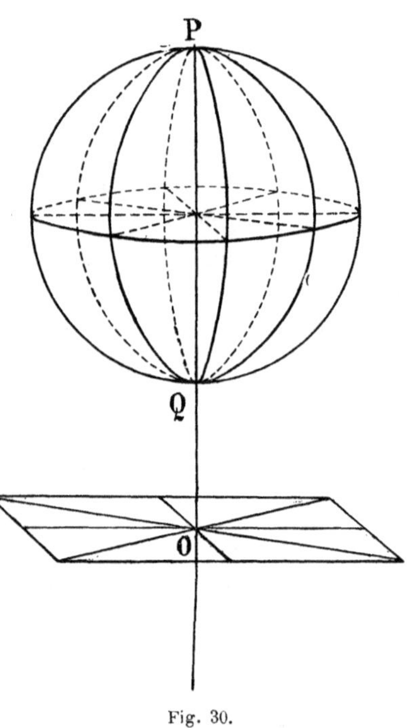

Fig. 30.

1. Cette construction est au fond la même que celle de la *figure 27* (qui pourrait l'engendrer par rotation autour de OA); c'est la transformation par rayons vecteurs réciproques transportée du plan dans l'espace.

dans le plan va concourir au point à l'infini de ce plan. On peut aussi considérer cette correspondance comme une perspective stéréographique (projection centrale depuis le pôle P) dans laquelle les images des rayons vecteurs divergents issus du point O vont converger au *point de vue* P.

13. On pourrait encore nous demander pourquoi le plan qui représente en Analyse l'ensemble des nombres complexes ne possède qu'un seul point à l'infini, alors que le plan, en Géométrie projective, en contient une infinité, dont l'ensemble constitue la droite de l'infini. Ainsi les mêmes éléments du plan, savoir ceux qui sont situés à l'infini, forment tantôt une droite et tantôt un point unique [1]. N'y a-t-il pas là une espèce de contradiction?

Cette contradiction, ou tout au moins cette opposition, vient de la diversité des moyens de transformation employés pour ramener à distance finie les éléments du plan situés à l'infini. En Géométrie pure, on emploie le plus souvent la méthode homographique, par laquelle les points correspondent aux points, les droites aux droites et les plans aux plans, de sorte que l'ensemble des points à l'infini d'un plan, représentant son intersection avec un plan parallèle, est assimilé à une droite (car l'intersection de deux plans quelconques est une droite). Si l'on emploie la méthode de dualité, par laquelle (dans le plan) les points correspondent aux droites et les droites aux points, au point pris pour origine correspondra une droite D, et à toute droite passant par l'origine, un point de cette droite D; en particulier, dans la transformation par figures polaires réciproques, le centre de la conique de base sera le pôle de la droite de l'infini, et le pôle de chaque diamètre sera à l'infini, de sorte que l'ensemble des points à l'infini du plan jouera le rôle d'une droite et formera la polaire du centre. De toute façon, le point-origine est le corrélatif d'une droite, en particulier de la droite de l'infini.

En Analyse, au contraire, on emploie de préférence, comme on l'a vu [**7**], la méthode des rayons vecteurs réciproques, par laquelle les points correspondent aux points, mais non les droites aux droites ni les plans aux plans. Cette transformation n'est donc pas homographique, et dès lors il ne faut pas s'étonner si elle aboutit à des résultats tout différents, notamment si elle donne à l'infini du plan la forme d'un point, et non plus celle d'une droite. Comme l'origine

1. Stolz, *loc. cit.*

est un point commun à tous les rayons vecteurs, le point à l'infini sur chacun d'eux doit leur être commun à tous, puisqu'il est le réciproque de l'origine sur un rayon quelconque. Voilà pourquoi, dans ce mode spécial de transformation, le point-origine est le corrélatif d'un point [1].

On peut encore se rendre compte de ce fait en se reportant à la *figure 27*. Il y a autant de points à l'infini dans un plan que de directions dans ce plan, c'est-à-dire que de droites rayonnant autour d'un point de ce plan. Or, puisque toute droite du plan a pour transformée une circonférence passant par l'origine, et sur laquelle l'origine correspond au point à l'infini de la droite, toutes les droites du plan se transformeront en circonférences passant par l'origine, et tous les points à l'infini du plan viendront coïncider avec le point O, commun à toutes ces circonférences. Ils sont encore virtuellement distincts, en tant qu'ils appartiennent à des circonférences différentes; mais comme toutes ces courbes se croisent à l'origine, les points correspondant à l'infini sur chacune d'elles viennent se superposer et se confondre au point unique O.

14. Enfin, l'on pourrait s'étonner de ce fait que toutes les directions contenues dans le plan aboutissent à un seul et même point, de sorte que le plan serait entouré par le point à l'infini, ce qui paraît absurde. Mais d'abord, il ne faut pas s'imaginer le plan comme limité et fermé par ce point, qui est, tout au contraire, destiné à le rendre absolument continu et interminable. On pourrait aussi bien se figurer la surface sphérique comme bornée par un point (par exemple le point P de la *figure 30*), ce qui ne l'empêche pas d'être continue et parfaitement illimitée, quoique finie. De même le plan est non seulement illimité, mais encore infini; et, loin de lui constituer une frontière, le point à l'infini n'existe qu'en vertu de l'impossibilité d'assigner au plan *indéfini* un contour quelconque, par suite, de la nécessité de le concevoir comme rigoureusement *infini*.

1. Ce fait peut s'expliquer, analytiquement, par l'opposition des variables complexes de l'Analyse et des variables réelles de la Géométrie. En effet, dans le plan de l'Analyse un nombre complexe $(x + iy)$, c'est-à-dire l'ensemble de deux nombres réels, désigne *un* point : ainsi les coordonnées : $x = \infty$, $y = \infty$ déterminent le point à l'infini. En Géométrie plane, au contraire, *une* équation linéaire représente une droite, et il faut *deux* équations semblables pour déterminer un point. Or l'ensemble des points à l'infini est représenté, en coordonnées homogènes (x, y, z), par l'équation : $z = 0$; il équivaut donc à une droite, dont les coordonnées homogènes sont : $u = 0$, $v = 0$, $w \gtreqless 0$.

Il n'en est pas moins vrai, dira-t-on, que le plan, tout infini qu'il est, semble tout entier contenu dans un point unique, ce qui est inconcevable. Mais conçoit-on beaucoup mieux ces vérités paradoxales de la Géométrie projective, que le plan est enveloppé par une droite (la droite de l'infini) et que l'espace est tout entier enveloppé par un plan (le plan de l'infini) [1]? Ce sont là des formules tout aussi choquantes, et qui n'ont pourtant rien de mystérieux; elles signifient simplement que l'ensemble des points à l'infini du plan ou de l'espace se comporte, en Géométrie projective, comme une droite ou comme un plan, et possède exactement les mêmes propriétés. D'ailleurs, si l'on tient à se figurer cet ensemble, qui par sa nature n'est pas susceptible de *figure*, on peut l'imaginer comme l'état-limite d'un cercle infiniment grand ou d'une sphère infiniment grande, et dire que les points à l'infini du plan, par exemple, forment une circonférence de rayon infini. Mais, comme on l'a vu précédemment, une telle circonférence (dans l'espace euclidien) se confond avec une droite : il n'est donc pas si absurde qu'on le croit de considérer l'ensemble des points à l'infini du plan comme équivalant à une droite [2]. Tous ces paradoxes tiennent, au fond, à ce que l'infini est, comme l'a dit M. Delbœuf, une *grandeur sans forme* [3], et par là même susceptible de prendre toutes les formes; ils viennent de ce qu'on essaie, illégitimement et en vain, de se représenter l'infini.

On peut comprendre d'une manière analogue que le plan, à un autre point de vue, soit environné de toutes parts par un seul point. Cela veut dire que l'ensemble de ses éléments à l'infini se comporte, en Analyse, comme un point unique. Cette assertion n'a rien de contradictoire, ni en elle-même, ni avec la conception géométrique de la droite à l'infini du plan; car, ainsi que nous l'avons fait remarquer, on ne considère pas les éléments à l'infini du même point de vue et on ne les traite pas par la même méthode, en Analyse et en Géométrie.

15. Pour achever de justifier cette notion de point à l'infini du plan, on peut encore indiquer de quelle manière, dans l'étude analytique des fonctions, on le circonscrit et on l'enferme. Quand on veut isoler un point quelconque (par exemple un point singulier d'une

1. Poncelet, *Traité des propriétés projectives des figures.*
2. On dit, en Géométrie projective (et analytique), que la droite de l'infini forme une circonférence de rayon infini avec une droite quelconque située dans le fini du plan (Clebsch, *Leçons de Géométrie*, t. I, chap. ii, § vii).
3. *Prolégomènes philosophiques de la Géométrie*, livre II, chap. ii, § 4.

fonction) situé dans le fini du plan, on l'entoure d'une circonférence ayant ce point pour centre et un rayon infiniment petit (c'est-à-dire qu'on peut faire décroître indéfiniment). On le resserre ainsi dans un cercle qu'on est maître de rendre aussi petit qu'on veut. Si au contraire c'est le point à l'infini qu'on désire isoler du plan, on décrit une circonférence ayant pour centre l'origine, et un rayon infiniment grand, et l'on exclut toute la région du plan située en dehors de cette circonférence. On dit encore que cette circonférence entoure le point à l'infini, et qu'on a enfermé celui-ci dans un cercle qu'on peut resserrer indéfiniment, en faisant croître indéfiniment le rayon; de sorte qu'on peut regarder la partie du plan *extérieure* à la circonférence comme un cercle infiniment petit contenant le point à l'infini. C'est ce qui a lieu en effet quand on transforme le plan par rayons vecteurs réciproques : le point à l'infini vient au point O, qui était primitivement l'origine, et l'origine s'en va à l'infini. La circonférence infiniment grande devient une circonférence infiniment petite qui entoure le point O, et la partie du plan qui était en dehors du grand cercle devient la partie du plan *intérieure* au petit cercle. Ainsi se trouvent isolés et resserrés dans un cercle infiniment petit le point à l'infini et les points infiniment voisins, c'est-à-dire ceux qui étaient primitivement infiniment éloignés de l'origine. Si maintenant on fait croître indéfiniment le rayon du grand cercle, et qu'on le rende infini, le rayon du petit cercle correspondant décroîtra indéfiniment et deviendra nul, de sorte qu'au moment où la petite circonférence se réduit au point unique O, la grande circonférence, dépassant tous les points situés dans le fini du plan, se réduit au point à l'infini qu'elle est censée entourer. C'est ainsi qu'on peut concevoir que le cercle infini qui constitue le plan ait pour circonférence un point.

16. On ne peut s'empêcher de remarquer que ces considérations infinitistes, familières à l'Analyse moderne, confirment et illustrent d'une façon inattendue une pensée célèbre de PASCAL, dont on a trop souvent méconnu la justesse et la profondeur, faute, sans doute, de l'avoir bien comprise. Nous pourrions dire, en appliquant sa phrase au plan, que nous avons constamment considéré jusqu'ici, que « c'est un *cercle* infini dont le centre est partout, la circonférence nulle part »[1]. Cette formule paradoxale, si choquante pour

1. *Pensées*, art. I, n° 1, éd. Havet : « C'est une sphère infinie... »

le bon sens, traduit et résume à merveille l'ensemble des faits mathématiques que nous venons d'exposer. Le centre du plan est partout, car l'origine est un point quelconque pris à volonté dans le fini du plan; la circonférence du plan n'est nulle part, car si on l'imagine dans le fini, on suppose le plan limité, ce qui est contraire à son idée; et si on la conçoit rejetée à l'infini, ce n'est plus une circonférence : c'est une droite ou un point. Ainsi le plan infini est, à certains égards, analogue à un point, c'est pour ainsi dire un point immense; et en effet, le point inétendu et le plan infini se ressemblent par certains côtés. Chacun d'eux constitue une unité, l'un par son indivisibilité, l'autre par sa totalité. Au surplus, le plan complet, et par suite infini, n'est-il pas, en Géométrie projective, un élément simple et en quelque manière absolu, au même titre que le point, auquel il correspond en vertu du principe de dualité? La corrélation du *zéro* et de l'*infini*, l'équivalence du point et du plan ne sont donc pas, en Mathématiques, des faits surprenants et inouïs; et d'ailleurs, ce n'est pas la première fois que nous voyons deux infinis opposés se rejoindre et les extrêmes se toucher.

Il ne faut pas s'effrayer outre mesure de ces paradoxes un peu rebutants : ils tiennent à l'essence même de l'infini géométrique. Ce qu'il y a de vrai, en somme, dans ces conceptions en apparence inconciliables, c'est que toutes les figures se confondent et s'évanouissent dans l'infini comme dans le *zéro* : ce sont comme les deux pôles de la pensée géométrique, entre lesquels évolue le monde des formes imaginables. De même que le point n'est ni rond ni carré, mais peut être conçu comme la limite d'un cercle ou d'un carré infiniment petits, de même le plan tout entier n'est ni rond ni carré, mais doit être considéré, indifféremment, comme la limite d'un cercle ou d'un carré infiniment grands. C'est pourquoi sa partie située à l'infini n'est ni une circonférence, ni une droite, ni un point, et pourtant elle est tout cela à la fois, suivant la figure dont on se sert pour la représenter dans le fini. Tout ce qu'on peut conclure de ces prétendues contradictions, c'est que la forme géométrique n'existe que dans le fini, et qu'elle se perd dans l'infiniment grand comme dans l'infiniment petit. Il ne faut donc pas chercher à se représenter l'infini, car il échappe, par sa nature, à l'intuition sensible et à l'imagination; mais il ne s'en suit nullement qu'on ne puisse le penser et le comprendre, et ce n'est pas une raison pour qu'on renonce à le connaître.

En résumé, l'infini de position est nécessaire pour assurer à la Géométrie projective la généralité et la continuité qui lui sont essentielles, et il engendre, dans la Géométrie métrique, l'infini de grandeur; puis, par suite de l'application de l'Algèbre à la Géométrie, la grandeur infinie passe dans l'Analyse, et devient un élément indispensable de la Théorie des fonctions; enfin, en vertu de la représentation des grandeurs par les nombres, elle se traduit dans l'Arithmétique générale par un symbole approprié, qui est le nombre infini. Ainsi la Géométrie et l'Analyse prouvent, par tout leur développement et par leur existence même, non seulement que l'infini est une idée parfaitement intelligible et « réelle », mais que cette idée est essentielle à la science des grandeurs, et qu'elle est même l'objet le plus riche et le plus fécond de la connaissance mathématique.

DEUXIÈME PARTIE

LE NOMBRE ET LA GRANDEUR

Dans la première Partie de cet Ouvrage, nous avons essayé de justifier l'infini mathématique par des arguments d'ordre positif et *a posteriori*. Prenant la science toute faite, nous avons exposé les faits mathématiques où l'idée d'infini s'introduit et s'impose, et nous avons montré quel intérêt rationnel on avait à admettre cette idée dans la science, pour lui assurer un développement systématique et harmonieux. Nous nous proposons maintenant de justifier la même idée *a priori* et par des raisons purement philosophiques, en montrant, par l'analyse de l'idée de nombre, que rien n'empêche de concevoir un nombre infini, et en dissipant toutes les contradictions que l'on a cru trouver dans cette notion. Pour cela, nous serons obligé de remonter aux éléments de l'Arithmétique, et d'en rechercher le sens et la valeur philosophiques. C'est à ce prix que nous pourrons établir que l'infini mathématique n'est pas seulement utile ou même nécessaire *en fait*, mais encore légitime et bien fondé *en droit*.

On s'étonnera peut-être de nous voir étudier les principes de la science après en avoir considéré le développement : il semble qu'avant d'exposer la généralisation du nombre, il eût fallu en examiner le fondement, à savoir l'idée de nombre entier. Mais l'ordre suivi par la critique est naturellement inverse de l'ordre logique et didactique, car la marche critique consiste à remonter des conséquences aux principes, de la science constituée et développée à ses fondements philosophiques. C'est pourquoi, en exposant la généralisation du nombre, nous avons pris pour point de départ l'idée de nombre entier, comme une donnée primordiale, comme une chose connue et accordée, et nous n'avons critiqué que les extensions plus ou moins légitimes de cette idée. A présent, il s'agit de critiquer cette idée elle-même, qui sert, dit-on, de base unique à l'Analyse, et de découvrir les faits empiriques ou les hypothèses rationnelles qu'implique cette notion, primitive pour le savant, et en apparence irréductible. Cet examen approfondi nous permettra peut-être de décider s'il peut y avoir un nombre infini, et dans quel sens ou dans quelle mesure un tel nombre peut être, soit conçu, soit réalisé.

Cette seconde justification de l'infini mathématique se rattache d'ailleurs étroitement à la première : car les mêmes théories dont nous avons exposé le conflit dans la généralisation du nombre vont s'opposer et se combattre de nouveau au sujet du nombre entier. En effet, les tendances d'esprit qui se sont manifestées dans les diverses méthodes employées pour généraliser la notion de nombre se retrouvent nécessairement dans les diverses façons de comprendre cette notion elle-même; de sorte que le parti qu'on prend à l'égard du nombre entier détermine la manière dont on devra concevoir et former toutes les autres espèces de nombres. Ainsi le débat engagé dans la première Partie entre les différentes conceptions philosophiques de l'Arithmétique va se continuer sur l'idée même de nombre, et par là se restreindre et se préciser en même temps.

Les discussions que contient la première Partie de cet Ouvrage sont donc une préparation et une introduction aux recherches qui vont suivre : car on saisit souvent mieux l'esprit d'une théorie dans ses développements que dans ses principes, et si les conséquences ne doivent jamais servir à juger une doctrine, elles permettent du moins d'en mieux comprendre le sens et la portée. Inversement, l'analyse de l'idée de nombre éclairera la première Partie et lui donnera toute sa signification : car en étudiant les diverses conceptions du nombre entier, on découvrira la racine philosophique des théories précédemment discutées, on en apercevra mieux le caractère et la tendance, et l'on pourra les juger en connaissance de cause. Ce ne sont donc pas deux questions différentes que nous traitons successivement à propos du nombre infini : c'est une seule et même question que nous étudions sous ses diverses faces, d'abord dans les faits scientifiques qui la posent, puis dans les principes philosophiques qui la résolvent.

LIVRE I

DE L'IDÉE DE NOMBRE

Bien que la définition de l'idée de nombre soit proprement l'affaire des philosophes, il convient de s'adresser aux mathématiciens pour obtenir une réponse précise à cette question : « Qu'est-ce que le nombre? » En effet, si les philosophes ont, comme tout le monde, l'idée du nombre, les mathématiciens seuls savent quelle en est la valeur exacte ; seuls ils connaissent l'étendue et la variété de ses propriétés; seuls enfin ils peuvent déterminer les conditions de son usage et les limites de son application. Ils sont donc mieux placés que personne, il faut le reconnaître, pour se faire une idée complète et rigoureuse du nombre, et en particulier du nombre entier, fondement essentiel, sinon unique, de leur science.

Aussi les plus grands savants n'ont-ils pas dédaigné de revenir sur les principes les plus élémentaires de l'Arithmétique pour les formuler systématiquement. Parlons mieux : c'est justement parce que leurs travaux dans les parties les plus élevées de l'Analyse ont reculé les bornes de la science et étendu le domaine des applications du nombre, qu'ils ont éprouvé le besoin d'éclaircir et d'épurer la notion de nombre entier qui leur servait de matière et d'instrument. En outre, leurs découvertes ayant ouvert à la spéculation des horizons nouveaux et ayant accru le pouvoir et la fécondité de la science des nombres, leur conception de l'ensemble de la science s'est élargie, et ils ont acquis par là des vues philosophiques qui éclairent les principes d'un jour tout nouveau. Ainsi la philosophie profite de toutes les conquêtes de la science, et gagne en clarté et en profondeur ce que celle-ci gagne en richesse et en étendue.

Comme nous l'avons déjà fait prévoir, les deux doctrines opposées que nous avons examinées dans la première Partie vont reparaître à l'occasion de la définition du nombre entier. Nous devons donc nous attendre à trouver une théorie formaliste du nombre entier, qui réduise ce concept à un symbole vide de sens, et les opérations arithmétiques à des combinaisons formelles et abstraites. Cette théorie a été, en effet, proposée et développée de nos jours : elle devait nécessairement se produire à la suite de ce grand travail d'épuration des concepts mathématiques dont nous avons parlé dans l'Introduction. Il est curieux de voir renaître, à propos des nombres, la vieille querelle du réalisme et du nominalisme, qui portait jadis sur la valeur objective des concepts; et cela n'a rien d'étonnant, vu l'analogie et l'affinité du concept et du nombre, que nous expliquerons plus tard [Livre IV, Ch. i]. Ce conflit de tendances philosophiques se ramène à l'opposition de l'empirisme et du rationalisme, comme on s'en apercevra bientôt. Nous allons exposer d'abord la théorie nominaliste et empiriste, qui a été soutenue par d'illustres savants, et qui est adoptée par la plupart des mathématiciens.

CHAPITRE I

THÉORIE EMPIRISTE DU NOMBRE ENTIER

1. Imaginons une suite simplement infinie de chiffres :

1, 2, 3, 4, 5, 6, 7, 8, 9, ...

c'est-à-dire un ensemble de signes tels qu'il y en ait un qui soit le premier de tous (1), et qu'à chacun d'eux en corresponde un autre déterminé qui le suit immédiatement : on dira que nous avons construit un *système de nombres ordinaux* [1]. Il faut bien remarquer que ces signes n'ont pas d'autre sens que celui qui résulte de la définition précédente ; autrement dit, chacun d'eux, 5 par exemple, n'a pas d'autre propriété que de suivre immédiatement un signe déterminé (4) et d'être immédiatement suivi par un autre signe déterminé (6). On est donc prié de dépouiller provisoirement ces signes de tout sens numérique, et d'oublier la valeur qui leur est attribuée par l'usage et par leur application au dénombrement des objets concrets. Par suite, l'ordre assigné à ces nombres est absolument arbitraire; aussi arbitraire, par exemple, que l'ordre assigné aux lettres dans l'alphabet grec ou latin [2]. Tout conventionnel qu'il est en principe, cet ordre, une fois établi, est fixe et déterminé. On appelle *suite naturelle des nombres entiers* l'ensemble de ces signes rangés dans cet ordre; mais il vaudrait mieux l'appeler suite *régulière*, attendu que la succession établie ci-dessus n'est pas plus *naturelle* qu'une autre, et qu'elle est simplement le résultat d'une *règle* posée par convention. En outre, cette suite est à sens unique, et par suite irréversible : car à chaque nombre en correspond un suivant, et un

1. Dedekind, *Was sind und was sollen die Zahlen*, § **6**, 73.
2. Helmholtz, *Zählen und Messen*, p. 21. Cf. Kronecker, *Ueber den Zahlbegriff*, § 1.

seul, mais cette correspondance (univoque) n'est pas réciproque, de sorte qu'on ne peut faire correspondre au suivant le précédent. D'ailleurs, il n'est pas vrai qu'à chaque nombre en corresponde un précédent : car le nombre 1 n'en a aucun avant lui. On ne peut donc pas revenir en arrière dans la suite naturelle des nombres et la parcourir en sens inverse du sens et de l'ordre établis; encore moins peut-on, par ce procédé, essayer de la prolonger dans ce sens en rebroussant chemin au delà du nombre 1 [1]. Enfin la suite naturelle des nombres n'est pas périodique, ni finie par conséquent, c'est-à-dire qu'aucun terme de cette suite ne reproduit un terme précédent, et qu'ils sont tous différents entre eux. Cela est assez naturel et presque nécessaire : car chaque signe représentant, en somme, une place particulière, un rang déterminé dans la suite, deux places différentes doivent être occupées et marquées par des signes différents. Par exemple, si le signe qui suit immédiatement 9 était 5, comme celui qui suit immédiatement 4, on ne saurait, en voyant ce même signe 5, s'il désigne le *cinquième* ou le *dixième* rang dans la suite naturelle. Il en résulterait une confusion intolérable, et rien ne serait plus contraire à l'utilité du système des nombres ordinaux, qui a précisément pour fin de donner une représentation claire et distincte de tout ensemble *bien ordonné* d'objets [2].

2. *Définitions.* — Deux nombres sont dits *égaux* quand ils sont identiques : c'est le même signe écrit deux fois.

Deux nombres qui ne sont pas égaux sont dits inégaux. Si deux nombres sont inégaux (c'est-à-dire différents) ils occupent dans la suite naturelle des rangs différents; l'un vient avant, l'autre après. Celui qui précède l'autre est dit *inférieur* à l'autre. Celui qui suit l'autre est dit *supérieur* à l'autre [3].

De ces définitions découlent quelques propositions simples et presque évidentes :

I. Si deux nombres sont égaux à un même troisième, ils sont égaux entre eux.

1. Nous croyons pouvoir réfuter ainsi, par des considérations empruntées à l'auteur lui-même, l'introduction proposée par Helmholtz des nombres négatifs entiers dans la suite naturelle, comme généralisation de la soustraction (*Zählen und Messen*, p. 34.) Cf. Chap. IV, **6** (p. 353, note 4).

2. Pour la définition de l'ensemble *bien ordonné*, voir Note IV, § V, **51**.

3. Nous réservons, suivant le conseil de Helmholtz (p. 23, note 2), les mots « plus grand », « plus petit » pour les rapports d'inégalité des nombres cardinaux; les rapports d'inégalité entre nombres ordinaux ne pouvant être conçus que comme des différences d'*ordre* (et non de *grandeur*).

En effet, ces trois nombres sont identiques : c'est le même signe écrit trois fois.

Ainsi, des deux égalités

$$a = b, \qquad b = c,$$

on peut conclure l'égalité

$$a = c.$$

II. De deux nombres inégaux, l'un est supérieur, l'autre est inférieur.

Ainsi les inégalités

$$a > b, \qquad b < a$$

sont équivalentes et s'entraînent l'une l'autre.

III. Des deux inégalités

$$a > b, \qquad b > c,$$

on peut conclure l'inégalité

$$a > c.$$

IV. La même inégalité peut encore se conclure, soit des relations

$$a = b, \qquad b > c,$$

soit des relations

$$a > b, \qquad b = c.$$

V. Des deux relations

$$a \geqq b, \qquad b \geqq c$$

on peut conclure

$$a \geqq c;$$

mais on n'a

$$a = c$$

que si l'on a à la fois (cf. I) :

$$a = b, \qquad b = c.$$

Remarque. — Deux nombres différents occupent évidemment des places différentes dans la suite naturelle des nombres, chaque place étant occupée par un seul et même nombre; mais pour pouvoir affirmer que, *réciproquement*, deux nombres qui occupent des places différentes sont différents, il faut admettre, comme il a été dit plus haut, que le même signe ne figure pas deux fois dans la suite tout entière, ou que chaque nombre est différent de tous les précédents.

En particulier, le nombre qui suit immédiatement un nombre quelconque n est différent de n; nous le désignerons par n' : par définition, ce nombre est unique et déterminé, quel que soit le nombre n [1].

3. *Définition de l'addition* [2]. — On peut maintenant définir ce qu'on entend par : ajouter un nombre b à un nombre a. On applique la suite des nombres compris entre 1 et b inclusivement sur la suite des nombres qui viennent après le nombre a dans l'ordre naturel; c'est-à-dire qu'à la suite des nombres

$$1, 2, 3\ldots\ldots \text{ jusqu'à } b,$$

on fait correspondre, un à un, les nombres consécutifs

$$a', a'', a''', \ldots\ldots \text{ jusqu'à } c.$$

Le dernier des nombres ainsi employés, c, qui correspond à b, s'appelle la *somme* des nombres a et b (dans l'ordre où ils sont énoncés), et l'on écrit :

$$a + b = c.$$

Plus brièvement, on peut dire que l'on obtient le nombre c, somme de a et de b, en *comptant* 1, 2, 3,.... b sur la suite naturelle des nombres, en commençant par a' : mais il est bien entendu que par ce mot « compter » on désigne une énumération purement ordinale, et non un dénombrement proprement dit, le nombre cardinal b n'ayant pas encore de sens pour nous.

4. Grâce à cette définition de l'addition, on peut regarder chaque nombre de la suite naturelle (sauf le premier, 1) comme formé en ajoutant 1 à celui qui le précède immédiatement. En effet, dans la formule générale de l'addition, faisons $b = 1$, et donnons successivement à a les valeurs 1, 2, 3,.... etc.; nous trouvons :

$$1 + 1 = 2$$
$$2 + 1 = 3$$
$$3 + 1 = 4$$
$$\ldots\ldots\ldots\ldots\ldots$$

et en général

$$a + 1 = a',$$

c'est-à-dire que la somme de chaque nombre entier et de l'unité est égale au nombre immédiatement suivant. Le nombre a restant fixe, donnons maintenant à b les valeurs consécutives 1, 2, 3,.... etc.; nous trouvons

1. Dedekind, *op. cit.*, § **7**, 81.
2. Helmholtz, *op. cit.*, p. 24. Cf. Kronecker, *Ueber den Zahlbegriff*, § 3.

$$a + 1 = a'$$
$$a + 2 = a' + 1 = a''$$
$$a + 3 = a'' + 1 = a'''$$
$$\dots\dots\dots\dots\dots\dots$$

Substituons maintenant dans ces égalités (identités numériques) aux nombres 2, 3,.... et a', a'',.... leurs expressions sous forme de sommes de deux nombres ; nous obtenons :

$$a + (1 + 1) = (a + 1) + 1$$
$$a + (2 + 1) = (a + 2) + 1$$
$$\dots\dots\dots\dots\dots\dots$$

et en général [1]

$$a + (b + 1) = (a + b) + 1$$

Cette dernière formule, qui résulte de la définition même de l'addition, et que Helmholtz appelle « axiome de Grassmann », suffit à établir les deux lois essentielles de l'addition, à savoir la loi associative, qu'exprime la formule suivante :

$$a + (b + c) = (a + b) + c,$$

et la loi commutative, qu'exprime la formule suivante :

$$a + b = b + a.$$

Cette déduction, qu'on trouvera dans le mémoire cité [2], s'effectue par *induction complète*. Ce mode de démonstration (qui conclut, comme on dit souvent, de n à $n + 1$) repose sur le *théorème* suivant [3] :

« Pour prouver qu'une proposition est vraie de tout nombre entier n (ou pour toute valeur entière positive attribuée à un indice indéterminé ou à une variable indépendante n), il suffit de prouver :

1° Que cette proposition est vraie pour $n = 1$;

2° Que, si elle est vraie pour un nombre quelconque n, elle est encore vraie pour le nombre suivant

$$n' = n + 1. \text{ »}$$

On généralise ensuite les lois associative et commutative en les

1. Une parenthèse indique le résultat numérique du calcul indiqué dans la parenthèse (par exemple une somme effectuée), c'est-à-dire un nombre *unique*.

2. *Zählen und Messen*, Théorèmes I, II, III. Voir aussi Poincaré, *Sur la nature du raisonnement mathématique*, ap. *Revue de Métaphysique et de Morale*, t. II, p. 375-377.

3. Démontré par M. Dedekind, *op. cit.*, 59, 60, 80. Cf. Poincaré, *article cité*.

étendant à une somme d'un nombre quelconque de nombres entiers, ce qui permet de formuler la proposition suivante :

Dans une somme de plusieurs nombres (en nombre fini quelconque), on peut intervertir leur ordre à volonté et en remplacer autant qu'on veut par leur somme effectuée.

En effet, les nombres étant donnés dans un certain ordre, on peut les ranger dans un autre ordre quelconque, assigné à l'avance, par une suite de permutations de deux nombres consécutifs; or de telles permutations sont permises, car elles équivalent à l'application répétée des deux formules qui expriment la loi commutative et la loi associative [1].

On retrouve ainsi toutes les propriétés caractéristiques de l'addition, comme conséquences logiques des définitions posées. On définit ensuite sans difficulté la multiplication, qui n'est qu'une addition répétée, et l'élévation aux puissances, qui n'est qu'une multiplication répétée [2]; de sorte que nous pouvons nous dispenser d'entrer dans ces considérations, toutes les opérations à effectuer sur les nombres entiers se ramenant en somme à l'addition, et toutes leurs propriétés reposant sur les lois essentielles de l'addition. Ce qui précède suffit donc à déterminer le sens et la valeur de cette théorie, dont nous allons essayer de préciser les principes et de définir l'esprit.

5. Mais, auparavant, il convient d'indiquer comment on conçoit et on introduit, dans cette théorie, le nombre cardinal.

Étant donnée une collection déterminée d'objets bien distincts, on les fait correspondre un à un aux nombres consécutifs, à partir de

1. Voici, à titre d'exemple, comment on démontre la loi commutative généralisée. Soient deux termes consécutifs d'une somme : b, c; je dis qu'on peut les permuter. On doit supposer qu'ils ne sont pas les premiers : car s'ils l'étaient, on aurait d'abord à faire leur somme; on pourrait alors les permuter, en vertu de la loi commutative, et le théorème serait inutile. Désignons donc par A la somme effectuée de tous les termes précédents : A est un nombre déterminé. Il s'agit maintenant d'effectuer la somme :

$$A + b + c, \qquad \text{c'est-à-dire} \qquad (A + b) + c$$

Or :

$$(A + b) + c = A + (b + c) \qquad \text{loi associative.}$$
$$A + (b + c) = A + (c + b) \qquad \text{— commutative.}$$
$$A + (c + b) = (A + c) + b \qquad \text{— associative.}$$

Donc :

$$(A + b) + c = (A + c) + b$$

ou simplement :

$$A + b + c = A + c + b \qquad C. Q. F. D.$$

2. Voir Helmholtz et Kronecker, *op. cit.* Cf. Dedekind, *op. cit.*, §§ 11, 12, 13.

1; autrement dit, on leur applique chacun à chacun les numéros d'ordre successifs :

$$1, 2, 3, 4, 5, \ldots\ldots$$

sans en omettre ni répéter aucun. Le dernier des nombres *ordinaux* ainsi employé, n, se nomme le *nombre cardinal* [1] de la collection donnée, ou le nombre des objets donnés; et l'on dit que la collection se compose de n objets [2].

Cette opération s'appelle *dénombrement*; elle consiste à *compter* les objets donnés.

Remarque. — L'opération que nous venons de définir est analogue à celle par laquelle nous avons défini plus haut l'addition [**3**]. Pour en faire ressortir l'identité, remarquons d'abord que l'on peut pratiquer le dénombrement dans une intention différente, et même, en un certain sens, inverse de celle que nous venons de considérer. Au lieu de se demander quel est le *nombre* d'une collection donnée d'objets, on peut se proposer de former une collection d'objets ayant un *nombre* donné n, ou, comme on dit, de prendre n objets dans une provision d'objets donnés en multitude suffisante. Pour cela, il suffit d'appliquer successivement les nombres ordinaux de la suite naturelle :

$$1, 2, 3, \ldots\ldots n$$

chacun à un objet distinct de la collection donnée; les objets ainsi marqués ou numérotés composeront évidemment la collection demandée.

Cela posé, l'addition d'un nombre b à un nombre a peut se définir comme suit : On prend, dans la suite naturelle des nombres, b nombres consécutifs à partir de $a' = a + 1$; le dernier de ces nombres est la somme $a + b$. On peut dire encore que l'on *compte*, dans la suite naturelle, b nombres à la suite du nombre a; le mot « compter » ayant, cette fois, le sens d'un dénombrement, et correspondant à un nombre cardinal b.

6. Par définition, le *nombre* (cardinal) des nombres ordinaux de la suite naturelle compris entre 1 et n inclusivement est n, car chaque nombre ordinal se correspond évidemment à lui-même [3]. Mais il

1. *Anzahl*, par opposition à *Zahl*, qui désigne le nombre ordinal et abstrait.
2. Helmholtz, *op. cit.*, p. 32; Kronecker, *op. cit.*, § 1; cf. Dedekind, *op. cit.*, § **14**, 161.
3. Dedekind, *op. cit.*, 163.

faut bien remarquer que cette proposition n'est valable qu'autant que les nombres ordinaux sont rangés dans leur ordre naturel de 1 à n.

En général, le dénombrement suppose les objets rangés dans un ordre linéaire déterminé, car, encore qu'ils puissent être donnés sans ordre, de manière à former seulement un ensemble *bien défini* [1], c'est-à-dire une collection fermée, le fait seul qu'on leur applique successivement les nombres ordinaux 1, 2, 3,..... établit entre eux un certain ordre linéaire, et transforme la collection donnée en un ensemble *bien ordonné*, c'est-à-dire qui a un *premier* terme, un *second*, un *troisième*, etc. Or, s'il est une vérité que tout le monde admet implicitement, mais que fort peu de savants aient songé à démontrer, c'est que le nombre cardinal d'une collection (finie) d'objets est indépendant de l'ordre suivi dans le dénombrement, et que le résultat de cette opération est le même, quel que soit l'ordre assigné aux objets en les comptant (c'est-à-dire en les numérotant) [2]. Pourtant, cet axiome ou postulat, comme on voudra le nommer, a besoin d'une démonstration, surtout lorsque l'on définit le nombre cardinal par le nombre ordinal, comme dans la théorie que nous exposons ici, de telle sorte qu'*a priori* le nombre cardinal d'une collection donnée paraît dépendre de l'ordre suivi dans le dénombrement qui lui donne naissance.

7. Voici comment KRONECKER a essayé de démontrer cette importante proposition [3]. Il suppose donnée une collection déterminée d'objets; mais, pour ne pas avoir à supposer que les objets sont mobiles et indépendants, et qu'ils peuvent être intervertis, l'auteur admet qu'ils sont donnés dans un ordre linéaire fixe et déterminé. Si on les compte dans cet ordre, on obtient un certain nombre cardinal n : cela veut dire que dans ce dénombrement on a appliqué à la suite des objets donnés la suite des nombres ordinaux : 1, 2, 3,.... n. Puis on reprend l'ensemble de ces numéros, on les range dans un autre ordre, et on les applique de nouveau, un à un, aux objets rangés dans le même ordre. Cela revient évidemment à intervertir ceux-ci, et à les compter dans un ordre différent. Or, selon notre auteur, l'ensemble des numéros ainsi employés reste le même; donc le nombre cardinal des objets, dans ce nouvel ordre, sera le

1. Pour la définition de l'ensemble *bien défini*, voir Note IV, § I, **1**.

2. Selon HELMHOLTZ, ce postulat de l'*invariance du nombre* aurait été aperçu et signalé pour la première fois par SCHRÖDER (*Lehrbuch der Arithmetik und Algebra*, Leipzig, Teubner, 1873).

3. *Ueber den Zahlbegriff*, § 2.

même que dans le premier, à savoir n. Par conséquent, ce nombre est indépendant de l'ordre suivi dans le dénombrement.

8. Il nous semble que cette démonstration n'est pas péremptoire, et qu'elle renferme un cercle vicieux [1]. Si l'ensemble des numéros d'ordre employés la première fois reste le même, par hypothèse, il n'est pas évident qu'il s'appliquera tout entier, dans son nouvel ordre, au même ensemble d'objets, et qu'il le recouvrira tout entier, de telle sorte qu'il ne reste ni objet non numéroté, ni numéro non employé. Pour pouvoir l'affirmer, il faudrait que le nombre des *signes*

$$1, 2, 3, \ldots\ldots n$$

restât le même quel que fût leur ordre ; or c'est justement là un cas particulier du théorème qu'il s'agit de prouver. En effet, l'auteur regarde ces numéros comme des objets réels, comme des fiches qu'on pose sur les objets à dénombrer, et qu'on enlève ensuite ; l'ensemble de ces signes forme donc une collection concrète, et il faudrait d'abord établir que le nombre cardinal de cette collection ne varie pas quand on en intervertit l'ordre : car, ainsi que nous l'avons fait observer [**6**], s'il est vrai de dire que ce nombre est n, c'est seulement en tant que ces signes se succèdent régulièrement de 1 à n dans la suite naturelle des nombres, dont l'enchaînement est essentiellement invariable. C'est même uniquement cet ordre immuable qui sert à définir les nombres ordinaux et qui constitue, en principe, toute leur signification. Ces signes perdent donc leur sens de nombres ordinaux, et par suite aussi leur sens dérivé de nombres cardinaux, dès qu'on intervertit leur ordre naturel, et que, rompant la chaîne qui les unit les uns aux autres et donne à chacun sa valeur, on les traite comme des objets séparés et indépendants. Concluons donc que le postulat de l'invariance du nombre n'est pas établi, car, avant de le prouver pour une collection quelconque d'objets concrets, il faudrait le prouver pour la collection même des signes employés au dénombrement de cette collection.

9. Helmholtz a donné de ce même postulat une démonstration plus satisfaisante. Il considère la suite naturelle des nombres ordinaux comme fixe, et fait varier, au contraire, l'ordre des objets à dénombrer : et il le faut bien, puisque, d'une part, la suite naturelle

1. Nous avons été confirmé dans cette opinion par M. Cantor, qui adresse la même critique au mémoire de Kronecker (ap. *Zeitschrift für Philosophie*, t. 91).

des nombres ne peut servir au dénombrement que par la succession régulière de ses termes, et que, d'autre part, il s'agit de prouver que le nombre cardinal des objets donnés reste invariable quand leur ordre varie, ce qui suppose évidemment qu'il est possible de les intervertir, au moins idéalement, sans quoi le postulat en question n'aurait pas de raison d'être pour ces objets. On suppose donc donnée une collection d'objets sans aucun ordre déterminé, et par suite susceptible d'un ordre quelconque, choisi à volonté. On représentera ces objets par des lettres grecques (abstraction faite de leur ordre alphabétique) ; d'ailleurs, ces lettres elles-mêmes peuvent être considérées comme des objets à dénombrer, de sorte que ce qu'on dira de cette espèce d'objets sera vrai de toute autre espèce d'objets donnés.

Cela posé, faisons correspondre une à une les lettres données aux nombres ordinaux consécutifs de la suite naturelle, à partir de 1. Comme la suite naturelle est supposée fixe, c'est sur elle qu'on est censé appliquer les lettres, supposées mobiles et séparées, tandis que, dans la démonstration de KRONECKER, c'était les numéros d'ordre qu'on appliquait, au contraire, sur la suite des objets considérée comme immuable ; cela revient d'ailleurs exactement au même. Ainsi l'on prendra *au hasard* une lettre, α par exemple, pour l'appliquer à 1, une autre, β, pour l'appliquer à 2, et ainsi de suite, jusqu'à ce qu'on ait épuisé la collection donnée (car on la suppose essentiellement *finie*). Soit n le dernier des nombres ordinaux employés : n sera à la fois le nombre cardinal des nombres ordinaux employés, et celui des lettres données, *prises dans l'ordre indiqué* : car, bien qu'on ne leur ait imposé d'avance aucun ordre, on leur en a assigné un particulier par le fait même du dénombrement. On ne sait donc pas si, en les appliquant *dans un autre ordre* sur la suite naturelle des nombres, on couvrirait les mêmes nombres ordinaux, et si par suite on trouverait le même nombre cardinal : et c'est justement ce qu'il faut démontrer.

Or, en premier lieu, l'on peut, sans changer le nombre cardinal des lettres, c'est-à-dire sans changer l'ensemble des nombres ordinaux employés (de 1 à n), permuter entre elles deux lettres quelconques, de manière que la première vienne occuper la place de la seconde, et la seconde la place de la première [1]. En effet, d'une part,

1. Il n'est pas nécessaire que les deux lettres à permuter soient voisines, c'est-à-dire correspondent à deux nombres consécutifs. HELMHOLTZ paraît, à ce

l'ensemble des nombres ordinaux « couverts » n'aura pas varié, puisqu'à chacun d'eux correspond, comme auparavant, une lettre, et une seule; d'autre part, l'ensemble des lettres n'a pas non plus changé, quant à son contenu, puisqu'on n'a fait que déplacer deux de ses éléments, sans en supprimer et sans en introduire de nouveaux [1].

En second lieu, l'on peut, dans une collection *finie* de lettres (ou d'objets quelconques), transformer l'ordre donné en un ordre quelconque par une suite de permutations de deux lettres (voisines ou non). En effet, soit

$$\alpha, \beta, \gamma, \delta, \varepsilon, \ldots\ldots \lambda$$

l'ordre établi dans l'ensemble des lettres par le dénombrement effectué précédemment, et soit

$$\delta, \lambda, \varepsilon, \beta, \alpha, \ldots \gamma$$

l'ordre, absolument arbitraire, qu'on veut leur imposer. On amènera δ au premier rang, qui lui est assigné, en le permutant avec α; puis λ au second rang en le permutant avec β; ensuite ε au troisième rang en le permutant avec γ, et ainsi de suite. On réalisera ainsi progressivement l'ordre demandé; à chaque permutation, le nombre des lettres rangées suivant le nouvel ordre augmente d'une unité, et celui des lettres non encore rangées diminue d'une unité, de sorte qu'après un nombre *fini* de permutations, on arrivera à n'avoir plus que *deux* lettres non rangées, à savoir les dernières; et si, par hasard, elles ne se trouvent pas déjà à la place qui leur est assignée, il suffira de les permuter pour les y faire arriver, et pour achever de ranger toutes les lettres suivant l'ordre prescrit d'avance. Ainsi, étant donné un ensemble fini et bien ordonné d'objets, on peut, sans en omettre ni en ajouter aucun (c'est-à-dire sans changer le contenu de l'ensemble), en intervertir l'ordre par une suite finie de permutations, de manière à obtenir tel ordre qu'on voudra. On en conclut la proposition suivante [2] :

« Les attributs (ou propriétés) d'une suite finie de lettres, que n'altère pas la permutation de deux lettres [voisines], ne sont altérés

propos, avoir confondu ou tout au moins mêlé deux considérations bien distinctes, celle de la loi commutative généralisée de l'addition (voir p. 310, note 1) et celle des permutations d'une suite bien ordonnée d'objets.

1. Cette proposition est générale, c'est-à-dire vaut aussi bien pour les ensembles infinis que pour les ensembles finis.

2. Helmholtz, *Zählen und Messen*, Théorème IV.

par aucun changement d'ordre de la suite, et sont indépendants de l'ordre de ses éléments. »

On peut appliquer en particulier cette proposition au *nombre cardinal* de la suite. En effet, ce nombre, comme il a été dit, ne varie pas quand on permute deux lettres entre elles; donc il reste invariable dans toutes les interversions possibles de la suite, et ne dépend pas de l'ordre de ses éléments.

Remarque. — Une condition essentielle de la démonstration qui précède, c'est que la collection donnée soit *finie*, c'est-à-dire qu'en la dénombrant on arrive à un dernier nombre de la suite naturelle, qui sera, par définition, le *nombre* de la collection tout entière. D'ailleurs, cette condition est déjà impliquée, comme on voit, dans la définition du nombre cardinal, de sorte que tout nombre cardinal est essentiellement fini. Si (par hypothèse) une collection est telle que *tous* les nombres ordinaux puissent s'y appliquer, de sorte qu'on ne puisse, en la dénombrant, trouver un dernier objet ni obtenir un dernier nombre, cette collection n'aura pas de nombre cardinal. Or une telle collection peut et doit être appelée *infinie*; il n'y a donc pas, dans cette théorie, de *nombre infini* [1].

10. Ainsi le nombre s'affranchit de l'idée d'ordre impliquée dans tout dénombrement, et devient nombre cardinal en s'appliquant aux collections d'objets concrets. De même, on peut dégager l'addition de l'idée d'ordre impliquée dans sa définition, en l'appliquant aussi aux collections concrètes, et cela, grâce à l'axiome de l'invariance du nombre cardinal, que nous venons d'établir pour celles-ci.

Soient deux collections A et B ayant respectivement pour nombres cardinaux a et b; on suppose qu'elles n'ont aucun élément commun. Soit C la collection formée par la réunion des deux collections données, c'est-à-dire qui contient tous les éléments de A et de B, et ceux-là seulement; cette nouvelle collection est bien définie au même titre que les collections données. On va démontrer que le nombre cardinal c de cette collection est égal à la *somme* des nombres a et b, telle qu'on l'a définie plus haut [**3**]. En effet, supposons les deux collections A et B rangées chacune suivant un ordre arbitraire, mais déterminé, dans lequel on les a dénombrées séparément. Si, pour former la collection C, on range les éléments de B (dans leur ordre)

1. Cf. Dedekind, *op. cit.*, 98, 112, 119, 122, 123; 160, 161 note.

à la suite de ceux de A, qui ont aussi gardé leur ordre, et qu'on dénombre les éléments de C dans cet ordre particulier, on devra d'abord dénombrer les éléments de A en comptant depuis 1 jusqu'à a dans la suite naturelle des nombres, puis les éléments de B en comptant de $(a + 1)$ à c dans la même suite. Or, en dénombrant séparément la collection B, on a auparavant appliqué aux mêmes objets, rangés dans le même ordre, la suite des nombres ordinaux depuis 1 jusqu'à b. On a ainsi fait correspondre, par l'intermédiaire de ces objets, la suite des nombres de 1 à b et la suite des nombres de $(a + 1)$ à c : donc le nombre c est, par définition, la somme des nombres a et b. D'autre part, les nombres cardinaux a et b sont indépendants de l'ordre assigné respectivement aux collections A et B, et par suite invariables. De même, le nombre cardinal de la collection C est indépendant de l'ordre de ses éléments; il reste donc le même, à savoir c, non seulement quand on change l'ordre des éléments dans A et B, considérées comme parties de C, mais encore quand on intervertit à volonté tous les éléments de C, en mêlant ceux de A et ceux de B. Or, pour un ordre déterminé des trois collections, on a trouvé

$$a + b = c.$$

Donc, dans tous les cas, c'est-à-dire quel que soit l'ordre des éléments de C, le nombre cardinal c sera égal à la somme des nombres cardinaux a et b, *C. Q. F. D.* [1]

On retrouve ainsi les idées de nombre cardinal et de somme de nombres cardinaux, en partant des notions de nombre ordinal et de somme de nombres ordinaux. De même que la conception du nombre comme collection d'unités dérive de la conception du nombre comme numéro d'ordre, la conception de l'addition comme adjonction des unités du nombre b à celles du nombre a dérive de la définition « ordinale » de l'addition, telle qu'elle est énoncée plus haut [**3**]. Il semble donc bien que cette théorie, qui déduit le nombre cardinal du nombre ordinal, soit conforme à l'ordre naturel et logique des notions fondamentales, et qu'elle réduise au minimum nécessaire le nombre des principes ou des postulats de l'Arithmétique.

1. Cf. Helmholtz, *Zählen und Messen*, p. 33.

CHAPITRE II

CRITIQUE DE LA THÉORIE EMPIRISTE

1. Nous pouvons à présent définir et apprécier le caractère philosophique de la théorie que nous venons d'exposer. Il semble, à première vue, que ce soit chose facile, car cette théorie est claire, simple et paraît fort rigoureuse. En outre, les auteurs auxquels nous l'avons empruntée n'ont pas caché leurs intentions et leurs vues. M. Dedekind considère « le concept de nombre comme entièrement indépendant des représentations ou intuitions de l'espace et du temps », et estime que « les nombres sont de libres créations de l'esprit humain [1] ». De même, Helmholtz se flatte d'avoir dégagé l'idée de nombre et celle d'addition de tout appel à l'expérience, tout en admettant qu'elles reposent sur l'intuition interne; pour lui aussi, la suite naturelle des nombres abstraits est une création arbitraire, et l'Arithmétique pure (abstraction faite de ses applications) « un simple jeu de l'esprit sur des objets imaginaires [2] », c'est-à-dire sur des concepts *a priori*. Enfin Kronecker rappelle, au début de son mémoire [3], les opinions des plus grands mathématiciens sur la nature et l'origine de l'idée de nombre : Gauss déclarait que le nombre est un pur produit de notre esprit, par opposition à l'espace, qui lui paraissait avoir une réalité en dehors de l'esprit, de sorte qu'on ne peut pas déterminer ses lois absolument *a priori*, comme celles du nombre. Il proclamait encore, dans un langage imagé, « la Mathématique la reine des sciences, et l'Arithmétique la reine des Mathématiques »; et il exprimait son enthousiasme pour la Théorie

1. *Was sind und was sollen die Zahlen*, Préface de la 1re éd. (1887) et n° 73. Cf. *Stetigkeit und irrationale Zahlen*, §§ 1 et 3.
2. *Zählen und Messen*, p. 20.
3. *Ueber den Zahlbegriff*.

des nombres par cette sentence mythologique : « Ὁ θεὸς ἀριθμητίζει. » De même, JACOBI célébrait, dans une spirituelle parodie de Schiller, la science « divine », dont la beauté spéculative, indépendante de ses applications à la Physique, dépasse de beaucoup, selon lui, l'utilité pratique, et concluait, dans un style lyrique, que le Nombre éternel trône parmi les dieux de l'Olympe, bien loin au-dessus du monde, qui n'en est qu'un reflet. KRONECKER s'associe à ces éloges et au culte rendu au nombre pur, et c'est justement pour le purifier de toute souillure terrestre et de tout commerce avec le monde sensible, qu'il subordonne le nombre cardinal et concret au nombre ordinal et abstrait, et qu'il conçoit la suite des nombres ordinaux comme une « provision » de signes absolument fictifs, conçus en dehors de toute collection empiriquement donnée, et qu'on appliquera ensuite aux objets de la nature afin de les soumettre au nombre. Il semble donc que le concept de nombre soit indépendant de toute expérience, sinon de toute intuition, et que l'esprit le crée de toutes pièces pour l'imposer ensuite au monde physique. Pour résumer en un mot les opinions philosophiques de ces auteurs, qui ont tous professé plus ou moins explicitement une théorie du nombre analogue (en principe, sinon dans le détail) à celle qui est exposée dans le Chapitre précédent, il faudrait dire que cette théorie est radicalement *aprioriste*; de sorte qu'en la qualifiant d'*empiriste* nous aurions commis un complet contresens.

2. Regardons-y de plus près, cependant, et cherchons quelle est, dans cette théorie, la part de l'*a priori* et celle de l'expérience. Ce qui est vraiment *a priori*, c'est l'ensemble des nombres ordinaux, c'est-à-dire une suite de signes ou chiffres inventés et rangés d'une façon absolument arbitraire. Mais ces signes n'ont, en dehors de leur figure et de leur ordre de succession, aucune valeur, aucune signification; leur enchaînement même est tout à fait conventionnel, et n'a pas de raison d'être : car ce n'est qu'après coup que l'on convient de dire que chacun d'eux (sauf le premier) est égal à la somme du précédent et de 1. D'où vient, au contraire, et comment naît l'idée de nombre entier cardinal? Elle vient de l'application de cette suite de signes à une collection d'objets réels; elle naît du dénombrement d'un ensemble concret donné dans la perception; elle tire donc son origine de l'expérience [1].

1. Il n'est pas besoin d'avertir le lecteur que nous raisonnons ici conformé-

Helmholtz prétend démontrer que « le concept de nombre (cardinal), tiré du dénombrement d'objets extérieurs, se ramène à notre concept du nombre ordinal abstrait [1] ». Mais il faut se demander comment et à quel prix il s'y ramène. Sans doute, en apparence, le nombre cardinal dérive du nombre ordinal, sans même qu'il soit besoin d'appliquer la suite naturelle des nombres à une collection concrète : il suffit de considérer cette suite comme terminée à l'un quelconque de ses termes; ce terme, le dernier de tous les nombres ordinaux considérés, est par définition leur nombre cardinal. Il semble donc que le nombre cardinal d'une collection ne soit rien de plus qu'un numéro d'ordre, savoir le dernier des numéros employés à la dénombrer. Mais, en réalité, l'idée de nombre entier n'est pas contenue dans cette succession toute formelle de signes vides de sens : et c'est pourquoi l'on recourt à l'opération empirique du dénombrement pour faire sortir cette idée de la considération d'un ensemble concret. On ne déduit donc pas le nombre cardinal du nombre ordinal : on l'y ajoute ou plutôt on l'y accole, en appliquant la suite des nombres ordinaux à une collection empiriquement donnée (fût-ce cette suite elle-même, considérée comme une collection de signes ou de dessins), où le nombre cardinal se trouve d'ores et déjà impliqué. Ainsi l'idée pleine et complète du nombre entier n'est pas le fruit d'une synthèse pure *a priori*, mais d'une synthèse expérimentale.

3. D'ailleurs, parmi tous les auteurs cités plus haut, l'un au moins ne s'est pas trompé sur la tendance et la portée véritables de la théorie qu'il soutient, comme on pouvait s'y attendre de la part d'un esprit aussi logique et philosophique : c'est Helmholtz, qui déclare nettement, au début de son mémoire, qu'il se propose de combattre l'apriorisme kantien; puis, rappelant ses travaux sur la Géométrie non-euclidienne, où il avait essayé de prouver que les postulats de la Géométrie sont des vérités d'expérience, il annonce qu'il va étendre cette théorie empiriste aux axiomes fondamentaux de l'Arithmétique. Comment se fait-il donc que le même auteur s'efforce ensuite de dégager autant que possible l'idée de nombre de son origine expérimentale, et semble la faire reposer sur une intuition *a priori*? Cette double tendance, en apparence contradictoire,

ment à la théorie que nous critiquons, et qu'approuvent un trop grand nombre de mathématiciens.

1. *Zählen und Messen*, p. 32.

est parfaitement logique au fond; et le rapprochement que l'auteur fait lui-même entre sa philosophie géométrique et sa philosophie arithmétique peut aider à comprendre celle-ci, et va nous servir à l'éclairer.

La Géométrie générale, rêvée par Gauss, réalisée par Riemann et Helmholtz, qui n'est qu'une Algèbre traduite dans le langage de la Géométrie, est purement analytique, et s'applique *a priori* à tous les espaces possibles. Mais pour l'appliquer à l'espace de notre intuition (qu'il soit ou non euclidien), il faut la particulariser en y introduisant, sous le nom de postulats, les propriétés spéciales et caractéristiques de cet espace, propriétés que l'on ne peut, croit-on, déterminer que par l'expérience [1]. Ainsi les lois analytiques du nombre pur (car c'est en somme à des relations arithmétiques que se réduisent toutes les formules de l'Analyse [2]) ne s'appliquent à un espace particulier donné que grâce à une synthèse expérimentale; de sorte qu'à un apriorisme absolu en Analyse répond, par une conséquence naturelle, un empirisme radical en Géométrie.

De même, si l'on arrive à purifier les concepts fondamentaux de l'Arithmétique et à les définir entièrement *a priori*, c'est en les privant de tout sens concret, en les vidant pour ainsi dire de leur contenu intuitif : on est donc obligé de recourir à l'expérience pour remplir ces symboles formels et abstraits, et leur rendre en quelque sorte la réalité et la vie. Or cette application du symbolisme arithmétique au monde physique ne peut se faire que par la synthèse expérimentale du concret et de l'abstrait, qui fait rentrer dans les schèmes analytiques la matière donnée dans la perception, et qui se traduit par des postulats; ainsi reparaissent, comme vérités expérimentales, et par suite contingentes, tous les axiomes posés d'abord à titre de conventions arbitraires ou de principes rationnels [3]. On pourra dire, par exemple, absolument *a priori*, que 2 et 2 font 4, parce que l'égalité

$$2 + 2 = 4$$

1. On a vu plus haut [1] que telle était bien l'opinion de Gauss; c'était aussi celle de Lobatchevski et de Riemann.

2. Cette maxime de Lejeune-Dirichlet, citée et approuvée par M. Dedekind (*Was sind und was sollen die Zahlen*, Préface de la 1re éd., p. xi), est devenue une vérité courante et banale parmi les mathématiciens.

3. C'est ce qu'on verra mieux dans le Livre suivant, consacré à la mesure des grandeurs. Nous en donnerons ici un seul exemple. L'axiome : « Deux grandeurs égales à une même troisième sont égales entre elles » est un *postulat* que doit vérifier empiriquement l'égalité de chaque espèce de grandeurs.

résulte analytiquement des définitions formelles des signes 2, 4 et + [1re P. II, I, **1**]. Mais pour pouvoir affirmer que *deux* objets ajoutés à *deux* autres objets font en tout *quatre* objets, il faut identifier le nombre cardinal et concret au nombre ordinal et abstrait, et admettre que l'adjonction matérielle des objets les uns aux autres obéit aux mêmes lois que l'addition des nombres abstraits[1]. Or pour savoir si telle combinaison d'objets concrets vérifie telle ou telle loi, il faut bien consulter l'expérience, de sorte que les mêmes lois qui, pour les nombres purs, ont un caractère nécessaire et *a priori*, deviennent, appliquées aux objets physiques, de simples vérités d'expérience, et comme telles paraissent toujours précaires et approximatives, car elles sont à la merci d'une vérification expérimentale plus exacte; en tout cas, elles sont et restent toujours essentiellement contingentes, et ne peuvent prétendre en aucune manière à une nécessité rationnelle.

4. On aperçoit à présent l'analogie, ou mieux la parenté de cette théorie empiriste du nombre entier avec la théorie formaliste de la généralisation du nombre, exposée dans la première Partie [Livre I]. C'est, au fond, la même conception philosophique, que nous avons d'abord étudiée dans son développement, et dont nous découvrons maintenant l'origine. Comme nous l'avons déjà indiqué brièvement [1re Partie, Livre II, Ch. I, **1**], le même procédé d'épuration des concepts scientifiques, que nous avons vu appliqué aux diverses formes du nombre généralisé, atteint le nombre entier lui-même. Ainsi, quand on veut remonter à la source de la généralisation analytique du nombre, on aboutit à la conception formaliste du nombre entier, que nous venons d'exposer; et inversement, de cette conception, en apparence aprioriste, dérivent, par une filiation naturelle, toutes les théories par lesquelles on reconstruit *a priori* les nombres fractionnaires, négatifs, imaginaires, etc.

C'est surtout à l'égard du nombre irrationnel que l'analogie en question est manifeste. Sous prétexte de dégager le nombre irrationnel de son origine empirique (surtout géométrique), on le crée de toutes pièces, par une convention arbitraire; puis, par un postulat non moins arbitraire, on affirme l'existence d'un point (ou d'un état de grandeur) correspondant, tandis que c'est l'existence de ce point qui exige et justifie, en réalité, l'invention de ce nouveau nombre

1. Cf. Milhaud, Préface à la traduction de la *Théorie générale des fonctions* de P. du Bois-Reymond.

[v. 1re P., liv. III, ch. III, **7**, **8**]. On ne réussit ainsi qu'à intervertir les pétitions de principe, mais non à les supprimer. On transporte la continuité originelle et radicale du domaine de la grandeur, où elle paraît essentielle, dans celui du nombre, où elle est au moins superflue. Par ce chassé-croisé de postulats, on prive le nombre irrationnel de tout sens réel, et on lui enlève sa véritable raison d'être. On ne voit pas bien ce que l'ordre logique y a gagné; mais, en revanche, il est certain que l'ordre rationnel y a perdu.

5. Si nous avons rappelé ici cette critique, c'est que la théorie empiriste du nombre entier est sujette, on l'a vu plus haut [**2**], à une critique toute semblable; et cela se comprend, puisqu'elle procède de la même doctrine et repose sur les mêmes principes que la théorie soi-disant aprioriste de la généralisation du nombre. Nous voulons maintenant montrer comment, ainsi que nous l'avons annoncé, l'idée de nombre entier se trouve d'avance impliquée dans le processus psychologique du dénombrement, par lequel on croit expliquer le nombre cardinal, et d'où l'on prétend en tirer l'idée.

Pour pouvoir appliquer la suite des nombres ordinaux à une collection d'objets concrets, il faut évidemment que chacun d'eux soit conçu comme une *unité* distincte de toutes les autres. HELMHOLTZ le reconnaît implicitement, car il impose au dénombrement la condition suivante : « Les objets nombrés ne doivent pas, pendant qu'on les compte, disparaître, se fondre les uns dans les autres, ou se diviser, etc. Chacun des objets doit constituer un individu durable et reconnaissable. » Qu'est-ce à dire, sinon que chaque objet doit constituer une unité permanente? Il ne s'agit pas, pour le moment, de savoir si les objets naturels offrent par eux-mêmes ces caractères d'unité et d'identité absolues qui sont nécessaires à leur dénombrement, s'ils sont naturellement susceptibles d'être comptés et s'ils sont par essence soumis à la loi du nombre : c'est là une question métaphysique que nous réservons pour la suite [Livre IV]. Peu importe, au point de vue purement logique, que l'objet se prête ou non par sa nature au dénombrement, qu'il possède intrinsèquement ces attributs d'unité et d'identité ou qu'il les reçoive d'un acte plus ou moins arbitraire de l'esprit : l'essentiel est que la pensée les lui reconnaisse ou les lui confère au moment où elle l'appréhende.

Ainsi, pour qu'on puisse compter des objets, quels qu'ils soient, il suffit, mais aussi il faut que chacun d'eux soit conçu comme *un* et identique à lui-même; en d'autres termes, la condition nécessaire et suffisante du dénombrement n'est pas l'unité objective, mais l'unité subjective des choses données. L'unité qu'on exige ici des objets à dénombrer, ou qu'on leur impose, n'est donc pas une unité naturelle et réelle, mais seulement une unité logique et formelle, aussi conventionnelle d'ailleurs que l'on voudra : par exemple, on compte aussi bien des sacs de blé que des grains de blé, et des régiments que des soldats. Plus cette unité sera fictive et arbitraire, plus sera manifeste l'acte original et spontané par lequel la pensée la dégage, ou au besoin la crée.

6. La nécessité de l'unité et de l'identité de chaque objet de la collection donnée apparaît encore mieux dans la démonstration de l'invariance du nombre, qui suppose qu'on effectue deux dénombrements successifs de la même collection. En effet, il faut pour cela, non seulement que dans chacun de ces dénombrements chaque objet soit conçu comme *un*, mais encore que le *même* objet soit conçu comme *un* dans l'un et l'autre dénombrement, et par suite, qu'il soit reconnu comme identique à lui-même de l'un à l'autre : car comment le nombre de ces objets resterait-il invariable, si entre les deux dénombrements plusieurs se réunissaient en un seul, ou si un seul en devenait plusieurs? Encore ici, ce n'est pas d'une identité objective et réelle qu'il est question, mais d'une identité idéale et subjective. Helmholtz demande que les objets ne puissent, pendant qu'on les compte ou qu'on intervertit leur ordre, ni se diviser, ni se fondre ensemble; si ces conditions sont entendues au sens physique et matériel, elles ne nous paraissent ni nécessaires, ni suffisantes. Pour que deux dénombrements (forcément successifs) d'une *même* collection suivant deux ordres différents donnent lieu au *même* nombre cardinal, pour qu'on puisse dire que le nombre d'une collection ne varie pas quand on intervertit l'ordre de ses éléments, il faut et il suffit que cette collection reste *idéalement* la même, c'est-à-dire que chacune des unités qui la composent primitivement demeure jusqu'à la fin identique à elle-même, et soit reconnue comme telle.

Comment pourra-t-on s'assurer de l'identité de chaque unité, d'un dénombrement à l'autre? Nous n'avons pas à nous en occuper; il appartient à l'opérateur, dans chaque cas particulier, de remarquer les signes sensibles qui distinguent chaque unité, et de veiller à ce qu'aucune d'elles ne disparaisse; tout cela est affaire de mémoire et d'expérience; aussi peut-on, tout en effectuant deux dénombrements exacts, commettre une erreur, soit qu'on se trompe, soit qu'on soit trompé sur l'unité et l'identité de chacun des objets. Inutile d'ajouter qu'une telle erreur devra toujours être imputée aux conditions empiriques, plus ou moins défectueuses et fallacieuses, dans lesquelles on opère, et ne saurait jamais prévaloir contre l'axiome de l'invariance du nombre, dont la vérité n'est pas empirique, mais établie *a priori* [1].

Il nous suffit d'avoir établi que la condition essentielle de la permanence, et conséquemment de l'existence même du nombre cardinal d'un ensemble donné, n'est pas l'identité matérielle de son contenu, mais l'identité formelle des unités qui le constituent à l'origine. Or une telle identité ne peut être reconnue en fait et empiriquement constatée que si elle est d'abord idéalement conçue et définie par une sorte de convention ou de pacte de l'esprit avec lui-même. C'est en vain que le contenu matériel d'un ensemble (par exemple un seau plein de morceaux de glace) reste identique, si l'unité des éléments est instable et fugitive; et inversement, le contenu matériel d'un ensemble (d'un régiment, par exemple) peut changer entièrement : pourvu que les unités qui le constituent subsistent, le nombre en reste invariable. Aussi nous ne disons pas : « Chaque objet... » mais bien : « Chaque unité doit rester identique à elle-même »; car l'objet peut changer ou être remplacé par *un* autre; il suffit que celui-ci occupe le même rang, reçoive le même numéro, et devienne à son tour le support de la même unité. Ce n'est donc pas la permanence des objets concrets, mais celle des unités abstraites qu'ils représentent, qui assure l'invariance du nombre de la collection donnée.

Allons plus loin : ce n'est pas en tant qu'objets, c'est seulement en tant qu'unités que l'on peut compter les éléments d'une collection : la collection dénombrée n'est donc pas à proprement parler une collection d'objets concrets, mais une collection d'unités abstraites. Or qu'est-ce qu'une collection d'unités abstraites, considérée comme un tout? C'est précisément un nombre entier. Ainsi toute collection donnée, en tant que dénombrée ou même dénombrable, est conçue comme un nombre entier. Dès que, faisant abstraction de la nature

1. C'est par des considérations analogues que nous réfuterions, s'il en était besoin et si c'était le lieu, ce paradoxe empiriste qui consiste à soutenir que, au cas où un malin génie susciterait constamment un nouvel objet toutes les fois que nous ajoutons deux objets à deux autres, nous ne pourrions nous empêcher de croire que 2 et 2 font 5.

particulière des objets donnés et des qualités propres qui les distinguent, on considère chacun d'eux comme *un*, c'est-à-dire qu'on le réduit à une unité, et qu'on embrasse toutes ces unités abstraites dans un même acte de pensée, on a l'idée du nombre entier cardinal. La théorie empiriste est donc impuissante à rendre compte de cette idée et ne réussit pas à la tirer de l'expérience, puisque l'acte psychologique du dénombrement, d'où l'on prétend la faire naître, la suppose au contraire préalablement constituée.

7. Cette critique, par sa simplicité même, risque de sembler superficielle et spécieuse ; aussi est-il bon d'y insister pour la confirmer et la préciser. Pour cela, remontons à la définition même du nombre cardinal, telle qu'elle se trouve formulée dans le Chapitre précédent [**5**] : elle repose entièrement sur l'idée d'une correspondance complète et uniforme entre une suite de nombres ordinaux et un ensemble bien ordonné d'objets. Peu importe, du reste, comment on réalise cette correspondance, c'est-à-dire qu'on applique les objets aux nombres (Helmholtz) ou inversement les numéros d'ordre aux objets (Kronecker). Toujours est-il que, pour faire correspondre à chaque nombre *un* objet distinct, ou inversement, pour pouvoir assigner à *chaque* objet *un* rang déterminé et lui appliquer *un* numéro d'ordre, il faut évidemment attribuer à chaque objet l'unité, et par suite concevoir l'ensemble des objets donnés comme une collection d'unités. D'ailleurs, comment pourrait-on seulement parler d' « *un* objet » ou de « *chaque* objet », si l'on n'avait préalablement dans l'esprit l'idée d'unité, et si, avant toute application des nombres aux objets, on ne pensait *chaque* objet comme *un* ? Ainsi le dénombrement n'est possible que si l'on considère d'avance les objets à dénombrer comme des unités ; il présuppose donc l'idée d'unité, qui est nécessairement *a priori*.

Ce n'est pas tout : cette obligation de concevoir chaque élément d'un ensemble comme une unité ne concerne pas seulement la collection à dénombrer : elle s'applique également, et au même titre, à l'ensemble des nombres employés au dénombrement. En effet, ainsi qu'il a été dit, ces nombres ne sont rien de plus que des numéros d'ordre ou des signes, c'est-à-dire des objets, de sorte que l'opération par laquelle on compte ou plutôt on numérote les objets donnés consiste simplement à établir une correspondance univoque et réciproque entre deux séries parallèles d'objets concrets. Pour faire correspondre « *un* à *un* » les objets et les nombres ordinaux, il faut non seulement concevoir chaque objet comme *un*, mais encore considérer chaque nombre non comme nombre, c'est-à-dire comme pluralité, mais comme *un* signe, c'est-à-dire comme une unité. Ainsi l'idée du nombre cardinal n'est pas plus inhérente à la suite naturelle des nombres ordinaux qu'à n'importe quelle collection donnée. De deux choses l'une : ou bien l'on n'attribue d'avance à l'ensemble des nombres ordinaux employés aucun nombre cardinal, et alors le résultat du dénombrement ne peut être un nombre cardinal, car comment l'idée de ce nombre pourrait-elle naître de la juxtaposition de deux suites qui, séparément, n'ont pas de nombre cardinal? Ou bien on s'imagine que l'ensemble des nombres ordinaux contient l'idée de nombre cardinal, et qu'il la transmet à la collection des objets « coordonnés »[1] aux nombres; mais alors on aurait pu tout aussi bien dégager cette idée de l'ensemble des objets concrets, sans le secours et l'intermédiaire des nombres ordinaux. Dans les deux cas, on ne retire de l'acte empirique du dénombrement que ce qu'on y a mis d'avance; et si l'on se flatte d'en faire sortir un nombre cardinal, c'est qu'on l'y a préalablement insinué. L'idée de nombre entier n'est donc pas le résultat d'une synthèse expérimentale, mais d'une synthèse *a priori*.

8. Ainsi s'explique le cercle vicieux commis par Kronecker dans sa démonstration de l'invariance du nombre cardinal [I, **7-8**]. Il a cédé à la tentation de croire que l'ensemble des nombres ordinaux employés au dénombrement possédait naturellement un nombre cardinal, et en outre, que ce nombre cardinal était indépendant de l'ordre des nombres ordinaux; tandis qu'en réalité cet ensemble de signes n'est qu'une collection comme une autre, et n'a, pas plus qu'une autre, de *nombre* par elle-même. Il dit en effet ceci : « L'ensemble des signes employés au dénombrement d'une collection d'objets constitue le *nombre* (*Anzahl*) de ces objets, et il est déterminé par le *dernier* des signes employés »[2]. Mais comment cet ensemble de nombres peut-il constituer un nombre, si l'on ne le réduit par la pensée à une collection d'unités? Et comment le dernier de ces nombres peut-il devenir leur nombre à tous, si l'on n'ajoute à sa signification individuelle de nombre ordinal l'idée de nombre cardinal tirée de leur considération collective? Ainsi la

1. Ce mot traduit le terme allemand *zuordnen*, si commode pour exprimer qu'on établit une correspondance uniforme entre deux ensembles.
2. *Ueber den Zahlbegriff*, § 1.

définition du nombre cardinal implique l'idée même qu'on prétend définir.

Bien qu'elle ne contienne pas de cercle vicieux, la théorie de Helmholtz donne lieu à des remarques analogues, qui viennent à l'appui de notre conclusion. Nulle part, en effet, dans la théorie du nombre pur, Helmholtz n'emploie le mot ni n'invoque l'idée d'*unité*, ce qui prouve bien qu'il ne parvient pas, en partant de ses principes, à retrouver le nombre cardinal conçu comme une collection d'unités. Sans doute, on peut prouver, après coup, en vertu des définitions de l'addition et du nombre cardinal, que tout nombre entier n est la somme de n unités. Mais il faut bien prendre garde à ce que veut dire cette proposition dans une telle théorie. Elle équivaut simplement à une égalité telle que la suivante :

$$3 = 1 + 1 + 1$$

cette identité numérique ne signifiant rien de plus que ceci : le chiffre 3 est le *troisième* des nombres ordinaux. En effet, le chiffre 1 n'a pas ici le sens d'*unité* : il n'est que le *premier* des nombres ordinaux dans la suite naturelle. Quant au signe +, il désigne l'addition telle qu'elle a été définie, c'est-à-dire dans un sens purement *ordinal* : ainsi $(1 + 1)$ ne représente pas l'unité ajoutée à elle-même, mais le nombre ordinal qui suit 1, soit 2; $(1 + 1 + 1)$ n'est donc pas la somme de *trois* unités, c'est le nombre ordinal qui suit 2, soit 3; et de même pour tous les autres nombres. Ainsi l'on ne réussit pas, malgré les apparences, à déduire du nombre ordinal le nombre cardinal abstrait, conçu comme une collection d'unités. Le nombre cardinal qu'on a défini n'est jamais qu'un nombre ordinal déguisé; c'est le *dernier* des nombres ordinaux appliqués aux objets dénombrés. On ne dépasse donc pas, en réalité, le domaine du nombre ordinal, et, en s'y enfermant dès l'origine, on s'est condamné à n'en plus sortir.

9. D'ailleurs, pour Helmholtz, le nombre cardinal est toujours un nombre concret, c'est-à-dire appliqué à une collection donnée; le nombre ordinal seul est abstrait ou pur, c'est-à-dire *a priori*. De même, la définition « cardinale » de l'addition, comme adjonction des unités d'un nombre b à celles d'un nombre a, lui paraît être une conception empirique, et c'est pourquoi il lui a substitué la définition que l'on peut appeler « ordinale ». Aussi l'idée d'unité, cette idée pourtant si essentiellement rationnelle, n'apparaît, dans le mémoire de cet auteur, qu'à l'occasion des nombres « dénommés [1] », c'est-à-dire concrets, qu'on obtient en dénombrant des objets de même espèce : « Quand on compte des objets *égaux* sous un certain rapport, chacun d'eux est considéré comme une *unité*, et le nombre qu'on obtient alors s'appelle nombre *dénommé* », l'espèce particulière des unités qui le composent étant la *dénomination* de ce nombre. Dans cette conception, le nombre cardinal ne serait pas toujours ni nécessairement une collection d'unités ; il pourrait y avoir nombre, c'est-à-dire pluralité, sans unités composantes, puisque les objets dénombrés ne sont conçus comme unités que dans le cas où ils sont égaux. Or, le plus souvent (pour ne pas dire toujours) ce sont des objets inégaux que l'on compte, de l'aveu même de l'auteur : de sorte qu'en général un nombre cardinal ne serait pas composé d'unités.

Cette théorie est, selon nous, le contrepied de la vérité. Il faut dire, tout au contraire : Quand on compte des objets *quelconques*, chacun d'eux est considéré comme unité, et par suite comme numériquement *égal* aux autres, en tant qu'ils sont tous des unités équivalentes, et concourent au même titre à former une collection et par suite un nombre. « Raphaël, un théorème, un canon [2] », cela fait *trois* objets ; or il serait difficile de dire sous quel rapport ils sont égaux, tandis qu'on voit très clairement que, pour pouvoir les compter et dire qu'ils sont *trois*, il suffit de concevoir chacun d'eux comme *un*, de le réduire à *une* unité, et de réunir ces unités en un tout. Ainsi le nombre cardinal n'est pas essentiellement concret ou « dénommé » : ce n'est pas le nombre propre à telle ou telle collection d'objets de même espèce et portant le nom de cette espèce ; c'est une collection d'unités indépendantes de la nature des objets qui les supportent et les incarnent : c'est en un mot un nombre abstrait.

10. Ces considérations achèvent de caractériser la doctrine que nous critiquons, et montrent que nous avons eu raison de la qualifier d'empiriste. C'est en effet parce que ses auteurs ont pensé que le concept de nombre cardinal était réellement « tiré du dénombrement des objets extérieurs », qu'ils ont cru devoir le dégager de cette origine prétendue empirique, et le définir purement *a priori* en le réduisant au nombre ordinal. Ils ne se sont pas aperçus qu'ils renversaient ainsi l'ordre rationnel de ces concepts, sans bénéfice pour l'ordre logique : car si le nombre cardinal, comme on vient de le

1. « Benannte Zahlen » (*op. cit.*, p. 35).
2. P. du Bois-Reymond, *Théorie générale des fonctions*, trad. Milhaud, p. 33.

voir, ne peut se déduire du nombre ordinal, celui-ci au contraire suppose celui-là et en dérive naturellement [1].

On peut constater encore ici une analogie remarquable entre cette théorie du nombre entier et la théorie analytique du nombre irrationnel, exposée dans la première Partie [Livre I, chap. IV]. Si les analystes rigoureux ont tenu à définir le nombre irrationnel d'une manière purement arithmétique, et à le reconstruire *a priori*, c'est sans doute parce qu'ils ont pensé que toute considération de continuité impliquait l'intuition géométrique, et constituait par là même un appel à l'expérience. Or nous savons, d'une part, précisément grâce aux travaux de ces mêmes savants [2], que l'idée de continuité est indépendante de l'idée d'étendue, et lui est en principe antérieure et supérieure [3]. D'autre part, lors même que la continuité serait inséparable de la grandeur géométrique ou de l'intuition spatiale, il ne serait pas encore prouvé que cette idée nous vient de l'expérience : car si l'espace était une forme *a priori* de la sensibilité, la notion de continuité serait elle-même *a priori*, comme l'intuition dont elle est un attribut essentiel. Quoi qu'il en soit, c'est parce qu'ils ont considéré la Géométrie comme une science expérimentale, que les mathématiciens (à l'exemple de GAUSS et de RIEMANN, pour ne citer que les plus grands) ont cru devoir affranchir l'Arithmétique générale de tout recours à l'intuition spatiale. C'est donc bien, comme nous l'avons dit [**3**], leur empirisme géométrique qui a engendré leur apriorisme analytique. Il est juste, d'ailleurs, d'ajouter que, s'ils ont pu se méprendre sur la valeur philosophique et le caractère rationnel de la Géométrie, ils n'en ont pas moins rendu un grand service à la Philosophie mathématique, en reconstruisant la science du nombre pur d'une manière rigoureuse et systématique, et en la débarrassant de toute immixtion des idées géométriques, qui, en tout état de cause, sont étrangères à l'Analyse, et doivent, en bonne logique, en être bannies.

On peut résumer cette critique de la théorie empiriste en deux mots qui en montreront l'insuffisance et le vice : c'est une théorie

1. Voir le Chapitre suivant. — Si des arguments d'ordre philologique avaient quelque valeur philosophique, on pourrait remarquer à ce propos que dans les langues que nous connaissons le nom de nombre ordinal est toujours dérivé du nom de nombre cardinal au moyen d'un suffixe (*-ième*, *-th*, *-te*, *-τος*, etc.).

2. Voir CANTOR, *Grundlagen einer allgemeinen Mannichfaltigkeitslehre*, § 10, p. 29. DEDEKIND, *Stetigkeit und irrationale Zahlen*, § 3 ; *Was sind und was sollen die Zahlen*, Préface, p. XIII.

3. Voir 1re Partie, Livre III, chap. III, **10**.

psychologique et positiviste. Elle se borne, en effet, à décrire l'acte psychologique du dénombrement, sans en rechercher le principe et la raison d'être ; elle constate le fait matériel et positif, à savoir que l'on compte les objets en disant (mentalement) : « Un, deux, trois, quatre,... » mais elle ne peut l'expliquer, car elle en ignore la signification logique et la valeur rationnelle. Elle ne voit dans cette opération que le côté extérieur et superficiel, et ne s'occupe pas des conditions idéales qui la rendent possible et intelligible ; elle réduit par suite l'idée de nombre à un simple signe oral ou écrit, et elle aboutit fatalement à ce formalisme verbal qui est le nominalisme des mathématiciens [1].

1. Cf. Cantor, ap. *Zeitschrift für Philosophie*, t. 91. — Le présent Livre était entièrement écrit lorsque nous prîmes connaissance du 1er volume de la *Philosophie der Arithmetik* de M. Husserl, privat-docent à l'Université de Halle. Nous y avons trouvé (*Anhang zum I. Theile*, p. 190 sqq.) une critique de la théorie « nominaliste » de Helmholtz et Kronecker, fort voisine de la nôtre. Nous nous sommes bien gardé de modifier la rédaction du présent Chapitre à la suite de cette lecture : la rencontre des idées, l'analogie des arguments et les coïncidences même d'expression n'en auront que plus d'intérêt et de prix. Peut-être sommes-nous mieux placé que M. Husserl pour réfuter la théorie empiriste, car, comme on le verra dans le Chapitre III [**9**], notre doctrine diffère de la sienne sur un point essentiel, à savoir sur l'idée rationnelle d'unité. Cette divergence tient à ce que M. Husserl se confine trop exclusivement dans les « recherches psychologiques et logiques », et croit pouvoir résoudre par l'observation intérieure des questions de critique qui relèvent plutôt de la déduction rationnelle (au sens kantien du mot). Cela ne nous empêche pas de reconnaître et de louer la finesse de ses analyses, la justesse et la subtilité de ses raisonnements, la richesse de son érudition, et de recommander la lecture de son Ouvrage, si consciencieux et si complet, à ceux qui voudraient approfondir les questions relatives à l'idée de nombre et en connaître l'histoire.

CHAPITRE III

THÉORIE RATIONALISTE DU NOMBRE ENTIER

A la théorie en apparence aprioriste, mais au fond empiriste, que nous venons de critiquer, nous devons naturellement opposer et substituer une théorie empiriste en apparence, mais rationaliste en réalité. « Empiriste en apparence », car elle définit le nombre « une collection d'unités », et le dégage de la considération des collections concrètes fournies par l'expérience, ce qui, aux yeux des savants dont nous venons de discuter les idées, suffit à entacher l'idée de nombre de données expérimentales. Mais « rationaliste en réalité » : car si ces auteurs ont eu le tort de croire que le nombre cardinal a une origine empirique, c'est qu'ils n'ont pas vu que le dénombrement des objets donnés dans l'intuition sensible suppose déjà l'idée d'unité et celle de nombre entier, de sorte que ces idées sont antérieures à toute expérience, et véritablement *a priori*. Nous ne craindrons donc pas d'expliquer l'idée de nombre entier par la considération des collections concrètes, car si l'on peut retirer par abstraction un nombre d'une collection donnée, c'est parce qu'on l'y a d'abord impliqué, en pensant chaque objet de cette collection comme une unité, et par suite la collection elle-même comme un nombre entier.

1. Pour arriver à une définition aussi complète que possible de l'idée de nombre entier, il ne sera pas inutile d'examiner auparavant quelques-unes des définitions qu'en ont proposées divers auteurs dont l'esprit et les tendances se rattachent, de près ou de loin, au rationalisme, et qui ont eu une conscience plus ou moins nette de leur position philosophique. Cet examen nous révélera les lacunes ou les défauts de ces définitions, et, en nous montrant ce qui leur manque pour devenir adéquates à l'idée à définir, nous mettra sur la voie d'une définition plus complète. Il va sans dire que nous serons obligé d'apprécier ces définitions d'après une idée préconçue, mais nous ne croirons pas pour cela encourir le reproche de parti pris ni commettre une pétition de principe, en préjugeant la question et en supposant d'avance la définition où nous voulons aboutir. On nous dispensera sans doute de réfuter à ce propos les arguments captieux par lesquels les Sophistes prétendaient prouver qu'on ne peut chercher ni ce que l'on connaît, ni ce que l'on ne connaît pas. Comment pourrions-nous chercher une définition convenable du nombre entier, et apprécier l'exactitude relative des définitions proposées, si nous ne possédions déjà implicitement l'idée qu'il s'agit de définir, et si nous ne lui comparions les diverses formules par lesquelles on a essayé de l'exprimer?

Toutes les définitions d'idées seraient d'ailleurs sujettes à la même objection fallacieuse et éristique, de sorte que les définitions de mots seraient seules possibles, ce qui est absurde : car la première définition de mot devrait se faire au moyen de mots, et alors, ou bien les mots employés ne seraient pas définis et ne signifieraient rien, ce qui réduirait toute la science à un pur formalisme, et même au *psittacisme*, ou bien les mots employés auraient un sens, qui ne pourrait être déterminé que par des définitions d'idées. Aussi, tandis que les définitions de mots sont toujours arbitraires, puisqu'elles assignent par convention un sens déterminé à un terme par hypothèse vide de sens, les définitions d'idées ne peuvent jamais être indifférentes, car on peut et l'on doit les juger en les confrontant avec l'idée préalablement donnée qu'elles sont destinées à expliquer. En résumé, il ne s'agit pas ici de construire de toutes pièces l'idée de nombre entier avec des concepts qui ne l'impliquent pas, mais de décrire cette idée implicite sous une forme explicite, d'en donner pour ainsi dire le signalement; en un mot, de trouver une formule logique de cette idée rationnelle.

2. Au surplus, nous serons nécessairement guidé dans cette recherche par les discussions du Chapitre précédent, car nous n'avons évidemment pu critiquer la théorie empiriste qu'en invoquant déjà l'idée rationaliste du nombre, et nous ne songeons nullement à nous en cacher. En effet, aucune critique sérieuse et tant soit peu solide ne peut être exclusivement négative, et la réfutation d'une théorie philosophique n'est valable, n'est possible même, que si elle s'appuie, tacitement ou non, sur une autre théorie. Ainsi la théorie rationaliste du nombre se trouve forcément esquissée et préformée dans la critique de la théorie empiriste, et nous n'aurons qu'à développer les indications contenues dans le Chapitre précédent. En revanche, et pour la même raison, nous aurons à revenir dans la suite sur cette critique pour la compléter et la confirmer sur certains points; car, de même que les objections faites à la théorie empiriste contiennent en germe toute la théorie rationaliste, de même, à mesure que celle-ci se développe et s'affirme, elle fait ressortir par contraste les vues de la théorie opposée, et fournit contre elle de nouveaux arguments. Il ne faut donc pas s'étonner que nous n'ayons pu dissocier entièrement et isoler, dans la composition de ce Livre, l'exposition de l'une et la réfutation de l'autre, et que nous ayons dû les mêler dans une certaine mesure, car elles sont naturellement inséparables. On nous excusera d'avoir insisté sur ces questions de méthode, afin de calmer les scrupules formalistes des logiciens, et de prévenir les objections des mathématiciens. Il n'était peut-être pas superflu d'avertir les uns et les autres que, dans ces questions de Philosophie, la méthode scientifique et déductive n'est pas de mise : il convient d'employer une méthode critique et réductive, qui consiste à analyser les idées fondamentales de la science, et à remonter aux principes qui sont le point de départ de toute déduction; pour tout dire, la question que nous agitons ne relève pas de la logique formelle, mais de la raison.

3. Tout en nous inspirant dans ce qui suit des idées de M. Cantor, nous négligerons la distinction que cet auteur établit entre le nombre cardinal et le nombre ordinal, et cela pour plusieurs raisons : d'abord, pour simplifier la théorie du nombre entier, car cette distinction compliquerait inutilement notre exposition, et surtout engendrerait une confusion presque inévitable entre le « nombre ordinal », au sens de M. Cantor, et le nombre ordinal, au sens habituel et courant, que nous avons seul employé jusqu'ici, à l'exemple de Kronecker et de M. Dedekind : en effet, ce que M. Cantor entend par « nombre ordinal » est précisément le nombre cardinal tel que nous l'avons primitivement défini d'après Helmholtz, c'est-à-dire le nombre entier relatif à un *ordre* déterminé de la collection qu'on dénombre. En outre, il n'est pas nécessaire de discerner, comme fait M. Cantor, deux degrés dans l'abstraction par laquelle on obtient l'idée de nombre cardinal. Car si, en faisant seulement abstraction de la nature des éléments d'un ensemble *bien ordonné*, on obtient ce que l'auteur appelle le « nombre ordinal », puis, en faisant ensuite abstraction de l'ordre des éléments, le nombre cardinal, de sorte que celui-ci dérive du « nombre ordinal » par une nouvelle abstraction, le nombre cardinal peut aussi bien se tirer directement d'un ensemble *bien défini* (sans ordre déterminé) par la même abstraction qui, appliquée à un ensemble bien ordonné, donne lieu au « nombre ordinal ». Si donc l'on peut, à un certain point de vue, considérer le nombre cardinal comme issu du « nombre ordinal » par un second degré d'abstraction, à un autre point de vue on peut obtenir immédiatement le nombre cardinal par le premier degré d'abstraction, de sorte qu'il peut et doit être conçu sans l'intermédiaire du « nombre ordinal » et indépendamment de toute idée d'ordre. Ajoutons enfin que, si la distinction du nombre cardinal et du nombre ordinal a une grande importance à l'égard des ensembles infinis, il n'y a pas lieu de la faire pour les ensembles finis, car dans ceux-ci les deux espèces de nombres coïncident constamment (en vertu de l'axiome de l'invariance du nombre) et ont toujours été confondus. Cette distinction, qui est capitale dans la théorie générale des ensembles, où elle jette une vive lumière, n'est donc pas indispensable à la théorie des nombres entiers finis, et peut être omise sans inconvénient dans la présente étude [1].

4. Des considérations précédentes ressort déjà une définition du nombre entier (cardinal), que l'on peut, avec un éminent mathématicien, formuler comme suit : « Si dans la considération d'objets séparés » (ou plutôt : distincts) « on fait abstraction des caractères par lesquels les objets se distinguent, il reste le concept du *nombre* (*Anzahl*) des objets considérés [2]. » Comme on voit, cette définition traditionnelle décrit passablement la notion rationaliste du nombre; elle concorde d'ailleurs avec les vues de M. Cantor, qui définit le nombre cardinal : « le type idéal que l'on obtient quand, dans un ensemble d'objets, on néglige leur nature (leurs différences qualitatives) et leur ordre ». Pourtant, la définition citée plus haut nous paraît incomplète, parce que l'idée d'unité n'y est pas expressément impliquée. Cette idée y fait même doublement défaut, car non seulement chaque objet doit être conçu comme un, mais la collection des

1. Nous en avons, au contraire, tenu compte dans l'exposition de la théorie de M. Cantor sur les nombres entiers infinis. Voir Note IV, § V, notamment nos **54**, **55** et **60**.

2. Lipschitz, *Lehrbuch der Analysis*. vol. I, § 1 (Bonn, 1877).

objets dénombrés doit, elle aussi, être conçue comme une unité. L'idée d'unité est donc deux fois impliquée dans l'idée de nombre, comme élément d'abord, comme lien ensuite; elle en fournit ainsi tour à tour la matière et la forme. Toute définition du nombre qui omet l'un ou l'autre de ces deux rôles de l'idée d'unité est insuffisante, comme il apparaîtra de la discussion suivante, dont nous venons, pour plus de clarté, d'annoncer le résultat et d'anticiper les conclusions.

5. Que l'idée de nombre suppose nécessairement l'idée d'unité, et ne puisse être composée que d'unités préalablement conçues, cela est évident, et a été suffisamment établi dans le Chapitre précédent. Faute de cette idée d'unité qui est l'élément essentiel du nombre, ce n'est pas le nombre proprement dit qu'a défini M. Lipschitz, mais bien plutôt ce que M. Stolz [1] appelle, plus exactement, une « pluralité ». En effet, ce mathématicien rigoureux et subtil distingue avec soin la pluralité du nombre, qui n'est qu'une espèce de pluralité : « Une *pluralité* est un ensemble ou une multitude (*Menge*) d'objets distincts, dont on néglige les différences et l'ordre. » Ainsi, étant donnée une multiplicité sensible, et par suite hétérogène, on en tire une multiplicité homogène, en faisant abstraction des qualités et de l'ordre des éléments, et c'est ce qu'on nomme une *pluralité*. Il faut bien remarquer que ce concept de pluralité n'implique pas l'idée d'unité. Aussi est-il intéressant d'exposer brièvement les idées de M. Stolz sur ce sujet, pour voir quand et comment il introduit l'idée d'unité.

Cet auteur définit d'abord l'égalité des pluralités, en ces termes : « Deux pluralités sont *égales* [2], quand on peut les coordonner (*zuordnen*) entre elles d'une manière uniforme et complète, en faisant correspondre à chaque élément de l'une un élément distinct de l'autre. » Ensuite, il compare toutes les pluralités possibles, c'est-à-dire composées d'objets quelconques, aux pluralités obtenues par la répétition du signe 1, qu'on nomme *unité*. Enfin, il appelle *nombre* (*Zahl*) toute pluralité d'unités, c'est-à-dire une collection de signes 1 juxtaposés et réunis; et *nombre* (*Anzahl*) d'une pluralité concrète, la pluralité d'unités qui lui est égale, en vertu de la définition précé-

1. *Arithmétique générale*, vol. I, chap. II.

2. Les *pluralités égales* de M. Stolz correspondent exactement aux *ensembles équivalents* de M. Cantor et aux *ensembles semblables* de M. Dedekind : voir Note IV, § I, 3.

dente. De la proposition évidente : « Deux pluralités égales à une même troisième sont égales entre elles » on conclut immédiatement : Deux pluralités égales ont le même nombre.

6. Ce résumé suffit à montrer le point faible de cette théorie. La définition de l'égalité des pluralités suppose, contrairement à l'hypothèse, que chaque pluralité est composée d'unités, puisqu'on en fait correspondre *un* à *un* tous les éléments. L'on ne peut coordonner deux pluralités que si on les considère comme des pluralités d'unités, c'est-à-dire comme des nombres : l'idée de nombre est donc impliquée dans la conception des pluralités égales, et par conséquent ne peut se définir par l'égalité de deux pluralités. Ainsi la définition précédente du nombre enferme un cercle vicieux. Pour avoir voulu se passer de l'idée métaphysique d'unité, la théorie du nombre de M. Stolz pèche par la base et ne se soutient pas, et cela était à prévoir. Sans l'idée d'unité, on peut à la rigueur concevoir une multiplicité indéfinie, mais non pas une pluralité proprement dite. D'ailleurs, il est bien évident qu'il ne peut y avoir pluralité sans unité : car, pour pouvoir penser « plusieurs », il faut d'abord penser « un ». Si donc l'on définit le nombre « une pluralité d'unités », toute pluralité sera en même temps un nombre : on ne pourra donc plus distinguer « pluralité » et « nombre », ni partant définir le nombre entier par la pluralité [1].

Remarquons, en outre, que si l'auteur a bien vu qu'il fallait commencer par définir le nombre cardinal, il a essayé d'éluder l'idée d'unité en composant le nombre entier de signes 1 juxtaposés, comme si un signe, quel qu'il soit, pouvait tenir lieu de l'idée signifiée! Peu importe qu'on figure l'unité abstraite et idéale par un bâton ou par un point, par un rond ou par une croix : on n'esquive pas l'obligation de penser l'idée que ces signes représentent (par convention du reste, comme les lettres représentent les sons), parce que ces signes, pour simples qu'ils soient, sont toujours des objets, et s'ils suggèrent l'idée d'unité, ils ne peuvent la remplacer dans l'esprit et dispenser de la concevoir. Or, si l'on peut attacher, par convention, l'idée d'unité au signe 1 ou à tel autre signe qu'il plaira de dessiner, on peut tout aussi bien l'appliquer à un objet quelconque, c'est-à-dire attribuer à cet objet l'unité, de sorte que n'importe quelle collection d'objets concrets pourra représenter un nombre, de la

1. Cf. Husserl, *Philosophie der Arithmetik*, chap. vi et vii.

même manière qu'une réunion de signes 1. Ce n'est pas la forme des objets donnés qui importe, c'est l'acte de pensée par lequel on conçoit chacun d'eux comme *un*. Il ne faut pas dire seulement que toute pluralité *a* un nombre, en tant qu'elle peut être égale à une pluralité d'unités; mais que toute pluralité *est* un nombre, en tant qu'elle est pensée comme une pluralité. Dès lors, il est absolument inutile de la comparer et de la coordonner à une pluralité d'unités (c'est-à-dire de signes 1) pour lui attribuer un nombre : elle est elle-même un nombre, c'est-à-dire une pluralité d'unités.

7. Ainsi la théorie de M. STOLZ, malgré sa tendance manifestement rationaliste, prête le flanc aux mêmes critiques que la théorie empiriste, parce qu'elle est encore entachée de ce formalisme qui fait trop souvent prendre aux mathématiciens « la paille des signes pour le grain des idées » [1]. Il ne faut donc pas dire que deux collections coordonnées ont *par suite* le même nombre; c'est au contraire parce qu'elles ont le même nombre qu'elles peuvent être coordonnées. Disons mieux : deux ensembles ainsi coordonnés ne sont pas seulement égaux ou équivalents, ils sont *identiques*, en tant que pluralités d'unités; ils *sont* le même nombre. En résumé, l'idée du nombre entier est à la fois impliquée d'avance dans les deux collections que l'on coordonne, car leur correspondance même suppose que dans chacune d'elles on conçoit les objets comme autant d'unités, et par conséquent qu'on les réduit toutes deux à des pluralités d'unités.

On voit par là dans quel sens il faut entendre et accepter cette proposition de M. CANTOR [2] : « Le nombre (cardinal) d'un ensemble est le concept général commun à cet ensemble et à tous les ensembles équivalents. » Autrement dit : le caractère commun à plusieurs collections égales est leur nombre cardinal. Cette proposition est vraie, si l'on admet auparavant, comme il vient d'être dit, que deux pluralités sont égales quand elles ont le même nombre : car elle est un simple corollaire de celle-ci. Mais elle est fausse, ou du moins fallacieuse, si l'on veut l'ériger en définition du nombre cardinal, et si l'on prétend que c'est de la considération de plusieurs collections égales que naît, par abstraction, la notion de nombre entier; car

1. Comme les empiristes, l'auteur a cru pouvoir définir l'unité par le *chiffre* 1, au lieu de définir tous les nombres, à commencer par 1, au moyen de l'idée d'unité.

2. *Zeitschrift für Philosophie und philosophische Kritik*, t. 91 et 92.

on retombe alors dans le cercle vicieux que nous avons signalé plus haut [6]. C'est en vain qu'on croit pouvoir tirer l'idée du nombre du rapprochement de deux ou plusieurs collections, puisque ce rapprochement même n'est possible que grâce à cette idée; et si la comparaison de deux collections coordonnées peut suggérer l'idée de leur nombre commun, c'est que cette idée est impliquée déjà dans leur coordination. Ainsi l'idée de nombre n'est pas un concept général et abstrait issu de la considération de pluralités égales données dans l'expérience; et si l'on se figure l'en retirer par les procédés ordinaires d'abstraction et de généralisation, c'est qu'on l'y a d'avance introduite en pensant ces collections comme *numériquement* égales.

8. Il faut remarquer que, en parlant de l'idée de nombre, nous n'entendons pas le concept générique de nombre, sous lequel sont compris tous les nombres concevables, mais chaque nombre entier pris à part; il ne s'agit pas du nombre en général, mais de tel nombre particulier. Tandis que le concept général et abstrait de nombre est unique, il y a autant d'idées de nombres que de nombres. Ce n'est donc pas « idée de nombre » qu'il faudrait dire, mais « idée numérique », ou mieux encore « idée-nombre ». On nous objectera peut-être qu'il ne s'agit pas ici de définir chaque nombre en particulier, mais le nombre en général, de sorte que nous aurions affaire, non aux idées numériques, mais au concept générique de nombre. A cela nous répondrons : ce que nous voulons expliquer, c'est l'idée-nombre individuelle, et non le concept général de nombre, qui d'ailleurs résulte naturellement de la considération des nombres particuliers. En un mot, nous cherchons une définition générale de toutes les idées-nombres, applicable à chacune d'elles, prise à part, et c'est précisément en cela que consiste le concept universel de nombre.

9. De ce qui précède il ressort que l'idée individuelle d'un nombre déterminé ne peut être un concept général et abstrait. Examinons pourtant si, dans un autre sens, elle ne pourrait pas résulter d'un acte d'abstraction, comme semble l'indiquer la définition énoncée précédemment (d'après MM. Lipschitz et Cantor). Cette abstraction porterait, non plus sur diverses collections conçues comme égales ou équivalentes, mais, à l'intérieur d'une seule et même collection, sur les divers objets qui la composent. Mais, pour pouvoir dire que l'idée de nombre s'obtient en faisant abstraction de tous les caractères distinctifs des objets donnés, il faut qu'en les dépouillant de leurs qualités sensibles on réduise chacun d'eux à une unité. Or l'idée d'unité ne peut être le résidu d'aucune abstraction opérée sur les données sensibles : car l'unité n'est ni une perception, ni un élément de perception. Si donc ce qui doit rester de chaque objet, une fois l'abstraction effectuée et achevée, c'est une unité, il faut qu'on lui ait conféré à l'avance cette unité formelle, car elle n'est assurément pas donnée dans sa perception, à la façon d'une qualité sensible, telle que le rouge ou le chaud.

On peut confirmer cette assertion par une sorte de contre-épreuve. Le concept le plus général que l'on puisse tirer par abstraction des objets d'expérience est certainement celui de « quelque chose » ; or c'est en même temps le plus vague et le plus vide de tous, aussi ne peut-il suffire, quoi qu'on ait dit [1], à constituer l'idée de nombre. En effet, le concept de « quelque chose » est absolument indéfini : il n'est pas plus *un* que *plusieurs*, et il s'applique indifféremment à un ou à plusieurs objets, sans qu'il soit nécessaire, ni même possible, de le répéter : par exemple, *un* louis, c'est quelque chose ; *deux* louis, c'est encore quelque chose ; *trois* louis, c'est toujours quelque chose. et ainsi de suite. Tout ce qu'on peut dire, c'est que ce n'est pas toutes les fois la même chose ; et encore, en tant que c'est « quelque chose », c'est toujours la même chose. Pour pouvoir répéter ce concept de « quelque chose » et l'extérioriser par rapport à lui-même, il faut l'appliquer à plusieurs objets ; il faut donc concevoir chacun d'eux comme *un* « quelque chose » distinct des autres « quelque chose », c'est-à-dire en somme concevoir *plusieurs* « quelque chose ». On ne peut donc former un nombre au moyen du concept de « quelque chose » qu'en associant à ce concept indéterminé l'idée d'unité pour le déterminer ; et alors ce n'est pas le concept de « quelque chose » qui constitue le nombre par sa répétition, mais bien l'idée d'unité, qui seule permet de le répéter. Concluons que l'idée d'*un* et le concept de « quelque chose » ou de « n'importe quoi » ne sont nullement synonymes, comme on le prétend [2], et que la première seule peut servir d'élément à l'idée de nombre. En résumé, pour que l'idée de nombre fût réellement le résultat d'une abstraction, il faudrait qu'on pût d'abord affirmer la même chose de l'idée d'unité, qui est le fondement de l'idée de nombre. Mais le produit ultime de

1. Husserl, *Philosophie der Arithmetik*, 1re partie, chap. IV, p. 90 notamment.
2. *Irgend Eines = Etwas = Eins* (Husserl, *loc. cit.*).

l'abstraction, le *genus generalissimum*, est le concept de « quelque chose », et non point l'idée d'unité; celle-ci n'est donc pas un résidu de l'expérience et le dernier des caractères communs à tous les objets perceptibles, mais une forme rationnelle pure que l'esprit impose *a priori* à tous ses objets, par le fait seul qu'il les pense.

10. En résumé, ni l'idée d'unité, ni conséquemment celle de nombre ne sont le fruit de l'abstraction appliquée aux objets d'expérience. Si l'on peut penser deux objets comme égaux, c'est en attribuant à chacun d'eux l'unité [1], et si l'on peut penser deux collections comme égales, c'est en attribuant un nombre à chacune d'elles. Sans doute, on peut, logiquement, définir le nombre comme le caractère commun à deux pluralités égales, ou dire que deux ensembles auront *par définition* le même nombre quand on pourra les coordonner d'une manière univoque et réciproque. Mais il ne faut pas oublier que cette coordination, signe de leur égalité, présuppose l'idée de nombre, ni, par suite, prendre cette définition logique pour une définition philosophique. Ainsi l'idée mathématique de nombre repose, si l'on veut, sur l'égalité des pluralités; mais celle-ci repose, à son tour, sur l'idée métaphysique d'unité, antérieure à toute définition mathématique. De même, dans la théorie empiriste, on définit le nombre cardinal au moyen des nombres ordinaux, mais à la condition de considérer d'abord chacun de ceux-ci comme une unité.

D'ailleurs, le mathématicien ne définit pas, au fond, et n'a pas à définir le nombre; il définit seulement l'égalité des nombres, et cela lui suffit pour construire logiquement toute l'Arithmétique. Que cette définition implique l'idée philosophique du nombre, cela est bien évident; mais le mathématicien n'a pas à s'en occuper. En général, il ne définit jamais aucun des concepts fondamentaux de la science : ni le nombre, ni la longueur, ni la durée, ni la masse, qui sont pourtant les objets propres de la spéculation mathématique et les éléments constitutifs de toutes les grandeurs [2]. Il ne peut et ne doit définir que l'égalité et l'addition de deux grandeurs de même espèce : ces définitions lui suffisent à caractériser chaque espèce de grandeurs, et la déterminent entièrement [3]. Or de telles définitions, loin d'engendrer l'idée de l'espèce de grandeurs que l'on considère,

1. Voir Chap. II, **9**.
2. Cf. Pascal, *De l'esprit géométrique*, sect. I : « On trouvera peut-être étrange que la Géométrie ne puisse définir aucune des choses qu'elle a pour principaux objets : car elle ne peut définir ni le mouvement, ni les nombres, ni l'espace... »
3. Voir 1re Partie, Liv. I, Chap. III, **16**, et 2e Partie, Liv. II, Chap. I et II.

ne sont possibles que grâce à cette même idée préalablement conçue. C'est néanmoins de ces seules définitions que le savant prétend tirer la notion de chaque espèce de grandeurs, et il se flatte de n'introduire dans la science aucune donnée qui ne soit contenue dans ses définitions. Ainsi l'idée scientifique est logiquement postérieure à ces définitions, d'où elle tire toute son existence; mais elle repose, comme ces définitions elles-mêmes, sur une idée philosophique antérieure et correspondante. En effet, toutes les définitions mathématiques sont purement nominales, et par suite présupposent toujours le concept qu'elles ont l'air de construire. C'est pourquoi les concepts logiques élaborés par le savant impliquent nécessairement des idées rationnelles qui échappent, par leur nature même, à toute définition scientifique. Ainsi s'explique cette opposition de l'ordre logique et de l'ordre rationnel, que l'on retrouve partout dans les principes des Mathématiques. Si elle ne constitue pas, à proprement parler, un vice de la méthode scientifique [1], puisqu'il faut bien que celle-ci prenne hors de la science son point de départ et son point d'appui, on ne doit pas non plus l'imputer à la Philosophie et lui en faire un reproche, car les concepts scientifiques ne font que traduire des notions métaphysiques, mais ils ne peuvent ni les remplacer ni les supprimer; et sans ces idées qui lui servent de fondements, la science n'existerait pas.

Au fond, la science, en tant que système logique, se réfère, pour ses principes constitutifs, à la raison philosophique, et lui emprunte tacitement toutes ses données initiales. En particulier, la Mathématique prend ou reçoit l'idée de nombre toute faite, et n'a pas à l'expliquer, à l'analyser et à la critiquer. Il serait donc absurde de demander une définition mathématique du nombre : car on ne définit une notion qu'à l'aide de notions antérieures, et le premier concept mathématique qu'on définit suppose nécessairement des idées qui échappent à toute définition scientifique, et qui ne relèvent que de la Métaphysique. Or de tout ce qui précède il ressort cette conclusion : toutes les définitions mathématiques du nombre impliquent l'idée philosophique du nombre entier, conçu comme une collection d'unités; elles supposent donc les idées rationnelles d'*unité* et de *pluralité*, qui sont d'ailleurs corrélatives. Il ne faut pas croire

1. Quoi qu'en ait dit Pascal, qui voulait qu'on pût tout définir et tout démontrer (*De l'esprit géométrique*, sect. I).

qu'en définissant le nombre : une pluralité d'unités, nous tombons sous le coup de la critique adressée plus haut à la définition de M. Stolz, qui s'énonce exactement dans les mêmes termes. En effet, cet auteur se flattait de concevoir la pluralité sans faire appel à l'idée d'unité, et de définir le nombre comme une *espèce* de pluralité; or nous avons montré que les idées de nombre et de pluralité étaient équivalentes, et impliquent toutes deux également l'idée d'unité [1]. Mais cette même formule, qui n'était pas valable comme définition scientifique du nombre, est parfaitement légitime comme définition philosophique : car on ne prétend pas créer par là l'idée de nombre et la construire à la façon d'un concept logique *per genus et differentiam specificam*; on se contente de décrire une idée rationnelle qui préexiste à toute définition. En d'autres termes, c'est une définition d'idée, et non une définition de mot, comme sont toutes les définitions mathématiques proprement dites. Que l'on ne nous reproche donc pas de donner du nombre une définition peu scientifique; nous répondrions que c'est justement ce qui en fait la valeur philosophique, attendu qu'une définition mathématique du nombre (en admettant qu'elle fût nécessaire) ne serait possible que grâce à une définition antérieure qui ne serait pas mathématique, mais métaphysique.

11. Ainsi toute définition *mathématique* du nombre enveloppe nécessairement une pétition de principe, comme nous l'avons montré pour celle que propose M. Stolz. On pourrait être encore tenté, par exemple, de donner à celle que nous proposons une forme plus scientifique, et de définir le nombre entier, non plus comme une *collection*, mais comme une *somme* d'unités. Mais il faut bien s'en garder, car ce serait commettre un cercle vicieux. En effet, la notion de somme suppose celle de nombre : pour définir l'addition des nombres entiers, il faut auparavant avoir défini ces nombres. D'ailleurs, selon une remarque ingénieuse de M. Cantor [2], pour pouvoir définir le nombre entier comme la somme de ses unités, et le construire par l'addition successive de l'unité à elle-même, il fau-

1. En outre, notre définition diffère de celle de M. Stolz : 1° en ce que les unités constitutives de la pluralité sont identiques à l'idée d'unité, au lieu d'être des signes 1; 2° en ce que la pluralité, pour devenir un nombre, doit à son tour revêtir la forme de l'unité. Ainsi, tandis que pour M. Stolz le nombre diffère de la pluralité par les unités qui en sont la matière, pour nous, il en diffère par l'unité qui constitue la forme du nombre.

2. *Mitteilungen zur Lehre vom Transfiniten*, ap. *Zeitschrift für Philosophie und philosophische Kritik*, t. XCI.

drait savoir d'avance de *combien* d'unités il se compose, ou *combien* de fois l'on doit ajouter l'unité à elle-même pour former ce nombre : ce qui revient à dire qu'il faudrait déjà connaître ce nombre et en avoir l'idée préconçue.

Au contraire, il n'y a aucun cercle vicieux à concevoir le nombre entier comme une collection d'unités, précisément parce que l'idée de collection ou de pluralité n'est pas mathématique. Non seulement elle est indépendante de la définition de l'opération mathématique appelée *addition*, mais elle y est nécessairement impliquée, aussi bien que dans la définition du nombre. Voici en effet comment il convient de définir l'addition des nombres cardinaux :

La somme de deux ou plusieurs nombres entiers est le nombre formé par la réunion de toutes leurs unités [1].

Ainsi, de même que la notion mathématique de nombre suppose l'idée rationnelle de pluralité, et que la notion mathématique d'unité (le nombre 1) suppose l'idée métaphysique d'unité, la notion mathématique de somme suppose l'idée rationnelle de collection ou de « réunion », et c'est justement pour cela qu'elle ne peut pas la remplacer dans la définition philosophique du nombre.

Maintenant, une fois qu'on a défini les nombres cardinaux, leur égalité et leur addition, on peut remarquer et démontrer que chaque nombre entier est égal à la *somme arithmétique* des unités qui le composent. Cette proposition s'établit exactement comme dans la théorie empiriste, car elle repose sur les mêmes définitions et s'en déduit par les mêmes raisonnements. Mais, comme ces définitions mêmes, elle prend une tout autre signification dans la théorie rationaliste que dans la théorie empiriste : et c'est un exemple remarquable de la diversité des interprétations philosophiques qu'on peut donner d'une seule et même déduction mathématique. L'ordre et l'enchaînement *logique* des vérités restent identiques, mais leur valeur *rationnelle* est toute différente; cela tient à ce que la *forme* seule des propositions et relations est commune, tandis que les idées

1. D'après MM. Stolz et Cantor (*loc. cit.*). Toutefois, ces auteurs déduisent l'addition des nombres cardinaux de celle des ensembles ou pluralités, qu'ils définissent ainsi : « La réunion de deux ensembles en un ensemble unique s'appelle leur *somme* » ; puis ils ajoutent : « Le nombre cardinal de l'ensemble résultant est, *par définition*, la *somme* des nombres cardinaux des ensembles composants », d'où résulte la définition énoncée ci-dessus dans le texte. Mais ce détour nous semble pour le moins inutile, puisque nous n'admettons pas qu'on puisse concevoir un ensemble bien défini ou une pluralité sans en concevoir le nombre cardinal.

qui en sont la *matière* et en constituent les termes changent du tout au tout.

12. Prenons, pour préciser ces considérations, un exemple concret. Les égalités suivantes

$$3 = 2 + 1 = 1 + 1 + 1$$

sont vraies dans l'une et l'autre théorie, en vertu des définitions de l'égalité et de l'addition des nombres entiers. Mais, tandis que dans la théorie empiriste [v. Ch. II, **8**] la somme $1 + 1 + 1$ n'avait qu'un sens « ordinal » et formel, ainsi que les nombres 2 et 3 eux-mêmes, elle possède maintenant un sens réel et « cardinal » : elle représente la réunion effective de *trois* unités. Aussi, au lieu d'être une conséquence de l'ordre arbitrairement assigné aux nombres ordinaux dans la suite « régulière » des nombres, la définition de l'addition va, tout au contraire, lui servir à présent de principe et de fondement.

En effet, chaque nombre entier étant une collection d'unités, il est indiqué, pour obtenir *des* nombres entiers (nous ne disons pas : *tous les* nombres entiers), d'ajouter l'unité à elle-même, progressivement, et de ranger à la suite les uns des autres les nombres consécutifs ainsi formés. L'ordre dans lequel on les obtient n'a plus rien d'arbitraire, car il a sa raison d'être dans la règle d'addition successive : on construira donc ainsi la suite vraiment « naturelle » des nombres entiers [1], chaque nombre étant égal à la somme du précédent et de l'unité, et engendrant le suivant par l'addition de l'unité.

Comme on voit, le rapport de filiation du nombre cardinal et du nombre ordinal, dans la théorie rationaliste que nous exposons, est précisément l'inverse de celui qu'établit la théorie empiriste. Dans celle-ci, on définit la somme $(a + 1)$ par le nombre ordinal qui suit immédiatement a; nous convenons, au contraire, de ranger à la suite de a le nombre cardinal $(a + 1)$. Plus généralement, tandis que l'empiriste définit le nombre cardinal n par le n^e nombre ordinal, et convient de dire que n est par définition le nombre des nombres de la suite naturelle compris entre 1 et n (inclus), nous dirons que le nombre cardinal n se trouve être le n^e dans la suite naturelle, parce que l'ensemble de ce nombre et de ceux qui le précèdent con-

1. Ou plutôt : *une* suite naturelle de nombres entiers, car rien ne permet d'affirmer que par ce procédé on obtient *tous* les nombres entiers, c'est-à-dire toutes les collections possibles d'unités.

tient n nombres entiers. Enfin, dans la théorie empiriste, si l'on disait que 3 est la somme de *trois* unités, c'est parce que ces unités pouvaient correspondre une à une aux nombres ordinaux 1, 2, 3, de sorte que cela revenait simplement à dire que le nombre 3 est le *troisième* dans la suite naturelle. Dans la théorie rationaliste, 3 est, en vertu de sa définition, la somme de *trois* unités, et c'est pour cela qu'il figure au *troisième* rang dans la suite naturelle. Ce n'est plus, en un mot, la suite A qui sert à définir la série B :

(A) $$1, \quad 2, \quad 3, \quad 4, \quad 5, \quad \ldots..$$

(B) $$1 + 1 + 1 + 1 + 1 + \ldots..;$$

c'est, au rebours, la série B qui engendre la suite A par la sommation progressive de ses termes [1].

13. Ainsi la théorie rationaliste du nombre retrouve, comme conséquence de ses principes, la suite naturelle des nombres qui sert de principe et de point de départ à la théorie empiriste [Ch. I, **1**], mais avec un sens bien différent, et par une marche rationnelle qui la justifie. Il est inutile de poursuivre plus loin l'exposé de cette théorie, dont le développement ne diffère pas essentiellement, pour la forme, de celui de la théorie empiriste, attendu que l'ordre dans lequel on construit déductivement l'Arithmétique est le même de part et d'autre, et que ce qui importe n'est pas la forme des définitions et des démonstrations, mais la valeur philosophique des idées qu'elles contiennent : or cette valeur est déterminée dès les premiers principes; ceux-ci suffisent donc à caractériser l'esprit de toute la théorie qui en découle. Nous remarquons seulement, en terminant, qu'il n'y a pas lieu, dans la théorie que nous venons d'exposer, de démontrer ni l'invariance du nombre ni la loi commutative de l'addition, qui sont les principales difficultés de la théorie empiriste. En effet, la définition du nombre cardinal et celle de la somme sont indépendantes de l'idée d'ordre; par conséquent, tout nombre est indépendant de l'ordre de ses unités constituantes, et toute somme est indépendante de l'ordre des nombres composants. On peut dire

1. On sait qu'en général toute *série*

$$u_1 + u_2 + \ldots + u_n + \ldots$$

engendre une *suite* correspondante

$$s_1, \quad s_2, \quad \ldots \quad s_n, \quad \ldots$$

dont le terme général s_n est la somme des n premiers termes de la série, ou (si l'on ne veut pas faire appel à l'idée de nombre cardinal) est le résultat de la sommation de cette série, supposée terminée au terme u_n qui correspond à s_n (a le même indice que s_n).

encore, pour employer un principe fort utile et très fécond dans la science, que les unités qui composent un nombre, ou les nombres qui composent une somme, figurent *symétriquement* dans leur définition, ce qui permet de les intervertir sans changer le concept défini. Il était bon de rappeler en passant ce *principe de symétrie*, qui est d'un si grand usage dans les hautes Mathématiques, notamment dans l'Algèbre supérieure, parce que c'est un principe synthétique, dérivé du principe de raison suffisante, et analogue au principe de continuité : comme eux, il sert à établir des vérités nouvelles qui ne sont pas de simples conséquences analytiques des définitions; et c'est justement son caractère synthétique et métaphysique qui est le secret de sa fécondité [1].

1. Cf. Cournot, *Essai sur les fondements de nos connaissances*, chap. XVIII, n° 266 : démonstration du principe d'Archimède par le principe de raison suffisante. On peut aussi démontrer le théorème du parallélogramme des forces, dans le cas de deux forces concourantes égales, par le principe de symétrie ; de même, la composition de deux forces égales, parallèles et de même sens (théorie de la balance).

CHAPITRE IV

LE NOMBRE, L'ESPACE ET LE TEMPS
LE NOMBRE INFINI

1. Nous n'avons pas fini d'analyser l'idée de nombre entier, et la définition ou description que nous en avons donnée n'est pas encore complète, car nous n'en avons pas fait ressortir un élément essentiel, à savoir l'unité synthétique de la collection d'unités qui constitue le nombre entier. M. CANTOR a eu le mérite, fort rare et peut-être unique parmi les mathématiciens, de signaler le caractère unitaire et « organique » du nombre entier. Il convient d'insister, à son exemple, sur ce caractère éminemment rationnel de l'idée de nombre, le plus important, et aussi le plus souvent méconnu ou négligé. Sans doute il n'intéresse pas les savants, car la définition couramment adoptée offre à l'Arithmétique une base suffisante; mais en revanche il a une grande valeur au point de vue philosophique, car il est nécessaire pour compléter l'idée métaphysique du nombre. Seulement, tandis qu'il est évident que l'idée d'unité forme l'élément constitutif du nombre ou de la pluralité, il est beaucoup moins aisé de voir qu'elle en forme aussi le nœud, et qu'elle est pour ainsi dire le lien qui réunit toutes les unités en un faisceau unique. Depuis EUCLIDE [1], on savait que le nombre entier est un ensemble ou une multitude d'unités; mais ce dont on ne s'est pas souvent aperçu, c'est que cette multitude ne devient à proprement parler un nombre que si elle revêt la forme de l'unité, si elle devient à son tour une unité complexe, c'est-à-dire

1. « Μονάς ἐστιν, καθ'ἣν ἕκαστον τῶν ὄντων ἓν λέγεται. 'Αριθμὸς δὲ, τὸ ἐκ μονάδων συγκείμενον πλῆθος. » (*Éléments*, livre VII). Cette définition de l'unité est extrêmement remarquable par son caractère rationaliste : les deux Chapitres précédents n'en sont que le commentaire.

un *tout*. Ainsi l'unité et la pluralité ne suffisent pas à constituer entièrement l'idée du nombre : il faut superposer l'unité à la pluralité, pour obtenir leur synthèse, qui est la totalité. Nous retrouvons par là les trois catégories kantiennes de la quantité dans leur ordre hiérarchique et génétique; et nous constatons d'autant plus volontiers cet accord ou cette rencontre avec KANT, que nous serons tout à l'heure obligé de nous séparer de lui [1]. En résumé, nous avons établi que le nombre entier est une pluralité d'unités; nous allons montrer qu'il est aussi l'unité d'une pluralité.

2. Et en effet, pour tirer d'une collection donnée l'idée d'un nombre entier déterminé, il ne suffit pas de penser chaque objet de la collection comme *un* : il faut encore réunir tous ces objets, c'est-à-dire toutes ces unités, dans un acte synthétique de pensée, et par suite concevoir la collection tout entière comme un objet, donc comme *une*. En d'autres termes, il faut penser, non pas plusieurs objets distincts, mais leur ensemble comme un tout unique et complet, sans quoi l'on n'aurait que l'idée de *plusieurs* unités, non l'idée d'*une* collection. Pour nous servir d'une comparaison, l'idée d'unité ou de totalité joue dans l'idée de nombre le rôle du fil qui retient ensemble les perles d'un collier : supprimez le fil, vous avez encore *des* perles, vous n'avez plus *un* collier. C'est pourquoi, dans la définition du nombre entier, nous avons préféré le mot « collection » au mot « pluralité », parce qu'il indique mieux l'acte de l'esprit qui réunit les unités éparses pour s'en former *un* nouvel objet.

Cela est surtout manifeste quand on effectue le dénombrement d'une collection d'objets concrets. En effet, que la collection soit donnée dans sa totalité, ou qu'on la compose par l'accumulation progressive des objets [2], elle doit être considérée comme achevée pour qu'on puisse lui assigner un nombre, car autrement on ne saurait pas où s'arrêter dans le dénombrement. C'est à ce prix qu'une collection constitue, non une multiplicité indéfinie, mais une pluralité fermée, et possède par suite un nombre unique et déterminé.

3. Ces considérations permettent de compléter la critique de la

1. Cf. LEIBNITZ, *de Arte combinatoria* (1666), *Procœmium* : « .... partes, sumtæ cum unione [dicuntur] *Totum*. Hoc contingit quoties plura simul tanquam *Unum* supponimus.... Ipsum totum abstractum ex unitatibus, seu totalitas, dicitur *Numerus*. »

2. Le premier cas a lieu quand on donne une collection toute faite d'objets à compter; le second cas, quand on demande de tirer d'une multitude indéfinie d'objets une collection contenant un nombre *donné* d'objets [I, **5**, *Remarque*].

théorie empiriste sur un point essentiel. Nous avons, croyons-nous, suffisamment établi [Ch. II, **5**] que l'acte du dénombrement suppose l'idée d'unité; mais on aurait pu nous objecter, non sans quelque vraisemblance, qu'il n'impliquait pas nécessairement l'idée de nombre; par conséquent, il n'est pas encore absolument prouvé que l'idée de nombre soit antérieure au dénombrement, et ne puisse en être issue. C'est seulement à présent que nous pouvons affirmer que le dénombrement, loin de créer l'idée de nombre, la présuppose : car il ne suffit pas, pour pouvoir dénombrer une collection donnée, que chacun des objets soit conçu comme *un* et réduit par la pensée à une unité permanente et identique; il faut en outre que la collection tout entière possède les mêmes caractères d'unité et d'identité, au moins provisoires, mais aussi durables que le dénombrement lui-même. Mais alors elle est conçue comme *une* pluralité ou une totalité d'unités, c'est-à-dire précisément comme un nombre entier.

Nous pouvons maintenant conclure que le dénombrement n'engendre pas l'idée du nombre entier de la collection considérée, car du moment où l'on pense celle-ci comme une collection d'unités, cette idée existe dans l'esprit de celui qui la compte. Le dénombrement ne sert qu'à prendre une connaissance explicite du nombre déjà pensé et implicitement déterminé, ou plutôt à en trouver le nom et la représentation en chiffres, c'est-à-dire à en traduire l'idée dans la numération parlée ou écrite. Ce qui fait illusion à cet égard, et donne lieu de croire que l'on découvre effectivement un nombre par cette opération, c'est, d'une part, que l'on se figure ne pas connaître un nombre tant qu'on n'en possède pas le signe verbal ou écrit, qui est sans doute commode et même nécessaire pour le soumettre au calcul ou le transmettre à autrui, mais qui n'en est cependant qu'une représentation tout à fait conventionnelle, et nullement essentielle. D'autre part, on ne prend pas en général la peine de définir d'avance, avec rigueur et précision, ni les unités constitutives de la collection, ni la collection elle-même considérée comme un tout. On entreprend tout de suite le dénombrement, et l'on ne confère l'unité aux objets qu'au fur et à mesure qu'on les compte, de sorte qu'on peut s'imaginer que les unités sont données toutes faites, et qu'on les constate en les comptant : il semble que l'on ne connaisse le nombre total de l'ensemble qu'au moment où, le dernier objet étant compté, la collection se trouve épuisée ; et en effet, c'est à ce moment seulement que l'ensemble des unités dénombrées se trouve réellement pensé dans sa totalité. Mais cela même confirme notre thèse, loin de l'ébranler : ce n'est pas par le dénombrement qu'on a découvert le nombre des objets à compter : c'est pour les dénombrer qu'on a été obligé de concevoir leur nombre; l'idée du nombre n'est pas le résultat du dénombrement, elle en est la condition.

4. Il s'ensuit que le nombre (cardinal) d'une collection donnée est absolument indépendant de la manière dont on la dénombre, et de l'ordre suivi dans le dénombrement (axiome de l'invariance du nombre). Bien plus : il ne dépend même pas de la possibilité du dénombrement. En effet, il existe dès que la collection est donnée dans sa totalité, et que les unités qui la composent sont données. Il faut bien remarquer que cette condition n'implique nullement que la collection doive être *finie*, c'est-à-dire que le dénombrement ait une fin; elle exige seulement que la collection soit *déterminée*, c'est-à-dire qu'elle constitue un ensemble bien défini d'unités bien définies. L'opération empirique appelée *dénombrement* n'est qu'un moyen pratique, entre beaucoup d'autres, de trouver le nombre cardinal d'une collection, mais celui-ci est par essence antérieur à tout dénombrement effectif, et ne dépend pas plus du procédé employé pour le déterminer, que le poids d'un corps, par exemple, ne dépend de la forme et de la construction de l'instrument (balance, romaine, bascule, peson, etc.) employé à le mesurer; et, de même que certains poids dépassent la portée de tel ou tel instrument, ou même de tous les instruments, et ne peuvent être déterminés que par le calcul (le poids des astres, par exemple), de même il se peut que certains nombres échappent au procédé du dénombrement ordinaire, et ne soient accessibles qu'à d'autres méthodes.

5. Les considérations que nous venons de développer nous amènent à traiter une question dont la solution est préparée par la discussion précédente, et inversement jettera quelque lumière sur nos conclusions, qu'elle servira à confirmer. Il s'agit de savoir si l'idée de nombre dépend de l'idée de temps, ou de celle d'espace, ou même de toutes deux. Cette question a été posée et résolue pour la première fois par Kant, et a été souvent agitée depuis lors. On sait que pour Kant le nombre est un des schèmes des concepts purs de l'entendement : c'est le schème pur de la quantité [1]. Or, selon une

1. Voir *Critique de la Raison pure*, *Analytique transcendentale*, *Analytique des Principes*, chap. I : *Schématisme des concepts purs de l'entendement.*

vue systématique de l'auteur, tous les schèmes sont des déterminations transcendantales du temps, parce que le temps, forme *a priori* du sens interne, est le seul intermédiaire possible entre le concept pur *a priori* et l'intuition sensible, et peut seul servir à subsumer les objets d'expérience sous les catégories de l'entendement pur, étant à la fois homogène au phénomène empirique, en tant que multiplicité, et au concept pur, en tant qu'universel et *a priori* [1]. Il faut donc que le temps figure dans la définition du nombre, puisque tout schème est un produit de l'imagination déterminant *a priori* la forme du sens interne. Aussi KANT a-t-il défini le nombre : « l'unité de la synthèse d'une diversité d'une intuition homogène en général » (ce qui répond à peu près à notre définition) « en introduisant le temps lui-même dans l'appréhension de l'intuition. » S'il nous est permis d'apprécier cette formule en la comparant à notre analyse de l'idée de nombre, faite d'une manière indépendante et sans aucune préoccupation de système, nous pourrons en accepter la première partie, qui met bien en lumière l'unité synthétique de l'idée de nombre, tout en regrettant que l'auteur n'ait pas explicitement indiqué que l'idée d'unité constitue aussi l'élément essentiel du nombre. Mais nous ne croyons pas que la seconde partie de la définition kantienne soit nécessaire, ni même admissible, car nous pensons que, pour former l'idée de nombre, il n'est nullement indispensable d'appréhender la multiplicité donnée sous la forme du temps. C'est du moins ce qui nous paraît résulter des discussions qu'on a lues précédemment.

6. En effet, la définition kantienne du nombre ne se justifie que dans la théorie que nous avons appelée *empiriste*. Il est certain que si le nombre ordinal est la forme primitive du nombre, et si le nombre cardinal naît du dénombrement des collections perçues, l'idée de nombre entier implique un ordre et une succession, et par suite le temps : l'acte de compter des objets ne peut être que successif, et conséquemment la notion de leur nombre suppose à la fois la durée des objets dénombrés et la durée de celui qui les compte. D'ailleurs, HELMHOLTZ, tout en déclarant combattre l'apriorisme kantien, paraît

1. On ne peut s'empêcher de remarquer une analogie curieuse entre cette théorie du schématisme et la doctrine platonicienne des nombres, telle que la rapporte ARISTOTE (*Métaphysique*, 987 b 15) : ἔτι δὲ παρὰ τὰ αἰσθητὰ καὶ τὰ εἴδη τὰ μαθηματικὰ τῶν πραγμάτων εἶναί φησι μεταξύ, διαφέροντα τῶν μὲν αἰσθητῶν τῷ ἀΐδια καὶ ἀκίνητα εἶναι, τῶν δ'εἰδῶν τῷ τὰ μὲν πόλλ'ἄττα ὅμοια εἶναι, τὸ δ'εἶδος αὐτὸ ἓν ἕκαστον μόνον.

adopter le parallélisme établi par KANT entre la Géométrie, science de l'espace, et l'Arithmétique, science du temps : la première s'appliquant *a priori* aux objets du sens externe (dont l'espace est la forme pure), la seconde aux objets du sens interne (dont la forme pure est le temps), c'est-à-dire à tous les objets d'expérience, le temps étant la forme universelle de la conscience [1]. En cela l'auteur est conséquent avec sa théorie « ordinale » du nombre, où l'idée d'ordre et de succession est essentielle et primordiale. Aussi dit-il fort bien : « La numération (*das Zählen*) suppose que l'on peut conserver par la mémoire la suite des états de conscience qui se sont succédé dans le temps » [2]. On peut remarquer, en passant, que l'auteur reconnaît implicitement la nécessité d'un acte synthétique de l'esprit pour constituer le nombre ; seulement, à l'exemple de KANT, il fait intervenir le temps dans cette appréhension, de sorte que la suite « régulière » des nombres ordinaux se déroule nécessairement dans la durée [3]. Il en résulte que cette suite est irréversible, car on ne peut passer indifféremment d'un nombre au précédent ou au suivant : il faut toujours avancer dans l'énumération, et il n'est jamais permis de reculer et de revenir à un terme antérieur. Les nombres écoulés diffèrent qualitativement de ceux qui suivent, de même que, dans la conscience qui dure, le passé se distingue de l'avenir : les uns sont posés, donnés, les autres ne le sont pas encore ; les premiers engendrent les derniers, mais ceux-ci ne peuvent inversement engendrer ceux-là. La suite naturelle des nombres a donc un sens unique (*eindeutig*) et pour ainsi dire une pente, comme le cours du temps : on peut toujours la descendre, on ne la remonte jamais [4].

1. Cette doctrine a été soutenue en Angleterre par sir William Rowan HAMILTON, l'illustre inventeur des quaternions, qui a défini l'Algèbre comme « the science of pure time ». Le savant mathématicien M. CAYLEY s'est prononcé à la fois contre la théorie kantienne de sir W. HAMILTON et contre l'empirisme de J. STUART MILL dans un *Discours* fort intéressant prononcé devant les membres de l'Association britannique, et traduit par M. RAFFY ap. *Bulletin des sciences mathématiques*, 2e série, t. VIII (1884).

2. *Zählen und Messen*, p. 21.

3. *Ibid.*, p. 22.

4. L'analogie de la suite naturelle des nombres avec le cours du temps, fondée sur son caractère d'irréversibilité, se confirme par cette remarque que les séries simultanées d'objets qu'on peut ranger dans l'espace sont au contraire essentiellement réversibles : ainsi une suite de points sur une ligne peut être *indifféremment* parcourue en deux sens inverses. C'est même, comme on l'a vu dans notre première Partie [Liv. III, chap. II, 4], parce que la ligne droite est susceptible de deux sens opposés, que l'on est naturellement amené à compléter l'ensemble des nombres arithmétiques (ou positifs) par l'ensemble symétrique des nombres négatifs. C'est en ce sens, mais en ce sens seulement, qu'on peut

7. Ainsi, suivant la théorie empiriste, l'idée de nombre implique la succession, et non la simultanéité : car si l'on peut compter des objets non situés dans l'espace et échelonnés dans le temps, on ne peut compter les objets, même simultanés, que dans le temps [1]. Mais on pourrait tout aussi bien soutenir que l'idée de nombre implique la simultanéité, et non la succession; qu'elle est en principe indépendante de la durée, et repose au contraire uniquement sur l'intuition de l'espace. En effet, de l'aveu même de HELMHOLTZ, pour former l'idée de nombre cardinal, il faut conserver par la mémoire l'ensemble des nombres employés au dénombrement : qu'est-ce à dire, sinon que l'unité synthétique qui constitue proprement le nombre entier est le résultat d'une aperception simultanée de toutes les unités composantes? Et en effet, l'on n'aboutirait jamais à un nombre si l'on oubliait les objets dénombrés à mesure qu'on les compte. Il faut, pour concevoir le nombre cardinal, ramasser dans une intuition instantanée toutes les unités précédemment énumérées, récapituler l'acte progressif du dénombrement dans un acte synthétique de l'esprit, et transformer la succession des objets dénombrés en une simultanéité. Ce n'est donc que dans la conscience d'une pluralité coexistante d'unités que l'on acquiert l'idée de nombre. Ce qui constitue cette idée, ce n'est pas l'énumération successive des objets conçus chacun comme une unité, c'est leur appréhension simultanée.

Cette conclusion est valable même dans la théorie empiriste, dont nous venons de la faire logiquement sortir; à plus forte raison s'impose-t-elle si, comme nous le soutenons, l'idée primitive du nombre est le nombre cardinal, et si par conséquent le nombre

justifier les nombres négatifs, et prolonger la soustraction régressive de l'unité au-dessous de *zéro*, comme le propose HELMHOLTZ (p. 34) [cf. Chap. I, **1**]; car si l'on se place en un point quelconque de la droite, il n'y a pas de raison pour avancer d'un côté plutôt que de l'autre, les deux demi-droites qu'il détermine étant parfaitement symétriques et indiscernables. Ainsi, tant que les nombres ordinaux sont conçus comme successifs, leur suite n'a qu'un sens naturel, et l'on ne peut remonter au delà de son origine, le nombre 1. Mais si l'on rend les nombres simultanés en les projetant dans l'espace et en les appliquant à la ligne indéfinie, on peut parcourir leur suite dans un sens ou dans l'autre, et comme ces deux sens opposés correspondent aux deux opérations inverses de l'addition et de la soustraction, celle-ci doit pouvoir se prolonger indéfiniment comme celle-là, la ligne étant illimitée dans les deux sens. On n'a donc pas le droit, dans la théorie empiriste, d'introduire les nombres négatifs, car on y conçoit la suite des nombres comme essentiellement successive et irréversible.

1. C'est ce qui explique le passage où HELMHOLTZ déclare que sa définition « ordinale » du nombre entier est dégagée de tout appel à l'expérience, et ne repose que sur l'intuition interne. Il semble donc admettre, avec KANT, que le temps est la forme *a priori* du sens interne (p. 33-34).

entier est, par essence, indépendant des idées d'ordre et de succession. En effet, tandis que tout nombre engendré par l'addition successive de ses unités doit être finalement conçu sous la forme simultanée, on peut avoir d'abord l'intuition simultanée d'un nombre sans avoir besoin de le projeter dans le temps et de disperser ses unités dans la durée. Cela est manifeste pour les premiers nombres entiers : on peut penser en même temps les *deux* extrémités d'un segment linéaire, les *trois* sommets d'un triangle, les *quatre* côtés d'un carré, etc., sans imposer à ces objets aucun ordre déterminé et sans les compter successivement [1]. Or si cela est vrai des plus petits nombres, cela doit être encore vrai de tous les autres, qui n'en diffèrent que du plus au moins. Donc, lors même qu'on ne prend une connaissance explicite d'un nombre que par un dénombrement, c'est-à-dire par l'énumération de ses unités, il faut toujours terminer cette opération par l'aperception simultanée de la pluralité dénombrée; il faut que l'esprit embrasse et enveloppe tous les objets comptés dans une seule intuition, qui transforme la pluralité en totalité, c'est-à-dire en nombre.

8. D'ailleurs, pour se convaincre de la justesse de ces conclusions, il suffit de scruter attentivement les conditions psychologiques du dénombrement. La mémoire y intervient doublement, et des deux côtés : non seulement elle doit conserver la suite des nombres déjà énoncés, mais encore elle doit garder le souvenir des objets déjà comptés, et cela jusqu'à la fin du dénombrement. Il faut donc qu'à ce moment final *tous* les objets comptés soient présents à la conscience, d'une manière plus ou moins explicite, et c'est grâce à cette aperception de leur totalité que l'idée de nombre peut naître; disons mieux : c'est cette aperception qui l'engendre. Sans doute, si l'on a l'intuition simultanée des trois angles d'un triangle, on peut dire que pour connaître le nombre des sommets d'un dodécagone il ne suffit pas d'un coup d'œil, et qu'il est nécessaire de les compter l'un après l'autre. Mais pour pouvoir les compter « sans omission ni répétition », et arriver en fin de compte à un nombre certain et déterminé, il faut bien conserver le souvenir de ceux qu'on a déjà comptés, jusqu'à ce qu'on en ait épuisé la collection; donc, lorsqu'on

1. On pourrait soutenir, à la rigueur, que l'intuition d'une pluralité est toujours successive, et que, si elle paraît simultanée, c'est grâce à l'habitude qui la rend très rapide et presque instantanée. Le paragraphe suivant répond à cette objection.

sera parvenu au dernier, on devra avoir l'intuition simultanée de tous les sommets, sans quoi l'on ne pourrait savoir si on les a *tous* comptés, ni même affirmer qu'on est arrivé au *dernier*. Si, par hypothèse, on oubliait les sommets à mesure qu'on les compte, on continuerait indéfiniment l'énumération en tournant autour du polygone, et l'on n'obtiendrait jamais un nombre. Ainsi le dénombrement n'aboutit à un résultat valable que grâce à un acte synthétique par lequel l'esprit *totalise* la collection dénombrée, et cet acte ne peut être que simultané.

Les mêmes raisonnements s'appliqueraient évidemmen à une collection quelconque, lors même qu'elle n'offrirait pas, comme celle que nous avons prise pour exemple, un ordre circulaire, périodique et fermé. Quelles que soient la nature et la disposition des objets à compter, il faut toujours savoir quels sont ceux qu'on a déjà comptés et quels sont ceux qui restent à compter, sans quoi l'on ne serait jamais sûr d'avoir dénombré la collection dans sa totalité. Et qu'on ne croie pas satisfaire à ces conditions par des expédients matériels et des procédés empiriques, en marquant les objets comptés ou en les déplaçant : car tous ces artifices ne sont que des signes, et n'ont de valeur que si l'on se rappelle le sens qu'on leur attribue ; ils peuvent bien faciliter l'opération intellectuelle, ils ne la remplacent pas. C'est ainsi, pour prendre une comparaison vulgaire, qu'un nœud fait à un mouchoir ne dispense pas d'avoir de la mémoire, car encore faut-il se rappeler pourquoi l'on a fait ce nœud. De même, aucun numérotage n'exempte l'esprit, non seulement de concevoir préalablement chaque objet comme *un*, mais encore de concevoir finalement la collection comme *une*. Soit que l'on constitue la collection par la réunion progressive de ses éléments, soit qu'au contraire on les enlève un à un pour les compter, il faut toujours savoir, dans un cas, si elle est complète, dans l'autre, si elle est épuisée, et conséquemment la penser à un moment donné dans sa totalité.

9. Ces remarques achèvent de caractériser l'opération psychologique du dénombrement et d'en préciser les conditions rationnelles. Si les objets dénombrés ne faisaient que traverser la conscience, lors même qu'ils revêtiraient au passage la forme de l'unité, on ne pourrait encore avoir l'idée de leur nombre. Penser *un*, puis *un*, puis *un*,... ce n'est pas concevoir un nombre : c'est penser toujours *un*, indéfiniment. Pour pouvoir sortir de la catégorie d'unité, il faut, non seulement conférer tour à tour l'unité aux divers objets qui s'égrènent pour ainsi dire dans la durée, mais avoir conscience de leur diversité et de leur multiplicité ; or on ne peut les comparer et les distinguer que dans une intuition simultanée où l'on rassemble toutes ces unités éparses dans le temps. Le dénombrement ne consiste donc pas seulement dans l'énumération successive des objets comptés, mais encore et surtout dans la synthèse progressive des unités correspondantes. La véritable formule du dénombrement n'est pas, comme le prétend la théorie empiriste [1] : « Premier, deuxième, troisième, quatrième,.... » mais : « Un, deux, trois, quatre,.... » c'est-à-dire, plus explicitement : « Un et un, deux; et un, trois; et un, quatre ;.... » de sorte qu'à la fin de l'opération ce n'est pas seulement le dernier objet que l'on considère, mais bien la collection tout entière que l'on résume dans l'unité synthétique du nombre [cf. Ch. III, **12**].

10. Est-ce à dire que l'idée de nombre repose nécessairement sur l'intuition de l'espace, forme du sens externe et lieu des perceptions simultanées? Il semble que cette conclusion s'impose à la suite de la discussion qui précède, et les exemples géométriques que nous avons employés paraissent la confirmer. Néanmoins, pour qu'elle fût une conséquence inévitable de la thèse que nous soutenons, à savoir que la forme essentielle de l'idée de nombre est la simultanéité, et non la succession, il faudrait que l'espace fût la forme nécessaire de toute simultanéité. Or cela ne nous paraît nullement établi, même pas pour les perceptions simultanées, soit d'un même sens, soit de plusieurs sens différents : on peut en effet percevoir simultanément une multiplicité de sons, d'odeurs, de saveurs, sans les distribuer et les extérioriser dans l'espace. Mais, en admettant même que l'espace soit la forme universelle du sens externe, il ne serait pas encore prouvé que les idées et en général les états de conscience simultanés fussent soumis à cette forme. En effet, selon la doctrine kantienne, que nous combattons ici, le temps seul est la forme du sens interne, c'est-à-dire de la conscience; or nos états de conscience *simultanés* y sont soumis au même titre que les états *successifs*, car la simultanéité est une relation temporelle aussi bien que la succession. Pour affirmer que toute simultanéité revêt la forme spatiale, il faudrait admettre comme rigoureuses ces formules un peu trop simples

1. Adoptée notamment par le Dr Whewell et Royer-Collard, d'après M. Pillon (*Année philosophique 1890*, p. 148, note). Nous sommes bien aise de constater que M. Pillon n'admet pas cette théorie, et la réfute par quelques remarques topiques. Cette concession nous sera précieuse quand nous discuterons la *Critique de l'Infini* [Livre III].

de Leibnitz : « L'espace est l'ordre des coexistences, le temps est l'ordre des successions », et soutenir que la conscience est pure succession, ce qui est une absurdité manifeste, la succession n'étant concevable et perceptible que par rapport à la simultanéité. Rien n'empêche donc, même au point de vue de l'*Esthétique transcendantale*, de considérer le nombre comme l'objet d'une aperception simultanée (et non d'une appréhension successive) sans pour cela introduire l'étendue (non plus que la durée) dans cette aperception.

11. Il est vrai que le schématisme des concepts purs de l'entendement exige que le nombre, schème de la quantité, soit une détermination transcendantale du temps. On nous permettra de ne pas discuter ici cette théorie de Kant : au surplus, nous ne serions pas le premier qui ait reproché au grand critique l'abus des classifications systématiques, qui engendre de fausses symétries et des analogies forcées. Nous ne voyons pas, par exemple, pourquoi l'espace ne pourrait pas fournir, aussi bien que le temps, des schèmes appropriés aux catégories de la quantité. Il est certain que si l'étendue n'est pas la forme nécessaire de toute simultanéité, elle est du moins le type et le schème naturel des multiplicités simultanées : de sorte qu'il est difficile, peut-être même impossible, de concevoir le nombre sans lui associer quelque image spatiale qui lui serve de support. Mais il en est de même pour toutes nos idées : or, bien que nous soyons portés à projeter nos concepts dans l'intuition et à leur donner une représentation sensible, l'idée n'en est pas moins essentiellement distincte de l'image qui la porte pour ainsi dire et la figure aux yeux de l'imagination; et c'est une grave question que de savoir dans quelle mesure l'idée peut exister sans un véhicule intuitif, et si l'on peut penser sans images. Peut-être l'étude à laquelle nous nous livrons sur l'idée d'infini contribuera-t-elle à résoudre cette question, car s'il y a une idée dont on ne puisse trouver d'image, c'est bien sans doute celle de l'infini. Quoi qu'il en soit, nous ne pouvons accepter d'avance la théorie kantienne du schématisme en ce qui concerne le nombre, car il s'agit précisément de savoir si le nombre implique une intuition quelconque.

Or, si nous résumons la discussion précédente, nous trouvons que l'idée de nombre, telle qu'on la définit dans la théorie rationaliste, n'implique pas la durée; et que, bien qu'elle enveloppe nécessairement une pluralité simultanée, elle n'implique pas non plus l'étendue. Nous croyons donc pouvoir conclure que l'idée de nombre est, en principe, indépendante des formes de l'espace et du temps [1]. Sans doute, pour qu'on puisse concevoir cette idée, ou plutôt pour qu'on ait occasion de la former, il faut évidemment qu'une multiplicité indéfinie soit donnée dans l'intuition, sous une forme d'ailleurs quelconque. Il n'y a rien d'absurde, même dans la doctrine de KANT, à supposer qu'il existe des êtres dont la sensibilité revêt des formes à nous inconnues, différentes de l'espace et du temps de notre intuition : pourvu que leur entendement possède les mêmes formes que le nôtre (et il les possédera, à moins qu'il ne soit intuitif), ils construiront les mêmes idées numériques que nous. Cette fiction montre bien que l'idée de nombre ne dépend nullement de la forme spéciale sous laquelle on appréhende la multiplicité hétérogène qui lui sert de matière ou plutôt de substratum : car si les êtres que nous imaginons ont nécessairement la même Arithmétique que nous, ils peuvent fort bien avoir une autre Géométrie que la nôtre, ou même n'avoir aucune Géométrie.

12. Remarquons bien que la multiplicité indéfinie [2] que nous postulons comme la seule condition empirique de l'idée rationnelle du nombre, n'implique nullement une notion de nombre, de quantité ou de grandeur quelconque. En dépit de l'étymologie (*multiplex*, *multus*) il ne faut pas croire que les données immédiates et brutes des sens soient par elles-mêmes *plusieurs* plutôt qu'*une*, et enveloppent d'avance le nombre déterminé que l'on y découvrira par le dénombrement. Il est certain, au contraire, que l'expérience ne fournit jamais des unités toutes faites, et n'offre par conséquent aucune détermination numérique intrinsèque, car on ne perçoit pas l'unité d'un objet comme on perçoit sa couleur. Aussi l'idée de nombre ne peut-elle s'expliquer, on l'a vu [Ch. III, **7** et **9**], par l'abstraction et la généralisation appliquées à la perception, comme les concepts de genres et d'espèces, que l'on désigne couramment sous le nom d' « idées générales ». L'idée de nombre a une origine plus rationnelle et un caractère plus *a priori* que ces résidus de la sensation et de l'imagination élaborés par l'entendement. Tandis que, par exemple, nous n'aurions jamais formé les concepts de cheval et de chien si nous n'avions jamais connu par expérience les animaux

1. C'est l'opinion émise par M. CAYLEY (*loc. cit.*), bien que ce savant, par une inconséquence singulière, admette que le nombre cardinal est dérivé du nombre ordinal.
2. *Mannichfaltigkeit*, comme disent les Allemands.

individuels désignés par ces mots, le nombre, au contraire, n'a dans la nature sensible ni modèle ni image à proprement parler. S'il est vrai que l'idée de nombre suppose une multiplicité donnée à la conscience, il est bon d'ajouter que toute multiplicité la suggère, mais qu'aucune ne l'engendre : on ne l'en retire pas, on l'y introduit.

Telle est la part de l'expérience dans la formation de l'idée de nombre : à savoir une multiplicité, ou plutôt une variété, une diversité purement qualitative et sensible. Mais si cette donnée est nécessaire pour fournir l'occasion de nombrer, il n'en reste rien dans l'idée de nombre constituée et achevée. Sans doute, nous l'avons dit, c'est grâce à cette variété hétérogène que nous pouvons répéter l'idée d'unité et l'extérioriser en quelque sorte par rapport à elle-même pour en former une pluralité. La multiplicité phénoménale joue pour ainsi dire à l'égard de l'unité le rôle du prisme à l'égard d'un rayon de lumière blanche : elle la réfracte et la disperse dans les choses. Mais la nature de ces choses est indifférente à la notion du nombre, et il n'en subsiste aucune trace dans l'idée une fois formée. Le nombre (abstrait) est donc une idée entièrement rationnelle, car il ne garde rien d'empirique, même dans sa matière : celle-ci se réduit en effet à l'idée d'unité répétée et associée plusieurs fois à elle-même; l'idée de nombre apparaît ainsi comme purement formelle et *a priori*, puisqu'elle est vide de tout contenu matériel et concret.

13. Résumons en terminant la genèse, non pas psychologique, mais rationnelle de l'idée de nombre. Étant donnée une variété de sensations, la pensée, en s'attachant (simultanément ou successivement, peu importe) à divers éléments de cette multiplicité hétérogène, y démêle ou plutôt y découpe plus ou moins arbitrairement des objets, et confère à chacun d'eux l'unité. Mais il ne suffit pas de découvrir ou d'inventer des unités au sein de la diversité indéfinie de la conscience : ces unités éparses ne font pas encore *un* nombre; ce sont simplement *plusieurs* unités. Il faut alors rassembler toutes ces unités dans une vue synthétique de l'esprit et en former un tout unique, objet d'un acte intuitif de pensée : c'est ce tout qui seul constitue proprement le nombre entier. On remarquera que si les objets individuellement perçus se prêtent plus ou moins à recevoir la forme de l'unité, tout en n'offrant jamais d'unité véritable, la collection qu'ils forment ne peut évidemment recevoir l'unité que par un décret absolument arbitraire de l'esprit, car il s'agit d'imposer de nouveau à la pluralité des unités déjà constituées la forme rationnelle de l'unité. Le nombre est donc le produit d'une double application de l'idée d'unité à une multiplicité donnée, car, aucun objet concret n'étant absolument simple, chacune des unités qui constituent le nombre est déjà l'unité d'une multiplicité. On peut dire qu'il est la synthèse de l'un et du multiple, au second degré ou à la seconde puissance : car il est *l'unité d'une pluralité d'unités.*

*
* *

14. Il est facile de tirer de la théorie précédente les conséquences qui en découlent naturellement au sujet de la possibilité logique du nombre infini. Selon la théorie empiriste, avons-nous dit [Ch. I, **9**], il n'y aurait pas de nombre infini, parce que, par construction, tous les nombres ordinaux de la suite naturelle sont finis, et que, par définition, tout nombre cardinal dérive d'un nombre ordinal. D'ailleurs, la suite naturelle des nombres ne peut être infinie dans cette théorie, car l'ensemble des signes

1, 2, 3,.....

tous différents entre eux, est nécessairement fini. Sans doute, on peut toujours en inventer de nouveaux qu'on rangera à la suite des précédents; mais leur nombre sera évidemment limité, comme la mémoire et l'imagination humaines. N'oublions pas, en effet, que l'invention de ces signes est absolument arbitraire, et que leur ordre de succession est tout à fait conventionnel : il n'y a donc pas de raison pour créer un nouveau nombre consécutif au dernier, et en tout cas cette création est entièrement gratuite. D'autre part, pour employer cette suite de signes, qu'aucun lien rationnel ne rattache les uns aux autres, au dénombrement des objets donnés, il faut la retenir tout entière par la mémoire, ce qui ne peut se faire que si leur nombre est fini, et même très limité. Pour toutes ces raisons, la suite naturelle des nombres est finie, ou tout au plus indéfinie, en ce sens que son dernier terme peut être aussi éloigné qu'on veut, et reculé à volonté; mais elle en aura toujours un dernier.

15. On pourrait, il est vrai, nous objecter que la numération (parlée ou écrite) permet de former progressivement tous les nombres imaginables avec un petit nombre de signes distincts (les *dix* chiffres de la numération décimale [1]). — Mais tout système de numé-

1. Cf. Kronecker, *Ueber den Zahlbegriff*, § 1.

ration suppose définies les notions de somme, de produit et de puissance, de division et de reste [1]; la numération est donc postérieure logiquement (sinon dans l'enseignement) à la théorie des nombres entiers et de leurs opérations; ce n'est qu'un moyen commode d'exprimer et d'écrire les nombres déjà pensés, mais ce ne saurait être une méthode légitime pour les construire primitivement et s'en former d'abord une idée. La théorie des opérations fondamentales est indépendante du système de numération adopté; elle peut et doit être constituée sans spécifier ce système, dont le choix résulte d'une convention, et qui repose sur les propriétés essentielles des nombres préalablement construits et idéalement posés. Aussi la théorie empiriste est-elle obligée de définir toutes les opérations sur les nombres entiers au moyen de cette « provision de signes » [2] rangés dans un ordre fixe et déterminé, qui est pour elle la seule base, la seule donnée primordiale de l'Arithmétique : or cet alphabet numérique, dont chaque lettre est le résultat d'une institution arbitraire et doit différer de toutes les autres, ne peut être que fini, et ne peut même pas être prolongé indéfiniment. On aperçoit aisément la difficulté ou plutôt l'impossibilité qu'il y aurait à édifier l'Arithmétique sur de tels fondements : car, si grand que fût le nombre des signes créés et adoptés (un millier ou un million, par exemple), cette « provision » ne suffirait pas aux besoins des calculs les plus élémentaires, de sorte que ceux-ci ne seraient pas toujours possibles sur tous les nombres de l'ensemble considéré. Concluons donc que, si la théorie empiriste rend le nombre infini impossible, elle rend en même temps impossible la construction logique de la science du nombre.

16. Et encore, est-il bien sûr que dans la théorie empiriste le nombre infini soit impossible? Tout ce qu'on peut affirmer, c'est qu'il ne fait pas partie de la suite naturelle des nombres, ce qui est hors de doute et de contestation. Mais s'ensuit-il qu'on ne puisse créer, en dehors de cette suite, un autre nombre, ou même une autre suite de nombres, dits infinis, de la même manière qu'on a inventé la suite naturelle, c'est-à-dire par un acte arbitraire de l'esprit? Nullement. En nous plaçant un instant dans la conception purement « ordinale » du nombre entier, nous pourrions raisonner comme suit. Après tout nombre ordinal il y en a un autre (ou, si l'on

1. Voir Cournot, *Correspondance entre l'Algèbre et la Géométrie*, chap. I, n° 5. Cf. 1re Partie, p. 78, note 1.
2. Expression de Kronecker, *op. cit.*, p. 265, 266 des *Aufsätze*.

préfère, on peut en inventer un autre); mais on ne peut pas dire, inversement, que tout nombre ordinal soit précédé immédiatement d'un autre : car cela n'est pas vrai du nombre 1, le premier de tous. Il n'est donc pas permis d'ériger en loi générale ce fait que *presque* tous les nombres entiers en suivent immédiatement un autre, ni d'en faire une condition nécessaire et absolue de l'existence idéale de *tous* les nombres entiers : ce serait contradictoire. On ne peut donc pas affirmer que, si le nombre infini existe, il doit se trouver dans la suite naturelle des nombres, et suivre immédiatement un autre nombre, fini par hypothèse. Au contraire, rien n'empêche d'imaginer un nouveau nombre entier, qu'on désignera, avec M. Cantor [1], par ω, et de le poser à part, comme point de départ d'une nouvelle suite de nombres infinis ou « transfinis », de même qu'on a posé auparavant le nombre 1 comme point de départ de la suite dite naturelle. Enfin, il est loisible de considérer ce nombre ω comme postérieur à tous les nombres de la suite naturelle, de même que l'on pose le nombre 4 immédiatement après le nombre 3. Dans tout cela il n'y a, au point de vue de la théorie empiriste, que des conventions aussi légitimes qu'arbitraires : aussi légitimes que celles d'où résulte la suite naturelle des nombres, mais non plus arbitraires. Sans doute, ω n'est qu'un signe, et « nombre infini » n'est qu'un mot; mais, dans cette théorie, 1, 2, 3,... ne sont que des signes, et *un*, *deux*, *trois*,... que des mots. Et si l'on nous demande pourquoi nous appelons nombres *infinis* le nombre ω et tous ceux qui le suivent, nous répondrons que c'est uniquement pour distinguer la nouvelle suite de l'ancienne, dite suite naturelle des nombres entiers finis; les termes « fini » et « infini » n'auront pas d'autre sens: ce sont là de simples définitions de mots. Rien n'empêche donc, même au point de vue formaliste, de définir et de poser des nombres infinis après tous les nombres finis.

17. Toutefois, cette création de nombres transfinis prend une tout autre valeur dans la théorie rationaliste du nombre, que nous avons adoptée et soutenue. Au lieu d'être, comme dans la théorie empiriste, une invention gratuite de signes (au même titre, du reste, que la suite naturelle des nombres ordinaux), elle se justifie, dans la théorie rationaliste, par des motifs analogues à ceux qui expliquent la formation des nombres cardinaux, et y trouve vraiment sa raison

1. Voir Note IV, § IV, **42**.

d'être. En effet, tandis que, dans la théorie empiriste, un signe numérique quelconque n'a de sens que par le rang immuable qu'il occupe dans la suite régulière des nombres, et de valeur que dans l'ordre conventionnel qui les enchaîne les uns aux autres; dans la théorie rationaliste, au contraire, le nombre cardinal est antérieur au nombre ordinal, et il est, en principe, indépendant de toute idée d'ordre. L'ordre dit « naturel » des nombres entiers découle de leurs propriétés additives et de leur inégalité : la suite naturelle des nombres est la suite des nombres cardinaux *croissants* [III, **12**]. Or, ainsi que nous avons eu soin de le remarquer [p. 345, note 1], il n'est nullement évident ni certain, *a priori*, que la loi de formation des nombres entiers, consistant dans l'addition progressive de l'unité, suffise à obtenir *tous* les nombres cardinaux. En effet, chaque nombre cardinal existe indépendamment des autres nombres, et notamment des nombres plus petits qui le précèdent dans la suite naturelle; il peut et doit être conçu sans le secours de ces nombres antérieurement formés, et l'on ne peut même construire ce nombre par addition d'unités qu'au moyen de son *idée* préalablement conçue [III, **11**]. Il n'y a donc aucune nécessité à ce que tout nombre soit la somme d'un autre nombre et de l'unité, et l'on peut, sans contradiction, concevoir des nombres qui ne puissent être obtenus par aucune addition d'unités à l'un des nombres finis. Par conséquent, il se peut qu'il y ait d'autres nombres que ceux de la suite naturelle, c'est-à-dire, qu'il existe des collections qu'aucun nombre fini ne puisse dénombrer [1].

Or cela est non seulement possible, mais certain : car il existe au moins *une* collection qu'aucun nombre fini ne peut dénombrer, et c'est précisément la suite naturelle des nombres finis eux-mêmes. En effet, pour que cette suite eût un nombre fini, il faudrait qu'elle contînt un nombre qui fût le dernier de tous, et ce nombre serait l nombre cardinal des nombres entiers finis; mais puisqu' « après chaque nombre entier il y en a un autre », aucun nombre fini ne peut dénombrer la multitude des nombres finis. Il y a donc lieu d'admettre un nombre infini, et d'inventer un nouveau signe (ω) pour représenter le nombre cardinal de tous les nombres entiers finis [1].

1. Il est bon de remarquer que M. DEDEKIND, qui n'admet pas de nombres infinis [v. Ch. I, **9**, *Remarque*], reconnaît et même démontre (?) l'existence d'ensembles infinis (*Was sind und was sollen die Zahlen*, § **5**, 66).

LIVRE II

DE L'IDÉE DE GRANDEUR

On donne souvent du nombre une définition bien différente de celles que nous avons examinées dans le Livre précédent : beaucoup d'auteurs ont défini le nombre comme le résultat ou l'expression de la mesure d'une grandeur [1]. Bien que nous soyons loin d'adopter une définition de ce genre, il est indéniable que cette formule met en relief un rôle très important du nombre, et qu'elle semble se prêter à la généralisation de l'idée de nombre mieux que notre définition, qui ne s'applique qu'au nombre entier cardinal. Toutefois, ce dernier avantage est bien illusoire, car si l'idée de mesure permet de justifier la création des nombres rationnels et irrationnels, elle n'intervient pas dans l'invention des nombres négatifs et imaginaires; elle ne permet donc pas de sortir de l'ensemble des nombres arithmétiques, et de lui conférer toute l'extension dont il est susceptible [2]. La seule considération qui permette de justifier toutes les formes du nombre généralisé est celle de l'application des nombres aux grandeurs ou de la représentation des grandeurs par les nombres, que nous avons employée dans la première Partie [Livre III]; elle repose sur l'idée générale de *correspondance*, qui paraît être une notion fondamentale dans toutes les branches de la Mathématique, aussi bien en Analyse qu'en Géométrie [3]. Cette idée, que nous avons retrouvée à l'origine du nombre cardinal, fournit donc seule une base suffisamment large à la généralisation de l'idée de nombre,

1. Voir par exemple MARCHAND, *La science du nombre* (Louvain, 1888).
2. DEDEKIND, *Stetigkeit und irrationale Zahlen*, p. 10, note.
3. DEDEKIND, *Was sind und was sollen die Zahlen*, Préface, p. VIII.

tandis que l'idée de mesure, étant plus restreinte, ne saurait remplir le même office.

En revanche, l'idée de mesure a plus de portée que la conception géométrique de la généralisation du nombre, car elle permet d'appliquer les nombres arithmétiques, non seulement à la ligne droite, mais à toutes les lignes; non seulement à la longueur, mais encore à la durée; non seulement aux grandeurs linéaires ou extensives, comme le temps et l'espace, mais aux grandeurs absolues ou intensives, comme la masse [1]. Si donc l'idée de nombre perd en richesse et en complexité quand on la réduit à n'être que l'expression de la mesure, le champ de ses applications gagne en étendue et en variété. En tout cas, il y a là un nouvel emploi de l'idée de nombre, et c'en est même l'emploi le plus important dans la science et dans la pratique. La Philosophie des Mathématiques ne peut évidemment négliger cette seconde fonction du nombre, et oublier qu'il sert non seulement au dénombrement des collections d'objets distincts, mais encore à la mesure des grandeurs continues. Ces deux rôles paraissent à première vue tout à fait indépendants, et presque opposés; ce sera une question de savoir s'ils sont également primitifs et vraiment irréductibles, ou s'ils dérivent l'un de l'autre, malgré leur apparente diversité. Toujours est-il que l'un est aussi essentiel que l'autre, et qu'une théorie philosophique du nombre serait incomplète si elle négligeait l'un ou l'autre : il est certain qu'on ne peut vraiment connaître l'origine et la valeur de l'idée de nombre qu'en recherchant le principe et la raison d'être de ce que nous appelons sa seconde fonction; et peut-être y a-t-il lieu d'espérer que cette étude, en présentant l'idée de nombre sous une autre face, en complétera la définition et jettera un jour nouveau sur la première de ses fonctions : car il est peu probable, *a priori*, qu'il n'y ait aucun lien rationnel entre ces deux rôles, si divers soient-ils, d'une même idée; et il serait bien étonnant que le nombre, symbole d'une mesure, n'eût rien de commun, que le nom, avec le nombre résultat d'un dénombrement.

1. Voir Helmholtz, *Zählen und Messen*, p. 47, 48.

CHAPITRE I

THÉORIE DE LA MESURE DES GRANDEURS : AXIOMES DE L'ÉGALITÉ

1. On nous demandera sans doute de définir d'abord ce que nous entendons par *grandeur*. Il est évident que la définition traditionnelle et banale de la grandeur : « ce qui est susceptible d'augmentation et de diminution », enferme un cercle vicieux, car elle implique l'idée de grandeur, et même la notion de l'inégalité des grandeurs, du *plus grand* et du *plus petit*. De plus, elle considère la grandeur comme essentiellement variable, ce qui est une autre espèce de cercle vicieux : car toute variation suppose des points de repère fixes, et exige des données invariables, non seulement pour être constatée et perçue, mais même pour être conçue : car, si l'on ne peut concevoir le mouvement que dans un milieu immobile, de même on ne peut penser une grandeur variable qu'en la rapportant à des grandeurs constantes auxquelles elle devient *égale* tour à tour. On voit que la notion d'égalité est impliquée, aussi bien que celle d'inégalité, dans celle de variation. On ne peut donc, sans pétition de principe, concevoir et définir la grandeur comme une chose susceptible de varier. Au contraire, la grandeur est essentiellement et tout d'abord quelque chose de fixe et d'immuable, et ce n'est qu'après avoir posé diverses grandeurs fixes qu'on peut les considérer comme les *états* (nécessairement successifs, en vertu du principe de contradiction) d'une seule et même grandeur variable [1].

2. Les mathématiciens modernes donnent de la même idée une définition en apparence plus rigoureuse : « On appelle *grandeur*

1. Nous laissons de côté pour le moment la question délicate de savoir à quelle condition la grandeur variable peut être conçue comme *une* et *identique* [Voir IV, III, **13**; Cf. 1re Partie, III, IV, **6**].

toute chose qui peut être dite égale ou inégale à une autre [1]. » Mais cette définition nous paraît enfermer le même cercle vicieux que la précédente. On remarquera d'abord que c'est une méthode étrange que de définir la grandeur « une chose *dont on peut dire* qu'elle est ceci ou cela »; cette forme seule indique qu'il s'agit d'une notion indéfinissable, qu'on essaie de caractériser par quelques-uns de ses attributs. Ce qui est plus étrange encore, c'est qu'on ne la définit pas par un attribut intrinsèque que possède chaque grandeur isolément, mais par une relation possible entre deux grandeurs au moins : c'est avouer qu'on ne peut définir la grandeur en elle-même, puisqu'on croit devoir la définir par sa comparaison avec d'autres grandeurs. Tout cela prouve que cette formule enveloppe une pétition de principe. Et en effet, comment peut-on concevoir l'égalité ou l'inégalité sans savoir auparavant ce qu'est la grandeur? Comment penser une relation quelconque avant d'avoir l'idée de ses termes? Nous pourrions répéter de l'idée de grandeur ce que nous avons dit [Liv. I, Ch. III, **6**, **7**] de celle de nombre : on ne peut définir ni l'une ni l'autre par l'idée d'égalité, car, pour concevoir l'égalité de deux grandeurs ou de deux nombres, il faut évidemment avoir d'abord l'idée du nombre ou de la grandeur.

3. Cela est encore plus manifeste quand on considère, non plus la grandeur en général, mais telle ou telle espèce de grandeurs : on aperçoit mieux alors la nécessité d'avoir préalablement l'idée de cette espèce de grandeur. C'est ce que n'a pas vu Helmholtz : après avoir défini les grandeurs en général « des objets ou attributs d'objets que l'on peut comparer à d'autres semblables (?) au point de vue de l'égalité ou de l'inégalité », il appelle « grandeurs *de même espèce* (*gleichartig*) celles dont l'égalité ou l'inégalité se constate par la même méthode de comparaison [2] ». Pour prendre un exemple (le même que l'auteur que nous citons ici), le *poids* est un attribut des corps, et tous les poids seront des grandeurs de même espèce parce qu'on les compare au moyen d'un même instrument, la balance, par exemple. Mais c'est bien plutôt parce que le *poids* en général est *une* espèce de grandeur que l'on peut comparer entre eux les poids au moyen de la balance; on n'aurait même jamais

1. Stolz, *Arithmétique générale*, vol. I, chap. I.
2. *Op. cit.*, p. 36, 38. — M. Stolz dit aussi : « Toutes les grandeurs comparables à une même grandeur forment un système de grandeurs *de même espèce* ». C'est, pour cet auteur, la définition de l'*espèce* de grandeurs.

songé à les comparer, ni à construire un instrument destiné à cette comparaison, si l'on n'avait d'abord conçu cette espèce de grandeur et tiré le concept de poids du concept complexe de corps, en isolant par abstraction cet attribut de tous les autres. Au fond, l'on croit se dispenser de former d'avance l'idée de poids, en chargeant pour ainsi dire la balance d'opérer pour nous cette abstraction; mais aucun instrument ne remplacera jamais la pensée. Un être privé de raison aurait beau être témoin d'une multitude de pesées, jamais l'expérience prolongée de l'emploi de la balance ne parviendrait à lui donner l'idée de la grandeur qu'elle sert à mesurer, s'il ne la possédait pas toute faite et préconçue. La méthode de comparaison ne peut donc servir à définir l'espèce de grandeurs à laquelle on l'applique, car pour penser à comparer deux grandeurs, il faut déjà avoir, outre l'idée de grandeur en général, l'idée d'une espèce particulière de grandeur, et reconnaître que les deux grandeurs considérées sont *de même espèce.*

4. De la discussion précédente il ressort que l'idée de grandeur est, à proprement parler, indéfinissable : c'est une notion primitive et irréductible [1]. La définition citée en dernier lieu est acceptable, à la condition qu'elle ne prétende pas construire ou créer l'idée à définir, et qu'elle se contente de la décrire ou plutôt de la caractériser. En somme, elle présuppose l'idée rationnelle de grandeur, et se borne à en indiquer une propriété essentielle, mais dérivée de cette idée même : à savoir que toute relation de grandeur consiste, soit en une égalité, soit en une inégalité. Plus exactement, elle énonce cet axiome, le premier de la science des grandeurs : « Deux grandeurs de même espèce sont égales ou inégales ». Il n'y a pas de milieu ni de troisième cas possible, en vertu du principe du tiers exclu, car *inégal* veut dire ici simplement *non égal* [2]. On conçoit dès lors que ce soit la même méthode de comparaison qui serve à constater l'égalité ou l'inégalité : car à la question : « Ces deux grandeurs données sont-elles égales? » il y a *deux* réponses possibles, et deux seulement : Oui et Non. Il en résulte que si l'égalité se reconnaît à tel indice ou à telle condition, l'inégalité se reconnaîtra à l'absence de cet indice ou à la négation de cette condition.

1. Cf. Pascal, *De l'esprit géométrique*, sect. I (*loc. jam cit.*, p. 341, note 2).
2. Deux grandeurs de même espèce peuvent être *inégales* sans que l'une soit plus grande ou plus petite que l'autre : par exemple, les nombres complexes (voir 1re Partie, Liv. I, Chap. III, **14**).

5. Ici se pose naturellement une question : si l'on ne peut définir la grandeur en soi, ni même telle espèce déterminée de grandeurs, peut-on définir du moins l'égalité de deux grandeurs en général? Helmholtz l'a tenté : il définit l'égalité de deux grandeurs (attributs abstraits de deux objets concrets) par une coïncidence (*Zusammentreffen*) ou une coopération (*Zusammenwirken*) des deux objets, qui, dans certaines conditions, donnent lieu à un résultat observable [1]. Si les deux objets, placés séparément dans les mêmes conditions, produisent des résultats identiques, les grandeurs dont ils sont les véhicules sont égales; si les résultats diffèrent, les grandeurs sont inégales.

Mais cette définition générale, qui est visiblement une fusion des définitions de l'égalité géométrique et des égalités physiques (des poids, par exemple) cache mal un cercle vicieux. Remarquons en effet que l'idée d'égalité se dissimule ici sous le mot « identiques ». Pour que les deux résultats fussent vraiment identiques, au sens propre du mot, il faudrait qu'ils coïncidassent dans le temps et dans l'espace, de manière à ne faire qu'un seul et même phénomène : mais alors il n'y a plus de comparaison possible, puisqu'on n'a plus à observer *deux* résultats, mais un seul. Si, au contraire, les deux résultats sont distincts, on ne peut plus parler de leur identité, mais seulement de leur égalité : car un phénomène quelconque n'est, rigoureusement parlant, identique qu'à lui-même. On devra les observer en des lieux différents ou à des moments différents : on pourra sans doute alors les comparer, mais cette comparaison impliquera toujours l'idée de quelque égalité. Prenons l'exemple de la balance, que l'auteur semble avoir eu en vue en composant sa définition [2]. Procédons d'abord par simple pesée, chacun des corps dont on veut comparer les poids étant mis dans l'un des deux plateaux. Le fléau prend une certaine position d'équilibre, et l'aiguille marque *zéro* : c'est bien là, semble-t-il, la « coopération » qui est l'indice ou la condition de l'égalité des poids. Mais on sait que si les deux poids sont inégaux, le fléau s'arrêtera aussi dans une autre position d'équilibre : c'est encore une « coopération » des deux corps. Qu'est-ce qui nous permettra de distinguer ces deux coopérations, et qui nous dira laquelle des deux est signe d'égalité? Pour que ce soit celle qui correspond au *zéro* du cadran, il faut que la balance soit juste; or, c'est ce qu'on ne sait pas, par hypothèse, puisqu'il s'agit de déter-

1. *Op. cit.*, p. 37.
2. *Op. cit.*, p. 39.

miner les conditions de l'égalité des poids, et par suite de vérifier la justesse de la balance.

La manière de faire cette vérification est bien connue : on échange les corps d'un plateau à l'autre, et l'on observe si le fléau reprend *la même* position d'équilibre. C'est donc maintenant une « coïncidence » qui va servir de criterium d'égalité. Peut-être, si l'on passait en revue toutes les méthodes de comparaison des grandeurs physiques, trouverait-on que toute « coopération » employée comme indice d'égalité se ramène à une « coïncidence [1] ». Or, c'est par la coïncidence que se définit l'égalité géométrique; c'est donc à l'égalité de certaines grandeurs géométriques que se réduiraient, en définitive, toutes les égalités physiques.

6. La conclusion serait la même si l'on employait la méthode de la double pesée, en mettant dans l'un des plateaux une tare convenable, et en observant si les deux corps, placés successivement dans l'autre, amènent le fléau à *la même* position d'équilibre. Dans ce cas, il semble bien que les deux corps aient des poids égaux quand ils produisent sur la balance ainsi tarée des effets identiques. Mais ce n'est pas là une véritable identité, telle que celle d'un corps fixe et de forme immuable; le fléau a oscillé de part et d'autre de sa position d'équilibre, de sorte qu'on ne peut plus dire que ce soit vraiment la *même* position et le *même* équilibre dans les deux cas : ce sont *deux* équilibres successifs qui se ressemblent; la balance forme, à deux instants différents, *deux* figures géométriques égales, c'est-à-dire superposables : et encore ne peut-on s'assurer de la coïncidence de ces deux figures aussi exactement que si elles coexistaient. Ce n'est donc pas en réalité un seul et même phénomène dont on n'a qu'à constater l'identité; ce sont *deux* phénomènes distincts que l'on a à comparer entre eux pour vérifier leur égalité. En résumé, l'égalité de deux grandeurs de même espèce n'est jamais *donnée* dans l'expérience et observable à la façon d'un phénomène qu'on peut enregistrer mécaniquement; elle suppose toujours un acte original et spontané de l'esprit qui compare *deux* états physiques différents et séparés dans l'espace ou dans le temps, et par conséquent elle implique une idée préconçue de l'égalité, un type

1. Par exemple, l'égalité des températures se constate en observant qu'un même thermomètre marque le même degré dans les divers milieux dont on compare les températures : c'est la coïncidence du sommet de la colonne mercurielle avec une division déterminée du tube.

idéal avec lequel on confronte toutes les « coïncidences » et toutes les « coopérations » empiriques. Il ne servirait de rien à l'être privé de raison que nous imaginions tout à l'heure [**3**] d'observer le retour du fléau de la balance à la même position, s'il ignorait quelle espèce de grandeurs cet instrument est destiné à comparer, et s'il n'avait pas l'idée du poids des corps que l'on compare. En un mot, ce n'est pas parce que deux corps produisent *le même* effet sur un instrument quelconque que l'on est conduit à concevoir leur attribut commun et à les considérer comme égaux par cet attribut; c'est au contraire parce qu'on pense les deux corps sous le même attribut et que l'on sait d'avance par quel effet leur égalité (sous le rapport considéré) doit se révéler, que l'on peut inventer une méthode pour comparer ces attributs et employer un instrument pour constater leur égalité.

7. Concluons donc qu'il est impossible de définir ni l'égalité de deux grandeurs en général, ni même l'égalité de deux grandeurs de même espèce. Par cela seul qu'on a l'idée (indéfinissable) d'une espèce de grandeurs, on a l'idée de deux grandeurs égales de cette espèce, ou plutôt d'une seule et même grandeur pouvant revêtir les formes les plus diverses et apparaître sous les aspects sensibles les plus variés. C'est dans l'idée pure et abstraite de la grandeur (j'entends : de telle grandeur déterminée, de tel état de grandeur) que l'égalité se réduit vraiment à une identité parfaite, et non pas dans les manifestations concrètes, toujours hétérogènes, de cette idée. On peut dire de deux corps qu'ils sont *égaux* sous le rapport du poids, attendu qu'ils diffèrent par leurs autres attributs, qu'ils sont distincts, qu'ils sont *deux*; mais de leurs poids eux-mêmes, considérés abstraitement, il ne faut pas dire qu'ils sont égaux : c'est une seule et même grandeur, sous deux apparences dissemblables : aussi dit-on que les deux corps ont *le même* poids. Si donc l'on veut ramener l'idée d'égalité à celle d'identité absolue, ce n'est pas dans les conditions empiriques de la mesure qu'il faut chercher cette identité, mais dans le type idéal de grandeur auquel on rapporte les objets pour les comparer; et si l'on peut dire que ces objets donnent lieu, dans cette comparaison, à des résultats identiques, il faut entendre que ce résultat n'est pas le phénomène matériel que les sens perçoivent, mais l'idée de l'espèce de grandeur sous laquelle l'esprit comprend ces objets, et l'état de grandeur unique auquel la pensée les réduit.

8. Mais si l'on ne peut définir, à proprement parler, ni l'égalité en général, ni l'égalité de chaque espèce de grandeurs, on peut et l'on doit les caractériser par les conditions extérieures et observables qui se déduisent de leur idée. Dès qu'on possède l'idée d'une espèce de grandeurs, on a nécessairement l'idée de l'égalité de *deux* grandeurs de cette espèce, ou plutôt celle de l'identité d'*une* grandeur de cette espèce dans deux objets quelconques. C'est de la connaissance intuitive de cette idée que dérivent les caractères empiriques auxquels on reconnaîtra, dans le monde physique, l'égalité de ces grandeurs; car si l'égalité idéale ne peut être ni perçue ni observée, elle se manifeste par des phénomènes sensibles que l'on peut constater par expérience, et dont on peut la conclure, pourvu qu'on ait l'idée préconçue de cette égalité, sans laquelle ces phénomènes ne signifieraient rien et seraient inintelligibles. C'est ainsi, par exemple, qu'on pourra caractériser l'égalité de poids par l'égalité de l'inclinaison du fléau pour deux corps différents faisant équilibre à une même tare; l'égalité de température, par l'égalité de la dilatation d'un même corps thermométrique, etc. Comme on le voit, ces égalités physiques ont pour signe et pour criterium des égalités géométriques, ce qui ne veut pas dire qu'elles se réduisent effectivement à de telles égalités, que la température, par exemple, se réduise à un volume ou à une longueur, et que le poids se réduise à un angle, ce qui serait absurde. Mais, remarquons-le bien, cette absurdité même serait une conséquence naturelle des définitions adoptées pour l'égalité de ces espèces de grandeurs physiques, si l'on prétendait *définir* réellement ces diverses égalités et en donner l'idée, en indiquant les conditions empiriques auxquelles on devra les reconnaître.

9. Quant à l'égalité géométrique, on sait qu'elle se définit ou plutôt se caractérise par la possibilité d'une coïncidence. C'est donc, en dernier ressort, à la constatation de coïncidences que revient la mesure de toute espèce de grandeurs physiques et géométriques, c'est-à-dire, au fond, à l'identification de deux figures géométriques, car, au moment où deux figures coïncident entièrement, elles n'en font vraiment plus qu'*une*. Si, même dans l'état de coïncidence, on peut encore les distinguer, c'est par les qualités sensibles des corps qui les portent; mais en tant que figures géométriques, elles sont indiscernables. Sans doute, une coïncidence matérielle ne peut jamais être parfaite : la coïncidence géométrique est un idéal qui ne se réalise jamais complètement dans le monde sensible; mais c'est une raison de plus pour lui reconnaître ce caractère idéal sur lequel nous insistons. Toutes les coïncidences que nous pouvons observer ne sont que des approximations grossières de ce type de coïncidence qu'implique et exige l'idée rationnelle d'égalité ; aussi n'ont-elles de valeur qu'autant qu'elles se rapprochent de ce modèle parfait ; celui-ci préexiste donc à toute coïncidence empirique, et ne peut être qu'une idée *a priori*.

D'ailleurs, lors même qu'on pourrait réaliser dans la nature des coïncidences absolues, et non de vagues superpositions qui imitent imparfaitement la coïncidence idéale, il ne s'ensuivrait pas que l'égalité soit *donnée* dans la perception, et qu'il n'y ait pour ainsi dire qu'à ouvrir les yeux pour la constater, bien plus, pour en acquérir l'idée ; car, ainsi que nous venons de le dire, cette coïncidence n'existe qu'entre des attributs abstraits (et néanmoins précis et déterminés) d'objets concrets, de sorte que l'entendement seul peut apercevoir l'identité de la grandeur sous la diversité des formes matérielles. Une conscience purement empirique, un être réduit à ses sensations (si un tel être est concevable) n'aurait jamais, mis en présence de la superposition la plus exacte, l'idée rationnelle de l'égalité : le voile des apparences sensibles lui cacherait l'élément commun et identique dans les deux objets comparés ; que dis-je ? il n'aurait même pas l'idée de *deux* objets, et ne songerait pas à les comparer. Lors même que les deux objets seraient aussi indiscernables aux sens qu'égaux sous le rapport de la grandeur abstraite, il ne s'apercevrait pas de leur égalité ; et en admettant qu'on pût réaliser sous ses yeux leur parfaite coïncidence, il ne *verrait* plus qu'un seul et même objet, et ne *penserait* pas l'identité des deux objets confondus.

10. Il en est de même, à plus forte raison, pour l'idée générale d'égalité, dont toutes les égalités particulières ne sont que des spécifications : elle est indéfinissable en soi, et il faut se contenter de la décrire et d'en noter les caractères essentiels. Ces caractères devront nécessairement se retrouver dans toutes les égalités spéciales, car autrement ce ne seraient pas des *espèces* d'égalité. Ils constituent donc les conditions générales auxquelles on devra reconnaître toute égalité, et serviront à définir l'égalité de chaque espèce de grandeurs, c'est-à-dire à trouver quels en sont les caractères ou les signes sensibles. Ces conditions générales, que doit vérifier la définition mathématique ou physique de chaque égalité spéciale, déterminent, pour chaque espèce de grandeurs, quelle relation mérite le nom d'*égalité*. Aussi suffisent-elles à caractériser, aux yeux des mathématiciens, l'égalité en général, et leur en tiennent lieu de définition.

L'énoncé de ces conditions que doit satisfaire une relation entre deux grandeurs de même espèce, pour être subsumée sous l'idée universelle et *a priori* d'égalité, constitue ce qu'on peut appeler les *axiomes* ou les *postulats* de l'égalité. Ce sont des axiomes pour nous, en tant que ces propositions se déduisent de l'idée rationnelle d'égalité, et ne font qu'en exprimer les propriétés; ce sont des postulats pour les mathématiciens, qui, n'ayant cure de cette idée métaphysique, cherchent simplement à quels caractères ils reconnaîtront l'égalité effective de chaque espèce de grandeurs, et commencent par poser ces conditions formelles à titre de conventions, en disant :

« Nous appellerons *égalité*, par définition, toute relation entre deux grandeurs de même espèce, qui vérifiera telles et telles conditions. »

Ils n'oublient qu'une chose : c'est que ces conventions en apparence arbitraires leur sont dictées par l'idée générale d'égalité que chacun porte en soi; mais, comme cette idée n'est pas susceptible de définition mathématique, ils la méconnaissent et croient s'en passer, alors que c'est elle qui leur impose la définition mathématique de toutes les égalités particulières. Cet oubli est bien excusable chez des savants, qui n'ont pas à scruter les principes métaphysiques de leur science : c'est aux philosophes qu'il appartient de le réparer.

*
* *

11. Axiome I. — Le premier des axiomes de l'égalité [1] est celui que nous avons déjà énoncé [**4**] : « Deux grandeurs de même espèce doivent toujours être égales ou inégales ». C'est, on l'a vu, un corollaire du principe de contradiction, en tant qu'il s'applique à des grandeurs en général et à l'idée rationnelle d'égalité; c'est un postulat, en tant qu'il doit être vérifié par telle espèce particulière de

1. Nous empruntons l'énumération de ces axiomes fondamentaux à l'excellent Ouvrage, déjà souvent cité, de M. Stolz (*Arithmétique générale*, vol. I, chap. I et V). Nous nous sommes aussi constamment inspiré d'une leçon magistrale sur la *Mesure des grandeurs*, professée par M. J. Tannery à l'École Normale Supérieure. — Cf. Riquier, *des Axiomes mathématiques*, ap. *Revue de Métaphysique et de Morale*, t. III, p. 269; mai 1895 (article paru depuis que cet Ouvrage est écrit).

grandeurs, et par telle relation de fait entre deux grandeurs de cette espèce, par laquelle on veut définir leur égalité. Pour que cette relation puisse être appelée *égalité*, il faut qu'elle satisfasse cette condition toute formelle, à savoir qu'elle permette d'établir une disjonction complète entre les cas où elle a lieu et ceux où elle n'a pas lieu. En d'autres termes, il faut que l'égalité et l'inégalité d'une espèce de grandeurs soient définies de telle sorte, qu'il ne puisse jamais arriver, ni que deux grandeurs quelconques de cette espèce soient à la fois égales et inégales, ni qu'elles ne soient ni égales ni inégales. On voit, par cet exemple, dans quel sens les conditions formelles de la relation d'égalité sont des axiomes, et dans quel sens elles sont des postulats. Nous pourrons donc nous dispenser de répéter les mêmes remarques au sujet des axiomes suivants.

12. Axiome II. — Le second axiome de la science des grandeurs énonce la réversibilité de la relation d'égalité [1], et par suite aussi de la relation d'inégalité. Il découle naturellement de l'idée *a priori* de cette relation générale, qui est essentiellement commutative. C'est ce qui ressort d'ailleurs de l'énoncé même de l'*axiome I*, où les deux grandeurs comparées figurent symétriquement. Quand on dit que deux grandeurs A et B « sont égales », on veut dire à la fois que A est égale à B, et que B est égale à A, ce qui s'écrit :

$$A = B \qquad\qquad B = A.$$

Cet axiome devient un postulat pour toute relation que l'on voudra considérer comme une égalité : cette relation devra être réversible ou commutative. Plus exactement, cette condition formelle s'énonce ainsi : « Toutes les fois qu'on aura une grandeur A égale à la grandeur B, la grandeur B devra, inversement, être égale à la grandeur A. » Ce n'est plus alors un axiome analytique évident *a priori*; c'est une condition à vérifier dans chaque cas particulier. En effet, le mot « égal » n'a plus dans cette formule son sens réel ou plutôt rationnel; il désigne, d'une façon toute formelle, une relation de fait entre deux grandeurs de l'espèce considérée.

Les mêmes considérations s'appliquent à l'idée d'inégalité, qui, en vertu de l'*axiome I*, est la négation de l'idée d'égalité : si A n'est pas égale à B, B ne doit pas non plus être égale à A; cette condition, qui résulte de la précédente, s'énonce :

1. Helmholtz le déduit de notre *axiome III*, ce qui nous semble un ordre peu rationnel, l'axiome de la réversibilité (loi commutative) de l'égalité étant plus simple et plus évident que l'*axiome III* (voir p. 379, note 2).

Si

$$A \gtreqless B,$$

on doit avoir :

$$B \gtreqless A.$$

13. Axiome III. — Le troisième axiome qui caractérise la relation d'égalité est le suivant[1] : « Deux grandeurs égales à une même troisième sont égales entre elles. » Il résulte de ce que des grandeurs égales sont, au fond, identiques en tant que grandeurs, ainsi que nous l'avons expliqué plus haut [**7**]. Cet axiome revient en somme à ceci : deux grandeurs *concrètes*, c'est-à-dire revêtues de qualités sensibles diverses, et pour ainsi dire incarnées en des corps différents, sont égales, ou plutôt ces deux corps sont égaux par rapport à l'espèce de grandeur considérée, si les deux grandeurs *abstraites* sont identiques en soi, dans leur *idée*.

En remontant ainsi à la source de cet axiome, on s'aperçoit qu'il n'est qu'un corollaire d'un axiome plus général, qui découle, lui aussi, de l'identité radicale et idéale des grandeurs dites égales, et qu'on peut énoncer comme suit : « Deux grandeurs égales peuvent se remplacer l'une l'autre dans toutes leurs relations [2]. » (Bien entendu, elles doivent figurer dans ces relations à titre de grandeurs de l'espèce considérée et sous le même rapport.)

En effet, si l'on applique en particulier cet *axiome* Δ à la relation d'égalité, on raisonnera comme suit :

Soit

$$A = B$$

une égalité donnée entre deux grandeurs. Supposons que l'on sache, d'autre part, que les grandeurs B et C sont égales; on pourra remplacer B par C dans l'égalité précédente; donc on a aussi l'égalité

$$A = C.$$

On retrouve ainsi l'*axiome III*, que l'on formule mathématiquement comme suit :

Si

$$A = B, \qquad B = C,$$

on doit avoir :

$$A = C.$$

1. Premier axiome d'Euclide.
2. Pour abréger, nous désignerons dans la suite cet axiome par la lettre grecque Δ (delta).

Il importe de remarquer que les deux égalités données ne jouent pas le même rôle dans la déduction : l'une est proprement l'hypothèse, l'autre est une donnée auxiliaire. Si nous ne craignions d'établir une confusion entre la logique syllogistique et la logique mathématique, qui sont absolument distinctes et indépendantes l'une de l'autre, nous dirions que l'égalité

$$A = B$$

est la *majeure*, et l'égalité

$$B = C$$

la *mineure* du raisonnement précédent. Mais on est prié de ne voir dans ces expressions qu'un rapprochement destiné à nous faire mieux comprendre, et de ne pas conclure d'une analogie superficielle et extérieure à une identité de nature entre le raisonnement logique et la déduction mathématique.

D'ailleurs, on peut indifféremment prendre pour majeure l'une ou l'autre des égalités données, par exemple celle-ci :

$$B = C,$$

et en déduire, au moyen de la mineure :

$$A = B,$$

la même conclusion :

$$A = C.$$

Mais il faut prendre garde que ce raisonnement, identique dans la forme au précédent, en est bien différent quant au sens : dans le premier, l'on remplaçait B par son égal C dans la relation :

$$A = B.$$

Dans le second, au contraire, on substitue A à B dans la relation :

$$B = C.$$

Cette distinction prend une grande importance logique dans l'Algèbre et dans l'Analyse, où l'on doit discerner avec soin les équations et les identités, celles-ci servant à transformer celles-là en d'autres équivalentes. Dans le cas présent, où nous supposons que les deux égalités données ont la même valeur (la même *modalité*, en langage technique), cette distinction est toute idéale ; et la possibilité d'intervertir l'ordre et la signification des deux prémisses montre qu'elles concourent symétriquement à engendrer la conclusion, ce qui n'est pas vrai dans le syllogisme.

14. *Remarque.* — Quoi qu'en dise HELMHOLTZ, l'*axiome III* ne suffit pas à caractériser l'égalité des grandeurs physiques; il faut lui adjoindre l'*axiome II* (loi commutative de l'égalité). En effet, nous verrons bientôt [**20**] qu'une certaine relation, qui se traduit par le signe $>$ et s'exprime par les mots « plus grand que », est telle que si l'on a

$$A > B, \qquad B > C,$$

on a aussi nécessairement :

$$A > C.$$

Supposons un instant que l'on ait pris cette relation pour l'égalité de l'espèce de grandeurs considérée, de sorte que le signe $>$ s'énonce « égale » [1]. On voit qu'elle vérifiera l'*axiome III*, car de : « A égale B, B égale C », on pourra conclure : « A égale C ». On serait donc conduit à admettre cette relation comme définissant l'égalité spéciale de ces grandeurs, c'est-à-dire qu'on serait induit en erreur si l'on s'en tenait au seul *axiome III*. Au contraire, on évite cette erreur en tenant aussi compte de l'*axiome II*, car la relation en question n'est pas réversible, et si $A > B$, on n'a pas $B > A$. Cette remarque prouve que l'*axiome II* ne peut pas, comme le pense HELMHOLTZ, se déduire de l'*axiome III*, car il énonce une condition indépendante et complémentaire [2].

1. Cette hypothèse est légitime, attendu que l'égalité physique ne se reconnaît qu'à certaines conditions empiriques, que les axiomes sont justement destinés à déterminer. (Cela arriverait, par exemple, avec une balance fausse.)

2. La méprise de HELMHOLTZ s'explique par ce fait qu'il a impliqué d'avance dans son langage l'*axiome II*. Voici en effet comment il le démontre :

« Si deux grandeurs sont égales à une troisième, elles sont égales entre elles. Il s'ensuit que la relation d'égalité est réciproque (*wechselseitig*). Car de

$$A = C, \qquad B = C$$

il résulte aussi bien

$$A = B \quad \text{que} \quad B = A. \text{ »}$$

On le voit, c'est pour avoir dit : « sont égales » que l'auteur croit que les deux grandeurs figurent symétriquement dans la relation d'égalité : or cette façon de parler implique déjà, comme nous l'avons dit [**12**], l'axiome à démontrer. Il n'aurait pas été tenté de le déduire de l'*axiome III* s'il avait formulé celui-ci suivant la rigueur mathématique comme suit :

« Si :

$$A = B, \qquad B = C,$$

on doit avoir :

$$A = C. \text{ »}$$

En somme, la phrase par laquelle on énonce cet *axiome III* implique en même temps l'*axiome II*; mais ce n'est pas une raison pour les confondre. Si nous avons employé la même phrase, c'est que, ayant auparavant énoncé l'*axiome II*, nous pouvions parler de l'égalité comme d'une relation symétrique; mais HELM-

En revanche, les *axiomes II* et *III* peuvent se déduire tous deux de l'*axiome* Δ, qui est évidemment plus général. Nous l'avons déjà montré pour l'*axiome III*. Quant à l'*axiome II*, il est une conséquence de l'*axiome* Δ : car si, dans la relation d'égalité, supposée à sens unique,

$$A = B$$

l'on remplace chaque terme par l'autre, qui lui est égal, il vient :

$$B = A.$$

15. Il semble que l'*axiome* Δ, qui résume les propriétés essentielles de l'égalité, suffise à lui seul à la caractériser. Il n'est donc pas étonnant que des mathématiciens l'aient pris pour la définition de l'égalité. Voici, par exemple, comment Hermann Grassmann a défini l'égalité [1] : « Sont *égales* les choses dont on peut toujours affirmer la même chose, ou plus généralement, qui peuvent se remplacer mutuellement dans chaque jugement. » Helmholtz observe avec raison que cette formule est trop vague et trop générale : ce n'est pas l'égalité mathématique, mais une sorte d'égalité ou d'équivalence logique qu'elle définit. De plus, des choses qui seraient équivalentes sous tous les rapports, et qu'on pourrait substituer l'une à l'autre indifféremment dans *tous* les jugements que l'on peut porter sur elles, ne seraient pas seulement égales, mais identiques. L'auteur de cette définition a bien vu que l'idée d'identité est en quelque sorte la racine de celle d'égalité; mais, faute de l'avoir restreinte par la considération de telle espèce de grandeur, il a confondu les deux idées, au lieu de faire sortir l'une de l'autre.

Il convient donc de revenir à la formule plus précise que nous avons donnée de l'*axiome* Δ, en tenant compte de l'espèce particulière de grandeur que l'on envisage dans les deux objets que l'on compare et que l'on juge égaux (ou inégaux). Il s'agit de savoir si l'on peut prendre cet axiome pour une véritable définition de l'égalité, et dire : « Deux grandeurs de même espèce sont *égales*, quand elles peuvent se remplacer mutuellement dans toutes les relations où elles figurent comme grandeurs de cette espèce. » Mais cet énoncé, par cela même qu'il est plus correct, trahit la pétition de

holtz, qui pose tout d'abord l'*axiome III* (qu'il appelle Axiome I) ne le pouvait pas (*Zählen und Messen*, p. 36). Encore moins pouvait-il présenter notre *axiome* Δ comme une conséquence des *axiomes II* et *III*, alors qu'il en est au contraire le fondement (p. 37).

1. Helmholtz, *Zählen und Messen*, p. 38, note.

principe qui y est dissimulée. En effet, il suppose que l'on a l'idée nette d'une espèce de grandeurs, et que l'on sait reconnaître si deux grandeurs sont de même espèce. Or, comme nous l'avons déjà dit, si un esprit est capable de l'abstraction nécessaire pour démêler, sous des apparences diverses, *une même* espèce de grandeurs, il sera capable en même temps de reconnaître si deux objets différents enveloppent *la même* grandeur. Il n'est pas possible d'avoir la notion d'une espèce de grandeur, ni l'idée claire et distincte d'une grandeur déterminée, sans avoir la faculté de discerner une seule et même grandeur sous toutes les formes sensibles qu'elle peut revêtir : car cette faculté que l'esprit a de reconnaître l'identité de chaque objet de la pensée est la raison elle-même, sans laquelle il n'y a pas de pensée.

Il n'est donc pas légitime d'ériger l'*axiome* Δ en définition de l'égalité, car pour savoir si deux objets peuvent se remplacer dans telle relation de grandeur, il faudrait d'abord les penser comme grandeurs de même espèce, puis les comparer sous le rapport de cette espèce de grandeur, et alors on s'apercevrait nécessairement qu'ils sont égaux sous ce rapport, c'est-à-dire au fond identiques, en tant que grandeurs de l'espèce considérée. En résumé, ce n'est pas parce qu'on peut substituer l'un à l'autre deux objets dans une relation de grandeur déterminée qu'on les juge égaux; c'est parce qu'on les juge égaux (sous un certain rapport) qu'on peut les remplacer l'un par l'autre dans toute relation de grandeur où ils figurent *sous le même rapport*.

Ces remarques critiques confirment notre conception (nous ne disons pas : notre définition) de l'égalité des grandeurs concrètes, fondée sur l'identité des grandeurs abstraites correspondantes [**13**]. Elles complètent ce que nous avons dit au sujet de la méthode de comparaison des grandeurs d'une même espèce, à savoir que cette méthode suppose l'idée de l'espèce particulière de grandeurs qu'on envisage, loin de pouvoir la définir [**3**]. En général, c'est une erreur grossière de s'imaginer qu'un procédé empirique, quel qu'il soit, permettra de constater l'égalité physique à la façon d'un phénomène sensible, et dispensera de concevoir préalablement les objets à comparer comme des grandeurs de même espèce, entrant en relation précisément par ce caractère de grandeur qui est leur attribut commun.

Ainsi l'*axiome* Δ, quoique plus général que les autres et pouvant par suite les engendrer, n'est, comme eux, qu'un des caractères, le plus essentiel et le plus universel il est vrai, de l'idée d'égalité; et comme tel, il est une des conditions que doivent vérifier les relations physiques que l'on devra nommer *égalités*, et le criterium principal auquel on les reconnaîtra. Mais il ne faut pas oublier qu'il présuppose, non seulement l'idée générale d'égalité, dont il est une conséquence, mais même l'idée de chaque espèce de grandeurs et de leur égalité spécifique. Ainsi, d'une part, il résulte de l'idée rationnelle et *a priori* d'égalité, c'est-à-dire d'identité de grandeur, dont il est un corollaire immédiat et intuitif : car deux grandeurs identiques, n'étant qu'une seule et même grandeur, peuvent évidemment se remplacer mutuellement comme telles; d'autre part, il n'engendre ni ne définit, à proprement parler, les idées des égalités spéciales, mais il sert à les reconnaître, parce que, énonçant un caractère essentiel de l'égalité en général, il doit être vérifié par toute égalité particulière; en un mot, il sert à *subsumer* les relations empiriques entre grandeurs d'une même espèce sous l'idée universelle d'égalité.

16. Pour appliquer ces considérations à une espèce de grandeurs et les rendre plus accessibles, reprenons l'exemple de la balance, déjà employé par Helmholtz. A quelles conditions reconnaîtrons-nous que des poids sont égaux, ou plus exactement que des corps sont égaux sous le rapport du poids, c'est-à-dire ont *le même* poids? La relation qui doit caractériser l'égalité des poids sera une certaine position d'équilibre du fléau, position qui devra être marquée par le *zéro* de la graduation (on emploiera une graduation provisoire, qui fournira les points de repère). Cette relation devra vérifier l'*axiome II*, c'est-à-dire n'être pas troublée quand on permute les deux objets à comparer. C'est le procédé connu pour vérifier la justesse d'une balance : on change les corps de plateau. Si leurs poids sont égaux, le fléau doit reprendre la même position : c'est cette position qui correspondra à la relation d'égalité, et servira désormais à la définir.

On voit, par cet exemple, que la réversibilité de la relation d'égalité, évidente *a priori*, quand on considère l'égalité idéale, l'égalité en soi, a besoin d'être vérifiée par l'expérience, quand il s'agit de savoir si telle relation de fait mérite le nom d'égalité. On remarquera aussi que la détermination des conditions matérielles et du criterium empirique de telle égalité spéciale suppose l'idée d'égalité en général, et la notion de l'espèce de grandeurs à laquelle on applique cette idée. Aussi l'on peut bien donner cette définition *pratique* de l'égalité des poids : « Deux corps ont le même poids quand ils se font équilibre dans une balance *juste* (dans la position marquée par *zéro*) »; mais pour savoir si une balance est juste, il faut avoir déjà l'idée de poids égaux. Aussi la phrase précédente prend-elle un caractère fallacieux et humoristique dès que l'on prétend l'ériger en définition de l'égalité de poids, parce qu'on sent aussitôt qu'elle renferme une pétition de principe.

Il y a un autre moyen de s'assurer de l'égalité des poids sans avoir besoin de supposer la balance juste : c'est la méthode de la double pesée. Les deux corps dont on veut comparer les poids sont mis tour à tour dans le même plateau, l'autre étant occupé par une tare. Si leurs poids sont égaux, le fléau doit prendre, dans les deux pesées successives, la même position d'équilibre, quelle qu'elle soit d'ailleurs. On sait que ce procédé de mesure des poids est plus rigoureux que la méthode de simple pesée (même avec une balance juste). Pourquoi? Parce qu'il consiste, au fond, à vérifier l'*axiome* Δ, lequel suffit à caractériser la relation d'égalité, tandis que l'autre procédé ne repose que sur la vérification de l'*axiome II*. Tout le monde sent confusément, par une sorte d'instinct rationnel ou de tact mathématique, que la méthode de la double pesée établit l'égalité de poids avec plus de certitude que l'autre. Cela tient à ce qu'on a l'intuition obscure et vague de cette vérité, que nous avons exposée ci-dessus, à savoir que l'*axiome* Δ est plus général que l'*axiome II*, et que si celui-ci est un corollaire de celui-là, il ne suffit pas à le remplacer : car il n'est pas équivalent à l'*axiome III*, autre conséquence de l'*axiome* Δ [**14**].

On peut vérifier sur cet exemple ce que nous avons dit plus haut de la nécessité de concevoir préalablement l'espèce de grandeurs que l'on veut comparer, sans quoi une méthode de comparaison ne serait ni intelligible ni même possible [**6**]. Dans la double pesée, la balance joue le même rôle que n'importe quel autre instrument destiné à mesurer les poids; elle n'a pas besoin d'être *juste*, il lui suffit d'être *sensible*. Or l'identité des effets produits par deux corps différents sur un peson à ressort, par exemple, ne nous apprendrait rien sur l'égalité de leurs poids, et ne nous donnerait même pas l'idée du poids, si nous n'avions par avance cette idée, et si nous ne savions que c'est leur poids à chacun qui produit l'effet observé. Il ne suffit donc pas de constater par expérience une « coïncidence » ou une « coopération » de deux objets pour avoir l'idée de deux grandeurs égales : il faut concevoir d'abord ces deux objets comme des grandeurs de même espèce, pour pouvoir les comparer, et c'est de l'idée de leur égalité spécifique que l'on déduit les signes empiriques auxquels on devra la reconnaître. Deux objets ne sont pas égaux quand, en les comparant à un point de vue quelconque, on peut les prendre l'un pour l'autre et les confondre dans la perception sensible, mais quand, considérés comme grandeurs abstraites de même espèce, ils sont conçus comme identiques *sous ce rapport spécial et unique.* Aussi, pour réfuter la définition de l'égalité de Grassmann, en la poussant à l'absurde, il suffirait de remarquer que deux tableaux de même forme, ayant des surfaces égales et formant des figures égales, ne peuvent pas (en général) se substituer l'un à l'autre dans *tous* les jugements, notamment dans le jugement esthétique que nous portons sur chacun d'eux. Ce qui est vrai de ce cas extrême est vrai de tous les autres : les objets égaux ne sont pas ceux qui peuvent se remplacer dans un jugement quelconque ; ils ne peuvent se remplacer que dans les jugements qu'on porte sur la grandeur qui est leur caractère commun, c'est-à-dire en tant qu'on les réduit par abstraction à des grandeurs de même espèce et qu'on les pense comme une même grandeur, en un mot, comme égaux.

17. Aux axiomes de l'égalité, que nous venons d'énoncer, il convient de joindre l'axiome de l'inégalité, qui leur est naturellement uni. D'ailleurs, l'*axiome I* concerne à la fois l'égalité et l'inégalité, puisqu'il pose ces deux idées comme contradictoires, et postule la disjonction complète des relations correspondantes. L'*axiome II* signifie que, si deux grandeurs sont égales, la première est aussi bien égale à la seconde que la seconde à la première. De cet axiome (joint à l'*axiome I*) il résulte que, si une grandeur n'est pas égale à une autre, celle-ci n'est pas non plus égale à la première, de sorte qu'on peut dire d'elles, sans indiquer leur ordre ni les distinguer entre elles, qu'elles sont inégales. Ce n'est pas là, comme on voit, un nouvel axiome, mais un simple corollaire de l'*axiome II.* On peut donc dire que cet axiome concerne, lui aussi, à la fois les grandeurs égales et inégales.

Axiome IV. — « De deux grandeurs inégales, l'une est *plus grande* que l'autre, l'autre *plus petite* que la première [1]. » Il est clair, tout

1. Cf. *axiome VI* de Helmholtz (relatif aux nombres).

d'abord, que cet axiome est indépendant des précédents, et leur ajoute quelque chose, car il distingue deux sens opposés dans la relation d'inégalité, jusqu'ici symétrique comme celle d'égalité. Tout ce que nous savions, c'est que si deux grandeurs ne sont pas égales, elles sont inégales; voici que l'on introduit, dans la relation d'inégalité, une diversité qui n'existait pas dans la relation d'égalité. Qu'on ne nous demande pas de définir les termes « plus grand » et « plus petit » : ce sont deux notions nécessairement impliquées dans l'idée de grandeur. C'est en ce sens qu'on peut dire que la grandeur est ce qui est susceptible de plus et de moins, pourvu que l'on entende simplement caractériser par là l'idée de grandeur, et non en donner une véritable définition [**1**].

18. Quant à savoir quel est le fondement de cet axiome, il ne semble pas que ce soit le principe de contradiction, car cet axiome paraît être un jugement, non analytique, mais synthétique. Sans doute, il ne fait qu'analyser notre idée de grandeur, et en énonce un caractère essentiel; et en ce sens, il est analytique. Mais d'autre part, il ajoute à l'idée d'inégalité simple (de non-égalité) une détermination nouvelle qui n'y était certainement pas contenue, à savoir celle d'une relation irréversible; et en ce sens, il est synthétique. Peut-être ne faut-il pas attacher trop d'importance à cette distinction des jugements analytiques et synthétiques, fondamentale dans le système de Kant; et la facilité même avec laquelle un jugement unique, tel que l'axiome en question, paraît tour à tour synthétique ou analytique, suivant le point de vue, semble prouver que cette distinction n'est pas aussi rigoureuse et aussi tranchée que Kant l'a pensé. Quoi qu'il en soit, cet *axiome IV* ne peut pas se réduire au type du jugement analytique, qui est : A est A; il formule une propriété synthétique de la grandeur en général.

La même question se pose alors de nouveau : Quel est le fondement de ce jugement synthétique, qui est évidemment nécessaire, et par suite *a priori*? Nous répondrons, au moins provisoirement : Dans l'idée de grandeur, qui est aussi le fondement des axiomes précédents, et dont nous ne faisons qu'analyser les caractères et décrire les propriétés. Un Kantien insistera sans doute, et nous demandera, puisque tout jugement synthétique doit reposer sur une donnée intuitive, de quelle intuition (nécessairement *a priori*) nous tirons ce jugement. C'est là une question à laquelle nous répondrons plus tard [IV, III]. Disons cependant tout de suite que l'intuition sur laquelle sont fondés les axiomes relatifs à la grandeur ne nous paraît pas être une intuition sensible, mais une intuition rationnelle ; attendu que l'idée pure de grandeur, d'où tous ces axiomes découlent, est indépendante de toute forme sensible, et semble être plutôt une forme rationnelle. Si cette présomption était vraie, il faudrait renoncer à l'une des thèses fondamentales de la critique kantienne, à savoir qu'il n'y a pas d'autre intuition que l'intuition sensible, et que les jugements mathématiques ne peuvent être fondés que sur les formes *a priori* de la sensibilité. C'est ce que nous essaierons d'établir dans la suite, en analysant un autre caractère essentiel de la grandeur, qui est la continuité.

19. De l'*axiome IV* il résulte immédiatement que, étant données deux grandeurs inégales A et B, si l'on sait que

$$A > B,$$

on doit avoir aussi :

$$B < A.$$ [1]

Seulement, il faut remarquer que l'*axiome IV* ne permet pas de déterminer le sens de l'inégalité : il se borne à affirmer que toute inégalité a un sens déterminé. Pour appliquer cet axiome, ou son corollaire que nous venons d'énoncer, il faut déjà connaître le sens de l'inégalité, savoir par exemple que A est plus grand que B. Or c'est ce qu'on ne peut apprendre que dans chaque cas particulier par une méthode spéciale. En général, la méthode de comparaison qui permet de décider de l'égalité ou de l'inégalité de deux grandeurs données de même espèce ne permet pas de distinguer le sens de l'inégalité : elle apprend simplement que les deux grandeurs comparées sont inégales, rien de plus. Pour savoir en outre laquelle des deux est la plus grande ou la plus petite, il est besoin d'une autre méthode de comparaison. Sans doute, pour certaines espèces de grandeurs, le même procédé ou le même instrument indique à la fois l'inégalité et son sens : par exemple la balance, pour les poids. Il n'en est pas moins vrai qu'en principe il y a là deux méthodes de comparaison différentes, ou du moins deux moments distincts de la comparaison, qui sont logiquement indépendants. C'est la définition de

1. Nous ne voyons pas pourquoi M. Stolz a fait de ce simple corollaire de l'*axiome IV* un axiome distinct et indépendant; il est vrai qu'il a interverti l'ordre logique de ces deux axiomes, en énonçant d'abord celui-ci, puis l'*axiome IV* (*Arithmétique générale*, chap. I. Dans le chap. V, l'*axiome IV* ne se trouve pas, mais seulement son corollaire).

l'addition de chaque espèce de grandeurs qui seule permettra de fixer d'une manière générale le sens de l'inégalité [1].

20. On ajoute souvent aux axiomes précédents d'autres axiomes concernant les inégalités; par exemple celui-ci [2] :

« Si

$$A > B, \qquad B = C,$$

on a

$$A > C, »$$

ou d'autres semblables, où l'on prend pour hypothèses une inégalité et une égalité combinées, d'où l'on tire une nouvelle inégalité. Mais tous ces axiomes sont de simples conséquences de l'*axiome* Δ appliqué à la relation d'inégalité, de même que l'*axiome III* découle de l'*axiome* Δ appliqué à la relation d'égalité elle-même; ils s'en déduisent exactement de la même manière, car on peut les résumer dans la formule suivante : « Deux grandeurs égales peuvent se remplacer dans toute relation d'inégalité », qui n'est qu'un corollaire ou une spécification de l'*axiome* Δ.

Quant à l'axiome classique de l'inégalité, où ne figurent que des inégalités :

« Si

$$A > B, \qquad B > C,$$

on a :

$$A > C, [3] »$$

et qui est pour la relation d'inégalité l'analogue de l'*axiome III* de l'égalité, ce n'est pas un principe original et indépendant; car on le déduira, dans le Chapitre suivant [**11**], de l'*axiome de la différence*, qui peut être aussi considéré comme un axiome de l'inégalité; mais comme celui-ci implique l'idée de somme, il ne peut être énoncé qu'après les axiomes de l'addition.

1. Voir le Chapitre suivant, *Axiome IV*. Cf. HELMHOLTZ, *Zählen und Messen*, p. 42, 44.
2. STOLZ, *op. cit.*, 3e axiome de l'inégalité (chap. I); 5e axiome des grandeurs (chap. V).
3. STOLZ, *op. cit.*, 4e axiome de l'inégalité (chap. I); 6e axiome des grandeurs (chap. V).

CHAPITRE II

THÉORIE DE LA MESURE DES GRANDEURS (SUITE) : AXIOMES DE L'ADDITION

Pour pouvoir mesurer les grandeurs d'une certaine espèce, il ne suffit pas d'avoir défini leur égalité et leur inégalité : il faut en outre définir leur *addition*. La connaissance des relations d'égalité et d'inégalité entre toutes ces grandeurs permet bien de les ranger en une suite linéaire par ordre de grandeur croissante, par exemple, chaque grandeur étant plus grande que toutes les précédentes et plus petite que toutes les suivantes (ce qui est possible en vertu de l'*axiome IV*). Mais elle ne suffit pas à déterminer la grandeur des intervalles de cette suite, de ce qu'on appelle la *différence* de deux grandeurs inégales quelconques : on sait seulement qu'elles diffèrent, mais on ne peut pas dire « de combien » [1]. Pour que la différence (au sens philosophique du mot) de deux grandeurs inégales devienne une grandeur mesurable de la même espèce, il faut qu'on ait défini la somme de deux grandeurs de même espèce, et qu'on puisse affirmer que de deux grandeurs inégales, la plus grande est la somme de la plus petite et de leur différence [2]. Tel est, en quelques mots, le sens et le rôle des axiomes de l'addition, que nous allons maintenant formuler avec la rigueur mathématique ; les considérations qui précèdent n'ont d'autre fin que de préparer le lecteur à l'exposition qui va suivre, en lui en montrant d'avance la portée et l'intérêt philosophique.

1. On a dû remarquer que tous les axiomes de l'égalité sont vérifiés par les nombres, de sorte que ces axiomes établissent une ana-

1. Cf. 1re Partie, Liv. I, Chap. I, fin (p. 22).

2. Voir Poincaré, *Le continu mathématique*, p. 27 note, et 33, ap. *Revue de Métaphysique et de Morale*, t. I.

logie parfaite entre chaque ensemble de grandeurs de même espèce et le système des nombres entiers. Cette analogie persiste à l'égard des opérations additives, car, comme on va le voir, les axiomes de l'addition des grandeurs sont calqués sur les propriétés caractéristiques de l'addition des nombres. De même que, l'idée rationnelle d'égalité étant donnée, on a cherché, pour chaque espèce de grandeurs, quelle relation de fait pouvait vérifier les conditions générales de l'égalité et mériter le nom d'*égalité* particulière à l'espèce considérée ; de même, étant données les règles de l'addition des nombres entiers, on va chercher, dans chaque espèce de grandeurs, quelle combinaison effective présente les caractères essentiels de l'addition numérique, et mérite d'être appelée la *somme* de deux grandeurs de cette espèce. On peut donc prévoir que les axiomes de l'addition des grandeurs seront les conditions formelles de l'addition des nombres, de sorte que les deux opérations vérifieront les mêmes formules caractéristiques. Mais il ne faut pas oublier que ces deux opérations (addition arithmétique et addition physique) n'ont de commun, avec le nom, que la forme extérieure, et sont radicalement distinctes et hétérogènes ; qu'il n'y a, par suite, aucune nécessité à ce qu'on retrouve, dans chaque espèce de grandeurs, une combinaison qui puisse être appelée *addition*. Tout ce qu'on peut affirmer d'avance, c'est que les seules espèces de grandeurs qui soient mesurables sont celles où l'on pourra trouver une telle combinaison. On entrevoit dès maintenant que, grâce au parallélisme établi par les axiomes de l'égalité et confirmé par les axiomes de l'addition entre les nombres et les grandeurs, on pourra représenter celles-ci par ceux-là, faire correspondre aux combinaisons de grandeurs des opérations sur les nombres, en un mot, traduire toutes les relations de grandeurs en relations analogues entre des nombres.

2. Axiome I. — La première condition que doive remplir l'addition des grandeurs d'une espèce quelconque est évidemment la suivante : « La *somme* de deux grandeurs de même espèce doit être une grandeur de la même espèce. » Ce postulat, qui ne peut ni ne doit être démontré, se justifie par les raisons que nous avons indiquées plus haut : si l'on veut que la différence de deux grandeurs de même espèce soit une grandeur de même espèce, il faut qu'on puisse reproduire la plus grande en ajoutant à la plus petite une autre grandeur de la même espèce; et, plus généralement, qu'en ajoutant à une grandeur donnée des grandeurs quelconques du même système on retrouve toujours des grandeurs de ce système; de même qu'en ajoutant à un nombre entier donné des nombres entiers quelconques on obtient toujours d'autres nombres entiers. Ainsi cet axiome a sa raison d'être, non dans un principe rationnel ou dans une idée *a priori* d'où l'on pourrait le déduire, mais dans ses conséquences et pour ainsi dire dans sa destination, qui est de rendre possible l'assimilation d'une combinaison concrète de grandeurs à une addition de nombres abstraits.

3. Axiome II (*Loi commutative*). — La somme de deux grandeurs ne doit pas changer quand on permute entre elles ces grandeurs; ce qui se traduit par la formule

$$A + B = B + A.$$

Cet axiome n'a d'intérêt que si, dans la combinaison considérée, les deux grandeurs n'entrent pas symétriquement, car dans le cas contraire il est naturellement vérifié. Néanmoins, même dans ce cas, il garde sa valeur et son utilité : car il s'agit de savoir, par une analyse exacte et complète des conditions empiriques de la combinaison, si les objets que l'on combine y figurent symétriquement, ce qui est parfois difficile et souvent délicat. Pour prendre un exemple (relatif, il est vrai, non pas à l'addition, mais à l'égalité), on néglige en fait, dans les pesées qui s'effectuent dans l'air, les différences de volume que présentent les corps à peser; on pourrait se croire autorisé à le faire, attendu qu'en apparence le poids est indépendant du volume, et, du moment que c'est les poids qu'il s'agit de comparer, il semble qu'on puisse sans inconvénient faire abstraction du volume : la symétrie sera observée si les deux corps sont suspendus symétriquement à un fléau symétrique (non seulement de figure, mais de masse [symétrie mécanique]). Mais on oublie que la poussée de l'air est inégale pour des corps de volumes différents, de sorte que l'égalité de poids que l'on a cru constater dans l'air n'existe plus dans le vide, comme le montre l'expérience du *baroscope* [1]. Aussi est-on amené, pour éliminer dans les pesées très délicates l'influence de la poussée de l'air, à donner aux deux corps la même forme, afin d'être sûr que s'ils ont le même poids apparent (dans l'air), ils ont aussi le même poids réel (dans le vide) [2]. Il faut

1. Voir Drion et Fernet, *Traité de Physique élémentaire*, liv. I, chap. v, § V, n° 159 (9e édit., Paris, Masson, 1883).

2. Méthode de la *tare compensée* employée par Regnault pour déterminer la densité des gaz. Voir Drion et Fernet, *op. cit.*, liv. II, chap. III, n° 247.

donc discerner avec grand soin quelles sont les circonstances qui peuvent influer sur les grandeurs que l'on compare ou que l'on combine, afin de savoir si ces circonstances sont les mêmes pour toutes deux, et de ne négliger que les circonstances réellement indifférentes. C'est à ce prix qu'on pourra être assuré que les deux grandeurs sont placées dans les mêmes conditions effectives, et figurent symétriquement, soit dans la relation qualifiée d'*égalité*, soit dans la combinaison nommée *addition*.

4. Axiome III (*Loi associative*). — Cette loi s'exprime par la formule suivante :

$$(A + B) + C = A + (B + C),$$

qui peut se traduire par l'énoncé que voici : Au lieu d'ajouter successivement deux grandeurs données à une autre grandeur (de même espèce), il revient au même d'ajouter à celle-ci la somme de celles-là. Chacune des parenthèses qui figurent dans la formule indique une somme *effectuée*, et par suite une grandeur *unique*. Le premier membre signifie qu'on ajoute à A, d'abord B, puis C; le second membre signifie qu'on fait d'abord la somme de B et de C, et qu'on l'ajoute à A. La formule elle-même exprime que les deux résultats sont égaux, ou que les deux grandeurs ainsi obtenues sont identiques.

Quoi qu'en dise Helmholtz [1], cet axiome n'est nullement une conséquence des deux premiers. Il est vrai que cet auteur formule l'*axiome II* d'une manière plus générale, en l'appliquant à une somme d'un nombre quelconque de grandeurs (loi commutative *généralisée*). Mais puisque l'addition est primitivement une combinaison de *deux* grandeurs seulement, et que pour additionner plusieurs grandeurs, données dans un certain ordre, il faut d'abord ajouter la seconde à la première, puis la troisième à la somme des deux premières, et ainsi de suite, on n'a jamais en définitive à effectuer que des sommes de deux grandeurs, et c'est à de telles sommes que se réduisent toujours les sommes de plusieurs grandeurs. Il ne faut donc pas considérer celles-ci comme des combinaisons élémentaires, et en faire l'objet des axiomes primordiaux de l'addition des grandeurs. Au contraire, c'est des *axiomes II* et *III* tels que nous venons de les formuler (lois commutative et associative) qu'il convient de déduire la loi commutative généralisée, selon laquelle on

1. *Zählen und Messen*, p. 43.

peut, dans une somme de plusieurs termes, intervertir l'ordre de deux termes consécutifs quelconques (même quand ils ne sont pas les premiers); et c'est précisément cet ordre logique qu'a suivi le même auteur pour les axiomes de l'addition des nombres [1].

5. D'autre part, il est presque évident qu'on ne peut pas davantage déduire l'*axiome II* de l'*axiome III* (à moins de faire l'hypothèse gratuite et exceptionnelle : A = B = C). Que si HELMHOLTZ a pu les déduire l'un et l'autre d'un principe unique (l'axiome de GRASSMANN), cela tient justement à ce qu'il a pu faire, au sujet des nombres, l'hypothèse dont nous parlons, attendu que les nombres sont composés d'unités toutes égales entre elles. Mais cette propriété, essentielle aux nombres, ne saurait être attribuée aux grandeurs qu'en vertu d'un postulat arbitraire, qui peut-être même répugne à la nature propre de la grandeur; et il y a intérêt à pousser aussi loin que possible la théorie de la mesure des grandeurs, sans supposer d'avance celles-ci composées d'unités égales, et sans les assimiler d'emblée aux nombres [2].

En résumé, les deux axiomes précédents sont indépendants l'un de l'autre; à eux deux, ils suffisent à caractériser l'addition des grandeurs comme une combinaison commutative et associative. On en peut déduire toutes les propriétés formelles de l'addition des grandeurs, lesquelles seront naturellement les mêmes que celles de l'addition des nombres, puisque les principes dont elles découlent sont les mêmes. En particulier, on peut, en combinant ces deux axiomes, généraliser les lois commutative et associative en les étendant à un nombre quelconque de grandeurs à additionner. Ces deux lois généralisées se résument dans la formule suivante : « Dans une somme de plusieurs grandeurs données dans un ordre déterminé, on peut intervertir à volonté l'ordre des termes et en remplacer un nombre quelconque par leur somme effectuée. »

6. Aux axiomes précédents on ajoute souvent, à l'exemple d'EUCLIDE, d'autres axiomes qui nous paraissent inutiles. Telles sont les deux propositions suivantes :

« Si :

$$A = A', \qquad B = B',$$

on doit avoir

$$A + B = A' + B'. »$$

1. *Op. cit.*, p. 32. Cf. I, I, **4** (p. 310, note 1).
2. Voir HELMHOLTZ, *op. cit.*, p. 18, 19; 45.

« Si :

$$A = A', \qquad B > B',$$

on doit avoir

$$A + B > A' + B'. »$$

La première [1] peut s'énoncer ainsi : « Si à des grandeurs égales on ajoute des grandeurs égales, les sommes sont égales. » C'est une conséquence de cette propriété générale de l'égalité que nous avons appelée *axiome* Δ. En effet, si deux grandeurs égales peuvent se remplacer dans toutes leurs relations, on pourra remplacer successivement, dans la somme $(A + B)$, la grandeur A par son égale A', et la grandeur B par son égale B', sans que cette somme change. Donc les deux sommes $(A + B)$ et $(A' + B')$ sont des grandeurs égales, ou, pour mieux dire, identiques.

La seconde proposition [2] peut s'énoncer comme suit : « Si à des grandeurs égales on ajoute des grandeurs inégales, les sommes sont inégales. » Ce n'est pas un axiome irréductible, car il dérive de cette proposition plus simple :

« Si

$$B > B',$$

on a :

$$A + B > A + B' »,$$

en vertu de l'axiome Δ, qui permet de remplacer, dans le second membre de la dernière inégalité, la grandeur A par son égale A'. Quant à cette proposition elle-même, elle n'est nullement une vérité primitive, mais un corollaire de l'*axiome de la différence*, que nous énoncerons plus loin. Si donc l'on ne doit pas plus multiplier en Logique les axiomes que les êtres en Métaphysique, les deux axiomes précédents doivent être rejetés. On remarquera que c'est l'*axiome* Δ qui nous permet de nous en passer; cela montre la généralité et la fécondité de celui-ci, car, outre qu'il engendre les deux axiomes de l'égalité, il nous a déjà dispensé d'un prétendu axiome de l'inégalité [Ch. I, **20**] et, en général, il supprime une foule d'axiomes particuliers qui consistent, à l'occasion de chaque relation ou combinaison nouvelle, à affirmer qu'on peut y remplacer une grandeur par une grandeur égale [3]. Non seulement l'*axiome* Δ

1. Deuxième axiome d'EUCLIDE; axiome IV de HELMHOLTZ.
2. Quatrième axiome d'EUCLIDE; axiome V de HELMHOLTZ.
3. Par exemple l'axiome 4e de M. STOLZ (*Arithmétique générale*, chap. I) et l'axiome 4e de l'addition des nombres, du même auteur (*op. cit.*, chap. II).

réalise ainsi une notable économie de postulats, mais il les résume en les mettant dans leur vrai jour : en effet, la faculté qu'on a de substituer une grandeur égale à une autre dans les inégalités, dans les sommes, etc., n'est pas une propriété particulière de l'inégalité, de l'addition, etc., mais une propriété générale et unique de l'égalité. Au lieu de la répéter pour chaque relation nouvelle et d'en faire un axiome spécial à cette relation, il vaut bien mieux l'énoncer, une fois pour toutes, à sa vraie place et sous sa forme véritable, comme axiome de l'égalité [1].

7. Il y a encore un axiome de l'addition, qui est plutôt un axiome de l'inégalité, car il sert, non à caractériser l'addition, mais à définir le sens de l'inégalité, jusqu'ici incertain [Ch. I, **19**]. Il s'énonce ainsi :

Axiome IV. — « La somme de deux grandeurs (de même espèce) est plus grande que chacune d'elles [2] »; et il peut se traduire par l'une des deux formules suivantes :

$$A + B > A, \qquad A + B > B.$$

On remarquera que c'est la première fois que l'on a un moyen de reconnaître si une grandeur est *plus grande* qu'une autre : jusqu'ici, l'on ne pouvait, en général, s'assurer que de leur inégalité. Sans doute, on savait (par l'*axiome IV* de l'égalité) que l'inégalité a deux sens contraires, de sorte que si l'un d'eux est connu, l'autre s'ensuit immédiatement; mais on manquait d'un principe qui permît de discerner, dans chaque cas particulier, lequel de ces sens correspond au *plus*, et lequel au *moins*. Ce nouvel axiome détermine donc le sens de toute inégalité, et fixe la signification des mots « plus grand » et « plus petit », jusqu'ici ambigus.

8. Axiome V (*Axiome de la différence*). — Cet axiome est la réciproque du précédent, ce qui ne veut pas dire, comme on sait, qu'il en soit une conséquence, au contraire. L'*axiome IV* pouvait s'énoncer

1. Nous croyons que ces raisons sont valables au point de vue théorique; mais il convient de reconnaître que, dans la pratique, il faut vérifier l'*axiome* Δ chaque fois qu'on définit une nouvelle relation ou combinaison, de sorte qu'il n'est pas inutile, à cet égard, de le rappeler à l'occasion en le spécifiant, afin qu'on n'oublie pas de l'appliquer à chaque cas particulier. En un mot, si cet axiome est *un* en principe, il est multiple dans ses applications.

2. Neuvième axiome d'Euclide : « Le tout est plus grand que sa partie ». Helmholtz (*op. cit.*, p. 44) énonce cette proposition sans l'ériger en axiome; on le trouve au contraire formulé deux fois dans l'Ouvrage de M. Stolz : chap. II, 5ᵉ axiome de l'addition des nombres; chap. V, 11ᵉ axiome relatif aux grandeurs.

ainsi : « Si, de deux grandeurs de même espèce, l'une est la somme de l'autre et d'une troisième grandeur, elles sont inégales, et la première est plus grande que la seconde. » Le nouvel axiome s'énonce de la manière suivante :

« Si deux grandeurs de même espèce sont inégales, il existe une troisième grandeur telle, que l'une des grandeurs données soit égale à la somme de l'autre et de cette troisième [1]. »

Cette troisième grandeur s'appelle la *différence* des deux grandeurs données. Soient A et B celles-ci ; on a par hypothèse :

$$A \lessgtr B.$$

En vertu de l'*axiome V*, on doit avoir, par exemple :

$$A = B + C. \text{ [2]}$$

On a par suite, en vertu de l'*axiome IV* :

$$A > B.$$

La *différence* C s'appelle alors l'*excès* de A sur B. On voit que l'*axiome V* concourt avec le précédent à déterminer le sens de l'inégalité dans tous les cas.

Si l'on connaît d'avance le sens de l'inégalité, c'est-à-dire si l'on sait par exemple que

$$A > B,$$

ou que (*axiome IV* de l'égalité)

$$B < A,$$

on en conclut immédiatement, par l'*axiome de la différence* :

$$A = B + C,$$

la grandeur C étant indéterminée.

Ainsi, en vertu des deux *axiomes* réciproques *IV* et *V*, les deux formules

$$A > B, \qquad A = B + C$$

sont équivalentes, car elles se déduisent l'une de l'autre, indifféremment. Par conséquent, dire que deux grandeurs sont inégales, ou dire qu'elles ont une différence, c'est dire une seule et même chose.

1. Cf. axiome VII de Helmholtz relatif, aux nombres, et axiome III de Stolz, relatif aux grandeurs (*op. cit.*, chap. v).

2. On peut toujours écrire ainsi cette formule, attendu que les deux lettres A et B sont auparavant indiscernables.

9. *Théorème*. — Si deux grandeurs ont une différence, cette différence est unique.

En effet, soient deux grandeurs A et B, ayant une différence C :

$$A = B + C.$$

Supposons qu'elles aient une autre différence D. Je dis d'abord qu'on ne peut avoir

$$B = A + D,$$

car il en résulterait

$$B > A,$$

tandis que par hypothèse

$$A > B.$$

Or ces deux inégalités sont incompatibles, en vertu de l'*axiome IV* de l'égalité [Ch. I, **19**]. On doit donc avoir :

$$A = B + D,$$

et l'on suppose que

$$C \gtrless D.$$

Admettons, par exemple, que

$$C = D + E$$

(ce qui est légitime, attendu que les deux lettres C et D sont indiscernables). En vertu de l'*axiome III* de l'égalité, on a :

$$B + C = B + D.$$

Remplaçons C par la somme qui lui est égale (en vertu de l'*axiome* Δ) il vient :

$$B + (D + E) = B + D.$$

Or, en vertu de l'*axiome III* de l'addition (loi associative), on a :

$$B + (D + E) = (B + D) + E.$$

Donc (par l'*axiome III* de l'égalité) :

$$(B + D) + E = B + D.$$

D'autre part on a (par l'*axiome IV* de l'addition) :

$$(B + D) + E > (B + D),$$

ce qui contredit le résultat précédent. L'hypothèse dont on est parti, à savoir

$$C \gtrless D,$$

est donc contradictoire. Il faut par conséquent admettre la proposition contraire, à savoir :

$$C = D.$$

Ainsi les deux grandeurs données n'ont qu'*une seule* différence, qui est la grandeur C (ou toute grandeur égale, c'est-à-dire identique à C).

Si nous avons insisté sur la démonstration de ce théorème, le premier de la science des grandeurs, en développant tous les raisonnements, c'est pour montrer par un exemple le rôle que jouent les axiomes dans la déduction mathématique : chacune des articulations de la démonstration naît, comme on le voit, de l'application d'un des axiomes énumérés.

10. *Corollaire*. — Si à une même grandeur on ajoute séparément deux grandeurs inégales, on obtient deux sommes inégales.

Cela résulte de la démonstration précédente; pour le faire voir, reprenons les mêmes lettres. Soit B la grandeur donnée, soient C et D les deux grandeurs à ajouter; l'hypothèse est :

$$C > D.$$

Il en résulte (par l'*axiome de la différence*) :

$$C = D + E.$$

Donc (comme ci-dessus) :

$$B + C = B + (D + E) = (B + D) + E.$$

On en conclut (par l'*axiome IV* de l'addition) :

$$B + C > B + D \qquad \textit{C. Q. F. D.}$$ [1]

Si, dans le second membre de l'inégalité précédente, on remplace B par une grandeur égale B′, la relation sera encore vraie (en vertu de l'*axiome* Δ). On retrouve ainsi, démontré, le quatrième axiome d'Euclide, que nous avons écarté plus haut [**6**] : « Si à des grandeurs égales on ajoute des grandeurs inégales, les sommes sont inégales ». Pour retrouver la même formule, il suffit de remplacer B par A, B′ par A′, C par B, et D par B′. Il vient :

« Si

$$A = A', \qquad B > B',$$

on a

$$A + B > A' + B'. »$$

A plus forte raison peut-on énoncer le *théorème* suivant :

« Si

$$A > A', \qquad B > B',$$

1. Cf. démonstration de l'*axiome V* pour les nombres entiers, ap. Helmholtz, *op. cit.*, p. 29. Cf. 6ᵉ axiome de l'addition des nombres, ap. Stolz, *op. cit.*, chap. ii.

on a

$$A + B > A' + B' \text{ »},$$

qui se démontrerait exactement de même, en posant

$$A = A' + A'' \qquad\qquad B = B' + B''$$

d'où l'on tire

$$A + B = (A' + B') + (A'' + B'') > A' + B'.$$

11. L'*axiome de la différence* permet encore de démontrer, ainsi que nous l'avons annoncé [Ch. I, **20**], le prétendu axiome de l'inégalité qui s'énonce comme suit :

« Si

$$A > B, \qquad\qquad B > C,$$

on a

$$A > C. \text{ »}$$

En effet, en vertu de l'*axiome V*, on doit avoir

$$A = B + E, \qquad\qquad B = C + D.$$

Donc

$$A = (C + D) + E = C + (D + E)$$

ce qui prouve (par l'*axiome IV*) que

$$A > C.$$

Notation. — La *différence* de deux grandeurs A et B ($A > B$) s'écrit ainsi :

$$A - B.$$

En vertu du théorème précédent [**9**], cette expression représente une grandeur unique et déterminée, à la condition que

$$A > B.$$

Conséquemment, les deux formules suivantes :

$$A = B + C, \qquad\qquad C = A - B$$

sont équivalentes. Trouver la différence de deux grandeurs, c'est ce qui s'appelle *soustraire* ou *retrancher* la plus petite de la plus grande.

L'expression :

$$(A - B)$$

n'ayant de sens que si

$$A > B,$$

il s'ensuit que, dans cette hypothèse, l'expression

$$(B - A)$$

n'en a aucun; car (en vertu de l'*axiome IV* de l'égalité) on a en même temps :

$$B < A.$$

Si donc l'opération nommée *soustraction* des grandeurs est univoque (c'est-à-dire donne un résultat unique), elle n'est pas toujours possible. Elle a par suite le même caractère et les mêmes propriétés que la soustraction des nombres arithmétiques ou positifs.

En résumé, grâce aux axiomes ou postulats précédents, l'addition et la soustraction des grandeurs sont tout à fait analogues aux opérations homonymes sur les nombres entiers, et possèdent des propriétés correspondantes.

12. Toutefois, ces deux opérations additives (directe et inverse), relatives à chaque espèce de grandeurs, ne sont entièrement caractérisées que lorsqu'on a défini leur *module*, c'est-à-dire une grandeur de même espèce que l'on peut ajouter ou retrancher aux autres sans changer leur valeur : cette grandeur correspondra, dans chaque système de grandeurs, au nombre *zéro* dans le système des nombres. Il est naturel, dès lors, de la représenter par le même signe, 0; seulement, il faut bien remarquer qu'il ne désignera pas alors le *nombre zéro*, mais la grandeur qui, dans l'espèce considérée, joue le rôle de module de l'addition; on la nomme pour cela grandeur *nulle*, parce qu'elle n'a aucune influence sur le résultat des combinaisons additives où elle entre, et qu'on peut l'y supprimer sans inconvénient. Ainsi, ajouter ou retrancher la grandeur *nulle* à une grandeur de la même espèce équivaut à n'ajouter ou à ne retrancher *rien* à celle-ci; mais cela ne veut pas dire que la grandeur *nulle* ne soit *rien* : c'est une grandeur de même nature que les autres grandeurs de l'espèce, et tout aussi réelle et déterminée qu'elles. Bien entendu, l'on ne peut la définir en général et *a priori* que d'une manière purement formelle, en indiquant, comme nous venons de le faire, sa propriété essentielle; pour définir ensuite la grandeur nulle dans chaque espèce particulière de grandeurs, il faut reconnaître quelle est celle qui offre les caractères formels et remplit les conditions générales de toute grandeur nulle, et vérifier sur elle, empiriquement et *a posteriori*, l'axiome suivant, qui peut lui servir de définition :

Axiome VI (*Axiome du module*). — « Si l'on ajoute à une grandeur quelconque la grandeur nulle de même espèce, la somme est une grandeur égale à la première. »

Cet axiome se traduit par la formule suivante :

$$A + 0 = A.$$

Il signifie que l'on appellera *nulle*, et que l'on représentera par 0, la grandeur qui, dans chaque espèce, vérifiera cette formule.

La découverte ou l'invention de cette grandeur *nulle* oblige à imposer certaines restrictions aux axiomes précédents, sans que pour cela leur valeur subisse aucune atteinte, car, lorsqu'on les a formulés, on n'avait pas prévu le cas de la grandeur nulle, qui n'existait pas encore. Ainsi, il est clair que la formule précédente fait exception à l'*axiome IV* de l'addition; l'énoncé de celui-ci devra donc être modifié comme suit : « La somme d'une grandeur quelconque et d'une grandeur *non nulle* est plus grande que la première. »

Corollaire. — Toute grandeur non nulle est plus grande que *zéro*. En effet, toute grandeur non nulle A est la somme de *zéro* et de A; donc elle est plus grande que *zéro*.

Étant donnée une grandeur quelconque, nulle ou non, on ne peut lui ajouter que deux sortes de grandeurs de même espèce : des grandeurs nulles ou des grandeurs non nulles. Dans le premier cas, la somme est égale à la grandeur donnée (*axiome VI*); dans le second cas, elle est plus grande (*axiome IV*). On en conclut les propositions suivantes :

Corollaires. — 1° Pour que la somme de deux grandeurs soit égale à l'une d'elles, il faut et il suffit que l'autre soit nulle.

2° Pour que la somme de deux grandeurs soit nulle, il faut (et il suffit évidemment) qu'elles soient nulles toutes les deux.

13. Si l'introduction de la grandeur nulle dans un système de grandeurs oblige à restreindre certains axiomes, elle permet en revanche d'étendre l'*axiome V*, et par suite la notion de différence. En effet, en vertu de la notation établie plus haut [**11**], la formule générale d'addition

$$A = B + C$$

équivaut aux deux formules de soustraction :

$$B = A - C, \qquad C = A - B.$$

Appliquons en particulier cette transformation à la formule qui traduit l'*axiome VI* :

$$A = A + 0.$$

Il vient :

$$A = A - 0, \qquad 0 = A - A.$$

La première de ces formules indique que la grandeur nulle est le module de la soustraction; on pouvait le prévoir *a priori*, car les deux combinaisons additives, directe et inverse, ont nécessairement le même module.

La seconde de ces formules signifie que la différence de deux grandeurs égales est la grandeur nulle de même espèce. Elle peut servir à définir, soit la grandeur nulle, au cas où l'opération de la soustraction aurait encore un sens pour deux grandeurs données égales; soit la différence de deux grandeurs égales, dans le cas contraire. De toute façon, l'on peut dire que deux grandeurs de même espèce ont *toujours* une différence : non nulle, si elles sont inégales; nulle, si elles sont égales. On sait d'ailleurs, par l'*axiome I* de l'égalité, que cette alternative épuise tous les cas possibles. Il ne s'ensuit pas que la soustraction soit toujours possible : elle n'est possible en général que dans un sens, et impossible dans l'autre. En effet, la différence de deux grandeurs données n'existe que si l'on ne spécifie pas leur ordre : car si la grandeur $(A - B)$ existe, la grandeur $(B - A)$ n'existe pas, en général [**11**]. Le seul cas où les deux expressions

$$(A - B) \qquad \text{et} \qquad (B - A)$$

aient un sens à la fois, est le cas où

$$A = B,$$

car alors

$$A - B = 0 = B - A.$$

En résumé, les deux formules

$$A = B$$

et

$$A - B = 0$$

sont absolument équivalentes, *par définition*, la seconde n'étant qu'une manière différente d'écrire la première [1].

1. Nous nous sommes écarté, pour l'introduction de l'idée de grandeur nulle, de la marche suivie par M. J. Tannery, que nous avons partout ailleurs pris pour guide. L'auteur introduit cette notion après les axiomes de l'égalité et avant ceux de l'addition, et en fait l'objet d'un postulat spécial. Il exige qu'on ait d'abord l'idée d'une grandeur *nulle* de chaque espèce; puis il insère notre *axiome VI* parmi les axiomes de l'addition, c'est-à-dire parmi les conditions que doit vérifier une combinaison de grandeurs de même espèce pour avoir les caractères de l'addition. Cette opération peut alors se définir : « Une combi-

14. Les six axiomes de l'addition que nous venons d'exposer sont, comme les axiomes de l'égalité, des postulats que doivent vérifier les grandeurs mathématiques de chaque espèce. Seulement, tandis que les axiomes de l'égalité sont fondés sur l'idée de grandeur en général, ceux de l'addition paraissent reproduire, en les appliquant aux grandeurs, les propriétés essentielles de l'addition des nombres. Il en résulte que si un objet de pensée ou d'intuition ne vérifie pas les premiers, il ne pourra même pas être conçu comme une grandeur; mais il peut exister des grandeurs qui vérifient les premiers sans vérifier les seconds : de telles grandeurs ne seront pas inconcevables, sans doute, mais elles ne seront pas mesurables : elles n'auront pas le caractère de grandeurs mathématiques, et ne rempliront pas les conditions nécessaires pour qu'on puisse les soumettre au calcul. Pour prendre un exemple particulier, le dernier des axiomes énoncés exige que l'on conçoive, pour chaque espèce de grandeurs, une grandeur *nulle* de même espèce. On pourrait se demander quelle nécessité il y a à ce que l'axiome du module soit vérifié, et ce qui résulterait de sa violation pour une certaine espèce de grandeurs. Nous répondrons qu'il n'y a aucune nécessité *logique* à ce qu'il existe une grandeur nulle de l'espèce considérée; mais il y a une sorte de nécessité *rationnelle*, en ce sens que si l'on ne peut trouver une telle grandeur, cette espèce de grandeurs ne sera pas mesurable. En effet, dire que dans un système de grandeurs il n'existe aucune grandeur nulle, cela veut dire que l'addition de ces grandeurs n'a pas de module, ou plutôt qu'il n'y a aucune combinaison de ces grandeurs qui mérite le nom d'addition. Dès lors, on ne peut représenter les grandeurs de ce système par des nombres, et elles échappent à toute détermination mathématique, à toute relation quantitative, à toute loi scientifique. Telle est l'unique sanction des axiomes de l'addition. Une grandeur qui violerait les axiomes de l'égalité serait inconcevable, ou ne serait pas une grandeur; une grandeur qui viole les axiomes de l'addition est tout au

naison commutative et associative ayant un module nul. » Enfin il postule la proposition : « La somme de deux grandeurs n'est nulle que si toutes deux le sont », qui est pour nous un corollaire de l'*axiome VI*, et formule l'*axiome IV* et l'*axiome de la différence* en y introduisant tout de suite les modifications que nous venons d'indiquer. Cette méthode a l'avantage de dispenser de modifier après coup les énoncés des *axiomes IV* et *V*; mais elle réclame un postulat de plus, et impose la notion de grandeur nulle d'une manière arbitraire et un peu violente. C'est pourquoi nous avons préféré la définir comme le module de l'addition.

plus inintelligible, en tant qu'elle ne tombe pas sous les prises de la science.

15. Ces considérations font valoir le caractère rationnel et *a priori* de tous ces axiomes, que certains mathématiciens sont enclins à regarder comme des vérités d'expérience; en quoi ils s'accordent, du reste, avec les philosophes de l'école empiriste. De tout ce qui précède il ressort clairement, croyons-nous, que les axiomes de l'égalité et ceux de l'addition reposent sur l'*idée* d'égalité et sur l'*idée* d'addition, le mot « idée » étant pris dans un sens platonicien, et signifiant un type universel et abstrait que les choses sensibles imitent ou dont elles participent plus ou moins imparfaitement; seulement, il faut ajouter que si nous retrouvons ces idées dans les objets concrets et dans leurs relations, c'est parce que la raison introduit ces relations dans les choses, leur impose ses formes *a priori*, et les façonne pour ainsi dire à l'image de ces idées pures [1]. Par exemple, une relation empirique de deux objets sera regardée comme une égalité de grandeurs, si elle vérifie les axiomes de l'égalité; et de même, une combinaison physique d'objets sera regardée comme une addition de grandeurs, si l'on peut y intervertir l'ordre des objets à combiner et en remplacer plusieurs par leur combinaison effectuée [2]. C'est à ces conditions que ces objets eux-mêmes, ou plutôt certains attributs homogènes de ces objets, pourront être considérés comme des grandeurs mesurables. Il n'est donc pas étonnant que les axiomes de l'égalité et ceux de l'addition se vérifient sur les grandeurs physiques, puisque nous n'admettons comme égalités physiques que les relations qui vérifient les uns, et comme additions physiques que les combinaisons qui vérifient les autres [3]. Ainsi les principes de la science des grandeurs sont, d'une part, des postulats qui ont besoin, pour avoir une valeur objective, d'être vérifiés par expérience; et d'autre part, des axiomes nécessaires *a priori*, en tant qu'ils résultent des formes idéales sous lesquelles on doit subsumer les choses sensibles pour les rendre intelligibles et scientifiquement connaissables : de sorte qu'avant d'être des lois de la nature, ces principes sont d'abord des lois de la raison.

1. Cela veut dire qu'il conviendrait de corriger le *réalisme objectiviste* de PLATON par l'*idéalisme transcendental* de KANT.

2. Voir HELMHOLTZ, *op. cit.*, p. 44.

3. Cette phrase, empruntée presque textuellement à HELMHOLTZ (*op. cit.*, p. 45), prouve que l'illustre savant était moins empiriste et plus « kantien » qu'il ne voulait bien le dire. (Voir aussi p. 41.)

CHAPITRE III

THÉORIE DE LA MESURE DES GRANDEURS (SUITE) : AXIOMES DE LA DIVISIBILITÉ ET DE LA CONTINUITÉ

Il importe, avant d'aller plus loin, de remarquer que l'on a pu définir l'égalité et l'addition des grandeurs sans les supposer composées d'*unités*, c'est-à-dire de grandeurs de même espèce toutes égales entre elles [1]. Il en résulte que l'on peut comparer les grandeurs d'une même espèce et établir entre elles des relations définies sans les traduire en nombres. Il y a plus : l'hypothèse en question est non seulement inutile, mais gratuitement restrictive, car, ainsi qu'on le verra bientôt, ce serait appauvrir et mutiler un système de grandeurs que de les supposer toutes composées d'unités semblables et égales, et de réduire ce système aux grandeurs exprimables en nombres entiers, c'est-à-dire commensurables. Ainsi l'idée de grandeur en général, et les notions de l'égalité et de l'addition des grandeurs sont essentiellement indépendantes, en principe, de la possibilité de décomposer les grandeurs en unités égales, et par suite de leur appliquer le nombre [2]. Cette remarque a une portée philosophique capitale : car cela veut dire, en somme, que l'on peut penser les grandeurs et les relations de grandeurs sans leur attribuer une commune mesure, et sans les assimiler à des nombres entiers. Elle suffit à ruiner, en ce qui concerne les grandeurs, la prétendue *loi du nombre*.

Mais si les axiomes de l'égalité et de l'addition suffisent à rendre les grandeurs comparables entre elles, ils ne suffisent pas à les rendre mesurables, c'est-à-dire représentables par des nombres. La

1. Voir HELMHOLTZ, *Zählen und Messen*, p. 18, 19 ; 45.
2. Cf. Chap. II, 5.

mesure des grandeurs exige donc d'autres axiomes, de nouveaux postulats, qui résultent moins de la nature propre et intrinsèque des grandeurs que de l'obligation qu'on s'impose de leur appliquer les nombres; ils expriment, au fond, les conditions nécessaires à cette application. Aussi restreignent-ils arbitrairement l'idée de grandeur telle qu'elle est suffisamment caractérisée par les axiomes déjà énumérés. On peut dès lors s'attendre à ce que l'idée de grandeur réagisse contre ces postulats et prenne pour ainsi dire sa revanche, en imposant à son tour une extension forcée à l'idée de nombre à laquelle on veut la soumettre; la grandeur, reprenant ses droits, fera éclater le cadre du nombre où l'on prétend l'enfermer, et le nombre irrationnel est en quelque sorte la réponse de la grandeur continue à la contrainte du nombre. Tel est, résumé d'avance en quelques mots, le conflit qui va s'engager entre le nombre et la grandeur continue qu'il essaie d'étreindre, et sur laquelle il sera finalement obligé de se mouler.

1. Nous avons déjà défini, pour les grandeurs, des combinaisons nommées *addition* et *soustraction*, qui jouissent des mêmes propriétés que les opérations correspondantes de l'Arithmétique. Pour achever le parallélisme entre les nombres et les grandeurs, grâce auquel on pourra représenter celles-ci par ceux-là, nous allons définir des combinaisons de grandeurs analogues à la multiplication et à la division des nombres entiers.

Définition. — La somme de n grandeurs égales à une grandeur A se représente par : nA, et s'appelle un *multiple* de A (plus exactement : le n-uple de A).

La grandeur nA existe toujours, puisque c'est une somme particulière, et est une grandeur de même espèce que A, en vertu de l'*axiome I* de l'addition. Elle est d'ailleurs unique, l'addition étant une combinaison *univoque*. Cette proposition pourrait s'appeler : *Axiome de la multiplication.*

Il est sous-entendu que n est un nombre entier, puisque nous ne connaissons jusqu'ici que des nombres entiers [1].

Du moment qu'on sait effectuer la somme de deux grandeurs de l'espèce de A, on sait former la grandeur nA, par la suite d'opérations qu'indiquent les formules :

1. En général, les minuscules représenteront des nombres; les majuscules continueront à représenter des grandeurs.

$$A + A = 2A$$
$$2A + A = 3A$$
$$\dots\dots\dots\dots\dots\dots$$
$$(n - 1)\,A + A = nA.$$

Former la grandeur nA au moyen de la grandeur A, cela s'appelle *multiplier* la grandeur A par le nombre n.

Malgré cette expression, il ne faut pas considérer nA comme un produit véritable [1]; en effet, ce produit symbolique n'est pas commutatif : multiplier un nombre par une grandeur n'a aucun sens. Le nombre n n'y joue pas le rôle de *facteur*, mais celui de *coefficient*. Il possède dans cette expression le sens de nombre cardinal, comme il ressort de la définition même (« n grandeurs égales à A »). Aussi l'expression nA est-elle ce que Helmholtz appelle un « nombre dénommé », c'est-à-dire un nombre concret, une somme d'unités : A indique l'espèce des unités sommées, n est leur nombre cardinal. Pour en donner des exemples particuliers, l'expression nA est la forme générale et abstraite d'expressions telles que : « 3 mètres » ou « 5 grammes », c'est-à-dire plus explicitement : « une longueur égale à 3 mètres, un poids égal à 5 grammes ».

La multiplication ainsi définie n'est qu'un cas particulier de l'addition des grandeurs, à savoir le cas où toutes les grandeurs à ajouter sont égales. Aussi diffère-t-elle complètement d'une autre *multiplication* des grandeurs, qui n'a que le nom de commun avec elle : on entend par là une combinaison de deux grandeurs de même espèce, et non une combinaison d'une grandeur et d'un nombre. Dans ce second sens, le produit de la multiplication peut être, soit une grandeur de même espèce, soit une grandeur d'espèce différente : le premier cas a lieu dans l'espèce de grandeurs nommées *vecteurs* dans le plan [cf. 1re Partie, III, IV, **19**]; le second cas a lieu pour les grandeurs géométriques : par exemple, le produit d'une longueur par une longueur est une surface, de sorte que si les deux facteurs sont des nombres de mètres linéaires, leur produit est un nombre de mètres carrés [2]. Les mêmes remarques et les mêmes distinctions s'appliquent à la division, dont nous allons traiter à présent; quand

1. Stolz, *Arithmétique générale*, vol. I, chap. VII.

2. On définit même des produits de grandeurs d'espèces différentes, le produit étant une grandeur d'une espèce différente des deux premières : ainsi une force est le produit d'une masse par une accélération. Cf. Helmholtz, *op. cit.*, p. 49-52.

nous parlerons de la divisibilité des grandeurs, il s'agira de leur division par des nombres entiers, et non par d'autres grandeurs de même espèce ou d'espèce différente [1].

2. Nous pouvons formuler comme suit l'*axiome de la multiplication*, qui n'est pas un principe nouveau, mais un simple corollaire de l'*axiome I* de l'addition :

« Étant donnés une grandeur A et un nombre entier n, il existe une grandeur B de même espèce telle que

$$B = nA. \text{ »}$$

La réciproque de cette proposition constitue un nouvel axiome, indépendant de tous les précédents, et qu'on appelle :

Axiome de la divisibilité [2]. — « Étant donnés une grandeur A et un nombre entier n, il existe une grandeur B de même espèce telle que

$$nB = A. \text{ »}$$

Le sens de l'expression nB est déterminé par la définition énoncée précédemment [**1**]. Le nouvel axiome signifie que toute grandeur (A) est divisible en un nombre quelconque (n) de parties égales, qui sont des grandeurs de même espèce (B).

La grandeur A est le n-uple de la grandeur B; inversement la grandeur B s'appelle la n^e partie de la grandeur A, ou plus brièvement le n^e de A, ce qui s'écrit

$$B = \frac{A}{n}$$

ou

$$B = \frac{1}{n} A.$$

Cette notation équivaut, par définition, à la formule

$$nB = A.$$

On démontre aisément que la grandeur B est unique. Trouver cette grandeur B en partant de la grandeur A, c'est ce qu'on nomme *diviser* la grandeur A par le nombre n.

On établit ensuite les théorèmes suivants, qui résultent des axiomes de l'addition et des définitions précédentes :

1. Exemples : le quotient de deux vecteurs est un autre vecteur; le quotient d'un volume par une longueur est une surface, le quotient d'une force par une accélération est une masse.

2. Stolz, *op. cit.*, chap. v, axiome IV. Cf. 1re Partie, III, II, **6**; III, **2**.

1° $$n(A + B) = nA + nB$$

2° $$(m + n)A = mA + nA$$

3° $$m.\,nA = n.\,mA$$ [1]

4° $$\frac{A + B}{n} = \frac{A}{n} + \frac{B}{n}$$

5° $$\frac{mA}{n} = m\frac{A}{n}.$$

Cette dernière égalité signifie que le n^e de la grandeur mA est égal au m-uple de la grandeur $\frac{A}{n}$; en d'autres termes, que l'ordre dans lequel on multiplie une grandeur A par un nombre m et la divise par un nombre n est indifférent. Il en résulte que l'on peut représenter le résultat de cette double opération par la notation :

$$\frac{m}{n}A = B,$$

le coefficient *symbolique* $\frac{m}{n}$ indiquant qu'on doit prendre m fois le n^e de la grandeur A. La grandeur B ainsi obtenue est dite égale aux m/n^{es} de A.

L'égalité

$$\frac{m}{n}A = B$$

équivaut à l'égalité

$$A = \frac{n}{m}B.$$

En effet, l'une et l'autre équivalent à l'égalité

$$mA = nB$$

en vertu des définitions et notations convenues.

Il est donc inutile et même illégitime d'attribuer au coefficient symbolique $\frac{m}{n}$, composé de deux nombres entiers, le sens de quotient ou même de fraction, car toutes les formules où il figure ne supposent que l'idée de multiplication, et s'interprètent aisément comme telles [2].

1. Voir Helmholtz, *op. cit.* : Multiplication des nombres dénommés (p. 50).

2. Cette remarque est due à M. J. Tannery, que nous ne cessons de suivre dans toute cette théorie de la mesure des grandeurs.

3. *Lemme.* — Si l'on a

$$A = nB, \qquad A' = nB',$$

on doit avoir :

$$A > A', \qquad A = A', \qquad A < A',$$

suivant que

$$B > B', \qquad B = B', \qquad B < B',$$

et réciproquement.

Corollaire. — On peut multiplier ou diviser par un même nombre les deux membres d'une égalité ou d'une inégalité entre des grandeurs.

Cela posé, on démontre sans peine les théorèmes suivants :

1° $$\frac{m}{n}(A + B) = \frac{m}{n} A + \frac{m}{n} B;$$

2° $$\left(\frac{m}{n} + \frac{m'}{n'}\right) A = \frac{m}{n} A + \frac{m'}{n'} A;$$

3° $$\frac{m + m'}{n} A = \frac{m}{n} A + \frac{m'}{n} A;$$

4° $$p\left(\frac{m}{n} A\right) = \frac{mp}{n} A;$$

5° $$\frac{1}{q}\left(\frac{m}{n} A\right) = \frac{m}{nq} A;$$

6° $$\frac{p}{q}\left(\frac{m}{n} A\right) = \frac{mp}{nq} A.$$

Ce sont en somme, comme on voit, les règles du calcul des fractions que l'on retrouve ainsi, grâce à l'application des nombres entiers aux grandeurs divisibles, qui les transforme en nombres dénommés. L'idée de la divisibilité numérique n'intervient nullement dans ces démonstrations, qui reposent uniquement sur la divisibilité des grandeurs [1].

1. On peut même se demander si la divisibilité des grandeurs est nécessaire pour concevoir et formuler de telles relations. Depuis que ces lignes sont écrites, M. J. Tannery a bien voulu nous communiquer ses doutes à ce sujet. Comme nous l'avons déjà remarqué, les égalités :

$$A = \frac{n}{m} B, \qquad B = \frac{m}{n} A$$

reviennent en définitive à celle-ci :

$$mA = nB,$$

qui repose uniquement sur la multiplication des grandeurs. On pourrait interpréter de même toutes les formules qui semblent impliquer la division des grandeurs. Cette conception paraît logiquement irréprochable ; reste à savoir si elle est « raisonnable ». (Voir plus bas, p. 413, note 1.)

On peut enfin démontrer la règle ou condition d'égalité des fractions, sans les considérer comme des quotients, ce qui, au point de vue arithmétique, serait absurde. Supposons en effet que l'on ait les deux égalités de grandeurs :

$$\frac{m}{n} \mathrm{A} = \mathrm{B}, \qquad \frac{p}{q} \mathrm{A} = \mathrm{B},$$

d'où :

$$\frac{m}{n} \mathrm{A} = \frac{p}{q} \mathrm{A}.$$

La première égalité équivaut à

$$m\mathrm{A} = n\mathrm{B},$$

et la seconde à

$$p\mathrm{A} = q\mathrm{B}.$$

Or la première peut s'écrire :

$$mq\mathrm{A} = nq\mathrm{B},$$

et la seconde :

$$np\mathrm{A} = nq\mathrm{B};$$

d'où :

$$mq\mathrm{A} = np\mathrm{A},$$

ou :

$$mq = np,$$

car deux multiples d'une même grandeur ne peuvent être égaux que si leurs coefficients numériques sont égaux. On conviendra donc de regarder dans ce cas les deux coefficients symboliques $\frac{m}{n}$ et $\frac{p}{q}$ comme égaux, puisque les deux grandeurs qu'ils désignent sont égales (et formées d'une même grandeur A), c'est-à-dire qu'on écrira

$$\frac{m}{n} = \frac{p}{q}$$

lorsqu'on aura

$$mq = np.$$

Ces deux formules seront équivalentes par définition [cf. 1re P. I, I, **2**].

Dans le cas particulier où

$$n = 1,$$

il vient :

$$mq = p,$$

ce qui montre que m est le quotient de p par q. D'autre part, le coefficient symbolique $\frac{m}{1}$ signifie que l'on prend m fois la grandeur considérée :

$$\frac{m}{1} A = m \frac{A}{1} = mA.$$

Il doit donc être regardé comme égal au nombre entier m. Ainsi, dans ce cas, l'on peut dire que le coefficient symbolique (fraction) $\frac{p}{q}$ est égal au *quotient* de p par q, car

$$\frac{p}{q} = \frac{m}{1} = m.$$

Mais cette proposition n'est vraie, et même n'a de sens, que dans ce cas seulement [cf. 1re P. I, I, **16**].

Nous considérerons désormais comme acquise toute la théorie des fractions, puisque nous venons d'en établir les principes essentiels par la considération des grandeurs divisibles [cf. 1re P., L. I, Ch. I].

4. L'axiome qui nous reste à formuler peut en un sens être considéré comme l'inverse du précédent, ainsi qu'il ressort de la similitude des énoncés.

Axiome d'Archimède [1]. — « Étant données deux grandeurs inégales de même espèce

$$A > B,$$

il existe un nombre entier n tel que l'on ait

$$nB > A. »$$

En d'autres termes, si grande que soit une grandeur A, et si petite que soit une grandeur B de même espèce, on peut toujours trouver un nombre entier assez grand pour qu'en multipliant B par ce nombre on obtienne une grandeur supérieure à A.

On remarquera que la formule de cet axiome contient le signe de l'inégalité, et non le signe de l'égalité, comme celle de l'*axiome de la divisibilité*. En effet, celui-ci pose l'existence d'une grandeur B qui soit exactement le n^e de la grandeur donnée A; tandis que, deux grandeurs A et B étant données, on ne peut affirmer que la plus grande soit un multiple exact de la plus petite. Tout ce que l'*axiome d'Archimède* permet d'affirmer, c'est qu'il y a un multiple de la plus petite qui est supérieur à la plus grande; autrement dit, c'est qu'en ajoutant B un nombre suffisant de fois à elle-même on

1. Stolz, *op. cit.*, chap. v, axiome V. Cf. 1re Partie, III, III, 2.

finit par atteindre ou dépasser A. Ainsi, tandis que, étant donnés une grandeur A et un nombre n, il existe toujours une grandeur B qui soit le n^e de A, il est faux, en général, qu'étant données deux grandeurs inégales, l'une soit le n^e de l'autre, ou l'autre le n-uple de la première; il serait même absurde d'exiger que toutes les grandeurs d'une même espèce fussent des multiples exacts de l'une d'entre elles, tandis que les nombres entiers sont tous des multiples exacts de l'unité, c'est-à-dire du nombre 1. C'est encore là une différence tranchée entre les nombres et les grandeurs, qui ne permet pas d'appliquer à celles-ci la *loi du nombre*.

5. *Corollaire.* — « Étant données deux grandeurs inégales de même espèce

$$A > B,$$

il existe un nombre entier n tel que l'on ait

$$\frac{A}{n} < B. »$$

En effet, il suffit de diviser par n les deux membres de l'inégalité qui traduit l'*axiome d'Archimède* pour trouver l'inégalité que nous venons d'écrire, ce qui est permis en vertu d'un corollaire du lemme énoncé plus haut [**3**].

Cette proposition est très importante : elle signifie que, si grande que soit une grandeur A, et si petite que soit une grandeur B de même espèce, on peut trouver un nombre assez grand pour qu'en divisant A par ce nombre on obtienne des grandeurs inférieures à B. C'est ce qu'on exprime en disant qu'on peut diviser une grandeur donnée en parties (toutes égales entre elles) plus petites que toute grandeur donnée. Le corollaire de l'*axiome d'Archimède* mérite donc le titre d'*Axiome de la divisibilité indéfinie*.

Il faut bien remarquer que cet axiome est indépendant de tous les précédents, et n'est nullement une conséquence de l'*axiome de la divisibilité* : en effet, celui-ci pose l'existence de la n^e partie de A $\left(\frac{A}{n}\right)$, et cela quel que soit n; de plus, on peut démontrer que

$$\frac{A}{n+1} < \frac{A}{n},$$

c'est-à-dire que quand n croît, $\frac{A}{n}$ décroît; mais il ne s'ensuit pas que, quand n croit indéfiniment, $\frac{A}{n}$ décroisse indéfiniment et devienne plus petite que toute grandeur donnée. C'est ce que nous apprend le nouvel axiome. A ce titre, il joue un rôle capital dans la mesure des grandeurs, car il permet de les mesurer avec une approximation indéfinie, ainsi qu'on le verra plus loin.

6. On appelle *mesure* d'une grandeur le coefficient numérique par lequel il faut multiplier une autre grandeur de même espèce, dite *unité de mesure*, pour former la grandeur considérée.

L'*unité de mesure* (par abréviation, l'*unité*) est une grandeur quelconque de l'espèce considérée, choisie arbitrairement et une fois pour toutes.

Nous connaissons jusqu'ici deux espèces de coefficients : 1° les nombres entiers; 2° les fractions, qui ne sont rien de plus que des couples de nombres entiers.

Étant données une grandeur A et une autre grandeur B de même espèce, prise pour unité, deux cas peuvent se présenter (on verra bientôt que ce ne sont pas *tous* les cas possibles) :

1° La grandeur A est multiple de la grandeur B :

$$A = mB.$$

Dans ce cas, le nombre entier m est la mesure de A par rapport à l'unité B. C'est le nombre de fois que la grandeur A contient la grandeur B.

2° Les grandeurs A et B sont multiples d'une même grandeur M (de même espèce) :

$$A = aM, \qquad B = bM;$$

d'où :

$$M = \frac{B}{b}, \qquad A = a\frac{B}{b} = \frac{a}{b}B.$$

Dans ce cas, la mesure de A par rapport à l'unité B est la fraction $\frac{a}{b}$, formée par les deux coefficients entiers a et b qui définissent les grandeurs A et B comme multiples d'une même grandeur M; autrement dit, chacun des nombres entiers a et b indique le nombre de fois que la grandeur correspondante contient la grandeur M [1].

1. Ces considérations permettent peut-être de justifier la nécessité au moins rationnelle de l'*axiome de la divisibilité* (voir p. 409, note 1). On peut, il est vrai, définir la mesure de A par rapport à B sans faire intervenir l'idée de division, en disant que cette mesure est $\frac{a}{b}$ si l'on a

$$bA = aB.$$

Mais est-ce bien là ce qu'on entend par mesure d'une grandeur? Quand par exemple on dit qu'une longueur est de 99 centimètres, veut-on dire que le

Remarque. — Dans l'un et l'autre cas, les nombres employés pour exprimer la mesure d'une grandeur sont des « nombres de fois », c'est-à-dire des nombres *entiers* ayant le sens de nombres *cardinaux*. Ce n'est donc pas, à proprement parler, un rôle nouveau que jouent les nombres entiers dans leur application à la mesure des grandeurs.

Définition. — On appelle grandeurs *commensurables* (entre elles) deux grandeurs qui sont multiples d'une même grandeur (ou, en particulier, multiples l'une de l'autre [1]).

De ce qui précède il résulte que toute grandeur commensurable avec la grandeur-unité a pour mesure un nombre entier ou une fraction (ensemble de deux nombres entiers).

Réciproquement, toute grandeur mesurable au moyen d'un nombre entier ou d'une fraction est commensurable avec la grandeur adoptée pour unité.

En résumé, toutes les grandeurs que nous savons mesurer jusqu'ici sont les grandeurs commensurables avec l'unité de mesure.

7. Or, s'il y a une vérité capitale dans la science des grandeurs, c'est que toutes les grandeurs d'une même espèce ne sont pas commensurables entre elles ; à plus forte raison ne sont-elles pas commensurables avec l'une quelconque d'entre elles, prise pour unité. Pour abréger, appelons *rationnelles* les grandeurs commensurables

centuple de cette longueur vaut 99 mètres, ou plutôt que cette longueur contient 99 *centièmes* de mètre? En d'autres termes, l'idée qu'on se fait naturellement de la mesure se traduit, non par l'égalité précédente, mais bien par celle-ci :

$$\frac{A}{a} = \frac{B}{b}$$

qui sans doute est logiquement équivalente à la première, mais qui suppose la divisibilité des grandeurs. Ainsi la première formule n'est qu'une manière artificielle et détournée d'écrire la dernière. D'ailleurs, ce détour même n'élude pas la nécessité d'admettre la divisibilité des grandeurs. En effet, si l'on a deux grandeurs A et B qui vérifient la relation (purement multiplicative)

$$nA = (n + 1)\,B,$$

on pourra retrancher B de A, et l'on obtiendra la grandeur représentée par $\frac{B}{n}$: donc la grandeur B sera divisible par n.

1. Voici comment M. Stolz (*op. cit.*, chap. v) définit, d'après les Anciens, les grandeurs commensurables :

« Si une grandeur A est multiple d'une grandeur M, celle-ci est dite *mesure* de A. Si deux grandeurs (A et B) de même espèce ont une commune mesure (M), elles sont dites *commensurables.* »

Nous avons évité d'employer le mot *mesure* dans ce sens, après l'avoir défini dans un autre sens, ce qui pourrait prêter à confusion. On voit que notre définition coïncide au fond avec celle de M. Stolz.

avec l'unité choisie, et *irrationnelles* les grandeurs incommensurables avec la même unité. Si l'on prend pour nouvelle unité une grandeur incommensurable avec la première unité, toutes les grandeurs auparavant rationnelles deviendront irrationnelles, et parmi les anciennes grandeurs irrationnelles, une infinité (mais non pas toutes) deviendront rationnelles; de sorte qu'il y a toujours infiniment plus de grandeurs irrationnelles que de rationnelles, quelle que soit la grandeur prise pour unité.

D'autre part, puisque le choix de l'unité de mesure est absolument arbitraire, il est inadmissible que la « mesurabilité » d'une grandeur donnée, c'est-à-dire la possibilité de la représenter par un nombre, dépende de ce choix, et que, selon que l'unité adoptée sera commensurable ou incommensurable avec cette grandeur fixe et déterminée, celle-ci ait ou n'ait pas de mesure. On est donc obligé d'étendre la notion de mesure même aux grandeurs incommensurables avec l'unité, et par suite d'inventer, pour exprimer la mesure de ces grandeurs, une nouvelle espèce de nombres qu'on appelle nombres *irrationnels*; par opposition aux nombres entiers et aux fractions, qui expriment la mesure des grandeurs rationnelles, et que, pour cette raison, on appelle nombres *rationnels*.

L'existence des grandeurs irrationnelles, ou plus généralement, de grandeurs incommensurables entre elles, est une conséquence de la continuité essentielle à la grandeur. Il s'agit de définir cette continuité, qui est la dernière propriété de l'idée de grandeur, c'est-à-dire la plus complexe et la plus importante. Pour cela, remarquons d'abord que toute grandeur donnée permet de répartir les autres grandeurs de même espèce en deux classes, dont l'une, dite *classe inférieure*, contient toutes les grandeurs plus petites, et l'autre, dite *classe supérieure*, contient toutes les grandeurs plus grandes que la grandeur considérée. En vertu d'une propriété de l'inégalité démontrée précédemment [II, **10**] (Si $A > B$, $B > C$, on a : $A > C$), toutes les grandeurs de la classe inférieure sont plus petites qu'une grandeur quelconque de la classe supérieure, et toutes les grandeurs de la classe supérieure sont plus grandes qu'une grandeur quelconque de la classe inférieure. Si l'on range la grandeur considérée elle-même dans l'une ou l'autre des deux classes, on aura ainsi réparti *toutes* les grandeurs du système en deux classes telles, que toutes les grandeurs de l'une soient plus petites que toutes les grandeurs de l'autre; on dira que cette répartition *définit* la grandeur considérée, au moyen de laquelle on l'a effectuée, et qui est, soit la plus grande de la classe inférieure, soit la plus petite de la classe supérieure (ces deux modes de répartition étant considérés comme équivalents). Inversement, on dira que la grandeur considérée *représente* ces deux modes de répartition [1].

8. « L'essence de la continuité consiste dans la réciproque de la proposition précédente », qui est une conséquence évidente des axiomes de l'égalité; on peut donc la définir par le principe suivant [2] :

Axiome de la continuité. — « Si l'on peut répartir *toutes* les grandeurs d'une même espèce en deux classes telles que toutes les grandeurs de l'une soient plus petites (ou plus grandes) que toutes les grandeurs de l'autre, *il existe* une grandeur de cette espèce qui représente ce mode de répartition, et qui est à la fois plus grande que toutes les grandeurs de la classe inférieure et plus petite que toutes les grandeurs de la classe supérieure. »

Cet axiome est indémontrable, et pourtant il possède une évidence presque égale à celle des jugements analytiques. C'est qu'il repose sur l'idée intuitive de la grandeur, et formule un de ses caractères essentiels. Que cette idée nous vienne de l'intuition sensible ou d'une intuition rationnelle, peu importe ici; c'est une question que nous réservons pour la fin de cet Ouvrage [IV, iii]. Toujours est-il qu'il nous paraît impossible de concevoir un système de grandeurs réparti en deux classes telles que l'énoncé les définit, sans admettre l'existence (idéale, bien entendu) d'une grandeur intermédiaire qui les distingue et marque leur séparation. C'est là un jugement essentiellement synthétique, car il conclut l'existence d'une grandeur de l'existence de grandeurs différentes; reste à savoir s'il est *a priori*. En tout cas, il ne paraît pas vrai seulement pour telle ou telle espèce particulière de grandeurs, mais pour la grandeur en général, pour toute espèce de grandeurs.

Il va sans dire que si la grandeur qui représente le mode de répartition considéré est supposée déjà donnée, elle sera la plus grande de la classe inférieure ou la plus petite de la classe supérieure. Dans le cas contraire, ce mode de répartition servira à définir cette gran-

1. Dedekind, *Stetigkeit und irrationale Zahlen*, § 2, III. Nous étendons à un système de grandeurs quelconque les propositions de cet auteur relatives au système des longueurs, ou plutôt à l'ensemble des points d'une ligne droite.

2. Dedekind, *op. cit.*, § 3 (Continuité de la ligne droite).

deur unique et déterminée, qu'on pourra ensuite ranger dans une classe ou dans l'autre, de manière à répartir, suivant l'énoncé, *toutes* les grandeurs de la même espèce entre ces deux classes. De toute façon, l'axiome subsiste, à la condition d'entendre que la grandeur ainsi définie est plus grande que toutes les *autres* grandeurs de la classe inférieure, si elle appartient à celle-ci, ou plus petite que toutes les *autres* grandeurs de la classe supérieure, si elle lui appartient.

Il n'est pas sans intérêt de remarquer, à ce propos, que non seulement une proposition n'engendre pas nécessairement sa réciproque, mais que la réciproque peut avoir une importance et une valeur beaucoup plus grande que la proposition directe. C'est ce qu'on a déjà pu observer plus haut pour l'*axiome de la divisibilité*; cela est encore plus frappant pour l'*axiome de la continuité*, qui est la réciproque d'une proposition toute simple et presque banale, et qui a par lui-même une telle gravité et une telle fécondité [1].

9. Exposons maintenant comment on procède pour mesurer une grandeur, c'est-à-dire pour trouver le nombre qui la représente. Soient A la grandeur à mesurer, B la grandeur prise pour unité. On cherchera d'abord si A contient B un nombre exact de fois, c'est-à-dire si A est un multiple de B; ce qui ne peut avoir lieu que si

$$A > B.$$

Pour cela, on formera les multiples successifs de la grandeur B,

$$2B,\ 3B, \ldots\ldots\ nB, \ldots\ldots$$

et on les comparera à la grandeur A au point de vue de l'égalité et de l'inégalité. En vertu de l'*axiome d'Archimède*, il y aura dans cette suite un premier multiple supérieur à la grandeur A : soit

$$(m_1 + 1)\,B > A.$$

Dans ce cas, ou bien le multiple immédiatement précédent m_1B est égal à A, et alors A est un multiple de B et a pour mesure le nombre entier m_1; ou bien m_1B est inférieur à A, et il est évident que A

1. On lira dans la Note IV [§ VI, **69**] la définition que M. Cantor donne de la continuité; elle implique celle-ci, car elle suppose donné un espace *continu* à *n* dimensions. La définition de M. Dedekind concorde d'ailleurs au fond avec celle de M. Cantor. En effet, en vertu de l'axiome d'Archimède, le système de grandeurs considéré est déjà *connexe* (v. 1re Partie, Livre III, ch. iii, **4**; cf. Stolz, *op. cit.*, chap. v). En vertu de l'axiome de la continuité, il est en outre *parfait*, comme le reconnaît M. Cantor (*Grundlagen einer allgemeinen Mannichfaltigkeitslehre*, § 10, fin). Il possède donc tous les caractères par lesquels M. Cantor définit le *continu*.

ne peut être un multiple de B, tous les multiples de B étant ou inférieurs à m_1B ou supérieurs à $(m_1 + 1)$ B :

$$m_1 B < A < (m_1 + 1) B.$$

Il reste alors à savoir si A et B sont multiples d'une même grandeur, c'est-à-dire si A est multiple d'une partie aliquote de B. Pour procéder méthodiquement, on cherchera d'abord si A est un multiple exact de la grandeur $\frac{B}{2}$; ce qui ne peut avoir lieu que si $\frac{B}{2} < A$. On opérera avec la grandeur $\frac{B}{2}$ comme ci-dessus avec la grandeur B, et l'on arrivera, en vertu de l'*axiome d'Archimède*, à un premier multiple de $\frac{B}{2}$ qui sera supérieur à A, soit

$$(m_2 + 1) \frac{B}{2} > A.$$

Dans ce cas, ou bien le multiple précédent sera égal à A,

$$m_2 \frac{B}{2} = A,$$

c'est-à-dire

$$A = \frac{m_2}{2} B,$$

alors A a pour mesure la fraction $\frac{m_2}{2}$; ou bien

$$m_2 \frac{B}{2} < A,$$

et alors A ne peut être un multiple de $\frac{B}{2}$:

$$\frac{m_2}{2} B < A < \frac{m_2 + 1}{2} B.$$

On cherchera ensuite, de la même manière, si A est un multiple exact de $\frac{B}{3}$, de $\frac{B}{4}$,..... de $\frac{B}{n}$,...... Si A et B sont commensurables, on doit nécessairement finir par trouver une partie aliquote de B, $\frac{B}{n}$ par exemple, que A contienne un nombre exact de fois, soit m_n; on aura alors :

$$A = m_n \frac{B}{n} = \frac{m_n}{n} B,$$

et $\frac{m_n}{n}$ sera la mesure de A par rapport à B.

Si au contraire A et B sont incommensurables, la suite des opérations dont nous venons d'indiquer la règle se poursuivra sans fin; elle sera interminable. Il semble donc que dans ce cas la grandeur A ne puisse avoir de mesure par rapport à l'unité B.

C'est néanmoins cette suite illimitée d'opérations de mesure, dont chacune est infructueuse, qui va servir à définir, non pas approximativement, mais en toute rigueur, la mesure de A par rapport à B, au moyen d'un nombre *irrationnel*.

En effet, si grande que soit l'unité B, et si petite que soit la grandeur à mesurer A, il y aura toujours, en vertu des axiomes de la divisibilité, une partie aliquote de B qui sera inférieure à A, soit :

$$\frac{B}{n} < A.$$

A partir du moment où l'on aura trouvé cette partie aliquote de B, toutes les parties aliquotes successives

$$\frac{B}{n+1}, \frac{B}{n+2}, \ldots\ldots \frac{B}{n+p}, \ldots\ldots$$

seront inférieures à A et de plus en plus petites. On pourra donc effectuer sur chacune d'elles les opérations indiquées plus haut, c'est-à-dire comparer leurs multiples successifs à la grandeur A. En vertu de l'*axiome d'Archimède*, on trouvera chaque fois un premier multiple supérieur à A, de sorte que la grandeur A sera comprise entre ce multiple et le multiple précédent; par exemple :

$$\frac{m_n}{n} B < A < \frac{m_n + 1}{n} B.$$

Puisque, par hypothèse, les grandeurs A et B sont incommensurables, on ne pourra jamais trouver A égal à un multiple quelconque d'une partie aliquote quelconque de B, et par conséquent A sera toujours compris entre deux multiples consécutifs de chacune d'elles. De plus, en vertu de l'*axiome de la divisibilité indéfinie*, la différence de ces deux multiples, soit $\frac{B}{n}$, deviendra plus petite que toute grandeur donnée, n croissant indéfiniment. La grandeur A sera donc enfermée entre deux suites infinies de grandeurs commensurables avec B, dont la différence décroît indéfiniment :

$$m_1 B < A < (m_1 + 1) B$$
$$\frac{m_2}{2} B < A < \frac{m_2 + 1}{2} B$$
$$\dots\dots\dots\dots$$
$$\frac{m_n}{n} B < A < \frac{m_n + 1}{n} B$$
$$\dots\dots\dots\dots$$

On dira alors que le nombre x qui mesure A vérifie les inégalités correspondantes (en nombre infini) :

$$m_1 < x < m_1 + 1$$
$$\frac{m_2}{2} < x < \frac{m_2 + 1}{2}$$
$$\dots\dots\dots\dots$$
$$\frac{m_n}{n} < x < \frac{m_n + 1}{n}$$
$$\dots\dots\dots\dots$$

c'est-à-dire qu'il est enfermé entre deux suites de nombres rationnels dont la différence $\left(\frac{1}{n}\right)$ décroît indéfiniment, et peut devenir aussi petite qu'on veut. D'ailleurs, il est clair que tous les nombres de la première suite

$$m_1, \frac{m_2}{2}, \dots\dots \frac{m_n}{n}, \dots\dots$$

sont plus petits que tous les nombres de la seconde suite

$$m_1 + 1, \frac{m_2 + 1}{2}, \dots\dots \frac{m_n + 1}{n}, \dots\dots$$

On démontre aisément qu'ils vérifient les conditions de la définition du nombre irrationnel [v. 1re Partie, I, IV, **9**, **19**]; donc ces deux suites de nombres rationnels définissent un nombre irrationnel α, dont ces nombres sont les valeurs approchées par défaut et par excès à $1, \frac{1}{2}, \dots\dots \frac{1}{n}, \dots\dots$ près.

Ce nombre irrationnel α substitué à x vérifie, par définition, les inégalités précédentes; d'ailleurs il est le seul, car, par hypothèse, aucun nombre rationnel ne peut les vérifier, et d'autre part le nombre irrationnel défini par les deux suites est unique. Le nombre unique α sera donc, par définition, la *mesure* de A par rapport à B, et l'on conviendra d'écrire

$$A = \alpha B,$$

comme si la grandeur B multipliée par le nombre α reproduisait la grandeur A (opération qui n'a plus de sens ici [1]).

10. *Réciproquement*, soit un nombre irrationnel α. Ce nombre ne signifie rien de plus, au point de vue arithmétique, qu'un certain mode de répartition de tous les nombres rationnels en deux classes jouissant des propriétés énoncées. Soit d'autre part une grandeur B quelconque. Si on la multiplie par tous les nombres rationnels, on obtient (en vertu des *axiomes de la multiplication* et *de la divisibilité*) des grandeurs de même espèce, qui seront commensurables avec B. Ces grandeurs auront entre elles les mêmes relations d'inégalité que les nombres qui les mesurent par rapport à l'unité B (coefficients de B). Elles formeront donc, elles aussi, deux classes telles que toutes les grandeurs de l'une soient plus petites (ou plus grandes) que toutes celles de l'autre; et de plus, elles vérifient l'*axiome d'Archimède*, de sorte que la différence entre deux grandeurs appartenant respectivement aux deux classes peut être prise aussi petite qu'on le veut. Dans ces conditions, en vertu de l'*axiome de la continuité*, il existe une grandeur qui est à la fois plus grande que toutes celles de la classe inférieure et plus petite que toutes celles de la classe supérieure : il est naturel de faire correspondre cette grandeur A au nombre irrationnel α. On dira donc qu'elle a pour mesure le nombre α, et l'on écrira [2]

$$A = \alpha B.$$

Cette grandeur A, qui sépare les deux classes de grandeurs déterminées par le nombre α, est d'ailleurs unique, car si deux grandeurs inégales A et A′ existaient entre ces deux classes, la différence de deux grandeurs prises à volonté dans les deux classes ne pourrait être inférieure à la différence (A — A′) ni, par suite, devenir plus petite que toute grandeur donnée.

On voit maintenant que c'est bien l'*axiome de la continuité* qui fonde l'existence des grandeurs incommensurables. Il ne faut pas croire, d'après ce qui précède, que ce soit les nombres irrationnels qui révèlent cette existence et engendrent en quelque sorte les grandeurs incommensurables ; c'est au contraire les grandeurs incommensurables qui exigent, pour être mesurées, la création de nouveaux nombres, et font ainsi toute la valeur des nombres

1. Stolz, *op. cit.*, chap. vii.
2. Cf. Stolz, *loc. cit.*

irrationnels[1]. Sans doute, ceux-ci, une fois créés, se détachent, comme les nombres rationnels, des grandeurs qui leur ont donné naissance, et deviennent des symboles indépendants susceptibles de relations abstraites; mais il ne faut pas oublier que leurs relations, ainsi que celles des nombres fractionnaires, ne sont que le décalque des relations concrètes entre les grandeurs qu'ils représentent; ce ne sont, en principe, que des *coefficients* d'une grandeur unique prise pour unité, avec laquelle on essaie de construire toutes les autres. « On essaie », disons-nous, car on n'y réussit que pour les grandeurs commensurables avec l'unité choisie, et l'existence des grandeurs incommensurables prouve que toutes les grandeurs ne sont pas les multiples d'une seule et même grandeur. Il est donc absurde de vouloir engendrer toutes les grandeurs d'une même espèce au moyen d'une grandeur unique, par des divisions et multiplications successives, ayant pour coefficients des nombres entiers (finis). La *loi du nombre*, suivant laquelle toutes les grandeurs seraient mesurables exactement en nombres entiers par une même unité, est contradictoire avec l'idée même de grandeur.

1. D'ailleurs, l'*axiome de la continuité* s'applique aux grandeurs, et non pas aux nombres, du moins primitivement; il ne s'applique aux nombres que par l'intermédiaire des grandeurs, comme l'a fort bien montré M. Dedekind (*op. cit.*, §§ 3 et 5). Cf. 1re Partie, Liv. III, Chap. III, **8**.

CHAPITRE IV

LE NOMBRE CONÇU COMME RAPPORT
LA GRANDEUR INFINIE

Nous savons à présent mesurer toutes les grandeurs d'un système continu, c'est-à-dire les représenter par des nombres : à savoir, les grandeurs commensurables avec l'unité choisie, par des nombres rationnels; les grandeurs incommensurables, par des nombres irrationnels. Mais par là même l'idée de nombre se trouve extrêmement élargie, et l'ensemble des nombres s'est infiniment étendu. En effet, nous ne connaissions d'abord que les nombres entiers; nous avons ensuite conçu les fractions comme des couples de nombres entiers, et nous les avons appelées *nombres rationnels*; enfin, nous avons désigné certains modes de répartition de la totalité des nombres rationnels en deux classes par des symboles, que nous avons nommés *nombres irrationnels*. Il s'agit de savoir si ces divers symboles ne sont des *nombres* qu'en vertu de définitions de mots et de conventions arbitraires, ou s'ils peuvent rentrer, avec le nombre entier, qui seul jusqu'ici mérite le nom de *nombre*, sous une idée générale qui justifie l'application de ce nom à des concepts aussi divers. Il ne faut pas oublier, en effet, que le nombre (entier) est essentiellement une collection d'unités, et n'a pas d'autre sens : c'est à ce titre qu'il est intervenu dans la mesure des grandeurs, pour exprimer le nombre cardinal des unités (de grandeur) que contient une grandeur donnée (dans le cas, bien entendu, où elle est un multiple exact de l'unité de mesure) [III, **6**, *Remarque*]. Or ni le nombre rationnel, ni surtout le nombre irrationnel ne rentrent dans cette définition du nombre; dans quel sens peut-on les appeler des nombres?

1. Nous avons écarté, au début de ce Livre, la définition courante du nombre comme expression de la mesure d'une grandeur, parce qu'une telle définition ne peut évidemment servir à enrichir et à étendre l'idée de nombre, et au contraire la suppose déjà acquise. En effet, si l'on peut exprimer la mesure d'une grandeur par un nombre entier, par exemple, c'est qu'on a préalablement défini le nombre entier comme nombre cardinal; on peut alors compter les unités additionnées pour former la grandeur donnée, et représenter celle-ci par le *nombre* de ces unités. Mais si l'on n'a pas défini les nombres rationnels, on ne pourra pas mesurer les grandeurs rationnelles, ou du moins exprimer leur mesure par un nombre; et si l'on n'a pas défini les nombres irrationnels, les grandeurs irrationnelles ne seront pas mesurables. Il ne sert donc de rien de définir le nombre par la mesure, car la mesure elle-même implique la notion de nombre, une grandeur n'étant mesurable qu'autant que l'on possède un nombre qui puisse la représenter. Le nombre ne peut pas plus être défini comme résultat d'une mesure que comme résultat d'un dénombrement : l'un et l'autre emploi du nombre supposent qu'on en a déjà l'idée préconçue, et l'application qu'on en fait, soit aux pluralités discrètes, soit aux grandeurs continues, ne peut rien ajouter à cette idée, encore moins l'engendrer.

2. Ces objections ne s'appliquent pas à une autre définition du nombre, qui a un caractère éminemment philosophique et qui s'autorise d'un grand nom : à savoir la définition du nombre comme expression du *rapport* de deux grandeurs. Voici comment Newton la formule, au début de son *Arithmetica universalis* :

« Per numerum, abstractam quantitatis cujusvis ad aliam ejusdem generis quantitatem, quæ pro unitate habetur, rationem intelligimus [1]. »

Cette définition, qui ramène l'idée de nombre à l'idée plus générale de rapport, est propre à justifier les nombres rationnels et irrationnels : car ils représentent évidemment les rapports de toutes les grandeurs commensurables et incommensurables avec la grandeur prise pour unité, c'est-à-dire tous les rapports concevables entre des grandeurs absolues [2].

1. Cité par Stolz, *op. cit.*, vol. I, chap. vi.

2. Cette idée de rapport n'est pas confinée, comme celle de mesure, dans le domaine des grandeurs absolues et linéaires : elle peut servir encore à justifier les nombres qualifiés et complexes, par la considération du rapport (complexe, lui aussi) des vecteurs du plan, qui comprend à la fois un rapport de grandeur et un rapport de direction [v. 1re Partie, Livre III, Chap. iv, **19**].

3. Reste à savoir ce que l'on doit entendre, dans cette formule, par *rapport*. Les mathématiciens ne verraient dans cette définition qu'un cercle vicieux, parce qu'ils définissent, au rebours, le rapport par le nombre; ils disent en effet :

« Le rapport d'une grandeur A à une autre grandeur B de même espèce est le nombre qui mesure A quand on prend B pour unité, ou, comme on dit plus brièvement, la mesure de A par rapport à B. »

Il est clair que si nous n'avions pas d'autre idée du rapport de deux grandeurs que celle qui ressort de cette définition, nous n'aurions jamais le droit de définir le nombre comme un rapport. Faut-il donc admettre que la définition de Newton renferme une pétition de principe, et qu'elle ne signifie rien au fond? Nous ne le pensons pas, et voici pourquoi. L'idée de rapport est manifestement plus générale que l'idée de nombre (entier) que nous possédons jusqu'ici: il est donc permis de croire qu'elle lui est antérieure, au moins rationnellement. De plus, on ne pourrait jamais, comme nous venons de le montrer, sortir du domaine du nombre entier si l'on s'en tenait à la conception du nombre comme collection d'unités; il faut donc faire appel à quelque autre idée plus générale, sous laquelle l'idée de nombre entier puisse être comprise comme cas particulier. Enfin, on ne peut pas, on l'a vu, mesurer toutes les grandeurs au moyen du nombre entier, de sorte que l'on n'arrivera jamais à concevoir le rapport de deux grandeurs quelconques de même espèce, si l'on définit ce rapport par le *nombre* qui mesure l'une quand on prend l'autre pour unité. Pour toutes ces raisons, l'idée de rapport nous paraît antérieure aux idées de nombre et de mesure, bien loin d'en être dérivée.

Nous n'ignorons pas que nous renversons ainsi l'ordre logique des notions mathématiques les plus essentielles; mais ce n'est pas la première fois que l'ordre logique se trouve être contraire à l'ordre rationnel [1]. Nous accorderons aux savants le droit de définir l'idée *mathématique* de rapport par l'idée de nombre et celle de mesure; mais en retour, nous leur demandons la liberté de rechercher l'idée *philosophique* de rapport, sur laquelle repose l'idée générale de nombre, et sans laquelle aucune mesure ne serait possible ni même concevable. C'est parce qu'on a déjà l'idée du rapport de deux grandeurs qu'on cherche à l'exprimer par un nombre (entier), et que, si

1. Cf. Livre I, Ch. III, **10** et **11**.

l'on n'y réussit pas, on crée d'autres nombres qui puissent le représenter; de sorte que si l'on peut définir scientifiquement le rapport par un nombre, c'est que ce nombre a été inventé tout exprès pour définir le rapport déjà pensé. En un mot, l'idée mathématique de rapport n'est que la traduction arithmétique de l'idée philosophique de rapport.

4. Que l'on ne nous demande pas de définir cette idée de rapport, encore moins de démontrer qu'elle existe; toute définition et toute démonstration reposent sur des concepts logiques préalablement posés, et il ne s'agit pas ici du concept logique et scientifique de rapport, mais de l'idée rationnelle dont il est l'expression. Tout ce que nous pouvons faire, c'est de *montrer* cette idée, c'est d'essayer de la faire *voir*, puisqu'aussi bien elle est l'objet d'une intuition pure. Elle existe dans l'esprit dès que l'on pense deux grandeurs et qu'on les embrasse dans un même acte intellectuel qui constitue la comparaison. Du moment où l'on a l'idée de deux grandeurs de *même espèce*, elles sont comparables entre elles : bien plus, elles sont déjà comparées, puisqu'on les conçoit comme étant de même espèce, et qu'on les réunit sous l'idée générale de leur espèce commune. En même temps, on les pense nécessairement (en vertu de l'*axiome I* de l'égalité) comme égales ou inégales : c'est une première relation qu'on établit entre elles, un premier « rapport » que l'on découvre en les comparant l'une à l'autre. Si elles sont inégales, on est amené à penser l'une d'elles comme la somme de l'autre et d'une troisième grandeur de même espèce (en vertu de l'*axiome V* de l'addition) : c'est une nouvelle relation qui apparaît, un nouveau « rapport » sous lequel on les considère.

Mais à tous ces rapports (rapport d'inégalité, rapport d'addition ou différence) s'ajoute l'idée d'une autre relation, qui sera l'idée du *rapport* proprement dit d'une grandeur à l'autre, de leur *rapport de grandeur*. Il faut bien se garder de le définir par exemple par leur quotient; car ce serait déjà les supposer commensurables, hypothèse illégitime qui a beaucoup de chances d'être fausse. Au contraire, si l'on songe à chercher combien de fois (*quotiens*) l'une contient l'autre ou une partie aliquote de l'autre, c'est pour obtenir une expression numérique de ce rapport idéal que l'on pense en les pensant toutes deux ensemble. L'idée de quotient repose sur l'idée de rapport, comme l'idée de différence repose sur l'idée de cette autre espèce de rapport que nous avons appelé rapport d'addition. Si l'on conçoit quatre grandeurs A, B, C, D sous le rapport de l'addition, on dira que A est à B comme C est à D, quand on aura

$$A - B = C - D.$$

Si au contraire on les conçoit sous le rapport de la multiplication, on dira que A est à B comme C est à D, si l'on a

$$A : B = C : D.$$

Mais, lors même que les quotients qui forment les deux membres de cette proportion n'auraient pas de sens (ne seraient pas des nombres entiers), c'est-à-dire lors même que A et C ne seraient pas des équimultiples de B et de D, on n'en aurait pas moins l'idée de deux rapports de grandeur égaux, ou plutôt identiques [1].

Prenons un exemple : soient deux carrés quelconques, dont les côtés aient des longueurs quelconques; menons une diagonale dans chacun d'eux. On sait que chaque diagonale sera incommensurable avec le côté du carré où elle se trouve; en outre, il se peut que les deux côtés eux-mêmes soient incommensurables entre eux. Soient C et C′ leurs longueurs, D et D′ les longueurs des diagonales correspondantes; la proportion

$$C : D = C' : D',$$

qui s'énonce : « C est à D comme C′ est à D′ », n'en a pas moins un sens parfaitement clair, alors que les deux membres de cette égalité ne sont pas des nombres. Dire que le rapport de grandeur de C et de D est le même que celui de C′ et de D′, c'est énoncer une proposition intelligible, bien que ces deux rapports ne puissent s'évaluer en nombres (rationnels).

L'idée du rapport de deux grandeurs est donc indépendante de sa traduction arithmétique et antérieure à elle; car il faut d'abord la penser en elle-même pour pouvoir la représenter par un nombre. On n'a pas besoin d'avoir mesuré deux grandeurs pour avoir l'idée de leur égalité ou de leur inégalité, ni pour penser leur différence; dans l'exemple précédent, on sait fort bien que la diagonale du carré est plus grande que le côté, et l'on peut construire leur différence, sans supposer pour cela que ces deux longueurs aient une commune mesure (qui n'existe pas). De même, pour penser le rapport de deux grandeurs, il n'est nullement nécessaire que ces gran-

1. Cf. Stolz, *op. cit.*, vol. I, chap. vi.

deurs soient exprimées en nombres, ni même qu'elles soient exprimables en nombres : il suffit qu'elles soient pensées ensemble et comparées entre elles, en tant que grandeurs.

5. En particulier, deux grandeurs incommensurables ont entre elles un rapport déterminé, et loin qu'il puisse se définir par le nombre irrationnel qui mesure l'une par rapport à l'autre, ce nombre irrationnel n'a de sens et de raison d'être que comme expression de ce rapport. En effet, un nombre irrationnel n'est pas autre chose, en Arithmétique pure, que le symbole d'un certain mode de répartition de la totalité des nombres rationnels en deux classes; or, pourquoi et comment effectue-t-on cette répartition, si ce n'est en cherchant dans les nombres rationnels s'il s'en trouve un qui exprime un certain rapport donné, et en séparant ceux qui se trouvent trop grands de ceux qui se trouvent trop petits? Dira-t-on que deux grandeurs n'ont entre elles un rapport que si elles sont commensurables, et si ce rapport peut se définir par deux nombres entiers? Mais il serait absurde de soutenir que, de deux grandeurs infiniment peu différentes dont l'une serait commensurable et l'autre incommensurable, la première seule ait un rapport avec la grandeur prise pour unité; de sorte que, lorsqu'une grandeur varie d'une valeur à une autre quelconque, elle passerait par une infinité d'états où elle n'aurait pas de rapport avec l'unité, parmi une infinité d'autres états où elle aurait avec l'unité des rapports déterminés. Deux grandeurs qui n'auraient entre elles aucun rapport intelligible ne pourraient entrer dans aucune relation mathématique; or nous voyons au contraire la diagonale du carré liée au côté par une relation géométrique constante et très simple, qui définit le rapport de ces deux grandeurs d'une manière exacte et rigoureuse; et certes, il y a peu de rapports entre grandeurs commensurables qui soient plus faciles à concevoir et à comprendre que le rapport de ces deux grandeurs incommensurables, que l'on prétend ne pas exister [1].

6. Bien mieux : les nombres rationnels, eux aussi, ne peuvent être conçus comme *nombres* que grâce à l'idée du rapport qu'ils expriment; car c'est ce qui explique que l'ensemble de deux nombres (entiers) rangés dans un certain ordre puisse être considéré comme un seul nombre. Soient deux grandeurs commensurables A et B. Par

1. Renouvier, *Principes de la Nature*, t. I, p. 7 et 60. (Cf. III, iv, **12**, note.)

hypothèse, elles sont multiples d'une même grandeur M, et l'on a :

$$A = aM, \qquad B = bM.$$

On écrit alors

$$A = \frac{a}{b} B,$$

et l'on dit que $\frac{a}{b}$ est le *nombre* qui mesure A quand B est prise pour unité. Mais, à proprement parler, $\frac{a}{b}$ n'est pas un nombre : c'est l'ensemble des deux coefficients qui servent de mesure à A et à B considérées comme multiples de la grandeur M. Pour pouvoir dire que $\frac{a}{b}$ est un nombre, il faut faire appel à l'idée de rapport, et concevoir que le rapport des grandeurs A et B est *le même* que celui des nombres entiers a et b, dont chacun désigne le nombre de fois que la grandeur correspondante contient la grandeur M. C'est ainsi que l'on peut représenter le rapport des deux grandeurs par le rapport de deux nombres, et définir la mesure de A par rapport à B en donnant les deux nombres entiers a et b. En résumé, l'on ne peut pas, rationnellement, définir le rapport de deux grandeurs par le nombre qui mesure l'une par rapport à l'autre, car, tout au contraire, l'ensemble des deux nombres entiers qui expriment cette mesure ne devient *un nombre* que lorsqu'on a défini le nombre comme le rapport de deux grandeurs.

7. Enfin les mêmes considérations s'appliquent au nombre entier lui-même. Sans doute, il possède par lui-même un sens, en tant que collection d'unités, et c'est en ce sens qu'il sert à la fois à la mesure et au dénombrement, attendu que la mesure d'une grandeur multiple de l'unité se ramène à compter *combien de fois* cette grandeur contient l'unité. Néanmoins, le nombre entier n'a le sens de mesure que si on le considère, lui aussi, comme un rapport, à savoir comme le rapport de ce nombre lui-même à l'unité. En effet, une grandeur, même mesurée par un nombre entier, n'est pas conçue comme une collection d'unités : quand on parle d'une longueur de *trois* mètres ou d'un poids de *cinq* grammes, on ne pense pas une collection de *trois* longueurs égales à un mètre ou de *cinq* poids égaux à un gramme; on pense *une seule* grandeur, dont le *rapport* à l'unité (mètre ou gramme) est exprimé par le nombre entier 3 ou 5. Qu'est-ce à dire, sinon que ce rapport n'est complètement représenté que par deux nombres, dont le second est l'unité? Le résultat de la mesure devrait se formuler explicitement comme suit : « Cette longueur est à la longueur-unité comme le nombre 3 est au nombre 1, car elle contient *trois* fois la longueur que l'unité contient *une* fois. » Il faut donc concevoir le nombre entier lui-même comme un rapport de deux nombres, c'est-à-dire comme un nombre rationnel, et l'écrire sous forme de fraction : $\frac{3}{1}$, $\frac{5}{1}$. Ainsi les nombres entiers rentrent comme cas particulier dans les nombres rationnels : ce sont des rapports dont le second terme est 1 [1]. On voit que le nombre entier lui-même ne sert à la mesure des grandeurs qu'autant qu'il exprime un rapport ; et c'est l'idée de rapport qui unit les deux sens et le double emploi du nombre (mesure et dénombrement).

8. Il y a plus : c'est cette même idée de rapport qui relie le système des nombres à chaque système de grandeurs, et permet d'établir entre eux un parallélisme parfait en créant au besoin des nombres nouveaux. En effet, les nombres sont, par essence, tout différents des grandeurs, malgré l'analogie purement formelle des opérations arithmétiques et des combinaisons de grandeurs, analogie qui s'arrête d'ailleurs après les axiomes de l'addition. Nous parlons, bien entendu, de la seule espèce de nombres qui ait un sens en Arithmétique pure, à savoir des nombres entiers. Les *axiomes de la divisibilité* ne sauraient s'y appliquer en principe, encore moins l'*axiome de la continuité*; aussi marquent-ils une différence profonde entre les grandeurs, divisibles et continues, et les nombres entiers.

Ce contraste s'accuse dans l'opposition des deux sens que l'on attribue tour à tour au mot *unité*. L'unité numérique, dont la répétition constitue le nombre entier, est essentiellement indivisible : c'est l'*un* absolu et simple ; on peut le poser ou ne pas le poser, mais on ne peut pas poser moins que *un* : c'est l'élément primitif et irréductible du nombre. Au contraire, l'unité de mesure est une grandeur quelconque, qui ne se distingue des autres grandeurs de même espèce par aucun caractère intrinsèque, et dont le choix est par suite entièrement arbitraire. Elle est divisible, comme les autres, en un nombre quelconque de parties, toutes égales entre elles, et toutes semblables à elle-même. Chacune de ces parties peut, on l'a vu, jouer

1. De cette assimilation résulte la conception des rapports comme quotients, attendu que, lorsque deux nombres sont divisibles l'un par l'autre, leur rapport est égal à leur quotient. Mais il faut se garder de définir le rapport en général comme quotient, car au contraire la notion du quotient de deux nombres ne se généralise que grâce à l'idée de rapport.

à son tour le rôle d'unité, car elle possède les mêmes propriétés que l'unité primitive, et est susceptible des mêmes divisions. En un mot, l'unité de grandeur est une grandeur indiscernable des autres grandeurs de même espèce [1]. Aussi les grandeurs sont-elles purement relatives les unes aux autres, et offrent entre elles les mêmes rapports, quelle que soit la grandeur choisie pour unité; tandis que dans l'ensemble des nombres il y a un élément absolu, l'unité, qui est la « commune mesure » de tous les autres nombres.

Le nombre-unité et la grandeur-unité ont donc des caractères bien tranchés et même opposés; mais comme on retrouve entre les grandeurs les mêmes rapports qui existent entre les nombres (parmi beaucoup d'autres rapports qui n'existent pas entre les nombres), il est naturel d'exprimer ces rapports par les deux nombres qui en sont les termes, attendu que l'idée d'un rapport déterminé est indépendante de la nature des termes qui le composent. On est ainsi amené à faire correspondre les nombres aux grandeurs, de telle sorte qu'il y ait entre deux grandeurs le même rapport qu'entre les deux nombres correspondants. En particulier, on devra commencer par choisir une grandeur correspondant au nombre 1 (à l'unité numérique), et c'est cette grandeur que l'on nommera unité de mesure ou grandeur-unité. On le voit, la relation qui existe entre l'unité de

1. COURNOT (*Correspondance entre l'Algèbre et la Géométrie*, ch. III, § 23) a cru trouver dans le caractère arbitraire de l'unité de grandeur la raison d'être des fractions, ainsi que celle des nombres négatifs dans le caractère arbitraire du *zéro* : l'invention des nombres fractionnaires permettrait de changer d'unité, comme celle des nombres négatifs de changer le *zéro*. Cette analogie est plus ingénieuse qu'exacte : car ce qui justifie les nombres fractionnaires, c'est avant tout la divisibilité des grandeurs, et en particulier de l'unité de mesure, lors même qu'elle serait immuable; le caractère arbitraire de l'unité n'est qu'une conséquence accessoire de la divisibilité. De même, ce qui justifie les nombres négatifs, c'est proprement l'existence de grandeurs à deux sens inverses, lors même qu'on ne pourrait pas y déplacer l'origine. Si, en effet, dans certaines grandeurs linéaires et continues, telles que la température, le choix du zéro est arbitraire, il n'en est pas toujours ni nécessairement ainsi, comme le prouve l'exemple classique du bilan du négociant (où l'actif et le passif se comptent à partir d'un *zéro* essentiellement fixe) ou encore celui de la charge d'électricité (positive ou négative), où le *zéro* correspond naturellement à l'état *neutre* du conducteur (quand il est mis en communication avec la terre). L'analogie du *zéro* et de l'unité réside plutôt dans ce fait, que (fixes ou mobiles) ils sont pour ainsi dire le centre ou le pivot, l'un de l'ensemble des nombres qualifiés (et par suite aussi des nombres complexes : voir 1re P. IV, IV, **4**), l'autre de l'ensemble des nombres rationnels : dans le premier, les nombres se correspondent un à un par rapport au *zéro* (nombres *symétriques*); dans le second, par rapport à l'unité (nombres *inverses*). Cette analogie s'explique par le rôle de *module* que jouent respectivement les nombres 0 et 1, l'un dans les opérations additives, l'autre dans les opérations multiplicatives [cf. 1re P. II, II, **13**].

grandeur et l'unité de nombre est une correspondance tout à fait conventionnelle; l'unité ne s'applique à la grandeur que par un décret arbitraire de l'esprit, attendu qu'il n'existe pas, dans le domaine de la grandeur, d'unité véritable et naturelle, d'élément simple et absolu.

Une fois l'unité de grandeur choisie, la mesure de toutes les autres grandeurs de l'espèce considérée est implicitement déterminée. Mais de ce que le choix de la grandeur-unité est absolument arbitraire, il suit que la correspondance entre chaque nombre et une grandeur quelconque est, elle aussi, tout à fait artificielle, et n'a aucune raison d'être dans la nature de la grandeur. Il serait donc absurde de s'imaginer que telle grandeur doive avoir pour mesure tel nombre plutôt que tel autre, à plus forte raison que telle grandeur *soit*, en elle-même et primitivement, un nombre déterminé; car il n'y a pas plus de nombre naturel inhérent à la grandeur que d'unité naturelle parmi toutes les grandeurs de même espèce. Le fait d'être représentée par tel ou tel nombre constitue pour une grandeur une dénomination extrinsèque, comme le choix de la grandeur-unité dont ce fait dépend. De même que toute grandeur peut être prise indifféremment pour unité, chaque grandeur est susceptible indifféremment d'un nombre quelconque, rationnel ou irrationnel; elle les admet tous, sans distinction, et ne manifeste de préférence pour aucun. Il est presque ridicule d'insister sur des vérités si simples et si évidentes, du moins pour les mathématiciens; mais nous y sommes obligé, pour réfuter les philosophes qui, encore aujourd'hui, soutiennent que la grandeur est composée d'éléments indivisibles, et que chaque grandeur contient un nombre fini et déterminé de ces éléments.

9. La *loi du nombre* n'est pas seulement un postulat arbitraire et illégitime, comme nous venons de le montrer; elle est au fond contradictoire, car elle identifie deux idées irréductibles l'une à l'autre, celle du nombre et celle de la grandeur. Nous avons suffisamment fait ressortir le contraste qui existe entre les propriétés essentielles de ces deux idées : nous avons fait voir comment, malgré la diversité de leur nature, l'idée de rapport établissait entre elles une *analogie* [1] qui permet de représenter les grandeurs par les nombres, ou, plus exactement, certains rapports de grandeur (et non tous) par

1. Nous prenons ici ce mot au sens propre et étymologique, qui est *proportion*, c'est-à-dire *égalité de rapports*.

les rapports des nombres. Il n'y a donc, encore une fois, entre la grandeur et le nombre qu'un lien extérieur et artificiel, une simple correspondance qui n'altère en rien leur nature propre et leur caractère original. Or, ce lien tout conventionnel, les partisans de la loi du nombre le transforment en un lien naturel et réel : ils substituent à la correspondance une véritable assimilation, une identité de nature entre le nombre et la grandeur; et en réunissant ainsi de force deux idées aussi opposées, ils y enferment la contradiction.

En particulier, en identifiant l'unité numérique et l'unité de grandeur, ils sont fatalement amenés, soit à concevoir le *nombre* 1 comme divisible, ce qui est absurde, soit à admettre une grandeur indivisible, ce qui est contradictoire[1]. D'une manière générale, en confondant les nombres avec les grandeurs, et en posant en principe que les grandeurs sont des nombres, ils s'engagent dans des difficultés inextricables, attendu qu'ils mélangent deux ordres d'idées indépendants et hétérogènes, et se condamnent à ne rien comprendre, ni à la généralisation du nombre, ni à la mesure des grandeurs. A l'une et à l'autre ils opposent une foule de contradictions qui ne font que traduire, sous des formes diverses, la contradiction initiale qu'ils ont impliquée dans leurs hypothèses. Aussi les prétendues antinomies qu'ils ont cru découvrir dans les principes des Mathématiques ne prouvent-elles qu'une chose : c'est que l'on ne doit pas, sous peine de contradiction, identifier les grandeurs aux nombres, et imposer la loi du nombre aux grandeurs continues qui y répugnent. Cette conception philosophique par trop simpliste était admissible au temps de Pythagore, où l'on commençait seulement à entrevoir la possibilité de l'application des nombres aux grandeurs; mais la découverte des grandeurs incommensurables aurait dû suffire à la ruiner sans retour. Platon [2] s'indignait de l'ignorance des Hellènes de son temps, qui croyaient à l'existence d'une commune mesure entre toutes les grandeurs de même espèce; que dirait-il, s'il savait que, vingt-trois siècles après lui, il se trouve encore des philosophes pour concevoir le côté du carré et sa diagonale comme composés tous deux d'un nombre fini de points ou d'éléments?

10. De toutes ces contradictions que l'on a prétendu trouver dans l'application du nombre à la grandeur, la plus célèbre et la plus

1. En vertu de l'*axiome de la divisibilité* [Chap. III, **2**].
2. *Lois*, VII, 820 A.

frappante est celle du nombre infini; elle se résout, comme toutes les autres, par les considérations que nous venons d'indiquer. Loin de prouver le moins du monde l'impossibilité d'une grandeur infinie, cette contradiction apparente se retourne contre les auteurs qui s'en sont servis comme d'un argument métaphysique, et montre simplement l'absurdité de la loi du nombre, dont on prétend la déduire. Nous avons établi, dans le Livre I [Ch. IV, **17**], qu'il n'y a aucune contradiction à concevoir une collection infinie, et par suite à penser le nombre infini comme nombre cardinal d'une telle collection. Nous allons montrer à présent que rien n'empêche de concevoir un rapport de grandeurs infini, ni par suite de penser le nombre infini comme symbole d'un tel rapport.

Tout d'abord, il faut remarquer que tout rapport de grandeurs est essentiellement réversible : car l'idée du rapport de deux grandeurs données est, en principe, indépendante de l'ordre dans lequel on les considère : le rapport de B à A est dit *inverse* du rapport de A à B, et si celui-ci existe, l'autre doit aussi exister. Par exemple, si les deux grandeurs sont commensurables, c'est-à-dire si l'on a

$$A = aM, \qquad B = bM,$$

le rapport de A à B est $\frac{a}{b}$; le rapport de B à A est l'inverse, soit $\frac{b}{a}$. Les deux nombres a et b jouent le même rôle et figurent symétriquement dans le rapport [1]. Si l'un est la mesure de A par rapport à l'unité B, l'autre sera la mesure de B par rapport à l'unité A; tous deux sont donc des nombres au même titre, car ils représentent, en somme, un seul et même rapport.

D'autre part, nous avons posé en principe que deux grandeurs de même espèce, quelles qu'elles soient, ont toujours entre elles un rapport de grandeur, qu'il soit ou non exprimable au moyen des nombres que nous possédons déjà. Or il y a, dans chaque espèce de grandeurs, une grandeur particulière qui est le module de l'addition, et que nous avons appelée *nulle*; il est indiqué de lui faire correspondre le nombre *zéro*, qui est le module de l'addition des nombres, et de la représenter par le chiffre 0. Mais il faut distinguer avec soin

1. C'est ce qui distingue, idéalement, le *rapport* du *quotient*, où les deux nombres figurent respectivement comme dividende et comme diviseur; et de la *fraction*, où les deux nombres figurent respectivement comme numérateur et comme dénominateur; de sorte que, leur ordre étant inhérent à l'idée de quotient et de fraction, on ne peut pas les intervertir.

le *zéro* de nombre et le *zéro* de grandeur, comme l'unité de nombre et l'unité de grandeur : il y a simple correspondance, et non identité. L'existence (idéale) de la grandeur nulle est absolument nécessaire pour que les grandeurs de la même espèce soient mesurables; aussi certains mathématiciens [1] en font-ils un axiome ou un postulat spécial de la mesure des grandeurs.

La grandeur nulle a cette propriété particulière d'être toujours représentée par le nombre 0, quelle que soit la grandeur (non nulle) prise pour unité. En effet, quel que soit le nombre fini par lequel on multiplie la grandeur nulle, on obtient toujours la grandeur nulle elle-même (en vertu de l'*axiome du module*, et en remarquant que la multiplication n'est qu'une addition répétée). Inversement, quel que soit le nombre fini par lequel on divise la grandeur-unité (non nulle), on n'obtient jamais la grandeur nulle. Ainsi le rapport de la grandeur nulle à l'unité non nulle est plus petit que tout nombre rationnel (non nul) et ne peut être représenté que par le nombre *zéro*. Le rapport de la grandeur nulle à une autre grandeur quelconque est donc le même que le rapport du nombre 0 au nombre 1, lequel est égal, par définition, à 0, le rapport de chaque nombre à l'unité étant représenté par ce nombre lui-même; ce qu'on écrit [2]

$$\frac{0}{1} = 0.$$

Comme tout rapport, ce rapport doit avoir son inverse, car le rapport d'une grandeur quelconque à la grandeur nulle est tout aussi intelligible que celui de la grandeur nulle à une grandeur quelconque. Or les mêmes raisons qui font qu'aucun nombre rationnel ne peut représenter l'un permettent d'affirmer qu'aucun nombre rationnel ne peut non plus représenter l'autre. Le rapport d'une grandeur quelconque à la grandeur nulle est plus grand que tout nombre rationnel ou entier; d'ailleurs, il est égal au rapport de toute autre grandeur (non nulle) à la grandeur nulle. Ce rapport, inverse du rapport désigné par 0, ne peut être représenté par aucun nombre rationnel; on le représentera par le signe ∞, qui s'énonce : *infini*, et l'on écrira

$$\frac{1}{0} = \infty.$$

1. M. J. Tannery, dans la leçon déjà citée [Chap. II, **13**, note].

2. On remarquera que le chiffre 0 n'a pas le même sens dans les deux membres de cette formule : dans le premier il désigne un nombre, et indirectement

Ainsi le rapport inverse de *zéro* est un rapport *infini*. Il n'y a pas de raison pour ne pas admettre celui-ci quand on a admis celui-là, car ils sont donnés tous deux ensemble quand on compare entre elles la grandeur nulle et une autre grandeur quelconque [1].

11. De plus, le même rapport (infini) qui existe entre une grandeur non nulle et la grandeur nulle peut encore exister entre une grandeur de la même espèce et une grandeur non nulle, prise pour unité. C'est ce que nous allons montrer par un exemple emprunté aux longueurs.

Considérons un cercle O de rayon 1 (c'est-à-dire dont nous prendrons le rayon pour unité de longueur) et sa tangente en A, qui est une droite indéfinie dans les deux sens (*Fig. 31*). Par le centre O menons une droite quelconque qui rencontre la circonférence en B et la tangente en C. Du point B abaissons sur le rayon OA la perpendiculaire BD; la tangente AC étant perpendiculaire au rayon OA, BD est parallèle à AC. Les triangles OAC, ODB sont donc semblables, et l'on a la proportion suivante entre les longueurs de leurs côtés homologues [2] :

$$\frac{\mathrm{AC}}{\mathrm{OA}} = \frac{\mathrm{BD}}{\mathrm{OD}}$$

Si maintenant on fait tourner la sécante OBC autour du centre fixe O, le point B décrira la circonférence, le point C décrira la tangente en A au cercle; le point D décrira le rayon OA. La longueur OA restera seule constante, les longueurs AC, BD et OD varieront d'une manière concomitante. Le rayon fixe OA étant l'unité de longueur, la proportion écrite ci-dessus montre que la *mesure* de AC sera, à

une grandeur; dans le second il désigne un rapport, et par suite la mesure de cette grandeur.

1. Cf. 1re Partie, Livre II, Chap. II, **16-25**. C'est ce caractère symétrique du rapport qui justifie toute notre argumentation fondée sur la réversibilité de la fraction (*loc. cit.*, notamment **17** et **22**).

2. La longueur AC est la *tangente* trigonométrique de l'arc AB; la longueur BD en est le *sinus*, et la longueur OD le *cosinus*. Quant à OA (le rayon), sa longueur est égale à l'unité. Si l'on désigne par α l'arc AB, la proportion pourra s'écrire :

$$\frac{\operatorname{tang}\alpha}{1} = \frac{\sin\alpha}{\cos\alpha}$$

($\sin\alpha$, $\cos\alpha$ et $\operatorname{tang}\alpha$ étant des *nombres*). C'est au fond le même exemple que nous avons déjà présenté dans la 1re Partie [IV, I, **6**] à un point de vue différent : les deux fonctions inverses que nous y avons définies et étudiées sont la *tangente* et l'*arc-tangente* :

$$\mathrm{AM} = \operatorname{tang}\mathrm{AP}$$
$$\mathrm{AP} = \operatorname{arctg}\mathrm{AM}$$

chaque instant, égale au *rapport* des longueurs BD et OD. Or si le point B parcourt l'arc de cercle (quadrant) AP, de A en P, il est évident que BD croîtra constamment, que OD diminuera constamment, et que par suite AC croîtra indéfiniment. Lorsque le point B sera en P (OP étant perpendiculaire à OA et parallèle à AC), BD coïncidera avec le rayon OP et sera égale à l'unité de longueur; OD se réduira au point O et aura une longueur nulle; que sera devenue AC? La longueur AC aura dépassé toutes les longueurs mesurées par des nombres rationnels, elle sera donc plus grande que toute longueur finie, c'est-à-dire qu'elle sera *infinie*. C'est ce que montre la proportion précédente, qui n'a pas cessé d'être vraie (en vertu du principe de continuité [1]) : car si l'on désigne par x le nombre qui mesure AC à ce moment, c'est-à-dire le rapport de AC à l'unité constante OA, et si l'on fait

$$BD = 1, \qquad OD = 0,$$

on trouve

$$x = \frac{1}{0} = \infty .$$

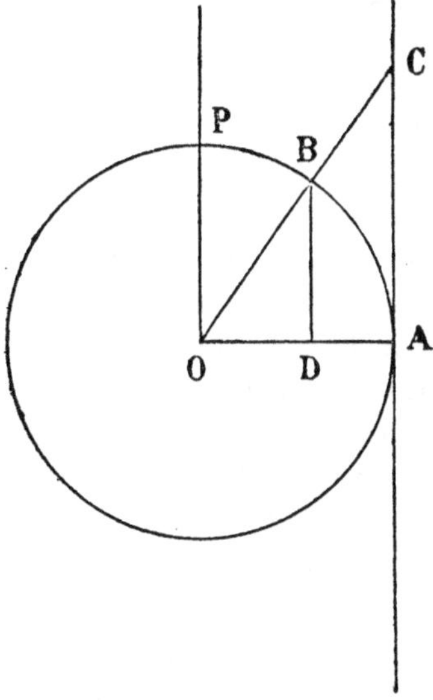

Fig. 31.

Ainsi la longueur AC a atteint un état de grandeur dont le rapport à l'unité de longueur ne peut être représenté que par le rapport de cette unité à une longueur nulle, ou du nombre 1 au nombre 0; ce rapport est donc *infini*. Or si, conformément à la définition de Newton, tout rapport entre deux grandeurs de même espèce est un nombre, il faudra inventer un nouveau nombre pour représenter ce rapport, et admettre le *nombre infini* comme mesure d'une grandeur infinie. On devra considérer ce nombre infini comme plus grand que tous les nombres entiers et rationnels, puisque la grandeur infinie qu'il représente est supérieure à toutes les grandeurs finies que mesurent les nombres rationnels.

12. On nous objectera peut-être qu'une grandeur infinie est inadmissible dans un système quelconque de grandeurs, attendu qu'une

1. Cf. 1re Partie, Livre IV, Chap. III, 7, 9.

telle grandeur viole l'*axiome d'Archimède* [Ch. III, **4**]. En effet, d'après cet axiome, si grande que soit une grandeur A, et si petite que soit une grandeur B, il *existe* un multiple de B qui est supérieur à A :

$$nB > A.$$

Or la grandeur infinie est, par définition, supérieure à tous les multiples d'une grandeur finie quelconque; elle contredit donc l'*axiome d'Archimède*.

Cette objection est fort juste. Mais la grandeur infinie ne fait pas seule exception à l'*axiome d'Archimède*; la grandeur nulle l'enfreint également. En effet, si la grandeur infinie ne peut pas jouer le rôle de A dans la formule de cet axiome, la grandeur nulle ne peut pas davantage jouer le rôle de B. Étant donnée une grandeur A non nulle, il n'existe aucun multiple de la grandeur nulle qui soit supérieur à A, car tous ses multiples sont des grandeurs nulles, inférieures par conséquent à une grandeur non nulle quelconque. Comme on voit, la grandeur infinie et la grandeur nulle violent toutes deux l'*axiome d'Archimède*, et sont logées aux mêmes enseignes. Elles devront donc subir le même sort, c'est-à-dire être admises ou rejetées à la fois [1].

Or la grandeur nulle est indispensable à un système de grandeurs, et son existence est une des conditions essentielles de la mesurabilité de ces grandeurs, soit qu'elle résulte de l'*axiome du module* [II, **12**], soit qu'elle s'impose *a priori* à titre de postulat indépendant [2]. On est donc absolument obligé de l'admettre, et de faire fléchir en sa faveur l'*axiome d'Archimède*. On en est quitte pour réserver, dans l'énoncé de cet axiome, le cas exceptionnel où la grandeur B serait nulle. On a déjà vu, d'ailleurs, que ce n'est pas la seule restriction que l'introduction de la grandeur nulle impose aux principes généraux de la science des grandeurs. Mais, quand ces exceptions devraient être encore plus nombreuses et plus graves, elles ne pourraient empêcher l'admission de la grandeur nulle parmi les autres grandeurs, où, de toute façon, elle joue un rôle à part et occupe une place privilégiée.

Si l'*axiome d'Archimède* ne s'oppose pas à l'introduction de la grandeur nulle, il ne peut pas s'opposer davantage à l'admission de

1. Cf. 1re Partie, Livre IV, Chap. IV, notamment **9**; et Livre II, Chap. II, **25**.
2. Comme dans la théorie de M. J. TANNERY [v. Chap. II, **13**, note].

la grandeur infinie. Seulement il faudra l'exclure, elle aussi, de l'énoncé de cet axiome; mais il n'en coûte pas plus de faire exception pour la grandeur infinie que pour la grandeur nulle, puisque toutes deux vont pour ainsi dire de pair. On restreindra donc l'*axiome d'Archimède*, et toutes les propositions qui en découlent, aux grandeurs qui ne sont ni nulles ni infinies. C'est, du reste, ce que l'on fait couramment dans l'Analyse infinitésimale, où l'on emploie sans cesse la locution « valeur finie non nulle » pour spécifier quelles valeurs on envisage, et exclure à la fois la grandeur nulle et la grandeur infinie. Ainsi l'objection précédente, bien loin d'entraîner la condamnation de la grandeur infinie, concourt, au contraire, à la justifier, en montrant qu'elle est aussi légitime que la grandeur nulle, et qu'elle en forme en quelque sorte la contre-partie nécessaire.

En résumé, la même idée de rapport, qui a servi à étendre l'idée de nombre par la création des nombres rationnels et irrationnels, est aussi le fondement du nombre infini, conçu comme mesure d'une grandeur infinie. La grandeur nulle et la grandeur infinie constituent les deux états extrêmes de la grandeur; ce sont les limites de l'infiniment grand et de l'infiniment petit, et pour ainsi dire les deux pôles entre lesquels la grandeur finie oscille indéfiniment. L'une et l'autre échappent à la mesure et par suite à toute détermination numérique positive; mais il ne faut pas oublier que dans tout l'entre-deux, rempli par les grandeurs finies, s'il se trouve une infinité de degrés auxquels le nombre (rationnel) peut s'appliquer, il s'en trouve une infinité d'autres qu'aucun assemblage (fini) de nombres ne peut représenter. Le nombre irrationnel n'est pas autre chose que le symbole de l'impuissance du nombre à exprimer la grandeur continue; le nombre infini est, lui aussi, un symbole de cette même impuissance; il a donc la même valeur que les nombres irrationnels. Comme eux, il témoigne de l'opposition de nature, de l'hétérogénéité radicale du nombre et de la grandeur; comme eux, il proteste contre la loi du nombre, car il manifeste la continuité essentielle de la grandeur, et il en proclame l'infinité.

LIVRE III

LA CRITIQUE DE L'INFINI

Dans les deux Livres précédents, nous avons justifié le nombre infini, tant comme symbole d'une grandeur que comme schème d'une collection, par des arguments positifs, tirés de l'analyse des idées de nombre et de grandeur; et nous avons montré qu'aucun obstacle logique, c'est-à-dire aucune contradiction, ne s'oppose à la conception, soit d'une pluralité infinie, soit d'une grandeur infinie. Il n'y a qu'une seule différence entre ces deux concepts : c'est qu'une multitude infinie est simplement possible, tandis que la notion d'une grandeur infinie est en quelque sorte nécessaire, car elle dérive naturellement de l'idée même de grandeur, dont la continuité et par suite l'infinité constituent des attributs essentiels.

Il nous reste à justifier le nombre infini par des arguments négatifs, c'est-à-dire en réfutant les objections et en levant les difficultés qu'on lui a opposées de tout temps, et que le néo-criticisme français a ressemblées dans sa célèbre *Critique de l'infini*. On sait que les promoteurs de cette doctrine n'admettent pas plus le nombre infini que la grandeur infinie, soit *in abstracto*, c'est-à-dire dans l'esprit et en idée, soit *in concreto*, c'est-à-dire dans la nature ou dans la réalité. Pour discuter les raisonnements par lesquels ils ont cru démontrer cette quadruple thèse, nous suivrons l'ordre même que nous venons d'indiquer, et nous examinerons tour à tour le nombre infini :

1° Comme signe d'une pluralité idéale;
2° Comme signe d'une pluralité réelle;
3° Comme symbole d'une grandeur idéale;
4° Comme symbole d'une grandeur réelle.

Pour la clarté et la commodité de la discussion, nous avons cru devoir la présenter sous la forme d'un dialogue entre LE FINITISTE et L'INFINITISTE. Il va sans dire que ces deux interlocuteurs ne sont pas des personnages réels, mais simplement deux rubriques destinées à distinguer nettement les deux thèses en présence et à classer les arguments pour et contre l'infini.

CHAPITRE I

DU NOMBRE INFINI ABSTRAIT

1. LE FINITISTE. — « Le nombre infini, puisqu'on le dit nombre, est pair ou impair, premier ou non premier, et pourtant il doit exclure à la fois toutes ces suppositions; et il doit avoir son carré, son cube, etc., et par conséquent n'être pas le plus grand possible, ou être égal à des nombres plus grands que lui-même. C'est un amoncellement d'absurdités palpables [1]. »

L'INFINITISTE. — Vous auriez pu nous faire grâce de ces objections banales et usées. Ne voyez-vous pas qu'elles porteraient aussi bien contre toutes les formes du nombre généralisé? Que diriez-vous de quelqu'un qui raisonnerait ainsi : « Une fraction, puisqu'on l'appelle nombre, est paire ou impaire, première ou non, etc. Or tout cela est absurde, donc une fraction n'est pas un nombre. » Ces absurdités viennent uniquement de ce qu'on exige des fractions les propriétés des nombres entiers, et ne prouvent qu'une chose, à savoir qu'une fraction n'est pas un nombre entier.

FIN. — Soit; mais mon argument subsiste, car il porte précisément sur le nombre infini conçu comme nombre entier. Le nombre infini, étant pour vous une collection d'unités, est nécessairement un nombre entier.

INF. — Sans doute, encore que ce soit un nombre entier d'une espèce toute particulière, qu'on ne peut assimiler aux autres nombres entiers. Mais votre argument porterait également contre le nombre *zéro*, qui est bien aussi un nombre entier [2]. En effet, le nombre *zéro* n'est ni pair ni impair (il serait plutôt pair, si l'on considère

1. *Critique philosophique*, 1re série, t. XIX, p. 269.
2. Voir 1re Partie, IV, IV, 4.

que dans la suite des nombres entiers qualifiés les nombres pairs et impairs alternent régulièrement, et que *zéro* se trouve placé entre les nombres impairs — 1 et + 1); il n'est ni carré ni non carré : ou plutôt il est égal à son carré, à son cube, etc. Il n'est ni premier ni non premier : car en un sens il n'est divisible par aucun nombre; en un autre, il est divisible par tous : en effet, quel que soit n, on a :

$$n \times 0 = 0.$$

Que conclure de tous ces paradoxes inventés à plaisir? Est-ce à dire que *zéro* ne soit pas un nombre, et un nombre entier, mais un symbole absurde et contradictoire? Tout au contraire, c'est un nombre, et le plus important peut-être de tous les nombres dans l'Analyse [1]. Ainsi voilà un *nombre entier fini* pour lequel vos questions insidieuses et vos dilemmes captieux n'ont pas plus de sens que pour le nombre infini. J'en conclus simplement que le nombre infini échappe à leurs prises aussi bien que le nombre *zéro*.

La même question fallacieuse se posait jadis au sujet du nombre 1 lui-même, et l'on se demandait sérieusement si 1 était un nombre : et en effet, il ne rentre pas dans la formule d'Euclide [2], qui définit le nombre comme une pluralité d'unités. Aussi les disputes scolastiques avaient-elles beau jeu sur ce point. Buffon écrivait encore en 1740 : « L'unité n'est point un nombre », et disait que le premier nombre est 2 [3]. Pascal avait pourtant fait justice de ces vaines subtilités [4].

Ainsi les objections précédentes ne portent pas, et reposent sur une pétition de principe : car elles impliquent toutes que le nombre *infini* est un nombre *fini*. Cet « amoncellement d'absurdités palpables » doit donc être imputé uniquement aux auteurs de telles objections, car c'est eux qui introduisent d'avance dans l'idée de nombre infini la contradiction qu'ils prétendent y découvrir ensuite. Pascal avait déjà répondu à ces vieux arguments sophistiques, lorsqu'il écrivait au sujet du nombre infini [5] :

« Il est faux qu'il soit pair, il est faux qu'il soit impair... ; cepen-

1. Voir 1re Partie, IV, IV, 5.
2. Citée page 348, note 1.
3. Newton, *la Méthode des Fluxions*, traduction française : Préface, p. IX.
4. *De l'Esprit géométrique*, sect. I, fin.
5. *Pensées*, éd. Havet, art. X, n° 1; cf. XII, 9. Il est digne de remarque que ce passage de Pascal se trouve cité (*Année philosophique 1890*, p. 84, 85) à une page de distance de celui de la *Critique philosophique*, qu'il suffit pourtant à réfuter complètement.

dant c'est un nombre, et tout nombre est pair ou impair : *il est vrai que cela s'entend de tous nombres finis.* »

En général, selon une remarque de M. G. Cantor [1], toutes les prétendues preuves de l'impossibilité du nombre infini sont vicieuses, en ce qu'elles attribuent *a priori* au nombre infini toutes les propriétés des nombres finis, ce qui est nécessairement contradictoire, car si le nombre infini existe, c'est à la condition de posséder des propriétés différentes de celles des nombres finis; il doit donc constituer une espèce de nombre toute nouvelle, en opposition tranchée avec ceux-ci.

2. Fin. — Voici pourtant un argument sérieux, qui paraît exempt du vice que vous signalez : il est d'ailleurs d'un mathématicien illustre, de Cauchy [2], qui lui-même l'attribuait à Galilée. On peut le formuler comme suit, en le simplifiant un peu [3] :

« Supposons donnée toute la suite des nombres entiers, nous pourrons former une autre suite exclusivement composée des carrés de la première, car on peut toujours faire le carré d'un nombre. Ainsi, par hypothèse, la seconde suite aura un nombre de termes égal au nombre des termes de la première. Or la première contient tous les nombres, tant carrés que non carrés; la seconde ne contient que des carrés. La première a donc un nombre de termes plus grand que la seconde, puisque, contenant tous les nombres, elle contient tous les carrés, et qu'elle contient en outre les nombres non carrés. Mais, par hypothèse ou construction, ces nombres de termes sont égaux; donc il y a des nombres égaux dont l'un est plus grand que l'autre. Mais cette conséquence est absurde; donc il est absurde de supposer la série naturelle des nombres actuellement donnée. *C. Q. F. D.*

« J'ai recueilli un certain nombre de manières de démontrer ce théorème; j'en ai essayé moi-même quelques autres. Celle-ci me paraît la plus simple, et absolument irréfragable. »

Inf. — Ce raisonnement me paraît en effet irréfragable, comme à vous; seulement, il prouve précisément le contraire de « ce qu'il fallait démontrer ». Quelle est, en effet, l'hypothèse implicite sur

1. *Sur les différents points de vue relatifs à l'infini actuel,* ap. *Zeitschrift für Philosophie und philosophische Kritik*, t. LXXXVIII, p. 226.

2. *Sept leçons de Physique générale*, rédigées par l'abbé Moigno, 3e leçon.

3. Renouvier, *Principes de la Nature,* chap. III, appendice B (t. I, p. 55). Nous discuterons dans la suite cet argument sous la forme même que lui a donnée Cauchy. [Voir Ch. III, 5.]

laquelle il s'appuie constamment? C'est que la suite naturelle des nombres entiers est terminée, et en même temps donnée dans sa totalité; autrement dit, vous la supposez à la fois finie et infinie. C'est comme si l'on prétendait réduire l'ensemble des nombres entiers aux dix premiers, par exemple, puis qu'on voulût retrouver parmi eux le double, le triple, etc., le carré, le cube, etc., de chacun d'eux : on arriverait nécessairement à des contradictions énormes. Sans doute la « conséquence est absurde »; mais cela prouve uniquement l'absurdité de l'hypothèse, savoir que la suite naturelle des nombres est limitée. Si donc votre argument démontre un « théorème » quelconque, ce n'est pas, comme vous le pensez, l'impossibilité, mais au contraire l'existence idéale et la nécessité du nombre infini. En effet, il est indispensable pour représenter la multitude des nombres entiers finis, qu'aucun nombre fini ne peut exprimer : car ce nombre ne pourrait la représenter qu'en la terminant; or, en vertu de votre démonstration, elle est absolument interminable. Le nombre infini est donc justifié par l'argument même qui devait le ruiner.

Fin. — Je ne puis vous comprendre. N'est-il pas évident que si le nombre infini existe, et est le nombre de la suite naturelle des nombres, on doit le trouver au bout de cette suite, prolongée, comme on dit, jusqu'à l'infini?

Inf. — C'est justement ce qui vous trompe. Vous partez de deux prémisses également fausses : l'une, que la suite naturelle doit toujours avoir un dernier terme; l'autre, que le nombre infini doit faire partie de la suite naturelle. C'est affirmer d'avance que la suite naturelle est terminée, quoique interminable, et que le nombre infini est en même temps fini. Il n'est pas étonnant, dès lors, que vous aboutissiez à une conclusion absurde. En d'autres termes, vous concevez le nombre infini comme le dernier des nombres finis : c'est vous-même qui y introduisez la contradiction que vous lui reprochez. Tout au contraire, le nombre infini n'est aucun des nombres finis (cela est trop clair), pas même le dernier, attendu qu'il n'y en a pas de dernier. Vous avez donc, en somme, démontré péremptoirement par l'absurde : 1° que le nombre infini ne fait pas partie de la suite naturelle des nombres ; 2° que cette suite ne peut s'arrêter à aucun nombre fini, qu'elle n'a pas de dernier terme, en un mot, qu'elle est infinie.

3. Fin. — Laissons de côté pour le moment la question de savoir si la suite naturelle des nombres est infinie; nous y reviendrons tout à l'heure [Ch. II]. Je ne veux considérer à présent que le nombre infini en lui-même, en tant que nombre abstrait. Or, qu'il fasse ou non partie de la suite naturelle, il n'en est pas moins vrai que, en vertu de l'argument de CAUCHY, le nombre infini devrait être plus grand que lui-même, ce qui est manifestement contradictoire.

INF. — Nullement; il faut seulement en conclure qu'il y a des nombres infinis plus grands les uns que les autres.

FIN. — A la bonne heure! Je m'attendais à cet aveu [1], qui est déjà échappé à plus d'un infinitiste conséquent [2]. Mais cet aveu même vous condamne : car le nombre infini est le plus grand des nombres possibles; il est tel qu'il ne saurait y en avoir un plus grand, sans quoi ce ne serait plus l'infini. Vous voilà donc enfermé dans une contradiction insoluble.

INF. — Je vois bien que vous vous faites une idée tout à fait fausse, et en effet contradictoire, du nombre infini : et c'est de cette conception inexacte que partent toutes vos objections. Sachez donc que le nombre infini n'est pas le plus grand ou le dernier des nombres finis, ce qui est évidemment absurde, mais au contraire le premier et le plus petit des nombres infinis. En effet, M. Georg CANTOR a créé une multitude de nombres « transfinis » infiniment plus nombreux que les nombres finis, et a trouvé le moyen de construire des ensembles superposés de nombres, tous plus infinis les uns que les autres, qui se succèdent dans un ordre régulier et s'engendrent suivant des lois fixes [3]. Dans ces nouveaux ensembles, on peut distinguer encore des nombres pairs ou impairs, premiers ou non; il va sans dire que cette parité et cette « primauté » ne sont pas identiques, mais seulement analogues à celles des nombres finis, et offrent des caractères essentiellement différents, parce que la division, dont elles dérivent, possède elle-même des propriétés originales [4]. Vous me demandiez tout à l'heure si le nombre infini est pair ou impair, premier ou non : cette théorie me permet de vous répondre, et de satisfaire une curiosité qui voudrait

1. M. PILLON : « S'il en était autrement, il faudrait dire : les nombres infinis, et non plus : le nombre infini. » *Année philosophique 1890*, p. 86.

2. JEAN BERNOUILLI : « C'est seulement une série nouvelle qui commence, toute formée des nombres infinis de grandeur. » Cité par M. EVELLIN, *Infini et quantité*.

3. Voir Note IV, §§ IV et V.

4. Voir G. CANTOR, *Grundlagen einer allgemeinen Mannichfaltigkeitslehre*, §§ 3 et 14, où se trouve exposée une véritable Arithmétique des nombres infinis.

être indiscrète. Le nombre infini (ω) peut être considéré comme à la fois pair et impair, si 2 est pris pour multiplicande; à un autre point de vue, il n'est ni pair ni impair, si 2 est pris pour multiplicateur [1]. Plus généralement, le nombre ω est premier, en tant qu'il n'est divisible par aucun nombre entier fini pris pour multiplicateur; en un autre sens, il est divisible par tous les nombres entiers finis, pris pour multiplicandes [2]. D'autre part, rien n'empêche qu'il ait son double, son triple, etc., son carré, son cube, etc., comme l'exigeait votre première objection [3]. Ces propriétés, si curieuses et si étranges, ne sont nullement contradictoires : elles tiennent à la nature propre des nombres transfinis, et découlent logiquement de leur construction et de la définition des opérations à effectuer sur eux. Elles ne prouvent qu'une chose : c'est que les nombres transfinis sont d'une espèce originale, et que leurs propriétés sont irréductibles aux propriétés analogues (et homonymes) des nombres finis. Il n'y aurait contradiction réelle que si l'on prétendait assimiler entièrement les nouveaux nombres aux nombres finis, et imposer aux premiers les règles et propositions valables seulement pour les derniers, malgré leur hétérogénéité essentielle; or une telle contradiction est le fait, non des théoriciens de l'infini, mais de ses adversaires.

4 Fin. — Eh bien, soit! j'admets cette multitude de nombres infinis, puisqu'aussi bien je l'ai moi-même réclamée. Mais ne croyez pas pour cela échapper à la contradiction que je vous reprochais tout à l'heure. Mon objection subsiste, tout en se transformant : S'il y a plusieurs nombres infinis, il résulte de l'argument de Cauchy que deux nombres infinis seront en même temps égaux et inégaux, ce qui est une contradiction formelle.

Inf. — Je ne le pense pas, car s'ils sont à la fois égaux et inégaux, ce n'est pas sous le même rapport; ils ne violent donc pas le principe de contradiction, tel qu'il a été formulé rigoureusement par Aristote [4]. En effet, il faut distinguer avec soin, dans les ensembles

1. G. Cantor, *op. cit.*, § 6.

2. *Op. cit.*, §§ 3 et 14. Tous ces paradoxes s'expliquent, on le devine, par ce fait que la multiplication des nombres infinis n'est pas commutative : le multiplicande et le multiplicateur n'y jouent pas le même rôle, de sorte que le produit change quand on intervertit l'ordre des facteurs.

3. Voir Note IV, § IV, **44**, la définition des nombres infinis : 2ω, 3ω, ...; ω^2, ω^3, ...

4. *Métaphysique*, Γ, 3, 1005 b 19-20.

infinis, la *puissance* et le *nombre* : la puissance, qui représente simplement la multitude des éléments d'un ensemble, et le nombre, qui représente le même ensemble bien ordonné, c'est-à-dire rangé en une suite linéaire, et qui dépend par conséquent de l'ordre assigné aux éléments dans cette suite[1]. Un ensemble infini donné a évidemment toujours la même puissance; mais il n'a pas toujours le même nombre, quand on change l'ordre de ses éléments. En effet, la démonstration de l'invariance du nombre suppose essentiellement une collection *finie* [I, I, **9**]. Par suite, des nombres infinis différents peuvent être à la fois égaux sous le rapport de la puissance, et inégaux en tant que nombres impliquant des ordres différents. Il n'y a pas là la moindre contradiction.

5. Fin. — Tout cela me paraît bien fallacieux et bien obscur. Pour éclaircir la question, prenons un exemple plus simple encore que celui de Cauchy; l'argument sera tout aussi probant. Si la suite naturelle des nombres entiers est absolument infinie, elle doit renfermer, d'une part, autant de nombres pairs que de nombres impairs; d'autre part, autant de nombres pairs que de nombres entiers en tout : car chaque nombre pair correspond à un nombre entier dont il est le double, et inversement, chaque nombre entier correspond au nombre pair dont il est la moitié. Ainsi le nombre infini est égal à la fois au double et à la moitié de lui-même; la suite naturelle des nombres « renferme plus de termes et infiniment plus de termes qu'elle n'en renferme, ce qui est une contradiction *in terminis* »[2].

Inf. — La contradiction qui vous choque provient de ce que vous raisonnez sur un concept vague et confus du nombre; grâce aux distinctions que je viens d'établir, l'équivoque va se dissiper et la contradiction disparaître. Il est parfaitement exact que le nombre des nombres entiers (rangés dans la suite naturelle) est égal au nombre des nombres pairs (rangés par ordre de grandeur) et aussi au nombre des nombres impairs (rangés dans le même ordre.) Mais que le nombre total des nombres entiers soit « en même temps et sous le même rapport »[3] le double de l'un de ces deux derniers nombres, c'est ce que vous n'avez pas prouvé, ou plutôt ce qui est absolument faux.

1. Voir Note IV, § V.
2. Renouvier, *Note sur l'infini de quantité*, Proposition 4, ap. *Critique philosophique*, t. XI, n° 15 (10 mai 1877).
3. « ἅμα ... καὶ κατὰ τὸ αὐτό. » Aristote, *loc. cit.*

Fin. — Comment! N'est-il pas évident que la suite naturelle des nombres renferme, outre les nombres pairs, des nombres impairs en nombre égal et infini? et que, par conséquent, elle renferme *plus* de termes que la suite des nombres pairs, qui est déjà infinie?

Inf. — Qu'en savez-vous? Cela prouverait tout au plus que deux ensembles infinis peuvent avoir des nombres différents, ou que deux nombres infinis peuvent avoir la même puissance, ce qui n'est nullement contradictoire. Je vois bien que l'ensemble des nombres entiers est plus riche de *contenu* que l'ensemble des nombres pairs; mais il ne s'ensuit nullement qu'il soit plus grand en *nombre*. Encore une fois, cela dépend de l'ordre que vous assignez aux éléments de l'un et de l'autre : tout ce qu'il est permis d'affirmer, c'est que la suite naturelle des nombres entiers :

$$1, \quad 2, \quad 3, \quad 4, \quad 5, \ldots\ldots$$

et la suite des nombres pairs correspondants :

$$2, \quad 4, \quad 6, \quad 8, \quad 10, \ldots\ldots$$

ont le même nombre *dans l'ordre où elles sont écrites*.

6. Fin. — Pourtant il faut bien que le nombre de la première soit plus grand que celui de la seconde, puisque l'ensemble des nombres entiers est égal à celui des nombres pairs *plus* celui des nombres impairs; le nombre du premier est donc plus grand que le nombre de chacun des deux derniers, car il est le double de ce nombre.

Inf. — Fort bien! Vous faites appel à la notion de somme pour définir l'inégalité des nombres infinis, ce qui est conforme à l'ordre logique [1]. Mais il faudrait d'abord avoir défini la *somme* de deux nombres infinis, pour savoir si une telle somme est nécessairement *plus grande* que chacun des nombres sommés. Or une telle somme est indéterminée (en nombre, sinon en puissance) si l'on n'assigne pas un ordre déterminé, non seulement aux deux nombres à sommer, mais aux unités constituantes de chacun d'eux, avec lesquelles on doit composer le nouveau nombre qui sera leur *somme*. L'addition de deux nombres infinis s'effectue en rangeant toutes les unités du second nombre, prises dans leur ordre, à la suite de toutes les unités du premier, rangées dans leur ordre. Lorsque vous considérez la suite naturelle des nombres comme la somme de la suite des nom-

1. Voir II, II, 7 (*axiome IV* de l'addition).

bres impairs et de celle des nombres pairs, vous dédoublez la première suite :

(I) 1, 2, 3, 4, 5,.....

pour en former les deux suites semblables ou équivalentes :

(II) 1, 3, 5, 7, 9,.....

(III) 2, 4, 6, 8, 10,.....

dont l'ensemble a le même *contenu* que la première (et par suite la même puissance). Soit, par définition, ω le nombre de la suite (I); c'est le *nombre infini*, ou plutôt le premier des nombres infinis. Chacune des suites (II) et (III) a aussi pour nombre ω ; la suite formée par ces deux suites rangées l'une après l'autre a donc pour nombre

$$\omega + \omega = 2\omega.$$

S'ensuit-il que le nombre infini ω soit égal, comme vous dites, au double de lui-même? Nullement; les deux nombres infinis ω et 2ω sont inégaux, et représentent deux suites différentes, l'une simple (I), l'autre double (II et III).

Fin. — Mais ce ne sont pas deux suites différentes, puisqu'elles contiennent exactement les mêmes nombres.

Inf. — Sans doute, mais dans un ordre différent. Or, rappelez-vous que le nombre d'un ensemble infini dépend essentiellement de l'ordre de ses éléments; vous ne serez plus étonné que le même ensemble puisse avoir plusieurs nombres inégaux, correspondant à des types d'ordre différent. Vous voyez donc bien qu'il n'y a là aucune contradiction.

7. Fin. — Mais n'est-il pas encore vrai de dire, en faisant abstraction de leur ordre, que les nombres entiers sont plus nombreux que les nombres pairs, et même deux fois plus nombreux?

Inf. — Non, car l'idée du nombre d'un ensemble infini, abstraction faite de l'ordre de ses éléments, se réduit à l'idée de puissance. Or, à ce point de vue, l'ensemble des nombres pairs a la même puissance que l'ensemble des nombres entiers, ce qui veut dire simplement que ces deux ensembles sont infinis, et du même ordre d'infinité [1]. Mais la notion de *puissance* est si large et si élastique que des ensembles de même puissance peuvent avoir des contenus très différents et tout à fait disproportionnés. C'est ainsi, pour ne

1. De la même *classe*, pour parler rigoureusement (voir Note IV, § V, **58**).

citer qu'un exemple, que l'ensemble des nombres rationnels n'a que la puissance de l'ensemble des nombres entiers [1], alors qu'il semble infiniment plus infini que celui-ci; et effectivement, on peut lui imposer un ordre tel qu'il ait pour nombre : $\omega.\omega = \omega^2$. Tous ces paradoxes tiennent au symbolisme défectueux employé jusqu'à nos jours : on représentait indistinctement par ∞ tous les nombres infinis, de sorte qu'on était tenté de les considérer tous comme égaux, et de les réduire au nombre infini unique ω. Cette confusion cesse, grâce à la notation inventée par M. Cantor, et surtout grâce à la distinction de la *puissance* et du *nombre* des ensembles infinis; il est évident, dès lors, que deux ensembles peuvent avoir la même puissance sans avoir le même nombre, et, par suite, que deux nombres infinis peuvent être équivalents (de même puissance) sans être égaux. Vous ne direz donc plus que le nombre infini (ω) est égal au double, au triple, etc., ou au carré, au cube, etc., de lui-même, mais qu'il leur est équivalent : et vous ne pourrez plus lui reprocher d'être à la fois égal et inégal à lui-même.

8. Fin. — Il m'est bien difficile d'accepter toutes ces assertions, si étranges et si paradoxales; car elles me semblent violer cet axiome mathématique : Le tout est plus grand que la partie.

Inf. — Ce principe n'est pas du tout un axiome mathématique, car il ne peut avoir de valeur dans la science que si l'on définit avec précision ce qu'est le tout et ce qu'est la partie [2]. Si nous le traduisons en langage scientifique, nous l'énoncerons : « La somme de deux grandeurs est plus grande que chacune d'elles. » Sous cette forme, c'est un postulat relatif aux grandeurs linéaires absolues [3]. Mais c'est si peu une proposition analytique [4], évidente par elle-même, qu'elle doit se vérifier en particulier pour chaque espèce de grandeurs, et qu'il existe des espèces de grandeurs qui ne la vérifient pas [5]. Pour nous en tenir aux nombres, elle est vraie des nombres arithmétiques (positifs ou absolus); mais elle cesse d'être vraie pour les nombres qualifiés, la somme d'un nombre positif et

1. Voir Note IV, § I, **9**.
2. Voir Riquier, *des Axiomes mathématiques*, ap. *Revue de Métaphysique et de Morale*, t. III, p. 269.
3. *Axiome IV* de l'addition [II, ii, **7**].
4. Quoi qu'en ait dit Kant, qui donne pour exemple de jugement analytique la formule : $a + b > a$ (*Critique de la Raison pure*, Introduction, § V : 2e éd., p. 17).
5. Cela dépend à la fois de la définition de la somme de deux grandeurs de l'espèce considérée, et de celle de leur inégalité.

d'un nombre négatif étant plus petite que le premier, et la somme de deux nombres négatifs étant plus petite que chacun d'eux; enfin elle n'a plus de sens pour les nombres complexes, dont l'inégalité n'est même pas définie. Ce que nous disons des nombres s'applique également aux grandeurs qu'ils représentent, de sorte que l'axiome en question n'a pas de valeur dans le domaine des grandeurs dirigées ou *vecteurs* [1].

En un mot, cet axiome n'est nullement un jugement nécessaire *a priori*; il est vrai ou faux suivant l'espèce de grandeurs ou de nombres à laquelle on l'applique. Il est vrai pour les nombres infinis conçus comme nombres ordinaux : car en ajoutant des unités à un tel nombre on forme un nombre différent qui est plus grand que le premier, par définition, parce qu'il vient après lui dans la suite régulière des nombres infinis (et non parce qu'il contient *plus* d'unités, ce qui n'a pas de sens mathématique). Mais il n'est plus vrai pour les *puissances*, qui sont les nombres cardinaux infinis : la somme de deux nombres de la même puissance est encore un nombre de la même puissance; la somme de deux nombres de puissances différentes a la même puissance que celui des deux qui a la plus grande puissance. Ainsi, dans tous les cas, la puissance d'une somme est égale à la puissance de l'un des composants : c'est-à-dire que la somme est non pas égale, mais *équivalente* à l'une de ses parties. En ce sens, le tout n'est pas plus grand que sa partie : mais cela n'est point contradictoire, car cela signifie simplement que le tout et la partie sont du même ordre d'infinité, ce qui ne les empêche nullement de différer par leur contenu. Vous pouvez, si cela vous plaît, dire que le tout contient *plus* d'éléments que la partie, à la condition que ce mot « plus » désigne une sorte d'inégalité ontologique, mais nullement une inégalité mathématique : car, si disproportionnés que soient les deux contenus, ils sont équivalents au point de vue de leur multitude : ils ont la même puissance, et peuvent avoir le même nombre [2].

Il n'y a donc aucune contradiction à ce qu'un ensemble infini puisse avoir le même nombre qu'une de ses parties intégrantes; bien plus, cette propriété constitue justement le caractère essentiel

1. Voir 1re Partie, III, IV.
2. Cf. CANTOR, *Mitteilungen zur Lehre vom Transfiniten*, § VIII (*Zeitschrift für Philosophie und philosophische Kritik*, t. XCI).

des ensembles infinis, et peut leur servir de définition[1] : « Un ensemble infini est *équivalent* à quelqu'une de ses parties intégrantes. » Remarquez que l'on dit : « équivalent », et non pas « identique ». Il n'y aurait contradiction que si l'on affirmait l'identité réelle et absolue du tout et de la partie; mais il n'y en a pas si l'on affirme leur égalité numérique, c'est-à-dire l'identité de leurs nombres. En d'autres termes, on ne les compare pas sous le rapport de leur réalité concrète, on n'affirme pas l'identité de leurs contenus : on les compare sous le rapport abstrait de la multitude, et l'on affirme seulement leur équivalence à ce point de vue tout extérieur et formel; cette équivalence est d'ailleurs relative à un certain ordre particulier imposé à tous deux. C'est ainsi que, pour revenir à votre exemple, la suite des nombres pairs peut être équivalente à la suite totale des nombres entiers, bien que celle-ci contienne d'autres nombres que la première; cela tient à ce fait que tout nombre entier a son double, de sorte qu'à chaque nombre entier correspond un nombre pair. Chose curieuse! cet argument par lequel vous croyez prouver l'absurdité du nombre infini se retourne contre vous. En effet, votre raisonnement repose sur cette double hypothèse : la suite des nombres pairs est équivalente à celle des nombres entiers, et elle n'en est pourtant qu'une partie; or cela démontre justement l'infinité absolue de l'une et de l'autre, en vertu même de la définition de l'ensemble infini.

9. En général, tous les arguments dirigés depuis des siècles contre la possibilité du nombre infini, ou mieux des nombres infinis, reposent sur deux principes absolument erronés, que je vais énoncer à présent, pour résumer notre discussion et en éclairer la suite :

1° Le nombre infini est le plus grand de tous les nombres[2];

2° Tous les nombres infinis sont égaux.

Ces deux principes se ramènent du reste à un seul, à savoir qu'il n'y a qu'un nombre infini; car si l'on admet qu'il ne peut y avoir de nombre plus grand que le nombre infini, on en conclut immédiatement que tous les nombres infinis se réduisent à un seul.

Vous remarquerez que ces deux principes, je devrais dire ces deux hérésies, se trouvent invoqués à la fois dans le passage de la

1. Voir Note IV, § I, 5 (définition due à M. Dedekind).
2. Cf. Pillon, *Année philosophique 1890*, p. 8

Critique philosophique que vous avez cité au début de notre entretien, où l'on reproche au nombre infini de « n'être pas le plus grand possible » et d' « être égal à des nombres plus grands que lui-même ». Or le second principe avait déjà été dénoncé comme faux par Leibnitz [1]. Quant au premier, il a été expressément condamné par Kant. L'auteur de la *Critique de la Raison pure* [2] déclare renoncer aux arguments sophistiques et fallacieux fondés, « à la façon des dogmatiques », sur une conception vicieuse de l'infini : à savoir, que l'infini est une grandeur telle qu'il n'y en ait pas de plus grande (la grandeur *maxima*) ; et il le définit très correctement : une grandeur qui contient une pluralité d'unités plus grande que tout nombre (fini). Il insiste même sur ce fait que l'infini n'a pas de grandeur absolue, et qu'il peut être *plus ou moins grand* selon qu'on prend une unité plus ou moins petite. Ainsi le père du criticisme a parfaitement élucidé le concept mathématique de l'infini, et l'a purgé de toute espèce de contradiction. Ce n'est pas lui qui aurait conçu le nombre infini comme le dernier de la suite naturelle, et vous voyez qu'il ne fait pas difficulté d'admettre des multitudes plus grandes que tout nombre fini. Les néo-criticistes, qui se réclament de l'autorité de Kant, n'ont donc pas d'excuse, quand ils s'obstinent à invoquer ces deux principes, dont la fausseté est depuis longtemps reconnue, et a été proclamée par leur maître lui-même.

10. Du reste, la création des nombres transfinis a définitivement ruiné ces deux principes en leur donnant un démenti de fait. Cette invention vraiment géniale permet de résoudre toutes les difficultés que l'on a cru trouver dans l'infini numérique, et de dissiper les malentendus qui ont obscurci cette notion et embrouillé les discussions séculaires auxquelles elle a donné lieu. En particulier, tous les arguments fondés sur les deux principes que je viens d'énoncer manquent dorenavant de base, et tombent devant la constitution parfaitement logique et rigoureuse de nombres infinis *inégaux* répartis en classes de puissances *inégales*. Les travaux de M. Cantor sont la meilleure réponse, une réponse positive et victorieuse, aux objections que l'on a faites à la possibilité du nombre infini; et en même temps ils leur donnent satisfaction d'une certaine manière, en réalisant cette multitude de nombres infinis que les incrédules

1. « Argumenta contra infinitum actu supponunt... infinita omnia esse æqualia. » *Lettre au P. des Bosses*, du 11 mars 1706.
2. Première antinomie : Remarques sur la Thèse (2e éd., p. 458-460, note).

réclamaient ironiquement pour acculer la thèse infinitiste à l'impossible et à l'absurde. Cet échafaudage vertigineux d'infinis superposés, qu'ils croyaient inconcevable, existe aujourd'hui, construit par un subtil et profond mathématicien, qui est aussi un philosophe infinitiste d'une logique impeccable. Je ne puis que vous renvoyer à son exposition, fort claire et fort systématique ; j'espère qu'elle dissipera complètement vos doutes et calmera vos scrupules. En tout cas, l'*onus probandi* incombe désormais aux adversaires du nombre infini ; à eux de découvrir, s'ils le peuvent, dans la théorie des nombres transfinis la moindre contradiction.

CHAPITRE II

DU NOMBRE INFINI CONCRET

1. Le Finitiste. — En attendant que j'étudie cette théorie, je veux bien vous croire sur parole, et admettre qu'elle n'enferme aucun vice logique. Je vous accorde donc, au moins provisoirement, le nombre infini abstrait. Remarquez que cette concession n'entame nullement la métaphysique finitiste que professe l'école néo-criticiste, car cette métaphysique repose uniquement sur l'impossibilité du nombre infini concret. Or voici comment Cauchy [1], et après lui M. Renouvier [2], démontrent cette impossibilité.

« On ne saurait admettre la supposition d'un nombre infini d'êtres ou d'objets coexistants » ou même successifs [3] « sans tomber dans des contradictions manifestes. En effet, si cette supposition pouvait être admise, on pourrait concevoir les objets dont il s'agit rangés dans un certain ordre, et numérotés de manière que la suite de leurs numéros fût la suite naturelle des nombres entiers. On pourrait donc supposer cette dernière suite actuellement prolongée à l'infini.... Il en résulte que, au cas où l'on pourrait démontrer que l'hypothèse de l'infinité actuelle de la suite des nombres abstraits est une hypothèse contradictoire en soi, il serait démontré par là même que l'hypothèse de l'infinité actuelle de la suite des objets concrets est une hypothèse contradictoire en soi. En effet, l'infini des concrets ne peut devenir actuel, que celui des abstraits ne le devienne pareillement... L'infinité actuelle de toute collection ou

1. *Sept leçons de Physique générale*, 3e leçon.
2. *Principes de la Nature*, t. I, p. 53, et *Note sur l'infini de quantité*, ap. *Critique philosophique*, t. XI (Prop. 3 et 5).
3. Cette addition est conforme à la doctrine des auteurs mis en cause. Voir *Principes de la Nature*, *loc. cit.* Cf. *Année philosophique 1890*, p. 90, note.

multitude de choses données » doit donc « suivre le sort de l'infinité actuelle de la suite des nombres abstraits ».

L'Infinitiste. — Tout cela est parfaitement exact [1], et je n'ai qu'un mot à y répondre : c'est que l'impossibilité du nombre infini abstrait n'est nullement démontrée. L'hypothèse de l'infinité actuelle de la suite naturelle des nombres n'est pas contradictoire; elle résulte au contraire de la loi de formation de la suite, et des arguments mêmes que vous avez dirigés contre elle. Je dis comme vous que l'infinité actuelle des collections concrètes doit suivre le sort de l'infinité actuelle de la suite des nombres, c'est-à-dire qu'elle est tout aussi légitime. « Toute la question dépend donc bien de la possibilité ou de l'impossibilité du nombre infini [2]. » Rien n'empêche de concevoir une multitude infinie, c'est-à-dire une collection donnée *in concreto* et telle que, pour en numéroter *tous* les éléments, il faudrait employer *tous* les nombres entiers consécutifs [3]. « Dans l'hypothèse d'une pluralité infinie donnée, l'esprit trouverait devant lui de quoi former indéfiniment des nombres, de même qu'il trouve dans les collections finies de quoi former des nombres jusqu'à une certaine limite [4]. »

2. Fin. — Tout au contraire, une telle collection ne pourrait pas avoir de nombre, puisqu'on devrait lui appliquer tous les nombres entiers sans qu'aucun d'eux fût le dernier et pût la représenter dans sa totalité. Or cela est contradictoire, car « une multitude qui n'est pas un nombre est un mot vide de sens. L'idée d'unité est inséparable de celle de multitude ou de pluralité. Qui dit multitude (*multi*), pluralité (*plures*), dit collection d'unités; et qui dit collection » d'unités « dit nombre [5]. »

1. Il convient toutefois de faire des réserves sur cette assertion, que toute collection donnée peut être rangée en une suite linéaire parallèle à la suite des nombres entiers : car la théorie des ensembles infinis montre qu'elle est fausse (voir Note IV, § I, **8**, **14**, **18**). M. Renouvier s'est donc trompé quand il a écrit cette phrase : « Dans l'hypothèse où la numération serait interminable, on peut toujours établir le parallélisme de la suite des concrets distincts avec la suite des nombres abstraits, puisque ces abstraits correspondent à ces concrets chacun à chacun nécessairement, et que la suite de ces abstraits est indéfinie et ne peut faillir, si loin que la multitude de ces concrets s'étende » (*Note sur l'infini de quantité*, Proposition 2); et cette autre : « Si des phénomènes ou des choses quelconques forment une suite interminable en se distinguant les unes des autres, elles correspondent *nécessairement* une par une aux termes de la suite des nombres abstraits.... également interminable..... » (*Revue philosophique*, t. IX, p. 671.)
2. M. Renouvier, ap. *Revue philosophique, loc. cit.*
3. Cf. I, I, **9**, *Remarque*.
4. M. Boirac, ap. *Critique philosophique*, t. XI (26 avril 1877).
5. M. Pillon, ap. *Année philosophique 1890*, p. 116.

INF. — D'accord; mais c'est précisément ce qui vous oblige d'admettre les nombres infinis, pour représenter les collections concrètes infinies. Votre raisonnement suppose, d'une part, qu'il n'y a pas d'autres nombres entiers possibles que les nombres *finis* contenus dans la suite naturelle; d'autre part, que toute multitude donnée a un nombre, et que toute collection d'unités est un nombre entier. Il faudrait pourtant choisir entre ces deux conceptions du nombre entier. Ou bien vous appelez *nombre entier* toute collection d'unités, et alors la collection dont nous parlons aura un nombre entier qui ne sera aucun des nombres finis, et par conséquent un nombre infini; ou bien vous n'admettez pas d'autres nombres entiers que ceux de la suite naturelle, et alors vous ne pourrez plus exiger que toute collection ait un nombre entier. Dans cette dernière hypothèse, la distinction de la *multitude* et du *nombre* est parfaitement légitime, quoi que vous en disiez, et l'on peut fort bien supposer [1] qu'il existe des multitudes sans nombre : car en vous accordant que tout nombre entier est fini, l'on restreint l'ensemble des nombres entiers à la suite naturelle des nombres. Alors il n'y aura pas sans doute de nombre entier infini, mais il pourra exister des collections infinies qu'aucun nombre entier ne dénombre [2]. Or vous n'avez plus le droit, pour réfuter cette thèse, d'invoquer l'idée de nombre entier conçu comme collection d'unités.

En d'autres termes, votre argument peut se formuler ainsi : « Toute pluralité donnée a un nombre; or tout nombre est fini; donc toute pluralité donnée est finie [3]. » Ce syllogisme n'est pas valable, car le moyen terme « nombre entier » n'a pas le même sens dans les deux prémisses : dans la majeure, il signifie une collection d'unités en général; dans la mineure, il signifie spécialement un nombre de la suite naturelle. Votre syllogisme a donc *quatre* termes, et par conséquent il ne conclut pas. Pour qu'il fût concluant, il faudrait qu'on pût identifier les deux moyens termes, et affirmer que toute collection d'unités appartient à la suite naturelle des nombres. Or il n'est pas permis d'imposer au nombre entier, défini comme collection d'unités, une condition supplémentaire et étrangère à son

1. Avec MM. JANET et BOIRAC (*Année philosophique 1890*, p. 116 et 117, notes).
2. C'est la position, parfaitement logique, prise par M. DEDEKIND (p. 364, note 1).
3. Cet argument, au dire de M. CANTOR, a été déjà employé par SAINT THOMAS D'AQUIN (I, q. 7, a. 4).

essence, savoir, d'être obtenu par l'addition répétée de l'unité à elle-même. [Voir I, III, **11**; IV, **17**.] Si donc votre majeure est vraie, votre mineure est fausse; si au contraire votre mineure est vraie, votre majeure est fausse. Dans les deux cas, votre syllogisme ne tient debout qu'en s'appuyant sur un postulat illégitime qui équivaut implicitement à votre conclusion : il constitue donc un paralogisme ou un cercle vicieux, à votre choix.

3. Fin. — Mais n'est-il pas évident que par l'addition progressive de l'unité à elle-même on obtient, d'une façon régulière et méthodique, toutes les collections possibles d'unités? Car qu'est-ce qu'une collection qu'on ne pourrait former en ajoutant indéfiniment les unités aux unités? La suite naturelle des nombres comprend donc bien tous les nombres entiers possibles.

Inf. — Cela n'est nullement prouvé : vous admettez sans raison qu'une collection ne peut être formée que par l'énumération successive de ses éléments, et qu'un nombre entier ne peut être conçu que par la sommation progressive de ses unités; or c'est là un postulat non seulement gratuit, mais faux. [Voir I, III, **12**.] En général, supposer que les éléments d'une collection donnée sont susceptibles d'être rangés dans un ordre linéaire, c'est déjà restreindre la notion de collection [1]. Supposer en outre que la suite ainsi obtenue ait un premier terme, et surtout un dernier, c'est énoncer un jugement manifestement synthétique; c'est imposer à l'idée de collection de nouvelles restrictions, et affirmer d'avance que toute collection donnée doit pouvoir être dénombrée. Or si, comme vous le souteniez tout à l'heure, conformément à la théorie rationaliste, le nombre d'une collection est nécessairement donné avec cette collection elle-même, vous n'avez pas le droit de préjuger la possibilité du dénombrement, et d'exiger que cette opération ait une fin. En résumé, de deux choses l'une : ou vous admettez que le nombre entier préexiste au dénombrement de la collection donnée, ou vous ne reconnaissez comme nombre entier que le résultat d'un dénombrement effectué et terminé [2]. Dans le premier cas, vous devez accepter les nombres infinis, en tant que collections d'unités, et les considérer comme aussi valables que les nombres finis; dans le second cas, vous devez

1. Cf. la distinction de l'ensemble *bien défini* et de l'ensemble *bien ordonné*, d'après M. Cantor : Note IV, § V, **51**.

2. Inutile de rappeler que cette seconde alternative nous a paru insoutenable. [I, IV, **4**.] Elle le paraît également à M. Pillon. [Voir p. 470, note 1.]

admettre des pluralités qui n'aient pas de nombre (fini), des multitudes innombrables. De toute façon, vous ne pouvez démontrer l'impossibilité d'une collection infinie.

4. Fin. — Je ne puis néanmoins concevoir une collection d'objets réels et donnés qui donnerait lieu à l'application successive de tous les nombres entiers.

Inf. — Pourquoi pas? Qu'est-ce qui empêche une collection concrète de former une suite illimitée parallèle à la suite des nombres abstraits, de telle sorte qu'à chaque nombre entier corresponde un objet distinct?

Fin. — Mais supposer cette application entièrement effectuée, c'est supposer terminée une opération interminable, et l'inépuisable épuisé.

Inf. — C'est jouer sur les mots : car si la suite naturelle des nombres peut être épuisée, ce n'est pas dans le même sens où elle est inépuisable [1]. Elle peut s'appliquer tout entière à une collection donnée : mais il est clair que cette application ne peut s'effectuer successivement.

Fin. — Et pourtant vous n'avez pas d'autre moyen de l'effectuer réellement que de prendre les objets un à un. Mais alors, vous n'aurez jamais fini de numéroter les objets donnés, vous ne saurez donc jamais s'il en reste un nombre fini ou infini, et le nombre de ceux que vous aurez numérotés sera toujours fini.

Inf. — Sans doute, mais c'est parce que vous m'imposez implicitement cette condition, de n'en numéroter qu'un nombre fini en un temps fini. Au fond, tout dépend de la manière dont on se donne les éléments de la collection, et de la durée que l'on consacre à

1. On répondrait de même à l'argument favori de M. Renouvier contre la *méthode des limites* (la seule correcte pourtant au point de vue logique, et la seule conforme aux exigences du finitisme), à savoir que « la *limite* n'existe pas », attendu que ce serait le produit d' « une opération *illimitée* » ou « la limite d'un calcul prolongé sans limite. » (*Principes de la Nature*, t. I, p. 60; cf. *Année philosophique 1891*, p. 28 et 31.) Cette objection repose sur une simple équivoque : on y confond deux sens bien distincts du mot *limite*, le sens vulgaire de *borne* ou de *fin*, et le sens mathématique de *limite* (défini 1re P., I, IV, **17**, et Note II, **7**). Ainsi, quand on parle de la limite d'une suite illimitée, ou que l'on considère une valeur (finie ou infinie) comme la limite d'une variable qui croît sans limite, ou dépasse toute limite, la contradiction n'est que dans les termes; aussi est-il facile de l'éviter en employant à la fois les mots *borne* et *limite* [voir 1re P., IV, I, **3**, **5**]. Si donc il y a « un changement sophistique de définition et d'essence », ce n'est point dans « le prétendu passage à la limite », mais dans le langage de ceux qui prennent des jeux de mots pour des arguments sérieux.

chacun d'eux. Quand vous dites qu'une collection infinie ne pourra jamais être numérotée tout entière, il ne s'agit pas là d'une impossibilité intrinsèque et logique, mais d'une impossibilité pratique et matérielle : c'est tout simplement une question de temps [1]. Donnez-moi un temps infini, et je me charge de dénombrer une collection infinie.

5. Fin. — Même alors, vous ne parviendriez jamais au bout de la suite naturelle des nombres, puisqu'elle n'en a pas : au contraire, la collection concrète, étant donnée tout entière, devrait avoir un dernier terme. Vous ne pourriez donc pas établir une correspondance uniforme entre la suite des nombres entiers et la collection donnée, car la première finirait toujours par dépasser la seconde ; et comme le dernier terme de celle-ci correspondrait nécessairement à l'un des nombres de la suite naturelle, la collection aurait un nombre fini.

Inf. — Encore une fois, vous concevez une collection infinie comme finie. Pourquoi voulez-vous qu'elle ait un dernier terme, alors qu'en vertu même de son infinité elle ne peut en avoir aucun? Au lieu d'arriver à un dernier terme et de trouver un dernier nombre qui la dénombre tout entière, on devra lui appliquer *tous* les nombres entiers consécutifs. Quel mal voyez-vous à cela?

Fin. — C'est qu'une telle collection n'aurait pas de nombre : car, si elle avait un nombre cardinal, ce serait nécessairement le dernier de tous les nombres entiers, alors que, de votre propre aveu, la suite naturelle est interminable, et ne contient pas de dernier nombre.

6. Inf. — De quel droit exigez-vous que le nombre de tous les nombres entiers finis fasse partie de la suite naturelle, c'est-à-dire soit lui-même un nombre fini? Tout au contraire, c'est justement parce que la suite naturelle n'a pas de dernier terme que son nombre est infini. Ainsi, loin d'être le plus grand de tous les nombres entiers, le nombre infini n'existe que parce qu'un tel nombre n'existe pas [2]. Vous confondez toujours les deux conceptions (empiriste et rationaliste) du nombre, et vous identifiez sans

1. Voir l'exemple géométrique exposé 1re Partie, IV, I, **6**. De même, un pendule peut arriver au sommet de sa course au bout d'un temps fini ou infini. Cf. *Revue de Métaphysique et de Morale*, t. I, p. 568, 571.

2. « Et singuli quique finiti sunt, et omnes infiniti sunt. » (Saint Augustin, *de Civitate Dei*, XII, 19.)

raison les deux sens du nombre entier, que j'ai discernés précédemment et qui ne sont unis par aucun lien logique : je veux dire le sens *cardinal* et le sens *ordinal* [1]. Dans tout nombre, en effet, il faut distinguer deux choses : le nombre des unités qui le composent, et le nombre des nombres qui le précèdent dans la suite naturelle (plus *un*). Ces deux nombres ne sont pas nécessairement égaux. Dans le premier sens, le nombre entier est constitué par la réunion de ses unités, et n'emprunte rien aux nombres précédents : il existe par lui-même et est indépendant des autres. Dans le second sens, au contraire, il occupe dans la suite naturelle un rang déterminé, et il dépend des autres nombres, par ce fait qu'il est la somme du nombre précédent et de l'unité, et que, en lui ajoutant une unité, on obtient le nombre suivant. Ces deux sens du nombre, ou plutôt ces deux nombres, coïncident pour tout nombre fini, parce que, chaque nombre étant obtenu par l'addition d'une unité au précédent, le nombre des nombres formés est précisément égal au nombre des unités additionnées, c'est-à-dire au dernier nombre obtenu : et voilà pourquoi chaque nombre entier fini n se trouve être en même temps le n^e dans la suite naturelle. Mais si l'on prolonge sans fin cette suite en ajoutant indéfiniment l'unité au dernier des nombres formés, on obtiendra une *infinité* de nombres, sans jamais obtenir un nombre *infini*, ni par conséquent un nombre *infinitième* [2].

Fin. — Tout cela confirme ce que j'avançais tout à l'heure : c'est

1. Cette confusion apparait nettement dans ce passage de M. Renouvier (*Réponse à M. Lotze*, ap. *Revue philosophique*, t. IX, p. 671) : « M. Lotze considère la série potentielle des nombres comme un tout actuellement donné. Un tel tout peut-il différer du nombre infini, alors que chaque terme de la série énonce à la fois sa valeur particulière et le nombre des termes comptés jusqu'à lui ? Je veux dire que si le tout est une infinité donnée, comme les termes se suivent inépuisables jusqu'à la fin de ce qui peut être donné, je suis forcé d'en supposer un dernier et celui-là .... nombrera ce tout et cette infinité. Ce dernier terme est-il impossible, vu la nature de la série ? Alors la somme infinie est elle-même impossible, en tant que donnée, *puisque les termes et les sommes restent constamment identiques.* » Nous soulignons cette dernière phrase, parce qu'elle contient tout le vice du raisonnement.

2. Jean Bernouilli a donc commis une erreur en disant : « S'il existe une infinité de ces termes (dans une suite infinie), il doit en exister un *infinitième*, par la même raison que *dix* exigeraient le *dixième* en rang des dix, et *cent* le *centième* en rang des cent. » (Cité ap. *Critique philosophique*, 6e année, n° 2.) Cette concession imprudente (arrachée sans doute à Bernouilli par les sophismes des finitistes) repose sur une fausse analogie ou sur une induction sans valeur : car, de ce que les termes de la suite sont en nombre *cardinal* infini, il ne s'ensuit pas qu'il y ait parmi eux un nombre *ordinal* infini, attendu qu'en vertu de l'infinité de la suite il n'y en a aucun qui soit le dernier, et par suite l'*infinitième*.

que la suite naturelle des nombres n'a pas de nombre cardinal; elle est littéralement innombrable.

Inf. — Nullement : cela prouve simplement que le nombre cardinal de la suite naturelle ne fait pas partie de cette suite; or elle contient *tous* les nombres finis; donc son nombre cardinal n'est aucun des nombres finis : il ne peut être qu'infini. Ainsi le nombre infini n'est pas un terme de la suite naturelle, mais bien le nombre de *tous* ses termes [1].

7. Fin. — Mais vous n'avez pas le droit de parler de la *totalité* de la suite naturelle : n'est-il pas évident, au contraire, qu'elle n'est jamais complète, jamais achevée? Or, d'après votre définition même du nombre, l'idée de totalité est nécessaire à la formation d'un nombre entier. La suite naturelle des nombres, ne pouvant jamais être terminée et totalisée, ne peut donc avoir un nombre cardinal.

Inf. — Vous oubliez que « totalité » ne signifie rien de plus que l'unité d'une pluralité. Vous ne pouvez nier que la suite naturelle des nombres soit une pluralité...

Fin. — Sans doute, mais je conteste qu'elle ait une unité, et par conséquent elle ne constitue pas une totalité.

Inf. — Je vous demande pardon : la suite naturelle possède une véritable unité, en tant qu'elle procède d'une loi de formation uniforme; elle offre donc bien le caractère d'une totalité. Votre objection serait encore plausible dans la théorie empiriste, où les nombres ne sont unis entre eux par aucune relation logique, et se succèdent en quelque sorte au hasard [2]. Mais dans la théorie rationaliste, la loi qui enchaîne les uns aux autres les nombres entiers, et qui permet de les concevoir comme engendrés par un seul et même acte de l'esprit, constitue entre eux un lien intelligible : en les réunissant sous une même idée et en les comprenant dans une seule définition, elle confère à leur suite une unité rationnelle. Peu importe que les termes de la suite soient en nombre fini ou infini, pourvu qu'on ait le moyen de les construire *tous* : or ce moyen est fourni par une formule opératoire unique (l'addition

1. Cette conclusion permet de dissiper une autre confusion commise par M. Renouvier dans le passage cité plus haut (p. 463, note 1). On se demande, en effet, si c'est la totalité de la suite naturelle, ou seulement son dernier terme, qu'il considère comme un nombre infini. La première hypothèse est valable; la seconde est contradictoire.

2. Voir I, iv, **14**.

indéfiniment répétée de 1), d'où sortent tour à tour *tous* les nombres entiers, et dans laquelle, inversement, on peut les faire *tous* rentrer.

8. Fin. — Je crois que vous exagérez : cette formule vous permet de construire autant de nombres entiers que vous voudrez, mais toujours en nombre fini : vous n'obtiendrez donc jamais *tous* les nombres entiers. La suite naturelle, par cela même qu'elle est interminable, et partant toujours incomplète, constitue une pluralité indéfinie, mais non une collection fermée, une totalité.

Inf. — Vous paraissez croire qu'une collection fermée est nécessairement finie : c'est une erreur. On peut concevoir des ensembles infinis aussi fermés et aussi exactement délimités que des ensembles finis. Il n'y a donc pas de difficulté à considérer une collection infinie comme complète et achevée : elle n'est même complète que lorsqu'elle est infinie. Tout au contraire, la suite naturelle des nombres est incomplète et inachevée tant qu'elle reste finie, et c'est justement pour cela qu'elle est absolument infinie, et non pas indéfinie. En général, une collection d'objets quelconques est fermée et délimitée, quand on sait exactement quels objets en font partie et quels objets n'en font pas partie; et quand on sait, d'autre part, distinguer les uns des autres les objets qui en font partie, et reconnaître leur unité et leur identité. C'est à ces conditions qu'un ensemble est *bien défini*[1] et a un nombre déterminé. Or la suite naturelle des nombres entiers est un ensemble bien défini : c'est une collection de nombres tous différents, dont chacun constitue une unité distincte : il n'en faut pas davantage pour qu'elle ait un nombre cardinal, qui est le nombre infini.

9. Fin. — Mais, encore une fois, vous ne pouvez compter *tous* les nombres entiers, ni les rassembler tous ensemble dans cet acte synthétique d'appréhension qui est selon vous nécessaire à la formation d'un nombre; vous ne pouvez embrasser l'ensemble de ces nombres dans une seule intuition de manière à en apercevoir la totalité.

Inf. — Vous vous trompez : pour pouvoir considérer la suite naturelle des nombres comme un tout, et l'appréhender dans sa totalité, il suffit de connaître, d'une part, ce que c'est qu'un nombre entier, et, d'autre part, de savoir discerner deux nombres entiers; en

1. Voir Note IV, 1.

d'autres termes, il suffit de savoir distinguer un nombre entier quelconque, soit d'un autre nombre entier, soit d'un nombre non entier. Or ce sont là des choses que vous rougiriez d'ignorer, et sur lesquelles aucune incertitude, aucune hésitation même n'est possible. Cela étant, vous avez comme moi l'idée de la totalité des nombres entiers, c'est-à-dire d'un ensemble bien défini, d'une collection fermée ayant un nombre déterminé. D'ailleurs, ne parlons-nous pas tous deux, à chaque instant, de *tous* les nombres entiers, et ne savons-nous pas exactement ce que nous entendons par là? Et si je me chargeais de les énumérer par ordre, ne seriez-vous pas capable de vérifier si j'en répète ou si j'en oublie? Vous voyez donc bien que vous les connaissez *tous*.

10. Fin. — Si je vous entends bien, vous prétendez que les idées de tous les nombres entiers existent dans votre esprit? C'est là une assertion qui me paraît outrecuidante; car si l'ensemble de ces nombres est infini, comme vous le soutenez, et s'il est tout entier présent à votre pensée, il faut donc que vous ayez un entendement infini.

Inf. — Je ne sais pas ce que vous voulez dire par là; ces mots n'ont pas de sens pour moi, l'entendement n'étant pas une grandeur mesurable. Prenez garde d'être dupe de votre imagination, et de vous figurer l'entendement à la manière d'une urne, qui, pour contenir un nombre infini de boules, devrait être elle-même infinie. Tout ce que je sais, c'est que je possède implicitement de quoi dénombrer telle collection d'objets qu'il vous plaira de me donner, et par conséquent que j'ai déjà l'idée du nombre cardinal de cette collection, si grand qu'il soit : car ce n'est assurément pas la perception empirique de cette collection qui pourra jamais me donner l'idée de ce nombre [I, III, **7**, **9**]. L'ensemble des nombres entiers est donc bien la « provision », non « de signes[1] », mais d'idées, qui permet de dénombrer n'importe quelle collection finie, si nombreuse qu'elle soit. Ainsi chaque nombre cardinal fini est donné dans cette provision idéale qui préexiste à tout dénombrement, car elle en est la condition nécessaire [I, II, **6-7**]. J'en conclus que cette provision est rigoureusement infinie, puisqu'elle contient d'avance tous les nombres finis possibles.

Fin. — Vous ne pouvez pas sérieusement soutenir que la suite

1. Kronecker [*cité* I, IV, **15**].

naturelle existe tout entière dans votre esprit : car vous n'avez certes pas actuellement l'idée de tous les nombres entiers.

INF. — Encore une fois, la suite naturelle est donnée tout entière par sa loi de formation, ainsi, du reste, que toutes les autres suites et séries infinies, qu'une formule de récurrence suffit, en général, à définir entièrement, de telle sorte que leur limite ou leur somme (quand elle existe) se trouve par là complètement déterminée [1]. Aussi un mathématicien exercé n'a-t-il pas besoin de développer une suite et d'en calculer les termes successifs : il les aperçoit comme en perspective dans le terme général qui les engendre tous; il n'a pas besoin non plus de prolonger indéfiniment une série pour savoir si elle a une limite : il l'appréhende d'emblée dans la formule de sommation. Il n'y a donc aucune difficulté à penser des suites comme actuellement infinies et comme données dans leur totalité; or ce qui permet de concevoir en bloc et d'embrasser d'un coup d'œil l'infinité de leurs termes, c'est la loi de formation qui les englobe tous dans une formule générale et unique. De même, c'est grâce à la loi de formation de la suite naturelle que nous avons l'idée de tous les nombres entiers, et en ce sens ils sont donnés tous ensemble dans cette loi. C'est ce qu'avait bien compris LEIBNITZ, quand il soutenait l'infinité *actuelle* de la suite naturelle des nombres [2].

Sans recourir, comme lui, à l'hypothèse d'un entendement divin, je vous ferai simplement remarquer que nous avons tous dans l'esprit l'*idée* génératrice de tous les nombres entiers possibles, de sorte que nous sommes en mesure de dénombrer n'importe quelle collection finie donnée; nous avons donc le moyen de former le nombre cardinal correspondant, quel qu'il soit, ou plutôt nous en avons d'ores et déjà l'idée; car, ainsi que je l'ai montré [I, IV, **3**], le dénombrement d'une collection présuppose l'idée de son nombre cardinal, loin de l'engendrer. Or si nous pouvons « tirer du trésor de notre esprit » telle idée de nombre qu'on voudra, il faut bien que nous ayons l'idée de *tous* les nombres entiers, et par là même l'idée de leur multitude actuellement infinie. Si, par exemple, je m'engageais à vous donner telle somme finie d'argent que vous pourriez demander, ne faudrait-il pas que j'eusse une fortune infinie?

1. Cf. 1re Partie, I, IV, **15**, et Note IV, **1**.

2. « Neque enim negari potest, omnium numerorum possibilium naturas revera dari, saltem in divina mente, adeoque numerorum multitudinem esse infinitam. » *Lettre au P. des Bosses*, 11 mars 1706.

FIN. — Assurément : car si elle était finie, je pourrais toujours vous demander une somme finie qui lui fût supérieure.

INF. — Eh bien! si je m'engage à trouver le nombre de telle collection finie qu'il vous plaira de me donner, ne faut-il pas, de même, que j'aie une provision infinie d'idées de nombres?

11. FIN. — Non pas, car l'analogie se trouve en défaut. Ce qui fait que votre fortune devrait être absolument infinie, c'est que nous la concevons comme une grandeur donnée, partant constante. Au contraire, votre provision de nombres est variable : vous les formez au fur et à mesure des besoins, mais vous ne les avez pas tous ensemble présents à l'esprit. Aussi la suite des nombres que vous pouvez penser est-elle indéfinie, et non infinie. Autrement dit, la loi de formation vous donne le *pouvoir* de former autant de nombres que vous voulez, il est *possible* de trouver toujours un nombre plus grand qu'un autre nombre donné ; mais tous les nombres ne peuvent être donnés à la fois, et ils n'existent pas tout faits dans votre pensée. En un mot, votre provision idéale de nombres est *infinie potentielle*, et non pas *infinie actuelle*.

INF. — Vous auriez raison dans la théorie empiriste, où les nombres entiers sont donnés un à un et successivement, comme des cartes ou des jetons. Dans la théorie rationaliste, au contraire, tous les nombres sont donnés d'un seul coup dans la loi de formation, qui est une règle générale et uniforme. C'est dans cette théorie seulement que la suite des nombres entiers est vraiment « naturelle » et « régulière ». En vertu de cette loi permanente et unique, il n'y a pas seulement *possibilité* d'obtenir de nouveaux nombres, il y a *nécessité* d'en former toujours de nouveaux par le même procédé qui a servi à construire les précédents : car l'addition de l'unité au dernier nombre obtenu est toujours possible, si grand que soit ce nombre, et l'on ne peut pas s'arrêter à l'un plutôt qu'à l'autre dans l'application répétée de la règle universelle. Non seulement il n'y a pas de raison pour s'arrêter à tel ou tel nombre de la suite, mais il y a toujours la même raison pour avancer indéfiniment et construire sans cesse de nouveaux nombres. Et comme cette opération ne peut avoir de fin, bien plus, comme elle doit se répéter sans fin, nous pouvons affirmer que la suite naturelle des nombres est, non pas indéfinie, mais proprement infinie[1].

1. LEIBNITZ, *Nouveaux Essais*, livre II, ch. XVII, § 4 : « *Philalèthe* : Nous avons

Fin. — Mais, même dans cette conception, la formation des nombres n'est-elle pas nécessairement successive, de sorte qu'on n'en obtient jamais qu'un nombre fini? La suite naturelle ne sera donc jamais infinie actuelle.

Inf. — Cela serait encore vrai si les idées des nombres étaient primitivement issues de l'addition *successive* de l'unité à elle-même; mais il est illogique de définir le nombre entier comme la *somme* de ses unités constituantes [1], attendu que la définition de l'addition suppose celle du nombre entier [I, iii, **11**]. Par conséquent l'idée de chaque nombre est antérieure à la sommation par laquelle on le construit à son tour dans la suite naturelle; la loi de formation successive ne peut donc pas engendrer les idées-nombres, et les suppose au contraire préformées [I, iii, **12**]. Comment saurait-on, par exemple, que dans la progression des nombres entiers on est arrivé au nombre *cent*, si l'on n'avait pas déjà l'idée de *cent* avant d'avoir obtenu ce nombre et indépendamment de ce mode de génération? Ce n'est donc pas un moyen de créer les nombres, mais simplement un moyen de les retrouver suivant une règle uniforme et de les ranger dans un ordre naturel et commode, mais nullement nécessaire. Et puisque chacun d'eux est indépendant des autres par son essence, leur existence à tous ne dépend pas de leur ordre de succession; elle est, en principe, simultanée [2]. Sans doute, l'ensemble des nombres qu'un opérateur peut énumérer verbalement ou figurer par l'écriture est toujours fini, et comme on peut toujours l'augmenter, il sera bien qualifié d'*indéfini*; mais l'ensemble des idées-nombres, qui préexiste à toute énumération, et qui seul la rend possible, est essentiellement infini. Assimiler l'ensemble infini de ces idées à l'ensemble indéfini des nombres qu'on peut figurer d'une manière empirique, c'est confondre le signe avec la chose signifiée :

cru que la *puissance* qu'a l'esprit d'étendre sans fin son idée de l'espace par des nouvelles additions étant toujours la même, c'est de là qu'il tire l'idée d'un espace infini. — *Théophile* : Il est bon d'ajouter que c'est parce qu'on voit que *la même raison subsiste toujours*...... de sorte que la considération de l'infini vient de celle de la similitude ou de la même raison, et son origine est la même avec celle des vérités universelles et nécessaires. »

1. Cf. Pillon, *Année philosophique 1890*, p. 117 : « L'idée de nombre exclut l'infini. Pourquoi? Parce que le nombre est une somme..... »

2. H. Lotze (*L'infini actuel est-il contradictoire?* ap. *Revue philosophique*, t. IX) : « La certitude que nous avons de la valeur ou de la vérité *simultanée* de tous les termes de la série jusqu'à l'infini, voilà précisément en quoi consiste l'infinité donnée de la série. » On remarquera que cette proposition est absolument conforme à la doctrine de Leibnitz.

c'est identifier l'idée avec son image matérielle [1]. Loin de prendre naissance dans la formation progressive de la suite naturelle, les idées de tous les nombres doivent être préconçues par l'esprit : elles sont là, toutes prêtes, et viennent tour à tour se poser à l'appel de leur nom. Aussi le mathématicien rigoureux ne dit-il pas : « Après tout nombre entier on en *peut* trouver un autre », mais bien : « Après chaque nombre entier *il y en a* un autre [2] », parce que l'existence idéale d'un nombre ne dépend en aucune façon du procédé pratique par lequel on le représente ou on le réalise. Cette formule résume donc bien tout le « mystère » de l'infini numérique : car elle implique l'infinité absolue de l'ensemble de tous les nombres finis [3].

12. Fin. — Je vous accorderais encore, à la rigueur, l'infinité idéale de l'ensemble des nombres entiers; mais ce que je ne puis comprendre ni admettre, c'est l'infini réalisé. Une collection concrète ne peut pas être infinie, car on n'en pourra jamais donner qu'un nombre fini d'éléments : une collection infinie donnée est donc contradictoire. En tant que donnée, elle ne sera pas infinie; en tant qu'infinie, elle ne sera jamais donnée dans sa totalité.

Inf. — En somme, vous reconnaissez l'infinité actuelle de la suite naturelle des nombres; vous admettez donc le nombre infini abstrait. Mais alors je ne vois pas pourquoi vous refuseriez d'admettre le nombre infini concret, c'est-à-dire une pluralité infinie d'objets. Vous m'accorderez bien que tout nombre fini peut être réalisé, c'est-

1. Par une heureuse inconséquence, M. Pillon reconnaît que « le nombre est indépendant de la capacité numératrice de l'esprit particulier qui le forme, des moyens plus ou moins rapides, plus ou moins laborieux et pénibles par lesquels on le forme, enfin du mode sous lequel il apparaît et du signe par lequel il s'exprime ». *Année philosophique 1890*, p. 117-118. [Cf. p. 357, note 1.]

2. J. Tannery, *op. cit.*, Préface, p. VIII [*cité* p. 1].

3. M. P. du Bois-Reymond établit une distinction bien subtile entre l'ensemble des nombres entiers et celui des nombres rationnels au point de vue de l'infinité : « Le premier, dit-il, est infini, parce qu'il ne suppose pas l'existence d'êtres pensants (?), tandis que l'ensemble des nombres rationnels est lié à la personne qui pense (?).... On est tenté d'abord de croire que l'ensemble des nombres entiers n'est qu'illimité » (c'est-à-dire : indéfini), « parce qu'on pense à celui qui compte : mais il faut encore ici séparer l'esprit qui compte du nombre lui-même (?) ». Au contraire, « les nombres rationnels forment un ensemble illimité, et non infini », parce que leur numérateur et leur dénominateur doivent toujours être *finis*. (*Théorie générale des fonctions*, 1re Partie : A. Système idéaliste : L'Idéaliste, le concept de limite.) — Mais est-ce que par hasard les nombres entiers de la suite naturelle ne seraient pas tous finis? Et si l'ensemble des nombres entiers est infini, comment l'ensemble des nombres rationnels, qui contient le précédent, ne serait-il pas infini? Nous avons longtemps médité ce paradoxe bizarre : nous avouons n'avoir pas réussi à le comprendre.

à-dire qu'il peut exister une collection concrète correspondant à ce nombre. Or, si vous concevez *tous* les nombres finis comme réalisés, vous concevez par là même comme réalisé le nombre infini.

Fin. — Non pas : je refuse de considérer tous les nombres finis comme réalisés; je dis que chacun d'eux peut l'être, mais je nie qu'ils puissent être tous réalisés à la fois.

Inf. — Eh bien! indiquez-moi donc combien vous pouvez en admettre comme réalisés; je me charge d'en réaliser un de plus. Ou si vous préférez, indiquez-moi seulement le plus grand de ceux que vous croyez pouvoir être réalisés : je me fais fort d'en réaliser un plus grand. Et il faut bien qu'il y en ait un qui soit le plus grand de tous les nombres réalisables, si vous voulez que leur nombre reste fini. De deux choses l'une : si tous les nombres entiers peuvent être réalisés, le nombre infini sera réalisable; si le nombre infini n'est pas réalisable, il y aura des nombres finis (et même une infinité) qui ne pourront être réalisés. Pour être logique, il vous faudrait soutenir qu'aucun nombre fini (pas même *un*) ne peut être réalisé, car si vous en réalisez un seul, n par exemple, je pourrai réaliser $(n + 1)$. Je vous laisse le choix entre ces deux affirmations extrêmes, qui au fond reviennent au même et qui vous réfutent également : « Tous les nombres entiers peuvent être réalisés (y compris le nombre infini); — Aucun nombre entier ne peut être réalisé. » En effet, tout se réduit à savoir si l'on a le droit de réaliser le nombre 1, c'est-à-dire d'appliquer l'unité idéale à un objet quelconque. Si vous m'accordez ce droit, qui vous permet d'affirmer que la nature se lassera de fournir des objets à ma « faculté numératrice », et ne m'offrira pas une multitude innombrable d'unités? Si au contraire vous me le refusez, je ne pourrai même plus compter *un* : mais alors, que devient votre *loi du nombre*?

CHAPITRE III

DE LA GRANDEUR INFINIE ABSTRAITE

1. L'Infinitiste. — Je ne me flatte pas de vous avoir convaincu de la possibilité du nombre infini. J'espère du moins vous avoir prouvé que cette idée n'a rien de contradictoire en soi, et je crois avoir écarté toutes les objections courantes, qui partent d'une conception inexacte de l'infini numérique. Je comprends, du reste, que vous ne reconnaissiez pas l'existence du nombre infini : c'est que vous n'en voyez pas encore la nécessité. Or cette nécessité n'apparaît pleinement que dans l'application des nombres à la grandeur continue. Si donc, comme je le pense [1], l'infini numérique ne se justifie, en dernier ressort, que par l'infini de grandeur, il convient d'examiner maintenant le nombre infini, non plus comme collection d'unités, mais comme mesure d'une grandeur. J'ajoute que ces deux rôles du nombre infini. comme de tout autre nombre entier, sont intimement unis [2], car si une grandeur est infinie, elle devra contenir une pluralité d'unités plus grande que tout nombre fini [3]; c'est donc parce que le nombre infini représente une multitude infinie qu'il devient propre à mesurer une grandeur infinie.

Je pourrais, à la vérité, vous rétorquer vos raisonnements habituels, et vous dire que l'infini géométrique a la même valeur que l'infini numérique. Si donc vous n'avez pas démontré l'impossibilité du nombre infini, vous ne pouvez plus nier l'infinité actuelle de l'espace et du temps. En effet, dites-vous, « il est certain que tous les infinis mathématiques doivent être assimilés les uns aux autres,

1. Voir 1re Partie, Livre IV, Ch. II et III.
2. Voir II, III, **6**; IV, **7**.
3. On se rappelle que c'est ainsi que Kant définit le « vrai concept transcendental de l'infini ». *Critique de la Raison pure*, 2e éd., p. 460, note [*cité* Ch. I, **9**].

dans le raisonnement, parce qu'ils sont tous..... de même nature. On est donc fondé à conclure de l'un à l'autre, de l'infini de nombre à celui d'espace, ou de l'infini d'espace à celui de nombre [1] ». Vous voilà donc condamné par votre propre arrêt, et désarmé en face de l'infini de grandeur. Mais je n'abuserai pas de cet aveu, et je renonce à un triomphe trop facile. Il n'est pas certain, quoi que vous en disiez, que tous les infinis mathématiques se tiennent et se vaillent, et l'on n'a pas le droit de les assimiler *a priori* les uns aux autres. Pour que l'infini géométrique suivît le sort de l'infini numérique, il faudrait que les grandeurs géométriques fussent naturellement et par essence des collections d'unités : or c'est ce qu'on ne saurait soutenir sans méconnaître la différence radicale qui existe entre les grandeurs, qu'on mesure, et les multitudes, qu'on dénombre : c'est même fausser la notion de grandeur que de concevoir toutes les grandeurs d'une même espèce comme composées d'unités égales [2]. C'est votre prétendue loi du nombre qui vous oblige à identifier les grandeurs continues à des pluralités discrètes : vous voyez qu'elle se retourne à présent contre vous. Mais je me ferais scrupule d'en tirer avantage, puisque je la considère comme absolument fausse. Je ne veux pas trancher si légèrement une question aussi grave, et je tiens à discuter avec vous l'infini de grandeur en lui-même et pour lui-même.

Je suppose donc désormais que le nombre infini n'existe pas, et qu'il ne peut y avoir de collections infinies ; je tiens tout ce que j'ai dit pour nul et non avenu, et je vous donne gain de cause. Si je parviens à établir, indépendamment de l'infini numérique, l'existence (idéale) d'une grandeur infinie, j'aurai démontré une seconde fois la possibilité du nombre infini, non plus en tant que collection d'unités, mais en tant que mesure d'une telle grandeur, car, lors même qu'il n'y aurait aucune multitude infinie, et que le nombre infini serait inutile et absurde en tant que pluralité discrète, il pourrait encore être légitime et valable comme symbole d'une grandeur. Il va sans dire que je ne renonce nullement à tout ce que j'ai soutenu jusqu'ici : je ne vous fais cette concession que pour les besoins de la discussion. De plus, il est bon d'isoler autant que possible les questions qui sont en effet indépendantes les unes des

1. M. Pillon, *Année philosophique 1890*, p. 98.
2. Voir II, III, *init.*; IV, 9.

autres, et de les traiter séparément. Enfin, bien que je n'aie aucun doute sur la valeur de mes précédentes affirmations, il n'est pas défendu, je pense, de mettre à une thèse, comme aux vaisseaux de guerre, des « cloisons étanches », afin qu'elle ne coule pas à pic au cas où l'adversaire viendrait à percer sa cuirasse. Voyons donc si vous réussirez mieux à ruiner la grandeur infinie que le nombre infini.

2. Le Finitiste. — Je ne sais si je dois employer certains arguments traditionnels qui vous feront peut-être sourire; j'espère du moins que vous ferez grâce à celui-ci, en considération de son auteur : « Le P. Mersenne objectait à la possibilité d'une ligne infinie, qu'elle aurait un nombre infini de pieds et de toises, et que, la toise étant *six* fois plus grande que le pied, le nombre infini des pieds serait *six* fois plus grand que le nombre infini des toises; ce qui était, disait-il, manifestement impossible, attendu qu'un infini ne peut être plus grand qu'un autre [1]. »

Inf. — Ce n'est pas sans raison que vous rougissez de rapporter ces arguments surannés. Le précédent me rappelle celui du P. Buffier, dont vous n'avez pas osé vous servir, tant il est puéril : « N'est-il pas évident que s'il y avait une infinité d'hommes, il y aurait une infinité de cheveux plus nombreuse que l'infinité des hommes? [2] » Ces deux arguments ont la même valeur et sont « de la même farine » : car ils reposent l'un et l'autre sur ce principe erroné, que tous les nombres infinis sont égaux [i, **9**].

D'ailleurs, il est si peu contradictoire qu'une même grandeur puisse être mesurée, par rapport à des unités inégales, par des nombres inégaux [3], que cela a lieu pareillement pour toute grandeur finie. Une longueur finie quelconque contient, elle aussi, *six* fois plus de pieds que de toises, et personne ne songe à s'en étonner, car c'est le contraire qui serait illogique, étant donné que la toise contient *six* pieds. Ainsi une grandeur finie peut fort bien être représentée par plusieurs nombres, attendu que chacun d'eux est relatif à une unité de mesure différente; il n'y a pas de raison pour qu'une grandeur infinie ne puisse pas, de même, correspondre à plusieurs nombres infinis, relatifs à autant d'unités diverses.

Mais il y a mieux : non seulement une même grandeur infinie

1. *Année philosophique 1890*, p. 86.
2. *Année philosophique 1890*, p. 88.
3. Cf. Kant, *loc. cit.* Ch. i, **9**.

peut être mesurée par plusieurs nombres, ce qui serait tout au plus une pierre d'achoppement pour le nombre infini, mais il existe en Géométrie des grandeurs infinies plus grandes les unes que les autres, et même extrêmement inégales. Vous auriez pu et dû arguer de ce fait, et je m'attendais à ce que vous m'objectiez un exemple de ce genre, en montrant que telles et telles grandeurs infinies doivent être à la fois égales et inégales, ce qui serait une contradiction apparente. Je vous aurais répondu, comme pour les nombres infinis, qu'il ne faut pas concevoir la grandeur infinie comme un *maximum* infranchissable, mais comme une nouvelle échelle d'états de grandeur, tous infinis, quoique inégaux. En un mot, il n'est pas plus vrai de dire : Toutes les grandeurs infinies sont égales, que : Tous les nombres infinis sont égaux.

3. Bien plus, l'inégalité des grandeurs infinies, comme celle des nombres infinis, est telle, qu'elle admet non seulement des grandeurs multiples les unes des autres ou ayant entre elles des rapports finis, mais même des grandeurs dont le rapport est infini, sans qu'elles cessent pour cela d'être infinies, et, qui plus est, du même ordre d'infinité [1]. A l'objection du P. Mersenne, qui prétendait qu'un infini ne peut pas être plus grand qu'un autre, Descartes répondait : « Pourquoi non, s'il n'est plus grand que *in ratione finita*? » Il faisait en cela au bon sens finitiste une concession absolument gratuite, car on trouve souvent en Mathématiques des grandeurs infinies infiniment plus infinies que d'autres. Pour en citer un exemple très simple, $\log x$ (le logarithme népérien de x) [2] devient infiniment grand avec x, et en même temps infiniment petit par rapport à x. Mais pour transporter cette vérité dans le domaine de l'étendue, et rendre cet argument plus sensible, je vais en donner une illustration géométrique.

Considérons l'hyperbole équilatère qui a pour équation en coordonnées cartésiennes (cf. *fig. 28*) : $xy = 1$

Prenons seulement la branche SS′ située dans le premier quadrant, c'est-à-dire celle qui a pour asymptotes les deux demi-axes positifs des x et des y : OX, OY. Le sommet C de cette branche a pour coordonnées :

$$OA = x_0 = 1 \qquad OB = y_0 = 1$$

1. De même que les nombres infinis ω^2, ω^3, ... et même ω^ω sont de la même classe (ou puissance) que le nombre infini ω. (Voir Note IV, § IV.)
2. Pour la définition des logarithmes, voir 1re Partie, II, IV, **12**.

de sorte que la figure OACB est un carré (*Fig. 32*). Prolongeons BC indéfiniment dans le sens des x positifs : nous obtenons la demi-droite infinie BZ parallèle à OX. En vertu de l'équation de l'hyperbole, l'ordonnée d'un point M quelconque de la courbe est l'inverse de son abscisse :

$$y = \frac{1}{x}.$$

Donc cette ordonnée MP décroît à mesure que croît l'abscisse OP, et devient infiniment petite, quand celle-ci devient infiniment grande, ce qui s'écrit :

$$\lim y = 0 \qquad \text{pour :} \qquad \lim x = \infty.$$

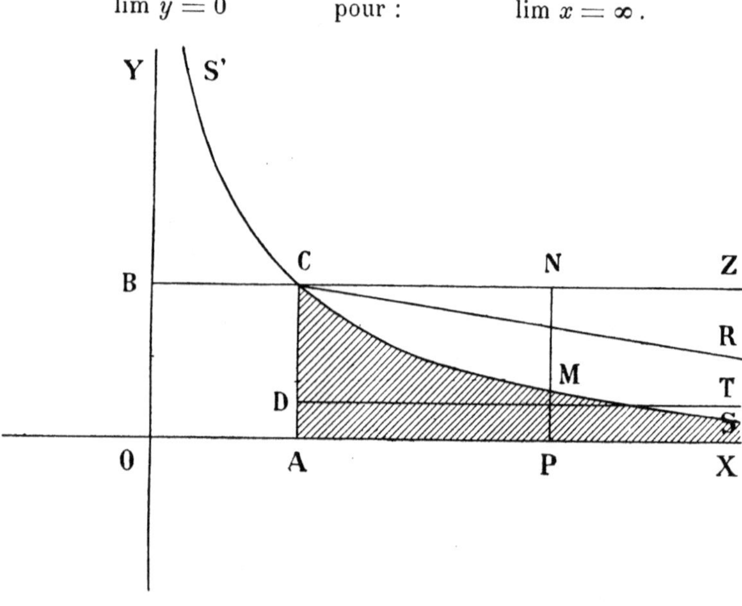

Fig. 32.

Ainsi la surface comprise entre la courbe SS′ et l'axe OX diminue de largeur indéfiniment à mesure qu'on avance dans le sens des x positifs, et devient pour ainsi dire infiniment mince pour x infiniment grand : c'est cette propriété qu'on exprime en disant que la branche infinie CS a pour *asymptote* la droite infinie OX. (De même, la branche infinie CS′ a pour asymptote OY.)

Cela posé, considérons l'aire plane comprise entre la courbe CS et l'axe OX, et limitée par les ordonnées AC et MP (correspondant aux abscisses 1 et x). Elle est contenue tout entière dans le rectangle ACNP, que l'ordonnée MP découpe dans la bande parallèle et infinie

XACZ, dont la largeur est constante (NP = AC). L'aire ACMP a pour mesure log x [1], tandis que l'aire ACNP a pour mesure :

$$AP.\ AC = (x - 1) \times 1 = x - 1.$$

Supposons maintenant que le point variable M décrive la branche infinie CS en s'éloignant de C : son abscisse x croîtra indéfiniment, et son ordonnée MP décroîtra indéfiniment. Le rapport des deux ordonnées MP, NP, l'une infiniment petite, l'autre constante, qui engendrent respectivement les deux aires ACMP, ACNP, deviendra aussi infiniment petit; enfin le rapport des deux aires elles-mêmes, qui est égal au rapport numérique :

$$\frac{\log\ x}{x - 1}$$

deviendra infiniment petit, ou tendra vers *zéro* :

$$\lim.\ \frac{\log x}{x - 1} = \lim.\ \frac{\log x}{x} = 0 \qquad \text{pour :} \qquad \lim x = \infty.$$

Est-ce à dire que l'aire illimitée XACS, infiniment plus petite que l'aire infinie XACZ, soit nécessairement finie? Il semblerait qu'une aire plus petite que celle de la bande infinie XACZ dût être finie; et en effet, si l'on considère une demi-droite infinie CR tournant autour du point C, tant qu'elle ne coïncidera pas avec CZ, elle rencontrera l'axe OX à distance finie (en vertu du postulatum d'Euclide), et formera ainsi un triangle fini avec AC et AX. Si petit que soit l'angle RCZ, la droite CR coupera toujours l'axe OX, et l'aire comprise entre ces deux droites et AC sera toujours finie. Or cette aire contient une grande partie de l'aire XACS, et s'il est vrai que celle-ci finit par sortir du triangle XACR, du moins on peut toujours faire ce triangle assez grand pour que la partie de l'aire hyperbolique qui reste en dehors soit aussi mince qu'on le voudra; elle pourra se réduire à l'épaisseur d'un fil imperceptible, sans que le triangle cesse d'être fini. Si l'on remarque, d'autre part, que ce triangle enferme, outre une partie aussi grande qu'on voudra de l'aire hyperbolique XACS, une aire finie notable SCR, on sera tenté de croire que celle-ci compense amplement le reste de l'aire hyperbolique qui dépasse ce triangle, et l'on présumera, non sans vraisemblance, que l'aire hyperbolique *totale* est finie. En quoi l'on se tromperait du tout au tout : ce qui prouve, en passant, qu'il faut se défier de l'imagination, même en Géométrie, et ne pas faire reposer les

1. C'est pourquoi le logarithme népérien s'appelle aussi *hyperbolique*.

raisonnements mathématiques sur les intuitions en apparence les plus évidentes. En réalité, l'aire illimitée XACS est infinie aussi bien que l'aire de la bande parallèle infinie XACZ : ce qui se traduit par ce fait analytique (numérique), que log x devient infini avec x (ou $x - 1$, ce qui revient au même). Néanmoins, elle ne laisse pas d'être infiniment petite par rapport à cette même bande parallèle, et même par rapport à toute bande parallèle infinie, si petite qu'elle soit. Menons, par exemple, par un point D quelconque de AC, la demi-droite infinie DT, parallèle à AX et à CZ : elle détermine une bande parallèle infinie XADT, que l'on pourra considérer comme plus petite que la bande XACZ, dont elle fait partie, dans le rapport des longueurs AD, AC. On peut prendre la longueur AD assez petite pour que la droite DT rencontre l'hyperbole CS aussi loin qu'on veut; pour que, partant, l'aire hyperbolique contienne une partie aussi longue qu'on voudra de la bande XADT. Celle-ci finira toujours par sortir de l'aire hyperbolique, puisque l'ordonnée NP de celle-ci devient plus petite que toute longueur finie, telle que AD par exemple, de sorte que, si mince que soit cette bande, elle sera toujours, prise dans sa totalité infinie, infiniment plus grande que l'aire hyperbolique infinie XACS. Concluons donc qu'une grandeur infinie peut être infiniment petite par rapport à une autre grandeur infinie, lors même que cette dernière paraît être la plus petite des grandeurs infinies (comme la bande infinie XACZ par rapport au triangle fini XACR dont elle est la limite).

4. Il ne faudrait pas croire non plus que toute aire illimitée fût nécessairement infinie, et que, si l'aire de l'hyperbole est infinie, c'est parce qu'elle se prolonge indéfiniment entre la courbe et son asymptote. Il est facile de trouver des exemples d'aires asymptotiques s'étendant à l'infini et ayant néanmoins une grandeur finie et bien déterminée : ainsi l'aire comprise entre la *cissoïde de Dioclès* [1] et son asymptote a pour mesure : $\frac{3\pi a^2}{4}$, a étant la longueur du diamètre du cercle générateur; elle est donc égale à *trois* fois l'aire de ce cercle lui-même. On voit qu'elle est finie, et qu'elle a, de plus, un rapport très simple avec l'aire du cercle [2]. Il y a donc des aires

1. Voir Briot et Bouquet, *Géométrie analytique*, n° 20 et *fig. 16*.
2. Autre exemple : la *strophoïde* (voir Briot et Bouquet, *op. cit.*, n° 23 et *fig. 18*). L'aire comprise entre la courbe et son asymptote a pour mesure : $a^2 + \frac{\pi a^2}{4}$, tandis que l'aire comprise dans la boucle fermée a pour mesure : $a^2 - \frac{\pi a^2}{4}$.

illimitées dont la grandeur est finie, et souvent même s'exprime en fonction rationnelle d'aires finies élémentaires, telles que celles du cercle ou du carré [1]. Or, si l'on n'admettait pas la droite infinie et les branches infinies de courbes, tangentes à leurs asymptotes à l'infini [2], et si on les considérait seulement comme indéfinies, on devrait regarder aussi comme indéfinies les aires asymptotiques de l'hyperbole et de la cissoïde, c'est-à-dire comme toujours finies l'une et l'autre, puisqu'on s'astreindrait à ne les mesurer jamais que suivant une longueur finie de l'asymptote. On pourrait croire que le reste constitue, de part et d'autre, une grandeur négligeable; et de fait, les deux aires asymptotiques, à partir d'une certaine distance de l'origine, seraient indiscernables à l'œil, car elles se réduiraient toutes deux, en apparence, à l'épaisseur du trait qui marque l'asymptote (si fin qu'il soit). Il n'en est pas moins vrai qu'il y a une différence immense entre ces deux aires, attendu que, si le reste de l'aire de la cissoïde est en effet négligeable et devient infiniment petit, le reste de l'aire de l'hyperbole est toujours infiniment plus grand que la partie finie qu'on en aurait déjà mesurée, puisqu'il est toujours infini. Aux yeux de l'empiriste finitiste, ce seraient deux aires indéfinies, c'est-à-dire toujours finies mais jamais achevées, n'ayant par suite pas de valeur précise, mais seulement des valeurs approchées; aux yeux du géomètre infinitiste, ce sont deux grandeurs absolument déterminées, ayant chacune sa valeur exacte : l'une est finie, l'autre est infinie.

5. Ce même exemple géométrique va me permettre d'achever la réfutation de l'argument de Cauchy contre la possibilité du nombre infini, ou plutôt contre l'infinité actuelle de la suite naturelle des nombres [I, **2**]. En effet, le raisonnement emprunté à Galilée par Cauchy contient une considération qui, quoi qu'en dise M. Renouvier [3], lui donne une force particulière et le rend au moins plus spécieux que l'argument fondé sur la comparaison des nombres pairs aux nombres entiers, par exemple [I, **5**]. Cela tient à cette circon-

Cela veut dire que la première est égale à la somme des aires du carré de côté a et du cercle de diamètre a, et que la seconde est égale à la différence des mêmes aires.

1. Ce sont là des exemples de ces « figures d'une longueur infinie égales à des espaces finis », dont parle Leibnitz à la fin de sa *Réplique aux Réflexions contenues dans la seconde édition du Dictionnaire critique de M. Bayle, article Rorarius, sur l'Harmonie préétablie* (1702). Cf. Pascal, *Pensées*, éd. Havet, XII, 9.

2. Cf. 1re P., IV, III, **11**.

3. *Principes de la Nature*, ch. III, app. B (t. I, p. 54).

stance que, tandis que les nombres pairs constituent pour ainsi dire la moitié des nombres entiers, les nombres carrés paraissent former dans l'ensemble des nombres entiers une infime minorité, qui va se dispersant indéfiniment dans la suite naturelle et semble disparaître à l'infini. Voici comment on formule cet argument [1] :

On sait que la suite des nombres carrés est :

$$1, \quad 4, \quad 9, \quad 16, \quad 25, \quad \ldots..$$

Si l'on suppose actuellement prolongée à l'infini la suite naturelle des nombres entiers :

$$1, \quad 2, \quad 3, \quad 4, \quad 5, \quad \ldots..$$

les carrés que renferme cette suite seront en minorité, et cette minorité sera de plus en plus marquée. Ainsi, si l'on arrête la suite après les nombres 10, 100, 1000, etc., le nombre des carrés qu'elle renfermera sera 3 dans le premier cas, 10 dans le second, 31 dans le troisième, etc. Par conséquent, le rapport entre le nombre des nombres carrés et le nombre total des nombres entiers deviendra successivement : $\frac{3}{10}, \frac{10}{100}, \frac{31}{1000}$, etc., et devra décroître indéfiniment. On peut d'ailleurs démontrer que l'intervalle des nombres carrés consécutifs croît indéfiniment à mesure qu'on avance dans la suite. En effet, si l'on compare le carré du nombre entier n au carré du nombre suivant $(n+1)$, on trouve :

$$(n+1)^2 = n^2 + 2n + 1$$

de sorte que la différence de deux nombres carrés consécutifs, dont le plus petit est n^2, est : $2n + 1$ [2]. On voit que cette différence croît indéfiniment avec n, et même plus rapidement, de sorte que si la

1. F. Pillon, *la Critique de l'infini*, § VI, ap. *Année philosophique 1890*, p. 83.

2. C'est ce qui explique, en passant, que la *série* des nombres impairs

$$1 + 3 + 5 + 7 + 9 + \ldots..$$

engendre la *suite* des nombres carrés

$$1, \quad 4, \quad 9, \quad 16, \quad 25, \quad \ldots..$$

qui sont les sommes partielles successives des nombres impairs [cf. p. 346, note 1]. Cela montre en même temps que les nombres carrés sont aussi nombreux que les nombres impairs, ou encore que les nombres pairs, ou enfin que les nombres entiers, bien qu'ils ne forment que la première colonne du tableau ci-contre, qui contient *tous* les nombres entiers, et qui peut servir à figurer géométriquement la loi suivant laquelle les nombres carrés se succèdent dans la suite naturelle.

1	2	5	10	17	
4	3	6	11	18	
9	8	7	12	19	
16	15	14	13	20	
25	24	23	22	21	

suite naturelle des nombres est prolongée à l'infini, les intervalles des nombres carrés successifs deviennent à la fin plus grands que tout nombre donné. A cet égard, le nombre des nombres carrés paraît être infiniment plus petit que le nombre total des nombres entiers, tandis qu'à un autre point de vue il lui est égal; et c'est là que l'on croit découvrir une contradiction. On arguë de ce fait que la proportion des nombres carrés va en décroissant indéfiniment dans la suite naturelle, pour faire présumer que leur nombre, étant infiniment petit par rapport au nombre infiniment grand des nombres entiers, ne peut être que fini.

L'exemple de l'aire hyperbolique suffit à dissiper cette illusion, en montrant une grandeur (continue) qui, tout en croissant infiniment moins vite qu'une grandeur simplement infinie, n'en est pas moins infinie. L'analogie est évidente entre ces deux progrès à l'infini, l'un continu, celui des grandeurs, l'autre essentiellement discontinu, celui des nombres. Mais il y a plus : on peut rendre discontinu le progrès des grandeurs que l'on compare entre elles, en découpant les deux aires illimitées XACS et XACZ (*Fig. 32*) par les ordonnées menées aux points d'abscisse 2, 3, 4, ... en tranches contiguës de largeur égale, ayant toutes pour base, sur OX, l'unité de longueur. Toutes les tranches de la bande XACZ sont égales; au contraire, celles de l'aire asymptotique XACS décroissent indéfiniment, et leur rapport à la tranche correspondante de la bande devient infiniment petit. Pareillement, dans des intervalles égaux de la suite naturelle des nombres, les nombres carrés se font de plus en plus rares, et leur nombre, dans un intervalle donné, devient de plus en plus petit à mesure que cet intervalle est pris plus loin dans la suite; et de même que l'aire hyperbolique s'amincit et s'évanouit à l'infini, de même les nombres carrés se raréfient et disparaissent pour ainsi dire de la suite naturelle à l'infini. Mais de même que les accroissements de plus en plus petits de l'aire hyperbolique, pris dans leur totalité, forment une aire infinie, de même les nombres carrés, de moins en moins nombreux à mesure qu'on avance dans la suite naturelle, sont néanmoins en nombre infini.

Bien plus, cet argument fallacieux se retourne contre la thèse qu'il prétend prouver : car tant que le nombre des nombres entiers est fini, si grand qu'il soit, il est beaucoup plus grand que celui des nombres carrés compris dans la même portion finie de la suite; et même, plus il augmente, plus l'inégalité s'accuse, et plus le rapport du second nombre au premier diminue, de sorte qu'il y aurait alors vraiment contradiction à les supposer égaux. La contradiction cesse, au contraire, dès que l'on considère la suite, non plus comme se prolongeant indéfiniment et se faisant sans cesse, mais comme existante et donnée dans sa totalité, c'est-à-dire dès que l'on conçoit le nombre de ses termes, non plus comme indéfini, mais comme infini. En effet, tant que ces deux nombres restent finis, ils ne peuvent être à la fois inégaux et équivalents; ce n'est que dans l'hypothèse de leur infinité absolue que le nombre des nombres carrés peut devenir, non pas égal, mais équivalent au nombre des nombres entiers, qui le surpasse infiniment [1].

6. De tout ce qui précède ressort une analogie profonde entre les propriétés des nombres et celles des grandeurs : de même qu'il y a des grandeurs finies et infinies, composées d'un nombre infini de parties, de même il y a des séries convergentes et divergentes, c'est-à-dire des sommes d'un nombre infini de termes, qui ont une valeur finie ou infinie. De part et d'autre, il faut bien se garder de croire que la somme d'une infinité de grandeurs ou de nombres soit nécessairement infinie, et de voir une contradiction dans le fait qu'une telle somme puisse être égale à un nombre fini ou à une grandeur finie. On ne doit pas, en effet, confondre l'infinité de forme avec l'infinité de grandeur, ni s'étonner qu'une aire, par exemple, soit à la fois *finie* et *illimitée*. L'illimitation d'une grandeur, soit finie, soit infinie, est d'ailleurs toute relative : elle implique simplement qu'une de ses dimensions est infinie; et, en ce sens, l'infinité de forme se ramène à une espèce d'infinité de grandeur. Mais elle n'implique à aucun degré l'indétermination de la grandeur considérée : les aires asymptotiques que nous avons étudiées [**3** et **4**] sont exactement *délimitées* par la courbe, d'une part, et l'asymptote, de l'autre, de sorte que leur grandeur et leur forme sont également bien définies. Ainsi, de même que l'on peut, en Arithmétique, considérer des ensembles infinis et cependant fermés [II, **8**], de même, en Géométrie, l'on peut étudier et même mesurer des aires illimi-

1. On remarquera que, dans le tableau de la page 480, note 2, l'ensemble des nombres entiers est rangé de telle sorte qu'il ait pour nombre ω^2, tandis que la suite des nombres carrés, qui forme la première colonne verticale, a pour nombre ω. On voit que le rapport de ces deux nombres infinis est ω, ce qui ne les empêche pas d'avoir *la même puissance*, attendu que le nombre de la suite naturelle des nombres est justement ω. [Cf. Note IV, § IV.]

tées, et néanmoins bornées; et cette analogie peut servir à faire comprendre la première proposition au moyen de la seconde, dont la vérité est intuitive.

7. Ces considérations prouvent, entre autres choses, que les mathématiciens peuvent et savent se donner des grandeurs infinies aussi bien définies que des grandeurs finies, et cela, parce qu'ils se les donnent d'abord dans leur totalité. Ainsi, les courbes à branches infinies sont données tout entières, y compris leurs points à l'infini, dans leur définition géométrique ou analytique [cf. 1re P., IV, III, **10**], et par suite les aires qu'elles enferment avec leurs asymptotes sont rigoureusement déterminées du même coup, jusqu'à l'infini *inclusivement*. Ce n'est qu'ensuite que l'on décompose ces grandeurs, données en bloc, en un nombre fini ou infini de parties, pour les mesurer : mais tous les procédés de décomposition appliqués aux aires, par exemple, les supposent données d'avance dans leur totalité, et ne peuvent pas, en général, servir à les engendrer. Aussi l'épithète d'*indéfini* n'a pas de sens pour elles : elle ne peut s'appliquer qu'à la grandeur finie et sans cesse variable que l'on obtient par la sommation successive de leurs parties, mais non à la grandeur fixe (finie ou infinie) dont elle approche indéfiniment et qui est sa limite [cf. 1re P., IV, I, **5**]. De même qu'il est illégitime de supposer qu'une collection ne puisse être donnée que par l'énumération de ses termes, et qu'on ne peut, sans cercle vicieux, engendrer un nombre entier déterminé par l'addition répétée de l'unité à elle-même [I, III, **11**], il est absurde de prétendre constituer une grandeur finie ou infinie par la sommation progressive de ses éléments (en nombre infini), car le tout est antérieur à ses parties, et l'on ne peut même concevoir les parties que dans le tout préalablement donné.

8. Les exemples géométriques que j'ai cités plus haut vous montrent, en outre, que les mathématiciens ont d'autres procédés de mesure que l'addition successive des éléments de la grandeur à mesurer. Encore une fois, peu importe que cette grandeur soit finie ou infinie : on peut toujours (en vertu de l'*axiome de la divisibilité indéfinie*) la décomposer suivant une règle telle, que le nombre de ses parties soit infini, et que par suite on ne puisse pas en faire la somme par la méthode élémentaire. C'est ainsi que nous avons imaginé tout à l'heure les aires asymptotiques de l'hyperbole et de la cissoïde comme partagées en tranches d'égale largeur, suivant les unités de longueur consécutives de leur asymptote. Or ce mode de décomposition (qui n'est autre que la méthode pratique de l'arpentage) ne saurait convenir à une aire illimitée, et il est clair qu'en employant ce procédé empirique et grossier l'on n'arriverait jamais à mesurer dans leur totalité les grandeurs données, et à trouver leur valeur exacte, pas plus la valeur finie et déterminée de l'une (cissoïde) que la valeur infinie, mais également déterminée, de l'autre (hyperbole). Les géomètres s'y prennent plus adroitement, et ne vont pas s'embarrasser de ces moyens vulgaires, qui, suffisants pour la pratique, ne sont nullement nécessaires en théorie. Ils ont d'autres méthodes de sommation qui leur permettent de mesurer une grandeur et de totaliser l'infinité de ses éléments. Ces méthodes portent le nom général d'*intégration* [1], qui indique bien, en effet, que l'on reconstitue la grandeur *entière* par la sommation de ses innombrables parties.

9. Pour se rendre compte de la légitimité de ces méthodes et de l'exactitude des résultats qu'elles fournissent, il ne faut pas oublier que, si l'on a obtenu une infinité de parties intégrantes, c'est en décomposant suivant une certaine loi une grandeur donnée dans son intégrité : aussi cette loi de décomposition repose-t-elle, au fond, sur l'idée de la grandeur à intégrer, de même que les suites et séries infinies supposent l'idée du nombre qui en est la limite, et dont elles ne sont que des approximations indéfinies [1re P., II, IV, **15**]. Pour mieux dire, il n'y a pas là une simple analogie, mais une identité radicale, car la divisibilité indéfinie du nombre dérive de la divisibilité infinie de la grandeur. Si par exemple on peut écrire :

$$2 = 1 + \frac{1}{2} + \frac{1}{4} + \frac{1}{8} + \ldots\ldots$$

c'est parce que 2 représente une grandeur divisible à l'infini, qui, par suite, contient sa moitié, son quart, son huitième, et ainsi de suite à l'infini ; car, au point de vue purement arithmétique, le nombre $2 = 1 + 1$ a *deux* parties, ni plus ni moins. C'est au point de vue de l'Analyse que le nombre 2 est la somme d'un nombre infini de fractions, parce que la grandeur correspondante est la

1. Sous ce nom nous réunissons, avec M. Renouvier (*Principes de la Nature*, ch. III, app. C), l'intégration proprement dite et la sommation des séries infinies, qui sont des opérations arithmétiques bien différentes, mais dont le principe et la valeur logique sont les mêmes.

somme des grandeurs représentées par ces fractions, lesquelles sont toutes données avec et dans la grandeur totale mesurée par le nombre 2. Sans doute, si l'on somme progressivement les termes de la série infinie, comme on n'en additionnera jamais qu'un nombre fini, leur somme ne sera jamais égale à 2; mais, en un autre sens, la série est donnée tout entière dans sa loi de formation, qui est ici la loi de décomposition de la grandeur mesurée par 2 (bipartition indéfinie [1re P., III, II, **6**]), de sorte que tous ses termes sont donnés d'avance dans la divisibilité infinie de la grandeur qui en est la somme. C'est parce que la grandeur continue supporte pour ainsi dire la division à l'infini qu'on peut la représenter par une série infinie; et c'est parce qu'elle est la somme d'un nombre infini d'éléments que l'on peut sommer tous les termes de cette série. Ainsi, au point de vue numérique, l'égalité précédente sera, si vous le voulez, une égalité « imparfaite » [1] ou symbolique; mais au point de vue géométrique ou analytique, c'est une égalité parfaite et exacte, car la grandeur mesurée par 2 est rigoureusement égale à la somme de ses parties intégrantes. La limite, qui ne pouvait être atteinte dans le domaine du nombre par l'addition successive des termes, peut et doit être atteinte dans le domaine de la grandeur, parce qu'elle préexiste à la série infinie par laquelle on l'exprime, et lui sert en quelque sorte de fondement [2].

10. Je vous accorderai donc, si vous y tenez, que le Calcul infinitésimal n'est qu'une « méthode d'approximation indéfinie » [3], pourvu que vous reconnaissiez qu'une approximation *indéfinie* n'est possible et intelligible que grâce à l'idée de la grandeur qui en est la limite, et que vous ne m'empêchiez pas d'atteindre cette grandeur précise, en interdisant le « passage à la limite » [4]. Déclarer les inté-

1. Carnot : voir 1re P., III, I, **14**.
2. Cf. 1re P., IV, I, **4-5**.
3. Renouvier, *Principes de la Nature*, *loc. cit.* (t. I, p. 62).
4. C'est grâce au « passage à la limite » que l'on peut comprendre rationnellement (nous ne disons pas : justifier logiquement) les intégrales qui prennent des valeurs rationnelles ou même entières. Les exemples en seraient nombreux et aisés à trouver; nous n'en citerons qu'un seul : celui de la fonction Eulérienne de seconde espèce $\Gamma(a)$, qui prend une valeur entière pour chaque valeur entière positive de la variable a [voir 1re P., II, IV, **6**]. Cet exemple est d'autant plus remarquable que non seulement cette fonction est (comme toute intégrale) une *limite*, mais que, ayant pour *limite* (ou mieux : pour *borne* [voir p. 461, note 1]) supérieure l'*infini*, elle est définie comme *limite* d'une intégrale ayant ses bornes finies : de sorte qu'elle est pour ainsi dire une limite de limites; et pourtant, la fonction n'aurait pas de sens si elle n'atteignait pas précisément ses valeurs entières. Cette remarque est analogue à celles que nous

grations illégitimes et même « impossibles » [1], c'est méconnaître la nature de la grandeur et ruiner la Mathématique, en lui défendant de reconstruire les grandeurs après les avoir décomposées. En effet, toute grandeur étant essentiellement divisible à l'infini, on ne pourrait jamais la mesurer exactement s'il n'était permis, après l'avoir résolue en éléments infiniment petits, de sommer ces mêmes éléments en nombre infini, c'est-à-dire de les *intégrer*. Il faut bien que la synthèse [2] soit infinie comme l'analyse [2] qui l'a précédée, si l'on veut reconstituer la grandeur totale après l'avoir dissoute ; d'autant mieux que cette analyse infinie présuppose elle-même la grandeur synthétiquement et intégralement donnée. Autrement on rendrait la science des grandeurs pour ainsi dire boiteuse ou manchote, en n'admettant que le Calcul différentiel et en supprimant le Calcul intégral.

C'est en ce sens qu'il faut comprendre la *théorie des erreurs compensées* de Carnot : ainsi interprétée, elle devient juste et même profonde [3]. On ne commet pas une erreur en considérant un cercle, par exemple, comme un polygone d'un nombre infini de côtés [4], mais au contraire quand on le considère comme un polygone d'un nombre fini de côtés ; et l'on ne compense cette erreur qu'en supposant que ce nombre croît indéfiniment et *devient infini*. En général, ce n'est pas en supposant que les éléments d'une grandeur continue sont en nombre infini que l'on fait une « fausse hypothèse », mais bien plutôt en la concevant comme composée d'un nombre *fini* d'éléments *finis*, dont la somme n'en donnerait jamais, si grand que fût leur nombre, qu'une valeur approchée, donc toujours inexacte. C'est pourquoi l'on corrige cette « supposition erronée » en rendant les éléments infiniment petits, et par suite leur nombre infiniment grand, et en « passant à la limite », c'est-à-dire en rétablissant la continuité de la grandeur après l'avoir morcelée et détruite. Grâce à ce merveilleux artifice, on parvient à mesurer les grandeurs géométriques et physiques, non pas, comme vous le pensez, en substituant

avons faites touchant les valeurs entières des fonctions transcendantes, et les relations exactes obtenues au moyen des imaginaires. [1re P., II, IV, **13**, **15**; III, I, **13**; cf. IV, II, **5**.]

1. Renouvier, *Principes de la Nature* (t. I, p. 56).

2. Nous prenons ici ces deux mots dans leur sens philosophique et étymologique, et non dans le sens traditionnel qu'ils ont pris dans la langue des Géomètres.

3. Voir 1re Partie, III, I, **14**.

4. Lagrange [*cité* p. 146, note 1.]

à leur discontinuité réelle « la fiction de la continuité [1] », mais, au rebours, en substituant à la continuité essentielle des grandeurs une discontinuité fictive et toute provisoire, afin de la soumettre au nombre. L'algorithme infinitésimal consiste donc, en définitive, à réparer l'erreur primordiale que l'on a commise en essayant de fragmenter le continu et de compter l'infini, en un mot, d'imposer à la grandeur la *loi du nombre*.

1. Renouvier, *Principes de la Nature* (t. I, p. 65).

CHAPITRE IV

DE LA GRANDEUR INFINIE CONCRÈTE

1. LE FINITISTE — Je vous accorderais encore que la grandeur infinie et continue est concevable, parce qu'il ne s'agit là que d'un infini idéal et potentiel qui n'existe que dans l'esprit. Mais ce que je ne puis admettre, c'est qu'une telle grandeur existe dans la réalité, car ce serait alors un infini actuel qui me paraît contradictoire. Par exemple, « il n'y a point de ligne droite infinie; mais toute ligne droite peut toujours être prolongée, ou surpassée par une autre plus grande.... Nous concevons bien.... que toute ligne droite peut être prolongée, ou bien qu'il y a toujours une ligne droite plus grande que la donnée; mais cependant nous n'avons point l'idée d'une ligne droite infinie, ou qui soit plus grande que toutes les autres qu'on peut assigner [1]. »

L'INFINITISTE. — A quoi LEIBNITZ a péremptoirement répondu : « ..... L'Auteur ajoûte que dans la prétendue connoissance de l'infini, l'esprit voit seulement que les longueurs peuvent être mises bout-à-bout et répétées tant qu'on voudra. Fort bien; mais cet Auteur pouvoit considérer, que *c'est déjà connoitre l'infini, que de connoitre que cette répétition se peut toujours faire* [2]. »

Et en effet, de même que, si vous m'accordiez qu'il y a, *présentes et données*, plus de choses qu'aucun nombre (fini) ne peut exprimer, vous m'accorderiez qu'il existe une multitude infinie [cf. Ch. II, **10**]; de même, si vous reconnaissez que toute ligne droite finie est de

1. *Examen des principes du R. P. Malebranche*, ap. LEIBNITZ, éd. Dutens, t. II, part. I, p. 212.

2. *Lettre de M. Leibnitz à M. Remond de Montmort, contenant des Remarques sur le Livre du P. du Tertre contre le P. Malebranche*, § VI : Hanovre, 4 nov. 1715 (Dutens, t. II, part. I, p. 216). — Cf. *Nouveaux Essais*, liv. II, ch. XVII, § 4 (*passage cité* p. 468, note 1).

telle nature qu'il existe toujours une droite plus grande [1], vous admettez par là même que la ligne droite est actuellement prolongée au delà de toute longueur finie, et par conséquent qu'elle est absolument infinie [2].

Fin. — Non pas : je considère la ligne droite comme indéfinie, c'est-à-dire comme pouvant toujours être prolongée : elle n'est donc pas infinie, et ne peut pas le devenir, car si loin qu'on la prolonge, elle restera toujours finie.

Inf. — Sans doute elle sera toujours finie; mais aussi elle ne sera jamais complète, et sera toujours susceptible d'un nouveau prolongement. Or ce prolongement, c'est encore la droite considérée, de sorte qu'elle est en effet toujours plus grande que toutes les longueurs finies que vous en prenez.

Fin. — Et c'est justement pour cela que je la nomme indéfinie : cette possibilité de prolonger sans cesse une droite donnée constitue son infinité potentielle, et exclut son infinité actuelle.

Inf. — Vous oubliez que cette possibilité de prolongation indéfinie est *donnée* avec la droite elle-même. Comment, en effet, pourriez-vous porter sur une droite des longueurs de plus en plus grandes, trouver sur elle des points de plus en plus éloignés, et cela indéfiniment, si cette droite ne vous était donnée tout entière avec son infinité? Donner deux points d'une droite, c'est la donner dans sa totalité, non pas indéfinie, mais infinie; c'est déterminer d'avance et d'un seul coup tous les points qui la composent, jusques et y compris son point à l'infini [v. 1re P., IV, i, **7**] [3]. Ainsi la droite

1. Ce sont les propres termes de Leibnitz : « Accurateque loquendo, loco numeri infiniti dicendum est plura adesse, quam numero ullo exprimi possint; aut loco lineæ infinitæ, productam esse lineam ultra quamvis magnitudinem, quæ assignari potest, *ita ut semper major recta adsit.* » *Lettre au P. des Bosses*, 11 mars 1706 (Dutens, t. II, part. I, p. 267). — On voit par là ce que vaut cette concession apparente qu'il fait aux finitistes (*ibid.*) : « Ego philosophice loquendo non magis statuo magnitudines infinite parvas quam infinite magnas, seu non magis infinitesimas quam infinituplas. Utrasque enim per modum loquendi compendiosum pro mentis fictionibus habeo, ad calculum aptis, quales etiam sunt radices imaginariæ in Algebra » [*passage cité* p. 146, note 1]. Seulement ce n'est pas « philosophice », mais « mathematice loquendo » qu'il aurait dû dire : car si l'indéfini peut, *mathématiquement*, suppléer l'infini, c'est parce que, *philosophiquement*, il le suppose.

2. Cf. H. Lotze, *L'infini actuel est-il contradictoire?* et Renouvier, *Réponse à M. Lotze*, ap. *Revue philosophique*, t. IX. L'exemple de la *tangente trigonométrique*, employé par ces deux auteurs dans leur discussion, a été traité par nous : Livre II, Ch. iv, **11**.

3. Et inversement, donner le point à l'infini d'une droite, c'est déterminer sa direction [voir 1re P., IV, i, **2**; iii, **4**].

entière est absolument infinie, et c'est son infinité même qui permet de prolonger indéfiniment tout segment fini que l'on découpe sur elle ; de sorte que son infinité potentielle implique son infinité actuelle, bien loin de l'exclure, comme vous le prétendez.

C'est ce que Leibnitz avait parfaitement compris, lorsqu'il disait que les arguments scolastiques dirigés contre l'infini actuel portaient aussi sur l'infini potentiel [1] : et si parfois il semble admettre que celui-ci suffit à la science, c'est qu'il savait bien que l'infini potentiel enveloppe l'infini actuel, et ne peut se comprendre que comme substitut de ce dernier. L'inventeur du Calcul infinitésimal n'entendait pas et ne pouvait pas renoncer à affirmer l'existence de l'infini, non seulement dans l'esprit, mais encore et surtout dans la réalité [2].

2. Fin. — C'est précisément cette existence d'un infini réel que vous devriez établir, pour me convaincre d'erreur ; or vous n'avez jusqu'ici soutenu que l'infini idéal et abstrait : car c'est toujours sur la droite idéale du géomètre que vous raisonnez. J'admets que vous ayez établi la possibilité de concevoir l'infini ; mais vous n'avez encore rien fait, si vous ne réussissez pas à démontrer la réalité d'une grandeur concrète infinie.

Inf. — Vous n'attendez pas de moi, je suppose, que je *démontre* l'existence d'une grandeur infinie : une telle proposition (comme toutes les propositions d'existence [3]) ne saurait se démontrer logiquement et *a priori*. Vous ne me demandez pas non plus de vous *montrer* une grandeur infinie : car c'est une chose qui, par sa nature, échappe nécessairement à l'intuition sensible, toujours limitée. Vous croyez m'embarrasser sans doute en me mettant au défi d'établir l'existence d'un infini réel, et vous vous flattez de m'acculer à une impasse. Mais je n'ai nullement besoin, pour en sortir, de prouver l'existence réelle et actuelle de l'infini. Quelle est en effet votre thèse ? C'est, non pas : « La grandeur infinie n'existe pas *en fait* », mais bien : « La grandeur infinie *ne peut pas* exister ». Ce que vous

1. « Atque hæc sufficere puto ad satisfaciendum omnibus argumentis contra infinitum actu, *quæ etiam ad infinitum potentiale suo modo adhiberi debent.* » *Lettre au P. des Bosses*, du 11 mars 1706.

2. « Infinitum actu in natura dari non dubito. » *Lettre au P. des Bosses*, du 14 février 1706 (Dutens, t. II, part. I, p. 265. Cf. p. 266, 267 ; et *Réponse de M. Leibnitz à la lettre de M. Foucher....*, p. 243).

3. « Existenzialsatz ». Cf. Kant, *Critique de la Raison pure*, Postulats de la pensée empirique en général.

niez, ce n'est pas seulement la réalité, c'est la possibilité même d'une grandeur infinie. Pour réfuter votre doctrine, il n'est donc pas nécessaire de vérifier la *réalité* d'une telle grandeur : il suffit d'en avoir établi la *possibilité*. Or cette possibilité ressort de toute notre discussion, et vous venez de la reconnaître en m'accordant que l'infini est concevable, c'est-à-dire non contradictoire. En effet, on n'a, « en dehors de la contradiction, aucun moyen de juger *a priori* de l'impossibilité par de simples concepts purs [1] ». Si donc vous admettez l'infini comme possible, la logique ne vous permet pas de rejeter *a priori* l'infini réel : car pour qu'on pût déclarer *a priori* l'infini actuel impossible, il faudrait que l'infini potentiel fût inconcevable.

Dans tous les cas, il est absurde de prétendre démontrer par des arguments logiques, fondés sur le principe de contradiction, l'impossibilité de l'infini réalisé. D'où viendrait, en effet, la contradiction qui doit être la marque de cette impossibilité? De deux choses l'une : ou bien elle réside dans l'idée même de l'infini, ou bien elle naît du rapprochement de cette idée avec celle de réalité, et réside dans le concept d' « infini réalisé ». Or, dans ce dernier cas, comment l'idée d'infini, supposée non contradictoire en soi, pourrait-elle se trouver en contradiction avec l'idée de réalité? Je ne nie pas, remarquez-le bien, qu'elle puisse être incompatible avec telle ou telle réalité concrète et empiriquement donnée : car on aurait alors [2] un criterium *a posteriori*, non de la possibilité, mais de la réalité de l'infini [3]. Je vous demande pourquoi l'infini « en soi » serait-il contradictoire avec la réalité « en soi »? Il est probable que vous déterminez implicitement cette idée abstraite en lui donnant un contenu concret incompatible avec l'infini : mais alors, ce n'est pas avec la réalité « en soi », c'est avec telle réalité particulière et donnée que l'infini

1. KANT, *Critique de la Raison pure*, 2e éd., p. 624.

2. Conformément à la doctrine kantienne des postulats de la pensée empirique.

3. Par exemple, les arguments apportés contre l'hypothèse de la continuité de la matière par le mémoire de SAINT-VENANT et les calculs de POISSON et de CAUCHY (cités par M. RENOUVIER, *Principes de la Nature*, ch. III : t. I, p. 30) sont des preuves *a posteriori*, fondées sur ce *fait d'expérience*, que la matière qui constitue notre monde n'est pas « une atmosphère vague et sans consistance ». Quelle qu'en soit la valeur (que nous n'avons pas à apprécier ici), c'est là une démonstration *physique* et *empirique*, non de « l'impossibilité des masses continues », mais de leur non-existence *de fait* dans notre monde; et elle ne confirme nullement la « preuve rationnelle pure », c'est-à-dire la prétendue démonstration *mathématique* et *a priori* de l'impossibilité du nombre infini, et par suite de la grandeur continue.

se trouve en contradiction : nous retombons ainsi dans le cas que je viens de prévoir et d'écarter. Vous subsumez, sans vous en douter, sous ce concept pur une matière empirique essentiellement finie, et vous croyez que la réalité implique analytiquement la « finité » : vous ne vous apercevez pas que vous postulez ainsi une proposition telle que : « Toute réalité est finie », que vous ne pourrez jamais démontrer *a priori*, attendu qu'elle est synthétique (comme tout jugement d'existence), et qu'aucune nécessité logique n'y rattache l'attribut au sujet. Avouez donc que, pour démontrer l'impossibilité de l'infini réalisé, vous commettez une pétition de principe, en vous appuyant sur la proposition même que vous voulez prouver, ou sur un postulat équivalent.

3. D'ailleurs, comment l'idée de réalité *en général* pourrait-elle contredire n'importe quelle autre idée, étant par elle-même absolument vide et indéterminée? Rappelez-vous la critique décisive que votre maître Kant a faite de l'argument ontologique : « *Être* n'est évidemment pas un prédicat réel, c'est-à-dire un concept de quelque chose qui puisse s'ajouter au concept d'une chose; c'est simplement la position d'un objet... Quand je dis : « Dieu existe », je n'ajoute pas un prédicat nouveau au concept de Dieu : je pose seulement le sujet pris en lui-même avec tous ses prédicats, c'est-à-dire l'*objet* par rapport à mon *concept*... Ainsi le réel ne contient rien de plus que le simple possible. Cent thalers réels ne contiennent rien de plus que cent thalers possibles... [1] » Si donc le concept de l'infini réalisé vous paraît contradictoire, cette contradiction n'est pas le fait du concept de réalité, qui n'est pas un attribut véritable, mais du concept de l'infini lui-même. Et si (comme j'espère l'avoir établi) l'idée d'infini ne recèle aucune contradiction intrinsèque, il ne peut y avoir aucune contradiction extrinsèque entre cette idée et le pseudo-concept de réalité.

En résumé, si l'infini, selon vous, ne peut être réalisé dans la nature, cela vient uniquement de ce que vous considérez l'idée d'infini comme contradictoire en soi. C'est ce que les néo-criticistes ont bien senti : car, tout en argumentant contre l'infini réalisé comme s'ils avaient admis l'idée d'infini, ils se sont efforcés de ruiner celle-ci et ont soutenu qu'elle est inconcevable. Ils se sont aperçus, sans doute, qu'ils ne réussiraient à bannir l'infini de la nature que s'ils

1. *Critique de la Raison pure*, De l'impossibilité d'une preuve ontologique de l'existence de Dieu (2e éd., p. 626-627).

l'excluaient d'abord de l'esprit [1]. S'ils ont imposé à la nature la *loi du nombre*, c'est parce qu'ils ont considéré le nombre « comme catégorie, comme loi de la représentation, de la pensée, c'est-à-dire de toute représentation, de toute pensée [2] ». Et s'ils ont cru devoir proscrire de la nature toute espèce d'infini, ce n'est pas à cause de la contradiction entre l'infinité et la réalité, mais à cause de la contradiction intrinsèque de l'idée d'infini [3].

4. FIN. — Je maintiens néanmoins ma distinction de l'infini potentiel et de l'infini actuel, qui me semble légitime et nécessaire. La différence essentielle entre ces deux notions, c'est que l'infini potentiel n'existe et ne peut exister que dans l'esprit, tandis que l'infini actuel serait donne tout fait dans la nature. Par la pensée, je puis faire croître la grandeur indéfiniment, et concevoir toujours une grandeur (finie) plus grande que la grandeur donnée. Mais dans la nature, la grandeur est donnée, donc fixe et déterminée : je ne puis plus la supposer indéfiniment « prolongeable », il faut que je la conçoive comme actuellement prolongée à l'infini : et c'est ce qui me paraît impossible. Ainsi l'infini potentiel peut n'être pas contradictoire en soi, mais le devenir quand on le suppose réalisé.

INF. — Je crains que vous ne commettiez une équivoque en vous servant de cette distinction scolastique de l'infini potentiel et de l'infini actuel, qui est obscure et ambiguë [4]. En effet, elle équivaut, d'une part, à l'opposition de l'abstrait et du concret, de l'idéal et du réel; et d'autre part, elle se ramène à la distinction de l'indéfini et de l'infini, l'un variable, l'autre constant [5]. Or vous semblez confondre ces deux sens, en employant tour à tour ces mots dans leur

1. C'est pourquoi M. RENOUVIER a essayé de déduire l'impossibilité du nombre infini concret de celle du nombre infini abstrait [II, **1**] : cela montre bien que, si l'on admet le nombre infini abstrait, on n'a plus de raison pour repousser le nombre infini concret [cf. II, **12**].

2. M. PILLON, *Année philosophique 1890*, p. 117.

3. « C'est le principe de contradiction qui arrête au passage l'idée de l'être infini, qui la repousse absolument, qui explique pourquoi elle est incompatible avec notre constitution intellectuelle, pourquoi elle l'est nécessairement avec toute constitution intellectuelle. C'est le principe de contradiction qui ne laisse d'accès en notre esprit qu'à l'idée d'infini en puissance ». *Ibid.*, p. 77; cf. p. 86, note 1.

4. « En Géométrie, on ne raisonne point des quantitez avec cette distinction qu'elles existent, ou bien effectivement en acte, ou bien seulement en puissance. » DESARGUES, *Traité des coniques*, fin (éd. Poudra, t. I, p. 228).

5. Cf. 1re P., IV, I, **5**. — « On ne peut dire *indéfini* que de ce qui devient, est en mouvement, de ce qui *flue*. Une grandeur donnée fixe est finie ou infinie. » (EVELLIN, *Infini et quantité*.)

double acception [1]. Si l'infini potentiel ne diffère de l'infini actuel que comme l'idéal du réel, je ne vois pas, encore une fois, pourquoi celui-ci serait plus contradictoire que celui-là. Comment ces deux concepts pourraient-ils avoir une valeur si inégale, si vraiment ils ont le même contenu, c'est-à-dire si l'*infini* a le même sens dans l'un et l'autre? L'un présente comme réalisé ce que l'autre présente comme possible : dès lors, en admettant l'infini potentiel, vous admettez du même coup la possibilité de l'infini actuel. Si, au contraire, par *infini potentiel* vous entendez l'indéfini, il est inutile et même fâcheux de lui donner le nom d'*infini*, attendu qu'il est essentiellement fini : votre *infini actuel* est alors l'infini proprement dit, et il vaut mieux l'appeler purement et simplement l'*infini*.

5. Fin. — Pour vous faire mieux comprendre ce que j'entends par cette distinction, je vais l'appliquer au continu, ce qui revient au même : car je n'admets pas plus, dans la nature, de grandeurs continues que de grandeurs infinies, et pour les mêmes raisons. J'accepte la divisibilité des grandeurs à l'infini, c'est-à-dire la possibilité pour l'esprit de pousser toujours plus loin une division toujours finie : le nombre des parties ainsi obtenues sera un infini potentiel. Mais je ne puis concevoir une grandeur *réelle* comme divisible à l'infini, parce que le nombre de ses parties *réelles* serait un infini actuel. Ce qui fait pour moi la différence capitale entre ces deux infinis, c'est qu'une grandeur idéale est simplement *divisible*, tandis qu'une grandeur réelle est actuellement *divisée*. Le nombre des parties de la première dépend de ma pensée : il est par suite *indéfini*, c'est-à-dire fini, mais aussi grand que je le veux; le nombre des parties de la

1. Pour prouver que cette confusion est réelle, il nous suffira de rapprocher quelques textes de M. Renouvier. Dans sa *Note sur l'infini de quantité*, il considère à la fois l'infinité *actuelle* de la suite des nombres abstraits et l'infinité *actuelle* d'une suite d'objets concrets, ce qui prouve qu'il emploie ici l'infini actuel dans notre deuxième sens. Mais, au même endroit, il dit : « Par opposition à l'infini actuel, l'*infini des possibles* est ce qu'on nomme l'*indéfini* ». Il identifie ainsi notre deuxième sens au premier. — De même M. Pillon écrit : « L'idée d'infini en puissance ne peut s'appliquer qu'à ce qui devient » (*Année philosophique 1890*, p. 78); « le mot *indéfini* s'appliquant aujourd'hui à l'infini en puissance » (p. 56); « l'idée d'infini en puissance, c'est-à-dire d'indéfini » (p. 112, cf. p. 114). D'autre part, il oppose « une pluralité *possible* et *indéfinie* » à « une pluralité *réelle, actuelle*, ou d'objets *donnés* » (p. 122); ailleurs, il parle de « l'infini *actuel* et *réalisé* de grandeur » (p. 111) et emploie constamment comme synonymes les mots *réel* et *actuel*, *idéal* et *potentiel* (p. 98). — C'est afin d'éviter de semblables confusions que M. Evellin a été obligé de créer les mots *idéo-potentiel* et *idéo-actuel* pour désigner ce que nous appelons *indéfini* et *infini* (*Revue de Métaphysique et de Morale*, t. I, p. 394), ce qui prouve qu'il a reconnu l'équivoque cachée dans les termes de *potentiel* et d'*actuel*.

seconde est au contraire *donné* dans la réalité : il ne peut donc être que fini...

INF. — Ou infini. Voilà qui est clair. Seulement je vous ferai remarquer que votre distinction de l'infini potentiel et de l'infini actuel revient à présent à celle de l'indéfini et de l'infini. En effet, vous reconnaissez la divisibilité *indéfinie* des grandeurs, et vous niez leur divisibilité *infinie*.

FIN. — Je nie leur division actuelle en un nombre infini de parties intégrantes. Mon imagination peut bien augmenter indéfiniment une grandeur idéale, ou en prolonger indéfiniment la division, de manière à obtenir des parties aussi petites que je voudrai et en aussi grand nombre que je voudrai. Mais dans la réalité, il faut s'arrêter dans le sens de la grandeur et dans celui de la petitesse, parce que chaque chose a telle grandeur et non pas telle autre, tel nombre de parties et non pas tel autre. Ainsi l'esprit est le domaine de l'indéfini, parce que dans l'abstrait rien ne limite le pouvoir de l'imagination et de la faculté numératrice; mais la nature est soumise à la loi du fini, parce que tout y est donné et déterminé. Tant qu'il ne s'agit que de parties *idéales* et de divisions *possibles*, j'admets fort bien qu'un centimètre, par exemple, contienne autant de parties qu'un kilomètre. Mais ce que je ne puis concevoir, c'est que ces deux longueurs, supposées réelles et concrètes, soient effectivement divisées en un même nombre de parties : car il est évident que si ces deux longueurs sont composées de parties égales, le kilomètre doit en contenir cent mille fois plus que le centimètre. En effet, le nombre de ces parties *actuelles* n'est pas variable, mais fixe : il ne dépend pas de votre fantaisie, il existe par lui-même. Or ce nombre, qui, en vertu de la continuité, devrait être le même pour les deux grandeurs, ne peut être en même temps un multiple de lui-même. Le continu réel et actuel implique donc contradiction.

6. INF. — Vous venez de dire, sans le vouloir et sans vous en douter, tout ce qu'il faut pour prouver que le continu est, non seulement divisible, mais actuellement divisé en un nombre infini de parties. En effet, vous vous appuyez sur cette propriété des grandeurs continues d'être toutes semblables entre elles, si grandes ou si petites qu'elles soient, et d'être semblables à l'une quelconque de leurs parties; en un mot, d'être *homogènes* [1]. Oui, sans doute, « le

1. C'est en effet cette propriété que M. J. DELBOEUF a nommée *homogénéité de l'espace* (*Prolégomènes philosophiques de la Géométrie*, livre II, ch. II, § 2, p. 143).

tout est homogène à la partie; c'est là une contradiction, *ou plutôt c'en serait une* si le nombre des termes était supposé *fini* : il est clair en effet que la partie, contenant moins de termes que le tout, ne saurait être semblable au tout. » Mais « *la contradiction cesse* dès que le nombre des termes est regardé comme *infini*; rien n'empêche, par exemple, de considérer l'ensemble des nombres entiers comme semblable à l'ensemble des nombres pairs, qui n'en est pourtant qu'une partie; et en effet, à chaque nombre entier correspond un nombre pair qui en est le double [1] ».

Vous reconnaissez là un de vos arguments coutumiers contre le nombre infini [2]. Vous voyez que, loin de prouver l'impossibilité de ce nombre, il tend à en établir, au contraire, la légitimité et presque la nécessité : car c'est « pour échapper à cette contradiction » apparente qui naît de l'homogénéité essentielle des grandeurs, qu'on est obligé d'admettre que le nombre des parties de ces grandeurs est *infini*. Et n'espérez pas éluder cette conclusion en disant que ce nombre est indéfini, et que cela suffit à faire disparaître la contradiction indiquée. D'abord, cela n'aurait pas de sens, car, comme vous venez de le dire, ce nombre n'est pas variable, mais fixe : or tout nombre constant est fini ou infini. En outre, un nombre indéfini serait toujours fini : or, quelle que soit sa valeur, tant qu'elle est finie, elle donne lieu à la même contradiction. Vous ne pouvez donc assigner à ce nombre aucune valeur finie qui ne soit fausse et absurde sitôt que vous la posez et la fixez; et d'autre part il doit être absolument déterminé dans la réalité, puisque c'est le nombre des parties actuelles d'une grandeur donnée : il faut donc bien qu'il soit infini. Ainsi votre argument, au lieu de ruiner l'existence du continu, vous force à admettre le nombre infini.

Fin. — Vous allez trop loin; l'argument prouve simplement ceci : si le continu existe dans la nature, le nombre actuellement infini est donné. Vous affirmez l'hypothèse, et vous en tirez la conclusion; moi, au contraire, je nie la conclusion, ce qui m'oblige à nier aussi l'hypothèse. Vous n'aurez raison que si vous me prouvez l'existence du continu : alors seulement je serai contraint d'admettre le nombre infini. Jusque-là, j'ai le droit d'affirmer la loi du nombre, c'est-à-dire que toute grandeur réelle a un nombre fini et déterminé de parties, et partant est discontinue.

1. H. Poincaré, ap. *Revue de Métaphysique et de Morale*, t. I, p. 30-31.
2. Voir Ch. i, 5.

7. Inf. — Encore un coup, je ne suis nullement obligé de prouver l'existence réelle du continu, mais seulement son existence idéale ou sa possibilité. D'ailleurs, le continu n'est même pas en cause, car si une grandeur continue est naturellement divisible à l'infini, une grandeur divisible à l'infini n'est pas nécessairement continue [1]. Je n'ai donc pas besoin d'invoquer la continuité essentielle des grandeurs, ni de supposer l'existence de grandeurs incommensurables. Pour réfuter votre *loi du nombre*, il me suffira de montrer qu'elle est incompatible avec les axiomes de la mesure des grandeurs, et non seulement avec l'axiome de la continuité, mais même avec l'axiome de la divisibilité indéfinie, que vous admettez. Supposons en effet que la *loi du nombre* soit vraie : toutes les grandeurs d'une même espèce seront composées d'un nombre fini de parties égales, d'éléments indivisibles. Il en résultera qu'elles seront toutes commensurables entre elles, puisque chacun de ces éléments est la « commune mesure » de toutes ces grandeurs. Il y aura donc un « minimum » de grandeur, qui sera l'unité naturelle pour l'espèce de grandeurs considérée. Pour mesurer une grandeur, il suffirait d'indiquer le nombre (entier et fini) d'éléments qu'elle contient. Mais, comme cet élément indivisible est probablement imperceptible, il ne pourra servir d'unité pratique de mesure, et l'on choisira pour cet office une grandeur sensible de même espèce, qui contiendra un nombre n de ces éléments (on doit supposer n très grand, mais nécessairement fini et déterminé). Alors toutes les grandeurs de même espèce auront pour mesures, par rapport à l'unité pratique adoptée, des fractions de dénominateur n (qui pourront d'ailleurs se simplifier dans bien des cas et se réduire à leur plus simple expression). Tout cela découle nécessairement de la loi du nombre, et de la conception des grandeurs réelles comme discontinues.

8. Or cette thèse a des conséquences étranges, qui choquent, non

1. On a vu, en effet [1re P., III, III, **4**] qu'un système de grandeurs qui vérifie l'*axiome de la divisibilité* et l'*axiome d'Archimède* est seulement *connexe*. Kant s'est donc trompé en définissant la grandeur *continue* : « une grandeur dont aucune partie n'est la plus petite possible (n'est simple). » (*Critique de la Raison pure*, Anticipations de la perception : 2e éd., p. 211.) De même M. Renouvier, quand il définit un système de points *continu* par ce fait qu'entre deux quelconques d'entre eux on peut toujours en trouver d'autres (*Principes de la Nature*, t. I, p. 63). L'un et l'autre ont confondu la continuité avec la divisibilité à l'infini [cf. 1re P., I, IV, **6-7**; III, III, **1-4**]. Cette erreur est du reste bien excusable, ou plutôt elle était inévitable, car ce n'est que de nos jours (1872) que l'essence de la continuité a été découverte et rigoureusement définie par MM. Dedekind et Cantor [Voir II, III, **8**, et Note IV, **69**].

pas la logique, mais la raison : elles ne sont pas contradictoires, il est vrai, mais elles sont absurdes, ce qui est peut-être plus grave [1]. Pour fixer les idées et éclaircir la discussion, considérons par exemple les longueurs, et supposons que l'unité pratique (le mètre) soit un multiple décimal de l'unité naturelle, du *minimum* de longueur. On sait que les micrographes emploient pour unité de longueur le *micron* (μ), c'est-à-dire le millième de millimètre ; supposons que l'unité naturelle soit un millionième de *micron*, c'est-à-dire le millionième du millionième du mètre. Elle échappe évidemment, et échappera sans doute toujours aux microscopes les plus puissants, de sorte que l'expérience ne viendra jamais nous démentir. Dans cette hypothèse, toutes les longueurs du monde physique seraient commensurables avec notre mètre, et se mesureraient, en mètres, par des fractions ayant pour dénominateur

$$n = 1\,000\,000\,000\,000 = 10^{12}$$

c'est-à-dire par des nombres décimaux ayant *douze* décimales au plus ; de sorte que si l'on reculait la virgule de *douze* rangs vers la droite, tous ces nombres deviendraient des nombres entiers, exprimant le nombre d'éléments indivisibles qui composent les grandeurs respectives.

Cela posé, il existerait une longueur mesurée par le rapport [2] :

$$\frac{5462}{8192} = 0,666\ 748\ 046\ 875,$$

tandis qu'il n'en existerait aucune qui fût mesurée par le rapport très voisin, mais beaucoup plus simple :

$$\frac{5462}{8193} = \frac{2}{3}.$$

En effet, pour qu'il existât une longueur mesurée par $\frac{2}{3}$, c'est-à-dire égale aux *deux tiers* du mètre, il faudrait que le tiers de 10^{12} fût un nombre entier, ce qui est impossible, attendu que

$$10^{12} = 2^{12}.\,5^{12}$$

1. Cf. RENOUVIER, *La philosophie de la règle et du compas*, § XII, ap. *Année philosophique 1891*, p. 43.

2. On peut remarquer que la *moitié* de cette grandeur, mesurée par le rapport

$$\frac{2731}{8192} = 0,333\ 374\ 023\ 437\ 5$$

n'existerait pas, attendu que le nombre décimal qui la mesure a *treize* décimales; ainsi cette longueur, d'une étendue notable, ne serait même pas divisible par 2. (N. B. : $8192 = 2^{13}$.)

n'est pas divisible par 3. Il va sans dire que le *tiers* du mètre n'existerait pas davantage, pour la même raison. Ainsi, dans un monde soumis à la loi du nombre, il y aurait une longueur qui serait divisible par 10, 100, 1000, etc., jusqu'à 10^{12}, mais qui ne serait pas divisible par 3. En général, une grandeur quelconque ne serait pas divisible en un nombre quelconque de parties égales : car si elle contenait n fois l'unité naturelle, elle ne serait divisible que par les diviseurs du nombre n. La loi du nombre contredit donc l'axiome de la divisibilité, qui est un postulat indispensable de la mesure des grandeurs.

9. Il y a plus : lors même que vous accorderiez la possibilité de subdiviser indéfiniment l'unité pratique (le mètre) par 10, on n'obtiendrait jamais une grandeur égale aux *deux tiers* du mètre : car, si grand que soit l'exposant n (nombre entier fini), 10^n ne sera jamais divisible par 3. Il n'y a donc aucun nombre décimal, quel que soit le nombre de ses décimales, qui puisse exprimer le rapport de 2 à 3. Ce rapport ne peut être représenté que par le nombre décimal illimité :

$$0{,}666\ 666\ 666\ 666\ 666\ldots\ldots$$

en supposant le nombre de ses chiffres décimaux, non pas *indéfini* (car il ne peut être ni variable ni fini) mais absolument *infini*. En effet, pour mesurer (en fraction décimale) la grandeur dont le rapport à l'unité est $\frac{2}{3}$, il faudrait diviser l'unité en 10, en 100, en 1000... parties égales, sans pouvoir s'arrêter dans cette subdivision systématique, et sans trouver jamais une fraction décimale de l'unité qui soit égale à la grandeur à mesurer; ce qui prouve que cette grandeur contient un nombre infini de parties décimales de l'unité (6 dixièmes, 6 centièmes, 6 millièmes, etc.). C'est pourquoi sa mesure sera exactement exprimée par le nombre décimal illimité, parce que toutes les fractions décimales dont il se compose sont données d'avance dans la grandeur à mesurer, avec sa divisibilité à l'infini. [Cf. III, **9.**]

Ainsi l'infini se trouve déjà impliqué dans la divisibilité indéfinie des grandeurs, sans qu'on les suppose continues, car il s'impose dès qu'on veut mesurer par des fractions systématiques [1] certaines grandeurs *commensurables* avec l'unité. C'est pourquoi l'infini s'introduit

1. On appelle *fraction systématique* (Stolz, *op. cit.*, t. I, ch. IV), une série de fractions ayant pour dénominateurs respectifs les puissances successives d'un même nombre. Pour les fractions décimales, ce nombre est 10.

dans l'Arithmétique élémentaire, par la conversion des fractions ordinaires en fractions décimales, sous la forme de nombres décimaux périodiques, qui sont une espèce de séries infinies. En un mot, l'infini apparaît déjà dans l'ensemble des grandeurs commensurables obtenues par la subdivision indéfinie d'une même grandeur, et dans l'ensemble des nombres rationnels qui mesurent ces grandeurs [1]. Et ne dites pas que la divisibilité *indéfinie* d'une grandeur n'implique que le nombre *indéfini* de ses parties : car si une grandeur réelle est divisible par tout nombre *fini*, il faut qu'elle contienne un nombre *infini* de parties; et si ce nombre n'était pas absolument infini, la divisibilité ne serait même pas *indéfinie*. En effet, il faudrait que ce nombre (par hypothèse donné et fixe) fût divisible par *tous* les nombres entiers, ce qui est contradictoire : « la contradiction cesse » dès qu'on le considère comme infini.

10. En résumé, le nombre infini est nécessaire, non seulement pour mesurer la grandeur infinie par rapport à l'unité finie, mais encore pour dénombrer les parties en lesquelles on décompose une grandeur finie pour la mesurer par rapport à une autre grandeur finie : et cela, sans même avoir besoin de la supposer continue. On aperçoit ainsi l'analogie ou plutôt l'affinité du nombre infini avec les nombres fractionnaires : car leur origine commune se trouve dans la divisibilité essentielle des grandeurs. Ce n'est donc pas sans raison que M. Renouvier, avec sa logique inflexible, fait commencer aux fractions ce qu'il appelle « la viciation de l'idée de nombre » [2]; et en ce sens, toute la première Partie de cet Ouvrage est le commentaire et le développement de cette vue profonde [3]. Du reste, elle est conforme aux théories rigoureuses des mathématiciens modernes, qui s'interdisent de diviser l'unité. Sans doute, « ces mots *parties de l'unité* n'ont pas de sens » [4] en Arithmétique, parce que l'unité numérique est indivisible; mais ils en ont un en Géométrie et en Analyse, où l'unité est une grandeur quelconque, divisible comme les autres à l'infini. [II, IV, **8**.] Les finitistes sont donc parfaitement conséquents en repoussant, comme « vicieuses » et absurdes, toutes

1. L'un et l'autre ensemble sont *connexes*, ce qui confirme la relation déjà signalée entre la *connexité* d'un système de grandeurs et leur divisibilité indéfinie [p. 497, note 1].

2. *La philosophie de la règle et du compas*, § IX, ap. *Année philosophique 1891*, p. 29.

3. « On fait le nombre continu, pour qu'il s'adapte à la continuité idéale des grandeurs géométriques. » (*Ibid.*, p. 30.)

4. J. Tannery, *cité* p. 2 de cet Ouvrage.

les formes du nombre généralisé. C'est qu'ils ont bien vu que le nombre infini est inséparable de « la prétendue généralisation de l'idée de nombre [1] », et naît, comme les autres nombres, de « la lutte, d'ailleurs bien légitime, des mathématiques contre l'incommensurable » [2], ou, plus simplement, du nombre contre la grandeur.

11. Mais, à son tour, la doctrine finitiste, poussée ainsi à ses extrêmes conséquences, est une confirmation de notre thèse : car elle montre que l'on ne peut plus admettre la généralisation du nombre dès qu'on rejette le nombre infini, et elle prouve par là que celui-ci a la même valeur et la même raison d'être que celle-là. Or, si l'on reconnaît l'une « légitime », de quel droit proscrit-on l'autre? Sans doute, tandis que les mathématiciens ne se font pas scrupule d'employer les nombres fractionnaires et irrationnels, ils semblent, en général, éviter la considération de l'infini. Mais il faut voir par quel artifice ils réussissent à se passer du nombre infini : c'est en lui substituant la suite infinie des nombres entiers, de même que l'on peut remplacer un nombre irrationnel par une suite infinie de nombres rationnels dont ce nombre est la limite; or, de même qu'une suite infinie repose au fond sur l'idée du nombre exact qu'elle définit (ou plutôt de la grandeur précise dont elle est une approximation indéfinie) [3], de même l'indéfini numérique n'est qu'un substitut de l'infini véritable qu'il recouvre : de sorte qu'il est un moyen détourné d'introduire l'infini dans les raisonnements, tout en évitant de le faire figurer dans les formules. Les mathématiciens peuvent bien prétendre que l'indéfini suffit à tous leurs calculs; mais les nombres rationnels, eux aussi, suffisent à tous les besoins du calcul : car on n'emploie jamais la valeur exacte d'un nombre irrationnel, qui est incalculable. Cela n'empêche pas les savants les plus rigoureux d'admettre les nombres irrationnels dont ils ne manient, en fait, que des valeurs rationnelles approchées, parce que l'approximation même de ces valeurs suppose la valeur exacte dont ils ont l'idée. De même, rien n'empêche de concevoir le nombre infini, dont l'indéfini numérique n'est qu'une perpétuelle approximation : car je vous ai montré qu'au contraire l'indéfini suppose et pour ainsi dire enveloppe l'infini.

12. En somme, tout revient à savoir si l'on a le droit d'appli-

1. M. Renouvier, *ibid.*, p. 28.
2. *Ibid.*, p. 29.
3. Voir 1re P., II, iv, **15**, **16**.

quer les nombres aux grandeurs, et en particulier l'unité numérique à l'unité de grandeur [II, IV, **8**]; car toutes les difficultés et toutes les contradictions apparentes viennent de là, de sorte que, loin de prouver votre *loi du nombre*, elles tendent bien plutôt à la ruiner, en rendant suspecte, sinon impossible, la mesure des grandeurs. Vous voilà de nouveau acculé au même dilemme : ou bien vous consentez à attribuer l'unité aux choses, et alors vous êtes obligé d'admettre la généralisation du nombre avec toutes ses conséquences et dans toute son extension; ou bien vous vous y refusez, et alors vous vous enfermez dans l'Arithmétique pure, vous supprimez l'Analyse et la Physique mathématique, vous renoncez à la connaissance scientifique du monde, qui repose tout entière sur la mesure des grandeurs; mais vous êtes en même temps contraint de reconnaître que la nature ne se soumet pas à la loi du nombre, et d'avouer qu'il existe des collections innombrables et des grandeurs incommensurables [1].

Ainsi le finitisme, pour avoir voulu que toute collection concrète soit dénombrable (par un nombre entier fini) et que toute grandeur réelle soit mesurable (par un nombre rationnel), aboutit au contraire à empêcher tout dénombrement et toute mesure, en défendant d'appliquer l'unité idéale et abstraite aux objets d'expérience. De même que tout à l'heure [II, **12**, fin], pour ne pas admettre une pluralité infinie, vous avez dû vous interdire de compter un seul objet, de même, pour n'avoir pas voulu reconnaître la grandeur infinie, vous

1. Pour justifier cette assertion, nous citerons un passage de M. RENOUVIER, auquel nous avons fait allusion dans la 1re Partie [p. 131, note 1] : « On dit que le rapport de la circonférence au diamètre est un nombre incommensurable. Il faut dire : est *incommensurable*, n'est point un *nombre*, un rapport à la rigueur, enfin *n'existe pas*.... Le « nombre π », sous ce point de vue, n'est plus un nombre fixe (!), mesurant la longueur d'une circonférence qui a pour diamètre l'unité linéaire, mais bien un nombre indéterminé (?), symbole de la longueur du périmètre d'un certain polygone inscrit, dont l'apothème diffère du rayon de moins que d'une longueur assignée, si petite qu'on l'assigne. » (*Critique philosophique*, t. XI, p. 26 sqq.; cf. *Principes de la Nature*, ch. III, C [t. I, p. 60], et *la Philosophie de la règle et du compas*, §§ VIII-X, ap. *Année philosophique 1891*, p. 26-37.) Nous avions donc raison de déclarer « cette thèse ruineuse pour le finitisme », puisque, tout en supprimant le *nombre irrationnel* et en le remplaçant par une suite indéfinie de valeurs approchées, l'auteur est forcé d'admettre une *grandeur incommensurable* qui serve de base et de but à cette approximation numérique indéfinie, tandis que la loi du nombre exclut l'existence de telles grandeurs. (On peut remarquer, d'ailleurs, que les valeurs approchées du nombre π seront elles-mêmes, en général, des nombres irrationnels, de sorte que la difficulté reparaît dans l'approximation même par laquelle on prétend éviter le nombre irrationnel π.)

êtes obligé de renoncer à toute unité de grandeur, et par suite à toute mesure. C'est, au fond, la même difficulté qui apparaît, ou du moins la même question qui se pose à l'origine de la mesure comme à celle du dénombrement : il s'agit toujours de savoir dans quel sens et à quelles conditions il est permis de conférer l'unité aux données sensibles, et d'imposer à la nature cette forme de la raison. C'est ce que nous rechercherons dans le Livre suivant.

LIVRE IV

CONCLUSIONS

Nous espérons avoir suffisamment justifié l'infini de grandeur et de nombre des contradictions qu'on lui a imputées, et avoir dissipé la plupart des objections que l'on a accumulées contre l'idée de l'infini. Sans doute, le nombre infini se présente, en apparence, comme le résultat d'un dénombrement ou d'une mesure interminable, et à ce point de vue il peut paraître impossible et contradictoire. Mais cette conception négative de l'infini implique une donnée positive, à savoir une collection ou une grandeur réellement infinies; ce fait suffit à légitimer l'invention du nombre infini, et à lui conférer un sens et une valeur objective : ce nombre représente, suivant le cas, une pluralité innombrable ou une grandeur incommensurable. On peut se demander, à ce sujet, si ces deux rôles du nombre infini sont essentiellement différents. Pour résoudre cette question, il faut rechercher l'origine rationnelle des deux emplois du nombre, et déterminer les conditions de son application à la nature. Cette application étant le fondement mathématique de la Physique, nous remonterons ainsi à la source de la connaissance scientifique, et nous en apercevrons peut-être mieux le caractère et la portée. Nous serons en même temps amené à définir et à distinguer les diverses facultés de connaître, et la part qui revient à chacune d'elles dans l'élaboration de la Science.

CHAPITRE I

LE NOMBRE ET LE CONCEPT

1. Nous nous proposons de montrer que, si le nombre, ainsi que nous l'avons soutenu [I, III, **7**], n'est pas un concept, il a néanmoins la même origine que le concept, et naît du même processus *logique* (nous ne disons pas : *psychologique*).

En effet, pour dénombrer une collection d'objets, il faut considérer chacun d'eux comme *un* [1], et comme *identique* aux autres. Qu'il faille attribuer l'unité à chacun des objets que l'on compte, c'est ce qui ressort suffisamment de toutes les discussions du Livre I [II, **5-7**; III, **5-6**]; reste à savoir ce qu'il faut entendre exactement par cette unité. Comme toutes les idées simples, l'idée d'unité est proprement indéfinissable : on ne peut que la caractériser en la distinguant d'idées analogues qui sont souvent désignées par le même mot. Il est évident, d'abord, qu'il ne faut pas confondre l'*unité* avec l'*unicité*; dire d'un objet qu'il est un, ce n'est pas dire qu'il est unique, c'est-à-dire seul de son espèce. Nous avons montré aussi [I, III, **11-12**] qu'il faut bien distinguer l'*unité* du *nombre* 1, soit que l'on conçoive celui-ci comme n'étant rien de plus que le chiffre ou numéro 1 (théorie empiriste), soit même qu'on le conçoive comme le nombre cardinal d'une collection qui ne comprend qu'*un* objet : car pour savoir qu'il n'y a qu'*un* objet à compter, il faut auparavant lui attribuer l'*unité*. D'ailleurs, dire que le nombre d'une collection est 1, c'est dire qu'elle contient un *seul* objet, c'est-à-dire qu'elle se compose d'une unité *unique*, de sorte qu'on retombe sur

1. On ne doit pas s'arrêter à la tautologie apparente qui résulte du rapprochement des mots « chacun » et « un »; il est certain que pour parler de *chacun* des objets, il faut déjà le penser comme *un*. Mais ce cercle vicieux n'est que dans les mots, non dans les idées.

le sens d'unicité, déjà écarté. On voit par là que l'unité que l'on confère à chaque objet d'une collection, et qui est l'élément constitutif du nombre, n'est pas la même idée que celle du nombre 1, qui, comme tout autre nombre cardinal, indique *combien d'unités* comprend la collection donnée. Enfin l'on doit distinguer même l'unité dans le sens d'élément constitutif du nombre entier, de l'unité qui forme le caractère ou la qualité de chacun des objets conçus comme unité (au premier sens); de sorte qu'on peut fort bien parler de l'unité des unités, les *unités* étant simplement différents objets possédant le caractère commun de l'*unité* [1].

2. Ces distinctions un peu subtiles étaient nécessaires pour isoler l'idée d'unité des idées homonymes, et la définir négativement. Après cela, on ne peut plus la définir positivement qu'en faisant appel à l'idée corrélative de pluralité, ce qui, pour une définition logique, constituerait un cercle vicieux. Toutefois, l'opposition même de ces deux idées primitives peut leur tenir lieu d'une définition impossible, en les éclairant l'une par l'autre. L'unité est le caractère de ce qui n'est pas « plusieurs », la pluralité est le caractère de ce qui n'est pas « un », mais est composé d'unités. On ne peut guère préciser cette idée toute formelle d'unité *logique* sans la déterminer et lui donner un contenu qui la dénature. Dire que l'objet auquel on attribue cette unité est conçu comme simple et indivisible, ce serait confondre l'unité arithmétique et logique avec l'unité métaphysique ou ontologique. Dire que cet objet est conçu comme un tout complexe et complet, c'est lui attribuer une unité organique ou esthétique qui n'est nullement nécessaire pour que cet objet puisse figurer à titre d'unité dans une collection. En général, la considération de l'unité organique ou métaphysique d'un être suppose une connaissance approfondie de sa nature intime; or on n'a pas besoin de cette connaissance concrète et réelle pour lui appliquer l'unité abstraite et formelle qui suffit au dénombrement.

Pourtant il y a entre l'unité logique et l'unité organique ou métaphysique une certaine relation et une sorte d'affinité. Sans doute, il suffit d'isoler par la pensée un certain groupe de sensations ou d'idées et de le séparer des états de conscience ambiants, pour lui conférer l'unité logique au sens strict du mot; mais, en fait, on n'a intérêt à attribuer l'unité formelle à un objet qu'autant qu'il offre par lui-

1. Cf. Husserl, *Philosophie der Arithmetik*, vol. I, ch. VIII.

même quelque unité intrinsèque et réelle. Bien qu'on puisse, à la rigueur, embrasser dans un acte unique de l'esprit et considérer comme *un* n'importe quel ensemble de phénomènes arbitrairement isolés dans l'intuition et artificiellement réunis par un caprice de l'imagination, il n'en est pas moins vrai qu'un objet qui possède déjà une certaine unité organique ou physique, au moins par la continuité ou la contiguïté de ses parties, est plus propre qu'un autre à recevoir l'unité logique, et que nous sommes plus disposés à la lui accorder. En résumé, nous pouvons bien, théoriquement, attribuer par convention l'unité formelle à toute donnée du sens interne ou externe ; mais, pratiquement, nous ne l'attribuons qu'à celles qui offrent déjà un certain caractère d'unité réelle.

D'autre part, il est évident qu'aucun objet sensible n'offre un caractère d'unité absolue : non seulement on ne peut trouver, dans les données soumises aux formes de l'intuition, l'espace et le temps, l'unité métaphysique, c'est-à-dire la simplicité véritable, mais on n'y trouve pas de parfaite unité organique, c'est-à-dire un *tout* complexe jouissant à la fois d'une harmonie interne absolue et d'une complète indépendance à l'égard du milieu : car un tel tout serait indissoluble, et nous ne connaissons aucun organisme immortel. D'ailleurs l'existence d'un tel tout est bien peu probable, car il constituerait un monde dans le monde ; si donc un tel tout existe, ce ne peut être que le grand Tout que nous appelons l'Univers, et que PLATON considérait comme un organisme immortel, comme le dieu visible et vivant [1]. Ainsi, entre le point mathématique, qui seul possède une simplicité absolue, mais qui est le néant physique, et l'Univers entier, qui peut-être possède l'unité organique, et en tout cas forme seul un tout parfait, la nature ne nous offre aucune unité véritable, de sorte que toutes les unités que nous découvrons ou que nous découpons dans le champ de l'intuition sont le résultat de conventions toujours gratuites en une certaine mesure. En somme, le monde sensible nous offre des images plus ou moins imparfaites, soit de l'unité simple, soit de l'unité de composition, et nous fournit ainsi l'occasion d'appliquer la catégorie d'unité ; mais cette application comporte toujours une part d'arbitraire, et la raison dépasse et complète les données de l'intuition en leur prêtant l'unité véritable qu'elle seule possède et porte en soi.

1. *Timée*, 92 B.

3. Pour qu'on puisse dénombrer des objets quelconques, il ne suffit pas que chacun d'eux soit conçu comme une unité : il faut encore que toutes ces unités soient pensées comme équivalentes, c'est-à-dire au fond comme identiques. Cette seconde condition est moins apparente et semble moins nécessaire que la première; aussi a-t-elle été souvent contestée [1]. On arguë, en effet, de la possibilité de compter les objets les plus hétérogènes, qui semblent n'avoir rien de commun, et l'on croit que pour cela la première condition est suffisante. Mais on ne s'aperçoit pas que, si cette condition paraît suffisante, c'est qu'on y a impliqué la seconde : si plusieurs objets forment un nombre, ce n'est pas seulement parce que chacun d'eux est pensé comme *un* : c'est encore parce qu'ils sont tous conçus comme *identiques*, au moins en tant qu'*unités* [I, II, **9**]. Il faut que l'on puisse prendre indifféremment un objet pour un autre, et les compter dans un ordre quelconque : c'est à cette condition que la collection donnée aura un nombre cardinal unique et déterminé [I, III, **13**]; or pour cela il faut que toutes les unités dénombrées soient égales, ou plutôt identiques. « L'égalité des unités concrètes » n'est pas, comme l'ont cru STUART MILL et M. DELBŒUF, « l'hypothèse fondamentale de l'Arithmétique » [2], car l'Arithmétique n'a affaire qu'aux unités abstraites, qui sont identiques par définition; mais c'est un postulat de l'application de l'Arithmétique à la Physique, attendu que les unités concrètes qui forment une collection doivent avoir les mêmes propriétés que les unités abstraites qui forment le nombre de cette collection, et en particulier pouvoir être permutées et interverties, si l'on veut que l'axiome de l'invariance du nombre, évident *a priori* pour le nombre abstrait, soit vérifié par le nombre concret qui représente la collection donnée [cf. II, I, **10, 12**].

Ainsi l'égalité des unités est une condition du dénombrement de toute collection d'objets concrets. Sans doute, comme nous l'avons reconnu, il suffit à la rigueur que chaque objet soit conçu comme *un* pour que cette condition soit remplie; mais ce n'est là en quelque sorte qu'un pis-aller, un cas extrême et exceptionnel. Il en est de l'identité des objets à dénombrer comme de leur unité : théoriquement, on peut compter ensemble les objets les plus divers, en concevant simplement chacun d'eux comme « un objet », par là

1. Cf. HUSSERL, *Philosophie der Arithmetik*, ch. VIII.
2. HUSSERL, *op. cit.*, p. 165.

même équivalent aux autres; mais pratiquement, on n'a intérêt à dénombrer que des objets qui ont entre eux quelque ressemblance, et qui par suite sont identiques sous un certain rapport. En tout cas, on ne peut réunir plusieurs unités pour en former un nombre, que si ces unités sont conçues comme équivalentes ou comme « de même espèce », que si, par conséquent, les objets concrets qui les portent sont réduits par la pensée à ce qu'ils ont de commun et d'identique entre eux. C'est ainsi que des cartes à jouer, toutes différentes par les figures imprimées sur leur face, sont (ou doivent être) identiques par leur revers, de manière à être, autant que possible, indiscernables pour celui qui les distribue. Ce fait, que l'on compte et répartit les cartes en les regardant par le dos, c'est-à-dire par leur face semblable, est le symbole de tout dénombrement : l'on y fait abstraction des différences pour ne considérer que les ressemblances, c'est-à-dire les éléments identiques dans les divers objets dénombrés.

Cet exemple montre bien que l'identité des unités est la condition qui permet de les compter, et sans laquelle elles ne formeraient pas un nombre. Supposons qu'on nous donne le *huit de cœur* et le *sept de pique*. Pour celui qui les donne, ce sont *deux* cartes, absolument équivalentes aux autres. Pour celui qui les reçoit, au contraire, elles ont des valeurs bien différentes suivant les règles du jeu : elles peuvent recevoir toutes sortes de valeurs numériques, et par suite entrer dans toutes sortes de combinaisons additives. Si par exemple on peut ajouter les points de deux cartes de couleurs différentes, ces deux cartes feront ensemble *quinze* points; sinon on aura *huit* points rouges d'une part et *sept* points noirs de l'autre, qui pourront s'associer dans la partie à d'autres points de même couleur, sans que le joueur qui les possède songe un instant à réunir par la pensée les taches des deux cartes juxtaposées sous ses yeux et à former le nombre *quinze*; tandis que dans le premier cas, malgré leurs diversités de forme et de couleur, il ne voyait plus *deux* cartes, ni même *huit* taches rouges et *sept* taches noires, mais *quinze* points en tout. On le voit, ce qui permet d'associer des objets et d'en former une collection ayant un *nombre*, c'est qu'on les réduit par la pensée à des unités identiques; et l'exemple précédent montre bien qu'il s'agit moins d'une identité objective et réelle (laquelle n'existe peut-être jamais), que d'une identité idéale et fictive entre les objets nombrés, qui résulte de ce qu'on les réunit par convention dans une classe unique ou sous un même concept. Ainsi ce qui rend les mêmes unités réelles tour à tour sociables et insociables, ce n'est ni leur nature intrinsèque et leurs qualités, ni leurs relations extérieures et leur contiguïté dans l'espace ou dans le temps, mais uniquement le fait d'être subsumées sous un seul concept, et d'être conçues comme équivalentes en tant que supports de ce concept. Comme l'unité de chaque objet à dénombrer, l'identité de tous ces objets n'est jamais donnée en fait : elle est toujours une création plus ou moins originale, plus ou moins spontanée de l'esprit. Les conventions des joueurs de cartes offrent une image exacte de cette convention spéciale par laquelle l'esprit confère l'unité à tels ou tels objets et les regarde ensuite comme des unités identiques ; ou plutôt elles en sont une conséquence et une manifestation. En effet, comment les joueurs pourraient-ils s'entendre pour attribuer la même valeur à tels points et pour additionner les points de telles cartes, si chacun d'eux ne convenait d'abord en soi-même de considérer ces cartes comme de même espèce, et ces points comme des unités équivalentes et par conséquent sociables ?

4. Ainsi l'idée de nombre est le produit des mêmes opérations intellectuelles que le concept, à savoir l'abstraction et la généralisation. En effet, étant donnés plusieurs objets (naturels) de même espèce, on peut admettre qu'en général il n'y en a pas deux d'absolument identiques, si on les considère dans leur individualité totale et dans la complexité infinie de leurs attributs. Poser tous ces objets comme identiques, c'est donc nécessairement négliger certains de ces attributs pour n'envisager que ceux qui leur sont communs ; c'est, comme on dit, faire *abstraction* de leurs différences pour ne garder dans la pensée que leur ressemblance. Or ces parties ou qualités communes à tous les objets du groupe, c'est ce qu'il y a d'*identique* et de *général* en eux. L'ensemble de ces attributs qui se retrouvent les mêmes dans tous les individus considérés constitue la *compréhension* de leur concept générique, dont la pluralité des objets constitue d'autre part l'*extension*. Ainsi l'identification idéale de tous ces objets, qui est nécessaire pour qu'on puisse les nombrer, donne lieu à la formation du concept général et abstrait qui a pour extension l'ensemble de ces objets, et pour compréhension l'ensemble de leurs caractères communs. Or ce qui constitue à proprement parler ce concept, c'est sa compréhension, tandis que son extension n'est qu'un accident tout extérieur qui ne fait pas partie du concept lui-même; en revanche, ce qui importe dans le dénombrement, ce n'est pas la compréhension du concept, mais son extension. Cette extension est parfaitement déterminée quand on connaît le nombre cardinal des objets de la collection donnée. Ainsi le nombre entier représente, en définitive, l'extension du genre ou de l'espèce dont le concept représente la compréhension.

Le nombre entier n'est donc pas un concept, mais il naît du même procédé intellectuel que le concept : l'un et l'autre représentent les deux faces ou les deux moments de l'opération complexe qu'on appelle « abstraction et généralisation »; ils en sont les résultats hétérogènes, mais corrélatifs. Nous venons de voir que le dénombrement suppose l'élaboration, au moins implicite, d'un concept; inversement, l'élaboration d'un concept détermine, au moins virtuellement, un nombre. En effet, si l'on réduit par abstraction un objet individuel à certaines parties ou à certaines propriétés, on le rend, en général, équivalent à d'autres objets contenant les mêmes parties ou possédant les mêmes propriétés, de sorte qu'en opérant la même abstraction sur ces autres objets on obtiendrait des résidus identiques, et par suite des unités sociables pouvant former un nombre entier. Comme, d'ailleurs, le nombre des objets qui dans la nature, à un moment donné, possèdent le même caractère générique est déterminé (ce qui ne veut pas dire : fini), à tout concept général et abstrait correspond un nombre qui mesure en quelque sorte son extension. On sait que l'extension d'un concept est généralement en raison inverse de sa compréhension [1]; il s'ensuit que le nombre qui correspond à un concept doit être, *a priori*, d'autant plus grand que le concept est plus abstrait et partant plus général, et d'autant plus petit que le concept est plus compréhensif, c'est-à-dire plus riche en attributs. A la limite, pourrait-on dire, quand la compréhension du concept embrasse tous les attributs de l'objet individuel, le concept devient adéquat à l'objet, et son extension se réduit à cet objet unique, de sorte que le nombre corrélatif ne peut être que 1 (en admettant qu'il ne puisse exister deux individus identiques).

5. A cette théorie de la corrélation du nombre et du concept

1. Cette formule commode n'a pas pour nous le caractère d'une loi mathématique, attendu que si l'extension d'un concept est mesurée par un nombre entier, la compréhension de ce concept ne nous paraît pas susceptible de mesure.

on peut faire deux objections. La première, c'est qu'en fait on n'élabore pas un concept toutes les fois que l'on dénombre une collection; la seconde, c'est que l'on peut dénombrer des objets absolument hétérogènes, qui n'ont rien de commun, et par suite ne peuvent rentrer sous aucun concept générique. A la première, nous répondrons que l'analyse précédente n'est pas une analyse psychologique, mais une analyse logique; ce n'est pas une description de ce qui se passe dans la conscience toutes les fois que l'on fait un dénombrement : d'ailleurs, qui peut se flatter de savoir exactement ce qui se passe dans sa conscience pendant une opération intellectuelle quelconque, pendant un raisonnement, par exemple? De plus, et en tout cas, une telle description, même exacte et complète, ne peut pas rendre compte de l'opération, par exemple de la liaison d'une conclusion aux prémisses, encore moins rendre raison de sa valeur logique, c'est-à-dire de la nécessité qui fait le nerf de la déduction et qui enchaîne nos idées sans que le plus souvent nous sachions pourquoi ni comment. Comme nous l'avons déjà dit [Préface], l'introspection est tout à fait insuffisante ou plutôt impuissante à découvrir les ressorts cachés de l'intelligence et à en expliquer les démarches.

Nous accorderons donc volontiers qu'en fait on n'a pas conscience d'élaborer un concept chaque fois que l'on compte des objets; néanmoins, il faut bien que l'on ait quelque notion des objets que l'on compte, sans quoi le nombre obtenu ne signifierait rien. C'est ce qui apparaît dans le jugement par lequel on formule le résultat du dénombrement : on est bien obligé d'accoler au nombre trouvé le nom de l'espèce des objets dénombrés. Quand on dit : « Il y a vingt pommes dans ce panier », on peut porter l'attention plus particulièrement sur le nombre *vingt* que sur l'espèce « pomme »; toujours est-il que l'on a dû concevoir les objets à dénombrer comme des pommes, et chacun d'eux comme *une* pomme, pour en trouver le nombre; il est clair que ce n'est pas pour le plaisir de former le nombre abstrait *vingt* qu'on les a comptés, mais que c'est pour arriver à la connaissance du nombre concret « vingt pommes ». Le genre des objets dénombrés a donc autant d'intérêt que leur nombre, ou plutôt leur nombre n'a d'intérêt qu'autant qu'il correspond à un genre déterminé.

On pourrait objecter, sans doute, que le nombre *vingt* ne mesure nullement l'extension du genre « pomme », de sorte qu'il n'y a aucune corrélation entre ce nombre et le concept des unités concrètes qui le composent. — Cela est vrai ; mais aussi n'est-ce pas au concept général et générique de « pomme » que ce nombre correspond, ni à des pommes quelconques qu'il s'applique : c'est seulement aux « pommes contenues dans ce panier », et c'est de ce concept particulier et restreint qu'il mesure l'extension. Au lieu de dire : « Il y a dans ce panier vingt *pommes* », il serait plus exact de dire : « Les *pommes de ce panier* sont au nombre de vingt [1]. »

Il n'en est pas moins vrai que, dans le processus intellectuel, unique en principe, qui engendre à la fois le nombre et le concept, l'attention peut se porter de préférence, suivant les cas, sur un seul de ces deux résultats, de sorte que l'autre passe inaperçu ou même ne se réalise pas du tout. Cela dépend de l'intérêt psychologique qui s'attache, soit à la compréhension, soit à l'extension du genre d'objets que l'on considère. Telle collection d'objets intéressera surtout par les propriétés intrinsèques et les caractères distinctifs de ses éléments (leur qualité); telle autre intéressera plutôt par leur pluralité ou leur multitude (leur *quotité*). On peut même faire, à ce sujet, une remarque psychologique qui vient confirmer notre analyse. Quelles sont, en général, les collections d'objets que l'on est tenté de dénombrer, celles dont le nombre surtout intéresse? Ce sont celles dont les éléments sont le plus semblables et le plus homogènes; et cela est aisé à comprendre. L'esprit est plus frappé de la répétition des caractères communs que de la diversité des caractères propres; il est donc porté à négliger les différences individuelles, et à ne voir dans la collection considérée qu'une pluralité d'unités identiques, c'est-à-dire un nombre concret. En outre, plus ces objets sont semblables, plus leur concept générique est compréhensif, et par suite adéquat à chacun d'eux; il en résulte qu'on peut prendre et donner de cette collection une connaissance suffisante et approximative en énonçant le nombre de ses éléments et leur genre, c'est-à-dire en formulant précisément ce qu'on appelle un *nombre concret*. Si au contraire les éléments de la collection présentent de grandes différences individuelles, et n'offrent que peu de caractères communs, on s'attachera moins à ceux-ci qu'à celles-là, et par suite on sera plus porté à les étudier chacun en particulier qu'à les réunir sous un même concept, qui serait trop pauvre et trop abs-

1. Cf. Husserl, *Philosophie der Arithmetik*, ch. ix, notamment p. 188.

trait. Leur nombre n'en existera pas moins, ainsi que le genre commun qui les embrasse tous; mais l'attention en est détournée par les différences spécifiques trop saillantes. L'énonciation de ce nombre et de ce concept, c'est-à-dire du nombre concret qui représente cette collection, n'en donnerait qu'une connaissance trop superficielle et trop vague, et c'est pourquoi l'on se dispense d'élaborer à la fois ce concept et le nombre correspondant.

6. Ces considérations nous amènent à répondre à la seconde objection; et s'il est vrai que l'exception confirme la règle, cette objection peut servir à confirmer notre thèse. Si l'on peut compter ensemble les objets les plus dissemblables, c'est encore en les faisant rentrer sous un genre commun; mais dans ce cas, le concept sous lequel on les subsume doit être extrêmement général et abstrait. Or le concept le plus général, qui embrasse tous les objets imaginables, est le concept même d' « objet » entendu au sens le plus large, et désignant tout ce qui peut être pensé [1]. Si donc tous les objets possibles sont nombrables, c'est en tant qu'ils rentrent sous le concept d' « objet ». Quelles que soient leurs différences, si divers que soient les genres auxquels ils appartiennent, on ne peut jamais dire qu'ils n'ont rien de commun, rien d'identique : car ils auront toujours ce caractère commun d'être pensés, et ils seront toujours identiques, en tant qu'objets de la pensée. Mais, qu'on le remarque bien, nous ne renions pas pour cela ce que nous avons soutenu précédemment [I, III, **9**], à savoir que l'élément constitutif du nombre n'est pas le concept de « quelque chose » ou de « n'importe quoi », et que ce concept n'est nullement identique à l'idée d'unité. C'est ce concept qui permet, dans tous les cas, l'application de l'idée d'unité aux objets les plus divers; c'est à ce concept que l'idée d'unité vient s'ajouter pour former « *un* objet »; il lui sert de support ou d'appui, mais il ne peut pas la remplacer. Pour nous résumer en deux mots, c'est en tant qu' « objets » que des choses quelconques peuvent être conçues comme identiques, et par suite dénombrées; mais c'est en tant qu' « unités » qu'elles forment effectivement un nombre. Le nombre entier n'est pas : « objet + objet + objet.... » mais bien : « *un* objet + *un* objet + *un* objet.... » c'est-à-dire simplement : « un + un + un.... »

Nous reconnaissons d'ailleurs que, dans l'acte psychologique du

1. Ce concept est le même que celui que M. Husserl désigne par le mot Etwas » (quelque chose) : *Philosophie der Arithmetik*, ch. IV.

dénombrement, le concept générique des objets dénombrés n'est presque jamais présent, et qu'on se dispense de l'appliquer à chaque objet successivement; toutefois, il faut bien que ce concept apparaisse, soit avant, soit après le dénombrement, pour composer, avec le nombre abstrait trouvé, le nombre concret qui représente la collection donnée. Souvent même, on ne prend pas la peine de chercher le genre prochain auquel appartiennent les objets à dénombrer, c'est-à-dire le concept le plus compréhensif sous lequel ils puissent tous rentrer, et l'on remonte tout de suite au *genus generalissimum* d'objet, parce qu'on est sûr qu'il sera toujours et partout applicable. Comme tous les objets possibles sont contenus dans son extension, il suffit à tous les dénombrements qu'on peut avoir à faire, et il est naturel, dès lors, qu'il soit régulièrement employé, même dans les cas où les objets à dénombrer rentrent sous un concept moins général. Cela est conforme aux lois psychologiques de l'habitude et de la paresse mentale. Mais il convient d'ajouter que si tous les dénombrements s'effectuaient ainsi, et si leur résultat se réduisait à un nombre abstrait, ou à un nombre concret dénommé par le concept général d'objet, ils ne serviraient à rien et par suite n'auraient même pas lieu. Un dénombrement d'objets quelconques qui n'auraient, par hypothèse, de commun que l'attribut universel d'objet, n'aurait aucun intérêt scientifique, et conséquemment aucune raison d'être psychologique. On est bien avancé quand on a constaté que « Raphaël, un théorème, un canon, font ensemble trois objets »! Pour qu'un dénombrement nous apprenne quelque chose, il importe que les objets dénombrés soient de même espèce, de sorte que leur collection forme, non un nombre abstrait, mais un nombre concret proprement dit. Et plus la compréhension du concept générique sous lequel on les classe est riche, c'est-à-dire plus les objets ont de ressemblance, plus le dénombrement est instructif : « douze chiens » dit plus à l'esprit que « douze quadrupèdes », et : « douze épagneuls » dit plus que « douze chiens ». En résumé, sans nier la possibilité théorique d'un dénombrement fondé sur le seul concept d' « objet » ou de « quelque chose », nous affirmons que les seuls dénombrements utiles ou intéressants sont ceux qui aboutissent à la formation d'un nombre concret, c'est-à-dire à l'élaboration simultanée d'un concept et d'un nombre; et cela suffit pour que de tels dénombrements soient, pratiquement, les plus fréquents, pour ne pas dire les seuls. Sans doute il n'y a pas de bornes aux fantaisies de l'esprit et aux caprices de l'imagination; mais c'est une loi psychologique qu'en fait l'esprit n'effectue un travail quelconque, que si ce travail lui offre quelque intérêt intellectuel ou répond à un besoin pratique. Or un dénombrement d' « objets en général » ne remplit aucune de ces deux conditions; il peut donc être considéré comme un miracle psychologique, ou tout au moins comme une exception. Nous avons montré d'ailleurs que même un tel dénombrement n'est possible qu'au moyen d'un concept; de sorte que dans tous les cas la détermination d'un nombre entier concret repose sur l'élaboration implicite d'un concept. Concluons donc que la construction du nombre cardinal et celle du concept sont deux opérations intellectuelles corrélatives, ou plutôt les deux faces d'une même opération intellectuelle s'exerçant sur les données sensibles. L'attention peut s'attacher plus spécialement à l'une ou à l'autre de ces faces, selon l'intérêt du moment : elles n'en sont pas moins essentiellement inséparables, comme l'endroit et l'envers d'une étoffe; et si ces deux produits de l'entendement peuvent être aperçus et pensés séparément, ils se trouvent encore le plus souvent réunis et intimement associés dans le *nombre concret*, qui est le résultat naturel et complet de l'abstraction et de la généralisation appliquées à une collection d'objets donnés [1].

7. De l'analyse précédente ressort évidemment le caractère factice et artificiel de l'idée de nombre, ainsi que du concept. En premier lieu, cette idée suppose dans les objets dénombrés une *unité* absolue qui ne se trouve jamais dans les données de l'intuition, et que la raison prête toujours plus ou moins gratuitement aux choses sensibles. En second lieu, elle suppose entre ces mêmes objets une *identité* qui ne saurait jamais être parfaite, et qui n'existe qu'entre certaines propriétés abstraites et générales communes à ces divers objets : de sorte qu'en les identifiant les uns aux autres, en tant qu'unités, l'esprit néglige de parti pris leurs différences, pour ne retenir d'eux que ces propriétés communes, qui composent leur concept générique. Ainsi, d'une part, on est obligé d'enrichir les données sensibles de caractères rationnels qui ne leur appartiennent pas en principe et qu'elles ne méritent jamais complètement; d'autre

1. Tous les nombres cardinaux qu'on retire de la considération des collections concrètes sont donc des nombres *dénommés* (au sens de HELMHOLTZ), attendu que les objets qui forment ces collections doivent toujours être conçus comme égaux sous un certain rapport. (*Zählen und Messen*, p. 35; cité I, II, **9**.)

part, on est conduit à appauvrir et à mutiler la réalité par l'abstraction et la généralisation. Le nombre et le concept sont donc nécessairement inadéquats à cette réalité, qu'ils sont pourtant destinés à représenter : ils ne peuvent en donner qu'une expression grossière et approximative. Plus on serre la réalité de près, plus le concept s'enrichit et plus le nombre se restreint; et lorsque l'esprit a atteint l'individu réel et en a pris une connaissance adéquate, il n'y a plus ni nombre ni concept, il n'y a que l'*idée* de l'individu, idée concrète, particulière et unique comme son objet[1].

8. Il y a plus : l'élaboration du nombre concret, c'est-à-dire du nombre cardinal d'une collection donnée, implique des conditions en apparence contradictoires : car pour dénombrer des objets donnés, il faut les considérer à la fois comme identiques et comme différents. Comme identiques, en tant qu'unités équivalentes, pour qu'ils puissent former un nombre par leur réunion; et comme différents, car autrement, comment pourrait-on les distinguer les uns des autres et dire qu'ils sont *plusieurs?* On dira sans doute que des objets peuvent ne se distinguer que par leur situation différente dans l'espace ou dans le temps. Mais alors, ce ne sont plus, à proprement parler, des objets que l'on compte, mais des parties de l'espace ou du temps. En effet, des objets par hypothèse identiques, et distincts seulement par le lieu ou par l'époque, ne sont qu'un seul et même objet répété dans l'étendue et dans la durée; ce n'est donc pas à cet objet comme tel, mais à ses diverses positions dans l'espace et le temps, que le dénombrement s'applique. Nous verrons dans le Chapitre suivant comment le nombre peut s'appliquer aux parties homogènes de l'espace et du temps; pour le moment, nous avons affaire à des objets concrets, et par suite nous devons les supposer hétérogènes. D'ailleurs, il est probable que c'est toujours le cas en réalité, car on a pu poser en principe que deux objets réels ne peuvent différer de situation sans différer aussi de nature, de sorte que la distinction temporelle ou spatiale, qui n'est qu'une dénomination extrinsèque, accompagne et suppose toujours une distinction qualitative et intrinsèque (*principe des indiscernables* de Leibnitz[2]).

1. Le mot *idée* est pris ici dans le sens cartésien et spinoziste, et non dans le sens scolastique de « concept général et abstrait ».

2. Voir *Nouveaux Essais*, liv. II, chap. xxvii, § 1; *Monadologie*, § 9; *Correspondance entre Leibnitz et Clarke*, Quatrième écrit de Leibnitz, n° 4; Cinquième écrit, n°s 21-26; etc.

Cet axiome paraît extrêmement vraisemblable pour les objets de la nature : même dans ceux où la nature semble copier et répéter à l'infini un prototype idéal, dans les feuilles et dans les fleurs, par exemple, il est impossible d'en trouver deux absolument semblables. Les produits de l'industrie humaine semblent au contraire faire échec à ce principe, et l'homme est arrivé à fabriquer des objets vraiment indiscernables pour nos sens. Mais on peut toujours présumer que des objets en apparence identiques offrent des différences imperceptibles de forme ou de structure moléculaire, lors même qu'ils auraient été coulés au même moule ou frappés au même coin. Et quand il serait vrai que deux objets artificiels fussent réellement identiques jusque dans les derniers détails, ce serait bien le cas de dire que l'exception confirme la règle. En effet, quels sont les objets auxquels l'homme cherche à donner une forme et une apparence identiques? Ce sont justement ceux qui doivent servir d'unités dans les dénombrements, et qui n'ont qu'une valeur numérique : ce sont les jetons, les pièces de monnaie, les billets de banque, etc. Si l'on s'efforce de rendre ces objets aussi semblables, aussi indiscernables que possible, c'est pour réaliser, si faire se peut, l'identité idéale des unités abstraites dans les objets concrets qui leur serviront de symboles. Que l'on atteigne ou non l'identité parfaite dans la fabrication de ces objets, que leur similitude soit grossière ou exacte, partielle ou totale, toujours est-il qu'elle n'est que l'image et la copie du type absolu d'identité que la raison conçoit et auquel l'homme aspire à conformer ses ouvrages. S'il y a quelque part au monde deux objets réellement indiscernables, on peut parier que ce sont des produits de l'industrie humaine, et que leur identité a été expressément voulue, de sorte qu'elle trouve sa raison d'être dans l'identité idéale des unités du nombre. Mieux encore peut-être que la présence de figures géométriques régulières et simples (que l'on trouve dans les cristaux et dans les ruches d'abeilles), celle d'un rouleau d'écus ou d'un sac de jetons sur une terre inconnue et déserte serait un sûr indice de l'existence passée ou présente d'habitants humains, c'est-à-dire intelligents; car l'homme seul peut réaliser, dans la nature, l'identité parfaite dont il porte le modèle en son esprit. On peut, à ce propos, remarquer un contraste de tendances entre la nature et l'industrie humaine (nous ne disons pas l'art humain) : la nature ne se lasse pas de renouveler indéfiniment les formes et toutes les apparences sensibles, lors même qu'elle semble obéir à une « idée directrice » et se conformer à un plan immuable ; l'homme, au contraire, met tous ses soins à rendre aussi semblables que possible les produits de son travail. Tandis que la nature tend à varier sans cesse ses ouvrages, l'homme cherche à faire régner dans les siens l'uniformité et la monotonie. Le triomphe de la nature est de ne jamais se répéter ; l'homme semble mettre sa gloire à fabriquer des objets indiscernables. Nous ne savons si cette tendance à l'uniformité est chez l'homme une marque de puissance ou de pauvreté, et ce n'est pas ici le lieu de le rechercher. Toujours est-il que la nature et l'industrie ont un idéal tout opposé : la perfection de l'une consiste dans l'originalité et la variété infinies ; celle de l'autre consiste dans l'uniformité et la répétition. Il va sans dire que l'idéal de l'art est lui aussi opposé à celui de l'industrie, et que le comble de l'art est d'imiter la richesse et la fécondité inépuisables de la nature.

9. Les considérations qui précèdent ne sont pas une digression : elles contribuent, croyons-nous, à éclairer et à confirmer notre théorie. C'est parce que la nature n'offre nulle part d'unités véritables et d'objets identiques, que l'homme est conduit à façonner des objets aussi semblables que possible pour servir de véhicule et de symbole à l'unité absolue qui n'existe que dans sa raison ; et c'est pour cela que tous les objets qui offrent une identité apparente portent l'estampille de l'esprit humain, et pour ainsi dire sa marque de fabrique. Encore faut-il ajouter que, même dans ces objets construits tout exprès pour se prêter au dénombrement, on fait abstraction de la plupart de leurs qualités sensibles, par exemple de la couleur et de l'effigie des pièces de monnaie, pour ne considérer en eux que des unités abstraites. D'autre part, si leur identité n'est jamais parfaite, leur unité est toute artificielle et de pure convention : car une masse homogène de métal n'a aucune unité intrinsèque et réelle ; elle n'est *une* que par la cohésion provisoire de ses parties et par la forme extérieure qui lui est imprimée. S'il en est ainsi, l'application du nombre à la nature n'est jamais entièrement légitime, puisqu'elle comporte encore une part d'arbitraire et de convention, même quand on l'applique aux objets les mieux faits pour la recevoir. Dans tous les cas, cette application repose sur deux postulats contraires, et implique une sorte d'antinomie : les objets que l'on dénombre doivent être conçus à la fois comme semblables et comme différents, et tout nombre se compose d'unités distinctes tout ensemble et identiques. Sans doute, il n'y a là qu'une opposition de points de vue, et non une contradiction formelle : car ce n'est pas sous le même rapport que les objets sont conçus comme semblables et différents à la fois. Néanmoins, cette antinomie, aisée à comprendre et à résoudre *dans l'esprit*, prouve que la détermination du nombre suppose une abstraction qui simplifie et fausse les données de l'intuition; et elle deviendrait une véritable contradiction, si l'on prétendait que le nombre existe tout formé *dans la réalité*. En effet, pour que les objets eussent par eux-mêmes un nombre, il faudrait qu'ils fussent réellement des unités absolues, à la fois identiques, en tant qu'unités sociables et indiscernables, et différentes, pour qu'elles puissent être *plusieurs*; une telle hypothèse est manifestement contradictoire, parce qu'elle transporte dans la réalité concrète et absolue un conflit de principes tout abstrait et relatif à nos facultés de connaître. Concluons donc que le nombre entier n'est jamais objectivement donné, mais toujours subjectivement construit par l'entendement en vertu de ses lois propres.

10. De cette conclusion il résulte qu'il est impossible d'imposer la loi du nombre à la réalité, attendu que le nombre est une forme purement subjective, qui ne peut avoir qu'une valeur relative et abstraite. Comme le concept, le nombre n'est rien de plus qu'un moyen commode pour se retrouver dans la diversité infinie des choses sensibles. D'une part, l'entendement classe les objets d'expérience suivant leurs ressemblances, les range en diverses classes, dont chacune porte une rubrique qui est le concept; d'autre part, il compte les objets réunis dans chaque classe sans s'inquiéter de leurs différences, et exprime leur pluralité par un nombre. Nombre et concept réunis représentent une collection d'objets dont on néglige l'individualité propre pour n'envisager que l'ensemble de leurs caractères communs, et la remplacent provisoirement dans l'esprit. Mais il serait absurde d'attribuer une valeur objective quelconque à ce procédé artificiel de l'imagination opérant sur les données sensibles : et c'est une erreur aussi manifeste de *réaliser* le nombre que de réaliser le concept. Il est facile de trouver dans l'histoire de la Philosophie des systèmes fondés sur l'une ou l'autre de ces hypothèses, peut-être même sur toutes les deux : il suffit de citer les noms de PYTHAGORE et de PLATON. Il est intéressant de remarquer, à ce sujet, que les deux doctrines semblent s'être fondues en une seule dans la dernière forme du platonisme. En tout cas, l'analogie, la parenté même de ces deux systèmes peut servir de confirmation et d'illustration historique à notre théorie de l'origine commune du nombre et du concept [1]. On raille volontiers, aujourd'hui, le réalisme de PLATON, et l'on ne parle qu'avec dédain d'une métaphysique pour laquelle le concept général et abstrait était l'être absolu; mais on ne songe pas que le réalisme de PYTHAGORE est tout aussi ridicule, et l'on répugne moins à concevoir l'être sous la forme du nombre, et à affirmer que le nombre est la loi de toute existence objective. Pourtant l'absurdité est la même, et les deux doctrines doivent subir le même sort. D'un côté comme de l'autre, on réalise des abstractions qui n'ont d'existence que dans l'esprit et de valeur que pour l'esprit; ce qui est tout au plus une forme subjective de l'entendement, on l'érige en loi suprême de la réalité [2].

1. Pour montrer que cette théorie n'est pas nouvelle, il suffira de citer ARISTOTE, *Métaphysique*, 1088 a 8 : « Δεῖ δ'αἰεὶ τὸ αὐτό τι ὑπάρχειν πᾶσι τὸ μέτρον· οἷον εἰ ἵππος τὸ μέτρον, ἵππους, καὶ εἰ ἄνθρωπος, ἀνθρώπους. Εἰ δ'ἄνθρωπος καὶ ἵππος καὶ θεός, ζῷον ἴσως, καὶ ὁ ἀριθμὸς αὐτῶν ἔσται ζῷα », — et SPINOZA, *Lettre 50* : « Qui, verbi gratia, sestertium et imperialem in manu tenet, de numero binario non cogitabit, nisi hunc sestertium et imperialem uno eodemque, nempe nummorum vel monetarum, nomine vocare queat : nam tunc, se duos nummos vel monetas habere, potest affirmare. »

2. Cf. COURNOT, *Essai sur les fondements de nos connaissances*, ch. XIII, n° 199 : « C'est pour avoir méconnu cette loi de l'esprit humain » (la loi de continuité) « que les philosophes, depuis Pythagore jusqu'à Képler, ont vainement cherché l'explication des phénomènes cosmiques dans des idées d'harmonie mystérieusement rattachées à certaines propriétés des nombres, considérés en eux-mêmes et indépendamment de l'application qu'on en peut faire à la mesure des grandeurs continues. »

CHAPITRE II

LA GRANDEUR ET LA MESURE

1. Nous allons maintenant examiner l'idée de grandeur et critiquer l'application du nombre aux grandeurs en général : nous avons exposé [Livre II] à quelles conditions cette application est possible. A première vue, l'emploi du nombre à la mesure des grandeurs paraît tout différent de l'emploi du nombre au dénombrement des collections : les unes sont homogènes et continues, les autres sont discrètes et hétérogènes; dans un cas le nombre répond à la question : Combien? et représente une *quotité*; dans l'autre, il répond à la question : Combien grand? et représente une *quantité*. Pourtant, si divers que soient ces deux sens ou ces deux rôles du nombre, ils se rattachent l'un à l'autre par une filiation naturelle; tant il est vrai que les distinctions les plus tranchées admettent des intermédiaires, et que l'on passe d'un extrême à l'autre par des transitions continues. Aussi faut-il se garder en général d'affirmer entre deux concepts, quels qu'ils soient, une opposition irréductible, et de négliger ce qui les réunit. Certes il n'y a rien de commun, en apparence, entre l'acte de compter des objets distincts et isolés et l'acte de comparer deux grandeurs continues. Néanmoins, on a vu [II, III, **6**] que la seconde opération revient en somme à compter le nombre d'unités que contient chacune des grandeurs comparées : en effet, le rapport de deux grandeurs commensurables de même espèce n'est rien de plus que l'ensemble des deux nombres entiers qui expriment *combien de fois* chacune d'elles contient leur commune mesure. Ainsi la mesure d'une grandeur se ramène, en définitive, à *un* ou *deux* dénombrements. Nous pouvons à présent compléter cette réduction, en rattachant l'un à l'autre les deux sens du mot *unité*, que nous avons définis dans leur opposition mutuelle [II, IV, **8**]. Par là nous achèverons de faire ressortir l'analogie, ou plutôt l'identité de nature, entre le nombre-mesure et le nombre-collection.

2. Nous avons montré dans le Chapitre précédent que tout dénombrement suppose qu'on *unifie* chacun des objets donnés, et qu'on les *identifie* ensuite entre eux ; et cette double opération mentale ne peut se faire qu'en simplifiant ces objets et en négligeant leurs caractères individuels, de sorte que l'unité et l'identité qu'on leur attribue sont toujours plus ou moins factices et arbitraires; en un mot, on n'obtient des unités identiques qu'en réduisant les objets concrets et particuliers à l'ensemble de caractères communs qui constitue leur concept générique. Or les diverses espèces de grandeurs que l'on découvre et que l'on étudie dans les objets physiques sont, elles aussi, le résultat de l'abstraction et de la généralisation : ce sont des propriétés abstraites des corps, que l'on reconnaît comme identiques sous la variété des qualités et des apparences sensibles (identiques de nature, s'entend, mais non pas identiques en grandeur); cette identité de nature, qui fait que deux grandeurs sont dites *de même espèce*, nous la désignerons d'un seul mot : *homogénéité*. Ce terme indique en même temps que toutes les grandeurs d'une même espèce sont *semblables*, c'est-à-dire possèdent exactement les mêmes propriétés, et ne diffèrent qu'en grandeur, ou comme on dit, du plus au moins [cf. II, I, Axiome I]. C'est ce caractère qui les rend toutes comparables entre elles, et par suite mesurables. C'est, en particulier, le caractère essentiel de l'étendue et de la durée, qui sont les résidus ultimes de l'abstraction appliquée aux phénomènes sensibles. Nous ne voulons pas dire par là que la durée et l'étendue soient des concepts abstraits et généraux que l'entendement retire des objets d'expérience; mais que, lorsqu'on fait abstraction de toute donnée sensible, il ne reste dans la conscience que les deux formes pures de la sensibilité, l'espace et le temps, qui subsistent invinciblement et s'imposent à toute intuition empirique possible. L'étendue et la durée ne sont pas les seules grandeurs mesurables qu'étudie la science; mais ce sont les types de toute grandeur, l'espace surtout, où nous projetons par l'imagination toutes nos idées de grandeur, même des grandeurs non étendues, telles que la masse.

3. L'application du nombre aux grandeurs homogènes se fait donc suivant les mêmes principes que son application aux pluralités hétérogènes; car il ne faut pas oublier que, dans la nature, les grandeurs ne sont pas plus *données* que les nombres : il n'y a de *donné*, à proprement parler, que des objets sensibles, particuliers et concrets. Seulement, si l'on réduit deux de ces objets, par abstraction, à deux grandeurs de même espèce, on pourra se proposer de les mesurer l'une par l'autre. Pour cela, comme on sait, on prendra l'une d'elles pour unité de mesure et l'on décomposera l'autre en grandeurs égales à la première, c'est-à-dire à l'unité. Cela revient, en somme, à considérer la seconde comme une somme de grandeurs *identiques* à la première, en tant que grandeurs, ou encore à décomposer le second objet en objets égaux au premier : égaux, c'est-à-dire identiques sous le rapport abstrait de l'espèce de grandeur que l'on considère. On le voit, la méthode est la même que celle qui prépare et rend possible tout dénombrement : on commence par réduire les objets à dénombrer à des unités identiques; seulement, le concept qui sert ici de guide et pour ainsi dire d'étalon est celui d'une certaine grandeur abstraite mais déterminée, prise pour unité. Voici d'une part une règle en bois et d'autre part une pièce de drap roulée; qu'y a-t-il de commun entre ces deux objets? Rien, du moins pour les sens. Mais si l'on conçoit, par abstraction, que ces deux objets possèdent une qualité commune [1], à savoir la longueur, par le fait même qu'on a l'idée de cette espèce de grandeur, on aura l'idée de l'égalité de deux grandeurs de cette espèce, c'est-à-dire de leur identité sous des formes et des apparences diverses; et l'on saura ce qu'il y a à faire pour constater cette égalité, et plus généralement pour comparer deux objets concrets au point de vue de la longueur. On déroulera donc la pièce de drap et on l'appliquera, suivant le procédé bien connu, sur la règle en bois qui représente l'unité de longueur, c'est-à-dire dont on a pris la longueur pour unité; on répétera *sept* fois cette opération, et l'on dira que la pièce a *sept* mètres. Qu'est-ce à dire? Cela signifie qu'on a découpé en imagination dans la continuité du tissu des parties égales en longueur au mètre, et que l'on a compté *sept* de ces parties dans la longueur totale. On a donc imaginé *sept*

1. Nous ne craignons pas de nous servir de ce mot *qualité* pour désigner une grandeur, car toutes les quantités sont des qualités des objets, au sens large du mot; ce qui n'empêche pas d'autre part d'opposer la quantité à la qualité, c'est-à-dire la qualité mesurable et extensive à la qualité sensible et intensive, qui n'est pas une grandeur [Cf. 1re P., III, IV, **26**].

objets (pièces de drap) identiques à un objet donné sous le rapport abstrait de la longueur, et par suite identiques entre eux sous le même rapport; et l'on a trouvé que la pièce de drap donnée était la réunion ou la somme de ces sept objets. C'est donc bien, au fond, une collection qu'on a dénombrée en mesurant cette grandeur. On dira peut-être que cette collection est toute idéale et non réelle, comme lorsque l'on compte des objets séparés. Mais, d'abord, il n'est pas nécessaire que des objets soient séparés et matériellement isolés pour qu'on puisse les compter : on compte bien les chaînons d'une chaîne et les grains d'un chapelet. Il suffit donc que les objets soient idéalement séparables, c'est-à-dire qu'on puisse les distinguer et les isoler par la pensée. Et puis, si la pièce de drap n'est qu'une collection idéale de pièces de longueur égale à un mètre, il est facile de la transformer en une collection réelle : ce sera l'affaire de quelques coups de ciseau. On ne peut refuser à l'imagination le droit d'anticiper sur cette opération pratique, qui ne change rien à la grandeur mesurée, et d'isoler par avance les unités de mesure que l'on distingue dans l'étoffe et que l'on peut effectivement y découper.

4. Ainsi le nombre-mesure ne diffère pas essentiellement du nombre-collection : tous deux sont, en principe, des nombres cardinaux concrets, ce que Helmholtz appelle des nombres *dénommés*, la dénomination indiquant l'espèce d'unités qui composent ces nombres. De même que le nombre abstrait est constitué par l'idée d'unité abstraite répétée plusieurs fois, mais toujours identique à elle-même, le nombre dénommé, représentant soit une grandeur, soit une collection, est constitué par la réunion d'unités toutes identiques entre elles, et retirées par abstraction des objets concrets [1]. Il y a cependant une différence entre les deux significations du nombre concret. Quand on dit : « cinq bâtons », on pense la collection formée par ces objets séparés, ou tout au plus juxtaposés, et non la figure obtenue en les mettant bout à bout. Au contraire, quand on dit : « cinq mètres », on pense la longueur *unique* qui contient cinq fois le mètre, et non pas *cinq* objets ayant la longueur d'un mètre. Dans le premier cas, les cinq unités sont pensées individuellement, et simplement associées dans un même acte de

1. C'est pourquoi Aristote, dans le texte cité p. 522, note 1, emploie le mot μέτρον pour désigner l'unité concrète d'une collection, aussi bien que pour désigner l'unité de *mesure* d'une grandeur.

l'esprit où elles conservent leur indépendance relative et restent isolées; dans le second cas, les cinq unités sont conçues comme intimement liées, elles se soudent les unes aux autres pour ne former qu'*une* grandeur continue. Cette distinction est remarquable, et elle vaut la peine d'être signalée, car elle sert à caractériser la grandeur par opposition à la collection [cf. II, IV, **7**].

Il est vrai qu'on peut encore ici trouver des cas intermédiaires où cette opposition s'affaiblit et s'efface, et où le contraste fait place à une simple diversité de nuances. Par exemple, quand on parle de « cinq francs », on peut entendre par là, soit *cinq* pièces de *un* franc, soit la valeur mesurée par cinq francs, qu'elle soit représentée par une pièce ou par plusieurs. La même somme d'argent peut donc, suivant les cas, être conçue comme une grandeur ou comme une collection. Lorsqu'un joueur dit : « J'ai perdu *cinq* louis », il considère le louis comme une unité de compte, comme un jeton avec lequel on joue; il pensera donc cette somme comme une collection. Mais lorsqu'un commerçant dit : « J'ai gagné *cent* francs », il considère le franc comme une unité de mesure, et par suite il pense la même somme comme une grandeur susceptible de division indéfinie et de variation continue; il aurait pu tout aussi bien gagner 99 francs, ou 101 francs, et même 99 fr. 95 ou 100 fr. 05 [1]. On voit par cet exemple que ce qui distingue une grandeur d'une collection, ce n'est pas tant la nature des unités nombrées que leur divisibilité et leur continuité [cf. II, IV, **8**].

5. Il convient toutefois de remarquer que cette divisibilité et cette continuité sont tout idéales et conventionnelles, comme l'unité et l'identité des objets dénombrés [**2**]. C'est ce qui explique, par exemple, qu'un nombre de pommes puisse être fractionnaire, tandis qu'un nombre de jetons (dans un jeu), de boules ou de numéros (dans un tirage au sort) ne peut être qu'entier; et pourtant, les boules qu'on tire d'une urne sont, pratiquement, aussi divisibles que des pommes; d'où vient cette différence imaginaire entre des objets si semblables en réalité? C'est que nous considérons les boules comme des unités de compte, et par suite comme indivisibles, tandis que nous considérons les pommes comme des grandeurs homogènes (aussi les pèse-t-on plutôt qu'on ne les compte). Bien plus : les mêmes pommes que nous partagerons plus tard pour les

1. Le *prix* d'un objet est toujours considéré comme une grandeur : c'est la mesure de sa *valeur*.

distribuer et les manger pourront nous servir de boules ou de jetons dans un jeu quelconque, et alors nous ne songerons pas à les diviser : de sorte que les mêmes objets seront conçus tour à tour comme grandeurs divisibles et comme unités indivisibles. Aussi, quand il faudra répartir *deux* pommes entre *trois* convives, ce n'est pas le *nombre* 2 que nous diviserons par 3 (ce qui n'aurait pas de sens), mais bien la grandeur constituée par l'ensemble des *deux* pommes; et le résultat de la division n'est pas, à proprement parler, le *nombre* $\frac{2}{3}$, mais la grandeur représentée par ce nombre, ou plutôt par ce couple de nombres entiers [1]. Cette fraction n'est donc pas le quotient de *deux* par *trois*, ou le *tiers* de *deux,* mais le symbole du *tiers* de la grandeur mesurée par *deux* : elle indique qu'il est le *double* du *tiers* de la grandeur prise pour unité [2]. C'est pourquoi la même fraction, qui serait une solution absurde et un symbole d'impossibilité dans un problème de jeu (si par exemple on demandait combien de jetons tel joueur a gagnés), sera la solution parfaitement légitime d'un problème où il s'agit de grandeurs à partager [1re P., III, I, **18**]. Ces paradoxes tiennent, nous le savons déjà, au double sens de l'unité : l'unité numérique étant indivisible, et l'unité de mesure étant divisible comme toute autre grandeur de même espèce [II, IV, **8**]. Un entendement pur, possédant l'idée d'unité, pourrait sans doute l'ajouter à elle-même pour former les nombres entiers; mais il ne penserait jamais à la diviser pour obtenir les fractions, ni à intercaler des intermédiaires entre les nombres entiers : car, dans le domaine du nombre abstrait, il n'y a pas de milieu possible entre *deux* et *trois*, par exemple. Ce qui a conduit à diviser l'unité, c'est l'application de cette idée pure à une grandeur divisible ; et ce qui a permis de concevoir des intermé-

1. « Que signifie une fraction? quel sens peut avoir la troisième partie de 2? la troisième partie de 2 mètres, d'accord; mais du nombre 2? » (J. Delbœuf, ap. *Revue philosophique*, t. XXXVI, p. 453.)

2. En d'autres termes, le *tiers* de la grandeur *deux* est égal aux *deux tiers* de la grandeur *un*. Ce théorème (qui doit et peut être démontré) prouve que ce n'est pas une tautologie que de dire et d'écrire [1re P., p. 95, note 1] :

$$2 : 3 = \frac{2}{3}$$

et que la formule :

$$A = \frac{n}{m} B$$

ne signifie pas la même chose que la formule [2e P., p. 413, note 1] :

$$mA = nB$$

diaires entre deux nombres entiers consécutifs (chose absurde au point de vue arithmétique), c'est l'existence de grandeurs intermédiaires entre les grandeurs mesurées par *deux* et par *trois*. Tout cela dépend, au fond, de la manière dont on conçoit l'unité fondamentale : comme unité de nombre, ou comme unité de grandeur.

6. En résumé, pour mesurer une grandeur, on confère d'abord l'*unité* à une grandeur de même espèce, puis on partage la grandeur donnée en parties *identiques* à cette unité ; et le nombre cardinal de ces unités (s'il existe) est la mesure de la grandeur donnée. En vertu de l'homogénéité de la grandeur, cette *unification* est absolument arbitraire, puisque rien ne distingue spécifiquement une grandeur plus petite d'une plus grande. En revanche, c'est en vertu de cette même homogénéité que l'on peut *identifier* les diverses unités qui composent la grandeur donnée, car elles sont indiscernables en tant que grandeurs abstraites, et ne diffèrent que par leur position. Mais il ne faut pas oublier que cette homogénéité, et l'identification des unités qui s'ensuit, suppose qu'on fait abstraction de toutes les qualités sensibles des objets concrets pour ne considérer en eux que l'espèce de grandeur que l'on compare et qu'on mesure. Dans une pièce d'étoffe, les mètres successivement délimités ne sont jamais identiques, de même, que sur une route, il n'y a pas deux kilomètres qui se ressemblent ; ce qui est semblable et identique sous les diverses apparences sensibles, c'est la grandeur abstraite, le mètre ou le kilomètre. La mesure des grandeurs repose donc, comme le dénombrement des collections, sur un double travail de l'esprit : d'une part, sur l'abstraction et la généralisation que l'entendement opère sur les données de l'intuition ; d'autre part, sur l'application des catégories d'unité et d'identité que la raison fait aux objets préalablement simplifiés par l'entendement.

7. On peut remarquer, à ce propos, que l'unité et l'identité, toujours imparfaites et grossières, que présentent les objets de la nature, soit qu'on les compte, soit qu'on les mesure, sont pour ainsi dire en raison inverse l'une de l'autre. Ainsi qu'on vient de le dire, les grandeurs homogènes se prêtent parfaitement à l'identification de leurs parties égales : car, grâce à leur identité qualitative ou de nature, elles ne présentent que des différences quantitatives, de sorte qu'il suffit de les prendre égales en grandeur pour obtenir une identité absolue. En revanche, elles n'offrent aucune unité intrinsèque, ni même aucune prise à une division quelconque, de manière que l'application de la catégorie d'unité aux grandeurs n'a lieu que par une décision arbitraire de l'entendement pratiquant au sein de la continuité des coupures factices et en quelque sorte violentes. Si nous passons à l'autre extrême, nous voyons que des *individus* (au sens propre du mot) offrent une unité réelle, ou tout au moins une occasion favorable à l'application de l'unité; mais ils se prêtent fort mal à l'identification des unités, car plus l'individualité d'un être est marquée, plus il diffère des autres êtres et constitue une unité originale et numériquement insociable. Des êtres absolument individuels possèdent bien l'unité; mais en même temps ils sont absolument hétérogènes, et l'on ne peut les considérer comme des unités identiques ou même semblables. Chacun d'eux est non seulement *un* en soi, mais *unique* en son genre, et ne peut être confondu ni associé avec aucun autre, si du moins on le prend dans son essence complexe et totale [1]. Ainsi, dans ces deux cas extrêmes, le nombre semble également inapplicable : dans l'un, parce que les unités naturelles font entièrement défaut dans un tout homogène; dans l'autre, parce que les unités naturelles sont radicalement hétérogènes et par conséquent insociables : le seul nombre qui convienne à l'être individuel et concret est le nombre *un*.

Il est vrai que ce sont là deux cas-limites purement idéaux : dans la nature, on ne trouve ni homogénéité parfaite ni unité absolue, mais tous les objets physiques s'échelonnent entre ces deux types et présentent tous les degrés intermédiaires, les uns tendant plutôt vers l'unité idéale, les autres s'approchant davantage de l'homogénéité idéale. C'est ainsi que tous les corps matériels sont compris entre les deux types extrêmes que l'on étudie en Mécanique, le corps parfaitement mou et le corps parfaitement élastique : chacun de ces types est un idéal qui ne se trouve réalisé nulle part, et qui néanmoins sert à comprendre les lois des phénomènes réels. L'un et l'autre est une abstraction, une simplification de la réalité physique; et pourtant il constitue un cas particulier tout aussi déterminé que les cas intermédiaires, qui seuls existent dans la nature. Les lois qui régissent ces deux cas extrêmes sont aussi précises, aussi exactes que celles qui peuvent régir les cas intermédiaires; mais elles sont plus simples, de sorte que les lois des cas

1. C'est pourquoi Leibnitz déclarait que les monades ne formaient pas un nombre, bien que leur multitude fût infinie, et échappait ainsi aux prétendues difficultés inhérentes au nombre infini.

intermédiaires sont des combinaisons ou des complications de celles-là. De même, entre l'homogénéité parfaite de la grandeur abstraite et l'unité absolue qui n'existe que dans la pensée, la nature offre tous les cas intermédiaires, résultant du mélange et de la dégradation de ces deux principes opposés.

8. Il est évident, tout d'abord, que la matière brute offre une homogénéité au moins apparente qui se rapproche beaucoup de l'homogénéité idéale que nous attribuons à l'espace. Dans une masse de métal ou d'argile, nous ne distinguons par les sens aucune diversité qualitative; chaque partie est identique en nature au tout, et n'en diffère que par la quantité, c'est-à-dire par l'étendue. Une telle masse est donc bien homogène dans le sens que nous attachons à ce mot : toutes ses parties sont semblables entre elles et semblables au tout. Son homogénéité apparente est en quelque sorte l'image et le symbole de l'homogénéité idéale que nous attribuons à l'espace : et en effet, dans une masse de matière brute et amorphe, les qualités sensibles étant réduites au minimum, les propriétés géométriques attirent surtout l'attention, et l'intérêt se porte sur la figure et sur l'étendue de la masse considérée; si l'on fait alors abstraction des dernières qualités sensibles de cet objet, il ne reste plus qu'une figure géométrique, à savoir la portion d'espace qu'il occupe. D'ailleurs, toutes ses parties, étant indiscernables, ne se distinguent que par leur situation relative, et peuvent se remplacer mutuellement dans toutes les positions : que l'on refonde un lingot d'or, que l'on repétrisse une masse d'argile et qu'on les coule à nouveau dans le même moule, rien ne distinguera pour nos sens leur nouvel état de l'ancien, puisque nous n'avons aucun moyen de reconnaître les diverses parties dans les places diverses qu'elles occupent successivement. Enfin, deux lingots d'or ou deux masses d'argile, étant de même nature matérielle, ne se distinguent que par la grandeur et par la forme, ce qui est une raison de plus pour considérer surtout en eux leur forme et leur grandeur, et les réduire par la pensée à leurs caractères géométriques. Toutes ces propriétés, qui résultent de l'homogénéité de la matière brute, rendent extrêmement facile l'identification idéale de divers objets de même matière et de même grandeur, tels que des pièces de monnaie formées de même métal et frappées au même coin.

Mais, d'un autre côté, dans une masse homogène, nous ne distinguons aucune partie réelle, intrinsèquement déterminée; nous n'y trouvons d'autres divisions que celles que nous y pratiquons arbitrairement, comme dans un solide géométrique, et aucune inégalité de résistance ne nous avertit (comme le clivage dans les cristaux) que la matière ait quelque préférence ou prédisposition pour telle division plutôt que telle autre. En un mot, la matière amorphe nous apparaît comme indifférente, non seulement aux formes qu'on peut lui donner, mais encore aux divisions qu'il nous plaît d'y pratiquer. Nous disions tout à l'heure qu'il est impossible de discerner et de reconnaître les diverses parties d'une masse d'argile qu'on repétrit; on peut même dire qu'elle n'a pas, naturellement, de parties : elle n'a que les parties qu'un mode de division artificiel et extrinsèque lui impose. En ce sens encore, la matière homogène est vraiment l'image de la grandeur continue, qui est susceptible de toutes les divisions idéales; comme le solide géométrique qui en est la figure, une masse d'argile se prête à toutes les *sections* qu'on peut imaginer en elle. De tout cela il ressort que la matière brute n'offre aux sens aucune unité naturelle; elle ne possède que l'unité factice et conventionnelle qu'on veut bien lui attribuer. Aussi cette unité est-elle précaire et provisoire, et tient-elle à des caractères accidentels et extérieurs de l'objet : elle se reconnaît, par exemple, à la contiguïté et à la cohésion momentanée des parties, mais elle est à la merci d'une scission plus ou moins facile à opérer. Elle se reconnaît encore à la forme définie qu'on imprime à l'objet; mais elle est à la merci d'un repétrissage ou d'une refonte. En résumé, les unités que constitue la matière brute sont une création arbitraire de l'esprit, et si leur *identification* est une conséquence naturelle de l'homogénéité de la matière, cette même homogénéité enlève tout fondement objectif et toute valeur réelle à l'*unification* qui leur donne naissance. Concluons donc que la matière brute, n'offrant aucune prise à la catégorie d'unité, ne se prête pas au dénombrement et ne possède pas, par elle-même, les propriétés qui constituent le nombre.

9. La matière organisée se présente au contraire comme composée d'éléments dont l'unité croît avec la complexité : ce sont les cellules. Il est à peine besoin de faire remarquer que l'on ne peut jamais trouver dans la nature d'unités absolues ou métaphysiques, c'est-à-dire simples, mais seulement des unités organiques et par suite composées. L'unité de la cellule est donc une unité de composition. Les cellules composent à leur tour des organismes de plus en plus complexes et différenciés, qui offrent tous les degrés d'unité, depuis ces organismes homogènes dont chaque moitié, quand on les coupe en deux, reforme un animal entier (les Hydres, par exemple), jusqu'aux organismes les plus compliqués du règne animal ou du règne végétal. On sait que dans cette échelle des êtres vivants la différenciation des cellules et des tissus croît avec l'organisation; et que, d'autre part, la diversité des individus d'une même espèce croît avec la complication de leur type organique. Pour cette double raison, plus l'organisme a d'unité, plus il a d'hétérogénéité, c'est-à-dire moins ses parties sont semblables les unes aux autres et peuvent se remplacer, la division du travail physiologique étant complète et chaque organe étant affecté et approprié à une fonction spéciale; plus, d'autre part, il a d'individualité, c'est-à-dire possède de caractères particuliers qui le distinguent de tous ses congénères et en font un être à part, un composé unique, un exemplaire original du type spécifique. En effet, l'unité d'un organisme se mesure au degré de différenciation de ses parties et de leur subordination à l'ensemble : de sorte que, au rebours de ces êtres inférieurs dont chaque partie est semblable au tout et suffit à le reconstituer en entier, un organisme supérieur forme un tout dont on ne peut supprimer aucune partie sans le détruire ou tout au moins le mutiler, aucune autre partie ne pouvant la suppléer [1]; c'est en cela qu'il constitue un individu, au sens étymologique du mot, et par suite une unité naturelle. A ces êtres vivants, il convient donc d'appliquer la catégorie d'unité, et avec d'autant plus de vraisemblance que leur organisation est plus parfaite.

Mais, d'un autre côté, plus l'application de l'unité aux organismes devient légitime, moins il est permis de les identifier les uns aux autres et de les considérer comme des unités équivalentes et sociables, et cela, en vertu de leur diversité croissante et de leur individualité de plus en plus marquée. On peut parler d'une douzaine d'huîtres, bien qu'il n'y en ait jamais deux pareilles; on peut encore compter les chiens d'une meute, bien qu'ils ne se vaillent sans doute pas tous par la vitesse ou par le flair. De même, on compte des hommes, au point de vue administratif et militaire; mais on sent ce qu'un tel dénombrement a de conventionnel, de superficiel et même de choquant au fond. Considérer des êtres vivants et pensants comme

1. On sait, par exemple, que les membres amputés des Mammifères ne se régénèrent pas comme ceux des Arthropodes, ou même de certains Reptiles.

autant d'unités équivalentes, réduire en quelque sorte l'individu à un numéro matricule, cela peut être commode dans la pratique; mais il est évident qu'on néglige ainsi tout ce qui fait la valeur propre de l'individu, tout ce qu'il serait intéressant de connaître dans chaque cas particulier. Ainsi reparaît toujours cette affinité du nombre et du concept, que nous avons établie précédemment : si l'on peut compter et numéroter des hommes, c'est en les faisant entrer dans des classes définies par des concepts abstraits et généraux; mais, de même que la continuité des phénomènes sociaux rompt sans cesse les cadres officiels et présente toutes les transitions entre deux catégories conventionnelles, de même elle échappe aux prises de la statistique et refuse de se laisser exprimer par des nombres. On sait combien sont artificielles les divisions administratives, judiciaires ou politiques; les dénombrements corrélatifs ne sont pas moins illusoires et fallacieux [1]. La raison sent bien que l'infinie complexité de la nature humaine ne se laisse pas réduire en formules et emprisonner dans des colonnes de chiffres, parce qu'il n'y a en réalité que des individus, dont chacun constitue une unité incomparable aux autres. C'est pourquoi la statistique est aussi impuissante à établir des lois sociales que des lois physiologiques : on ne connaît pas plus les causes d'un crime particulier quand on connaît le *tant pour cent* de criminels d'une certaine espèce dans un certain pays, que l'on ne sait pourquoi tel homme est mort de telle maladie lorsqu'on sait que l'on meurt *neuf* fois sur *dix* de cette maladie. En un mot, pour l'administrateur, le législateur et le chef militaire, il peut y avoir des types généraux et abstraits, et par suite des *unités* comparables et sociables ; pour le savant et pour le philosophe, qui ont tous deux pour objet la réalité particulière et concrète, il n'y a que des individus littéralement incomparables [2].

1. Cf. Cournot, *Essai sur les fondements de nos connaissances*, ch. xiii, 196.

2. On sera peut-être étonné de voir que nous assignons pour objet à la science les faits particuliers et les êtres concrets, alors qu'il semble que les lois scientifiques ne régissent que des êtres abstraits et des faits généraux. Nous ne pouvons ici dissiper ce préjugé, issu de la conception scolastique de la science; l'axiome antique : « Il n'y a de science que du général » repose sur la définition de la science comme connaissance par concepts; la science moderne se définit au contraire comme connaissance des lois de la nature et explication des phénomènes particuliers par ces lois, de sorte qu'il faut dire désormais : « Il y a science du particulier ». Cela tient justement au caractère mathématique de la science moderne, car l'idée de grandeur sur laquelle elle est fondée est à la fois abstraite et concrète, générale et particulière. L'univer-

10. En résumé, aucune espèce d'objets, dans la réalité, ne remplit les conditions nécessaires à une application valable du nombre, et n'offre une unité et une identité suffisantes pour qu'on puisse dire que ces objets ont par eux-mêmes et naturellement un nombre. Dans la matière inorganique, en apparence homogène, il n'y a pas de raison pour attribuer l'unité à telle partie plutôt qu'à telle autre, aucune partie n'étant simple et indivisible; dans la matière organisée, on trouve des groupements qui forment des touts individuels et offrent une unité de composition, mais on ne peut les identifier les uns aux autres sans méconnaître précisément les caractères originaux qui en font des individus. D'un côté, c'est l'unification qui manque de base; de l'autre, c'est à l'identification que tout fondement fait défaut. Ainsi, du haut en bas de l'échelle des êtres de la nature, la même antinomie ou la même incompatibilité subsiste entre les conditions formelles de l'application du nombre : et cela est nécessaire et fatal, car cette application suppose toujours, au fond, que l'on considère divers objets à la fois comme semblables et comme différents.

Loin donc que la réalité obéisse d'elle-même à la loi du nombre, on ne peut la soumettre au nombre et à la mesure que par une convention toujours plus ou moins arbitraire qui la simplifie, la mutile et la fausse. Quels que soient les objets que l'on compte, il faut les considérer comme équivalents, c'est-à-dire comme identiques sous un certain rapport, et en même temps les distinguer les uns des autres, car comment pourrait-on les compter sans cela? Il faut donc les réduire par la pensée à des unités à la fois distinctes et identiques : or c'est là une pure fiction de l'entendement, que l'on ne saurait transporter sans erreur dans la réalité : car ce serait affirmer

salité des lois mathématiques repose sur l'indétermination des formules algébriques, laquelle fait place à une détermination parfaite dès qu'on substitue aux lettres des valeurs particulières. Cette universalité se traduit notamment par le *principe de l'induction complète* [cf. I, I, **4**], qui permet de conclure, comme on dit, de n à $n + 1$, et par suite d'étendre une formule (vraie pour $n = 1$) à *tous* les nombres entiers (Poincaré, *Sur la nature du raisonnement mathématique*, ap. *Revue de Métaphysique et de Morale*, t. II). Ainsi c'est l'infini qui est le nerf de la généralité propre aux lois mathématiques, comme l'a montré M. Poincaré (*loc. cit.*, p. 380-381); et d'autre part, le fondement de l'induction mathématique est le principe de raison suffisante, ainsi que l'a fort bien vu M. Lechalas (*ibid.*, p. 715). Si l'on rapproche ces deux vues également ingénieuses et justes, on retrouve précisément la pensée profonde de Leibnitz sur l'analogie de l'infini avec les vérités universelles, fondées comme lui sur « la même raison » [*passage cité* III, II, **11**].

que le *même* objet se trouve répété plusieurs fois dans le monde, tandis que la nature ne se répète jamais. Le dénombrement n'a donc pas de valeur objective, parce qu'il identifie arbitrairement des êtres divers et hétérogènes; la mesure n'a pas de valeur objective, parce qu'elle découpe arbitrairement des unités fictives au sein de la grandeur homogène et continue [1]. D'une part, on suppose en des objets distincts une *identité* qui n'existe pas; d'autre part, on suppose dans la grandeur homogène une *unité* qui n'existe pas. On somme les individus comme s'ils étaient identiques; on compte les parties du continu comme si elles étaient des individus. Ainsi cette double application du nombre à la réalité concrète est illégitime, à parler rigoureusement, dès qu'on cesse d'y voir un expédient commode, un artifice de l'entendement, et que l'on prétend par là saisir et étreindre la réalité, la faire tenir dans nos concepts et la résumer dans nos formules. C'est ce qui explique les contradictions apparentes auxquelles on aboutit lorsqu'on impose à la nature la loi du nombre et que l'on voit dans la mesure l'expression adéquate de la réalité.

1. On sait que Spinoza considère la grandeur infinie et continue comme indivisible, en tant que la raison la conçoit dans son intégrité; elle n'est divisible que pour l'imagination, qui engendre ainsi le nombre et la mesure (*Lettre à Louis Meyer* du 20 avril 1663 : XXIXe des *Opp. posth.*, XIIe de l'éd. Van Vloten et Land.)

CHAPITRE III

L'INFINI ET LE CONTINU

1. Nous avons jusqu'ici opposé la nature et l'esprit comme deux mondes séparés et presque étrangers l'un à l'autre. Cette hypothèse superficielle et provisoire ne saurait subsister : car, en admettant que la nature existât réellement en dehors de l'esprit, encore faudrait-il savoir comment nous la connaissons, et nous ne pouvons parler d'elle que dans la mesure et sous la forme où nous la connaissons. Ce que nous opposons aux catégories de l'entendement, aux concepts généraux et abstraits, ce n'est pas la réalité elle-même : c'est l'idée de la réalité, telle qu'elle existe dans notre esprit. Si donc nous pouvons affirmer ou seulement supposer que notre entendement est inadéquat à la réalité, il faut que nous ayons de quelque manière et par une autre voie quelque connaissance de cette réalité. Ainsi l'opposition admise entre la nature et l'esprit doit se ramener à la distinction de nos facultés de connaître : ce que nous appelons l'*esprit* n'est que la faculté de former des concepts abstraits et généraux, qu'on nomme l'*entendement*; mais nous devons avoir quelque autre faculté qui nous permette d'atteindre la réalité et de la penser, ne fût-ce qu'à titre idéal et problématique, sans quoi nous ne pourrions même pas reconnaître l'insuffisance de nos concepts et les bornes de notre entendement. Cette faculté maîtresse, qui juge en dernier ressort de la vérité, c'est-à-dire de la conformité de nos idées avec la réalité, ou plutôt avec l'*idée* de réalité, nous l'appellerons *la raison*.

2. Nous considérerons donc désormais le nombre, ainsi que le concept, comme des produits de l'entendement appliqué aux données des sens ou de l'imagination. Il peut sembler, au premier abord, que le concept soit tout entier issu de l'expérience, et que l'abstraction et la généralisation ne soient que des opérations machinales de l'imagination élaborant spontanément les données sensibles; les lois de l'association des idées suffiraient à expliquer la simplification des images par l'élimination de leurs caractères propres, et leur fusion, résultant naturellement de leur confusion, une fois qu'elles auraient perdu leurs détails individuels et distinctifs. En ce sens, il serait plus vrai de dire que le concept est l'œuvre de l'imagination seule, opérant suivant ses lois propres. Une telle conclusion ne serait nullement incompatible avec le rationalisme, comme le prouve l'exemple des Cartésiens, qui ont tous professé le nominalisme [1]. Néanmoins, nous la croyons excessive et trop exclusive. S'il est vrai que la plupart des concepts, chez la plupart des hommes, se forment spontanément par le jeu mécanique des associations d'images, nous pensons que certains concepts sont formés d'une manière réfléchie où l'entendement a quelque part. Ce sont ceux où l'identité des caractères communs à divers objets est remarquée par l'esprit, et où ces caractères, au lieu d'être fortuitement associés et rapprochés, sont réunis entre eux par un lien logique aperçu ou plutôt créé par l'esprit. Le concept n'est plus alors le résidu de la trituration machinale des images et de leur mutuelle usure qui finit par les agglomérer, mais le résultat d'un acte délibéré de l'entendement dégageant de l'expérience des éléments identiques et leur imposant l'unité synthétique qui constitue le concept. Ce sont les catégories rationnelles d'unité et d'identité qui forment la part de l'*a priori* dans la construction du concept, dont la matière est incontestablement empruntée à l'expérience; de sorte que l'entendement semble avoir pour rôle propre d'appliquer les formes de la raison aux objets de l'intuition et de l'imagination.

De même, et à plus forte raison, les formes de l'unité et de l'identité constituent la part de l'*a priori* dans l'élaboration du nombre. Seulement la part de l'expérience y est moindre que dans le concept, attendu que le contenu du concept est nécessairement emprunté aux sens et à l'imagination, tandis que la matière du nombre, comme

1. Voir surtout Spinoza, *Ethique*, Appendice de la 1re Partie; 2e Partie, Prop. 40, Schol. 1 ; 4e Partie, Préface; *De Intellectus Emendatione*, 8e note (p. 8 de l'éd. Van Vloten et Land) : « ... ubi enim res ita *abstracte* concipiunt, non autem per veram essentiam, statim ab *imaginatione* confunduntur.... Nam iis, quæ *abstracte*, seorsim et confuse concipiunt, *nomina* imponunt.... » Cf. *ibid.*, p. 29-30.

sa forme, consiste dans l'idée rationnelle d'unité. Il ne subsiste donc, à vrai dire, rien d'empirique dans l'idée pure du nombre, si ce n'est l'occasion qui lui a donné naissance : car il a bien fallu qu'une multiplicité hétérogène fût donnée dans l'intuition pour fournir un support à l'application et à la répétition de l'idée d'unité. La raison pure, livrée à elle-même, ne sortirait jamais de l'idée d'unité, si l'expérience sensible ne lui prêtait une diversité où cette idée puisse se poser et se disperser : la raison rassemble de nouveau sous l'idée d'unité les unités concrètes qui résultent de cette dispersion, et cet assemblage est le nombre. La nature offre donc à l'idée d'unité l'occasion de s'extérioriser et de se multiplier pour engendrer l'unité complexe du nombre. Entre la variété infinie du monde sensible et la catégorie suprême de l'unité, qui constitue proprement la raison, l'entendement invente un moyen terme, ou plutôt deux intermédiaires qui représentent chacun une face des choses, face abstraite et simplifiée : c'est, d'une part, le concept, qui réunit dans sa compréhension ce qu'il y a d'un et d'identique dans la diversité des phénomènes; et d'autre part, le nombre, qui mesure l'extension du concept et traduit la multiplicité d'où on l'a extrait. De même que le concept est un intermédiaire entre le *genus generalissimum*, qui est l'être général et indéterminé, et l'être réel et individuel qui échappe par sa complexité infinie aux prises de l'entendement et n'est atteint que par les sens ou l'imagination; de même le nombre est un intermédiaire entre l'unité abstraite, forme vide de la raison, et l'unité concrète qui convient à l'objet particulier, parce que, dans son individualité originale, il est unique en son genre et véritablement sans pareil (« sans *second* », comme on disait au XVIIe siècle). Ainsi le nombre et le concept ne:sont pour la connaissance que des *moyens*, dans tous les sens du mot, par lesquels l'entendement soumet à l'unité intelligible de la raison les données infiniment variées de la conscience empirique.

3. Quelle est, d'autre part, l'origine intellectuelle de l'idée de grandeur? C'est la question qui nous reste à traiter. Nous avons montré que l'infinité est un des caractères essentiels de la grandeur, et que c'est la grandeur infinie qui justifie et même exige la création du nombre infini. Mais cette idée de grandeur, que nous avons décrite et analysée [Livre II], d'où nous vient-elle, à quelle faculté en devons-nous la connaissance? Pour résoudre cette question, il faut considérer les principaux attributs de l'idée de grandeur, et chercher s'ils admettent une origine empirique. Nous ne parlerons pas de l'infinité de la grandeur, car elle nous donnerait trop facilement raison, et d'ailleurs c'est elle qui est en question. En effet, il est évident que l'idée d'infini ne peut venir de l'expérience, car tous les objets d'expérience sont naturellement finis; elle ne peut pas être construite par l'imagination, car l'imagination ne peut que répéter et multiplier les données des sens, et elle ne produit par là que l'indéfini. Ainsi l'infini ne peut être ni perçu ni imaginé; l'idée d'infini est donc nécessairement *a priori*.

Fort bien, dira-t-on, mais il faudrait d'abord être sûr qu'elle existe, et qu'elle ne se réduit pas, en dernière analyse, à l'idée d'indéfini que l'imagination suffit à engendrer. Or, pour beaucoup de philosophes, l'indéfini de l'imagination est le seul fondement réel, la seule racine intelligible de la pseudo-idée d'infini.

A cela nous pourrions répondre que l'idée de l'infini existe par elle-même, et se confond si peu avec celle de l'indéfini qu'elle s'en distingue nettement et même s'y oppose : les mathématiciens eux-mêmes, auxquels on pourrait croire que l'indéfini suffise à la rigueur, savent faire cette distinction, et ne se font pas faute, dans certaines branches de la science, de penser l'infini proprement dit. Nous pourrions ajouter que le fait seul que l'on peut raisonner sur cette pseudo-idée et la discerner de l'idée voisine d'indéfini suffirait à prouver qu'elle a une autre valeur et un autre contenu que celle-ci; et à cet égard, les plus subtiles discussions des finitistes, tendant à démontrer que l'idée d'infini est nulle et vide de sens, se retournent contre leur fin et se réfutent pour ainsi dire elles-mêmes : car comment peut-on soutenir que l'indéfini seul est concevable, tandis que l'infini est contradictoire, si l'on ne distingue pas ces deux idées, et si, par suite, on ne pense pas en quelque manière l'infini? Si l'idée d'infini était le parfait non-sens qu'on prétend, tous les arguments pour et contre cette idée, que nous avons exposés dans le Livre III, seraient absolument inintelligibles, et l'on ne comprendrait pas que tant et de si grands philosophes se soient disputés depuis des siècles pour un fantôme, moins encore, pour un pur néant.

4. Mais ces considérations, propres à engendrer la persuasion plutôt que la conviction, sont des présomptions, non des arguments. Elles ont néanmoins leur valeur, en ce qu'elles préparent l'esprit à accepter des raisons plus sérieuses et plus philosophiques. L'infinité de la grandeur est intimement liée à d'autres caractères de cette idée, qui sont l'homogénéité et la continuité. On a vu [III, IV, **6**] que de l'hypothèse d'une grandeur homogène résulte immédiatement, comme une conséquence logiquement nécessaire, le nombre infini des parties ou des éléments d'une telle grandeur. Le nombre infini ne se justifie donc pas seulement par l'existence (idéale) d'une grandeur infinie; il peut encore s'introduire par la divisibilité à l'infini d'une grandeur homogène et continue. Or on peut se demander si l'idée d'une telle grandeur ne pourrait pas être tirée de l'expérience, et si l'imagination ne suffit pas à rendre compte de ces propriétés en apparence intuitives de la grandeur. L'infinité de la grandeur échappe sans aucun doute à toute intuition; mais en est-il de même de son homogénéité et de sa continuité? C'est ce qu'il convient à présent de rechercher.

Il semble, à première vue, que la continuité soit une propriété primitive de nos sensations, du moins de celles qui prennent une forme étendue, à savoir celles de la vue et du toucher; et que par suite elle soit une donnée des sens, tout au moins de ces deux sens particuliers. Mais cette hypothèse ne supporte pas l'examen. En effet, loin de pouvoir nous fournir l'intuition de la continuité, l'expérience sensible ne nous permet même pas de constater la divisibilité indéfinie des grandeurs, laquelle, on le sait, ne suffit pas à assurer leur continuité [III, IV, **7**]. Si parfaits que soient nos instruments de mesure et nos procédés de division mécanique de la matière, nous ne pouvons jamais diviser pratiquement une grandeur donnée qu'en un nombre fini de parties, et si grand que soit ce nombre, rien ne nous garantit qu'il puisse croître indéfiniment, c'est-à-dire qu'on puisse prolonger sans fin la division effective de la grandeur, et qu'on n'arrive jamais à découvrir des éléments indivisibles. Si loin qu'on pousse cette décomposition, grâce au progrès de l'industrie humaine, on n'aboutira toujours qu'à une subdivision limitée de la matière, et l'on ne pourra jamais affirmer que cette opération soit possible indéfiniment. Il sera donc toujours permis, sans être démenti par l'expérience, de soutenir soit la continuité, soit la discontinuité primordiale de la matière, et jamais les sens ne pourront décider cette question par une observation directe. Qu'est-ce à dire, sinon que la continuité de la grandeur échappe entièrement à l'intuition, et qu'elle n'est pas une propriété sensible des grandeurs concrètes, mais un caractère rationnel de l'idée de grandeur?

5. On peut présenter le même argument sous une forme différente, et plus scientifique. Les nombres rationnels (en particulier, les nombres décimaux) suffisent à mesurer toutes les grandeurs physiques perceptibles avec une approximation indéfinie, c'est-à-dire aussi grande qu'on veut. Cette approximation est théoriquement indéfinie; mais on sait que, dans la pratique, elle est limitée par la finesse de nos sens et la précision de nos instruments : il arrive un moment, dans la subdivision progressive des grandeurs, où les marques distinctives se confondent et où les parties s'évanouissent. Il est donc inutile de chercher de la grandeur qu'on mesure une expression numérique plus approchée que l'observation ne le comporte; on doit s'arrêter à l'ordre de décimales qui représente la grandeur des plus petites parties perceptibles, car l'approximation qu'on obtiendrait en dépassant cet ordre serait absolument vaine et illusoire. C'est ce qu'on exprime couramment dans les sciences physiques en disant que l'approximation numérique d'une grandeur ne doit jamais dépasser la limite des erreurs d'expérience. Cela veut dire que, non seulement les nombres rationnels fournissent d'une grandeur quelconque une représentation aussi exacte qu'on le peut désirer, mais qu'ils peuvent même en fournir une représentation *trop* exacte, c'est-à-dire plus exacte que ne le permet l'indétermination inévitable dont toute mesure expérimentale est affectée. En un mot, les nombres rationnels se prêtent à une approximation illimitée, alors que l'expérience n'admet qu'une approximation limitée. Ainsi, non seulement les sciences expérimentales trouveront toujours dans l'ensemble des nombres rationnels de quoi exprimer le résultat de toutes les mesures, mais encore cet ensemble dépassera toujours infiniment en précision les moyens pratiques par lesquels on obtient ces mesures. On pourra même perfectionner indéfiniment ces moyens et faire tomber progressivement les erreurs d'expérience au-dessous de toute limite finie; on ne trouvera jamais les nombres rationnels en défaut, et l'on n'aura jamais besoin d'inventer d'autres nombres pour mesurer exactement toute grandeur empiriquement donnée.

Ainsi l'expérience, nous entendons par là non pas l'expérience vulgaire, mais l'expérience scientifique où les sens sont aidés et presque remplacés par des instruments d'une finesse et d'une précision inimaginables, ne parviendra jamais à vérifier la divisibilité indéfinie de la grandeur; elle ne pourra jamais constater qu'une divisibilité finie, au delà de laquelle on sera toujours libre de supposer, soit des éléments indivisibles et imperceptibles, soit la continuité absolue. Bien plus, en admettant même que l'expérience pût atteindre la grandeur dans sa divisibilité infinie, elle serait encore incapable de décider de sa continuité, et la question n'aurait pas avancé d'un pas vers une solution expérimentale. En effet, supposons (ce qui est impossible) que *tous* les nombres rationnels aient trouvé dans l'expérience leur application à une certaine grandeur donnée; il ne s'ensuivrait nullement que cette grandeur fût continue. On pourrait seulement en conclure qu'elle serait *connexe* [1], c'est-à-dire que les intervalles de ses éléments seraient infiniment petits; et il resterait à savoir si ces intervalles sont vides, ou comblés par d'autres éléments, ce qui dépasserait évidemment la portée de l'intuition, même avec le degré de finesse et de précision que nous lui accordons pour les besoins de la cause. En résumé, lors même qu'on attribuerait à nos moyens d'observation une exactitude parfaite (tel serait, par exemple, un microscope d'un grossissement infiniment grand), on n'aboutirait pas encore à la constatation intuitive de la continuité des grandeurs [2].

6. De tout ce qui précède il ressort qu'on n'aurait jamais pensé à inventer le nombre irrationnel, si l'on n'avait eu à représenter que des grandeurs perçues, et si l'idée de grandeur elle-même était une notion empirique. L'ensemble des grandeurs commensurables d'une certaine espèce (représenté par l'ensemble des nombres rationnels) donnerait l'illusion complète de la continuité, non seulement à nos sens imparfaits et grossiers, mais à l'œil le plus perçant, doué d'une acuité infinie. Pour un observateur possédant des sens parfaits, la ligne droite, par exemple, serait uniquement et entièrement composée de points rationnels, et la diagonale du carré serait mesurée, par rapport à son côté, par un nombre décimal indéfini. Ainsi l'existence de grandeurs incommensurables (correspondant aux nombres irrationnels) prouve à la fois que la grandeur est continue, et qu'elle ne

1. Pour la distinction du *connexe* et du *continu*, voir 1re P., I, IV, **7**; III, III, **4**; 2e P., III, IV, **7** note; Note IV, **69**.

2. De ce qu'aucune expérience ne pourra établir la continuité de l'espace, certains géomètres concluent que l'hypothèse de la discontinuité de l'espace réel est fort plausible, d'autant plus qu'elle n'exclut pas nécessairement la continuité du mouvement. (Dedekind, *Was sind und was sollen die Zahlen*, p. XII; Cantor, ap. *Mathematische Annalen*, t. XX, 1882.) Resterait à savoir ce que ces mathématiciens entendent par « espace *réel* ». [Voir p. 544, note 4.]

peut être connue par l'expérience : car la notion des grandeurs incommensurables dépasse non seulement notre expérience présente, mais toute expérience possible, et ne peut être atteinte que par le raisonnement géométrique.

Les finitistes nous objecteront peut-être ici leur distinction habituelle de l'idéal et du réel : ils diront qu'ils admettent bien les grandeurs incommensurables dans la Géométrie, science abstraite et idéale (« science de purs possibles », comme ils disent [1]), et qu'ils les rejettent seulement de la Physique, science du réel et du concret. De même, ils nous accorderont que l'espace *idéal* est continu, et par suite divisible à l'infini; mais ils nieront la divisibilité à l'infini et partant la continuité de l'espace *réel* [2]. A quoi nous répondrons qu'il n'y a pas deux espaces, mais un seul : c'est dans le même espace que nous construisons nos figures idéales et que nous projetons les objets réels, c'est-à-dire le système de nos perceptions [3]. Sans doute, la matière, objet propre de la Physique, peut être discontinue : mais, même pour concevoir l'ensemble des atomes qui constitueraient, par hypothèse, le monde physique, il faudrait le loger dans un espace essentiellement continu; la distinction *réelle* des points matériels suppose donc l'existence *idéale*, non seulement des points géométriques qu'ils occupent et *réalisent*, mais encore des intervalles vides qui séparent ces points. Il n'y a donc pas d'espace *réel* à côté ou en dehors de l'espace *idéal* de la Géométrie; et ceux qui parlent d'espace réel confondent simplement la matière hétérogène et peut-être discontinue avec le milieu homogène et continu au sein duquel elle est située et dispersée [4].

D'ailleurs, pour trancher la question d'ordre critique qui nous occupe, nous n'avons pas besoin de rechercher si la réalité physique est continue (question qui relève de la Philosophie des sciences),

1. Desargues leur a répondu par avance [*passage cité* p. 493, note 4.]

2. Aussi, quoi que dise M. Pillon (*Année philosophique 1890*, p. 97) du « rapport logique qui existe entre l'infinitisme et le réalisme », il y a une connexion bien plus visible et plus certaine entre le réalisme et le finitisme : la doctrine de M. Evellin en est un exemple probant (*Infini et quantité.* Voir aussi : *La divisibilité dans la grandeur*, ap. *Revue de Métaphysique et de Morale*, t. II, p. 129.)

3. Cf. Criton, *Troisième Dialogue philosophique*, ap. *Revue de Métaphysique et de Morale*, t. III, p. 68.

4. C'est ce que nous répondrions, d'une part, aux savants qui admettent la discontinuité possible de l'espace réel [voir p. 543, note 2]; d'autre part, à M. Delbœuf, qui soutient que l'espace réel n'est pas euclidien, c'est-à-dire homogène (*Revue philosophique*, t. XXXVI, p. 449.)

mais seulement si le continu peut être objet d'expérience. Il ne s'agit pas ici de savoir s'il existe dans le monde matériel des grandeurs incommensurables : il suffit que nous en ayons l'idée. Que cette idée ait ou n'ait pas d'objet, toujours est-il qu'elle existe dans l'esprit; or elle ne peut être issue de la perception sensible : donc elle est connue *a priori*. Par conséquent, en tant qu'elle implique la continuité et par suite l'incommensurabilité, l'idée de grandeur elle-même est connue *a priori*, et l'on ne peut en attribuer la connaissance qu'à la faculté que nous appelons la *raison*.

7. Cette conclusion est sujette à diverses objections que nous allons examiner. On peut d'abord, au point de vue empiriste, soutenir que si la continuité n'est pas par elle-même un phénomène sensible susceptible d'une constatation directe, elle est étroitement liée à l'homogénéité, qui, elle, paraît observable et vérifiable par l'expérience. En effet, il n'est pas besoin de diviser sans fin deux grandeurs données et de se perdre dans l'infiniment petit pour s'apercevoir qu'elles sont semblables, et par suite pour affirmer leur homogénéité. Leur similitude saute aux yeux, pour ainsi dire : or c'est de ce caractère intuitif de la grandeur que semblent découler tous les autres, de sorte que tous, en définitive, sont dérivés de l'expérience sensible.

A cette objection assez spécieuse on peut répondre, en premier lieu, que de l'homogénéité d'une grandeur ne résulte nullement sa continuité, mais tout au plus sa divisibilité à l'infini et ce qu'on peut appeler sa connexité : or nous avons soigneusement distingué ces diverses propriétés, et montré que la continuité ne peut se déduire de ces dernières; c'est même précisément ce qui fait le nerf de notre argumentation. De ce que deux grandeurs inégales sont semblables, il s'ensuit qu'elles sont susceptibles des mêmes divisions; donc si l'on considère une grandeur et l'une de ses divisions rationnelles, on sera obligé de conclure de leur homogénéité qu'elles sont toutes deux divisibles, et même idéalement divisées, à l'infini [1]. Mais l'ensemble des nombres rationnels suffira à représenter la division illimitée de l'une et de l'autre, et par conséquent on n'aura nullement atteint et établi par là la continuité de ces grandeurs, laquelle est liée à l'existence des états de grandeur irrationnels.

Toutefois, nous venons de reconnaître que si l'homogénéité d'une

1. Voir III, IV, 6.

grandeur n'entraîne pas sa continuité, elle implique du moins sa divisibilité infinie, et par suite le nombre infini de ses parties [**4**]. Si donc l'homogénéité des grandeurs était donnée dans l'intuition sensible, elle suffirait à la rigueur à établir l'origine expérimentale de l'infini de division.

8. A cette instance, il faut répondre que la notion de similitude ne peut venir de l'expérience, et qu'elle est une idée rationnelle par excellence. La similitude de deux grandeurs ne se perçoit pas plus que leur égalité, et même moins encore, car les conditions empiriques auxquelles on reconnaît la similitude sont bien plus complexes et moins intuitives que celles de l'égalité (la coïncidence, par exemple). La similitude de deux objets n'est pas *donnée* dans la perception comme leur couleur : c'est une relation abstraite que l'esprit remarque entre eux, et qu'il établit en la remarquant, car une relation n'existe que dans l'esprit : dans la nature, il n'y a que deux objets qui n'ont pas conscience de leur similitude (ni même d'être *deux*). Cette relation est même doublement abstraite : car elle suppose d'abord que l'on réduit les objets à deux grandeurs de même espèce, ce qui est une première abstraction; ensuite, que dans ces grandeurs on fait abstraction de leur quantité absolue pour ne considérer que leur *forme* [1]. C'est grâce à cette seconde abstraction que l'on peut remarquer et affirmer que les deux objets sont semblables, c'est-à-dire que les deux grandeurs, quoique inégales, ont même forme. Il va sans dire que nous prenons ici le mot *forme* dans son sens le plus général et proprement philosophique, pour désigner ce qui, dans la grandeur, n'est pas la quantité. Autrement, les grandeurs géométriques seraient les seules qui aient une forme, au sens vulgaire du mot; mais même pour ces grandeurs, dont la forme est en apparence intuitive, il est vrai de dire que la similitude n'est pas perçue à proprement parler, mais pensée : car il faut un certain effort d'abstraction pour dégager la forme de la grandeur absolue, et remarquer l'identité de forme sous la diversité des grandeurs, si disproportionnées qu'elles soient (par exemple entre un pays et la carte ou le plan qui le représente [2]). Pour les

1. M. Delboeuf a excellemment défini l'homogénéité de l'espace : *Indépendance de la grandeur et de la forme* (*Prolégomènes*, p. 129).

2. Il paraît que certains sauvages sont incapables de reconnaître une personne dans son portrait, ou en général de remarquer la similitude d'un objet et de son image, et cela, tout en possédant des sens aussi fins et souvent même plus fins que les nôtres : ce qui prouve bien que l'aperception des similitudes est affaire d'intelligence, et non de sensibilité (au sens kantien du mot).

autres grandeurs, qu'elles soient linéaires, comme le temps, ou simplement intensives, comme la masse, leur similitude consiste au fond dans leur caractère qualitatif et spécifique : dire de telles grandeurs qu'elles ont même forme, c'est dire qu'elles sont de même espèce (*homogènes*, au sens étymologique du mot). L'homogénéité de ces sortes de grandeurs se réduit donc à ce fait qu'on les conçoit comme appartenant à un même type, et qu'elles rentrent sous une même idée. Là encore, c'est grâce à une abstraction profonde que l'on parvient à apercevoir l'identité de nature de grandeurs souvent fort diverses par leurs manifestations sensibles : que l'on songe, par exemple, à l'hétérogénéité des impressions que nous produisent des poids très inégaux ou des températures très inégales. Sans vouloir aborder un sujet qui a été traité de main de maître [1], nous pouvons dire que toutes nos sensations sont hétérogènes; par conséquent c'est l'esprit qui démêle par abstraction, dans le monde des sens, des grandeurs semblables ou de même nature sous l'infinie variété de leurs degrés, et qui découvre, dans les sensations les plus dissemblables, les divers états d'une même grandeur homogène et continue.

9. Il n'est peut-être pas inutile de remarquer, à ce propos, que, loin d'expliquer la continuité apparente de nos sensations, la Psychologie physiologique tend à établir que toutes les données primitives des sens sont discontinues. Pour ne considérer que le sens de la vue, les sensations optiques semblent bien être continues; et pourtant, on sait que les impressions correspondantes sont reçues par un tissu nerveux, la rétine, formée d'éléments contigus, les cônes et les bâtonnets, dont chacun constitue un élément histologique simple, une sorte de *point* physiologique. Le champ visuel est composé de ces points, de sorte que la donnée brute du sens de la vue serait une mosaïque de couleurs. Le minimum visible (point physique) serait l'objet qui n'impressionnerait qu'un seul élément de la rétine; et pour être distingués par l'œil, deux points physiques devraient faire leur image sur deux bâtonnets différents, de sorte que le diamètre d'un bâtonnet serait la limite inférieure de l'acuité visuelle [2]. Le monde visible devrait donc nous apparaître comme discontinu, lors même qu'il serait par lui-même continu, chaque

1. H. Bergson, *Essai sur les données immédiates de la conscience*, ch. i, notamment, p. 35-37 (Paris, Alcan, 1889).

2. Nous savons que les choses se passent moins simplement en fait; mais notre raisonnement gagne en clarté à cette simplification sans y perdre en valeur.

bâtonnet ne pouvant recevoir et chaque fibre nerveuse ne pouvant transmettre qu'une impression simple, une *tache* unique. Or si, malgré la constitution histologique discontinue de la rétine, le champ visuel nous paraît continu, il ne faut pas espérer découvrir et constater par la vue la discontinuité dans le monde physique : car si les impressions discontinues que reçoit le nerf optique nous donnent l'illusion de la continuité, une matière même discontinue nous apparaîtra forcément comme continue. C'est en vain qu'on chercherait à décider de cette question par l'expérience, puisqu'un organe discontinu nous donne des perceptions continues. D'ailleurs, les instruments peuvent bien aider, mais non pas remplacer nos sens dans l'observation : si puissant que soit un microscope, il ne fera jamais distinguer à un œil humain les bâtonnets de sa propre rétine et ne dissociera jamais la sensation visuelle en ses éléments, attendu que c'est le même champ visuel, en apparence continu, qu'il aperçoit toujours. Ce serait là une étrange duperie des sens, si la continuité pouvait jamais tomber sous les sens ; mais cela prouve simplement que c'est une idée rationnelle qui s'ajoute à la sensation brute, comme une forme *a priori*, pour constituer la perception.

Les mêmes considérations s'appliquent évidemment au sens du tact, dont les impressions sont reçues par des papilles et transmises par des fibres nerveuses, c'est-à-dire encore par des organes discontinus. Les conditions de distinction et de confusion des impressions à la surface de la peau sont les mêmes que sur la rétine, seulement en plus grand.

10. Ajoutons encore un mot au sujet de l'homogénéité des grandeurs, pour montrer qu'elle ne résulte pas plus que la continuité de la structure des organes des sens. Comment une grandeur perçue par l'œil pourrait-elle être homogène, physiologiquement, à une autre grandeur de même espèce, mais plus grande ou plus petite? Elles ne couvriraient pas sur la rétine le même nombre d'éléments. Si un carré, par exemple, occupait dans le champ visuel n points, un carré de côté double en occuperait $4n$: il ne pourrait donc paraître semblable au premier. De même pour le sens du tact : si j'applique mon bras et ma main étendue le long d'une règle droite, il est évident que la longueur perçue par ma main ne peut être semblable, pour le sens, à celle que je perçois par le bras tout entier. On dira peut-être que, pour la vue du moins, des grandeurs inégales peuvent occuper sur la rétine la même surface et produire par suite des impressions semblables ou mieux identiques. Par exemple, nos deux carrés peuvent donner lieu à la même perception, si l'on place le plus grand à une distance double de celle du plus petit : ils seront donc semblables pour l'œil, quoique inégaux. Mais, en admettant même que cette similitude soit effectivement perçue, et non conçue, c'est alors leur inégalité qui ne sera pas perçue, mais conçue : bien plus, elle le sera contrairement au témoignage des yeux, qui nous les montrent au contraire égaux. Sans doute, cette inégalité apparaît quand on donne aux deux objets une autre position relative ; mais alors, comment peut-on distinguer l'apparence vraie de l'apparence fausse, et savoir s'ils sont égaux ou inégaux ? La vérité, c'est que les sens ne nous informent pas plus de l'égalité que de l'inégalité des objets qu'ils perçoivent ; à plus forte raison ne peuvent-ils nous donner l'idée de leur similitude, et par suite de l'homogénéité de la grandeur abstraite dont ils représentent des états différents. D'ailleurs, sans approfondir la théorie de la perception extérieure, on sait que tous les phénomènes de perspective tendent à montrer que la grandeur n'est pas l'objet d'une perception, mais d'un jugement qui porte sur la perception, l'accompagne et, en un sens, la complète et l'objective ; ce jugement, instantané et presque inconscient, finit par devenir instinctif, à force d'habitude, et paraît inhérent à la perception même, de sorte que l'on *voit* égaux des objets qui, en réalité, sur la rétine, sont extrêmement inégaux, et que l'on *voit* semblables des objets dont les images optiques sont tout à fait dissemblables. Ce sont les variations de grandeur apparente des objets de la vue qui nous amènent à construire la distance et par suite la troisième dimension (ce qui fait présumer que les deux premières sont également une création de la pensée) ; de sorte qu'après avoir localisé à diverses distances les objets conçus comme égaux et perçus comme inégaux, on arrive à concevoir comme égaux des objets dont les images sont très inégales, parce qu'on les projette à des distances différentes. Tous ces faits, ou plutôt toutes ces lois, que nous ne faisons que rappeler en passant, prouvent que les idées de grandeur (nous entendons par là l'idée de chaque grandeur déterminée) ne proviennent pas de la perception et ne sont pas retirées par analyse et abstraction des données des sens, mais s'ajoutent à elles synthétiquement et sont conçues *a priori* par la faculté géométrique qui construit le monde extérieur et qui est la *raison* [cf. II, I, **6-9**].

11. L'autre objection à laquelle notre thèse prête le flanc est celle que pourrait faire un disciple de KANT, du point de vue de l'*Esthétique transcendentale*. Il nous accorderait sans doute que la continuité est une notion *a priori*, mais il contesterait que cette idée fût rationnelle. Dans cette théorie la continuité est un attribut propre de l'espace et du temps, c'est-à-dire des formes *a priori* de la sensibilité : la notion de continu est donc bien *a priori*, comme ces formes elles-mêmes, mais elle est néanmoins une donnée intuitive, et non une idée rationnelle. En résumé, un Kantien soutiendrait avec nous, contre l'empiriste, que la notion de continuité n'est pas empirique, mais *a priori*; et contre nous, avec l'empiriste, qu'elle n'est pas intellectuelle, mais sensible, et qu'elle a une origine *esthétique*, pour parler le langage du maître, attendu qu'elle représente un des caractères de l'intuition pure.

Cette objection est beaucoup plus sérieuse et plus forte que la précédente; aussi ne peut-on y répondre par une réfutation en règle, mais par des présomptions qui, bien qu'elles nous paraissent très probables, ne sont pourtant que probables. Notre principal argument sera celui-ci : la continuité n'est pas la propriété exclusive de l'espace et du temps, mais le caractère essentiel de toutes les espèces de grandeurs, non seulement des grandeurs linéaires ou extensives, mais même des grandeurs proprement intensives. La masse, par exemple, nous paraît comporter toutes les valeurs réelles positives, et non pas seulement les valeurs rationnelles; il semble même inconcevable qu'une masse puisse varier d'une manière discontinue, c'est-à-dire passer d'une valeur rationnelle à une autre sans prendre, outre les valeurs rationnelles intermédiaires, toutes les valeurs irrationnelles du même intervalle. On en dirait autant d'une force, d'un poids, de la pression d'un gaz, de la tension d'un ressort, d'une température, de l'intensité d'une source lumineuse, etc. Toutes ces grandeurs sont astreintes à varier d'une manière continue, et pourtant elles ne sont pas étendues. Bien mieux, il y a des grandeurs, à savoir les quantités électriques et magnétiques, qui échappent à tous nos sens et qu'on ne mesure pas avec moins d'exactitude, quoiqu'on ne puisse les percevoir; or ces grandeurs sont, elles aussi, soumises à la loi de continuité : l'intensité d'un courant ou d'un champ magnétique, par exemple, ne peut varier que d'une manière continue, et nous pouvons l'affirmer d'avance, sans consulter l'expérience et sans craindre d'être démenti par elle. Cela prouve, d'une part, que l'idée de grandeur est bien *a priori*, puisque l'on peut concevoir des grandeurs dont on n'a aucune intuition directe, et, d'autre part, que la continuité n'est pas une donnée de la sensibilité, mais une forme rationnelle.

12. On nous objectera sans doute que la continuité des grandeurs linéaires est manifestement dérivée de la continuité des formes de l'intuition : si, par exemple, la force et la température paraissent être des grandeurs continues, cela tient à ce qu'on les représente ou les mesure par des longueurs, et que celles-ci sont continues. Quant aux grandeurs purement intensives, elles empruntent encore leur continuité à l'espace, parce que l'étendue nous fournit le schème de toute espèce de grandeurs, même inétendues. Nous sommes habitués à projeter dans l'espace nos idées de grandeur pour nous imaginer leurs rapports et leurs variations, et à les figurer par des grandeurs géométriques; c'est ainsi notamment que l'on représente toutes sortes de fonctions à une variable par les abscisses et les ordonnées d'une courbe plane, et que l'on construit ces tableaux graphiques qui dessinent aux yeux la marche des grandeurs les plus abstraites. Un Kantien verrait, non sans raison, dans ces faits l'indice de l'obligation où nous sommes de « construire » (dans une intuition *a priori*) tous nos concepts mathématiques [1], et il en conclurait avec vraisemblance que c'est la continuité des formes *a priori* de l'intuition qui déteint pour ainsi dire sur toutes les grandeurs que nous y construisons.

Nous répondrons à cela que, lors même que nous serions obligés de construire dans l'intuition toutes les grandeurs, il ne s'ensuivrait pas nécessairement qu'elles doivent nous paraître continues : si l'espace est en lui-même un réceptacle homogène et continu, rien n'empêche d'y construire des figures discontinues, telles que des ensembles de points [cf. **6**], et de raisonner sur elles avec la même rigueur mathématique que sur les figures continues et infinies de la Géométrie projective; au contraire, de telles constructions et de tels raisonnements paraîtront plus solides et plus rigoureux au bon sens finitiste. Ainsi la nécessité de construire dans l'intuition toutes nos idées de grandeur n'entraîne nullement leur continuité réelle ou apparente. D'ailleurs, nous figurons très souvent dans l'espace des grandeurs discontinues, sans que l'habitude de les imaginer sous forme étendue nous les fasse paraître continues : par exemple,

1. KANT, *Critique de la Raison pure* : Méthodologie transcendentale, ch. I : Discipline de la raison pure, 1re section : D. d. l. r. p. dans l'usage dogmatique.

on représente par des courbes les variations des grandeurs statistiques et démographiques, qui sont des nombres entiers, et par suite essentiellement discontinues : mais nous ne sommes jamais tentés pour cela de croire que le nombre des habitants d'un pays ou d'une ville prenne des valeurs fractionnaires, encore moins des valeurs irrationnelles. Il y a même plus : non seulement le schème géométrique tend à nous donner l'illusion de la continuité, mais les moyennes démographiques, s'exprimant presque toujours par des nombres décimaux, semblent devoir confirmer cette illusion. Et pourtant, les statisticiens ont beau nous dire, par exemple, qu'il naît 2,33 enfants par famille, nous ne sommes pas dupes de cette façon de parler, et nous ne risquons pas de considérer le nombre des enfants d'une famille comme une quantité fractionnaire. De même, si telle grandeur physique, la force par exemple, était essentiellement discontinue, si son idée impliquait que toute force est une somme d'éléments indivisibles, une collection d'unités dynamiques, il n'y a aucune représentation numérique ou graphique des forces qui pût nous contraindre à regarder comme continue cette espèce de grandeurs; et si nous étions amenés à lui attribuer des valeurs fractionnaires ou à figurer ses variations par un trait continu, nous n'oublierions pas que ce sont là des expressions fictives et symboliques, et que cette espèce de grandeurs n'est susceptible, par sa nature, que de valeurs entières et de variations discontinues.

13. On pourrait enfin prétendre qu'à défaut de l'espace, le temps suffit à imposer la continuité à toutes les grandeurs, attendu que si nous pouvons tout au moins concevoir, sinon imaginer, certaines espèces de grandeurs en dehors de l'espace, nous n'en pouvons ni imaginer, ni concevoir aucune hors du temps, car une grandeur ne peut évidemment varier que dans la durée. Or, du moment qu'une grandeur est soumise à la forme du temps, il semble impossible que ses variations n'épousent pas la continuité essentielle de cette forme. Donc, par cela seul que toute grandeur concevable est assujettie à évoluer dans la durée, ses variations doivent nous paraître continues [1].

Cette objection assez spécieuse repose sur une confusion entre la continuité d'une fonction et la continuité de sa variable. Le temps

1. Cf. Cournot, *Essai*..., ch. xiii, notamment n° 189.

est la variable indépendante par excellence, et toutes les grandeurs variables peuvent en être considérées comme les fonctions [1]. Le temps, en sa qualité de variable indépendante, doit être continu, et l'on doit concevoir sa vitesse (sa *fluxion*) comme constante : le mouvement uniforme lui sert non seulement d'image, mais de mesure. Au contraire, la grandeur variable que l'on regarde comme fonction du temps (c'est-à-dire comme prenant des valeurs déterminées en différents instants), peut varier avec une vitesse inégale (mesurée par sa dérivée par rapport au temps); elle peut sauter brusquement d'une valeur à une autre toute différente; elle peut même ne pas exister en tel ou tel instant. Dans ces deux derniers cas, elle sera discontinue, sans que le temps cesse de suivre son cours régulier et immuable. Si l'on représente graphiquement la fonction par une courbe, en prenant le temps pour abscisse et la fonction pour ordonnée, le temps sera figuré par l'axe des x, c'est-à-dire par une droite infinie et continue, tandis que la courbe exprimera par ses singularités et ses solutions de continuité l'allure plus ou moins capricieuse et accidentée de la fonction. Il n'y a donc aucune impossibilité *logique* à ce qu'une grandeur varie dans le temps d'une manière discontinue, car la continuité de la variable indépendante n'entraîne pas le moins du monde la continuité de la fonction. Celle-ci suppose sans doute la continuité de la variable, mais elle exige en outre des conditions spéciales et indépendantes qui ne sont pas nécessairement satisfaites [2].

En revanche, il y a là une sorte d'impossibilité *rationnelle*, qui résulte, non du principe de contradiction, mais du principe de continuité. Ce qui serait contradictoire, c'est qu'une *même* grandeur prît au *même* instant deux valeurs distinctes, si voisines qu'elles fussent. Mais qu'une même grandeur prenne à deux instants *infiniment voisins*, au lieu de deux valeurs *infiniment voisines*, deux valeurs différant d'une grandeur finie, cela n'est pas contradictoire : c'est seulement contraire au principe de continuité [3]. On peut concevoir, dans l'abstrait, les fonctions les plus discontinues, et, qu'on nous passe le mot, les plus biscornues; mais dans la nature concrète, on ne peut concevoir les variations d'*une même* grandeur réelle que comme continues. Qu'on ne nous demande pas de démon-

1. Pour la définition de ces termes mathématiques, voir Note II, **1**.
2. Voir Note II, **3**, **4** [p. 592, note 2].
3. Cf. 1re P., IV, III, **9**, et citation de LEIBNITZ, p. 266, note 5.

trer ce principe : il est indémontrable par essence, et d'ailleurs, le démontrer serait le déduire du principe de contradiction, dont nous venons de le distinguer, et dont il est évidemment indépendant. Tout au plus pourrait-on remarquer qu'il implique et assure à la fois l'*identité* de la grandeur à travers le temps; mais de là à le déduire du principe d'identité, il y a loin. Tout ce qu'on peut affirmer, c'est que des états de grandeur discontinus ne peuvent appartenir à une seule et même grandeur, de sorte que l'unité et l'identité d'une grandeur ont pour condition la continuité de ses variations : nous ne faisons du reste en cela qu'énoncer sous une autre forme le principe de continuité [Cf. 1e P., III, IV, **6**].

14. Mais alors, dira-t-on, c'est un postulat que vous posez arbitrairement, et que vous vous contentez d'affirmer. — Sans doute : mais il en est de même pour tous les principes; on ne peut que les montrer, et non les démontrer : aveugle qui ne les voit pas. Nous nous empressons d'ajouter que leur affirmation n'est arbitraire qu'en apparence, et qu'à défaut d'une démonstration logique impossible et inexigible, on peut et doit en donner une justification rationnelle. Mais cette justification, nous l'avons présentée dans toutes les discussions de cet Ouvrage; et nous en trouvons une confirmation dans l'objection même que nous combattons à présent. En effet, il ne suffit pas de réfuter une erreur : il est bon de l'expliquer, car souvent, en remontant à sa source, on découvre la vérité que masquait cette erreur. Or nous venons de montrer que c'est un simple préjugé de croire que la continuité du temps implique ou entraîne *ipso facto* la continuité de toutes les grandeurs qui évoluent dans le temps. Mais si nous cherchons l'origine de ce préjugé si spécieux et si tenace, nous trouvons qu'il prend précisément sa racine dans le principe de continuité, qu'on admet et invoque inconsciemment. On croit déduire analytiquement la continuité de la grandeur de celle du temps, tandis qu'elle ne s'en suit que grâce à ce principe synthétique, par lequel on suppose que la grandeur est une fonction *continue* du temps.

Nous croyons donc pouvoir conclure que toutes les grandeurs, loin d'emprunter leur continuité à la continuité intuitive de l'espace et du temps, sont conçues *a priori* comme nécessairement continues, en vertu d'un principe rationnel qui fonde la continuité même de l'espace et du temps. Que si cette continuité semble donnée dans l'intuition, soit empirique, soit *a priori*, cela tient à ce que tous les jugements que nous portons sur nos sensations pour les organiser en perceptions et construire l'objet font corps avec la sensation et paraissent impliqués dans la perception elle-même : c'est ainsi, pour ne rappeler qu'un seul de ces faits aujourd'hui bien connus, que nous croyons *voir* un objet à telle distance de nous, alors que la distance ne saurait être perçue par l'œil, et est au contraire déduite des données visuelles et construite par l'esprit. De même, sans vouloir nier que le temps et surtout l'espace soient des formes *a priori* de l'intuition sensible, on peut soutenir que la continuité ne leur appartient pas primitivement, qu'elle n'est pas une propriété de notre sensibilité, mais qu'elle est imposée aux données des sens par la raison.

15. Si ces conclusions sont justes, l'idée de grandeur elle-même, dont la continuité est un des caractères essentiels, ne peut être tirée de l'expérience par aucune abstraction : elle n'est ni un concept, ni un produit de l'entendement analogue au nombre ou au concept, mais une *idée* fondamentale de la raison. Sans doute, les notions des diverses espèces de grandeurs sont évidemment empruntées à l'intuition, notamment celles des grandeurs géométriques et mécaniques, qui supposent la connaissance de l'espace et de la matière. Mais, en tant que toutes ces grandeurs spécifiquement diverses sont subsumées sous l'idée générale de grandeur, elles lui empruntent toutes les propriétés rationnelles qui caractérisent la grandeur en général, et qui constituent les axiomes de la science des grandeurs [Voir Livre II]. Ainsi l'idée pure de grandeur est un type ou une forme *a priori* que la raison impose aux grandeurs concrètes données dans l'expérience, et comme le modèle sur lequel elle les conforme toutes. Encore une fois, ce type, bien que général et abstrait, n'a rien de commun avec un concept, car, tout en s'appliquant à n'importe quelle espèce de grandeurs, il est parfaitement précis et déterminé : la grandeur « en soi » contient tous les états de grandeur particuliers, depuis la grandeur nulle jusqu'à la grandeur infinie. Tous ces échelons se relient entre eux par continuité, de sorte que leur ensemble a pour schème adéquat l'ensemble des nombres réels (tant rationnels qu'irrationnels); mais il est bien entendu que ce n'est qu'un schème, une représentation numérique en quelque sorte calquée sur le prototype rationnel de la grandeur. Ce n'est pas avec des nombres que l'on est arrivé à construire l'idée de grandeur homogène et continue; c'est d'après cette idée que l'on a construit l'ensemble des nombres réels, et c'est en particulier pour en traduire la continuité que l'on a été amené à inventer les nombres irrationnels, symboles des grandeurs incommensurables.

En résumé, nous possédons une idée de la grandeur, universelle, mais non indéterminée, car elle comprend toutes les déterminations possibles de la grandeur, tous les états que peut prendre une grandeur concrète. Cette idée ne vient pas de l'intuition empirique, car elle ne contient aucun élément sensible, et en revanche a tous les caractères d'une idée *a priori*; elle ne vient pas non plus d'une intuition pure, car l'imagination ne peut, pas plus que la perception, atteindre la continuité des formes de la sensibilité et en rendre compte, cet attribut de la grandeur n'ayant rien d'*esthétique* (au sens kantien du mot). L'idée de grandeur ne peut donc être l'objet que d'une connaissance rationnelle *a priori*, et comme une telle connaissance n'a rien de discursif ni de déductif, il convient de l'appeler, par opposition à l'intuition sensible (pure ou empirique), une *intuition rationnelle*.

CHAPITRE IV

L'IMAGINATION ET LA RAISON
LES ANTINOMIES DE KANT

1. Résumons brièvement les résultats de notre analyse des idées de grandeur et de nombre. Le nombre est un schème de l'imagination, résultat de l'application des catégories d'unité et d'identité aux données de l'expérience : il est bien, comme l'a pensé Kant, le schème de la grandeur [1]. La grandeur est, non pas un concept de l'entendement, mais une forme intellectuelle pure, une idée de la raison : par elle nous pouvons penser tous les objets sous forme de grandeur, et connaître *a priori* toutes les relations possibles de grandeurs. Par suite le nombre n'a aucune valeur objective, car il ne s'applique aux choses qu'au moyen des opérations de l'entendement qui engendrent le concept : il ne convient donc qu'aux notions générales et abstraites, non aux objets réels et concrets; il n'est, comme le concept, qu'un procédé subjectif de l'esprit pour classer les données de l'expérience. Au contraire, l'idée de grandeur s'applique aux données de l'intuition par une simple spécification, sans que l'objet perde son caractère individuel : cette idée permet de saisir directement la grandeur concrète et de la penser, non d'une façon

1. Seulement, Kant a eu le tort de faire de la grandeur ou quantité une catégorie de l'entendement; cela vient sans doute de ce qu'il en a tiré la notion de considérations de Logique formelle (de la *quantité* du jugement) au lieu de l'emprunter à la Mathématique. Il en est résulté cette conséquence fort grave et très fâcheuse : tandis que la grandeur mathématique est continue, la *quantité* logique (extension du concept, mesurée par un nombre [I, **4**]) est discontinue, de sorte que la quantité, catégorie de l'entendement, ne diffère plus du nombre, schème de l'imagination. En somme, l'abus de la symétrie logique et l'attachement aux formes scolastiques ont fait méconnaître et négliger à Kant l'idée scientifique et rationnelle de la grandeur.

générale et grossière comme par le concept, mais d'une manière absolument précise et rigoureuse, en lui assignant une place dans l'échelle idéale des grandeurs de même espèce. Tandis que les qualités sensibles que l'on retire par abstraction des objets d'expérience perdent par la généralisation toute netteté, toute fraîcheur presque et toute « particularité », et ne donnent lieu qu'à des concepts vagues et confus, les grandeurs que l'on dégage aussi des objets concrets par abstraction de leurs qualités sensibles gardent leur détermination primitive et leur caractère *singulier*. C'est pourquoi la science de la nature ne devient « exacte » que lorsqu'elle s'attache aux grandeurs physiques, et qu'elle traduit même les qualités sensibles en quantités mesurables et calculables [1]. La connaissance scientifique n'a pu se fonder sur les concepts, parce que les qualités sont essentiellement hétérogènes, et par suite incomparables entre elles : leur retirer leur intensité originale et leur nuance propre pour les faire rentrer sous un concept unique, le lourd ou le léger, le chaud ou le froid, c'est proprement les détruire, et substituer à l'objet concret une image indécise et terne, sans valeur objective et scientifique. En revanche la science a pris possession de la nature le jour où elle s'est proposé la détermination des grandeurs et de leurs relations, parce que les grandeurs, essentiellement homogènes, se laissent comparer, combiner et mesurer, et que, sans perdre leur précision individuelle, elles peuvent se ranger sous un type unique et universel de grandeur. En somme, le concept est fatalement et irrémédiablement inadéquat à l'objet réel; la grandeur, au contraire, n'est sans doute pas tout l'objet, mais elle est tout ce qu'il y a de scientifiquement connaissable dans l'objet; et en tant que l'objet réel est conçu comme une grandeur, l'idée de grandeur permet de le penser d'une façon concrète et adéquate. En résumé, l'idée de grandeur est l'objet propre de la science mathématique; le nombre n'est que l'instrument de la science, en tant que symbole de la grandeur.

2. Puisque d'une part la raison est (par définition) la faculté de connaître la réalité, et que d'autre part la grandeur infinie et continue est l'objet propre de la raison, il s'ensuit que les idées d'infini et de continu doivent avoir une valeur objective. Et en effet, le monde tel qu'il apparaît à nos sens est continu, et, sinon infini, du

1. Voir 1re P., III, IV, **26**; 2e P., IV, II, **9** [p. 534, note 2].

moins illimité : c'est l'entendement qui, ayant besoin de déterminations finies auxquelles puissent s'appliquer ses catégories, pratique dans la nature des coupures violentes et des classifications artificielles, et fausse ainsi la réalité pour la soumettre au concept et au nombre. Ce travail d'analyse est d'ailleurs nécessaire pour débrouiller le chaos des données sensibles et préparer la connaissance scientifique : mais il ne la constitue pas. Les classifications de l'Histoire naturelle, par exemple, permettent de nommer et de cataloguer les êtres vivants, de les étiqueter avec des fiches et de les ranger dans les vitrines des musées, afin de les retrouver plus facilement. Mais cette connaissance empirique, superficielle et presque verbale n'est que le préliminaire indispensable de la science véritable, pour laquelle il n'y a ni genres ni espèces, mais seulement des individus qui sont tous soumis aux mêmes lois physiologiques : par exemple, la respiration s'explique de la même manière chez les animaux aériens (à poumons) et chez les animaux aquatiques (à branchies), et même chez les animaux inférieurs, qui n'ont ni poumons ni branchies; bien plus, elle est commune aux deux « règnes » de la nature, et se réduit au même phénomène chimique (l'oxydation) dans les animaux et dans les végétaux. Ainsi la raison scientifique détruit en un sens le travail de l'entendement, et rétablit la continuité des phénomènes de la nature : elle rejoint en quelque sorte la réalité sensible par-dessus l'entendement, qui la simplifie et la désagrège. L'infinie complexité de la nature, provisoirement dissoute par l'entendement, est restaurée par la raison. Mais il faut bien remarquer, d'une part, que le monde que reconstitue la raison n'est pas la reproduction pure et simple du monde perçu par les sens; en passant par les formes de l'entendement il s'est en quelque sorte intellectualisé : d'une infinité hétérogène et confuse il est devenu une infinité claire, distincte et homogène, pénétrée d'esprit et pour ainsi dire transparente à la raison. Et cependant, d'autre part, l'infinité et la continuité apparentes que possède déjà le monde sensible ne sont pas différentes, au fond, de la continuité et de l'infinité rationnelles : car, comme nous l'avons montré [Ch. III], ces propriétés ne peuvent être données dans l'intuition; elles sont essentiellement *a priori*, et par suite imposées aux choses par l'esprit. Il n'est donc pas étonnant que la raison retrouve dans la nature ses propres formes, et qu'elle puisse reconstruire le monde des sens avec des idées *a priori* : c'est que la nature est déjà l'œuvre de la raison, qui lui imprime d'avance ses formes, et que les idées sont le fondement même de la réalité.

3. Il ne suffit pas d'opposer l'infini de la raison au fini de l'entendement; il importe de le distinguer encore de l'indéfini de l'imagination, par lequel on a voulu l'expliquer, et qu'on a prétendu lui substituer comme suffisant à l'organisation de la science. Quoi qu'on ait pu dire, ce n'est pas à la raison, mais bien aux sens et à l'imagination que la nécessité du fini s'impose : et s'il est une vérité manifeste, c'est que nous ne percevons rien que de fini. Ce ne sont pas nos idées, ce sont nos sensations, et les concepts qui en sont issus, qui sont soumis à la loi de la relativité et de la limitation réciproque. Or l'imagination, qui ne fait que reproduire nos sensations en les combinant, ne peut non plus nous donner que des représentations finies. Tout au plus peut-on dire que, comme elle dispose à son gré de l'espace et du temps, elle peut, en apparence au moins, construire des espaces plus grands que ceux qu'aucun œil humain pourra jamais découvrir, et des durées plus longues que celles que la mémoire peut embrasser. Ce n'est là, du reste, qu'une illusion : elle s'explique par le privilège que possède l'imagination, de faire tenir une foule de faits et d'objets dans un laps de temps très court et dans un espace restreint. Cela tient d'abord à ce qu'elle est affranchie des lois du monde extérieur (c'est-à-dire des lois qui fondent l'objectivité de nos perceptions), de sorte qu'elle se joue en toute liberté dans l'espace et dans le temps. C'est dans la durée surtout qu'apparaît cette indépendance absolue de l'imagination à l'égard des lois physiques et même des principes rationnels (celui de continuité notamment) : délivrée du joug des lois qui régissent nos perceptions et en fixent la succession régulière, l'imagination précipite la marche des événements, elle se laisse glisser sur la pente uniforme du temps; elle dévore la durée aussi bien que l'étendue : semblable à une pendule dont on a retiré le balancier, elle parcourt des heures, parfois des années, des siècles même en quelques minutes. Mais ce pouvoir apparent de l'imagination tient surtout à l'homogénéité idéale de l'espace et du temps : comme rien ne distingue une petite étendue d'une grande ni un court laps de temps d'un long, toutes les parties de l'espace et du temps sont semblables et indiscernables : elles ne diffèrent que par leur contenu. Or, en vertu de cette homogénéité même, les étendues et les durées les plus inégales peuvent recevoir le même contenu; et comme c'est par ce contenu qu'on les mesure, le plus petit intervalle de temps ou d'espace peut paraître immense, s'il est bien rempli. C'est ainsi que s'expliquent toutes les erreurs que nous commettons si facilement dans l'appréciation de l'étendue et de la durée, erreurs qui, comme toutes les illusions des sens, sont des erreurs de jugement, et qui par suite ne s'expliqueraient pas si le temps et l'espace étaient réellement donnés à l'intuition, et non construits par l'esprit. Rien ne prouve mieux l'idéalité de l'espace et du temps que cette relativité des grandeurs temporelles et spatiales, et cette sorte d'élasticité qui permet à ces formes vides de recevoir indifféremment toute espèce de matière.

4. Ainsi le domaine de l'imagination, comme celui de la perception, est essentiellement fini, ou pour mieux dire, indéfini : en effet (pour nous en tenir à l'espace), quelle que soit l'étendue finie que l'on imagine, on peut toujours en imaginer une plus grande; bien plus, on est toujours obligé d'en imaginer une plus grande pour imaginer les bornes de la précédente : car on ne peut évidemment tracer une frontière ou une enceinte que dans un espace qui déborde et enveloppe celui que l'on circonscrit. Ainsi, d'une part, l'imagination ne peut considérer qu'une étendue limitée, et d'autre part elle ne peut la limiter qu'en considérant une étendue plus grande qui contient la première; de sorte qu'elle est condamnée à franchir et à renverser tour à tour toutes les frontières à mesure qu'elle les pose, et pourtant elle est contrainte de poser une frontière, puisqu'elle ne peut jamais embrasser qu'une étendue finie. C'est en cela proprement que consiste l'indéfini de l'imagination : c'est un fini variable qui dépasse toutes les bornes qu'on lui impose. On voit que par ce processus l'imagination est engagée dans une contradiction fatale, dans un cercle vicieux qui la force à détruire son propre ouvrage et à ruiner toutes ses constructions à mesure qu'elle les édifie.

5. Il ne faut donc pas s'étonner que les philosophes qui ont réduit l'infini mathématique à cet indéfini aient cru y découvrir des contradictions. Mais aussi n'est-ce pas là l'infini véritable sur lequel repose la science, pas plus que l'étendue sensible de l'imagination n'est l' « étendue intelligible » de la Géométrie. Pour s'en convaincre, il suffit de remarquer que les surfaces sans épaisseur, les lignes sans largeur et les points sans étendue sur lesquels raisonne le géomètre sont littéralement imperceptibles et inimaginables, et ne sauraient être objets d'intuition [1]. Cela est surtout manifeste pour le

1. Cela est vrai, d'ailleurs, non seulement du monde abstrait du géomètre,

point géométrique, et ce que nous en dirons vaudra, par raison d'analogie, pour les autres objets de la spéculation géométrique. Il semble, à première vue, qu'il soit plus facile d'imaginer le point que l'espace infini, et qu'il tombe dans le champ de l'intuition sensible : c'est pour la même raison qu'on croit la grandeur nulle plus facile à concevoir (ou plutôt à imaginer) que la grandeur infinie [1]; mais c'est là une illusion. Comme on se représente plus aisément des grandeurs très petites que des grandeurs très grandes, on se figure une grandeur de plus en plus petite, et l'on croit apercevoir la grandeur nulle comme l'état-limite de la grandeur évanouissante. Mais en réalité la grandeur nulle échappe complètement à l'intuition, de même que la grandeur infinie, qu'on se figure aussi atteindre comme l'état-limite d'une grandeur de plus en plus grande, alors qu'elle déborde infiniment le champ de l'intuition. Il semble même que la grandeur infinie offre plus de prises à l'imagination, car elle entre, au moins en partie (une partie indéfinie, donc toujours finie), dans le champ de l'intuition, et si elle le déborde, ce n'est qu'après l'avoir rempli; tandis que la grandeur nulle n'y occupe absolument aucune place, et ne peut en aucune manière tomber sous les sens ni être appréhendée par l'imagination [2]. Les étoiles fixes, dit-on, sont l'image du point géométrique. Soit : mais, par cela même qu'elles sont visibles, elles n'en sont que l'image; une étoile n'est pas plus un point que la distance de la Terre à Sirius, par exemple, n'est infinie. En résumé, la perception sensible n'embrasse que le fini; l'imagination atteint encore les infiniment grands et les infiniment petits, tant qu'ils restent finis; mais elle n'atteint ni l'infini, limite des infiniment grands, ni le *zéro*, limite des infiniment petits [3] : ces deux états extrêmes de la grandeur sont de pures idées, accessibles à la seule raison [4].

mais du monde plus concret du physicien : les éléments et les propriétés essentielles des corps échappent à nos sens, de sorte que la réalité physique et matérielle est invisible et *insensible* : le monde de la science n'est pas un tissu de sensations, c'est un système d'idées.

1. Cf. 1re P., IV, IV, 3.

2. Si les phénoménistes étaient conséquents avec eux-mêmes, ils devraient proscrire le *zéro* de grandeur aussi bien que l'infini, l'un n'étant pas plus « représentable » que l'autre; aussi sont-ils fort embarrassés quand on leur objecte la corrélation de *zéro* et de l'infini. (Voir Lotze et Renouvier, ap. *Revue philosophique*, t. IX.)

3. Cf. 1re P., IV, I, 5.

4. Ces considérations rappellent (de loin) les célèbres pages de Pascal sur les deux infinis (*Pensées*, éd. Havet, art. I, 1; *de l'Esprit géométrique*, sect. I). Nous serions tenté de les traduire en langage idéaliste, et de dire, non pas que

6. Il y a plus : l'indéfini de l'imagination ne se comprend et ne s'explique vraiment que par l'infini de la raison. En effet, quand l'imagination croit pouvoir agrandir démesurément l'espace et le prolonger indéfiniment, elle est dupe d'une illusion : elle ne dispose jamais que d'une étendue limitée; c'est toujours, au fond, sur le même champ visuel qu'elle opère, et elle ne saurait l'agrandir. Seulement, par un artifice inconscient de perspective, elle diminue progressivement les espaces à mesure qu'elle les enferme dans d'autres plus grands, comme s'ils fuyaient à perte de vue ; de cette façon, le dernier espace obtenu n'est pas en réalité plus grand que le premier : c'est le premier qui est devenu plus petit. Or cela n'est possible, encore une fois, que grâce à l'homogénéité de l'espace, qui permet de considérer un petit espace comme semblable à un grand, c'est-à-dire grâce à une propriété rationnelle de l'étendue intelligible. D'ailleurs la raison intervient encore en un autre sens dans ce processus imaginatif, en conférant l'identité aux espaces que l'imagination délimite successivement et qu'elle fait décroître tour à tour. De même, s'il s'agit d'une translation imaginaire, c'est toujours le même champ visuel que l'imagination promène à travers l'espace, semblable au faisceau lumineux qui émane d'un projecteur en mouvement; et si l'on se flatte ainsi de prolonger sans fin l'étendue, c'est que la raison conserve les espaces parcourus et balayés tour à tour par le champ visuel, et maintient leur existence simultanée et continue, alors qu'ils sont en réalité sortis de l'imagination. En un mot, c'est le champ borné de l'intuition qui voyage dans l'espace infini conçu par la raison [1].

7. Ainsi c'est l'infinité de l'étendue intelligible qui permet à l'imagination d'élargir (en apparence) son étendue sensible, et de prolonger sans fin l'espace toujours fini qu'elle embrasse. Disons mieux : c'est la raison qui sollicite l'imagination et l'invite à ces voyages fantastiques qui lui donnent, par l'indéfini, l'illusion de l'infini. Abandonnée

l'homme est suspendu entre le néant et l'infini de la nature, mais que le monde de la perception et de l'imagination est suspendu entre ces deux idées fondamentales de la raison. Cf. SPIR, *de la Nature des choses*, ap. *Revue de Métaphysique et de Morale*, t. III, p. 130.

1. Il est fort remarquable que l'étendue intelligible soit toujours fixe, et que l'espace sensible paraisse mobile ; c'est tout le contraire qui devrait, semble-t-il, nous paraître : car, par rapport au moi, à la conscience, c'est le champ visuel qui est invariable et fixe. Cela prouve que la fixité des objets, ainsi que leur mouvement, comme leur permanence et leur existence même, n'est pas perçue par les sens, mais pensée par la raison.

à elle-même, l'imagination se contenterait de ce champ visuel, limité sans doute, mais sans frontière précise, sans bornes déterminées, de cette espèce de cercle fondu et nébuleux sur les bords, qui est bien *indéfini* au sens étymologique du mot, comme le cercle lumineux aux contours dégradés qu'une lanterne magique projette sur un écran. C'est la raison qui l'oblige à sortir de ce champ, ou plutôt à le déplacer, pour y faire entrer et passer tour à tour les différentes parties de l'espace qu'elle conçoit et du monde qu'elle construit dans cet espace. Même quand l'imagination est livrée à elle-même et se joue dans ses libres créations, c'est encore la raison qui la force à reconnaître l'existence d'un espace au delà de chaque espace qu'elle imagine, et en dehors de toutes les frontières qu'elle trace : c'est parce que « la même raison d'avancer subsiste toujours » que l'imagination est conduite à dépasser toutes les barrières qu'elle se pose. C'est donc pour représenter en quelque manière l'infini que l'imagination s'engage dans une lutte inégale où elle est fatalement vaincue par la raison. En vain elle entasse espaces sur espaces et ajoute sans relâche le fini au fini : l'infini qu'elle s'efforce d'atteindre lui échappe toujours, et elle n'obtient que l'indéfini, fantôme mobile et fugitif de l'infini. Ainsi l'indéfini imite ou plutôt simule l'infini, mais il ne saurait en être le substitut, car l'infini le dépasse toujours, et même infiniment; et pourtant, en un autre sens, l'indéfini du nombre est le symbole ou le schème intuitif de l'infini de grandeur : il le révèle et le manifeste en quelque sorte, car il ne pourrait même pas exister sans lui : l'infini est véritablement la *limite* de l'indéfini, et, pour ainsi dire, sa cause finale et sa raison d'être [1]. En effet, si l'imagination entreprend de répéter ou de prolonger indéfiniment le fini, c'est parce qu'après chaque nombre ou chaque état de grandeur il y en a toujours un plus grand; mais ce n'est pas l'imagination qui nous l'apprend, c'est la raison : c'est parce qu'il n'y a pas de raison pour s'arrêter à tel nombre ou à tel état de grandeur, et pour le considérer comme le plus grand de tous; ou plutôt, c'est parce que la raison nous affirme qu'il n'y en a aucun qui soit le plus grand. Aussi l'imagination a beau ajouter les unités aux unités et les grandeurs aux grandeurs, elle ne réussit pas à épuiser l'immensité insondable que lui propose la raison : en vain elle se lance à la poursuite de l'infini, qui recule et fuit sans cesse, et se précipite dans une

1. Cf. Renouvier, *Principes de la Nature*, chap. iv, appendice A (t. I, p. 80).

course à l'abîme qui la fatigue et l'étourdit : quand elle s'arrête, épuisée, elle s'aperçoit avec stupeur qu'elle n'est pas sortie du fini, et qu'elle n'a pas avancé d'un pas vers cet infini qui l'enveloppe et qui l'accable.

8. Mais la raison, qui l'entraîne dans cette démarche vertigineuse et décevante, n'a garde de la suivre dans les labyrinthes sans issue où elle se perd. Pour concevoir et atteindre l'infini, elle n'a pas besoin de parcourir le domaine du fini et d'épuiser la suite indéfinie des grandeurs : elle sait bien que par ce processus sans fin elle ne parviendrait jamais au but, tandis qu'elle peut s'y transporter d'emblée et le saisir par une intuition immédiate et adéquate. Elle constate simplement que toute droite finie, par exemple, peut être prolongée dans les deux sens, que tout nombre donné peut être augmenté d'une unité, et elle aperçoit clairement que cela est toujours possible, si grand que soit ce nombre et quelle que soit cette droite [1]. Dès lors, il est bien inutile de répéter indéfiniment l'opération, d'additionner les unités aux unités et d'ajouter prolongements à prolongements. La raison se contente de vérifier sur un seul exemple la loi de progression indéfinie, car dans cet exemple elle appréhende la valeur universelle et absolue de cette loi [2]. Qu'on prolonge un mètre d'un centimètre, qu'on ajoute 1 à 1 pour former le nombre 2, cela lui suffit : dans ce seul acte elle embrasse tous les autres, et dès le premier pas elle *voit* l'infini [3].

1. On peut rappeler ici ce que nous avons dit des séries infinies et des grandeurs mathématiques qui s'expriment par de telles séries [III, III, **7-10**]; l'entendement, qui calcule et qui mesure, ne peut jamais évaluer et sommer qu'un nombre fini de termes, et n'obtient ainsi qu'une mesure approchée; mais pour la raison, la série est donnée tout entière dans sa loi de génération, de sorte qu'avant d'être construite pièce à pièce, et toujours incomplètement, par l'imagination, elle est pensée dans sa totalité absolue par la raison; de même la grandeur est donnée tout entière dans une intuition synthétique avec sa divisibilité infinie, et avant les parties qu'il plaira à l'imagination d'y découper. (Cf. Spinoza, *Lettre à Louis Meyer*, déjà citée p. 536, note 1.)

2. Ainsi apparaît l'affinité, déjà remarquée par Leibnitz, de l'infini avec les vérités universelles et nécessaires. On remarquera en outre l'analogie de l'induction mathématique, fondée sur l'infini [p. 534, note 2], et de l'induction physique, en vertu de laquelle une seule expérience bien faite permet d'établir une loi. Il semble donc que le principe rationnel des lois mathématiques soit aussi celui des lois naturelles.

3. C'est ce qui permet de comprendre que, dans beaucoup de propositions mathématiques, *un seul* objet donné tienne lieu d'un nombre infini d'objets semblables, de sorte que l'unité et l'infinité semblent parfois être équivalentes. Par exemple, c'est la même chose de dire qu'entre deux nombres ou points rationnels il y en a « toujours » *un* autre, et de dire qu'il y en a une infinité [voir 1re P., I, IV, **6**, 2°; III, III, **1**, II]. De même, dans les ensembles infinis, on

9. Il ne faut donc pas dire que l'infini confond la raison, mais bien que la raison confond l'imagination; ni que la nature écrase l'homme de son infinité, car s'il ne pouvait concevoir l'infini, comment en serait-il écrasé? Ce qui éblouit et aveugle l'imagination, ce n'est pas une réalité extérieure à l'esprit : c'est l'infinité même de la raison. Ainsi l'infini de la raison dépasse à la fois l'indéfini de l'imagination et le fini de l'entendement; aussi est-il vain de prétendre, soit l'enfermer dans les catégories du concept et du nombre, soit le représenter par l'imagination. L'indéfini n'est pas l'image de l'infini, puisqu'il reste toujours fini : il n'en est que la parodie. L'infini est une idée rationnelle dont on ne peut trouver d'image adéquate et qu'on ne peut « construire » dans l'intuition sensible. Le fait que cette idée existe, et n'est ni vide ni contradictoire, réfute à la fois l'axiome aristotélicien : « Pas d'idée sans image », et l'axiome kantien : « Pas de concept sans intuition. » La raison est donc une source de connaissances originales et *pures*, qui n'empruntent rien à l'intuition, soit empirique, soit même *a priori*; l'on peut penser et connaître quelque chose en dehors des formes de la sensibilité et des catégories de l'entendement. Si ces conclusions étaient vraies, le criticisme serait ruiné.

*
* *

10. Nous sommes ainsi amené à discuter les célèbres antinomies de la raison pure, par lesquelles Kant a voulu prouver que l'usage transcendant de la raison, appliqué à la totalité des objets d'expérience, est illégitime et aboutit à des contradictions inévitables et insolubles, tant du moins que la raison prétend connaître la réalité absolue et porte des affirmations sur les choses en soi. On connaît

peut définir le point-limite indifféremment comme un point dans le voisinage duquel se trouve une infinité d'autres points, ou dans le voisinage duquel on trouve « toujours » *un* autre point [voir Note IV, **32**]. On remarquera que c'est le mot « toujours » qui est le nerf caché de la proposition, et qui implique une infinité absolue, parce qu'il affirme l'universalité de la loi énoncée; autrement dit, « la même raison » qui permet de trouver *un* nombre ou *un* point permet d'en trouver un second, un troisième, et par conséquent une infinité. Ainsi le nombre infini prend sa source dans la considération de la *similitude*, comme disait Leibnitz. Or, chose curieuse, c'est aussi le fondement du postulatum d'Euclide, car ce qui caractérise l'espace euclidien, c'est son homogénéité. c'est-à-dire l'existence de figures semblables. (Voir Cournot, *Essai sur les fondements de nos connaissances*, t. II, p. 55, note; J. Delboeuf, *Prolégomènes philosophiques de la géométrie*, p. 129.)

ces couples de propositions contraires que, selon KANT, la raison est obligée de soutenir avec une égale nécessité logique, et qui se détruisent mutuellement [1] :

ANTINOMIES MATHÉMATIQUES.

PREMIÈRE ANTINOMIE

Thèse : Le monde a un commencement dans le temps et est limité dans l'espace.

Antithèse : Le monde est infini dans l'espace et dans le temps.

DEUXIÈME ANTINOMIE

Thèse : Il n'existe dans le monde que le simple ou le composé du simple.

Antithèse : Il n'y a absolument rien de simple dans le monde.

ANTINOMIES DYNAMIQUES.

TROISIÈME ANTINOMIE

Thèse : Il y a dans la nature une causalité par liberté.

Antithèse : Tout arrive dans le monde suivant des lois naturelles.

QUATRIÈME ANTINOMIE

Thèse : Le monde suppose, soit comme partie, soit comme cause, un être absolument nécessaire.

Antithèse : Il n'existe aucun être absolument nécessaire, ni dans le monde, ni hors du monde (comme sa cause).

Or les thèses s'appuient toutes sur ce principe, que l'infini réalisé est impossible et contradictoire; si ce principe est faux, toutes les thèses tombent, et avec elles les prétendues contradictions de la raison.

11. Pour montrer que les antinomies reposent effectivement sur l'idée d'une série, suivant qu'on la regarde comme terminée (d'où la

1. *Critique de la Raison pure*, Dialectique transcendentale, Livre II, Ch. II : *Antinomie de la Raison pure*, 2ᵉ section. — Nous emploierons dans nos citations la pagination de la 2ᵉ édition originale (1787), d'après l'édition stéréotype de *Benno Erdmann* (Hambourg et Leipzig, Leopold Voss). Nous renverrons en même temps aux diverses sections de l'*Antinomie de la Raison pure*.

thèse) ou comme interminable (d'où l'antithèse), il convient de rappeler comment KANT définit les quatre *concepts cosmologiques* qui donnent lieu respectivement aux quatre antinomies[1]. Ce sont « des idées transcendantales, en tant qu'elles portent sur l'absolue totalité dans la synthèse du phénomène ». Ces idées transcendentales naissent des concepts de l'entendement, parce que la raison délivre ceux-ci des restrictions inséparables d'une expérience possible, et cherche à les étendre au delà de toute expérience. Cela vient de ce que la raison réclame, pour chaque conditionné donné, l'absolue totalité de ses conditions, en vertu de ce principe : « Si le conditionné est donné, la somme entière de ses conditions est aussi donnée, et par suite aussi l'absolument inconditionné (p. 436) ». La raison exige donc que la synthèse empirique des conditions du phénomène soit complète, c'est-à-dire prolongée jusqu'à l'inconditionné. Or l'inconditionné ne peut jamais être atteint en fait par l'expérience, mais seulement en idée par la raison. Les idées transcendentales ne sont donc que des catégories étendues jusqu'à l'inconditionné[2].

On peut atteindre l'inconditionné de deux manières. Ou bien, en remontant de condition en condition à partir du phénomène donné, on rencontre une condition qui n'en suppose elle-même aucune autre : alors l'inconditionné est le dernier terme de la série régressive des conditions. Ou bien l'on ne rencontre jamais de condition qui ne soit conditionnée à son tour, et alors la régression des conditions est infinie; chaque terme de la série est conditionné par un autre et lui est subordonné, mais la série elle-même n'est subordonnée à aucun de ses termes : la série tout entière est donc inconditionnée, c'est-à-dire que l'inconditionné consiste dans la totalité absolue des conditions du phénomène. Dans l'un et l'autre cas, l'inconditionné que la raison poursuit dans la synthèse régressive de la série des conditions est toujours contenu dans la totalité absolue de la série[3]. De toute façon, la série des conditions doit être donnée

1. 1re section : Système des idées cosmologiques.

2. Voici, du reste, la table des quatre idées cosmologiques qui correspondent aux quatre catégories fondamentales (Quantité, Qualité, Relation, Modalité) :
1° Synthèse de l'ensemble donné de tous les phénomènes;
2° Division d'un tout donné dans l'intuition;
3° Production d'un phénomène en général;
4° Dépendance de l'existence du variable dans l'intuition; — ces quatre idées impliquant la totalité absolue des conditions du phénomène donné (p. 443).

3. Il faut faire exception pour la *quatrième antinomie*, où KANT semble admettre

tout entière avec le conditionné, soit qu'elle contienne un premier terme, un commencement absolu, soit que tous ses termes soient conditionnés et que la série seule, prise dans sa totalité, soit inconditionnée. En effet, la suite des conditions est *régressive*, et chaque terme donné exige que le terme précédent soit donné; tandis que la suite des conditionnés est *progressive*, de sorte que d'un terme au suivant le passage est possible, mais non nécessaire. Aussi, quand on donne un terme quelconque d'une série de phénomènes dont les précédents conditionnent les suivants, les termes antécédents doivent être tous *donnés*; les conséquents sont seulement *donnables*. La synthèse des conditions d'un phénomène quelconque est donc régressive, et non progressive; et par conséquent elle doit être achevée pour que le phénomène puisse être donné (p. 438).

12. Si l'on applique ces deux hypothèses contraires successivement aux quatre idées cosmologiques, on obtient les quatre antinomies. Les thèses procèdent de la première hypothèse, à savoir que la série des conditions est *finie*, et a un premier terme inconditionné; les antithèses procèdent de la seconde hypothèse, à savoir que la série des conditions est *infinie*, et est tout entière inconditionnée [1].

Les explications contenues dans la 5e section montrent d'ailleurs clairement que l'opposition des thèses et des antithèses est bien fondée sur celle du *fini* et de l'*infini*. En effet, dans cette « exposition sceptique des questions cosmologiques », chacune des quatre idées transcendentales apparaît tour à tour comme *trop grande* et *trop petite* pour le concept de l'entendement correspondant, « lequel consiste dans une régression successive », ou encore dans « une régression empirique nécessaire (p. 514-515) ». Or la série des conditions empiriques du phénomène ne peut être finie, car les règles de l'entendement obligent à la prolonger sans cesse, et ne permet-

la possibilité de l'existence transcendante de l'être nécessaire, alors que ses principes l'obligeraient à le considérer dans tous les cas comme immanent au monde.

1. Toujours à l'exception de la *quatrième antinomie*, où, par une singulière inconséquence, Kant a réuni dans la *thèse* les deux hypothèses contraires; car il en conclut ainsi la démonstration : « Le monde contient donc quelque chose d'absolument nécessaire (*que ce soit la série universelle elle-même ou une partie d'icelle*) ». Pour conserver la symétrie, il aurait dû formuler cette antinomie comme suit :

Thèse : Il y a dans le monde un être absolument nécessaire qui en fait partie et qui en est la cause.

Antithèse : Le monde tout entier est un être absolument nécessaire.

tent pas de la terminer à un terme quelconque; elle ne peut être infinie, car la totalité de la série, supposée complète et achevée, dépasse toute expérience possible, et par suite les limites de l'entendement. Il faut donc la concevoir comme indéfinie : et c'est justement parce qu'elle est indéfinie qu'elle paraît tantôt plus grande que l'idée cosmologique, quand on regarde celle-ci comme finie, et tantôt plus petite que cette idée, quand on la regarde comme infinie. Mais il n'y a là aucune contradiction, attendu que ce n'est pas *la même* idée cosmologique que l'on considère dans la thèse et dans l'antithèse, puisque l'on suppose tour à tour finie et infinie la totalité absolue des conditions du phénomène donné.

Il convient d'ajouter que ce n'est pas non plus *au même* concept de l'entendement qu'on la compare, attendu que la régression successive, étant indéfinie, est à proprement parler indéterminée [1], et ne peut pas servir de terme de comparaison. On ne peut comparer au point de vue de la grandeur que des choses fixes, et non des choses mobiles et variables, comme est une série indéfinie. Aussi KANT équivoque avec une habileté sophistique sur le concept de l'entendement, car il est bien obligé de le fixer pour le comparer à l'idée cosmologique, et il profite de son indétermination pour lui attribuer chaque fois une valeur différente. Quand il le déclare *plus petit* que l'idée cosmologique (*infinie*), il conçoit la série des conditions comme toujours finie, et par suite comme incomplète; quand il le déclare *plus grand* que l'idée cosmologique (*finie*), il conçoit la série des conditions comme prolongée à l'infini, et par suite comme achevée. Dans un cas, il invoque le caractère empirique et successif de la régression, en vertu duquel elle est toujours limitée; dans l'autre, il s'appuie sur la nécessité rationnelle de la prolonger indéfiniment, qui la rend absolument illimitée. L' « apparence dialectique » vient donc de ce qu'il considère tour à tour la série comme donnée successivement dans l'expérience, et comme donnée tout entière dans sa loi de formation. Il faudrait pourtant choisir entre ces deux conceptions, et se décider à attribuer à la synthèse régressive des conditions du phénomène, soit un caractère empirique, soit une valeur nécessaire [2]. C'est grâce à cette confusion que KANT a pu soutenir à

1. KANT le reconnaît lui-même, car il emploie souvent les mots *indéterminé* et *indéterminable* comme synonymes d'*indéfini*; et c'est en ce sens qu'il oppose l'indéfini à la fois au fini et à l'infini, qui sont déterminés (9e section, I, Solution de la première antinomie; p. 547, note).

2. La contradiction apparaît nettement dans la locution même de « régression

la fois les thèses et les antithèses, et en donner des démonstrations également spécieuses [1].

13. Il faut bien remarquer, du reste, que chacune des thèses est démontrée par l'absurde, c'est-à-dire par la réfutation de l'antithèse, ce qui montre qu'elles ne reposent sur aucun argument positif, sur aucune raison intrinsèque, mais uniquement sur la prétendue impossibilité d'une série infinie actuelle, ou d'une synthèse infinie achevée [2]. Pour prouver que tel est bien le nerf de toutes les thèses, et par suite des antinomies elles-mêmes, il nous suffira d'examiner la démonstration de la première thèse. Ce que nous dirons de celle-là vaudra pour toutes les autres, de l'aveu de Kant lui-même [3]; du

empirique nécessaire » : si elle est empirique, elle n'est pas nécessaire; si elle est nécessaire, elle n'est pas empirique.

1. On peut ajouter que la solution des antinomies est fondée, comme leur démonstration, sur l'idée fallacieuse et ambiguë d'indéfini. En effet, on sait comment Kant résout la *première antinomie* : si le monde existait en soi et par soi, il serait fini ou infini; pas de milieu (p. 534). Mais s'il n'est que l'ensemble des phénomènes connus par expérience, il n'est ni fini ni infini : il est indéfini, parce qu'il n'est alors donné que dans la synthèse empirique de la série des phénomènes, et n'existe que par elle (p. 533) : or cette série est indéfinie. Kant en conclut que le monde ne constitue pas un tout par lui-même et n'a pas de grandeur absolue (p. 549). (Sur ce dernier point, auquel Kant paraît attacher une grande importance, il est permis de faire des réserves en faveur de l'antithèse. Il est certain que, si le monde était fini dans l'espace et dans le temps, il aurait une grandeur absolue : il aurait duré tant de siècles, d'années et de jours, il mesurerait tant de kilomètres et de mètres, hypothèse manifestement ridicule et absurde. Mais si le monde était infini, il n'aurait pas de grandeur absolue, car, comme l'auteur lui-même le dit fort bien (*Remarques sur la première thèse*, p. 460), affirmer l'infinité d'un quantum, ce n'est pas déterminer sa grandeur absolue, mais seulement son rapport à une grandeur finie quelconque, choisie pour unité. A ce point de vue, la *première antithèse* a plus de valeur que la *thèse* contraire : car elle est parfaitement compatible avec la relativité et l'idéalité de l'espace et du temps. Ainsi, d'une part, l'idéalisme transcendental n'obligeait pas Kant à nier l'infinité du monde; et d'autre part, il n'est pas nécessaire pour échapper aux contradictions apparentes de la raison [6e et 7e sect., p. 534].) Kant résout de même les autres antinomies, en disant que la série des conditions du phénomène donné n'est ni finie ni infinie, mais bien indéfinie, attendu qu'elle n'est pas donnée « en soi », mais seulement dans la régression empirique (7e sect., p. 533).

2. Bien que les démonstrations de la *deuxième* et de la *quatrième thèses* ne fassent pas expressément appel à l'idée d'infini, elles l'impliquent cependant, comme le prouve le commentaire qu'en donne Kant dans la 5e section. En effet, il formule ainsi la *deuxième antithèse* : « Toute matière se compose de parties en *nombre infini* (p. 515) »; et il dit de la *quatrième thèse* : « Si vous admettez un être absolument nécessaire, vous le placez en un temps infiniment éloigné de tout instant donné (p. 516). » C'est donc bien toujours la réalisation d'une infinité de conditions qui constitue, selon Kant, la pierre d'achoppement des antithèses.

3. « Ce qu'on vient de dire ici de la première idée cosmologique, à savoir de l'absolue totalité de la grandeur dans le phénomène, vaut aussi de toutes les autres. » (7e section, p. 533.)

reste, c'est celle où l'infini mathématique est le plus directement impliqué.

Pour démontrer que lè monde a dû commencer dans le temps, Kant s'appuie sur ce fait que la série des conditions du phénomène présent (c'est-à-dire des phénomènes passés) est nécessairement *successive*. Or, « l'infinité d'une série consiste justement en ce qu'elle ne peut jamais être achevée par une synthèse successive[1] (p. 454) ». Il en conclut, avec quelque vraisemblance, qu'une série infinie écoulée (ou réalisée) est impossible, et par conséquent que le monde a eu un commencement.

Ainsi tout le nœud de la difficulté consiste dans ce fait, que la régression empirique dans la série des conditions d'un conditionné donné est *successive*, et ne peut donc jamais être achevée; et cela est si vrai, que, pour prouver que le monde a une étendue finie, Kant a été obligé de rendre successive même la synthèse des parties (essentiellement simultanées pourtant) de l'espace, et cela d'une manière pénible et détournée (p. 439, 460) : « Pour penser le monde qui remplit tous les espaces comme un tout, il faudrait regarder la synthèse *successive* des parties d'un monde infini comme achevée, c'est-à-dire un *temps infini* comme écoulé dans l'énumération de toutes les choses coexistantes, ce qui est impossible (p. 456) ». On voit par quel artifice Kant a dû transformer l'ensemble des choses coexistantes en une série *successive*, afin qu'un *temps infini* fût nécessaire pour l'épuiser, et qu'elle ne pût jamais être donnée dans sa totalité.

14. On aperçoit maintenant le défaut de l'argumentation de Kant : il consiste à considérer la synthèse d'une série infinie comme *empirique*, et par suite comme *nécessairement successive* (7e sect., p. 528-529). Or nous avons suffisamment montré que l'on peut effectuer la synthèse, non pas empirique, mais rationnelle, d'une série infinie donnée, qu'une telle synthèse n'est pas nécessairement successive, et que l'on peut penser dans sa totalité une suite infinie de termes, grâce à la loi de formation qui les engendre et les résume tous[2]. En somme, le principe de tous les paralogismes sur lesquels reposent les thèses des antinomies réside dans une conception fausse de la grandeur, que Kant lui-même formule ainsi : « Nous ne pouvons penser la grandeur d'un quantum qui n'est pas donné en dedans de

1. Cf. le texte analogue cité § **15**, 2°, fin.
2. Voir Livre III, Chap. II, **10**.

certaines limites de toute intuition, d'aucune autre manière que par la synthèse de ses parties, et la totalité d'un tel quantum que par la synthèse achevée, ou par l'addition répétée de l'unité à elle-même (p. 454-456). »

Il convient d'abord d'écarter une réserve fallacieuse et illusoire contenue dans la première phrase. Pour en comprendre la portée, il faut se rappeler que, selon KANT, lorsqu'un tout est donné dans les limites de l'intuition, toutes ses parties sont données en même temps avec lui, mais que si un tout dépasse les limites de l'intuition, il ne peut être appréhendé que par la synthèse (successive) de ses parties, c'est-à-dire par la mesure (p. 454, note). Cette distinction, d'un caractère manifestement empiriste, nous paraît dénuée de fondement : dans aucune science, on n'a jamais à distinguer les grandeurs qui tombent dans les bornes de l'intuition de celles qui n'y entrent pas; de même qu'en Arithmétique, on ne distingue nulle part les nombres entiers dont on peut avoir l'intuition (c'est-à-dire une image concrète fournie par une collection d'objets ayant ce nombre), et ceux dont on ne peut avoir d'intuition immédiate [1]. De plus, quelles sont ces limites de l'intuition? Il ne faut pas oublier que les objets que nous percevons ou que nous imaginons n'ont pas de grandeur absolue, et que nous pouvons faire tenir, comme PASCAL [2], une longueur infinie dans un carreau de vitre (par perspective). Personne n'a jamais eu l'intuition de la distance de Paris à Pékin, aussi ne peut-on la connaître que par la synthèse de ses parties; en revanche, tout le monde peut *voir* la distance de Sirius à Aldébaran, et, si jamais on la connaît, ce ne sera assurément pas en faisant la synthèse de ses parties : et pourtant elle est incomparablement plus grande que la première. Cela prouve que la considération des « limites de l'intuition » n'a pas de sens, et que la distinction entre les grandeurs dont la totalité est construite au moyen de leurs parties et celles dont les parties sont données dans leur totalité n'a aucune raison d'être [3]. Si l'on va au fond de

1. M. HUSSERL semble attacher beaucoup trop d'importance à cette distinction, qui a peut-être un intérêt psychologique, mais qui n'a aucune valeur logique (*Philosophie der Arithmetik*, ch. XI et XII).

2. *De l'Esprit géométrique*, sect. I, fin. — Cet exemple fort élégant, destiné à prouver la réciprocité de l'infiniment grand et de l'infiniment petit, est analogue à la construction de notre *figure 16* [1re P., IV, I, 6], qui peut lui servir d'illustration (ainsi que la *figure 23*).

3. Relevons, à ce propos, une inconséquence commise par KANT dans la solution des antinomies mathématiques. Il pose en principe, dans la 8e section,

cette critique, on reconnaîtra aisément que la grandeur n'est jamais perçue, à proprement parler, mais qu'elle est pensée à l'occasion des perceptions : on ne *voit* pas une distance, par exemple; on la juge. [Cf. III, **10**.] La grandeur n'est donc pas donnée par les sens, mais construite par la raison. Par suite, elle est absolument indépendante, en principe et dans son *idée*, des moyens pratiques employés pour la mesurer; et si grand que soit un quantum donné, nous pouvons toujours connaître sa grandeur dans sa totalité, que nous ayons ou non besoin de recourir à la synthèse de ses parties.

15. Pour revenir à la phrase citée plus haut, elle se décompose en trois propositions, qui toutes nous paraissent erronées.

1° D'une part, il est faux que l'on ne puisse penser une grandeur que par la synthèse de ses parties, car, au contraire, chaque grandeur est donnée d'abord dans sa totalité, et est antérieure à ses parties [cf. III, III, **7**]. D'ailleurs, cette synthèse des parties consiste dans la mesure; or toute mesure suppose la grandeur à mesurer préalablement donnée, et ne peut évidemment l'engendrer.

2° D'autre part (même en admettant la première proposition), il est faux que la synthèse des parties d'une grandeur doive être successive, car toutes les parties d'une grandeur étant données avec elle et par elle, et n'existant qu'en elle, on sait d'avance qu'elle est égale à la somme de ses parties, quel qu'en soit le nombre, et sans qu'on ait besoin de les énumérer et de les sommer une à une. De plus, quand on soutient que la mesure est nécessairement successive, on confond les conditions idéales et rationnelles de la mesure avec ses conditions empiriques et pratiques; on méconnaît les méthodes scientifiques de mesure, qui ne consistent nullement dans la synthèse

que, si un tout est donné dans l'intuition, la série régressive de ses conditions (parties) est infini (*regressus in infinitum*); tandis que, si le tout n'est donné que par un de ses éléments, et dans la régression empirique qui part de cet élément, la série de ses conditions est seulement indéfinie (*regressus in indefinitum*) (p. 541; cf. p. 454, note). Cela posé, il résout la *première antinomie* en disant que, la totalité du monde n'étant donnée que dans la synthèse empirique et successive de ses parties, la régression est simplement indéfinie. Dans la *seconde antinomie*, au contraire, le tout est donné dans l'intuition avec toutes ses parties, et alors la régression devrait être infinie, d'après Kant lui-même (p. 551) : « Il faut dire de la division d'une matière donnée entre ses limites (d'un corps), qu'elle va à l'infini (p. 541). » Il aurait donc dû, conformément à ses principes, résoudre la *seconde antinomie* en faveur de l'antithèse, c'est-à-dire dans le sens de l'infini actuel, et non pas de l'indéfini (p. 552). D'ailleurs, la distinction du potentiel et de l'actuel, sur laquelle est fondée sa solution, est subtile et vaine : car c'est une erreur mathématique de croire qu'une grandeur *divisible à l'infini* est continue (*quantum continuum*), et qu'une grandeur *divisée à l'infini* serait discontinue (*quantum discretum*) (p. 554-555).

successive des parties, et l'on réduit toute mesure aux procédés vulgaires et grossiers de l'arpentage [cf. III, III, **8**]. En outre, lors même que la synthèse des parties d'une grandeur serait successive, rien n'autorise à affirmer qu'elle prendrait un temps infini, et que par suite elle ne pourrait jamais être achevée : car c'est lui imposer gratuitement une condition surérogatoire que de lui assigner une durée déterminée, et de fixer la loi de succession temporelle des termes de la série à sommer [III, II, **4**]. Cette dernière remarque suffirait, à la rigueur, pour ruiner la démonstration de toutes les thèses. En effet, si KANT a argué en leur faveur de l'impossibilité de l'infini réalisé, c'est que pour lui l'infinité d'une grandeur consiste justement en ce que « la synthèse *successive* de l'unité dans la mesure d'un quantum ne peut *jamais* être achevée (p. 460) ».

3° Enfin, exiger qu'une grandeur soit engendrée « par l'addition répétée de l'unité à elle-même », c'est postuler la discontinuité des grandeurs, et méconnaître absolument leur nature [cf. II, III, *init.*].

16. Nous découvrons ainsi la racine des antinomies dans l'idée incorrecte que KANT s'est faite de la grandeur, et dans l'identification illégitime des grandeurs aux nombres. C'est pourquoi il considère le temps comme composé d'instants, et le passé de l'univers comme composé d'états consécutifs; par là, il l'assimile à une suite d'éléments discrets. De même, il considère le monde physique comme composé d'unités naturelles ayant par elles-mêmes un nombre, et de plus, il exige que l'on puisse en dénombrer la totalité en un temps fini. Au fond, toutes ces hypothèses sont aussi absurdes que la loi du nombre, à laquelle elles reviennent en définitive. Il n'y a, en réalité, ni instants indivisibles dans le temps ni unités réelles dans l'étendue; l'espace est continu ainsi que le temps, et ne se compose pas d'un nombre déterminé d'éléments. Il n'y a donc même plus lieu de se demander si la synthèse successive prend un temps fini ou infini, si elle peut ou ne peut pas s'achever : il n'y a pas, à proprement parler, de série à sommer, car, loin d'être constituée par l'addition (successive ou non) de ses parties, la grandeur continue n'a pas *essentiellement* de parties [1].

En résumé, pour que l'argumentation de KANT contre la réalité de l'infini fût valable, il faudrait :

1° Que la grandeur n'existât et ne fût pensée que comme somme de ses parties;

1. Cf. SPINOZA, *Lettre à Louis Meyer*, déjà citée [p. 536, note 1].

2° Que toute grandeur fût la somme d'un nombre déterminé d'unités égales;

3° Que l'addition de ces unités fût nécessairement successive.

Mais tous ces postulats sont arbitraires, sinon faux. Bien plus, ils sont déjà faux si on les applique aux nombres. Supposons en effet, un instant, que les grandeurs soient réellement des nombres (2°), et par suite toutes commensurables, ce qui est absurde. Il faudrait encore qu'un nombre ne fût rien de plus que la somme de ses unités constituantes (1°), et que l'addition de ces unités fût nécessairement successive (3°) : or ni l'une ni l'autre de ces assertions n'est légitime, car l'on sait que c'est un cercle vicieux de définir un nombre comme une somme d'unités, et d'engendrer un nombre par l'addition successive de l'unité à elle-même [I, III, **11**]. Par conséquent, les principes sur lesquels repose l'argumentation kantienne n'ont aucune valeur, même pour les nombres, à plus forte raison pour les grandeurs.

Ainsi le vice originel de l'Antithétique de la Raison pure se trouve dans la théorie du schématisme des concepts de l'entendement, et il provient, en dernière analyse, de ce que KANT a fait entrer le temps dans la génération de l'idée de nombre. Puis, le nombre étant le schème indispensable de la grandeur, la grandeur se trouve à tort assimilée au nombre; il en résulte que l'idée de grandeur elle-même implique la succession, de sorte qu'une grandeur infinie, comme un nombre infini, ne peut être réalisée (donnée dans sa totalité) qu'au bout d'un temps infini, c'est-à-dire jamais. On voit comment toutes ces thèses erronées s'enchaînent et s'engendrent : la conception du temps comme schème universel des catégories se trouve être la source des antinomies. Si, au contraire, comme nous espérons l'avoir établi, le nombre et la grandeur existent et sont pensés indépendamment l'un de l'autre et indépendamment du temps, les antinomies manquent de tout fondement.

17. On entrevoit aisément que nous serions disposé à résoudre les antinomies dans un sens tout opposé à celui pour lequel les néo-criticistes ont opté. Ces philosophes n'ont pas admis que, dans chaque antinomie, la thèse et l'antithèse fussent également prouvées, également irréfutables, et ils refusent de leur attribuer la même valeur. Pour eux, les thèses (finitistes) sont simplement *inconcevables*, tandis que les antithèses (infinitistes) sont positivement *contradictoires* [1].

1. M. RENOUVIER, ap. *Critique philosophique*, t. X.

En effet, celles-ci impliquent l'infini réalisé : elles sont donc absolument insoutenables; au contraire les thèses sont logiquement valables, et rigoureusement démontrées par l'impossibilité d'un infini actuel. Le néo-criticisme n'a donc pas cru devoir tenir la balance égale entre les deux systèmes, et garder la neutralité dont Kant lui avait donné l'exemple : il a adopté les thèses et rejété les antithèses. C'est ainsi que des phénoménistes, qui semblaient avoir renoncé à toute Métaphysique et condamnaient sévèrement le dogmatisme classique, ont été entraînés à leur tour à édifier la Métaphysique la plus aventureuse et le dogmatisme le plus tranchant sur des affirmations transcendantes. Oubliant le principe même de la critique kantienne, à savoir que la Métaphysique repose essentiellement sur des jugements synthétiques *a priori*, ils ont cru que les vérités métaphysiques les plus sublimes étaient des propositions analytiques susceptibles de démonstration logique et formelle : l'atomisme, la création, le libre arbitre, tous ces « dogmes » sont devenus des théorèmes de Mathématiques, de « simples corollaires de la science des nombres [1] ». Jamais, depuis les Eléates et les Sophistes, on n'avait fait un tel abus du principe de contradiction.

18. D'autres philosophes [2] ont cru pouvoir résoudre les antinomies dans le même sens, mais par des considérations un peu différentes. Ils ont distingué, comme nous, les diverses facultés qui collaborent à la connaissance mathématique, et ont attribué respectivement les thèses et les antithèses à des facultés différentes, de sorte qu'elles ne sauraient avoir la même valeur logique. Les thèses seraient imposées par la raison, qui a pour objet le réel et le fini; les antithèses seraient une illusion de l'imagination, dont le domaine est l'irréel et l'indéfini. On en conclut naturellement que les antithèses n'ont aucune vérité, et que les thèses seules peuvent et doivent être affirmées de la réalité.

Nous ferions, nous aussi, une distinction analogue : seulement, ce sont les thèses que nous attribuerions à l'imagination, ou, si l'on aime mieux, à l'entendement, et nous réserverions les antithèses à la raison. En effet, l'indéfini de l'imagination est toujours une espèce de fini, de sorte qu'il ne saurait y avoir d'opposition véritable entre les assertions de l'entendement, qui exige le fini, et les intuitions de

1. L'abbé Moigno, ap. Cauchy, *Sept leçons de physique générale* : 1er appendice : Sur l'impossibilité du nombre actuellement infini.
2. Evellin, *Infini et quantité.*

l'imagination, qui se joue dans l'indéfini [1]. C'est au contraire la raison qui réclame l'infini proprement dit, au moins à titre idéal et problématique, et c'est cet infini pensé qui permet d'imaginer sans cesse de nouveaux espaces et de nouvelles grandeurs toujours finies. En somme, les antithèses ne sont pas inconcevables, mais seulement inimaginables : ce que l'on reproche à l'infini, ce n'est pas d'être contradictoire ni même d'être inintelligible, c'est d'être irreprésentable [2]; car tous les arguments dirigés contre l'idée d'infini reviennent à ceci : on ne peut construire cette idée dans l'intuition sensible. C'est en effet supposer implicitement cette construction possible que de définir l'infini par la synthèse successive de l'unité ou des parties de la grandeur; c'est donc exiger que l'infini tombe sous les prises de l'imagination, ce qui est évidemment absurde [cf. 1re P., IV, IV, **14**, **16**]. Si l'on y prend garde, on s'apercevra aisément que toutes les objections qui consistent à voir dans l'infini réalisé « l'innombrable nombré » ou « l'inépuisable épuisé » procèdent de cette erreur et de cette illusion : on veut pouvoir se figurer l'infini [3]. Concluons donc que les thèses n'ont aucune valeur objective, attendu qu'elles sont fondées uniquement sur les prétentions de l'imagination, ou tout au plus sur les besoins tout subjectifs de l'entendement.

19. Est-ce à dire que nous considérions les antithèses comme nécessairement vraies, et que nous les affirmions *a priori*? Nullement. Fidèle aux enseignements de Kant, nous nous garderons bien de décider de la réalité par des concepts, et de trancher des questions métaphysiques par des raisonnements logiques. Sans doute, les antithèses ont pour nous plus de valeur objective que les thèses, attendu qu'elles reposent sur des idées rationnelles, tandis que les thèses sont inspirées par des présomptions de l'imagination. Mais il ne faut en conclure *a priori* qu'une chose : c'est que les antithèses peuvent être vraies, et sont au moins plus vraisemblables que les thèses.

1. Tout au rebours de Kant, qui attribue les thèses au dogmatisme et les antithèses à l'empirisme, nous attribuerions les thèses à l'empirisme réaliste, et les antithèses au rationalisme idéaliste (qui n'est pas plus *dogmatique*, du reste, que l'empirisme).

2. C'est pourquoi il devait être, par une nécessité logique, l'objet des attaques du phénoménisme.

3. Cette vue est d'ailleurs confirmée par l'histoire : les objections et les critiques auxquelles l'idée d'infini a été de tout temps en butte sont parties des écoles empiristes et sensualistes, qui ont toujours confondu les *images* et les *idées* (cf. Pillon, *Année philosophique 1890*, p. 79 et note).

D'ailleurs, il convient de remarquer que l'imagination a aussi une part dans les antithèses mêmes : on affirme, par exemple, l'infinité du monde, par cette raison qu'on ne peut *concevoir* un temps ni un espace vide de phénomènes [1]; ce n'est pas « concevoir », c'est « imaginer » qu'il faudrait dire. C'est en effet l'imagination qui ne peut séparer l'intuition *a priori* de l'espace et du temps de tout contenu empirique, et qui éprouve le besoin de les remplir avec une matière sensible; mais on ne saurait ériger en loi de la nature cette exigence subjective de notre sensibilité. Au contraire, la raison conçoit sans peine l'espace et le temps comme formes pures, vides de toute matière perceptible; ce qu'elle ne peut concevoir, c'est que l'espace et le temps eux-mêmes soient limités, car cela est contraire à leur essence et à l'idée même de grandeur. Mais il ne s'en suit pas que le monde *réel* lui-même soit infini comme ses formes *idéales* et *a priori* : un monde fini dans l'espace et dans le temps est tout aussi intelligible qu'un monde infini qui remplirait le temps et l'espace. Cette question ne peut d'ailleurs être résolue par l'observation, et Kant a eu raison de dire qu'elle dépasse toute expérience possible. Aussi ne relève-t-elle pas de la Science proprement dite, mais de la Philosophie de la nature : elle ne peut être résolue par une constatation directe, mais par des hypothèses plus ou moins probables qui permettent de rendre compte des faits observés [2] [iii, **6**]. Il nous suffit d'avoir ruiné la prétendue démonstration mathématique de l'atomisme, et d'avoir réfuté l'argument logique qu'on a cru pouvoir tirer, en sa faveur, de l'impossibilité de l'infini réalisé [3] [III, iv, **2**]. En somme, tout ce qu'on peut affirmer *a priori* avec une certitude absolue touchant les antinomies mathématiques, ce ne sont pas les antithèses formulées par Kant, mais seulement les propositions suivantes :

L'espace et le temps *sont* infinis, donc le monde *peut être* infini dans le temps et dans l'espace.

L'espace *est* continu et divisible à l'infini; donc la matière étendue *peut être* continue et divisible à l'infini.

Quant aux antinomies dynamiques, les thèses, reposant sur la

1. Kant, *loc. cit.* Premier conflit des idées transcendentales : Remarque sur l'antithèse.

2. Sur cette question qui sort de notre sujet, voir Hannequin, *Essai critique sur l'hypothèse des atomes dans la science contemporaine* (Paris, Masson, 1894).

3. Voir p. 491, note 3. — Cf. Pillon, *l'Evolution historique de l'atomisme,* ap. *Année philosophique 1891* (p. 106-108, 197-200, 204-207).

prétendue impossibilité de l'infini réalisé, ne nous paraissent nullement démontrées; les antithèses, fondées sur des principes rationnels, possèdent la certitude ou la probabilité que l'on voudra attribuer à ces principes eux-mêmes.

20. En résumé, les prétendues antinomies de la raison pure sont dues à la confusion que Kant a établie entre les idées de la raison et les fantômes de l'imagination, et notamment entre l'infini et l'indéfini. Ce ne sont donc pas des conflits de la raison avec elle-même, mais seulement avec l'entendement et l'imagination. Ainsi la raison n'est pas vouée à d'insolubles contradictions dès qu'elle dépasse le champ de l'expérience possible : elle n'est pas condamnée à errer irrémédiablement quand elle s'efforce d'atteindre la totalité des phénomènes et de connaître le monde par des idées pures. En particulier, l'idée claire et distincte de l'infini est exempte des absurdités et des contradictions qu'on lui a reprochées, et qui viennent simplement de ce qu'on a cru en trouver l'équivalent dans l'indéfini de l'imagination. Cette idée, nécessaire à la Mathématique, s'impose par là à la spéculation métaphysique, et peut avoir une valeur objective; elle peut même servir de fondement problématique à une Philosophie de la nature. En tout cas, il n'est pas permis de bannir *a priori* l'infini de la réalité par des démonstrations soi-disant mathématiques, et d'échafauder une Métaphysique finitiste sur des arguments purement logiques. Nous ne nous flattons pas non plus de résoudre les questions de cosmologie rationnelle par des raisonnements mathématiques : tout ce que la logique nous permet d'affirmer, c'est la possibilité, et non la réalité d'une grandeur infinie. Concluons donc que, malgré le criticisme, la Métaphysique reste possible, et que, malgré le néo-criticisme, une Métaphysique infinitiste est probable.

APPENDICE

NOTE I

SUR LA THÉORIE GÉNÉRALE DES NOMBRES COMPLEXES

On a cherché de nos jours à généraliser les nombres complexes ordinaires (dits nombres imaginaires), et cela de deux manières : soit en inventant d'autres systèmes de nombres complexes à *deux* termes réels, soit en construisant des systèmes de nombres complexes à plus de *deux* termes [1re P., I, III, **18**]. Mais, pour qu'il y ait intérêt à le faire, il faut que les nouveaux systèmes de nombres complexes offrent des propriétés analogues à celles de l'ensemble des nombres imaginaires, de telle sorte qu'on puisse effectuer sur eux les opérations arithmétiques fondamentales. La question qui se pose est donc de savoir s'il peut y avoir d'autres systèmes de nombres complexes, soit à *deux* termes, soit à plus de *deux* termes, qui vérifient les règles essentielles du calcul algébrique. Pour la résoudre, on a conçu d'abord des systèmes de nombres complexes sous une forme tout à fait générale et indéterminée, et on les a ensuite particularisés en leur imposant successivement les conditions requises pour qu'on pût les soumettre au calcul algébrique. On a ainsi trouvé tous les systèmes de nombres complexes qui répondent à la question et satisfont aux conditions indiquées [1].

1. Considérons d'abord l'ensemble des nombres complexes à *deux* termes sous la forme générale :

$$a = \alpha e + \alpha' e'$$

où α, α' désignent des nombres réels quelconques; e, e' sont des symboles représentant deux *unités capitales* hétérogènes.

Le produit symbolique αe représente un nombre composé avec l'unité capitale e comme le nombre réel α est composé avec 1 : par exemple, si α

1. Stolz, *Arithmétique générale*, vol. II, ch. I : Théorie analytique des nombres complexes.

est l'entier n, c'est-à-dire la somme de n unités, αe désigne la somme de n unités e. De même pour $\alpha' e'$; de sorte que les deux nombres αe, $\alpha' e'$ sont hétérogènes et insociables, le signe $+$ qui les réunit indiquant, non leur addition, mais leur juxtaposition, d'où résulte le nombre complexe a.

2. Pour que deux nombres complexes du même système

$$a = \alpha e + \alpha' e' \qquad b = \beta e + \beta' e'$$

soient égaux, il faut et il suffit, en vertu de la conception précédente, que leurs termes correspondants soient égaux, c'est-à-dire qu'on ait séparément et à la fois :

$$\alpha = \beta, \qquad \alpha' = \beta'.$$

En particulier, pour qu'un nombre complexe soit *nul* ou égal à *zéro*, il faut et il suffit que ses deux termes soient nuls. Ainsi l'égalité :

$$a = 0$$

équivaut à celles-ci :

$$\alpha = 0, \qquad \alpha' = 0.$$

3. Si l'on veut que les nombres complexes s'additionnent comme des binômes ordinaires, il faudra appliquer à ces binômes symboliques les règles de l'addition algébrique, d'où la définition suivante de l'addition :

La somme de deux nombres complexes s'obtient en additionnant les termes semblables, autrement dit les unités de même espèce.

On écrira donc :

$$a + b = \alpha e + \alpha' e' + \beta e + \beta' e' = (\alpha + \beta)\, e + (\alpha' + \beta')\, e'.$$

On voit que la somme de deux nombres complexes est un nombre complexe du même système.

La différence de deux nombres complexes est aussi un nombre complexe du même système; car si l'on applique la règle de soustraction des binômes, on trouve :

$$a - b = \alpha e + \alpha' e' - \beta e - \beta' e' = (\alpha - \beta)\, e + (\alpha' - \beta')\, e'.$$

4. Si l'on applique aux nombres complexes la règle de multiplication des binômes, le produit de deux nombres complexes s'obtiendra par la formule :

$$(\alpha e + \alpha' e')\,(\beta e + \beta' e') = \alpha\beta .\, ee + \alpha\beta' .\, ee' + \alpha'\beta .\, e'e + \alpha'\beta' .\, e'e'$$

Pour que ce produit soit encore un nombre complexe de la même forme que les proposés, et par suite appartienne à l'ensemble considéré, il faut et il suffit que les produits des unités capitales deux à deux : ee, ee', $e'e$, $e'e'$, soient des nombres complexes de la forme : $\lambda e + \lambda' e'$, λ et λ' étant des nombres réels quelconques.

De plus, la multiplication des nombres complexes devra posséder les mêmes propriétés que la multiplication des nombres réels, c'est-à-dire :

1° La propriété commutative :

$$ab = ba$$

(on devra donc avoir :

$$ee' = e'e);$$

2° La propriété associative :

$$(ab)c = a(bc)$$

3° La propriété distributive :

$$(a + b)c = ac + bc$$

5. Enfin, si l'on veut que la multiplication des nombres complexes possède un module unique et déterminé (ce qui n'est nullement nécessaire, même après toutes les hypothèses précédentes), il n'y a que *trois* systèmes de nombres complexes qui satisfassent toutes ces conditions.

Dans les deux premiers, le produit de deux nombres complexes *non nuls* peut être nul, et la division d'un nombre complexe par un autre *non nul* n'est pas toujours possible. On voit que dans ces systèmes les règles du calcul des nombres réels subissent de graves infractions, et que la théorie de la multiplication et de la division, étendue à ces nouveaux nombres, serait profondément altérée.

Dans le troisième ensemble, au contraire, la division d'un nombre complexe par un autre non nul est toujours possible, et *univoque*, c'est-à-dire donne un résultat unique et déterminé; et le produit de deux nombres complexes de cet ensemble ne peut être nul que si l'un des facteurs est nul.

Comme on le voit, la multiplication et la division des nombres réels conservent dans ce seul ensemble leurs propriétés essentielles.

6. Cet ensemble, qui offre ainsi la plus grande analogie avec l'ensemble des nombres réels, est caractérisé par les formules de multiplication que voici :

$$ee = e, \qquad ee' = e'e = e', \qquad e'e' = -e,$$

de sorte que la formule générale de multiplication est la suivante :

$$(\alpha e + \alpha' e')(\beta e + \beta' e') = (\alpha\beta - \alpha'\beta')\, e + (\alpha\beta' + \beta\alpha')\, e'.$$

Puisque la première unité capitale e est le module de la multiplication, on peut l'identifier à l'unité réelle 1; il vient alors :

$$e'e' = -1,$$

ce qui montre que la seconde unité capitale e' équivaut à l'imaginaire i. On peut donc les identifier, et l'on retrouve ainsi la règle de multiplication des imaginaires :

$$(\alpha + \alpha' i)(\beta + \beta' i) = (\alpha\beta - \alpha'\beta') + (\alpha\beta' + \beta\alpha')\, i.$$

La définition de l'addition et celle de l'égalité étant aussi les mêmes que pour les nombres imaginaires, l'ensemble des nombres complexes que nous venons de définir n'est autre que l'ensemble des nombres imaginaires.

Ainsi, de tous les ensembles de nombres complexes à deux unités capitales, ayant une multiplication commutative, associative et distributive avec module, le seul qui puisse être soumis au calcul algébrique est le système des nombres complexes ordinaires, caractérisé par les unités capitales 1 et i.

*
* *

7. Passons à la seconde question, relative aux ensembles de nombres complexes à n termes, autrement dit, à n unités capitales. Elle a été agitée par plusieurs savants illustres. GAUSS a affirmé que la considération des multiplicités à plus de *deux* dimensions ne pouvait donner lieu à l'introduction de nouvelles grandeurs dans l'Arithmétique générale, mais il n'a pas prouvé cette assertion et n'en a même pas indiqué les raisons, de sorte que deux mathématiciens modernes (MM. WEIERSTRASS et DEDEKIND) ne s'accordent pas à définir le sens dans lequel on doit interpréter la proposition de GAUSS. M. WEIERSTRASS a montré qu'on pouvait construire des ensembles de nombres complexes à plus de deux termes et satisfaisant aux conditions générales du calcul algébrique; seulement il a prouvé en même temps que ces ensembles étaient superflus, parce qu'ils n'étaient qu'une répétition de l'ensemble des nombres imaginaires, et que, par suite, ils ne pouvaient être d'aucune utilité en Algèbre ; de sorte que, si la construction de tels ensembles n'est pas impossible, elle est inutile[1].

C'est donc M. WEIERSTRASS qui a résolu définitivement la question qui nous occupe : ce sont les résultats de son travail que nous allons exposer.

8. Considérons l'ensemble des nombres complexes de la forme :

$$a = \alpha_1 e_1 + \alpha_2 e_2 + \dots + \alpha_n e_n$$

$\alpha_1, \alpha_2, \dots \alpha_n$ étant des nombres réels quelconques,
$e_1, e_2, \dots e_n$ étant les n unités capitales de l'ensemble.

Soit un autre nombre complexe du même système :

$$b = \beta_1 e_1 + \beta_2 e_2 + \dots + \beta_n e_n$$

où $\beta_1, \beta_2, \dots \beta_n$ sont des nombres réels quelconques.

On définit, comme toujours, l'égalité de deux nombres complexes de ce système par l'égalité simultanée de leurs termes correspondants. L'égalité :

$$a = b$$

équivaut donc aux n égalités suivantes :

$$\alpha_1 = \beta_1, \qquad \alpha_2 = \beta_2, \qquad \dots \qquad \alpha_n = \beta_n.$$

En particulier, on dit que a est *nul*, et l'on écrit :

$$a = 0$$

si l'on a :

$$\alpha_1 = \alpha_2 = \dots = \alpha_n = 0.$$

1. *Lettre de* M. WEIERSTRASS *à M. Schwarz*, communiquée à la Société royale des sciences de Gœttingen le 1er décembre 1883, publiée dans les *Nachrichten von der königlichen Gesellschaft der Wissenschaften zu Göttingen*, année 1884, n° 10, sous ce titre : *Zur Theorie der aus* n *Haupteinheiten gebildeten complexen Grössen*. Ce mémoire a été analysé par STOLZ (*loc. cit.*) et résumé par M. PICARD dans la *Revue générale des sciences pures et appliquées*, 3e année, n° 21 (15 nov. 1892). — M. DEDEKIND a publié un autre mémoire sous le même titre et dans le même recueil (*Nachrichten.... zu Göttingen*, année 1885, n° 4). Cf. la thèse de l'abbé BERLOTY : *Théorie des quantités complexes à* n *unités principales* (Paris, 1886).

9. Les nombres complexes ainsi définis doivent satisfaire aux conditions suivantes :

La somme, la différence, le produit et le quotient de deux nombres complexes quelconques du système doivent être des nombres complexes du même système, et vérifier les relations que voici :

$$\text{(I)}\begin{cases} a + b = b + a \\ (a + b) + c = (a + c) + b \\ (a - b) + b = a \end{cases} \qquad \text{(II)}\begin{cases} ab = ba \\ (ab)c = (ac)b \\ a\,(b + c) = ab + ac \\ \dfrac{a}{b} \times b = a \end{cases}$$

qui expriment les propriétés essentielles de l'addition, de la soustraction, de la multiplication et de la division des nombres réels. C'est à ces conditions que le calcul algébrique sera applicable aux nombres complexes de ce système.

10. Pour que la somme et la différence de deux nombres complexes soient des nombres complexes de même forme, il suffit de définir l'addition et la soustraction des nombres complexes par les formules suivantes :

$$a + b = (\alpha_1 + \beta_1)\, e_1 + (\alpha_2 + \beta_2)\, e_2 + \dots + (\alpha_n + \beta_n)\, e_n$$
$$a - b = (\alpha_1 - \beta_1)\, e_1 + (\alpha_2 - \beta_2)\, e_2 + \dots + (\alpha_n - \beta_n)\, e_n$$

qui vérifient en outre les relations (I), comme on s'en assurerait aisément.

Puisque l'on veut appliquer aux nombres complexes le calcul algébrique, la multiplication de deux nombres complexes devra se faire suivant la règle de multiplication des polynômes; en multipliant chaque terme du multiplicande par chaque terme du multiplicateur, on obtiendra des termes du produit, dans chacun desquels deux des unités capitales se trouveront en facteurs; par exemple :

$$\alpha_i\, e_i \times \beta_k\, e_k = \alpha_i\, \beta_k .\, e_i\, e_k$$

11. Pour que le produit de deux nombres complexes soit un nombre complexe du même système, il faut donc (et il suffit) que les produits des unités capitales deux à deux soient des nombres complexes de la même forme, c'est-à-dire qu'on ait :

$$e_i\, e_k = \lambda_1\, e_1 + \lambda_2\, e_2 + \dots + \lambda_n\, e_n \qquad (i, k = 1, 2, \dots n)$$

$\lambda_1, \lambda_2, \dots \lambda_n$ étant des nombres réels.

On aura ainsi un système de relations qui caractérisent l'ensemble de nombres complexes considéré.

De plus, on doit avoir :

$$e_i\, e_k = e_k\, e_i$$

en vertu de la propriété commutative de la multiplication.

Cela établit certaines relations entre les coefficients λ des formules précédentes. A tout système de coefficients λ vérifiant ces relations correspond un ensemble de nombres complexes satisfaisant aux conditions énoncées, et notamment possédant une multiplication commutative, associative et distributive.

12. Enfin, l'on impose une dernière condition à l'ensemble de nombres complexes : la division d'un nombre complexe par un autre du même ensemble doit être toujours possible et univoque : c'est-à-dire que leur quotient doit être unique et déterminé. Cette condition revient à celle-ci, que la multiplication ait un module. Elle se traduit par une nouvelle relation que doivent vérifier les coefficients λ, ce qui restreint encore le nombre des ensembles admissibles.

13. Cela posé, et toutes ces conditions étant supposées remplies, on démontre que, dans *tout* ensemble de nombres complexes à *plus de deux* unités capitales, il existe des nombres complexes non nuls dont le produit est nul. M. Weierstrass appelle ces nombres des *diviseurs de zéro*.

Remarque. — Nous avons déjà trouvé des diviseurs de zéro dans des ensembles de nombres complexes à deux unités, mais non dans *tous*, l'ensemble des nombres complexes ordinaires faisant seul exception. Mais dès que $n > 2$, il n'y a plus d'exception, c'est-à-dire qu'il n'y a plus d'ensembles de nombres complexes auxquels puissent s'appliquer sans modifications les règles du calcul algébrique.

14. Malgré cette singularité, les ensembles de nombres complexes à plus de deux unités capitales vérifiant les conditions précédentes sont réductibles à l'ensemble des nombres réels et à l'ensemble des nombres complexes ordinaires. M. Weierstrass a démontré, en effet, que tout ensemble E de nombres complexes à n unités capitales, possédant les propriétés énoncées, peut se décomposer en r ensembles partiels E_1, E_2, ... E_r, à *une* ou à *deux* unités capitales (de telle sorte que le nombre total de leurs unités capitales soit n) jouissant des propriétés suivantes :

1° Tout nombre complexe, de l'ensemble E est décomposable en une somme de r nombres complexes qu'on nomme ses *composants*, et qui appartiennent respectivement aux r ensembles partiels; chacun de ces composants peut d'ailleurs être nul. On pourra donc écrire :

$$a = a_1 + a_2 + \dots + a_r$$
$$b = b_1 + b_2 + \dots + b_r$$

chacun des composants a_k, b_k étant un nombre complexe appartenant à l'ensemble partiel de même indice E_k.

On a évidemment :

$$a + b = (a_1 + b_1) + (a_2 + b_2) + \dots + (a_r + b_r),$$
$$a - b = (a_1 - b_1) + (a_2 - b_2) + \dots + (a_r - b_r).$$

2° Le produit de deux nombres complexes appartenant à des ensembles partiels différents est *nul*. Ainsi reparait la propriété des diviseurs de zéro. Il en résulte que, en formant le produit ab par la règle de multiplication des polynômes, on trouve simplement :

$$ab = a_1 b_1 + a_2 b_2 + \dots + a_r b_r$$

et de même, pourvu que b ne soit pas un diviseur de zéro :

$$\frac{a}{b} = \frac{a_1}{b_1} + \frac{a_2}{b_2} + \dots + \frac{a_r}{b_r}.$$

3° Le produit de deux nombres complexes d'un ensemble partiel est un nombre du même ensemble; il n'est nul que si l'un des facteurs est nul.

On retrouve ainsi la propriété qui caractérise l'ensemble des nombres réels et l'ensemble des nombres complexes ordinaires, à l'exclusion de tous les autres. On prévoit donc dès maintenant que tous les ensembles partiels doivent se réduire à ces deux ensembles. Et en effet :

4° Dans chaque ensemble partiel à *une* unité capitale, cette unité est le module de la multiplication de deux nombres de cet ensemble. Soit g cette unité capitale; on a :

$$gg = g,$$

et par suite :

$$\alpha g . \beta g = \alpha\beta . g,$$

ce qui montre bien que le produit de deux nombres de cet ensemble est un nombre du même ensemble. Cette unité capitale joue dans cet ensemble le même rôle que l'unité 1 parmi les nombres réels : un tel ensemble est donc analogue à l'ensemble des nombres réels, et lui devient identique si l'on y fait : $g = 1$.

5° Dans chaque ensemble partiel à *deux* unités capitales, on peut prendre pour la première unité le module de la multiplication de deux nombres complexes de l'ensemble; alors le produit de la seconde unité par elle-même est égal à la première changée de signe. En d'autres termes, soient g et h ces deux unités capitales; on a :

$$gg = g, \qquad gh = hg = h, \qquad hh = -g;$$

d'où la formule générale de multiplication :

$$(\alpha g + \alpha' h)(\beta g + \beta' h) = (\alpha\beta - \alpha'\beta')\, g + (\alpha\beta' + \beta\alpha')\, h.$$

Un tel ensemble, caractérisé par les formules de multiplication précédentes, est tout à fait analogue à l'ensemble des nombres complexes ordinaires. Pour le faire mieux voir, remarquons que l'unité g joue dans cet ensemble le même rôle que l'unité 1 parmi les nombres imaginaires, et posons :

$$g = 1, \qquad \text{d'où :} \qquad hh = -1$$

On voit que la seconde unité h joue dans cet ensemble le même rôle que l'unité i parmi les nombres imaginaires. Si donc l'on fait :

$$g = 1, \qquad h = i,$$

l'ensemble considéré devient identique à l'ensemble des nombres complexes ordinaires.

15. Ainsi se trouve établi le *théorème* suivant :

Tout nombre complexe d'un ensemble à n unités capitales, possédant une multiplication commutative, associative et distributive avec module, est décomposable en r nombres complexes appartenant respectivement à r ensembles partiels à *une* ou à *deux* unités capitales, et tels que la somme, la différence, le produit et le quotient de deux nombres complexes de l'ensemble total sont des nombres de la même forme et s'obtiennent en faisant les sommes, les différences, les produits et les quotients de leurs composants correspondants (c'est-à-dire appartenant au même ensemble partiel.) Les ensembles partiels à *une* unité capitale sont analogues à l'ensemble des nombres réels; les ensembles partiels à *deux* unités capitales sont analogues à l'ensemble des nombres complexes ordinaires.

Ainsi tout ensemble de nombres complexes à n unités capitales, soumis aux lois du calcul algébrique, équivaut à une association d'ensembles de nombres réels et de nombres imaginaires simplement juxtaposés; ou, comme dit M. DEDEKIND [1] : « Tout système de n unités capitales est un *représentant collectif* de n systèmes de nombres complexes ordinaires. » Un tel système ne constitue donc pas une généralisation véritable des nombres réels et imaginaires, mais une simple et stérile répétition de ces nombres.

16. Pour mieux montrer qu'on ne peut construire avec de tels nombres complexes une nouvelle Algèbre, plus générale que l'Algèbre ordinaire, citons encore quelques théorèmes obtenus par M. WEIERSTRASS :

1° Une équation algébrique entre des nombres complexes de l'ensemble E (à n unités capitales) :

$$x^m + ax^{m-1} + bx^{m-2} + \dots + kx + l = 0$$

équivaut aux r équations algébriques suivantes, entre leurs composants réels ou imaginaires :

$$\begin{array}{l} x_1{}^m + a_1\, x_1{}^{m-1} + b_1\, x_1{}^{m-2} + \dots + k_1\, x_1 + l_1 = 0 \\ x_2{}^m + a_2\, x_2{}^{m-1} + b_2\, x_2{}^{m-2} + \dots + k_2\, x_2 + l_2 = 0 \\ \dots\dots\dots\dots\dots\dots\dots\dots \\ x_r{}^m + a_r\, x_r{}^{m-1} + b_r\, x_r{}^{m-2} + \dots + k_r\, x_r + l_r = 0 \end{array}$$

où $x_1, x_2, \dots x_r$ sont les composants de l'inconnue x.

2° Une équation algébrique entre des nombres de l'ensemble E ne peut avoir une infinité de racines que si tous ses coefficients ($a, b, \dots k, l$) contiennent en facteur un diviseur de *zéro*.

Si l'on fait : $n = 2$, on retrouve comme cas particulier cette proposition de l'Algèbre ordinaire :

Une équation algébrique à coefficients réels ou imaginaires ne peut avoir une infinité de racines que si tous ses coefficients sont nuls (c'est-à-dire contiennent en facteur *zéro*).

3° Pour que toutes les racines d'une équation algébrique entre des nombres de l'ensemble E appartiennent à ce même ensemble, il faut et il suffit que tous les ensembles partiels $E_1, E_2, \dots E_r$ soient à *deux* unités capitales; on aura donc alors : $r = \frac{n}{2}$. Dans ce cas, le nombre des racines d'une équation de degré m sera

$$m^{\frac{n}{2}}.$$

Si l'on fait : $n = 2$, on retrouve comme cas particulier le théorème fondamental de l'Algèbre :

Une équation algébrique à coefficients complexes, de degré m, a m racines complexes.

1. *Mémoire cité.*

Cette proposition fait bien voir que l'ensemble des nombres complexes est nécessaire et suffisant pour donner à l'Algèbre toute son extension. Nous avons montré d'autre part que, si l'on essaie de créer de nouveaux nombres obéissant aux lois du calcul algébrique, cette nouvelle Algèbre est réductible à l'Algèbre ordinaire. Le nombre imaginaire est donc l'élément essentiel et universel de l'Algèbre [1].

17. Bien entendu, cette conclusion ne vaut que si l'on tient à conserver, dans les nouveaux ensembles qu'on pourrait imaginer, les propriétés essentielles des opérations algébriques. Mais si, par exemple, on renonce à la propriété commutative de la multiplication, et qu'on supprime cette condition en maintenant toutes les autres, on obtient une Algèbre beaucoup plus générale, qui est complètement déterminée quand on se donne les produits des unités capitales deux à deux en fonction linéaire de ces mêmes unités capitales, par des relations de la forme :

$$e_p e_q = \lambda_1 e_1 + \lambda_2 e_2 + \dots + \lambda_n e_n \qquad (p,\ q = 1,\ 2,\ \dots\ n).$$

« Un exemple célèbre d'un système de ce genre, à *quatre* unités capitales, est fourni par les *quaternions* d'Hamilton, où l'on a :

$$e_1 = 1, \qquad e_2 = i, \qquad e_3 = j, \qquad e_4 = k,$$

avec les relations fondamentales :

$$\begin{aligned} i^2 = j^2 = k^2 &= -1, \\ ij = -ji &= k, \\ jk = -kj &= i, \\ ki = -ik &= j. \end{aligned}$$ » [2]

On voit par ces trois dernières formules que la multiplication des quaternions ne possède pas la propriété commutative.

Mais ces quaternions ne paraissent pas avoir une utilité comparable à celle des nombres imaginaires. M. Dedekind, mettant en parallèle ces deux espèces de nombres complexes avec les nombres complexes à n unités capitales, définis plus haut (qu'il appelle *surcomplexes*), s'exprime à peu près en ces termes [3] :

« On ne peut donc considérer ces nombres surcomplexes comme des nombres vraiment nouveaux, au même titre que les nombres imaginaires, ou même que les quaternions d'Hamilton, qui, bien que leur usage semble confiné dans un domaine très étroit, offrent cependant, par rapport aux autres nombres, un caractère d'absolue nouveauté. »

Cette opinion du savant algébriste résume toute la présente Note, et peut lui servir de conclusion.

1. Cf. 1re Partie, II, III, **15-18**.
2. M. Picard, *art. cité*.
3. *Mémoire cité*.

NOTE II

SUR LES NOTIONS DE LIMITE ET DE FONCTION

Nous avons défini la notion de limite relative à une suite simplement infinie de nombres discrets [1re P., I, IV, **17**]. Mais cette notion a un sens plus général, et une portée beaucoup plus grande, qu'il importe de connaître pour se faire une juste idée de sa valeur et de son rôle dans l'Analyse. Pour cela, il faut auparavant définir l'idée de fonction dans toute sa généralité [1].

1. Considérons un ensemble de nombres tous distincts, et regardons ces nombres comme des valeurs attribuées à une variable x : si à chacun de ces nombres on fait correspondre un nombre que l'on considère comme une valeur d'une autre variable y, on dira que la variable y est une *fonction définie* de la variable indépendante x pour chacune des valeurs appartenant à cet ensemble.

Une fonction n'étant pas autre chose qu'une correspondance établie entre les valeurs de deux variables x et y, on peut prendre l'une ou l'autre pour variable indépendante.

Si, étant donnée une fonction

$$y = f(x),$$

on peut calculer la ou les valeurs de x qui correspondent à chaque valeur de y, on aura x en fonction de y, ce qui s'écrit :

$$x = \mathrm{F}(y),$$

et la fonction désignée par F sera dite *fonction inverse* de la fonction désignée par f.

Nous connaissons déjà un exemple de fonction : le terme général d'une suite u_n est une fonction de l'indice n. On voit qu'elle n'est définie que pour les valeurs entières et positives de la variable indépendante [2].

Mais les fonctions que l'on étudie dans l'Analyse sont généralement définies pour toutes les valeurs réelles (et même imaginaires) de la variable, ou tout au moins dans un certain intervalle, fini ou infini, découpé dans l'ensemble des nombres réels.

1. J. Tannery, *op. cit.*, ch. III, § 72.
2. *Ibid.*, § 79.

2. *Définitions.* — On appelle *intervalle* de deux nombres réels a et b $(a < b)$, ou simplement *intervalle* (a, b), l'ensemble des nombres réels compris entre a et b. Ces deux nombres sont appelés *bornes* de l'intervalle. En général, un intervalle est censé contenir ses bornes : il est alors absolument *continu*; il comprend toutes les valeurs réelles de x qui vérifient les inégalités :

$$a \leqslant x \leqslant b.$$

Si l'une des bornes, a par exemple, est exclue de l'intervalle, celui-ci sera défini par les inégalités :

$$a < x \leqslant b,$$

et si les deux bornes en sont exclues, l'intervalle sera défini par les inégalités :

$$a < x < b.$$

Dans ces deux derniers cas, l'intervalle est dit *semi-continu* [1].

Un intervalle borné, comme il vient d'être dit, par deux nombres réels, est dit *fini*. On appelle *infini* un intervalle qui n'a qu'une borne, c'est-à-dire l'ensemble des nombres réels supérieurs ou inférieurs à un nombre réel, tel que ceux que définissent les inégalités simples :

$$a \leqslant x, \qquad\qquad x \leqslant b.$$

3. *Définition.* — « Une fonction y de x est *définie dans l'intervalle* (a, b), si à chaque valeur de x appartenant à cet intervalle correspond une valeur déterminée de y. »

Dans ce cas, on peut dire que la variable indépendante x est *continue* [2], c'est-à-dire qu'elle peut prendre toutes les valeurs de l'intervalle *continu* (a, b) sans que la fonction y cesse d'exister. On peut alors la faire varier depuis a jusqu'à b de telle sorte qu'elle aille constamment en croissant, et qu'elle prenne une fois chacune des valeurs de l'intervalle (a, b) ; elle ne la prendra d'ailleurs qu'une seule fois. C'est ce qu'on entend par *variation continue* de la variable x dans l'intervalle (a, b).

La fonction $y = f(x)$, étant définie dans l'intervalle (a, b), passera par une suite de valeurs déterminées quand x passera d'une manière continue de a en b ; mais il ne s'ensuit nullement que la fonction y variera, elle aussi, d'une manière continue.

4. *Définition.* — « On dit qu'une fonction $f(x)$ est *continue* dans l'intervalle (a, b), si à chaque nombre positif ε correspond un autre nombre positif η tel que la différence des valeurs que prend la fonction pour deux valeurs quelconques de x appartenant à l'intervalle et ayant entre elles une différence moindre que η, soit en valeur absolue moindre que ε. En d'autres termes, sous la condition que x et x' appartiennent à l'intervalle et que l'on ait

$$| x - x' | < \eta,$$

1. G. Cantor : Voir Note IV, **69**.
2. Stolz, *Arithmétique générale*, vol. I, chap. IX.

on doit avoir, si la fonction $f(x)$ est continue :

$$|f(x) - f(x')| < \varepsilon.$$ [1] »

C'est ce qu'on exprime couramment en disant qu'à une variation infiniment petite de la variable doit correspondre une variation infiniment petite de la fonction [2].

5. *Définition*. — « Si une fonction $f(x)$ est définie dans l'intervalle (a, b), on dira qu'elle est *continue* pour une valeur X appartenant à l'intervalle (a, b), si à chaque nombre positif ε correspond un nombre positif η tel que, sous la condition que x appartienne à l'intervalle et diffère de X d'une quantité moindre que η :

$$|X - x| < \eta$$

on ait :

$$|f(X) - f(x)| < \varepsilon.$$ [3] »

Théorème. — « Si une fonction est continue dans un intervalle [**4**], elle est continue, au sens qui vient d'être précisé, pour chaque valeur de x qui appartient à cet intervalle. »

En effet, il suffit de remplacer, dans la première définition, la valeur variable x' par la valeur fixe X pour en déduire la seconde définition.

Réciproquement, on démontre que, si une fonction est continue pour toute valeur de x appartenant à l'intervalle (a, b) [au sens de la définition **5**], elle est continue dans cet intervalle [au sens de la définition **4**] [4].

6. *Théorème*. — « Si une fonction $f(x)$ définie dans l'intervalle (a, b) est continue pour la valeur X appartenant à cet intervalle, et si l'on considère en outre la suite infinie de valeurs :

(1) $$x_1, x_2, \ldots\ldots x_n, \ldots\ldots$$

appartenant aussi à l'intervalle et ayant pour limite X, la suite infinie :

(2) $$f(x_1), f(x_2), \ldots\ldots f(x_n), \ldots\ldots$$

aura pour limite $f(X)$. » Il suffit pour s'en convaincre de rapprocher la définition **5** et la définition de la limite d'une suite [1re P., I, IV, **17**].

« *Réciproquement*, si, quelle que soit la suite (1) ayant pour limite X, la suite correspondante (2) a pour limite $f(X)$, la fonction considérée est continue pour la valeur X. [5] »

7. On est ainsi amené à généraliser la notion de *limite*. Puisque dans l'hypothèse énoncée la suite (1) peut être quelconque, pourvu que ses termes appartiennent à l'intervalle (a, b) et aient pour limite X, on peut dire, sans spécifier la suite des valeurs $x_1, x_2, \ldots\ldots x_n, \ldots\ldots$ par lesquelles x tend vers X :

1. J. Tannery, *op. cit.*, § 75.
2. Il importait de définir séparément la continuité de la variable avant celle de la fonction, ou, comme on dit, la continuité *indépendante* avant la continuité *dépendante*, car celle-ci suppose nécessairement celle-là, bien que celle-là n'entraîne nullement celle-ci. En d'autres termes, une fonction ne peut être continue que si sa variable est elle-même continue; mais de ce que la variable est continue, il ne résulte pas que la fonction doive être continue.
3. J. Tannery, *op. cit.*, § 76.
4. J. Tannery, *op. cit.*, § 77.
5. J. Tannery, *op. cit.*, § 78.

« La fonction $f(x)$ a pour limite $f(X)$ quand x tend vers X par des valeurs appartenant à l'intervalle (a, b). »

Cela équivaut exactement à dire que la fonction $f(x)$ est *continue* pour la valeur X de la variable [**5**] [1].

Supposons la fonction $f(x)$ continue dans l'intervalle (a, b). Si, au lieu d'attribuer successivement à la variable x les valeurs discontinues : x_1, x_2,.... x_n,.... appartenant à cet intervalle et ayant pour limite X, on la fait varier d'une manière continue de x_0 à X (x_0 étant une valeur de l'intervalle (a, b) autre que X), $f(x)$ variera d'une manière continue de $f(x_0)$ à $f(X)$, et deviendra égale à $f(X)$ pour $x = X$ [2].

C'est ce qu'on exprime en disant qu'au *passage continu à la limite*

$$\lim x = X$$

correspond le *passage continu à la limite*

$$\lim f(x) = f(X)$$

quand x tend vers X par des valeurs quelconques de l'intervalle (a, b) [3].

On résume toutes ces propriétés en disant qu'une fonction continue dans un intervalle passe par chaque valeur-limite située dans cet intervalle; c'est-à-dire, plus explicitement, qu'elle devient égale, pour $x = x_0$, à la limite des valeurs qu'elle prend quand x tend vers x_0, quelle que soit la valeur x_0 prise dans l'intervalle considéré. On dit aussi, plus brièvement, qu'une fonction continue atteint toutes ses valeurs-limites.

On démontre encore le *théorème* suivant, d'après Cauchy :

Une fonction continue ne peut passer d'une valeur positive à une valeur négative (ou inversement) sans s'annuler.

Corollaire. — Une fonction continue ne peut passer d'une valeur réelle à une autre sans passer par toutes les valeurs réelles intermédiaires.

« Il importe de remarquer que cette propriété ne caractérise pas les fonctions continues [4]. » C'est une condition nécessaire, mais non suffisante de la continuité : elle ne peut donc pas servir à la définir, comme on le fait trop souvent.

Ainsi la notion de limite, primitivement définie pour une suite discontinue de nombres, c'est-à-dire pour une fonction de l'indice n qui prend toutes les valeurs entières et positives, se trouve étendue à la suite continue des valeurs d'une fonction définie pour toutes les valeurs réelles d'un intervalle continu.

8. De même que la définition de la limite, celle de la convergence peut s'étendre aux fonctions. En effet, si $f(x)$ est continue pour la valeur X, et si x et x' sont deux valeurs de la variable qui vérifient les inégalités :

$$|X - x| < \eta \qquad |X - x'| < \eta$$

1. J. Tannery, *op. cit.*, § 78.
2. J. Tannery, *op. cit.*, § 79.
3. Stolz, *op. cit.*, vol. I, chap. ix. Cette expression est spéciale aux mathématiciens allemands.
4. J. Tannery, *op. cit.*, § 84.

38

on aura les inégalités corrélatives :

$$| f(X) - f(x) | < \varepsilon \qquad | f(X) - f(x') | < \varepsilon$$

d'où l'on conclura l'inégalité :

$$| f(x) - f(x') | < 2\varepsilon.$$

Réciproquement, on démontre que la fonction $f(x)$ a une limite quand x tend vers X, si à chaque nombre positif ε correspond un nombre positif η tel que, sous les conditions :

$$| X - x | < \eta \qquad | X - x' | < \eta$$

on ait :

$$| f(x) - f(x') | < \varepsilon.$$

Tel est le *principe général de convergence* de P. du Bois-Reymond [1].

On remarquera l'analogie des deux théorèmes précédents avec les propositions relatives aux suites : Toute suite qui a une limite est convergente; Toute suite convergente a une limite [1re P., I, IV, **17**].

9. La considération de la continuité permet de compléter la définition d'une fonction qui n'est pas définie pour toutes les valeurs réelles de la variable [2].

L'exemple le plus remarquable de cette extension d'une fonction est la fonction exponentielle a^x, qui n'est d'abord définie que pour les valeurs entières et positives de l'exposant [3]. On définit d'abord cette fonction pour les exposants entiers négatifs, en généralisant la formule :

$$a^m : a^n = a^{m-n}$$

établie pour le cas où

$$m > n$$

et en l'étendant au cas où

$$m \leqslant n.$$

On trouve ainsi :

$$a^{-n} = \frac{1}{a^n} \qquad a^0 = 1.$$

Cette définition correspond à l'extension de la notion de différence.

On définit ensuite la fonction pour les exposants fractionnaires, en généralisant la formule :

$$\sqrt[n]{a^m} = a^{\frac{m}{n}}$$

vraie dans le cas où m est divisible par n, et en l'étendant aux cas où m n'est pas divisible par n. On trouve ainsi :

$$a^{\frac{1}{n}} = \sqrt[n]{a} \qquad a^{\frac{1}{2}} = \sqrt{a}.$$

Cette définition correspond à l'extension de la notion de quotient [4].

1. *Théorie générale des fonctions*, ch. v : Marche finale des fonctions. Cf. Stolz. *op. cit.*, vol. I, ch. ix.
2. J. Tannery, *op. cit.*, § 81.
3. Voir 1re Partie, II, iv, **11**.
4. Cf. Stolz, *op. cit.*, vol. I, ch. viii.

La fonction exponentielle étant ainsi définie pour toutes les valeurs rationnelles qualifiées de la variable, on peut la définir aussi pour les valeurs irrationnelles de l'exposant, *par continuité* [1].

En effet, la fonction a^x est déjà continue pour toutes les valeurs rationnelles de la variable. Si l'on veut qu'elle soit encore continue pour toutes les valeurs irrationnelles, on devra considérer chaque valeur irrationnelle de l'exposant comme la limite d'une suite quelconque de valeurs rationnelles, et prendre pour valeur correspondante de la fonction la limite de la suite des valeurs correspondantes qu'elle prend. Autrement dit, soit :

$$(1) \qquad u_1, u_2, \ldots . u_n, \ldots .$$

une suite quelconque de nombres rationnels ayant pour limite le nombre irrationnel U ; la fonction prend les valeurs correspondantes :

$$(2) \qquad a^{u_1}, a^{u_2}, \ldots . a^{u_n}, \ldots .$$

On démontre que cette suite a une limite, et que cette limite est la même quelle que soit la suite (1) qui définit le nombre irrationnel U. Cette limite sera, *par définition* :

$$a^{\mathrm{U}}$$

et l'on posera :

$$\lim a^{u_n} = a^{\mathrm{U}}$$

pour

$$\lim n = \infty$$

c'est-à-dire pour :

$$\lim u_n = \mathrm{U}.$$

En vertu de cette définition même, la fonction a^x sera continue pour $x = \mathrm{U}$ [**7**]. En général, elle sera continue pour toutes les valeurs rationnelles et irrationnelles de la variable, et par suite continue dans tout intervalle réel [**5**].

Ainsi, quand une fonction est définie et continue pour l'ensemble des valeurs rationnelles d'un intervalle, on peut la définir pour l'ensemble des valeurs irrationnelles de cet intervalle en lui imposant la condition d'être aussi continue pour ces valeurs. On voit par cet exemple à quel point la loi de continuité est féconde, et quelle relation étroite elle établit entre les diverses valeurs d'une fonction, puisqu'elle suffit à déterminer entièrement une fonction pour une infinité d'autres valeurs que celles pour lesquelles elle était primitivement définie [2].

10. En particulier, si une fonction n'est définie que dans un intervalle semi-continu [**2**], on peut l'étendre par continuité aux bornes mêmes de cet intervalle.

Soit, par exemple, une fonction $f(x)$ définie dans tout l'intervalle (a, b) à

1. J. TANNERY, *op. cit.*, § 81.

2. Il y a plus : l'ensemble des valeurs auxquelles la fonction se trouve ainsi étendue *par continuité* est infiniment plus infini que l'ensemble des valeurs pour lesquelles elle est définie d'abord. Voir Note IV, § I, **17** ; § VI, **69**, **70**.

l'exclusion de la borne a (on suppose $a < b$). Si cette fonction est continue dans cet intervalle, elle aura une limite quand x tendra vers a. En effet, si l'on prend deux valeurs x, x' appartenant à l'intervalle, et vérifiant les inégalités

$$|a - x| < \eta, \qquad |a - x'| < \eta,$$

on aura aussi

$$|x - x'| < \eta,$$

et par suite, en vertu de la continuité :

$$|f(x) - f(x')| < \varepsilon$$

On en conclut, par le *principe de convergence* [**8**], que la fonction a une limite quand x tend vers a par des valeurs appartenant à l'intervalle (a, b). Soit A cette limite de $f(x)$; on dira qu'au passage continu à la limite

$$\lim x = a + 0$$

correspond le passage continu à la limite

$$\lim f(x) = \mathrm{A},$$

et l'on écrira :

$$f(a + 0) = \mathrm{A}.$$

La notation $(a + 0)$ signifie que x tend vers a par des valeurs supérieures à a.

De même, si la fonction $f(x)$ est définie et continue dans l'intervalle (a, c) à l'exclusion de la borne a (en supposant $a > c$), elle aura une limite B quand x tendra vers a par des valeurs appartenant à cet intervalle, c'est-à-dire par des valeurs réelles inférieures à a. On aura alors :

$$\lim f(x) = \mathrm{B}$$

pour le passage continu à la limite

$$\lim x = a - 0$$

et l'on écrira :

$$f(a - 0) = \mathrm{B}.$$

Si les deux limites sont égales :

$$\mathrm{A} = \mathrm{B}$$

on pourra écrire

$$f(a + 0) = f(a - 0) = f(a),$$

et l'on aura

$$\lim f(x) = f(a)$$

pour le passage à la limite

$$\lim x = a$$

quand x tend vers a par des valeurs réelles quelconques. En d'autres termes, $f(x)$ sera définie et continue pour $x = a$. Par suite, elle sera définie et continue dans tout l'intervalle (b, c), qui comprend la valeur a.

11. *Définitions.* — 1° Si une fonction $f(x)$ n'est pas définie pour $x = a$, mais si la fonction

$$\frac{1}{f(x)} = \varphi(x)$$

s'annule pour $x = a$:

$$\varphi(a) = 0,$$

on dit que la fonction $f(x)$ est *infinie* pour $x = a$, et l'on écrit :

$$f(a) = \infty.$$

2° Une fonction $f(x)$ étant définie pour toutes les valeurs réelles (finies) de x, si la fonction

$$f\left(\frac{1}{y}\right) = \varphi(y)$$

est définie pour $y = 0$:

$$\varphi(0) = A,$$

on dit que la fonction $f(x)$ est définie pour x *infini*, et l'on écrit :

$$f(\infty) = A.$$

Corollaires. — I. Si, quand x croît indéfiniment en valeur absolue, $f(x)$ tend vers une limite finie et déterminée A, c'est-à-dire si à chaque nombre positif ε correspond un nombre positif N tel que, sous la condition :

$$|x| > N$$

on ait :

$$|A - f(x)| < \varepsilon,$$

la fonction $f(x)$ sera définie même pour x infini, l'on aura :

$$f(\infty) = A.$$

En effet, si l'on pose :

$$f\left(\frac{1}{y}\right) = \varphi(y)$$

on pourra faire correspondre au nombre ε un nombre η tel que, sous la condition

$$|y| < \eta$$

on ait :

$$|A - \varphi(y)| < \varepsilon.$$

Car si l'on prend

$$\eta \geqslant \frac{1}{N},$$

la condition

$$|y| < \eta$$

résultera de la condition (qui est vérifiée, par hypothèse)

$$|x| > N,$$

puisqu'elle équivaut à celle-ci :

$$\left|\frac{1}{x}\right| < \frac{1}{N};$$

or

$$\left|\frac{1}{x}\right| = |y|,$$

donc

$$|y| < \frac{1}{N} \leqslant \eta$$

Ainsi l'on a

$$\lim \varphi(y) = A$$

pour

$$\lim y = 0$$

c'est-à-dire

$$\lim f(x) = A$$

pour

$$\lim |x| = \infty.$$

Cette dernière formule signifie que x croît indéfiniment en valeur absolue en passant par toutes les valeurs réelles (positives ou négatives) [1].

En particulier, x peut croître indéfiniment en valeur absolue, soit en parcourant toutes les valeurs positives croissantes, soit en parcourant toutes les valeurs négatives décroissantes. Ces deux passages continus se traduiront par les formules :

$$\lim x = +\infty, \qquad \lim x = -\infty.$$

On écrira les limites correspondantes de $f(x)$ sous la forme suivante :

$$f(+\infty), \qquad f(-\infty).$$

Si ces limites coïncident :

$$f(+\infty) = f(-\infty),$$

on dira que $f(x)$ est *continue* pour x infini, et cette valeur-limite unique s'écrira :

$$f(\infty)$$ [2].

Remarque. — Cet emploi du mot *continu*, qui se justifie par une analogie incontestable, sort cependant de la définition rigoureuse de la continuité, telle que nous l'avons énoncée [**5**], car l'inégalité de condition

$$|\infty - x| < \eta$$

n'a évidemment plus de sens. Cela n'empêche pas les mathématiciens les plus scrupuleux de se servir du mot *continu* dans ce nouveau sens, qu'ils considèrent avec raison comme une extension naturelle et légitime du sens strict défini plus haut.

1. Les mathématiciens français sont les seuls qui se fassent scrupule d'employer cette notation, pourtant bien claire et fort commode. Serait-ce par un reste du préjugé finitiste engendré par les controverses auxquelles a donné lieu la « métaphysique » du Calcul infinitésimal? Un jour, un professeur de la Sorbonne, voulant indiquer une suite de valeurs :

$$r_1, r_2, \ldots r_n, \ldots$$

croissant indéfiniment, écrivit d'abord :

$$\lim r_n = \infty,$$

puis effaça cette formule comme incorrecte, et la remplaça par celle-ci :

$$\lim \frac{1}{r_n} = 0,$$

qui équivaut rigoureusement à la précédente. A quoi bon ce détour, pour dire exactement la même chose?

2. Stolz, *op. cit.*, vol. I, ch. IX.

La règle de convergence d'une suite infinie rentre comme cas particulier dans la proposition précédente. En effet, si l'on considère le terme général u_n d'une suite convergente comme une fonction de l'indice n définie pour toutes les valeurs entières et positives de n, on dira que u_n a pour limite U quand n croît indéfiniment par des valeurs entières et positives, et l'on écrira :

$$\lim u_n = U$$

pour :

$$\lim n = +\infty,$$

ou plus simplement :

$$\lim_{n=\infty} u_n = U.$$ [1]

II. Si, quand la variable indépendante x tend vers la valeur a, la fonction $f(x)$ croît indéfiniment en valeur absolue de manière à dépasser tout nombre positif, c'est-à-dire si à chaque nombre positif N correspond un nombre positif η tel que, sous la condition

$$|x - a| < \eta$$

on ait

$$|f(x)| > N,$$

la fonction $f(x)$ sera *infinie* pour $x = a$:

$$f(a) = \infty.$$

En effet, si l'on pose :

$$\frac{1}{f(x)} = \varphi(x),$$

on pourra faire correspondre au nombre η un autre nombre positif ε, tel que, sous la même condition

$$|x - a| < \eta$$

on ait

$$|\varphi(x)| < \varepsilon.$$

Pour cela, il suffit de prendre

$$\varepsilon \geqslant \frac{1}{N},$$

car alors on aura (par hypothèse) :

$$\left|\frac{1}{f(x)}\right| < \frac{1}{N} \leqslant \varepsilon,$$

et comme

$$\left|\frac{1}{f(x)}\right| = |\varphi(x)|,$$

il en résultera :

$$|\varphi(x)| < \varepsilon.$$

D'ailleurs, ε peut être rendu aussi petit qu'on veut, puisque l'on peut prendre N aussi grand qu'on le veut. On aura donc

$$\lim \varphi(x) = 0$$

1. J. Tannery, *op. cit.*, § 79.

et par conséquent

$$\lim \mid f(x) \mid = \infty$$

pour

$$\lim x = a.$$

Remarque. — En vertu de la définition rigoureuse de la continuité, l'on ne peut plus dire que la fonction $f(x)$ soit continue pour $x = a$, car l'inégalité qui figure dans l'énoncé devient :

$$\mid \infty - f(x) \mid < \varepsilon$$

ce qui n'a pas de sens. Pourtant on devrait pouvoir le dire, pour les mêmes raisons d'analogie qui permettent de dire qu'une fonction est continue pour $x = \infty$. En effet, puisqu'on est convenu de dire que $f(x)$ est infinie pour $x = a$, et d'écrire

$$f(a) = \infty ;$$

attendu, d'autre part, qu'on est amené à considérer la croissance indéfinie d'une variable comme un passage continu à la limite

$$\lim y = \infty,$$

on peut dire que la fonction $y = f(x)$ est encore continue pour $x = a$, en ce sens qu'elle a pour limite $f(a)$ quand x tend vers a :

$$\lim f(x) = f(a) = \infty.$$

Quoi qu'il en soit, il importe peu que cette façon de parler soit ou non adoptée par les mathématiciens et consacrée par l'usage, comme dans le cas étudié ci-dessus. Il nous suffit de faire remarquer l'analogie parfaite entre ces deux cas exceptionnels.

Cette analogie ressort davantage encore, si l'on observe que les deux cas sont en quelque sorte l'inverse l'un de l'autre. En effet, si y est fonction de x :

$$y = f(x),$$

réciproquement, x est fonction de y :

$$x = F(y),$$

et la fonction F est *l'inverse* de la fonction f [**1**]. Or si l'on a

$$\lim y = \infty$$

pour

$$\lim x = a,$$

inversement, on aura

$$\lim x = a$$

pour

$$\lim y = \infty,$$

et l'on dira fort bien que la fonction F (y) est continue pour $y = \infty$, parce que :

$$\lim_{y=\infty} F(y) = F(\infty) = a.$$

Il n'y a donc pas de raison pour qu'on ne dise pas, pareillement, que la fonction inverse $f(x)$ est continue pour $x = a$, puisque l'on a :

$$\lim_{x=a} f(x) = f(a) = \infty .$$

D'ailleurs, bien qu'il soit d'usage de dire qu'une fonction qui devient infinie éprouve une discontinuité, on a bien soin de distinguer, en Analyse, les cas où une fonction devient discontinue en restant finie de ceux où elle devient discontinue *en passant*, comme on dit, *par l'infini*; et ces derniers ont souvent plus d'analogie avec le cas général de continuité qu'avec les solutions de continuité pour des valeurs finies. C'est ce que l'on verra mieux ailleurs [1], où nous montrons que le *point à l'infini* peut être pour une fonction, soit un point ordinaire, soit un point singulier, de sorte qu'il y a lieu de distinguer en ce point, comme en un point quelconque à distance finie, la continuité et la discontinuité d'une fonction.

*
* *

12. Pour achever de montrer les nombreuses et étroites liaisons de la notion de limite avec les idées de continu et d'infini, nous allons définir un autre sens du mot *limite*, qui est fréquemment employé dans la théorie des ensembles et par suite dans la théorie des fonctions [2].

Étant donné un ensemble de nombres compris entre deux nombres finis M et m (c'est-à-dire un ensemble *borné*), on appelle *limite supérieure* de cet ensemble, soit le nombre le plus grand de cet ensemble, soit un nombre L plus grand que tous les nombres de l'ensemble, mais tel qu'il y ait dans l'ensemble au moins *un* nombre supérieur à $(L - \varepsilon)$, si petit que soit ε. On appelle *limite inférieure* du même ensemble, soit le nombre le plus petit de cet ensemble, soit un nombre l plus petit que tous les nombres de cet ensemble, mais tel qu'il y ait dans l'ensemble au moins *un* nombre inférieur à $(l + \varepsilon)$, si petit que soit ε.

En d'autres termes, la limite supérieure d'un ensemble de nombres est le plus grand de tous ces nombres (s'il existe), ou sinon, le plus petit des nombres supérieurs à tous ces nombres; et de même, la limite inférieure de l'ensemble est le plus petit de tous ces nombres (s'il existe), ou sinon, le plus grand des nombres inférieurs à tous ces nombres.

On détermine la limite supérieure d'un ensemble donné en décomposant la totalité des nombres rationnels en deux classes : la première comprend tous les nombres rationnels appartenant à l'ensemble ou plus petits qu'un nombre quelconque de l'ensemble; la seconde comprend tous les nombres rationnels plus grands que tout nombre de l'ensemble.

De même, la limite inférieure de cet ensemble est déterminée par la décomposition des nombres rationnels en deux classes, la première com-

1. 1re P., IV, IV, **9**, **10**.
2. J. TANNERY, *op. cit.*, §§ 16 et 17.

prenant tous les nombres plus petits que tout nombre de l'ensemble, la seconde comprenant tous les nombres appartenant à l'ensemble ou plus grands qu'un nombre quelconque de l'ensemble.

Chacun de ces deux modes de décomposition définit toujours un nombre, rationnel ou irrationnel, et un seul; on démontre aisément que les deux nombres L et l ainsi définis jouissent des propriétés caractéristiques des limites supérieure et inférieure de l'ensemble considéré.

« Tout nombre, rationnel ou non, peut être regardé comme la limite supérieure de l'ensemble des nombres rationnels inférieurs et comme la limite inférieure de l'ensemble des nombres rationnels supérieurs à lui. »

Si l'on fait passer tous les nombres rationnels (non nuls) dans la classe supérieure, cette classe ne contiendra aucun nombre plus petit que tous les autres : on peut dire que ce mode de décomposition définit un nombre irrationnel, à savoir *zéro*.

Si au contraire on fait passer tous les nombres rationnels dans la classe inférieure, cette classe ne contiendra aucun nombre plus grand que tous les autres : on dira que ce mode de décomposition définit un nombre irrationnel, à savoir *l'infini*.

On peut donc dire en toute rigueur que l'ensemble des nombres rationnels a pour limite inférieure *zéro*, et pour limite supérieure *l'infini* [1].

13. Comme le premier sens du mot *limite*, ce nouveau sens s'étend naturellement aux fonctions [2].

On appelle *limite supérieure* ou *inférieure* d'une fonction définie dans un intervalle, la *limite supérieure* ou *inférieure* (au sens qui vient d'être défini) de l'ensemble des valeurs qu'elle prend quand la variable prend toutes les valeurs de l'intervalle considéré.

On démontre qu'une fonction continue dans un intervalle atteint sa limite supérieure et sa limite inférieure dans cet intervalle [3].

On remarquera l'analogie de cette proposition avec le théorème déjà énoncé ci-dessus [**7**] :

Une fonction continue dans un intervalle passe par toute valeur-limite située dans cet intervalle.

Cette proposition est vraie même dans le cas où la limite supérieure ou inférieure est l'infini (positif ou négatif). En effet, cela veut dire que la fonction parcourt l'ensemble des nombres réels croissants (en valeur absolue); or l'on a vu que, si l'on veut la définir par continuité, elle doit atteindre alors sa valeur-limite, qui est l'infini [**11**, corollaire II].

Ainsi, dans les deux sens du mot *limite*, l'infini se comporte comme toute autre valeur finie, et peut être considéré, soit comme valeur-limite d'une fonction, soit comme limite supérieure ou inférieure d'un ensemble de valeurs : et il sera ou ne sera pas atteint par la fonction, suivant qu'elle sera continue ou discontinue pour cette valeur.

1. Stolz, *op. cit.*, vol. I, ch. v.
2. Voir J. Tannery, *op. cit.*, § 74.
3. Voir J. Tannery, *op. cit.*, § 85.

NOTE III

SUR LA THÉORIE DES NOMBRES ALGÉBRIQUES DE KRONECKER [1]

« Pour l'illustre algébriste, le nombre entier est le fondement solide et unique sur lequel doit reposer tout l'édifice de l'Arithmétique et de l'Algèbre, et la considération des nombres entiers négatifs, des nombres fractionnaires et des nombres algébriques peut être « évitée » en substituant aux égalités où figurent ces nombres des *congruences* suivant certains modules ou systèmes de modules. C'est.... un développement systématique de l'idée émise par Cauchy, à savoir que la théorie des nombres imaginaires n'est autre chose que la théorie des congruences par rapport au module $x^2 + 1$. [2] »

Tel est, en deux mots, l'esprit de la théorie algébrique du nombre que nous allons exposer : elle a pour but, non pas de créer de nouvelles espèces de nombres (autres que le nombre entier), mais au contraire de les « éviter », suivant l'expression même de Kronecker.

Mais il convient auparavant de définir les *congruences*, et d'esquisser la conception des imaginaires proposée par Cauchy.

1. *Définition.* — On dit que deux quantités arithmétiques ou algébriques A et B sont *congruentes* par rapport au *module* M (quantité de même nature), et l'on écrit :

$$A \equiv B \ [\text{mod } M]$$

si la différence (A — B) est divisible par M, ou encore, si les deux quantités A et B, divisées séparément par M, donnent le même reste. Ainsi la congruence précédente équivaut exactement à l'égalité suivante :

$$A - B = Mx \qquad \text{ou} \qquad A = Mx + B,$$

x désignant ici un *nombre entier* indéterminé.

En particulier, une congruence dont le second membre est nul :

$$A \equiv 0 \ [\text{mod } M]$$

1. *Ueber den Zahlbegriff*, ap. *Journal de Crelle*, t. CI, p. 337. Cf. Hermann Schubert, *System der Arithmetik und Algebra*, Potsdam, 1885.

2. J. Tannery, ap. Padé, *Algèbre élémentaire*, Préface, p. xiii, note.

signifie que le premier membre est divisible par le module, ce qui se traduit par l'égalité :

$$A = Mx,$$

x étant toujours un nombre entier indéterminé.

2. La notion de *congruence* a été introduite par Gauss [1] dans l'Arithmétique pure et dans l'Algèbre pure. En Arithmétique pure, c'est-à-dire dans la Théorie des nombres, on ne considère que des nombres entiers : la congruence sert alors à exprimer la divisibilité d'un nombre par un autre; en Algèbre pure, on ne considère que des polynômes entiers en x, qui jouissent, comme on sait, de propriétés analogues à celles des nombres entiers : la congruence sert alors à exprimer la divisibilité d'un polynôme entier en x par un autre.

On comprend dès lors l'utilité de cette notation et l'avantage qu'elle offre sur la notation par égalités. Dans une égalité algébrique (comme celles que nous venons d'écrire), le facteur x est indéterminé, l'on ne sait pas s'il est entier ou fractionnaire, rationnel ou irrationnel, réel ou imaginaire; il faut alors spécifier chaque fois à quel ensemble de nombres appartient la valeur indéterminée de x, puisqu'on ne peut l'indiquer dans les formules, ce qui complique le langage et rend les notations confuses. Au contraire, la congruence exprime que ce nombre indéterminé est un entier; c'est une notation qui implique naturellement l'idée de nombre entier, ou de polynôme entier, en un mot celle de divisibilité *exacte* et *entière*. C'est pourquoi cette notation est l'instrument propre de l'Arithmétique et de l'Algèbre pures, où la notion de divisibilité joue un rôle essentiel.

3. Par exemple, soit à résoudre en nombres entiers l'équation indéterminée du premier degré :

$$ax + by = c$$

où a, b, c sont des entiers donnés; en d'autres termes, soit proposé de trouver les nombres entiers qui, substitués à x et y, vérifient cette équation. On pourra la remplacer par une congruence :

$$ax \equiv c \ [\text{mod } b]$$

ou :

$$by \equiv c \ [\text{mod } a]$$

car chacune de ces congruences exprime que ses deux membres sont égaux à un multiple près du module, le coefficient de ce multiple étant un entier indéterminé.

Ainsi la résolution en nombres entiers des équations indéterminées peut se ramener à la résolution des congruences, et inversement le calcul des congruences peut se ramener à l'Algèbre indéterminée.

4. Dans le cas particulier où le module est *zéro*, une congruence n'a plus de sens; car il est convenu qu'on ne peut pas diviser par *zéro*. Mais si l'on se reporte à l'égalité équivalente, on voit qu'une telle congruence doit être considérée comme une égalité rigoureuse : en effet, si l'on pose

$$M = 0,$$

1. *Disquisitiones arithmeticæ*, art. 1.

la congruence

$$A \equiv B \; [\text{mod } 0]$$

équivaut à l'égalité :

$$A - B = 0 \qquad \text{ou} \qquad A = B$$

d'où toute indétermination a disparu. De même, si dans chacune des congruences équivalentes à l'équation indéterminée

$$ax + by = c$$

on annule le module, on doit retrouver les équations déterminées

$$ax = c, \qquad by = c.$$

Bien entendu, en Arithmétique, où le module est un nombre connu, il n'y a pas lieu d'envisager des congruences de module nul; mais en Algèbre, où le module est un polynôme entier en x, qui peut s'annuler pour certaines valeurs de x, il y a intérêt à savoir ce que signifie la congruence pour ces valeurs de x; il ressort de ce qui précède qu'elle se réduit alors à une égalité (ou équation) rigoureuse entre ses deux membres. Inversement, les égalités et équations peuvent être considérées comme des congruences (absolues ou conditionnelles) par rapport au module *zéro*.

Il peut y avoir aussi des congruences à plusieurs modules : une telle congruence signifie que ses deux membres sont égaux, à des multiples près de tous les modules. Par exemple, la congruence :

$$ax \equiv d \; [\text{modd } b, c]$$

équivaut à l'équation indéterminée en nombres entiers :

$$ax + by + cz = d$$

ainsi que les congruences :

$$by \equiv d \; [\text{modd } a, c]$$

et :

$$cz \equiv d \; [\text{modd } a, b]$$

Si l'un des modules s'annule, on peut le supprimer. Si tous les modules s'annulent à la fois, la congruence se réduit à une égalité (ou équation) exacte entre ses deux membres.

On peut ajouter ou retrancher une même quantité aux deux membres d'une congruence, et les multiplier (mais non les diviser) par une même quantité.

On peut ajouter à l'un des membres d'une congruence un multiple quelconque du module, ou de l'un des modules.

On peut enfin ajouter, retrancher, multiplier (mais non diviser) membre à membre deux ou plusieurs congruences *de même module*.

5. Cela posé, voici comment CAUCHY a proposé de justifier les règles fondamentales du calcul des imaginaires. Toute égalité entre des quantités imaginaires (nombres ou expressions algébriques) serait une congruence par rapport au module $(x^2 + 1)$, l'indéterminée x remplaçant partout la lettre i ou le symbole $\sqrt{-1}$. Un nombre imaginaire $(a + bi)$ serait alors représenté par un binôme du premier degré :

$$a + bx.$$

Toutes les fois qu'une opération quelconque donnerait pour résultat un polynôme en x de degré supérieur au premier, on pourrait diviser ce polynôme par le module $(x^2 + 1)$, et le reste serait encore un binôme du premier degré en x. Or le fait qu'un polynôme R est le reste de la division d'un polynôme A par un polynôme B s'exprime par la congruence :

$$A \equiv R \; [\text{mod } B]$$

qui équivaut à l'égalité :

$$A = BQ + R$$

formule ordinaire de la division. Donc toute opération effectuée sur des nombres imaginaires et toute relation entre ces nombres peut se représenter par une congruence de module $(x^2 + 1)$ entre binômes de la forme :

$$a + bx.$$

Par exemple, cherchons le produit des deux nombres imaginaires :

$$a + bx \qquad\qquad a' + b'x$$

On a, par la règle générale de la multiplication algébrique :

$$(a + bx)\,(a' + b'x) = aa' + (ab' + ba')\,x + bb'.\,x^2.$$

Or le second membre, qui figure le produit, est un polynôme du second degré en x ; divisons-le par $(x^2 + 1)$:

$$bb'.\,x^2 + (ab' + ba')\,x + aa' = bb'\,(x^2 + 1)$$

[reste :] $$+ (ab' + ba')\,x + aa' - bb'$$

ce qui peut s'écrire sous forme de congruence :

$$bb'.\,x^2 + (ab' + ba')\,x + aa' \equiv (ab' + ba')\,x + aa' - bb' \; [\text{mod } x^2 + 1]$$

Donc :

$$(a + bx)\,(a' + b'x) \equiv aa' - bb' + (ab' + ba')\,x \; [\text{mod } x^2 + 1]$$

On reconnaît dans cette congruence la formule de multiplication des nombres imaginaires ; il suffit, pour la retrouver, de remplacer x par i, et le signe de la congruence par celui de l'égalité :

$$(a + bi)\,(a' + b'i) = aa' - bb' + (ab' + ba')\,i$$

On voit comment la considération du module de congruence $(x^2 + 1)$ explique la règle de multiplication posée *a priori* [1re P., I, III, **6**] et en particulier le signe du terme bb' dans le produit, signe qui détermine le sens et le rôle de la lettre i dans la multiplication ; car c'est de cette convention, en apparence arbitraire, que découle la formule symbolique :

$$i^2 = -1$$

qui caractérise le calcul des imaginaires. Il semble donc que, grâce à la considération des congruences, ce calcul soit logiquement justifié, et purgé de tout mystère et de tout paradoxe.

6. C'est par des considérations analogues que KRONECKER est parvenu, non pas à justifier l'invention des nombres négatifs, fractionnaires et algébriques, mais au contraire à « s'en passer » et à construire l'Algèbre pure, comme l'Arithmétique pure, sur l'unique notion de nombre entier, en rejetant tous ces *symboles d'impossibilité* qui n'ont aucun sens numérique. Il a été conduit à cette théorie rigoureuse et radicale du nombre par la conception des *indéterminées*, que GAUSS a introduite dans l'Algèbre, et qui y joue un rôle essentiel, ainsi que nous l'avons indiqué [1re P., II, I, **7-8**]. C'est ce que les citations suivantes feront mieux comprendre.

7. « On évite le concept de nombre *négatif* (entier) en remplaçant le facteur — 1 par une indéterminée x, et l'égalité par une congruence de module $(x+1)$ [1]; ainsi l'égalité :

$$7 - 9 = 3 - 5$$

devient la congruence :

$$7 + 9x \equiv 3 + 5x \; [\mathrm{mod}\; x + 1]$$

Inversement, cette congruence devient l'égalité précédente, quand on détermine x par la condition :

$$x + 1 = 0$$

c'est-à-dire en annulant son module. »

Par là se trouve supprimée l'absurdité arithmétique qui consiste à retrancher un nombre d'un autre plus petit que lui. Les expressions absurdes :

$$7 - 9 \qquad\qquad 3 - 5$$

symboles de soustractions impossibles, sont remplacées par les binômes :

$$7 + 9x \qquad\qquad 3 + 5x$$

où l'on reconnait sans peine les *couples* définis dans notre 1re Partie [I, II]. Il est aisé de vérifier que la congruence de deux binômes a lieu dans les mêmes conditions que l'égalité des deux couples correspondants [*ibid.*, **2**].

En effet, si (en vertu de la définition de la congruence) la différence :

$$(7 + 9x) - (3 + 5x) = (7 - 3) + (9 - 5)\,x = 4 + 4x = 4(x + 1)$$

est divisible par le module $(x + 1)$, c'est que le coefficient de x et le terme indépendant sont égaux, c'est-à-dire qu'on a :

$$7 - 3 = 9 - 5$$

ou :

$$7 + 5 = 9 + 3.$$

Or c'est précisément ce qu'exprime la condition d'égalité des couples :

$$a - b = a' - b'$$

si :

$$a + b' = b + a'$$

8. On retrouve immédiatement la règle d'addition des couples [*ibid.*, **3**] : car la somme de deux binômes s'obtient en ajoutant séparément les coefficients de x et les termes indépendants :

$$(a + bx) + (a' + b'x) = (a + a') + (b + b')\,x$$

Cette somme est encore un binôme de même forme. Puisque les deux membres sont identiques, ils sont naturellement congruents par rapport à

1. Nous avons fait remarquer [1re P., I, II, **17**] que tout nombre négatif est égal au produit de sa valeur absolue (c'est-à-dire d'un nombre arithmétique) par 1_n ou — 1.

un module quelconque, $(x+1)$ par exemple. L'identité précédente peut donc s'écrire sous forme de congruence :

$$(a+bx)+(a'+b'x)\equiv(a+a')+(b+b')\,x\ [\text{mod}\ x+1].$$

Pour former le produit de deux binômes, on applique la règle générale de la multiplication algébrique :

$$(a+bx)\,(a'+b'x)=aa'+(ab'+ba')\,x+bb'.\,x^2$$

Ce produit n'est pas un binôme de la même forme que ses facteurs; il contient un terme du second degré en x, $bb'x^2$. Divisons-le par $(x+1)$; le reste est bb', ce qui s'écrit :

$$bb'.\,x^2\equiv bb'\ [\text{mod}\ x+1]$$

De cette congruence on conclut la congruence suivante :

$$aa'+(ab'+ba')\,x+bb'.x^2\equiv(aa'+bb')+(ab'+ba')\,x\ [\text{mod}\ x+1]$$

c'est-à-dire :

$$(a+bx)\,(a'+b'x)\equiv(aa'+bb')+(ab'+ba')\,x\ [\text{mod}\ x+1]$$

Le second membre est maintenant un binôme du premier degré en x. On retrouve ainsi la règle de multiplication des couples [*ibid.*, **9**] avec le signe caractéristique de bb', qui seul la distingue de la règle de multiplication des nombres complexes. La raison de cette différence est dans ce fait de calcul algébrique, que le reste de la division de $bb'x^2$ par $(x+1)$ est $+bb'$, tandis que le reste de la division de $bb'x^2$ par (x^2+1) est $-bb'$.

Ainsi la considération des congruences justifie le calcul des nombres négatifs aussi bien que celui des imaginaires, en rejetant tout non-sens numérique et tout symbole étranger à l'Arithmétique pure.

9. « On évite de même le concept de *nombre fractionnaire* en remplaçant le facteur $\frac{1}{m}$ par une indéterminée x_m, et l'égalité par la congruence. Les règles de l'addition et de la multiplication des fractions, qu'expriment les formules :

$$\text{I}\ \begin{cases}\dfrac{a}{m}+\dfrac{b}{n}=\dfrac{an+bm}{mn}\\[2mm]\dfrac{a}{m}\times\dfrac{b}{n}=\dfrac{ab}{mn}\end{cases}$$

sont fondées sur les congruences suivantes, relatives cette fois à un système de *trois* modules :

$$\text{II}\ \begin{cases}ax_m+bx_n\equiv(an+bm)\,x_{mn}\ [\text{modd}\ mx_m-1,\ nx_n-1,\ mnx_{mn}-1]\\ ax_m\times bx_n\equiv ab.\,x_{mn}\qquad [\text{modd}\ mx_m-1,\ nx_n-1,\ mnx_{mn}-1]\end{cases}$$

congruences qui résultent elles-mêmes des identités suivantes :

$$\text{III}\ \begin{cases}ax_m+bx_n=(an+bm)\,x_{mn}\\ \qquad +an.\,x_{mn}\,(mx_m-1)+bm.\,x_{mn}\,(nx_n-1)\\ \qquad\qquad -(ax_m+bx_n)\,(mnx_{mn}-1)\\ ax_m\times bx_n=ab.\,x_{mn}\\ \qquad +ab.\,nx_nx_{mn}\,(mx_m-1)+ab.\,x_{mn}\,(nx_n-1)\\ \qquad\qquad -ab.\,x_mx_n\,(mnx_{mn}-1)\end{cases}$$

qu'il est facile de vérifier en effectuant les produits indiqués. »

Inversement, on passe des congruences (II) aux égalités (I) en annulant tous les modules, comme le montrent les identités (III) dont tous les termes s'annulent alors, sauf ceux de la première ligne.

On détermine en même temps les indéterminées x_m, x_n, x_{mn}, par les équations de condition obtenues en égalant les trois modules à *zéro* :

$$mx_m - 1 = 0 \qquad nx_n - 1 = 0$$
$$mnx_{mn} - 1 = 0$$

d'où l'on tirerait :

$$x_m = \frac{1}{m} \qquad x_n = \frac{1}{n}$$
$$x_{mn} = \frac{1}{mn}$$

10. Enfin la considération des congruences permet de définir, ou plutôt d'éviter le concept général de *nombre algébrique*.

Considérons une fonction entière à coefficients entiers :

$$f(x) = a_0 + a_1 x + a_2 x^2 + \dots + a_{n-1} x^{n-1} + a_n x^n$$

On sait qu'elle est décomposable en un produit de n facteurs binômes du premier degré, à coefficients réels ou imaginaires ; et que par suite l'équation :

$$f(x) = 0 \qquad (1)$$

a n racines réelles ou imaginaires conjuguées [cf. 1re P., II, III, **17**]. Ces racines sont, par définition, des *nombres algébriques* [1re P., II, IV, **1**]. Ce sont ces nombres qu'il s'agit de définir en se passant de tout symbolisme irrationnel ou imaginaire.

Si l'équation

$$f(x) = 0$$

admet pour racine un nombre entier ordinaire k, il n'y a pas de difficulté ; cela signifie que le polynôme $f(x)$ est divisible par le binôme $(x - k)$, ce qui s'écrit :

$$f(x) \equiv 0 \ [\text{mod } x - k]$$

En effet, si l'on annule le module $(x - k)$, c'est-à-dire si l'on fait

$$x = k,$$

la fonction $f(x)$ devient identiquement nulle, la congruence se changeant en égalité.

Ainsi l'existence d'une racine d'une équation algébrique, quand cette racine existe réellement, c'est-à-dire est un nombre entier (puisque, par hypothèse, on n'admet pas d'autres nombres), se traduit par une congruence. On va voir qu'il en est de même dans tous les autres cas, où l'équation admet pour racine un nombre « irréel » ou « impossible » au point de vue purement arithmétique, qui est celui de KRONECKER.

11. Si l'équation

$$f(x) = 0$$

admet pour racine un entier négatif $-k$, cela signifie que le polynôme $f(x)$ est divisible par le binôme $(x+k)$, ce qui s'écrit :

$$f(x) \equiv 0 \ [\text{mod } x+k]$$

En effet, si l'on voulait annuler le module, il faudrait résoudre l'équation du premier degré

$$x+k=0$$

on trouverait la racine

$$x=-k$$

qui est aussi racine de l'équation (1), puisqu'alors la congruence devient l'identité

$$f(x)=0.$$

La congruence précédente permet donc d'éviter la racine négative :

$$x=-k.$$

12. Si l'équation

$$f(x)=0$$

admet pour racine un nombre fractionnaire $\frac{a}{b}$, cela signifie que le polynôme $f(x)$ est divisible par le binôme $(a-bx)$, ce qui s'écrit :

$$f(x) \equiv 0 \ [\text{mod } a-bx]$$

En effet, si l'on annule le module, on a à résoudre l'équation du premier degré

$$a-bx=0$$

et l'on trouve la racine

$$x=\frac{a}{b}$$

qui est aussi racine de l'équation (1), puisqu'alors la congruence devient l'identité

$$f(x)=0.$$

La congruence précédente permet donc d'éviter la racine fractionnaire :

$$x=\frac{a}{b}$$

De même, dire que l'équation (1) a pour racine une fraction négative : $-\frac{a}{b}$, c'est dire que le polynôme $f(x)$ est divisible par le binôme $(a+bx)$, ce qui s'écrit :

$$f(x) \equiv 0 \ [\text{mod } a+bx]$$

Ainsi cette congruence permet de représenter dans tous les cas toutes les racines *rationnelles* de l'équation (1) comme racines de l'équation algébrique du premier degré

$$a+bx=0$$

en convenant de dire que cette équation a toujours *une* racine, quelles que soient les valeurs entières attribuées à a, b.

13. D'une manière analogue, on représentera toutes les racines irrationnelles et imaginaires de l'équation (1) par des congruences de la forme

$$f(x) \equiv 0 \ [\text{mod}\ ax^2 + bx + c]$$

en convenant de dire que l'équation générale du second degré

$$ax^2 + bx + c = 0$$

a toujours *deux* racines réelles ou imaginaires conjuguées.

En effet, si l'équation (1) admet pour racine le nombre imaginaire $(\alpha + \beta i)$, elle admet aussi pour racine le nombre imaginaire conjugué $(\alpha - \beta i)$; or cela signifie que le polynôme $f(x)$ est divisible par les deux binômes imaginaires conjugués du premier degré

$$(x - \alpha - \beta i) \qquad\qquad (x - \alpha + \beta i)$$

c'est-à-dire par le trinôme *réel* du second degré

$$(x - \alpha)^2 + \beta^2$$

qui est leur produit; ce qui s'écrit :

$$f(x) \equiv 0 \ [\text{mod}\ (x - \alpha)^2 + \beta^2]$$

Réciproquement, puisque toute fonction entière de x est décomposable en facteurs réels du premier ou du second degré, dire que le polynôme $f(x)$ est divisible par un trinôme du second degré :

$$f(x) \equiv 0 \ [\text{mod}\ ax^2 + bx + c]$$

c'est dire que $f(x)$ devient identiquement nul pour les valeurs de x qui annulent ce trinôme (module de la congruence précédente), en d'autres termes, que l'équation

$$f(x) = 0$$

est vérifiée par les racines de l'équation du second degré :

$$ax^2 + bx + c = 0.$$

Remarque. — Tout trinôme du second degré peut se mettre sous la forme d'une somme ou d'une différence de deux carrés [cf. 1re P., II, III, **4**] :

$$(x - \alpha)^2 \pm \beta^2$$

Dans le second cas (différence) il a ses deux racines réelles; dans le premier (somme) ses deux racines sont imaginaires conjuguées.

Dans le cas particulier où β est nul, le trinôme se réduit au carré du binôme du premier degré $(x - \alpha)$; ses deux racines sont alors réelles et égales à α. Le polynôme $f(x)$ contient, en ce cas, deux facteurs binômes égaux à $(x - \alpha)$, et admet, par conséquent, deux racines égales à α (racines de l'équation du premier degré : $x - \alpha = 0$).

Si au contraire α est nul, le trinôme se réduit à

$$x^2 \pm \beta^2$$

et l'équation binôme qui en résulte

$$x^2 \pm \beta^2 = 0$$

a ses deux racines (réelles ou imaginaires) symétriques. En effet, le trinôme se décompose alors en deux facteurs binômes du premier degré :

$$x^2 - \beta^2 = (x + \beta)\ (x - \beta)$$
$$x^2 + \beta^2 = (x + \beta i)\ (x - \beta i)$$

14. En somme, un nombre négatif ou fractionnaire n'est que le symbole d'une équation du premier degré impossible à résoudre en nombres entiers; un nombre irrationnel ou imaginaire n'est que le symbole d'une équation du second degré impossible à résoudre en nombres rationnels. Seulement, au lieu de considérer ces symboles d'impossibilité comme des solutions véritables, et de les admettre à titre de nombres nouveaux, on « s'en passe » en écrivant les équations sous forme de congruences par rapport à des modules qui contiennent l'inconnue, ou plutôt l'indéterminée x, de sorte que les racines négatives, fractionnaires, irrationnelles, imaginaires ne signifient rien de plus que les congruences que nous avons écrites ci-dessus. Dire que tel nombre algébrique est racine de l'équation algébrique

$$f(x) = 0,$$

c'est dire que le polynôme $f(x)$ est divisible par tel binôme du premier degré ou tel trinôme du second degré en x, dont ce nombre est la racine ou plutôt le symbole. La résolution des équations algébriques est donc ramenée à une question d'Algèbre pure, à l'étude de la divisibilité des polynômes.

15. Cette théorie est très satisfaisante par sa rigueur logique et par sa symétrie. Elle fait de l'Algèbre pure un simple prolongement de l'Arithmétique pure, et constitue entièrement ces deux sciences sur l'idée de nombre entier et sur les combinaisons de nombres entiers. L'Arithmétique générale, selon Kronecker, n'est pas autre chose que « la théorie des fonctions entières à coefficients entiers d'indéterminées », de sorte que toutes les propriétés de ces fonctions, quand on y attribue aux indéterminées des valeurs entières, se réduisent en somme aux propriétés des nombres entiers. Cette conception purement algébrique du nombre offre donc un grand intérêt philosophique, par son caractère éminemment systématique. Elle a l'avantage de faire rentrer toutes les espèces de nombres sous le concept général de nombre algébrique, et de construire celui-ci avec la seule notion de nombre entier. Seulement (et c'est la rançon de ses mérites), elle ne tient compte que du nombre algébrique, et ne peut rendre raison des nombres transcendants [cf. 1re P., II, IV]. En outre, si elle est parfaitement logique, elle ne paraît guère rationnelle : elle présente les nouveaux nombres sous une forme indirecte et compliquée qui les dénature; de plus, elle semble reposer sur une sorte de cercle vicieux, car elle suppose, au fond, les concepts qu'elle prétend éviter. C'est ce que nous allons montrer par des exemples, en reprenant les principales formules relatives aux nombres négatifs et fractionnaires, qui sont encore les plus simples de toutes.

16. Kronecker lui-même fait observer que les congruences de module $(x + 1)$ se réduisent à des égalités entre nombres négatifs quand on annule le module, c'est-à-dire quand on détermine x par la condition

$$x + 1 = 0.$$

Or, si l'on résout cette équation, on trouve

$$x = -1$$

comme il fallait s'y attendre, puisqu'on a obtenu les congruences en substituant l'indéterminée x au facteur -1. Mais de deux choses l'une : ou bien l'on s'enferme strictement dans l'ensemble des nombres entiers arithmétiques, et alors cette solution n'a pas de sens, c'est-à-dire que l'équation précédente est impossible ; on ne peut donc jamais annuler le module de la congruence, ni, par suite, la réduire à une égalité ; ou bien l'on admet la racine négative -1, et alors il n'y a pas de raison pour ne pas admettre au même titre tous les nombres négatifs, qu'il s'agit précisément d'éviter. Dans ce cas, la congruence peut bien se réduire à une égalité ; mais il n'y a même plus besoin de cette congruence, qui n'était qu'un subterfuge destiné à tourner la difficulté, savoir l'impossibilité de la soustraction, et à éluder le nombre négatif, symbole de cette impossibilité.

C'est ce qu'on aperçoit sans peine sur l'exemple particulier donné par Kronecker. La congruence

$$7 + 9x \equiv 3 + 5x \; [\text{mod } x + 1]$$

exprime que les restes des deux membres, divisés séparément par le module, sont égaux. Or si l'on divise chacun des deux binômes

$$(7 + 9x) \qquad \text{et} \qquad (3 + 5x)$$

par $(x + 1)$, on trouve de part et d'autre pour reste -2, c'est-à-dire précisément le nombre négatif qui résulterait des soustractions, par hypothèse impossibles :

$$7 - 9 \qquad \text{et} \qquad 3 - 5.$$

De même, quand nous avons formé le produit de deux binômes :

$$(a + bx)(a' + b'x) = aa' + (ab' + ba')\,x + bb'.\,x^2$$

nous nous sommes bien gardé de diviser ce produit par le module $(x + 1)$, comme on serait tenté de le faire, car nous aurions trouvé pour reste final

$$(aa' + bb') - (ab' + ba')$$

c'est-à-dire, encore une fois, le nombre qualifié qu'il fallait éviter.

Enfin, et plus généralement, si l'on divise un binôme quelconque $(a + bx)$ par le module $(x + 1)$, on trouve pour reste $(a - b)$, c'est-à-dire une différence « réelle » ou « imaginaire » (au sens indiqué page 82, note 1). On retrouve donc par là la signification véritable des binômes de la forme $(a + bx)$:

$$a + bx \equiv a - b \; [\text{mod } x + 1]$$

Ainsi, même en conservant au module de congruence toute son indétermination, mais en poussant jusqu'au bout la division par le module, comme on en a le droit (puisque le dividende et le reste sont congruents par rapport au diviseur), on retombe nécessairement sur la notion du couple [1re P., I, II] qu'on voulait éluder. Dès lors, la notation par congruences devient inutile, et n'est plus qu'une complication gênante.

17. Ces dernières considérations ne s'appliquent pas aux congruences destinées à expliquer le calcul des imaginaires : car le reste final de la division d'un polynôme par $(x^2 + 1)$ peut être, et est en général un binôme du premier degré en x, tandis que le reste final de la division d'un polynôme par $(x + 1)$ ne peut plus contenir x, et est entièrement déterminé.

Néanmoins, la justification des imaginaires par les congruences tombe sous le coup de la même critique générale. En effet, pour que ces congruences se réduisent à des égalités, il faut annuler leur module, c'est-à-dire déterminer x par la condition :

$$x^2 + 1 = 0.$$

Or, si l'on s'en tient à l'ensemble des valeurs entières, et même rationnelles, pouvant être attribuées à l'indéterminée x, l'équation précédente est insoluble; il est donc impossible de déterminer x de manière à réduire les congruences à des égalités. Ou, si l'on passe outre, et qu'on essaie de résoudre cette équation impossible en appliquant aveuglément (et abusivement) les règles du calcul des radicaux, on aboutit au résultat absurde

$$x = \pm \sqrt{-1}$$

qu'il s'agissait justement d'éviter. Ce résultat était d'ailleurs à prévoir : car on n'a obtenu les congruences qu'en remplaçant précisément i par x dans les nombres imaginaires. Lorsqu'ensuite on veut déterminer x, on retrouve naturellement la formule qui caractérise le symbole i.

Ainsi l'on ne peut justifier les imaginaires au moyen des congruences qu'en annulant le module de celles-ci; or cela équivaut à insinuer dans les formules le symbole $\sqrt{-1}$ qu'on veut en éliminer. On n'écrit pas explicitement

$$x = \sqrt{-1}$$

mais on pose

$$x^2 + 1 = 0$$

ce qui revient exactement au même. Tel est le cercle vicieux annoncé plus haut : on essaie, par exemple, d'expliquer la formule de multiplication des imaginaires

$$(a + bi)(a' + b'i) = aa' - bb' + (ab' + ba')\,i$$

par la congruence suivante :

$$(a + bx)(a' + b'x) \equiv aa' - bb' + (ab' + ba')\,x \; [\text{mod } x^2 + 1]$$

Mais cette congruence ne pouvant devenir une égalité que si le module s'annule, on est obligé de regarder x^2 comme égal à -1, c'est-à-dire d'admettre un carré négatif, ce qui, au point de vue purement arithmétique, est une contradiction formelle [1re P., I, II, **15**]. Autant valait poser tout de suite, arbitrairement, la formule générale de multiplication (comme on l'a fait : 1re P., I, III, **6**) et en déduire après coup l'égalité symbolique :

$$i^2 = -1.$$

Puisque tôt ou tard il faut introduire cette formule fondamentale dans le calcul des imaginaires, il vaut encore mieux la présenter comme une convention arbitraire, que de l'expliquer comme solution d'une équation impossible, c'est-à-dire par un non-sens arithmétique et algébrique.

18. L'on en peut dire autant des congruences par lesquelles on croit pouvoir se passer des nombres fractionnaires [**9**]. Mais ce cercle vicieux, qui leur est commun avec toutes les congruences que nous venons d'examiner, n'est encore que leur moindre défaut. Le lecteur a certainement remarqué la complication invraisemblable et rebutante des formules du calcul des fractions, écrites sous forme de congruences, et a dû en être d'autant plus surpris, que les fractions sont, de tous les nombres considérés jusqu'ici, ceux dont le maniement paraît le plus simple et le plus facile, et est en tout cas le plus usuel et le plus familier. Cette complication est même plus grande qu'on ne s'en doute à première vue. Non seulement, comme on s'en aperçoit à la simple inspection des formules, chaque congruence est relative à un système de *trois* modules, et non plus à un seul module, comme dans la théorie des nombres négatifs ou imaginaires; mais encore chacun de ces modules contient une indéterminée particulière, affectée d'un indice qui peut changer à chaque congruence et prendre toutes les valeurs entières. Ainsi, tandis que, pour représenter l'ensemble des nombres négatifs ou celui des imaginaires, il suffit d'une seule indéterminée x (correspondant au nombre unique -1 ou $\sqrt{-1}$); pour représenter l'ensemble des nombres fractionnaires, il faut employer autant d'indéterminées différentes qu'il y a de nombres entiers, puisqu'elles sont destinées à remplacer les inverses de tous les nombres entiers. Encore avons-nous fait grâce au lecteur de la formule de la division des fractions, qui se traduit par une congruence à *quatre* modules, et où figure une quantité doublement indéterminée, ayant elle-même pour indice une autre indéterminée :

$$x_{bx_n}$$

19. Rien ne montre mieux combien cette théorie est artificielle et détournée, que son extrême complication précisément dans la partie qui traite des nombres les plus simples; aussi fournit-elle un exemple remarquable du divorce entre l'ordre *logique* et l'ordre *rationnel*. Assurément, cette théorie est parfaitement correcte : on n'y relève aucun paralogisme, aucune contradiction intrinsèque; on ne peut lui reprocher un manque d'exactitude ou de rigueur. Il est certain que l'on peut, sans la moindre erreur, transformer tout le calcul des fractions en un calcul de congruences de la forme précitée; mais il est non moins certain que cette méthode n'est ni simple ni naturelle. Non seulement ce n'est pas ainsi qu'en fait les fractions ont été inventées, mais ce n'est pas là non plus le moyen le plus direct et le plus commode de les introduire : cette théorie masque la véritable nature des nombres fractionnaires, et dissimule leurs relations et leurs combinaisons sous une notation encombrante, en y mêlant des notions étrangères. Sans doute elle justifie, si l'on veut, les règles des opérations à effectuer sur ces nombres; mais, en les embarrassant de tant d'indéterminées, elle rendrait le calcul des fractions fort pénible, pour ne pas dire impraticable : car il ne suffit pas que les opérations soient possibles à la rigueur en théorie, il faut encore qu'elles ne se traduisent pas dans la pratique par des formules prolixes et des écritures d'une longueur insupportable. Au fond, il est bien évident que ce sont les formules simples (I) qu'on a surchargées gratuitement de termes inutiles pour obtenir les identités (III), d'où l'on a tiré les congruences (II). Celles-ci ne font donc que déguiser, sous un appareil superflu et gênant, les formules élémentaires qu'on prétend en déduire. Une telle méthode, qui renverse ainsi l'ordre et l'enchaînement naturels des idées mathématiques, et qui part de notions relativement complexes pour expliquer les plus simples, peut bien être logique ; elle n'est pas rationnelle.

20. Mais on ne réussit pas, même au prix de cette complication fastidieuse, à se passer, comme on le prétend, de tout nombre fractionnaire. En effet, les congruences ne se réduisent aux égalités qu'on veut établir que si l'on annule tous leurs modules, c'est-à-dire si l'on attribue aux indéterminées

$$x_m \qquad x_n \qquad x_{mn}$$

respectivement les valeurs fractionnaires

$$\frac{1}{m} \qquad \frac{1}{n} \qquad \frac{1}{mn}$$

qui par hypothèse n'ont pas de sens, et qu'il s'agit justement d'éviter. A quoi bon, dès lors, exclure les fractions et substituer à leurs dénominateurs de prétendues indéterminées, si, quand on veut transformer les congruences en égalités, on est obligé, au rebours, de remplacer ces indéterminées par des inverses de nombres entiers ?

En résumé, la tentative de Kronecker pour justifier les règles du calcul des nombres algébriques par la considération des congruences à modules indéterminés est à la fois laborieuse et vaine, parce que, dès qu'il s'agit de lever l'indétermination pour obtenir des égalités rigoureuses, on retrouve les notions qu'on voulait éviter comme absurdes, et qu'on a subrepticement introduites dans les formules où l'on prétendait s'en passer. Ou bien les indéterminées ne doivent prendre que des valeurs « réelles » (c'est-à-dire entières), et alors les congruences sont valables, mais restent indéterminées, et ne peuvent jamais coïncider avec les égalités exactes qu'on cherche à en tirer ; ou bien on veut réduire les congruences à ces égalités en annulant leurs modules, mais alors on ne trouve pour les indéterminées que des valeurs impossibles, et les congruences n'ont plus de sens arithmétique. On n'a donc rien gagné à ne pas introduire d'abord ces valeurs « imaginaires », comme nous l'avons fait [1re P., II, ii, iii], et l'on ne réussit pas à les *éviter*.

NOTE IV

SUR LA THÉORIE DES ENSEMBLES ET DES NOMBRES INFINIS [1]

§ I.

1. *Définition*. — « On dit qu'un *ensemble* de nombres est défini, si l'on donne le moyen de reconnaître si tel nombre que l'on veut appartient ou n'appartient pas à l'ensemble considéré. [2] »

Le moyen en question peut être, soit une énumération particulière des éléments de l'ensemble, soit une définition générale ou une loi progressive de formation. Le premier moyen ne peut servir à définir qu' « une collection *finie* de nombres donnés individuellement ». Le second moyen est également applicable aux ensembles finis ou infinis. Par exemple, l'ensemble ou « suite naturelle » des nombres entiers est donné par sa loi de formation (addition de l'unité à elle-même); l'ensemble des nombres rationnels plus petits que 3 est donné par une définition générale. Une suite infinie de nombres (telle que celles qu'on a vues dans la 1re Partie [I, IV; II, IV]) peut être donnée, soit par une définition générale, son terme général u_n étant défini en fonction de l'indice n qui marque son rang; soit par une loi de formation progressive ou récurrente, si l'on donne le moyen de trouver u_{n+1} connaissant u_n.

On appelle *élément* d'un ensemble tout nombre qui appartient à cet ensemble.

2. *Définition*. — On dit que deux ensembles bien définis ont la même *puissance*, si l'on peut établir entre eux une *correspondance univoque et réciproque*, de telle sorte qu'à chaque élément de l'un correspond un élément de l'autre, et qu'à deux éléments différents de l'un correspondent deux

1. Cette Note est un résumé d'ensemble des mémoires de M. Georg CANTOR, énumérés dans l'*Index bibliographique*. Des expositions partielles en ont été déjà faites, en France, par M. Paul TANNERY : *Le concept scientifique du continu : Zénon d'Elée et Georg Cantor*, ap. *Revue philosophique*, t. XX, p. 385; *Sur le concept du transfini*, ap. *Revue de Métaphysique et de Morale*, t. II, p. 465. Un exposé plus complet se trouve dans la thèse de M. HANNEQUIN : *Essai critique sur l'hypothèse des atomes dans la science contemporaine*, Livre I, ch. I, § IV (p. 48-69).

2. J. TANNERY, *op. cit.*, § 15. Cf. définition de la suite, § 20 [Voir 1re P., I, IV, **15**].

éléments différents de l'autre. Autrement dit : si à chaque élément de l'un correspond un élément, et un seul, de l'autre, et inversement.

3. Deux ensembles de même puissance sont dits *équivalents*. On les appelle *semblables* [1] lorsque la correspondance univoque et réciproque est effectivement établie entre eux. Ainsi deux systèmes sont *équivalents*, quand ils peuvent être rendus *semblables*.

Deux ensembles équivalents à un même troisième sont évidemment équivalents : car si on les rend semblables à ce troisième, ils seront aussi semblables entre eux.

Tous les ensembles équivalents à un même ensemble sont rangés dans une même *classe*, que représente ce dernier ensemble, pris pour *type* ou *représentant* de la classe ou de la puissance commune à tous ces ensembles [2].

4. Un ensemble A est dit faire *partie* de l'ensemble B, si tout élément de A appartient à B.

Si de plus B fait partie de A, c'est-à-dire si tout élément de B appartient à A, les deux ensembles sont *identiques*.

Si au contraire quelque élément de B n'appartient pas à A, l'ensemble A s'appelle *partie intégrante* de B [3]. Cela revient à dire que A fait partie de B, mais que B ne fait pas partie de A.

5. Un ensemble est dit *infini*, quand il est équivalent à une partie intégrante de lui-même [4]. Il est dit *fini* dans le cas contraire.

Deux ensembles équivalents sont tous deux finis ou tous deux infinis [5].

Un ensemble dont une partie est infinie est lui-même infini ; et réciproquement, toute partie d'un ensemble fini est finie [6].

Théorème. — Si deux ensembles n'ont pas la même puissance, l'un d'eux a la même puissance qu'une partie intégrante de l'autre.

Si, par exemple, l'ensemble A n'a pas la même puissance que l'ensemble B, mais a la même puissance qu'une partie intégrante de B, on dit que l'ensemble A a une puissance *plus petite* que l'ensemble B, et l'ensemble B une puissance *plus grande* que l'ensemble A.

Corollaires. — 1° Toute partie intégrante d'un ensemble fini a une puissance plus petite que cet ensemble. Car si elle avait la même puissance, cet ensemble serait infini, par définition.

2° Deux ensembles finis équivalents sont toujours semblables, quel que soit l'ordre de leurs éléments. En effet, si l'un d'eux pouvait être semblable à une partie intégrante de l'autre, celui-ci serait équivalent à une partie intégrante de lui-même, c'est-à-dire infini, ce qui est contraire à l'hypothèse.

Remarques. — 1° Deux ensembles quelconques sont équivalents, quand ils sont semblables pour un certain ordre de leurs éléments ; mais s'ils sont semblables pour un ordre quelconque de leurs éléments, c'est qu'ils sont finis.

1. Dedekind, *Was sind und was sollen die Zahlen*, § **3**, 32.
2. *Ibid.*, 34.
3. « Echter Theil » : Dedekind, *op. cit.*, § **1**, 3, 6.
4. Dedekind, *op. cit.*, § **5**, 64.
5. *Ibid.*, 67.
6. *Ibid.*, 68.

2° La *réciproque* du *théorème* précédent n'est pas vraie. La proposition : « Deux ensembles n'ont pas la même puissance, si l'un d'eux est équivalent à une partie intégrante de l'autre », n'est valable que si l'un au moins des ensembles est fini. En effet, si l'on suppose que cette proposition est fausse, c'est-à-dire que les deux ensembles sont équivalents, il en résulte que l'un d'eux est équivalent à une partie intégrante de lui-même, et par suite infini; donc l'autre aussi est infini.

6. *Théorème.* — La suite naturelle des nombres entiers est infinie.

En effet, puisqu'après tout nombre entier il y en a un autre, on peut faire correspondre à chaque nombre entier le nombre suivant :

$$1,\ 2,\ 3,\ \ldots\ldots\ n,\ \ldots\ldots$$
$$2,\ 3,\ 4,\ \ldots\ldots\ n+1,\ \ldots\ldots$$

On voit que, par cette transformation, la suite naturelle se reproduit tout entière, à l'exception de 1 : elle est donc bien semblable à une partie intégrante d'elle-même, et par conséquent infinie.

On peut démontrer ce théorème d'une infinité de manières, en remarquant que la suite naturelle est semblable, par exemple, à la suite des nombres pairs (car à chaque nombre entier correspond un nombre double) :

$$2,\ 4,\ 6,\ 8,\ 10,\ \ldots\ldots$$

à la suite des nombres impairs (semblable à la précédente) :

$$1,\ 3,\ 5,\ 7,\ 9,\ \ldots\ldots$$

à la suite des nombres carrés :

$$1^2,\ 2^2,\ 3^2,\ 4^2,\ 5^2,\ \ldots\ldots$$

c'est-à-dire :

$$1,\ 4,\ 9,\ 16,\ 25,\ \ldots\ldots$$

etc., etc.

7. Un même ensemble fini est toujours semblable, quel que soit l'ordre de ses éléments, à la même suite de nombres :

$$1,\ 2,\ 3,\ \ldots\ldots\ n$$

pris consécutivement dans la suite naturelle des nombres à partir du premier. Cette suite finie de nombres, découpée sans interruption ni lacune en tête de la suite naturelle infinie, peut représenter tous les ensembles finis de la même puissance ou de la même classe. Or elle est complètement déterminée si l'on donne le nombre n qui la termine. Ce dernier nombre n sera appelé le *nombre* [1] des éléments de la suite

$$1,\ 2,\ 3,\ \ldots\ldots\ n$$

et de tous les ensembles équivalents; il définit leur puissance commune.

Ainsi la puissance d'un ensemble fini n'est autre chose que le nombre de ses éléments.

Corollaire. — Le nombre des éléments d'un ensemble fini est indépendant de leur ordre.

1. Dedekind, *op. cit.*, § **14**, 161 (cf. 73). — Cette définition du nombre cardinal par le nombre ordinal, légitime au point de vue mathématique, est sujette, au point de vue philosophique, aux réserves et aux critiques formulées dans notre 2e Partie [Livre I, Ch. ii, **7-8**].

Remarque. — L'hypothèse que l'ensemble est *fini* étant la condition essentielle de la proposition précédente (comme il ressort de sa démonstration), on peut dès maintenant prévoir qu'elle ne sera plus vraie pour un ensemble infini [cf. 2e P., I, I, **9**].

8. Quand un ensemble a la même puissance que la suite naturelle des nombres entiers, on peut, par hypothèse, le mettre sous la forme d'une suite simplement infinie :

$$a_1, a_2, a_3, \ldots\ldots a_n, \ldots\ldots$$

chacun de ses éléments correspondant à un nombre entier différent qui indique son rang dans la suite et qu'on nomme son *indice*. Un tel ensemble est appelé *dénombrable*.

Réciproquement, toute suite simplement infinie ordonnée suivant l'ordre des indices entiers croissants, étant semblable à la suite naturelle des nombres, est dénombrable, c'est-à-dire a la même puissance que l'ensemble des nombres entiers.

9. *Théorème*. — L'ensemble des nombres rationnels (positifs) est dénombrable. En effet, chaque nombre rationnel (considéré comme une fraction) peut être représenté par un couple de nombres entiers rangés dans un ordre déterminé (a, b) [1re P., I, I, **1**]. L'ensemble des nombres rationnels forme donc une suite à double entrée, qu'on peut figurer par le tableau suivant [1] :

	1	2	3	4	5	6	7	8	
1	1	2	4	7	11	16	22	29	
2	3	5	8	12	17	23	30		
3	6	9	13	18	24	31			
4	10	14	19	25	32				
5	15	20	26	33					
6	21	27	34						
7	28	35							
8	36								

1. J. Tannery, *op. cit.*, § 56.

Or, si l'on numérote (comme ci-dessus) toutes les cases de ce tableau en suivant un ordre déterminé, d'ailleurs quelconque (il est aisé d'en imaginer d'autres que celui que nous avons suivi)[1], on établira une correspondance univoque et réciproque entre *tous* les nombres entiers et *toutes* les cases du tableau, dont chacune représente un couple de nombres entiers, c'est-à-dire un nombre rationnel. Comme d'ailleurs tous les nombres entiers sont inscrits sur les deux côtés (entrées) de ce tableau, il comprend tous les nombres rationnels. Il est donc prouvé que l'ensemble des nombres rationnels peut être mis sous la forme d'une suite simplement infinie.

10. *Remarque.* — La démonstration précédente revient au fond à celle de M. CANTOR, dont elle n'est qu'une illustration géométrique; elle est moins rigoureuse peut-être, mais plus intuitive. M. CANTOR considère toutes les fractions $\frac{p}{q}$ dont la somme des termes est égale à un même nombre entier N; autrement dit, toutes les solutions en nombres entiers positifs de l'équation

$$p + q = \text{N}.$$

Ces fractions, au nombre de N — 1, sont par ordre de grandeur décroissante :

$$\frac{\text{N}-1}{1}, \frac{\text{N}-2}{2}, \ldots\ldots\ldots\ldots \frac{2}{\text{N}-2}, \frac{1}{\text{N}-1}.$$

En faisant successivement N égal à 2, 3, 4, etc., on obtient des groupes successifs de 1, 2, 3, ... fractions; si l'on range tous ces groupes à la suite les uns des autres, on forme une suite de fractions *semblable* à la suite des nombres entiers, c'est-à-dire simplement infinie :

$$\frac{1}{1}; \frac{2}{1}, \frac{1}{2}; \frac{3}{1}, \frac{2}{2}, \frac{1}{3}; \frac{4}{1}, \frac{3}{2}, \frac{2}{3}, \frac{1}{4}; \ldots\ldots$$
$$1, 2, 3, 4, 5, 6, 7, 8, 9, 10, \ldots..$$

Il est aisé de voir que la correspondance ainsi établie entre les nombres entiers et les nombres fractionnaires coïncide avec celle que figure notre table à double entrée : si l'on prend le numérateur de chaque fraction dans la première ligne (horizontale), et le dénominateur dans la première colonne (verticale), le nombre entier correspondant à cette fraction, c'est-à-dire son numéro d'ordre dans la suite précédente, se trouvera à l'intersection de la colonne du premier terme et de la ligne du second terme. On remarquera que les fractions dont la somme des termes est un même nombre N sont représentées par les cases d'une même diagonale du tableau, ce qui explique l'ordre adopté pour numéroter les cases.

En général, on peut faire correspondre d'une manière univoque et réciproque chaque nombre entier λ à chaque couple de nombres entiers m et n au moyen de la formule suivante, due à M. CANTOR :

$$\lambda = \frac{(m+n-1)(m+n-2)}{2} + m.$$

Cette correspondance coïncide encore avec celle que nous venons de définir. Pour s'en assurer, il suffit de poser

$$m + n = \text{N},$$

1. Voir p. 480, note 2.

et de donner à N successivement les valeurs 2, 3, 4, ...; puis, dans chacune de ces hypothèses, de donner à m successivement les valeurs

$$1, 2, \ldots\ldots\ldots N-2, N-1,$$

et par conséquent à n les valeurs corrélatives

$$N-1, N-2, \ldots\ldots\ldots 2, 1.$$

Quand m et n prennent chacun une fois toutes les valeurs entières, λ prend toutes les valeurs entières, et chacune d'elles une seule fois.

11. Le théorème précédent est déjà paradoxal, car nous savons [1re P., I, IV, **6**, 2°] que l'ensemble des nombres rationnels compris entre deux nombres entiers consécutifs est infini comme l'ensemble des nombres entiers. Il est vrai que la démonstration que nous venons d'exposer prouve qu'un ensemble composé d'un nombre fini ou même infini de suites simplement infinies est lui-même dénombrable. En effet, le tableau que nous avons décrit plus haut peut être considéré comme l'ensemble de ses lignes horizontales. Or chacune de ces lignes forme une suite infinie semblable à la suite des nombres entiers écrits sur la première ligne, et correspond, d'autre part, à un nombre différent de la première colonne, qui contient, elle aussi, la suite infinie des nombres entiers. Le tableau constitue donc une suite infinie de suites infinies, et l'on voit qu'il peut être mis, par le numérotage de ses cases, sous la forme d'une suite simplement infinie semblable à la suite des nombres entiers.

12. Mais on peut aller encore plus loin, et établir la proposition suivante :

Théorème. — L'ensemble des nombres algébriques réels est dénombrable.

Les détails dans lesquels nous sommes entré pour démontrer le théorème précédent nous dispensent d'insister sur la démonstration de celui-ci, qui est tout à fait analogue, mais seulement plus compliquée. Nous nous bornerons donc à en indiquer le principe.

Soit un nombre algébrique réel; par définition [1re P., II, IV, **1**], il est racine d'une équation algébrique à coefficients entiers (positifs ou négatifs) de degré n :

$$a_0x^n + a_1x^{n-1} + \ldots. + a_{n-1}\,x + a_n = 0.$$

On appellera *hauteur* de ce nombre algébrique le nombre entier suivant :

$$N = n - 1 + |\,a_0\,| + |\,a_1\,| + \ldots. + |\,a_{n-1}\,| + |\,a_n\,|$$

Chaque nombre algébrique a évidemment une hauteur finie et déterminée. Inversement, on prouve qu'à chaque nombre entier donné N ne correspond qu'un nombre fini de nombres algébriques ayant pour hauteur N. On conviendra de ranger ces nombres par ordre de grandeur (croissante ou décroissante); ils formeront donc un groupe fini et bien ordonné.

Cela posé, on fait successivement N égal à 2, 3, 4, etc., et l'on met bout à bout les groupes de nombres algébriques correspondant à chaque valeur de N. On obtiendra ainsi une suite linéaire simplement infinie, qui contiendra *tous* les nombres algébriques réels, *C. Q. F. D.*

13. *Remarque.* — Ce mode de démonstration comprend comme cas particulier la méthode indiquée plus haut [**10**] pour démontrer le théorème relatif à l'ensemble des nombres rationnels. En effet, les nombres rationnels sont tous les nombres algébriques racines de l'équation du premier degré

$$a_0 x + a_1 = 0,$$

où a_0, a_1 prennent toutes les valeurs entières positives et négatives. On en tire

$$x = -\frac{a}{a_0}.$$

La hauteur de ce nombre algébrique sera donc

$$N = | a_0 | + | a_1 |$$

(le degré n étant égal à 1). On reconnaît la formule employée ci-dessus [**10**] pour ranger tous les nombres rationnels *positifs* en une suite linéaire. Quant aux nombres rationnels négatifs, ils forment une suite symétrique, et partant semblable à la suite des nombres rationnels positifs; or on sait [**11**] que l'ensemble de deux suites simplement infinies peut être mis lui-même sous la forme d'une suite simplement infinie.

Le dernier théorème est d'autant plus remarquable et surprenant, qu'il existe une infinité de nombres algébriques réels dont la différence avec un nombre réel quelconque α soit moindre que toute quantité donnée ε ; autrement dit, il y a une infinité de nombres algébriques (et même de nombres rationnels), contenus dans tout intervalle réel $(\alpha + \varepsilon, \alpha - \varepsilon)$ si petit qu'il soit. Néanmoins, l'ensemble des nombres algébriques réels n'a que la puissance de l'ensemble des nombres entiers, et peut se mettre sous la forme d'une suite simplement infinie.

14. D'autre part, on démontre le *théorème* suivant :

Étant donnée une suite simplement infinie de nombres réels différents :

(U) $$u_1, u_2, \ldots\ldots u_n, \ldots\ldots$$

on peut, dans chaque intervalle réel (α, β) donné d'avance, trouver un nombre réel λ n'appartenant pas à la suite (U), et par suite une infinité de tels nombres.

Corollaire. — L'ensemble de tous les nombres réels compris entre deux nombres réels (α, β) n'est pas dénombrable.

En effet, s'il était dénombrable, on pourrait [**8**] ranger *toutes* les valeurs de cet ensemble en une suite de la forme (U), et alors on pourrait trouver dans l'intervalle (α, β) une infinité de nombres réels qui n'appartiendraient pas à l'ensemble, ce qui contredit l'hypothèse.

Ainsi aucune suite simplement infinie ne peut épuiser la totalité des nombres réels contenus dans l'intervalle (α, β), mais il en reste toujours une infinité en dehors d'une telle suite.

15. Du même théorème on déduit immédiatement la proposition suivante, démontrée par LIOUVILLE [1] :

1. *Journal de Liouville*, 1re série, t. XVI.

Dans chaque intervalle réel (α, β) donné d'avance, il y a une infinité de nombres transcendants.

En effet, l'ensemble des nombres algébriques réels peut former une suite simplement infinie semblable à la suite (U) [**12**].

16. Non seulement l'ensemble des nombres réels de tout intervalle fini a une puissance supérieure à celle de l'ensemble des nombres entiers [**14**], mais cela est encore vrai si l'on exclut de cet ensemble une suite simplement infinie de valeurs distinctes, formant un ensemble dénombrable; par exemple, si l'on supprime tous les nombres rationnels ou même tous les nombres algébriques de l'intervalle donné.

En effet, si l'ensemble des valeurs qui restent, quand on a enlevé de l'intervalle un ensemble dénombrable, était lui-même dénombrable, l'ensemble des valeurs réelles de cet intervalle serait composé de deux ensembles dénombrables, et par conséquent aussi dénombrable [**11**], ce qui est faux [**14**].

17. On démontre d'ailleurs directement et en toute rigueur la proposition suivante :

L'ensemble des nombres irrationnels (et même l'ensemble des nombres transcendants) contenus dans un intervalle réel fini quelconque a la même puissance que l'ensemble des nombres réels de cet intervalle.

Par conséquent, le même ensemble a une puissance supérieure à celle de l'ensemble des nombres entiers (ou des nombres rationnels, ou des nombres algébriques).

C'est ce que nous avons grossièrement exprimé en disant que le *nombre* des nombres réels transcendants est infiniment plus infini que celui des nombres réels algébriques [1re P., II, IV, **5**]. Nous voulions parler de la *puissance* de ces deux ensembles. On sait en effet que la puissance coïncide avec le nombre pour les ensembles finis [**7**]; il n'en est pas de même dans les ensembles infinis, comme on le verra plus loin, quand nous aurons défini le *nombre* d'un ensemble infini.

18. Il y a donc lieu de distinguer *deux* puissances parmi les ensembles infinis : la *première puissance* sera celle de la suite des nombres entiers; c'est évidemment la plus petite puissance infinie, car c'est la première qui ne corresponde pas à un nombre entier (fini); la *seconde puissance* sera celle d'un *intervalle réel fini et continu*, par exemple de l'ensemble des nombres réels compris entre 0 et 1, qu'on appelle : *intervalle* (0, 1).

19. On peut se demander si l'ensemble illimité et continu des nombres réels n'a pas une puissance supérieure à celle d'un intervalle réel fini, qui n'en est qu'une infime partie. Mais on peut établir une correspondance univoque et réciproque entre toutes les valeurs de l'intervalle (0, 1) et tous les nombres réels positifs, au moyen de la formule suivante [1] :

$$y = \frac{1}{x} - 1, \qquad \text{ou} \qquad x = \frac{1}{y+1}$$

Quand x varie de 1 à 0, y varie depuis *zéro* jusqu'à l'infini positif, et

1. Paul TANNERY, ap. *Revue philosophique*, *art. cité*.

inversement, chacune des deux variables passant une fois, et une seule, par chaque valeur intermédiaire. L'ensemble des nombres réels positifs est donc équivalent à l'intervalle (0, 1). On prouverait de même (et par la même formule) que l'ensemble des nombres réels négatifs est équivalent à l'intervalle (— 1, 0), et par conséquent que l'ensemble total des nombres réels est équivalent à l'intervalle (— 1, + 1), lequel équivaut à n'importe quel intervalle fini. Il est donc démontré que l'ensemble complet de nombres réels a la même puissance qu'un intervalle fini quelconque, c'est-à-dire la seconde puissance.

Remarque. — Si l'on exclut l'infini ($\pm \infty$) de cet ensemble, en ne considérant que l'ensemble (d'ailleurs continu) de tous les nombres réels finis, on devra exclure la valeur 0 de l'intervalle (— 1, + 1) parcouru par la variable x. Cet intervalle ne sera donc pas continu [Note II, **2**].

20. Le théorème [**16**] peut s'énoncer maintenant comme suit : Si d'un ensemble de la seconde puissance on retranche un ensemble de la première puissance, l'ensemble restant est de la seconde puissance.

Pour résumer ce paragraphe [cf. **9**, **12**, **14**, **17**] on peut dire que l'ensemble des nombres rationnels et celui des nombres algébriques sont de la première puissance, et que l'ensemble des nombres irrationnels et celui des nombres transcendants sont de la seconde puissance.

§ II.

21. Nous n'avons considéré jusqu'ici que des ensembles *linéaires*, c'est-à-dire des ensembles de nombres *réels* inégaux, qu'on peut toujours ranger à la suite les uns des autres par ordre de grandeur (croissante ou décroissante), de sorte qu'ils ne forment qu'une seule file. Il n'en est plus de même pour les ensembles de nombres complexes en général, c'est-à-dire pour les ensembles dont chaque élément est un assemblage de 2, 3,... n nombres réels [1].

Comme l'inégalité de ces sortes de nombres n'est pas définie [1re P., I, III, **14**], on ne peut les ranger par ordre de grandeur, de telle sorte que chacun soit, par exemple, plus grand que tous les précédents et plus petit que tous les suivants. Il convient à présent d'étudier ces ensembles, et de rechercher s'ils ne pourraient pas avoir une puissance supérieure à celles des ensembles linéaires. La considération de tels ensembles s'impose en Géométrie ; mais, bien que les termes que nous allons définir conservent la trace de cette origine géométrique, on ne doit leur attacher, dans tout ce qui va suivre, qu'un sens purement arithmétique, indépendant de toute intuition.

22. *Définitions.* — On appelle *point* (arithmétique) l'ensemble de n nombres réels rangés dans un ordre déterminé :

$$(x_1, x_2, \ldots. x_n)$$

(autrement dit, un nombre complexe à n unités capitales).

1. Cf. Note I : Sur la théorie générale des nombres complexes.

Ces n valeurs réelles s'appellent les *coordonnées* du point.

Le point est *fixe* si ses coordonnées sont des valeurs constantes; il est *variable* si l'une ou plusieurs de ses coordonnées varient. Il y a alors lieu de considérer l'ensemble (linéaire) des valeurs que prend chacune de ces coordonnées.

On appelle *espace* (arithmétique) à n dimensions l'ensemble des points $(x_1, x_2, ... x_n)$, dont les coordonnées prennent toutes les valeurs réelles.

L'ensemble de tous les nombres réels est, par définition, l'espace à *une* dimension.

On appelle *ensemble* à n dimensions tout ensemble de points de l'espace à n dimensions.

Tout ensemble de nombres réels est, par suite, un ensemble à *une* dimension; c'est pourquoi on l'appelle *linéaire*. Chacun de ses éléments peut s'appeler un point.

Au lieu de concevoir un ensemble à n dimensions comme une collection de points fixes, on peut le concevoir comme l'ensemble des valeurs (ou des positions) que prend un seul point variable (ou mobile), dit *point générateur*. Dans ce cas, chacune de ses coordonnées doit être considérée comme un point variable prenant tour à tour toutes les valeurs d'un ensemble linéaire, dont elle est le point générateur.

Un ensemble à n dimensions peut être défini par les n ensembles linéaires engendrés par les coordonnées de son point générateur, si l'on donne en même temps les relations qui unissent les valeurs correspondantes des n coordonnées.

Un ensemble à n dimensions est dit *continu*, quand chacune des coordonnées du point générateur prend, indépendamment des autres, toutes les valeurs réelles d'un certain intervalle fini; autrement dit, quand l'ensemble linéaire engendré par chaque coordonnée est lui-même continu.

L'espace à n dimensions est un ensemble *illimité* et *continu*.

23. Nous avons vu que les ensembles linéaires possèdent *deux* puissances différentes, et l'on démontre qu'ils ne peuvent avoir que celles-là. Nous allons montrer à présent que tout ensemble à n dimensions est équivalent à un ensemble linéaire (à *une* dimension).

Considérons d'abord les ensembles à n dimensions tels que chaque coordonnée du point générateur engendre un ensemble (linéaire) dénombrable (ou fini). On peut démontrer directement qu'un tel ensemble est dénombrable. Nous nous contenterons d'établir ce théorème par induction complète [v. 2e P., I, I, **4**].

En général, pour chaque valeur d'une des coordonnées du point générateur, les autres coordonnées ne prennent pas toutes les valeurs des ensembles linéaires qu'elles engendrent respectivement, à cause des relations qui les unissent; si donc nous supposons que chaque coordonnée peut prendre, indépendamment des valeurs des autres coordonnées, toutes les valeurs de l'ensemble linéaire qu'elle engendre, nous ne pouvons qu'augmenter la puissance de l'ensemble à n dimensions.

D'autre part, l'ensemble linéaire des valeurs de chaque coordonnée peut, par hypothèse, être mis sous la forme d'une suite simplement infinie, ou même finie. Si donc nous supposons tous ces ensembles infinis (mais toujours dénombrables), nous ne pouvons qu'augmenter la puissance de l'ensemble à n dimensions. Et si le théorème est vrai pour ce cas, le plus général et le plus étendu, il sera vrai *a fortiori* pour tous les autres cas que nous venons d'éliminer, afin de simplifier.

Considérons donc l'ensemble à n dimensions qu'on obtient en donnant séparément à chacune des n coordonnées du point générateur toutes les valeurs d'un ensemble dénombrable, c'est-à-dire d'une suite simplement infinie, telle que la suite des nombres entiers. On peut, sans changer la puissance de cet ensemble, substituer cette dernière suite à toutes les suites simplement infinies engendrées par les différentes coordonnées du point générateur.

24. Examinons d'abord le cas où $n = 2$. Soient x, y les deux coordonnées du point générateur. L'ensemble s'obtiendra en donnant séparément et successivement à x et à y toutes les valeurs entières positives

$$1, 2, 3, 4 \ldots\ldots,$$

c'est-à-dire en faisant d'abord

$$x = 1, \qquad \text{et} \qquad y = 1, 2, 3, 4 \ldots\ldots$$

puis :

$$x = 2, \qquad \text{et} \qquad y = 1, 2, 3, 4 \ldots\ldots$$

puis :

$$x = 3, \qquad \text{et} \qquad y = 1, 2, 3, 4 \ldots\ldots$$

et ainsi de suite. On formera ainsi une suite à double entrée (ou doublement infinie), qu'on peut figurer sur un plan par un tableau carré à côtés indéfinis, tel que celui que nous avons construit plus haut [**9**]. Or nous avons démontré [*ibid.*] qu'une suite à double entrée est équivalente à une suite simplement infinie, et partant dénombrable. Le théorème est donc établi pour le cas où $n = 2$.

Passons au cas suivant, où $n = 3$.

Soient x, y, z les 3 coordonnées du point générateur. L'ensemble s'obtiendra en donnant séparément et successivement à x, y et z toutes les valeurs entières positives 1, 2, 3, 4....

On formera ainsi une suite à triple entrée (ou triplement infinie) qu'on peut figurer dans l'espace par un casier cubique à arêtes indéfinies, dont chaque face sera semblable au tableau à double entrée du n° **9**. Chaque arête (formant entrée) portera la suite naturelle des nombres entiers, que parcourt une des coordonnées. A tout point de l'ensemble correspondra une case, et à chaque case correspondra (en général) un point. L'ensemble peut donc être considéré comme une suite simplement infinie de suites doublement infinies. En effet, le casier peut être décomposé en tranches correspondant aux différents nombres inscrits sur une de ses arêtes : ces tranches formeront une suite simplement infinie, et chacune d'elles sera une table à double entrée semblable à celle du n° **9**. Or nous savons qu'une suite à double entrée est équivalente à une suite à simple entrée : c'est-à-dire qu'on peut ranger toutes les cases d'une de ces tranches en une suite simplement infinie. L'ensemble sera ainsi transformé en une suite simplement infinie de suites simplement infinies, c'est-à-dire en une suite à double entrée, laquelle, on le sait, est équivalente à une suite simplement infinie. L'ensemble à trois dimensions considéré est donc dénombrable, *C. Q. F. D.*

Dans les cas suivants, où $n > 3$, l'ensemble forme une suite à multiple entrée qu'on ne peut plus figurer dans notre espace à trois dimensions. Mais cette représentation géométrique n'est qu'une image destinée à rendre la démonstration plus intuitive. Le raisonnement que nous venons de faire est au contraire absolument général : on peut toujours transformer un ensemble à n dimensions de l'espèce considérée en une suite simplement infinie d'ensembles à $(n - 1)$ dimensions; or, si le théorème est vrai pour les ensembles à $(n - 1)$ dimensions, c'est-à-dire si ces ensembles sont équivalents à des suites simplement infinies, l'ensemble à n dimensions se réduira à une suite à double entrée, et par conséquent sera encore dénombrable. Le théorème est donc vrai pour un ensemble à n dimensions, quel que soit le nombre entier n.

25. Il y a plus : on démontre qu'un ensemble d'un nombre infini de dimensions (une suite à une infinité d'entrées) est encore dénombrable, si l'ensemble linéaire des valeurs que prend chaque coordonnée du point générateur (valeurs inscrites sur chaque entrée) est dénombrable, et si l'ensemble des coordonnées elles-mêmes (des entrées) est aussi dénombrable. C'est ce qu'on peut exprimer brièvement comme suit : Une suite infiniment infinie équivaut à une suite simplement infinie.

Nous connaissons déjà un exemple de cette proposition, si paradoxale au premier abord : l'ensemble des nombres algébriques constitue en effet une suite à un nombre infini d'entrées : car chaque nombre algébrique correspond à l'ensemble des $(n + 2)$ nombres entiers :

$$a_0, a_1, a_2, \ldots a_n \qquad \text{et} \qquad n;$$

et inversement, à cet ensemble déterminé correspond un nombre fini et déterminé de nombres algébriques (n au plus); mais comme n peut être pris aussi grand qu'on veut (c'est le degré de l'équation algébrique considérée), le nombre des coordonnées de l'ensemble des nombres algébriques dépasse tout nombre entier fini, si grand qu'il soit : il est donc simplement infini. Or on sait que cet ensemble est dénombrable [**12**].

Ainsi, en combinant un ensemble dénombrable d'ensembles linéaires dénombrables, on n'obtient jamais qu'un ensemble de la première puissance. Il est bien évident, d'autre part, que si l'ensemble des valeurs d'une des coordonnées du point générateur n'était pas dénombrable, l'ensemble engendré serait d'une puissance supérieure à la première, lors même que chacune des autres coordonnées ne prendrait qu'une seule valeur, ou resterait fixe. L'ensemble que nous venons de définir constitue donc le type le plus général des ensembles dénombrables.

26. Considérons maintenant les ensembles continus à n dimensions, et cherchons quelle peut être leur puissance.

Le type le plus général de ces ensembles est l'espace à n dimensions. Or, de même que l'ensemble des nombres réels est équivalent à un intervalle fini et continu, tel que (0,1) [**19**], de même on prouve que l'espace à n dimensions est équivalent à l'ensemble continu qu'on obtient en faisant parcourir à chacune des coordonnées du point générateur un intervalle réel fini, tel que (0,1). On conçoit aisément qu'il en doive être ainsi, puisque l'ensemble linéaire de toutes les valeurs réelles que prend chaque coordonnée équivaut à un intervalle fini quelconque : en substituant celui-ci à celui-là, on ne change donc pas la puissance de l'ensemble considéré.

Pour illustrer cette proposition d'images géométriques, on peut dire que l'espace à *deux* dimensions, c'est-à-dire le plan indéfini (considéré comme l'ensemble de ses points) est équivalent à un carré quelconque de côté fini; et que l'espace à *trois* dimensions tout entier est équivalent à un cube quelconque d'arête limitée. En particulier, on peut prendre pour côté de ce carré et pour arête de ce cube la droite de longueur 1, ce qui revient évidemment à prendre ce côté ou cette arête pour unité de longueur.

27. On démontre d'autre part le *théorème* suivant :

Soient x_1, x_2,.... x_n, n variables indépendantes dont chacune prend toutes les valeurs réelles de l'intervalle (0,1), et t une autre variable pouvant prendre les mêmes valeurs; on peut établir une correspondance univoque et réciproque entre *toutes* les valeurs de t et *tous* les systèmes de valeurs attribuées à x_1, x_2,.... x_n.

En d'autres termes, l'ensemble à n dimensions des points (arithmétiques) dont toutes les coordonnées sont comprises entre 0 et 1 est équivalent à l'ensemble des nombres réels compris entre 0 et 1, c'est-à-dire à l'*intervalle* (0, 1).

Pour parler géométriquement, nous dirons que le carré de côté 1 ou le cube d'arête 1 est équivalent au *segment linéaire fini* 1, c'est-à-dire à la droite limitée prise pour unité de longueur. Bien entendu, on considère toujours ce carré et ce cube comme des ensembles de points, et on ne les envisage qu'au point de vue de leur puissance.

28. *Corollaires*. — Tout ensemble continu à n dimensions [**22**] a la même puissance que le continu linéaire, c'est-à-dire la seconde puissance [**18**].

L'espace à n dimensions n'a que la seconde puissance, ainsi que l'espace à *une* dimension [**22**], et équivaut, comme celui-ci, à un intervalle fini et continu quelconque [**19**].

29. Il y a plus : un ensemble continu d'un nombre infini de dimensions est encore équivalent à un ensemble continu d'*une seule* dimension (pourvu que l'ensemble de ses dimensions soit dénombrable), et par conséquent n'a que la seconde puissance [cf. **25**].

30. En résumé, il n'y a parmi les ensembles à n dimensions (n pouvant être simplement infini) que *deux* puissances distinctes, les mêmes que celles qu'on a trouvées dans les ensembles linéaires [**18**] : les suites infinies à n entrées ont la *première* puissance, comme les suites simplement infinies; les ensembles continus à n dimensions ont la *seconde* puissance, comme les ensembles continus linéaires. On peut donc distribuer tous ces ensembles en *deux* classes : la première sera représentée par la suite naturelle des nombres entiers; la seconde pourra être représentée par l'intervalle réel (0,1).

§ III.

31. D'après ce qui précède, tout ensemble à n dimensions équivaut à un ensemble linéaire; l'étude des ensembles, considérés dans leur puissance, peut donc se ramener à celle des ensembles linéaires. D'autre part, tout ensemble linéaire peut se représenter géométriquement sur une ligne (droite) par un ensemble de points : c'est ainsi que nous avons appliqué l'ensemble des nombres réels à une droite indéfinie [1re P., III, III] en faisant correspondre chaque point à un nombre et chaque nombre à un point. Nous nous bornerons, dans la suite, à considérer des ensembles linéaires, et spécialement des ensembles de nombres réels, et nous continuerons à employer le langage géométrique introduit dans le § II [**22**]. Tout ce que nous dirons des ensembles linéaires (de nombres ou de points) ne cessera pas de pouvoir s'appliquer aux ensembles arithmétiques ou géométriques d'un nombre quelconque de dimensions, même infini.

32. *Définition.* — On appelle *point-limite* d'un ensemble à n dimensions tout point de l'espace à n dimensions (où cet ensemble est contenu) dans le voisinage duquel se trouve un nombre infini de points appartenant à cet ensemble.

On appelle *voisinage* d'un point une sphère de rayon arbitraire ayant ce point pour centre, c'est-à-dire l'ensemble des points de l'espace à n dimensions dont la distance au point considéré est plus petite qu'une quantité donnée.

Théorème. — Si dans toute sphère décrite autour d'un point donné comme centre, avec un rayon aussi petit qu'on veut, il se trouve toujours au moins *un* point appartenant à l'ensemble considéré (en dehors du centre), le point donné est un point-limite de cet ensemble.

On peut donc dire qu'un point-limite de l'ensemble est un point dans le voisinage duquel se trouve toujours au moins *un* point de cet ensemble; en entendant par *voisinage* du point une sphère infiniment petite ayant ce point pour centre.

On remarquera l'équivalence de ces deux définitions du point-limite, malgré la diversité des critères énoncés : dans la première, le criterium est un nombre infini de points; dans la seconde, il suffit d'un *seul* point. C'est que, dans la première, on ne considère qu'une sphère *unique* et finie; dans la seconde, on suppose implicitement qu'il y en a une infinité, de rayons indéfiniment décroissants. Le criterium consiste donc toujours en une infinité *donnée.*

33. *Définition.* — On appelle ensemble *borné* tout ensemble de points dont chaque coordonnée est contenue dans un même intervalle fini.

En particulier, un ensemble linéaire est *borné* quand tous les nombres qui le composent (ou qui correspondent à ses points) sont contenus dans un intervalle réel fini, c'est-à-dire compris entre deux nombres réels finis.

Théorème de M. Weierstrass. — Tout ensemble borné composé d'un nombre infini de points a au moins *un* point-limite [1].

1. Voir J. Tannery, *op. cit.*, n° 38.

Ce théorème repose, on le voit, sur l'hypothèse d'une infinité *donnée* : sa démonstration est fondée sur l'*axiome* suivant :

Si, un ensemble d'un nombre infini de points étant donné, on les distribue en un nombre fini d'ensembles partiels, il y a au moins un de ces ensembles partiels qui en contient un nombre infini.

Ce n'est pas ici le lieu de discuter la valeur de cet axiome; il montre en tout cas que les mathématiciens ne se font pas scrupule de raisonner sur un infini donné, et comment on peut raisonner sur cet infini.

34. *Définition.* — L'ensemble des points-limites d'un ensemble P est un ensemble bien défini qu'on appelle son (*premier*) *dérivé*, et qu'on désigne par P'.

Remarque. — Un point-limite d'un ensemble n'est pas nécessairement un point de cet ensemble. Les ensembles jouissent de diverses propriétés suivant leurs relations avec leur dérivé. Mais pour définir ces relations, il convient d'introduire quelques expressions et notations d'un usage général.

35. *Notations.* — L'équivalence [**3**] de deux ensembles P et Q s'indique par l'écriture :

$$P = Q.$$

L'identité [**4**] de deux ensembles P et Q s'indique par l'écriture :

$$P \equiv Q.$$

Si l'ensemble P fait partie de l'ensemble Q, on écrit[1] :

$$P < Q.$$

On sait que si l'on a à la fois

$$P < Q, \qquad Q < P,$$

les deux ensembles sont identiques, ce qu'on écrit :

$$P \equiv Q.$$

Définitions. — Si deux ensembles n'ont aucun point commun, ils sont dits *sans connexion*.

L'ensemble des points communs à tous les ensembles $P_1, P_2, P_3, \ldots$ s'appelle leur *plus grand commun diviseur*[2], et s'indique par l'écriture :

$$\mathfrak{D}(P_1, P_2, P_3, \ldots)$$

Un ensemble qui ne contient aucun point est dit *nul*, et se représente par 0.

Si un ensemble R devient nul par la suppression de tous ses points, on écrit :

$$R \equiv 0.$$

Quand deux ensembles P et Q sont sans connexion, on exprime ce fait

1. Notation de M. Dedekind, *Was sind und was sollen die Zahlen*, n° 3.

2. Cette locution se justifie par ce fait que M. Cantor appelle souvent *diviseur* d'un ensemble toute partie intégrante de cet ensemble.

en disant que leur plus grand commun diviseur est nul (c'est-à-dire n'existe pas), et en écrivant :

$$\mathfrak{D}\ (P, Q) \equiv 0.$$

L'ensemble de tous les points qui appartiennent à l'un des ensembles P_1, P_2, P_3,..... s'appelle leur *plus petit commun multiple* [1], et s'indique par l'écriture :

$$\mathfrak{M}\ (P_1, P_2, P_3, \ldots.)$$

Si un point est commun à plusieurs ensembles, il ne figure qu'une fois dans leur plus petit commun multiple.

Si aucun point n'est commun à deux ensembles, c'est-à-dire si les ensembles donnés sont deux à deux sans connexion, leur plus petit commun multiple s'appelle leur *somme*, et s'indique par l'écriture :

$$P_1 + P_2 + P_3 + \ldots..$$

Cette expression se justifie par ce fait que cet ensemble est formé de la réunion des ensembles donnés, sans omission ni répétition de points, et qu'il peut se résoudre en ces ensembles par un simple partage, sans qu'il soit besoin de dédoubler aucun de ses points. On a évidemment dans tous les cas, par définition :

$$P_k < \mathfrak{M}\ (P_1, P_2, P_3, \ldots.) \qquad (k = 1, 2, 3, \ldots..)$$

et de même :

$$\mathfrak{D}\ (P_1, P_2, P_3, \ldots.) < P_k \qquad (k = 1, 2, 3, \ldots..)$$

Le fait qu'un ensemble P fait partie d'un ensemble Q

$$P < Q$$

peut s'exprimer de deux manières :

$$\mathfrak{D}\ (P, Q) \equiv P \qquad\qquad \mathfrak{M}\ (P, Q) \equiv Q.$$

36. *Définitions*. — On appelle point *isolé* tout point d'un ensemble qui n'est pas un point-limite de cet ensemble.

On appelle ensemble *isolé* un ensemble tel qu'aucun de ses points n'est un point-limite (c'est-à-dire dont tous les points sont isolés); cela revient à dire que cet ensemble P et son premier dérivé P′ sont sans connexion, ce qui s'écrit :

$$\mathfrak{D}\ (P, P') \equiv 0.$$

Remarque. — Tout ensemble qui n'a pas de dérivé (c'est-à-dire pas de point-limite) est évidemment isolé. La formule précédente convient encore à ce cas, car on a alors

$$P' \equiv 0.$$

On appelle ensemble *condensé* [2] un ensemble dont tous les points sont des

1. Cette locution se justifie par ce fait que M. Cantor appelle quelquefois *multiple* d'un ensemble un autre ensemble qui contient tous les points du premier (ou dont le premier fait partie).

2. Ensemble *condensé en soi*, ainsi que l'appelle M. Cantor, pour le distinguer de l'ensemble *partout condensé* dans un intervalle [voir 1re P., III, III, 4].

points-limites; cela revient à dire que cet ensemble fait partie de son dérivé, ce qui s'écrit :

$$\mathfrak{D}\,(P, P') \equiv P$$

On appelle ensemble *fermé* un ensemble tel que tous ses points-limites lui appartiennent; c'est-à-dire un ensemble qui contient son dérivé, ce qui s'écrit :

$$\mathfrak{D}\,(P, P') \equiv P'$$

On appelle ensemble *parfait* un ensemble identique à son premier dérivé, ce qui s'écrit :

$$P \equiv P'$$

Un ensemble parfait est à la fois fermé et condensé; car cela suppose à la fois

$$P < P', \qquad P' < P,$$

ou encore

$$\mathfrak{D}\,(P, P') \equiv P, \qquad \mathfrak{D}\,(P, P') \equiv P'.$$

La réciproque est évidemment vraie, car du rapprochement de ces deux formules il ressort :

$$P \equiv P'.$$

Un ensemble parfait a tous ses dérivés parfaits : car il est identique à tous ses dérivés.

Un ensemble fini n'a évidemment pas de point-limite, donc pas de dérivé. Nous ne nous occuperons désormais que des ensembles infinis.

37. Un ensemble P', dérivé de P, peut avoir à son tour des points-limites, et par suite un dérivé, qu'on appellera *deuxième dérivé* de P et qu'on désignera par P''.

Théorème. — Tout ensemble dérivé est un ensemble fermé, c'est-à-dire contient son dérivé.

Réciproque. — Tout ensemble fermé peut être considéré comme le dérivé d'un autre ensemble.

Corollaires. — Si un ensemble dérivé est isolé, il n'a pas de dérivé; autrement dit, son dérivé est nul.

Si un ensemble dérivé est condensé, il est parfait : car il est alors à la fois fermé et condensé.

38. *Théorème.* — Tout ensemble P donne naissance à un ensemble isolé, qui est :

$$P - \mathfrak{D}\,(P, P').$$

En effet, pour rendre un ensemble isolé, il suffit d'y supprimer tous les points qui en sont des points-limites, c'est-à-dire tous les points qui lui sont communs avec son dérivé.

Théorème. — Tout ensemble P donne naissance à un ensemble fermé, qui est :

$$\mathfrak{M}\,(P, P').$$

En effet, tout point-limite de cet ensemble est, soit un point-limite de P, soit un point-limite de P′; dans les deux cas, il est contenu dans P′, et par conséquent dans $\mathfrak{M}$ (P, P′).

39. De même qu'un ensemble P engendre son premier dérivé P′, et celui-ci le deuxième dérivé P″, ce dernier peut à son tour engendrer un troisième dérivé P‴, et ainsi de suite. Deux cas peuvent alors se présenter : ou bien la suite des dérivations successives a une fin, à savoir quand on trouve un n^e dérivé isolé, auquel cas le $(n+1)^e$ dérivé est nul; ou bien l'on ne trouve jamais aucun dérivé nul, et alors la suite des dérivations est illimitée ou infinie comme la suite des nombres entiers, qui fournissent les numéros d'ordre des dérivés successifs. Dans le premier cas, l'ensemble P est dit du *premier genre* et de la n^o espèce, à savoir quand on trouve

$$P^{n+1} \equiv 0;$$

dans le second cas, l'ensemble est dit du *second genre*, ce qui veut dire qu'il engendre une suite infinie de dérivés

$$P', P'', P''', \ldots\ldots P^n, \ldots\ldots$$

dont aucun n'est nul, si loin qu'on prolonge cette suite.

On démontre que tout ensemble du *premier* genre (en particulier tout ensemble isolé) a la *première* puissance. Mais parmi les ensembles du second genre, les uns n'ont que la première puissance, les autres ont une puissance supérieure. La considération des dérivés successifs, numérotés par la suite des nombres entiers finis, ne suffit donc pas à discerner, d'une manière générale et sûre, les diverses puissances des ensembles infinis. On est ainsi amené à définir, pour les ensembles du second genre, des dérivés d'ordre *infini* dont la considération est, au contraire, décisive dans l'étude de la puissance et des autres propriétés des ensembles infinis.

40. Considérons la suite infinie des dérivés successifs d'ordre fini d'un ensemble du second genre. Chacun de ces ensembles, étant fermé, contient tous les suivants, et aucun d'eux n'est nul; d'ailleurs, il n'y a pas parmi eux de dernier dérivé (par hypothèse). S'il y avait un dernier dérivé P^n (comme dans le cas où l'ensemble donné P est du premier genre) il serait évidemment le plus grand commun diviseur de tous les dérivés non nuls :

$$P', P'', P''', \ldots\ldots P^n.$$

Concevons le plus grand commun diviseur de tous les dérivés successifs (en nombre infini)

$$P', P'', P''', \ldots\ldots P^n, \ldots\ldots$$

autrement dit, l'ensemble de tous les points communs à tous ces dérivés, c'est-à-dire, de tous les points de P′ qui subsistent indéfiniment dans toutes les dérivations successives. On l'appelle *dérivé d'ordre* ω, et l'on écrit :

$$P^{\omega} \equiv \mathfrak{D}\,(P', P'', P''', \ldots\ldots P^n, \ldots\ldots)$$

Ce dérivé existe pour tous les ensembles du second genre : c'est un ensemble bien défini qu'on peut trouver directement dans beaucoup de cas; il est clair, d'ailleurs, qu'on ne pourrait le déterminer en effectuant la suite indéfinie des dérivations, et en cherchant le résidu de cette opération. Or cet ensemble P^{ω} peut lui-même avoir un dérivé, $P^{\omega+1}$, un second dérivé, $P^{\omega+2}$, un troisième, $P^{\omega+3}$, et ainsi de suite, indéfiniment, à moins qu'on ne trouve un dérivé nul : $P^{\omega+n}$ (n étant un nombre entier fini). Si non, l'ensemble P^{ω} engendrera, lui aussi, une suite illimitée de dérivés :

$$P^{\omega+1},\ P^{\omega+2},\ P^{\omega+3}, \ldots\ldots P^{\omega+n}, \ldots\ldots$$

n prenant toutes les valeurs entières successives; en un mot, cette suite sera infinie comme celle des nombres entiers. Mais alors, si aucun des dérivés de cette suite indéfinie ne s'annule, tous ces dérivés auront un plus grand commun diviseur, que l'on désignera par

$$P^{\omega+\omega} \qquad \text{ou} \qquad P^{2\omega}.$$

Celui-ci pourra engendrer à son tour une suite finie ou infinie de dérivés successifs

$$P^{2\omega+1},\ P^{2\omega+2},\ P^{2\omega+3}, \ldots\ldots P^{2\omega+n}, \ldots\ldots$$

dont le plus grand commun diviseur sera, soit le dernier non nul (s'il y en a un), soit (au cas où cette dernière suite serait infinie) un nouvel ensemble désigné par $P^{3\omega}$. En continuant toujours de même, on formera une suite de dérivés :

$$P^{\omega},\ P^{2\omega},\ P^{3\omega}, \ldots\ldots P^{n\omega}, \ldots\ldots$$

(n étant un nombre entier fini quelconque), dont chacun est le premier d'une suite indéfinie de dérivés successifs

$$P^{n\omega},\ P^{n\omega+1},\ P^{n\omega+2}, \ldots\ldots P^{n\omega+n_1}, \ldots\ldots$$

n_1 étant un autre nombre entier quelconque; et si aucun des dérivés de la forme $P^{n\omega+n_1}$ ne s'annule, la suite des dérivés

$$P^{\omega},\ P^{2\omega},\ P^{3\omega}, \ldots\ldots P^{n\omega}, \ldots\ldots$$

sera indéfinie. Or tous ces ensembles auront, eux aussi, un plus grand commun diviseur, qu'on désignera par

$$P^{\omega.\omega} \qquad \text{ou} \qquad P^{\omega^2}.$$

En général, toutes les fois qu'on aura une suite simplement infinie de dérivés de la forme

$$P^{f(1)},\ P^{f(2)},\ P^{f(3)}, \ldots\ldots P^{f(n)}, \ldots\ldots$$

dont aucun n'est nul, n prenant toutes les valeurs entières consécutives, tous ces ensembles auront un plus grand commun diviseur, qu'on désignera par $P^{f(\omega)}$.

Ainsi l'ensemble bien défini P^{ω^2} engendrera à son tour des suites infinies de dérivés, commençant chacune par

$$P^{\omega^2+\omega},\ P^{\omega^2+2\omega},\ P^{\omega^2+3\omega}, \ldots\ldots P^{\omega^2+n\omega}, \ldots\ldots$$

Le plus grand commun diviseur de tous ces ensembles sera un ensemble bien défini qu'on désignera par

$$P^{\omega^2+\omega^2} \qquad \text{ou} \qquad P^{2\omega^2}.$$

De même on formera les dérivés

$$P^{3\omega^2}, \ldots\ldots P^{n\omega^2}, \ldots\ldots$$

et si leur suite est infinie, ils auront un plus grand commun diviseur qu'on désignera par

$$P^{\omega.\omega^2} \qquad \text{ou} \qquad P^{\omega^3}.$$

En continuant ainsi indéfiniment, on obtiendra une suite de dérivés :

$$P^{\omega}, P^{\omega^2}, P^{\omega^3}, \ldots\ldots P^{\omega^m}, \ldots\ldots$$

et plus généralement, l'ensemble des dérivés de la forme

$$P^{n\omega^m+n_1\omega^{m-1}+n_2\omega^{m-2}+\ldots\ldots+n_{m-1}\omega+n_m}$$

les nombres $n, n_1, n_2, \ldots\ldots n_{m-1}, n_m$ et m étant des entiers finis quelconques. Mais si aucun de ses dérivés successifs ne s'annule, la suite des dérivés

$$P^{\omega}, P^{\omega^2}, P^{\omega^3}, \ldots\ldots P^{\omega^m}, \ldots\ldots$$

sera infinie, et tous ces ensembles auront un plus grand commun diviseur qu'on désignera par P^{ω^ω}.

Cet ensemble bien défini pourra engendrer à son tour des dérivés successifs, de sorte qu'on obtiendra successivement des dérivés de la forme

$$P^{\omega^\omega}, P^{2\omega^\omega}, \ldots\ldots P^{n\omega^\omega}, \ldots\ldots$$

puis :

$$P^{\omega^{\omega+1}}, P^{\omega^{\omega+2}}, \ldots\ldots P^{\omega^{\omega+n}}, \ldots\ldots$$

puis :

$$P^{\omega^{2\omega}}, P^{\omega^{3\omega}}, \ldots\ldots P^{\omega^{n\omega}}, \ldots\ldots$$

puis :

$$P^{\omega^{\omega^2}}, P^{\omega^{\omega^3}}, \ldots\ldots P^{\omega^{\omega^n}}, \ldots\ldots$$

et enfin le plus grand commun diviseur de tous les précédents, qu'on désignera par

$$P^{\omega^{\omega^\omega}}$$

Il est évident que si aucun de ces dérivés successifs ne s'annule, on pourra prolonger indéfiniment cette formation de dérivés d'ordre infini, sans jamais être arrêté.

Mais alors, l'ensemble de tous ces dérivés d'ordre infini consécutifs (et même des dérivés d'ordre fini qui les précèdent) aura un plus grand commun diviseur, qui n'appartiendra pas à cet ensemble (puisque celui-ci ne contient pas de dernier dérivé), et que l'on pourra désigner par P^{Ω}. Cet ensemble bien défini pourra engendrer à son tour un ensemble de dérivés d'un ordre infini plus élevé, et ainsi de suite indéfiniment.

§ IV.

41. De même que la notion de nombre entier (ordinal et cardinal) s'obtient en faisant abstraction de la nature des objets nombrés et de leur ordre, de même on peut définir et étudier en eux-mêmes les « symboles d'infini » qui servent de numéros d'ordre aux dérivés P^{ω} et suivants, et les considérer comme de nouveaux nombres entiers, infinis ou « transfinis ». On va donc séparer ces numéros d'ordre (nombres ordinaux infinis) des objets qui les portent, et inventer pour eux un mode de formation indépendant de la loi de génération des ensembles qui leur a donné naissance. Mais on ne devra jamais oublier que ces nombres transfinis ont un support réel dans les ensembles déterminés auxquels ils correspondent à titre d'indices; leur invention, et la généralisation qui en résulte pour l'idée de nombre entier, n'est donc pas une création arbitraire de l'esprit : elle se justifie par leur application à des objets concrets, et par son utilité, sa nécessité même, pour la théorie générale des ensembles[1].

42. La formation des nombres transfinis *abstraits* repose sur trois principes distincts. On sait que l'on forme tous les nombres entiers finis en posant l'unité et en l'ajoutant successivement à elle-même un nombre indéfini de fois. Le *premier principe de formation* des nombres entiers consiste dans l'addition de l'unité au dernier nombre formé. C'est celui qui sert à engendrer la suite des nombres entiers finis, dite « suite naturelle des nombres », et il ne peut jamais donner lieu qu'à une suite semblable, linéaire et indéfinie.

L'ensemble des nombres entiers finis s'appellera la *première classe* de nombres entiers, ou plus brièvement la classe I. En vertu du premier principe de formation, il n'y a pas de dernier nombre dans la suite naturelle, ni par suite de nombre maximum (plus grand que tous les autres) dans la classe I. Il n'y a donc pas non plus dans cette classe de nombre qui exprime la multitude des nombres de cette classe : car tout nombre de cette classe est fini, et exprime la multitude des nombres de la suite naturelle dont il est le *dernier*. Mais, aucun nombre n'étant le dernier dans la suite naturelle complète (infinie), aucun ne peut exprimer la multitude de tous les nombres entiers finis. On crée donc un nouveau nombre entier, ω, pour représenter la totalité des nombres de la classe I, et pour exprimer que la suite naturelle des nombres est donnée tout entière suivant sa loi de formation. C'est dans cette création que consiste le *second principe de formation*.

1. G. Cantor, *Grundlagen einer allgemeinen Mannichfaltigkeitslehre*, § 1. Cf. : Compte-rendu par J. Tannery, ap. *Bulletin des Sciences mathématiques*, 1884.

En général, toutes les fois qu'on aura une suite infinie d'éléments, semblable à la suite naturelle des nombres finis, on créera, en vertu de ce second principe, un nouveau nombre destiné à exprimer que cette suite est constituée tout entière, au moyen du premier principe de formation; et l'on convient de représenter ce nombre en remplaçant, dans l'élément général u_n de cette suite (n étant un nombre entier fini quelconque), l'indice n par l'indice ω.

43. Ce nouveau nombre ω est considéré comme entier, bien qu'il ne puisse pas être construit par addition d'unités, parce qu'il représente une collection d'objets distincts (les nombres entiers finis) dont chacun constitue une unité. Telle est sa signification comme nombre cardinal. Comme nombre ordinal, il est, non pas le *dernier* de tous les nombres finis, mais le *premier* après eux, c'est-à-dire le premier des nombres infinis. Il sera dit, par suite, supérieur à tous les nombres entiers finis, et conçu, non pas comme leur *maximum* (puisqu'il n'y en a pas), mais comme leur *limite supérieure* [Note II, **12**], vers laquelle ils tendent sans l'atteindre jamais.

44. Une fois le nombre ω posé en vertu du second principe, on peut lui appliquer le premier principe de formation, c'est-à-dire lui ajouter l'unité autant de fois qu'on veut; on obtient ainsi la suite indéfinie des nombres entiers infinis :

$$\omega + 1,\ \omega + 2,\ \omega + 3, \ldots\ldots\ \omega + n, \ldots\ldots$$

où n prend successivement toutes les valeurs entières finies. En vertu du second principe, cette suite donne naissance à un nouveau nombre :

$$\omega + \omega = 2\omega.$$

Celui-ci engendre à son tour, en vertu du premier principe, la suite indéfinie :

$$2\omega + 1,\ 2\omega + 2,\ 2\omega + 3, \ldots\ldots\ 2\omega + n, \ldots\ldots$$

qui donne naissance, en vertu du second principe, à un nouveau nombre :

$$2\omega + \omega = 3\omega,$$

et ainsi de suite. On obtient ainsi une suite infinie de suites infinies, dont chacune commence par un des nombres :

$$\omega,\ 2\omega,\ 3\omega, \ldots\ldots\ n\omega, \ldots\ldots$$

Or cette suite elle-même, en vertu du second principe, donne lieu à la création d'un nouveau nombre :

$$\omega . \omega = \omega^2$$

supérieur à tous les nombres de la forme

$$n\omega + n_1,$$

et qui engendrera une nouvelle suite de nombres infinis.

On arrivera de même à créer un nouveau nombre :

$$\omega^3,$$

supérieur à tous les nombres de la forme

$$n\omega^2 + n_1\omega + n_2.$$

En continuant ainsi indéfiniment, on obtiendra tous les nombres de la forme :

$$n\omega^m + n_1\omega^{m-1} + n_2\omega^{m-2} + \ldots\ldots + n_{m-1}\omega + n_m$$

où $n, n_1, n_2, \ldots\ldots n_{m-1}, n_m$ et m sont des nombres finis (de la classe I.) Mais, en vertu du second principe, la suite indéfinie des nombres

$$\omega,\ \omega^2,\ \omega^3, \ldots\ldots\ \omega^m, \ldots\ldots$$

où m prend toutes les valeurs entières finies, donne lieu à la création d'un nouveau nombre infini :

$$\omega^\omega,$$

qui sera supérieur à tous les nombres déjà obtenus.

Ce nombre sera le point de départ d'un autre ensemble de nombres infinis, semblable au précédent : on les formera en ajoutant successivement à ω^ω les nombres entiers

$$1,\ 2,\ 3,\ \ldots\ldots\ n,\ \ldots\ldots$$
$$\omega,\ 2\omega,\ \ldots\ldots\ n\omega,\ \ldots\ldots$$
$$\omega^2,\ \omega^3,\ \ldots\ldots\ \omega^n,\ \ldots\ldots$$

On arrivera ainsi, en vertu du second principe, à un nombre

$$\omega^\omega + \omega^\omega = 2\,\omega^\omega$$

supérieur à tous les précédents; on formera donc la suite

$$\omega^\omega,\ 2\omega^\omega,\ \ldots\ldots\ n\omega^\omega,\ \ldots\ldots$$

qui donne lieu à la création du nombre $\omega.\omega^\omega = \omega^{\omega+1}$; puis la suite :

$$\omega^{\omega+1},\ \omega^{\omega+2},\ \ldots\ldots\ \omega^{\omega+n},\ \ldots\ldots$$

puis :

$$\omega^{2\omega},\ \omega^{3\omega},\ \ldots\ldots\ \omega^{n\omega},\ \ldots\ldots$$

ensuite :

$$\omega^{\omega^2},\ \omega^{\omega^3},\ \ldots\ldots\ \omega^{\omega^n},\ \ldots\ldots$$

et l'on sera ainsi amené à créer le nombre ω^{ω^ω}, supérieur à tous les nombres antérieurement formés. On pourra prolonger indéfiniment cette création de nombres entiers infinis, au moyen des deux principes de formation énoncés ci-dessus.

45. L'ensemble des nombres infinis ainsi formés (à partir de ω) s'appellera la *deuxième classe* de nombres entiers, ou plus brièvement la classe II. Il semble qu'on ne puisse concevoir ni former d'autres nombres infinis que ceux de cette classe et supérieurs à eux, et en effet, les deux premiers principes ne permettent pas de sortir de cette classe et de s'élever à un ordre d'infini supérieur. Mais alors intervient un *troisième principe de formation*, grâce auquel on dépasse la deuxième classe de nombres, comme, par le second principe, on a pu dépasser la première classe. Ce troisième principe a d'ailleurs été déjà invoqué tacitement lors du passage de la première classe à la deuxième, mais son importance et sa valeur apparaissent surtout quand il s'agit de passer de la seconde classe à une troisième, à une quatrième, etc. De même que dans la classe I tous les nombres sont finis, et que néanmoins leur ensemble est infini [1], de sorte que si chaque nombre entier fini suffit à dénombrer la suite naturelle, supposée terminée à ce nombre, aucun nombre fini ne peut représenter la suite tout entière, c'est-à-dire infinie, et qu'on est obligé pour cela de créer un nouveau nombre en quelque sorte « transcendant »; de même, si l'on s'arrête à un nombre quelconque de la deuxième classe et que l'on suppose cette classe terminée à ce nombre, l'ensemble des nombres finis et transfinis ainsi obtenus n'a jamais que la première puissance, à savoir celle de la première classe de nombres. Cette vérité paradoxale paraîtra moins surprenante, si l'on se rappelle qu'une suite infiniment infinie de nombres n'a que la puissance d'une suite simplement infinie, c'est-à-dire la première [**25**]. Or c'est une suite de ce genre que forme la classe II tant qu'elle n'est pas achevée. Ce fait si remarquable, à savoir que tout nombre de la classe II n'a avant lui qu'un ensemble de nombres de la même puissance que la classe I, constitue, si on le regarde comme une condition qui caractérise la deuxième classe et en circonscrit l'étendue, un *principe d'arrêt* ou *de limitation* : il marque en effet où s'arrête la puissance de prolification des deux premiers principes, et limite la portée et le développement (d'ailleurs interminable) de l'ensemble des nombres issus du nombre ω. On peut définir la deuxième classe de nombres : « l'ensemble de tous les nombres α qu'on peut former à l'aide des deux principes de formation, qui se suivent dans un ordre déterminé, et qui sont soumis à cette condition, que tous les nombres qui précèdent α, à partir de 1, forment un ensemble de la puissance de la classe I. [2] »

46. Le principe de limitation fournit, ou plutôt révèle l'occasion d'employer le second principe de formation; il rend utile, et même nécessaire, la création d'un nouveau nombre entier infini Ω qui représentera la multitude des nombres de la classe II (en y joignant, si l'on veut, la classe I), et exprimera que cet ensemble est donné dans sa totalité en vertu des deux premiers principes. Ce nombre viendra, dans la succession naturelle des nombres infinis, immédiatement après tous les nombres de la classe II; il sera donc conçu comme supérieur à tous les nombres α, et constituera pour l'ensemble des nombres des deux premières classes une limite supérieure « transcendante » (et non « immanente », comme serait un nombre maximum de la classe II).

47. Ce nombre Ω une fois posé sera à son tour le point de départ d'un nouvel ensemble de nombres que l'on construira en appliquant exclusivement les deux principes de formation, et qui s'appellera la *troisième classe* de nombres entiers, ou simplement la classe III. On formera les nouveaux nombres infinis en ajoutant d'abord à Ω tous les nombres finis (de la classe I), puis tous les nombres de la classe II; quand ces deux classes seront épuisées, on créera le nombre $\Omega + \Omega = 2\Omega$, qui engendrera une

1. M. Cantor cite à ce propos une belle formule de Saint Augustin : « Et singuli quique finiti sunt, et omnes infiniti sunt. » (*De Civitate Dei*, XII, 19.)
2. G. Cantor, *Grundlagen....*, § 11.

seconde série de nombres semblable à la classe II; puis les nombres 3Ω, 4Ω, ... nΩ, ... et enfin : ωΩ; et ainsi de suite. On constituera ainsi un ensemble de nombres infiniment plus infini que la classe II; néanmoins, en vertu du principe de limitation, on aura beau le prolonger indéfiniment au moyen des deux principes de formation, on n'obtiendra jamais, si loin qu'on s'arrête dans la succession indéfinie des nombres, qu'un ensemble de la même puissance que la classe II. Ce fait conduit à concevoir un nouveau nombre infini d'un ordre supérieur, qui exprimera la multitude des nombres de la classe III considérée comme donnée dans sa totalité, et qui sera le premier des nombres de la classe IV.

Ainsi le principe de limitation donne le moyen de dépasser successivement tous les ensembles engendrés par l'application des deux principes de formation à un nombre fondamental ω, Ω, etc., et de créer de nouveaux nombres fondamentaux qui donnent naissance à des ensembles supérieurs. Grâce à ce principe, la succession illimitée des nombres entiers transfinis se trouve découpée en classes distinctes et fermées qui correspondent aux divers ordres d'infini.

48. Le même principe permet encore de définir avec précision toutes les puissances successives dont les ensembles infinis sont susceptibles, et de les ranger par ordre de grandeur croissante. La *première puissance* infinie est évidemment celle de la classe I, car, tant qu'elle n'est pas complète, elle ne forme qu'un ensemble fini, qui correspond à un nombre fini (le dernier). Or, de même que la suite naturelle des nombres, finie tant qu'on la termine à l'un quelconque de ses éléments, est infinie dans sa totalité, de même, si l'ensemble des nombres transfinis de la classe II, terminé par l'un d'eux, n'a jamais que la première puissance (celle de la classe I tout entière), ce même ensemble, pris dans sa totalité, a une puissance supérieure à la première [1]. Cette proposition se démontre à l'aide du théorème suivant : « Tout ensemble de la première puissance, formé de nombres de la classe II, a une limite supérieure, qui est un nombre de la même classe ». D'où il résulte que tout ensemble (de la première puissance) de nombres pris dans la classe II laisse échapper une infinité de nombres de cette classe, à savoir tous ceux qui viennent après sa limite supérieure (puisqu'elle fait partie de cette classe). On en conclut que la classe II, supposée complète, ne peut pas être un ensemble de la première puissance, car elle devrait contenir sa limite supérieure, et ne renfermerait pas tous les nombres qui lui appartiennent, ce qui est contradictoire [2]. Elle a donc une puissance supérieure à la première, c'est-à-dire à celle de la classe I.

49. On démontre en outre que la puissance de la classe II est *immédia-*

1. G. Cantor, *Grundlagen....*, § 12.

2. Il faut bien remarquer que ce fait, que la classe II ne contient pas de limite supérieure (non plus que la classe I, d'ailleurs) ne contredit nullement la définition du nombre Ω (ou ω) comme limite supérieure de la classe II (ou de la classe I). Au contraire, c'est justement parce qu'aucun des nombres de la classe II (ou I) n'en est la limite supérieure, qu'il est légitime et naturel de créer un nouveau nombre Ω (ou ω) *extérieur* à cette classe, et qui en sera la limite supérieure.

tement supérieure à celle de la classe I, de sorte qu'elle doit être regardée comme la *deuxième puissance* infinie, attendu qu'il est impossible d'en concevoir une autre intermédiaire entre celles-là [1]. Cela résulte du théorème que voici : « Tout ensemble de nombres de la classe II, ou bien est fini, ou bien a soit la puissance de la classe I, soit la puissance de la classe II. » On ne peut donc concevoir aucun ensemble qui ait une puissance supérieure à la première et inférieure à la deuxième. De même, la *troisième puissance* infinie sera celle de la classe III, et ainsi de suite.

La création des classes successives de nombres transfinis fournit ainsi un substratum concret et un criterium exact pour toutes les puissances consécutives; chacune d'elles est représentée par la classe de nombres entiers qui lui correspond, de même que la première puissance avait depuis longtemps trouvé son exemplaire ou son prototype dans la suite naturelle des nombres finis.

50. Mais l'invention des nombres infinis ne sert pas seulement à développer et à préciser la notion de *puissance*, qui, comme on l'a vu [**7**], est une généralisation de l'idée de *nombre cardinal;* elle a pour effet de généraliser en même temps l'idée de *nombre ordinal*, car, ainsi qu'il a été dit [**41**], les nombres entiers infinis ont à l'origine le sens de *numéros d'ordre infini*; c'est à ce titre qu'ils se sont introduits et imposés dans la théorie des ensembles : ce sont, à proprement parler, des *nombres ordinaux transfinis*. Mais avant de définir ceux-ci, il convient d'introduire une notion très importante dans cette théorie, celle de l'ensemble *bien ordonné*.

§ V.

51. On appelle ensemble *bien ordonné* tout ensemble bien défini dont les éléments se succèdent dans un ordre déterminé, de telle sorte qu'il y ait un *premier* élément, qu'à chaque élément (sauf le dernier, s'il y en a un) en succède un autre déterminé, et qu'à chaque ensemble fini ou infini d'éléments corresponde un élément déterminé qui soit le *premier* après eux tous (à moins qu'il n'y en ait aucun après eux dans la suite) [2].

L'ensemble bien ordonné ainsi défini est d'ailleurs un cas particulier de l'ensemble *ordonné* à n dimensions, dont nous omettons ici la définition, en nous bornant à l'étude des ensembles linéaires (à *une* dimension) [3]. Tout ensemble bien défini peut être aussi bien ordonné.

52. Deux ensembles ordonnés (bien ordonnés) sont dits *semblables*, quand on peut établir entre eux une correspondance univoque et réciproque telle que le rapport d'ordre de deux éléments quelconques de l'un soit le même que le rapport d'ordre des deux éléments correspondants de l'autre.

1. G. Cantor, *Grundlagen....*, § 13.
2. G. Cantor, *Grundlagen....*, § 2.
3. Voir Cantor, *Mitteilungen zur Lehre vom Transfiniten*, ap. *Zeitschrift für Philosophie und philosophische Kritik*, t. XCII.

Le rapport d'ordre de deux éléments a, b d'un ensemble bien ordonné consiste dans ce fait que a vient avant ou après b (ou encore au même rang que b) dans l'ordre déterminé que l'on considère. On dit, suivant ces trois cas, que le rang de a est respectivement *supérieur*, *inférieur* ou *égal* à celui de b dans la succession linéaire des éléments de l'ensemble. Le rapport d'ordre de deux éléments a_1, b_1 qui correspondent respectivement à a et à b est dit *le même* que le rapport d'ordre de a et b, si le rang de a_1 est supérieur, égal ou inférieur à celui de b_1 suivant que le rang de a est supérieur, égal ou inférieur à celui de b.

53. Le *nombre ordinal* d'un ensemble bien ordonné est un cas particulier du *type d'ordre* d'un ensemble ordonné à n dimensions. M. CANTOR appelle ainsi l'idée qu'on obtient lorsqu'en pensant un ensemble (bien) ordonné, on fait abstraction de la nature intrinsèque de ses éléments et de toutes leurs différences et qualités propres; le « paradigme idéal » ainsi conçu, où les éléments, réduits à l'état d'unités abstraites indiscernables entre elles, ont seulement gardé leurs rapports d'ordre, constitue le type d'ordre ou le nombre ordinal de l'ensemble. Les nombres ordinaux sont les types d'ordre linéaire, c'est-à-dire les types d'ordre des ensembles ordonnés à *une* dimension.

54. Si, en pensant le même ensemble (bien ordonné), on fait en outre abstraction de l'ordre de succession de ses éléments, ou encore si, en pensant un ensemble bien défini, mais non ordonné, on fait seulement abstraction de la nature de ses éléments, on obtient un *nombre cardinal*, c'est-à-dire un ensemble d'unités abstraites, distinctes, mais sans ordre, qui est *équivalent* à l'ensemble considéré, puisque chacune de ses unités correspond à un élément de l'ensemble donné.

En vertu de cette définition, le nombre cardinal est indépendant de l'ordre assigné aux éléments de l'ensemble, puisqu'il existe alors même qu'il n'y a aucun ordre. Il représente uniquement leur multitude; il répond à la question : « Combien sont-ils? »

Au contraire, par sa définition même, le nombre ordinal doit dépendre, en général, de l'ordre dans lequel les éléments de l'ensemble sont distribués, puisqu'il représente non seulement leur multitude, mais aussi leurs rapports d'ordre.

55. Un nombre ordinal (ou plus généralement un type d'ordre) étant une espèce d'ensemble (bien) ordonné, donne naissance, lui aussi, à un nombre cardinal déterminé. On peut dire qu'il *a* le même nombre cardinal que tous les ensembles bien ordonnés qui *ont* ce nombre ordinal lui-même.

Le nombre cardinal pouvant être considéré comme issu du nombre ordinal par une nouvelle abstraction, l'on conçoit aisément que plusieurs nombres ordinaux différents puissent avoir le même nombre cardinal, de même que plusieurs ensembles (bien) ordonnés différents peuvent avoir le même nombre ordinal (ou le même type d'ordre). Ainsi un seul nombre cardinal doit, en général, correspondre à plusieurs nombres ordinaux (*a fortiori* à plusieurs types d'ordre différents).

M. CANTOR représente le nombre ordinal d'un ensemble M bien ordonné par $\overline{M}$, et son nombre cardinal par $\overline{\overline{M}}$. Les traits qui surmontent la lettre qui représente l'ensemble concret rappellent les deux degrés d'abstraction qui donnent lieu, successivement, au nombre ordinal et au nombre cardinal. Si n désigne un nombre ordinal, $\overline{n}$ désignera le nombre cardinal correspondant.

Il convient de remarquer que le *nombre ordinal* de M. Cantor n'est point ce qu'on entend d'ordinaire par ce mot, à savoir le *numéro d'ordre* qui indique le rang d'un élément particulier dans un ensemble bien ordonné. Il faut bien distinguer ces deux notions et se garder de les confondre : le numéro d'ordre ne s'applique qu'à un seul élément, de sorte que tous les éléments d'un ensemble bien ordonné, ayant des rangs distincts, ont des numéros d'ordre différents ; tandis que le nombre ordinal s'applique, comme le nombre cardinal, à l'ensemble tout entier, et le représente avec un caractère de plus.

56. Par définition, le nombre ordinal ou type d'ordre d'un ensemble est un ensemble *semblable* à cet ensemble.

Deux ensembles semblables à un même troisième sont semblables entre eux.

Corollaire. — Deux ensembles qui ont le même nombre ordinal sont semblables, car ils sont semblables à ce nombre ordinal.

Réciproquement, deux ensembles semblables ont le même nombre ordinal.

Ainsi le nombre ordinal est le concept général commun à tous les ensembles bien ordonnés semblables à un ensemble donné, et par suite semblables entre eux.

Si, pour exprimer que deux ensembles bien ordonnés M, N sont semblables, on écrit

$$M \backsim N,$$

cette formule équivaut exactement à celle-ci :

$$\overline{M} = \overline{N},$$

qui exprime l'identité des nombres ordinaux correspondants.

Deux ensembles qui ont le même nombre cardinal sont équivalents [**3**].

Réciproquement, deux ensembles équivalents ont le même nombre cardinal. Le nombre cardinal est donc le concept général commun à tous les ensembles bien définis équivalents à un ensemble donné, et par suite équivalents entre eux. Ainsi la formule

$$M = N,$$

qui exprime l'équivalence de deux ensembles [**35**], revient à celle-ci

$$\overline{\overline{M}} = \overline{\overline{N}}$$

qui exprime l'identité de leurs nombres cardinaux.

On voit que la notion de nombre cardinal coïncide exactement avec la notion de puissance [**2**]. On appelle plus spécialement *puissances* les nombres cardinaux infinis (c'est-à-dire ceux des ensembles infinis).

Pour que deux ensembles soient semblables, il faut, par définition, qu'ils soient (bien) ordonnés.

Pour que deux ensembles soient équivalents, il faut seulement qu'ils soient bien définis.

Deux ensembles semblables sont évidemment équivalents.

Deux ensembles équivalents et bien ordonnés ne sont pas nécessairement semblables; mais, par définition, ils peuvent toujours être rendus semblables en changeant l'ordre de leurs éléments.

57. Ces principes étant établis, on peut déterminer et désigner, au moyen des nombres entiers transfinis, le nombre ordinal d'un ensemble infini (qu'on appelle son *nombre*, tout court, par opposition à sa puissance, qui est un nombre cardinal).

Soit donné un ensemble infini et bien ordonné. Dans la suite continue et illimitée des nombres finis et infinis qui se succèdent sans interruption dans un ordre linéaire bien déterminé, il y en a toujours un, et un seul, α, tel que tous les nombres qui le précèdent, à partir de 1, forment un ensemble bien ordonné *semblable* à l'ensemble donné. Ce nombre α, qui suffit à définir sans ambiguïté cet ensemble de nombres commençant au nombre 1, s'appelle le *nombre* [1] de l'ensemble donné, eu égard à son ordre de succession.

On détermine de la même manière le nombre d'un ensemble fini bien ordonné. L'opération qu'on nomme *dénombrement* consiste, en effet, à ranger une collection d'objets donnés suivant un ordre linéaire déterminé, et à leur faire correspondre, un par un, les nombres entiers consécutifs en commençant par 1. L'ensemble des nombres ainsi appliqués aux objets successifs est évidemment semblable à l'ensemble bien ordonné que forment ces objets; or il est complètement déterminé par le dernier des nombres employés, soit n. C'est ce nombre n que l'on prend pour représenter le *nombre* des objets donnés, et non le nombre $n + 1$, comme on devrait le faire conformément à la règle qu'on vient d'énoncer. Il est aisé de voir pour quelle raison la définition du nombre d'un ensemble infini diffère en ce point de celle du nombre d'un ensemble fini. Comme un ensemble infini bien ordonné ne contient pas, en général, de *dernier* élément, on ne peut prendre pour nombre de cet ensemble le *dernier* des nombres employés; on convient donc de prendre pour tel le *premier* des nombres qui suivent tous les nombres employés, car il existe toujours un tel nombre dans la suite des nombres infinis (voir la définition de l'ensemble bien ordonné [**51**]).

En particulier, le nombre ω, qui vient immédiatement après tous les nombres entiers finis, est le nombre de la classe I, et de toute suite simplement infinie semblable à la suite naturelle des nombres entiers, telle que

$$a_1, a_2, a_3, \ldots\ldots a_n, \ldots\ldots$$

Si l'on fait passer le premier terme de cette suite après tous les autres, l'ensemble bien ordonné ainsi obtenu

$$a_2, a_3, \ldots\ldots, a_n, \ldots\ldots\ldots\ldots a_1$$

1. *Anzahl*, non *Zahl*. Ces deux mots servent à distinguer les deux sens du nombre : *Zahl* désigne le nombre pur; *Anzahl*, le nombre appliqué.

a le nombre $\omega + 1$. De même, l'ensemble bien ordonné

$$a_3, \ldots\ldots a_n, \ldots\ldots\ldots\ldots a_1, a_2$$

a le nombre $\omega + 2$; et l'ensemble bien ordonné

$$a_{n+1}, a_{n+2}, \ldots\ldots a_1, a_2, a_3, \ldots\ldots a_n$$

a le nombre $\omega + n$. Si l'on dédouble la même suite, en faisant passer tous les termes d'indice pair, dans leur ordre, après tous les termes d'indice impair, on forme deux suites simplement infinies mises bout à bout, et l'ensemble bien ordonné ainsi composé

$$a_1, a_3, \ldots\ldots a_{2n-1}, \ldots\ldots a_4, a_4, \ldots\ldots a_{2n}, \ldots\ldots$$

a le nombre 2ω. Enfin, si l'on range la suite des nombres entiers, ou toute suite simplement infinie semblable à celle-là, dans un tableau à double entrée comme celui du nº **9** [§ I], on la transforme en une suite doublement infinie, et si l'on suppose les lignes successives mises bout à bout dans leur ordre, l'ensemble bien ordonné ainsi obtenu aura pour nombre ω^2.

Ces exemples suffisent à faire voir qu'on peut, en rangeant les éléments d'un ensemble de la première puissance dans un ordre convenable, en former un ensemble bien ordonné qui ait pour nombre (ordinal) un nombre quelconque de la deuxième classe, qu'on peut assigner d'avance.

58. Il reste à montrer comment on peut déterminer le nombre cardinal (puissance) d'un ensemble bien défini, en le transformant en un ensemble bien ordonné (ce qui est toujours possible [**51**]) et en lui appliquant la suite des nombres entiers consécutifs, tant finis qu'infinis. Comme on vient de le dire, cette opération détermine le nombre ordinal de l'ensemble considéré. Or, quand on connaît le nombre ordinal d'un ensemble, on connaît en même temps son nombre cardinal, qui est celui de ce nombre ordinal [**55**]. Le nombre cardinal d'un nombre ordinal est celui de l'ensemble des nombres qui le précèdent dans la suite régulière et illimitée des nombres, à partir de 1 (en y comprenant ce nombre lui-même, si l'ensemble est fini). Or l'ensemble de tous les nombres, tant finis qu'infinis, qui précèdent un nombre donné quelconque de la m^e classe a toujours, comme on sait (en vertu du principe de limitation), la puissance de la classe précédente, c'est-à-dire la $(m-1)^e$ puissance. (On suppose $m \geqslant 2$, car pour $m = 1$ l'ensemble est fini.) Il en résulte que chaque nombre (ordinal) de la classe II a la *première* puissance, que chaque nombre de la classe III a la *deuxième* puissance; et ainsi de suite. Par conséquent, tous les ensembles dont les nombres ordinaux font partie de la *deuxième* classe ont pour nombre cardinal la *première* puissance; tous ceux dont les nombres ordinaux appartiennent à la *troisième* classe ont pour nombre cardinal la *deuxième* puissance; et ainsi de suite.

Réciproquement, tout ensemble de la *première* puissance a pour nombre ordinal un nombre de la *deuxième* classe; tout ensemble de la *deuxième* puissance a pour nombre ordinal un nombre de la *troisième* classe, et ainsi de suite.

Il y a plus : étant donné un ensemble bien défini, on peut le transformer en un ensemble bien ordonné d'une infinité de manières; sa puissance reste seule constante, son nombre (ordinal) est, dans une certaine mesure, arbitraire et indéterminé. Dans ces conditions, c'est-à-dire si l'on est libre de changer à volonté l'ordre des éléments de l'ensemble, un ensemble de la première puissance pourra être dénombré par un nombre quelconque de la classe II (comme on l'a vu plus haut [**57**]) ; un ensemble de la deuxième puissance pourra être dénombré par un nombre quelconque de la classe III, et ainsi de suite[1]. En d'autres termes, le nombre ordinal de l'ensemble donné pourra varier dans les limites d'une même classe, et devenir égal à tel nombre qu'on voudra de la puissance de l'ensemble donné.

Tous les nombres de la $(m+1)^e$ classe ayant la m^e puissance (et ceux-là seuls), il convient de choisir, pour représenter la m^e puissance, le plus petit (c'est-à-dire le premier) des nombres de la $(m+1)^e$ classe : par exemple la première puissance sera représentée par ω, la deuxième par Ω, etc. Ainsi les nombres cardinaux infinis sont ceux que l'on crée en vertu du *troisième* principe de formation [**45**]. Cela est d'autant plus naturel que l'on est obligé de créer chacun d'eux successivement pour représenter la multitude de tous les nombres déjà formés, c'est-à-dire la puissance de la classe précédente (la m^e puissance étant celle de la m^e classe de nombres).

D'ailleurs, tout ensemble de la *première puissance* peut avoir pour nombre ω, tout ensemble de la *deuxième* puissance peut avoir pour nombre Ω, etc. En effet, tout ensemble de la première puissance est, par définition, *équivalent* à la classe I, donc il peut être rendu *semblable* à la suite des nombres finis; or, sous cette forme, il aura pour nombre ordinal ω.

59. La suite des puissances ou nombres cardinaux infinis

$$\omega, \Omega, \ldots\ldots$$

est illimitée, comme on sait; bien plus, elle est aussi infinie que la suite des nombres ordinaux tant finis que transfinis, bien que ceux-ci soient infiniment plus nombreux, et que leur multitude, déjà infinie dans la première classe, croisse incomparablement plus vite que le nombre des puissances (ou des classes) consécutives : en effet, le seul nombre cardinal ω correspond à la classe II (ensemble de la *deuxième* puissance), le seul nombre cardinal Ω correspond à la classe III (ensemble de la *troisième* puissance), etc. Ainsi, bien qu'à chaque classe de nombres ordinaux corresponde un seul des nombres cardinaux, le nombre ordinal de ceux-ci est égal à celui des nombres ordinaux, c'est-à-dire dépasse tout nombre ordinal infini[2].

60. Cherchons maintenant ce que deviennent les notions et les propriétés définies dans ce paragraphe, quand on les applique aux ensembles finis.

En général, tout ensemble bien ordonné a un nombre ordinal, et un seul; tout ensemble bien défini a un nombre cardinal, et un seul; mais il

1. Les ensembles qu'on a appelés précédemment « dénombrables » [§§ I (**8**) et II] sont ceux de la *première* puissance, c'est-à-dire ceux qui sont dénombrables par des nombres de la *deuxième* classe (CANTOR, *Grundlagen....*, § 2).

2. G. CANTOR, *Grundlagen...*, note 2.

n'y a pas de contradiction, *a priori*, à supposer qu'il puisse avoir plusieurs nombres ordinaux différents, suivant l'ordre qu'on assigne à ses éléments pour en faire un ensemble bien ordonné : car d'un seul ensemble bien défini donné on peut faire plusieurs ensembles bien ordonnés.

Or, par définition, toute partie intégrante d'un ensemble fini a une puissance plus petite que cet ensemble [**5**]. Il en résulte que le nombre cardinal d'un ensemble fini est *plus grand* que celui d'une quelconque de ses parties intégrantes.

De plus, deux ensembles finis équivalents sont toujours semblables, quel que soit l'ordre de leurs éléments [**5**]. Par conséquent, si deux ensembles finis ont le même nombre cardinal, ils ont toujours aussi le même nombre ordinal. Ainsi, dans les ensembles finis (et dans ceux-là seulement) le nombre ordinal est indépendant de l'ordre des éléments, de sorte qu'à chaque nombre cardinal correspond un seul nombre ordinal.

On peut encore se rendre compte autrement de cette propriété essentielle et caractéristique des ensembles et des nombres finis. Le nombre *cardinal* d'un ensemble reste évidemment invariable tant qu'on ne change pas le contenu de cet ensemble, mais seulement l'ordre de ses éléments; en d'autres termes, tant qu'on ne supprime ni n'ajoute d'éléments. Or, pour que le nombre *ordinal* d'un ensemble reste invariable, quand on change l'ordre de ses éléments (sans changer son contenu), il faut et il suffit que la transformation de l'ensemble puisse se ramener à une suite finie ou infinie de transpositions, c'est-à-dire de permutations réciproques de deux éléments [1]. En effet, si deux éléments échangent leurs places, rien n'est changé au *type d'ordre* de l'ensemble, chacune des deux places étant comme auparavant occupée par un élément.

Or toute transformation ou interversion d'un ensemble fini équivaut à une suite (finie) de permutations de deux éléments [2], c'est-à-dire que l'on peut, par des permutations convenables, ranger les éléments d'un ensemble fini suivant un ordre quelconque arbitrairement donné. Il s'ensuit que le nombre ordinal d'un ensemble fini reste invariable dans toutes les interversions possibles de l'ordre de ses éléments. Ainsi l'*invariance du nombre* (ordinal) dans les ensembles finis est une propriété exceptionnelle, particulière à ces ensembles, qui découle de la définition de l'ensemble *fini* [2e P., I, I, **9**].

En résumé, les notions de *puissance* et de *nombre* sont, respectivement, la généralisation des notions de *nombre cardinal* et de *nombre ordinal* : la puissance seule est essentiellement indépendante de l'ordre assigné aux éléments de l'ensemble; le nombre, au contraire, en dépend. Seulement, ces deux concepts, bien distincts dans les ensembles infinis, coïncident constamment et se confondent dans les ensembles finis et dans les nombres entiers finis [3].

1. G. Cantor, ap. *Mathematische Annalen*, t. XXIII.
2. Helmholtz, *Zählen und Messen* (Théorème IV et corollaire).
3. G. Cantor, *Grundlagen....*, § 7.

§ VI.

61. Revenons maintenant à la théorie des ensembles dérivés, d'où est issue la théorie des nombres infinis que nous venons d'exposer (§§ IV et V). Comme nous l'avons dit [**39**], celle-ci est utile et même indispensable au développement de la première, car elle permet, ainsi qu'on va le voir, de serrer de plus près les ensembles du second genre et de rechercher leurs propriétés en étudiant leurs dérivés d'ordre infini.

Avant d'exposer les résultats les plus importants de cette étude, nous pouvons annoncer tout de suite ce fait très remarquable qui doit en ressortir finalement, à savoir que la considération des dérivés dont le numéro d'ordre appartient à la classe II suffit, dans tous les cas, à définir complètement la puissance et les propriétés des ensembles infinis du second genre (c'est-à-dire pour lesquels, les dérivés d'ordre infini n'étant pas nuls, la considération des dérivés d'ordre fini ne suffit pas). En effet, pour tout ensemble P, il existe toujours un certain nombre α, de la *première* ou de la *deuxième* classe, tel que le dérivé d'ordre α, P_α, soit ou *nul*, ou *parfait* : dans les deux cas, tous les dérivés suivants sont nécessairement identiques à P_α, de sorte que leur considération devient superflue [1].

62. Il convient de distinguer, dans la classe II, deux espèces de nombres : les nombres de la *première espèce* sont ceux qui sont immédiatement précédés, dans la suite, d'un autre nombre, qui est le *dernier* avant eux; les nombres de la *seconde espèce* sont ceux qui n'ont pas avant eux de dernier nombre : tels sont

$$\omega,\ 2\omega,\ \dots\ n\omega,\ \dots\ \omega^2,\ \omega^3,\ \dots.\ \omega^n,\ \dots.\ \omega^\omega,\ \dots\dots$$

Autrement dit, les nombres de la première espèce sont ceux qu'on obtient au moyen du *premier* principe de formation, c'est-à-dire en ajoutant l'unité au nombre précédent α; ils sont de la forme : $\alpha + 1$; nous les désignerons par β, de sorte que le nombre précédent sera $\beta - 1$. Au contraire les nombres de la seconde espèce sont ceux qu'on obtient par le *deuxième* principe de formation, c'est-à-dire, qui viennent après une suite infinie d'autres nombres : un tel nombre est le *premier* après tous les nombres qui le précèdent, sans que parmi ceux-ci il y en ait un *dernier*. Il ne suit donc immédiatement aucun nombre déterminé, de sorte que le nombre $\alpha - 1$ n'existe pas pour lui. Nous désignerons les nombres de cette espèce par γ. La lettre α désignera dans la suite un nombre quelconque de la classe II.

63. Pour tout ensemble P du premier genre, on a

$$P^\omega \equiv 0.$$

En effet, tous les dérivés d'un ensemble du premier genre sont nuls, par

1. G. Cantor, ap. *Mathematische Annalen*, t. XXIII.

définition [**39**], à partir d'un certain rang fini, c'est-à-dire marqué par un nombre de la classe I; donc, *a fortiori*, le dérivé P^{ω} est nul.

Réciproquement, si l'on a

$$P^{\omega} \equiv 0,$$

l'ensemble P est du premier genre.

En effet, en vertu de la définition de P^{ω}, si l'ensemble était du second genre, c'est-à-dire si aucun des dérivés de la suite infinie

$$P', P'', \ldots\ldots P^{n}, \ldots\ldots$$

n'était nul, tous ces dérivés (dont chacun contient tous les suivants) auraient un plus grand commun diviseur non nul, qui serait P^{ω}; ce qui est contre l'hypothèse.

Ainsi, pour qu'un ensemble P soit du premier genre, il faut et il suffit qu'on ait

$$P^{\omega} \equiv 0.$$

64. *Remarque.* — On pourrait s'imaginer que, pour tous les ensembles, P^{ω} est nul ou parfait, de sorte que les dérivés consécutifs seraient tous identiques à P^{ω}, et ne s'en distingueraient que d'une manière tout idéale. Mais cette présomption serait erronée, car on peut construire des ensembles du second genre pour lesquels le dérivé P^{α} se réduit à un point donné à l'avance, et, par suite, le dérivé $P^{\alpha+1}$ s'annule (α étant un nombre quelconque de la *deuxième* classe).

65. On sait que tous les ensembles du premier genre sont de la première puissance [**39**]; il s'agit à présent de distinguer, parmi les ensembles du second genre, ceux qui ont la première puissance et ceux qui ont une puissance supérieure. C'est à quoi sert la considération des dérivés d'ordre α.

Théorème. — Tout ensemble (du second genre) pour lequel P^{α} est de la première puissance a aussi la première puissance.

On en conclut qu'inversement, pour tout ensemble d'une puissance supérieure à la première, aucun dérivé d'ordre α n'a la première puissance.

Remarque. — La réciproque de ce théorème n'est pas vraie, et il ne faudrait pas croire que tout ensemble de la première puissance ait un dérivé P^{α} de la première puissance. Mais voici un criterium un peu plus précis.

Si un ensemble P est tel qu'un de ses dérivés d'ordre α s'annule,

$$P^{\alpha} \equiv 0,$$

il est de la première puissance, ainsi que tous ses dérivés.

La réciproque n'est vraie que pour les ensembles fermés :

Si un ensemble de la première puissance est fermé, il a un dérivé nul :

$$P^{\alpha} \equiv 0.$$

Corollaire. — Un ensemble de la première puissance ne peut jamais être parfait (c'est-à-dire fermé).

La proposition précédente est valable pour le dérivé d'un ensemble quelconque (tout ensemble dérivé étant fermé [**37**]). Donc, si un ensemble P a un premier dérivé P′ de la première puissance, il a un dérivé nul :

$$P^{\alpha} \equiv 0.$$

Un tel ensemble est dit *réductible*.

66. Au contraire, si le premier dérivé P′ d'un ensemble P a une puissance supérieure à la première, aucun des dérivés d'ordre α ne s'annule, et il existe toujours des points communs à tous les ensembles P^{α}. L'ensemble de ces points (c'est-à-dire le plus grand commun diviseur de tous les P^{α}) constitue un ensemble parfait non nul, P^{Ω}.

Réciproquement, si aucun des dérivés d'ordre α d'un ensemble P n'est nul, le premier dérivé P' a une puissance supérieure à la première (ce qui ne veut pas dire que l'ensemble P lui-même ne puisse pas avoir la première puissance).

Si l'on a, pour un nombre α quelconque de la classe II :

$$P^{\alpha} \equiv 0,$$

on a évidemment aussi :

$$P^{\Omega} \equiv 0.$$

Réciproquement, si l'on a pour un ensemble donné P :

$$P^{\Omega} \equiv 0,$$

on doit avoir aussi [cf. **63**] :

$$P^{\alpha} \equiv 0.$$

Ainsi, pour qu'un ensemble (du second genre) soit réductible (c'est-à-dire pour que son premier dérivé soit de la première puissance), il faut et il suffit qu'on ait

$$P^{\Omega} \equiv 0.$$

En général, si un dérivé de la forme P^{γ} (γ étant un nombre de la seconde espèce) s'annule, il y a toujours avant lui des dérivés de la forme P^{β} qui sont aussi nuls (β étant un nombre de la première espèce). Cette propriété se démontrerait exactement comme la propriété analogue du nombre ω pour les ensembles du premier genre [**63**]. On en conclut que, si un ensemble est réductible, le *premier* de ses dérivés qui s'annule (or il y en a toujours un premier) est de la forme P^{β} (β étant de la première espèce).

En résumé, si le premier dérivé P′ d'un ensemble P est de la première puissance, on a

$$P^{\Omega} \equiv 0;$$

s'il est d'une puissance supérieure à la première, le dérivé P^{Ω} est parfait (non nul); et réciproquement.

67. Le dérivé P^{Ω} est contenu dans P′; soit R l'ensemble qu'on obtient quand on retranche de P′ la partie P^{Ω}, c'est-à-dire quand on y supprime tous les points de P^{Ω} : on a

$$P' \equiv P^{\Omega} + R.$$

Cet ensemble R est de la première puissance au plus.

De même que, si P^{Ω} est nul, il y a avant lui une infinité de dérivés P^{α} nuls, et parmi eux un qui est le premier de tous; de même, quand P^{Ω} est parfait, il y a avant lui une infinité de dérivés P^{α} parfaits, et parmi eux il y en a toujours un qui est le premier, tel que

$$P^{\alpha} \equiv P^{\alpha+1} \equiv P^{\alpha+2} \equiv \dots \equiv P^{\Omega}.$$

Pour ce même nombre α (le plus petit de ceux pour lesquels P^{α} est parfait) on a[1] :

$$\mathfrak{D}\,(R, R^{\alpha}) \equiv 0.$$

Remarque. — La proposition précédente peut s'appliquer aux ensembles réductibles : il suffit de faire

$$P^{\Omega} \equiv 0$$

dans la formule générale

$$P' \equiv P^{\Omega} + R$$

et d'énoncer le théorème sous la forme suivante :

Si P′ est un ensemble *fermé* quelconque (en particulier le dérivé d'un ensemble P), on peut le partager en deux ensembles dont l'un, R, est de la première puissance au plus, et dont l'autre, P^{Ω}, est nul si P′ est de la première puissance, ou parfait si P′ est d'une puissance supérieure à la première.

68. On peut étendre ce dernier théorème à un ensemble quelconque (non fermé). Nous allons énoncer les propositions principales auxquelles M. Cantor est parvenu[2].

Définitions. — Rappelons d'abord qu'on appelle *condensé* un ensemble qui est tout entier contenu dans son dérivé.

Un ensemble dont aucune partie intégrante n'est condensée s'appelle un ensemble *séparé*.

Le premier dérivé d'un ensemble condensé est un ensemble parfait. Cet ensemble est donc évidemment irréductible.

Tout ensemble réductible est, par suite, séparé. Ainsi tout ensemble fermé de la première puissance est séparé; l'ensemble désigné par R dans le numéro précédent est séparé.

Cela posé, on démontre les deux théorèmes suivants :

Un ensemble infini séparé n'a que la *première* puissance.

Tout ensemble d'une puissance supérieure à la première a une partie condensée (proposition inverse de la précédente).

1. Théorème dû à M. Ivar Bendixson, de Stockholm.
2. *Acta mathematica*, t. VII.

Tout ensemble d'une puissance supérieure à la première peut être décomposé en un ensemble séparé et un ensemble condensé.

69. Nous allons terminer cet exposé sommaire de la théorie des ensembles en reproduisant la définition de l'ensemble *continu*, qui en est le couronnement [1]. Comme la plupart des définitions mathématiques, elle peut être considérée, soit comme une définition d'idée, soit comme une définition de mot. Au point de vue strictement scientifique, c'est une définition de mot, car un concept n'existe, en Mathématiques, qu'autant qu'on en pose une définition claire et rigoureuse. Au point de vue philosophique, au contraire, c'est une définition d'idée : car il est incontestable que nous avons tous l'idée de continuité, sous une forme instinctive et spontanée, partant confuse et vague, qu'une définition mathématique peut sans doute préciser, mais non créer de toutes pièces. Au premier point de vue, qui est celui de la Logique pure, la définition du continu est essentiellement arbitraire, et par suite aussi légitime que toute autre. Au second point de vue, qui est celui de la Critique, la définition du continu peut être plus ou moins valable, suivant qu'elle exprimera, d'une façon plus ou moins exacte et complète, l'idée rationnelle de la continuité, dont elle n'est qu'une traduction mathématique. C'est donc à ce second point de vue qu'il faut se placer pour apprécier la justesse et la valeur de cette définition. C'est aussi à ce point de vue que son auteur s'est placé pour la trouver d'abord, et ensuite pour la justifier, et il faut lui savoir gré d'avoir pris dans cette question délicate une attitude nettement philosophique, alors que tant de mathématiciens se laissent aller à la tentation de trancher des questions d'ordre philosophique par des conventions arbitraires, c'est-à-dire de remplacer des définitions d'idées par des définitions de mots.

Analysant l'idée rationnelle du continu, M. Cantor y découvre d'abord le caractère de l'ensemble *parfait* : on sait qu'un tel ensemble est identique à son dérivé [**36**], c'est-à-dire que chacun de ses points est en même temps un point-limite, et que chacun de ses points-limites est un de ses points. Ce caractère de « parfait » est donc nécessaire pour définir un ensemble continu ; mais il n'est pas suffisant : il faut y joindre l'attribut « connexe ».

On dit qu'un ensemble de points P (de l'espace à n dimensions) est *connexe* [2], si, étant donnés deux points quelconques p_0, p de cet ensemble, et un nombre ε aussi petit qu'on veut, on peut toujours trouver (et de plusieurs manières) un nombre *fini* (n) de points de P, savoir :

$$p_1, p_2, \dots p_n,$$

tels que les distances

1. Cette définition aurait pu être énoncée beaucoup plus tôt, § III par exemple ; mais on en saisira mieux le sens et la portée après la théorie des nombres infinis, résumée dans les §§ IV et V.

2. « *Zusammenhängend.* » Ce mot est traduit dans les *Acta mathematica* (t. II) par « bien enchaîné » ; M. Jordan le traduit par « d'un seul tenant » : *Journal de Liouville*, 4e série, t. VIII (1892).

$$p_0p_1,\ p_1p_2,\ \dots\ p_np$$

soient *toutes* plus petites que ε [1].

La « distance » de deux points de l'espace (arithmétique) à n dimensions se trouve définie dans l'Ouvrage cité; nous bornant aux ensembles linéaires, c'est-à-dire à l'espace à *une* dimension, nous dirons que la *distance* de deux points (arithmétiques) de cet espace est la valeur absolue de la différence des nombres correspondants (de leurs abscisses). La condition énoncée dans la définition de l'ensemble connexe revient en somme à ceci : On peut toujours intercaler entre deux points donnés un nombre (fini) suffisant de points appartenant à l'ensemble et formant une *chaîne* qui les relie l'un à l'autre, de telle sorte que la distance de deux points consécutifs de la chaîne soit plus petite qu'une quantité donnée ε.

L'auteur remarque ensuite que tous les ensembles que nous qualifions de *continus* sont des ensembles connexes. Le caractère « connexe » est donc encore nécessaire pour définir le continu : mais il n'est pas non plus suffisant. Au contraire, M. CANTOR « croit reconnaître dans ces deux attributs *parfait* et *connexe* les caractères nécessaires et suffisants du continu, et définit par conséquent un ensemble continu de points : un *ensemble connexe et parfait* [2]. »

Pour éclaircir cette définition par l'exemple le plus simple, l'ensemble des nombres rationnels est un ensemble *connexe*, mais non parfait : car si tout nombre rationnel est une valeur-limite de cet ensemble, tout nombre irrationnel en est aussi une valeur-limite. Mais si l'on complète cet ensemble en lui ajoutant l'ensemble des nombres irrationnels, il deviendra identique à son dérivé (c'est-à-dire à l'ensemble de ses points-limites) et, par suite, il sera *parfait*. L'ensemble *connexe* et *parfait* des nombres réels est donc bien continu.

Remarque. — Ces considérations, qui seraient de simples conséquences de la définition précédente, si elle était une définition de mot, en sont une vérification, quand on la regarde comme une définition d'idée : on retrouve, en effet, dans l'ensemble des nombres réels, considéré d'avance comme *continu*, les deux caractères essentiels qui figurent dans la définition.

Tout intervalle fini découpé dans l'ensemble des nombres réels est aussi continu, s'il contient ses deux bornes; en langage géométrique, tout segment linéaire fini est continu, s'il comprend ses extrémités. En effet, les deux points extrêmes sont des points-limites de l'ensemble des points intermédiaires. Si l'on supprime l'un des deux points extrêmes (ou tous les deux), l'intervalle n'est plus un ensemble continu (car il n'est plus parfait); on l'appelle *semi-continu* [Note II, **2**].

Le dérivé d'un ensemble *connexe* est toujours un ensemble *continu*. Par

1. G. CANTOR, *Grundlagen....*, § 10.
2. L'auteur a encore précisé davantage son intention dans la note 12 (*op. cit.*) : « Je sais fort bien que le mot « continu » n'a pas encore reçu de sens *fixe* en Mathématique; par suite, ma définition paraîtra trop *étroite* aux uns, trop *large* aux autres : j'espère avoir réussi à trouver le *juste milieu* » [mots soulignés par l'auteur].

exemple, l'ensemble des nombres rationnels d'un intervalle a pour dérivé l'ensemble des nombres réels de cet intervalle (y compris ses deux bornes).

70. Une question reste à résoudre : quelle est la puissance d'un ensemble continu?

Il suffit de la résoudre pour le continu linéaire, puisque nous savons qu'un ensemble continu à n dimensions n'a que la puissance du continu linéaire, par exemple de l'intervalle (0, 1).

On peut d'abord démontrer que tout ensemble linéaire parfait a la même puissance que le continu linéaire.

On étend ensuite cette propriété aux ensembles parfaits à n dimensions.

On établira en outre la proposition suivante :

Tout ensemble infini de points de l'espace à n dimensions a, soit la première puissance, soit la puissance du continu linéaire (laquelle est celle de l'espace continu à n dimensions).

Puisqu'un ensemble infini de points ne peut prendre que ces deux puissances, on en conclut qu'il n'y en a pas d'autre intermédiaire, et que le continu linéaire a la *deuxième* puissance. Ainsi se trouvent identifiées la *seconde puissance* considérée dans les §§ I et II, et la *deuxième puissance* définie avec rigueur dans le § IV [**49**] comme la puissance de la deuxième classe des nombres entiers infinis.

Vu et lu,
en Sorbonne, le 31 mai 1895,
par le Doyen de la Faculté des Lettres de Paris,
A. HIMLY.

Vu et permis d'imprimer :
Le Vice-Recteur de l'Académie de Paris,
GRÉARD.

EXPLICATION DES SIGNES

$=$ *égale* (signe de l'égalité).

$\gtrless$ *inégal à, différent de* (signe de l'inégalité).

$>$ *plus grand que, supérieur à.*

$<$ *plus petit que, inférieur à.*

$\geqslant$ *supérieur ou égal à, au moins égal à.*

$\leqslant$ *inférieur ou égal à, au plus égal à.*

$\equiv$ *congru à* (signe de la congruence [Voir Note III, **1**]).

$+$ *plus* (signe de l'addition).

$-$ *moins* (signe de la soustraction).

$\times$ *multiplié par* (signe de la multiplication). Le produit de a par b s'écrit :

$$a \times b, \qquad a.b \quad \text{ou} \quad ab.$$

$:$ *divisé par* (signe de la division). Le quotient de a par b s'écrit :

$$a : b \qquad \text{ou} \qquad \frac{a}{b}.$$

a^n a puissance n, a exposant n : indique la n^e puissance de a [Voir 1re P., II, IV, **11**, et Note II, **9**].

$\sqrt[n]{a}$ racine $n^{ième}$ de a : indique le nombre dont la n^e puissance est a.

$\sqrt{a}$ racine carrée de a.

$\sqrt[3]{a}$ racine cubique de a.

$\lim\limits_{x=a} f(x)$ limite de f d'x (fonction d'x) pour x égale a [Voir Note II, **7**, **11**].

∞ *l'infini.*

Les parenthèses (.....) et les crochets [.....] représentent le résultat des opérations indiquées à leur intérieur, supposées effectuées.

Les deux barres verticales | ..... | désignent la *valeur absolue* de la quantité qu'elles enferment [Voir 1re P., I, II, **10**; III, **12**].

Tous les renvois à notre Ouvrage sont entre crochets. Quand le numéro de la Partie, du Livre ou du Chapitre manque, cela signifie que le paragraphe cité se trouve dans la même Partie, dans le même Livre, dans le même Chapitre (ou dans la même Note).

1. Ces indications ne s'appliquent pas à la Note IV, où il est fait usage de notations spéciales qui y sont définies [§ III, **35**].

INDEX BIBLIOGRAPHIQUE

JULES TANNERY : **Introduction à la théorie des fonctions d'une variable**. Hermann, 1886.

HENRI PADÉ : **Premières leçons d'Algèbre élémentaire**, avec *Préface* de Jules TANNERY. Gauthier-Villars, 1892.

CHARLES MÉRAY : **Les fractions et les quantités négatives**. Gauthier-Villars, 1890.

OTTO STOLZ : **Vorlesungen über allgemeine Arithmetik**, *nach den neueren Ansichten*. 2 vol. Leipzig, Teubner, 1885-6.

J. HOUEL : **Cours de Calcul infinitésimal**, 3 vol. Gauthier-Villars, 1878.

Voir notamment : Introduction, Ch. I : Notions sur le calcul des opérations; Ch. II : Généralisation successive de l'idée de quantité.

R. ARGAND : **Essai sur une manière de représenter les Quantités imaginaires dans les Constructions géométriques** (1806), 2e éd. avec *Préface* de J. HOUEL, et Appendice contenant des *Mémoires* et des *Lettres* d'ARGAND, de J.-F. FRANÇAIS et autres, extraits des *Annales de Gergonne*, t. IV et V. Gauthier-Villars, 1874.

C.-V. MOUREY : **La vraie théorie des Quantités négatives et des Quantités prétendues imaginaires**. *Dédié aux amis de l'évidence* (1828), 2e éd. Mallet-Bachelier, 1861.

A. FAURE (de Gap) : **Essai sur la Théorie et l'interprétation des Quantités dites imaginaires**. Mallet-Bachelier, 1845.

BELLAVITIS : **Exposition de la Méthode des Equipollences** (1854), trad. *Laisant*. Gauthier-Villars, 1874.

MICHEL CHASLES : **Aperçu historique sur l'origine et le développement des Méthodes en Géométrie** (1837), suivi d'un *Mémoire de Géométrie sur deux principes généraux de la Science : la Dualité et l'Homographie* (1829). 3e éd. Gauthier-Villars, 1889.

G.-K.-C. VON STAUDT : **Geometrie der Lage**. Nürnberg, 1847.

ID. : **Beiträge zur Geometrie der Lage**, 3 Hefte. Nürnberg, 1856-57-60.

1. Cet *Index* ne prétend pas être une bibliographie complète du sujet; il contient simplement les Ouvrages dont nous nous sommes servi. Encore n'avons-nous mentionné ni les œuvres classiques ni les articles de Revues. — Sauf indication contraire, chaque Ouvrage est en un volume et a été édité à Paris.

CLEBSCH : **Leçons de Géométrie**, t. I, éd. *Lindemann*, trad. *Benoist*. Gauthier-Villars, 1879.

J. DELBŒUF : **Prolégomènes philosophiques de la Géométrie et solution des postulats.** Liège, Desoer, 1860.

CARNOT : **Réflexions sur la Métaphysique du Calcul infinitésimal** (1813), 5e éd. Gauthier-Villars, 1881.

COURNOT : **Traité de la Théorie des fonctions et du Calcul infinitésimal.** 2 vol. Hachette, 1841.

ID. : **De l'origine et des limites de la Correspondance entre l'Algèbre et la Géométrie.** Hachette, 1847.

ID. : **Essai sur les fondements de nos connaissances et sur les caractères de la Critique philosophique.** 2 vol. Hachette, 1851.

ID. : **Traité de l'enchaînement des idées fondamentales dans la Science et dans l'Histoire.** 2 vol. Hachette, 1861.

PAUL DU BOIS-REYMOND : **Théorie générale des fonctions**, 1re Partie, trad. *Milhaud* et *Girot*, avec *Préface* de MILHAUD. Hermann, 1887.

E.-G. HUSSERL : **Philosophie der Arithmetik** : *psychologische und logische Untersuchungen*, Band I. Halle, Pfeffer, 1891. [Voir p. 331, note 1.]

RICHARD DEDEKIND : **Stetigkeit und irrationale Zahlen** (1872), 2e éd. Braunschweig, Vieweg, 1892.

ID. : **Was sind und was sollen die Zahlen?** (1887), 2e éd. Braunschweig, Vieweg, 1893.

H. VON HELMHOLTZ : **Zählen und Messen**, *erkenntnisstheoretisch betrachtet*, ap. *Philosophische Aufsätze*, Eduard Zeller zu seinem 50-jährigen Doctor-Jubiläum gewidmet. Leipzig, Fues, 1887.

KRONECKER : **Ueber den Zahlbegriff**, ap. *Journal de Crelle*, t. CI (1887), inséré en partie dans les mêmes *Philosophische Aufsätze*.

GEORG CANTOR : **Sur les séries trigonométriques**, ap. *Mathematische Annalen*, t. IV (1871).

ID. : **Extension d'un théorème de la théorie des séries trigonométriques**, ap. *Mathematische Annalen*, t. V (1871).

ID. : **Sur une propriété du système de tous les nombres algébriques réels**, ap. *Journal de Crelle*, t. LXXVII (1873).

ID. : **Contribution à la théorie des ensembles**, ap. *Journal de Crelle*, t. LXXXIV (1877).

ID. : **Sur les ensembles infinis et linéaires de points**, 4 mémoires ap. *Mathematische Annalen*, t. XV (1879), XVII (1880), XX (1882), XXI (1882).

ID. : **Fondements d'une théorie générale des ensembles**, ap. *Mathematische Annalen*, t. XXI (1883).

Tous les mémoires précédents de M. CANTOR sont traduits en français dans les *Acta Mathematica*, t. II.

Seulement le dernier ne contient que des extraits de l'ouvrage suivant, dont on a omis les parties philosophiques :

Id. : **Grundlagen einer allgemeinen Mannichfaltigkeitslehre**, *ein mathematisch-philosophischer Versuch in der Lehre des Unendlichen*. Leipzig, Teubner, 1883.

Id. : **Ueber die unendlichen linearen Punktmengen**, ap. *Mathematische Annalen*, t. XXIII (1883).

(Fait suite aux **Grundlagen**.)

Id. : **Ueber verschiedene Theoreme aus der Theorie der Punktmengen in einem *n*-fach ausgedehnten stetigen Raum** G_n, ap. *Acta Mathematica*, t. VII (1885).

Id. : **Mitteilungen zur Lehre vom Transfiniten**, ap. *Zeitschrift für Philosophie und philosophische Kritik*, t. LXXXVIII, XCI et XCII (1887-1888).

Charles RENOUVIER : **Les Principes de la Nature**, seconde édition des *Essais de Critique générale* (3e essai). 2 vol. Alcan, 1892.

Id. : **La Philosophie de la règle et du compas**, ap. *Année philosophique 1891*. Alcan, 1892.

F. PILLON : **La première preuve cartésienne de l'existence de Dieu, et la Critique de l'infini**, ap. *Année philosophique 1890*. Alcan, 1891.

Augustin CAUCHY : **Sept leçons de Physique générale**, rédigées par l'abbé Moigno, avec *Appendices* par le même. Gauthier-Villars, 1868.

F. EVELLIN : **Infini et quantité**. Germer Baillière, 1880.

APPENDICE BIBLIOGRAPHIQUE[1]

BERNARD BOLZANO : **Paradoxien des Unendlichen**. Ouvrage posthume publié par *Prihonsky*. Leipzig, 1851. 2e éd., Berlin, Mayer et Müller, 1889.

Ce mathématicien tchèque, longtemps méconnu, fut un précurseur génial des théories sur lesquelles est fondée l'Analyse moderne, et en même temps un profond penseur infinitiste. Cf. STOLZ : **Bernhard Bolzano's Bedeutung in der Geschichte der Infinitesimalrechnung**, ap. *Mathematische Annalen*, t. XVIII (1881).

GEORG CANTOR : **Beiträge zur Begründung der transfiniten Mengenlehre**, ap. *Mathematische Annalen*, t. XLVI (1895).

Cet article, qui n'est que le premier d'une série, développe la théorie des nombres cardinaux et ordinaux (types d'ordre) exposée dans les articles de la *Zeitschrift für Philosophie*.

E. BOREL et J. DRACH : **Introduction à l'étude de la Théorie des nombres et de l'Algèbre supérieure**, d'après des Conférences faites à l'Ecole Normale Supérieure par M. Jules TANNERY. Nony, 1895.

Cet Ouvrage est conçu dans un esprit purement formaliste. On trouve dans la 2e Partie (*Algèbre supérieure*) un exposé de la généralisation algébrique du nombre (Chap. I) accompagné d'une justification géométrique sommaire (nos 6 et 9), et le développement de la théorie des nombres algébriques (Chap. II) suivant la conception de KRONECKER, que nous avons résumée dans la Note III. La 1re Partie (*Théorie des nombres*) contient la théorie des congruences, dont nous avons indiqué les principes dans la même Note [**1-4**].

G. MILHAUD : **Essai sur les conditions et les limites de la certitude logique**. Alcan, 1894.

L'auteur, tout en accordant aux néo-criticistes que le nombre infini est contradictoire, essaie d'échapper au *principe du nombre* en soutenant (après LEIBNITZ) qu'une multitude infinie ne forme pas un tout, ni par conséquent un nombre.

GEORGES LECHALAS : **Étude sur l'espace et le temps**. Alcan, 1896.

Dans le Chap. V (*Critique de l'infini et du continu*) l'auteur accepte les conclusions du néo-criticisme, avec toutes leurs conséquences, et résout les antinomies mathématiques en faveur des thèses.

A. HANNEQUIN : **Essai critique sur l'hypothèse des atomes dans la science contemporaine**. Masson, 1894.

Voir notamment Livre I, Chap. I : *l'Atomisme et la Géométrie*, où l'auteur traite des rapports du nombre et du continu.

1. Cet *Appendice* comprend les Ouvrages dont nous n'avons eu connaissance que lorsque le nôtre était terminé ou même imprimé, et dont par conséquent il n'a pu profiter.

LISTE ALPHABÉTIQUE

DES AUTEURS CITÉS [1]

1. Les numéros renvoient aux pages. Les chiffres penchés indiquent les notes de la page correspondante; les chiffres gras indiquent les citations ou emprunts les plus importants.

TABLE DES FIGURES

TABLE DES MATIÈRES

LIVRE IV

DEUXIÈME PARTIE

LIVRE I

LIVRE II

LIVRE III

LIVRE IV

APPENDICE

Coulommiers. - Imp. Paul BRODARD. 455-95.

ERRATA

—

Page 43, 3e ligne du bas : *lire* : [Ch. II, **15**, *Corollaire.*]
58, note 3 : *lire* : DEDEKIND.
84, ligne 16 : *lire* : $(a - b) = (a' - b')$.
18 : *lire* : $a + b' = b + a'$.
109, ligne 17 : *lire* : $k = \frac{p^2}{4} - q$.
110, ligne 12 : *lire* : $\alpha \pm \beta i$.
116, ligne 12 : *lire* : $x^n + \frac{a_1}{a_0} x^{n-1} + \text{etc.}$
121, dernière ligne du texte, *au lieu de* : B^n, *lire* : B_n.
note 2 : *lire* : les limites — 1 et + 1.
122, ligne 3 : *lire* : $\frac{1}{1^{2n}} + \text{etc.}$
123, ligne 11 : *au lieu de* : différenciation, *lire* : différentiation.
127, ligne 8 : *au lieu de* : e_x, *lire* : e^x.
131, note 1 : *ajouter* : Voir 2e Partie, III, IV, **12** [p. 502, note 1].
165, ligne 7 : *au lieu de* : Étant données, *lire* : Étant donnés.
176, note 2 : *au lieu de* : cf. § 69, *lire* : cf. § 9.
193, ligne 24 : *au lieu de* : les additions géométriques, *lire* : l'addition géométrique.
238, note 1 : *lire* : M. J. DELBŒUF.
241, ligne 25 : *au lieu de* : $\overline{AB}$, *lire* : $\overline{BA}$.
254, ligne 19 : *lire* : $A \frac{x_1}{x_2} \times \frac{y_1}{y_2} + \text{etc.}$
262, ligne 5 : *lire* : les éléments d'une droite comprennent encore sa direction; les éléments d'un plan comprennent encore sa position et toutes les directions.....
270, note 1 : *lire* : *Année philosophique 1891.*
428, note 1 : *lire* : t. I, p. 57 et 60.
434, ligne 21 : *La phrase* : « Les deux nombres a et b jouent le même rôle et figurent symétriquement dans le rapport » *ne doit pas figurer dans le texte, mais au commencement de la note.*
441, ligne 17 : *au lieu de* : ressemblées, *lire* : rassemblées.
454, note 2 : *au lieu de* : p. 8, *lire* : p. 86.
556, ligne 3 : *ajouter* : [Cf. 1re P., III, III, **7-10**].
623, ligne 9 : *lire* : $x = -\frac{a_1}{a_0}$.
646, ligne 9 : *au lieu de* : a_4, a_4; *lire* : a_2, a_4.
649, lignes 16 et 18 : *au lieu de* : $P\alpha$, *lire* : P^α.

www.ingramcontent.com/pod-product-compliance
Lightning Source LLC
LaVergne TN
LVHW011239110826
845149LV00001B/3

* 9 7 8 1 4 1 8 1 8 6 1 9 7 *